CHANYE ZHUANLI
FENXI BAOGAO

产业专利分析报告

（第21册）——LED照明

杨铁军◎主编

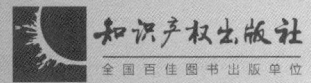

图书在版编目（CIP）数据

产业专利分析报告. 第 21 册，LED 照明/杨铁军主编. —北京：知识产权出版社，2014.5
ISBN 978 – 7 – 5130 – 2635 – 2

Ⅰ.①产… Ⅱ.①杨… Ⅲ.①发光二极管—照明技术—专利—研究报告—世界 Ⅳ.①G306.71②TN383

中国版本图书馆 CIP 数据核字（2014）第 050280 号

内容提要

本书是 LED 照明行业的专利分析报告。报告从 LED 照明行业的专利（国内、国外）申请、授权、申请人的已有专利状态、其他先进国家的专利状况、同领域领先企业的专利壁垒等方面入手，充分结合相关数据，展开分析，并得出分析结果。本书是了解该行业技术发展现状并预测未来走向，帮助企业做好专利预警的必备工具书。

责任编辑：卢海鹰　胡文彬	责任校对：董志英
装帧设计：王祝兰　胡文彬	责任出版：刘译文

产业专利分析报告（第 21 册）
——LED 照明

杨铁军　主　编

出版发行：知识产权出版社有限责任公司	网　　址：http://www.ipph.cn
社　　址：北京市海淀区马甸南村 1 号	邮　　编：100088
责编电话：010 – 82000860 转 8031	责编邮箱：huwenbin@cnipr.com
发行电话：010 – 82000860 转 8101/8102	发行传真：010 – 82000893/82005070/82000270
印　　刷：保定市中画美凯印刷有限公司	经　　销：各大网络书店、新华书店及相关专业书店
开　　本：787mm×1092mm　1/16	印　　张：26.75
版　　次：2014 年 5 月第 1 版	印　　次：2014 年 5 月第 1 次印刷
字　　数：594 千字	定　　价：88.00 元
ISBN 978-7-5130-2635-2	

出版权专有　侵权必究
如有印装质量问题，本社负责调换。

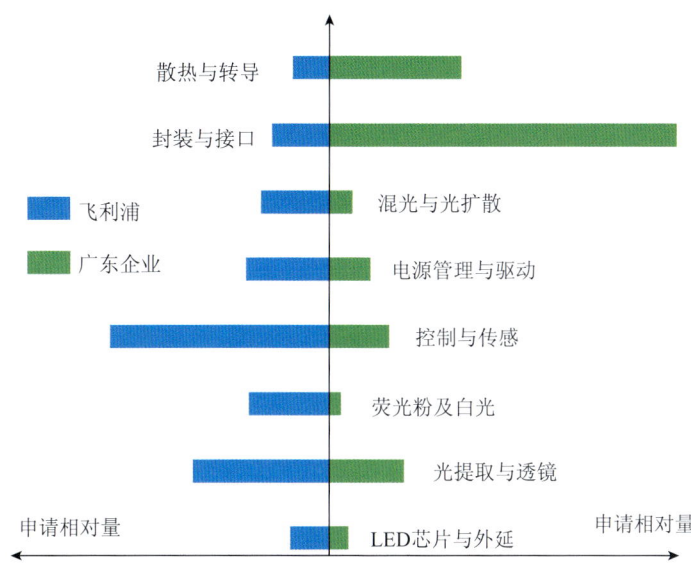

图2-3-17　飞利浦在中国大陆专利布局与广东主要企业专利申请现状比较

注：广东主要企业专利为选取的广东20家LED照明企业，其专利为2009~2013年申请的专利。

（正文说明见第35页）

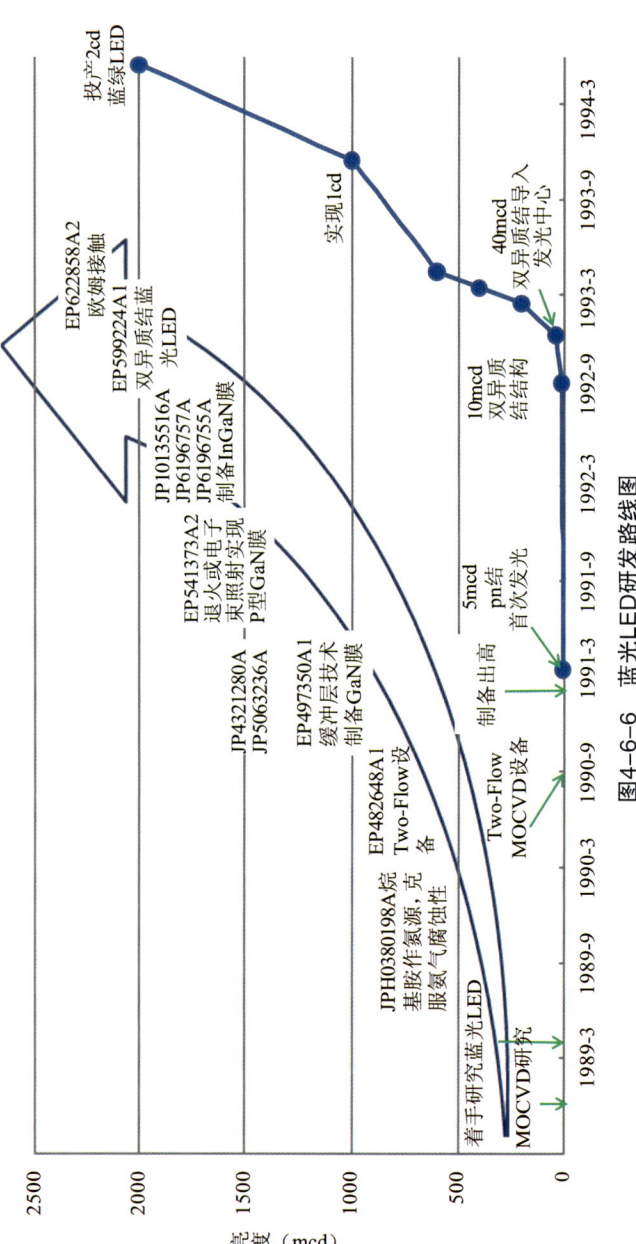

图 4-6-6 蓝光LED研发路线图

（正文说明见第109页）

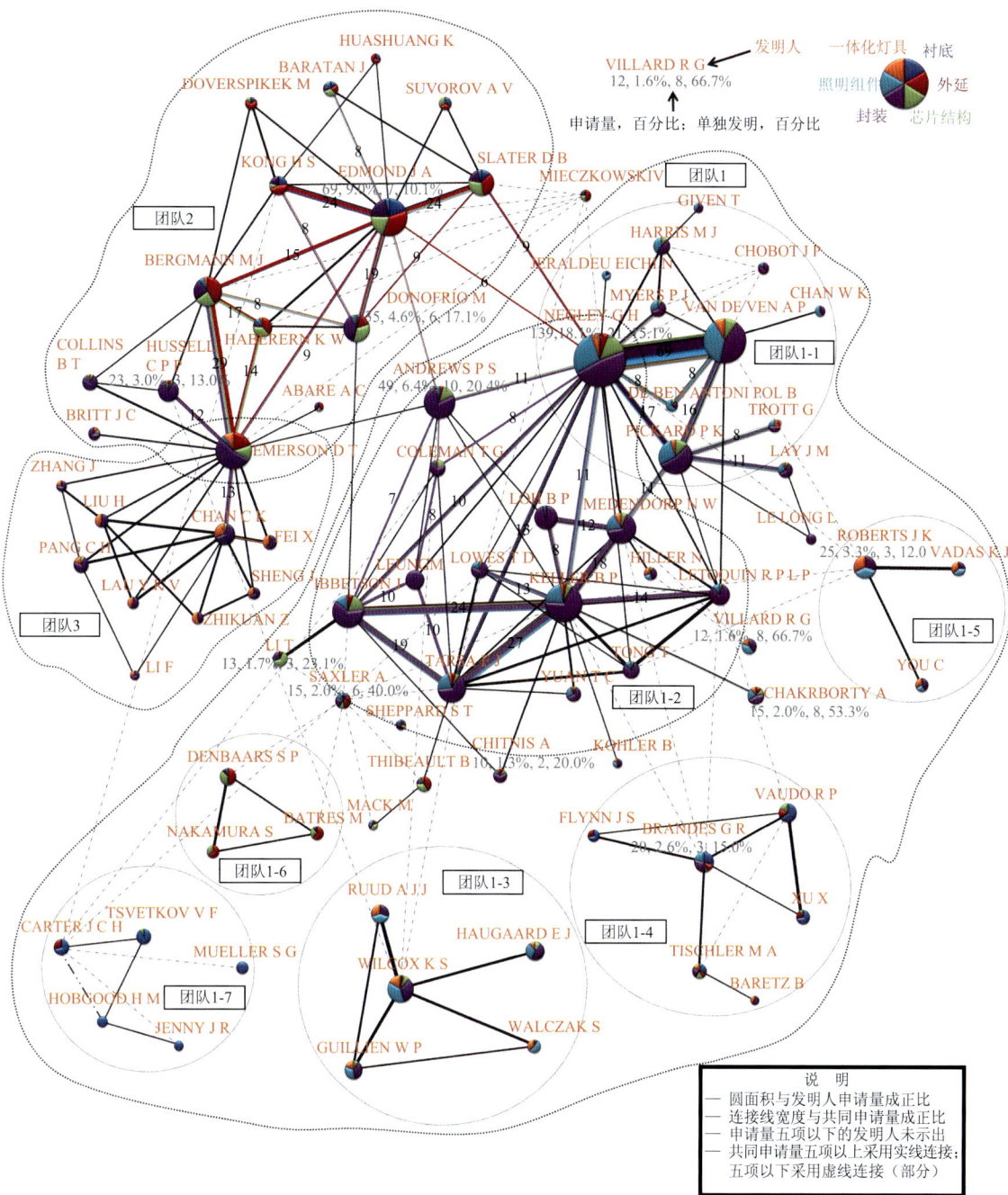

图5-5-2 科锐LED照明主要专利申请的主要发明人及其关系

(正文说明见第145页)

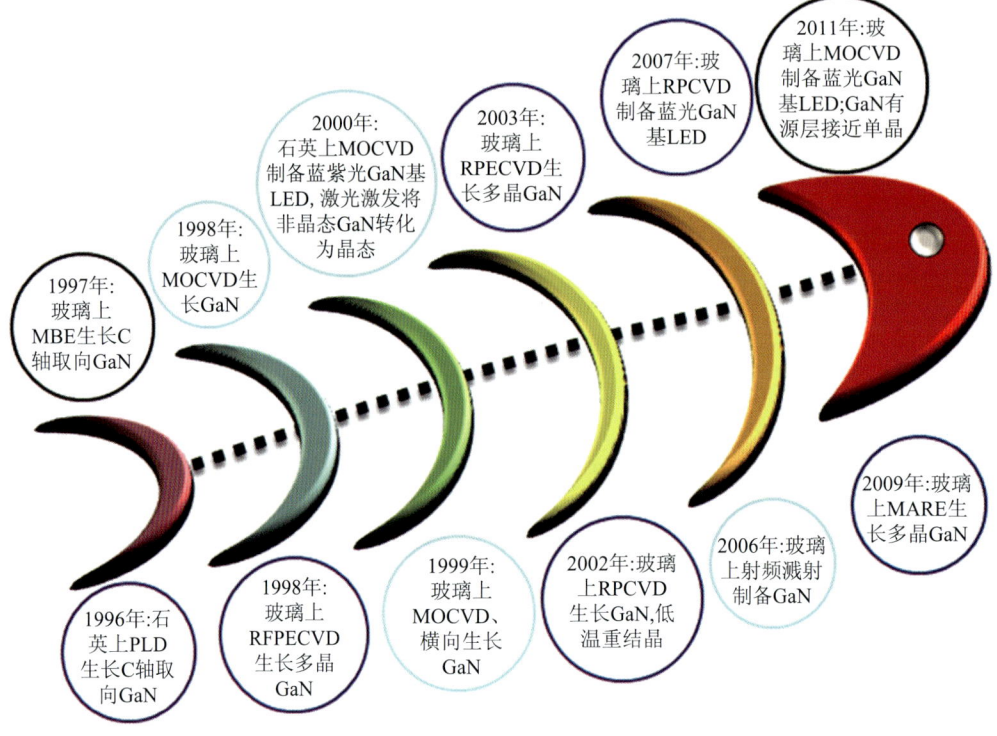

图6-2-16 玻璃基板生长GaN的主要研究成果

（正文说明见第191页）

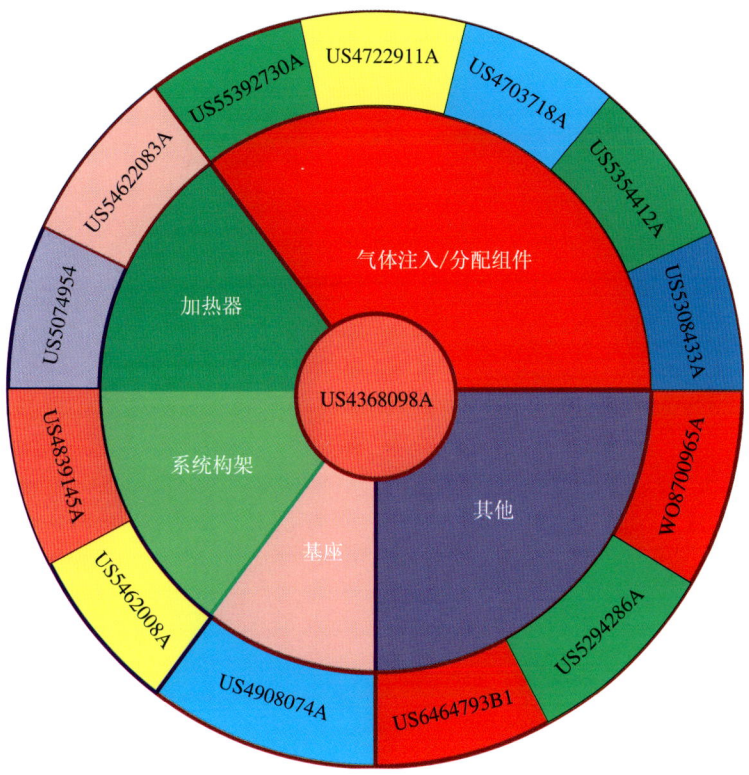

图7-5-1 引证专利US4368098的专利技术分布图

(正文说明见第228页)

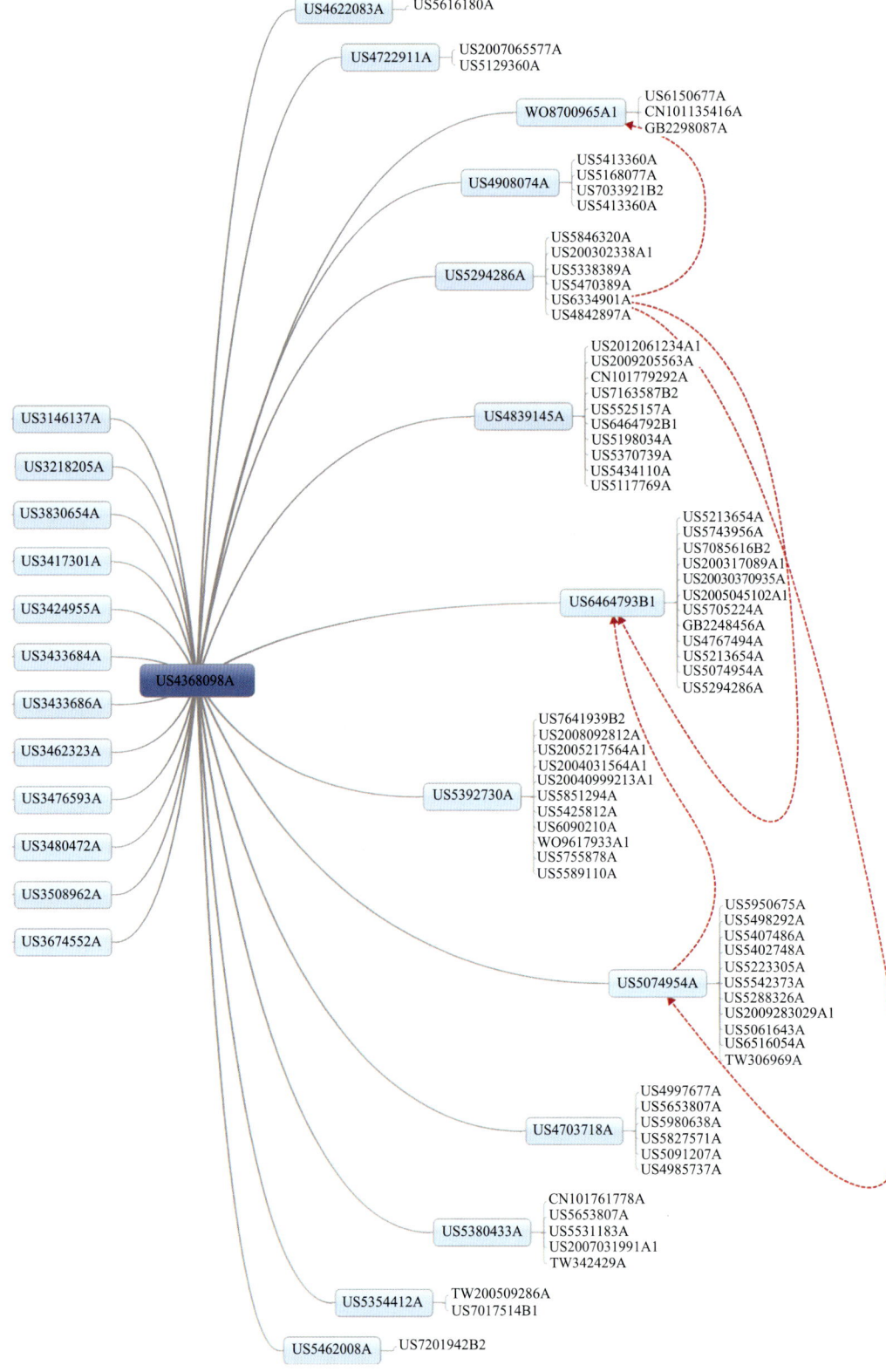

图7-5-2 专利US4368098的引证关系图

（正文说明见第232页）

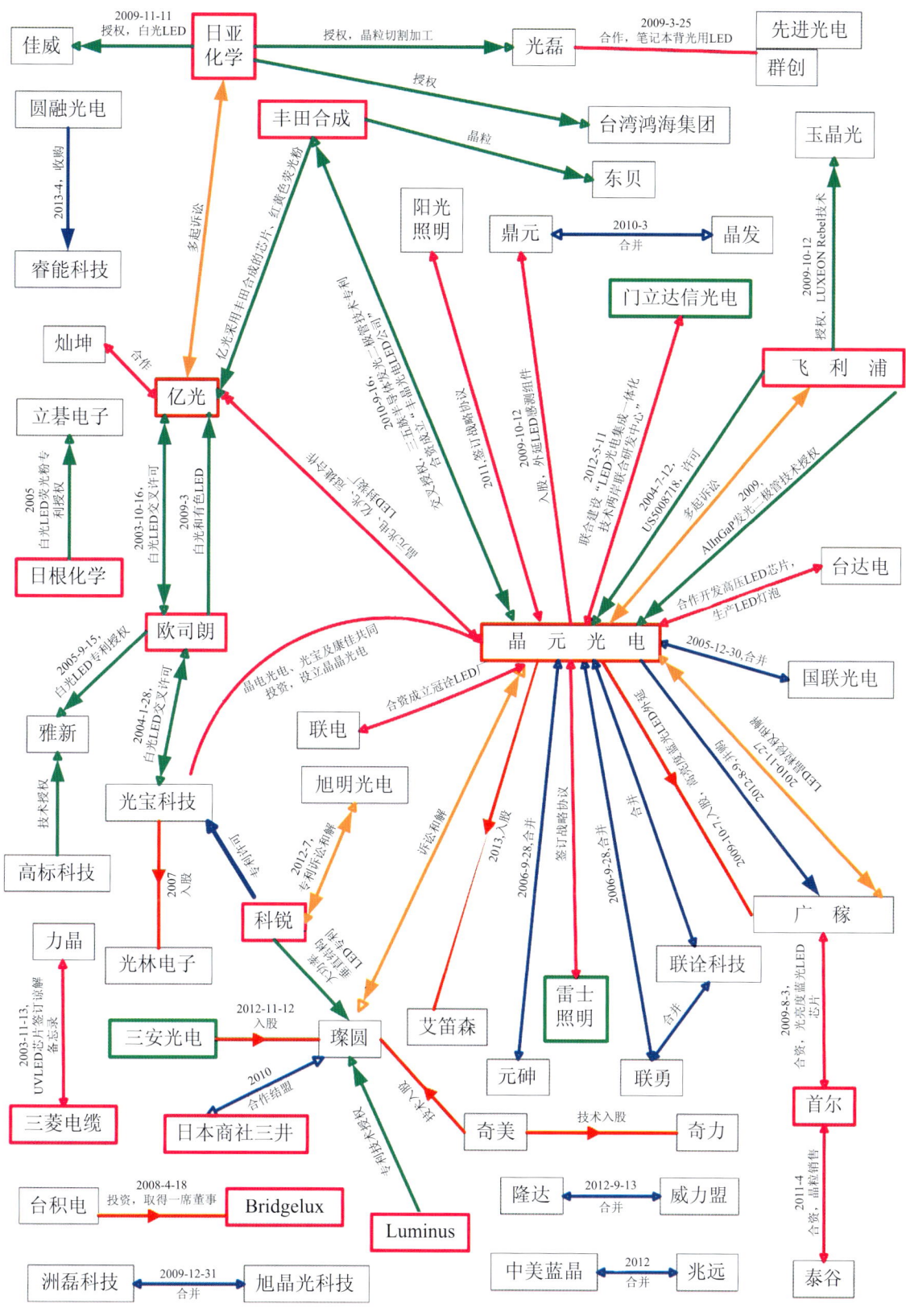

图8-4-1 我国台湾地区LCD企业涉及的专利授权、诉讼、合并等事件

（正文说明见第334页）

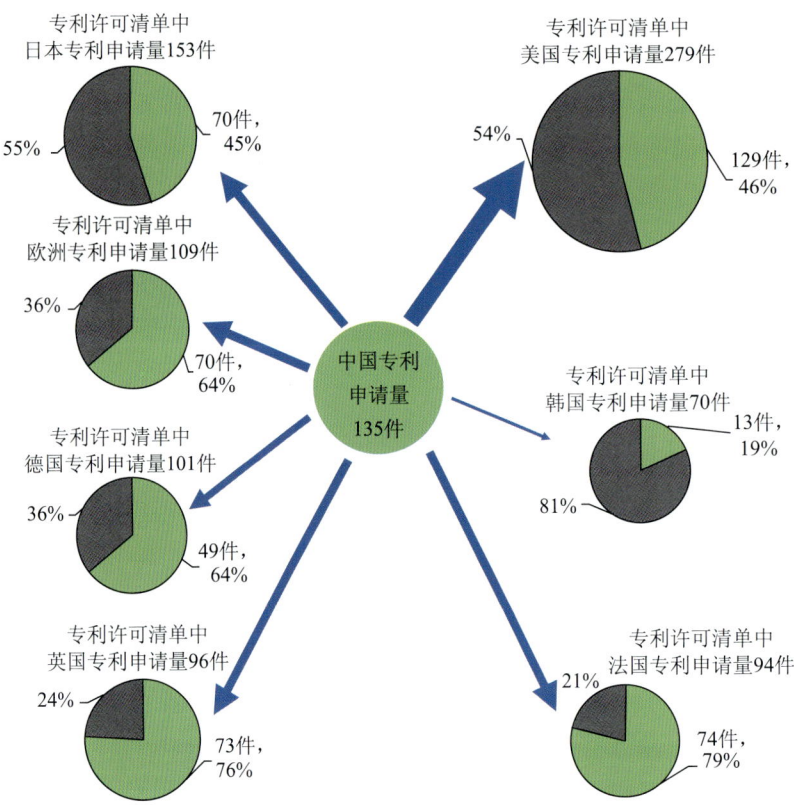

图9-4-5　专利许可清单中的中国专利的同族专利走向

（正文说明见第361页）

编委会

主　任：杨铁军

副主任：葛　树　冯小兵

编　委：卜　方　崔伯雄　魏保志　朱仁秀

　　　　孟俊娥　李　超　宫宝珉　曾武宗

　　　　张伟波　闫　娜　曲淑君　张小凤

　　　　李超凡

序

党的十八届三中全会和第十二届全国人大二次会议政府工作报告中明确提出要加强知识产权运用和保护工作，这是中央对知识产权工作提出的新任务和更高要求。在新形势下，让专利信息分析更好地融入产业发展决策，对于提升我国创新主体运用知识产权的能力和发展的质量效益都具有重要的意义。

国家知识产权局在"十二五"期间组织实施的专利分析普及推广项目已经走过四个年头，该项目着眼于战略性新兴产业、高新技术产业等关系国计民生的重点产业，在定量与定性、专利与市场、技术与经济等方面对专利技术分析方法作出有益的尝试，形成了一系列服务于产业发展和企业创新的专利分析研究成果，并基于这些成果广泛开展与产业紧密结合的宣传推广活动。作为项目研究成果的重要载体，《产业专利分析报告》丛书致力于回答和解决产业发展的实际问题，一方面力求数据准确论证充分，经得起时间检验，另一方面紧密联系实际，力争在产业发展中有更多的参考价值。

《产业专利分析报告》丛书的出版受到相关行业、企业和科研人员的一致认可，也受到专利分析和竞争情报研究机构的广泛关注。衷心希望，《产业专利分析报告》丛书的相继出版，能够推动我国相关产业专利运用和保护的水平，为企业的创新发展注入新的活力。

国家知识产权局副局长

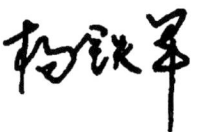

前　言

"十二五"期间国家知识产权局组织实施了专利分析普及推广项目，该项目紧密结合国家的产业发展方向，围绕企业对专利信息运用和产业发展的需求，发挥国家知识产权局的专利人才优势，开展专利分析研究工作，形成并发布专利分析报告。作为项目成果的重要载体，《产业专利分析报告》丛书第1～16册自出版以来，受到各行业广大读者的广泛欢迎，有力推动了各产业的技术创新和转型升级。

2013年度专利分析普及推广项目继续秉承"源于产业、依靠产业、推动产业"的工作原则，在综合考虑来自行业主管部门、行业协会、企业创新主体的众多需求之后，最终选定12个行业开展研究工作。这12个行业包括燃气轮机、增材制造、工业机器人、卫星导航终端、LED照明、浏览器、电池、物联网、特种光学与电学玻璃、氟化工、通用名化学药和抗体药物，均属于我国科技创新和经济转型的核心产业。近一年来，约200名专利审查员参与项目研究，分析了150余万条专利数据，几经易稿，形成12份内容实、分析透、质量高、特色多、紧扣行业需求的专利分析研究报告，共计近600万字、千余幅图表。

2013年度的专利分析报告继续加强分析方法创新，深化对申请人、研发团队、侵权诉讼、"337调查"等方面的分析方法研究，并在课题研究中得到充分应用和验证。如抗体药物课题组将专利诉讼的应对策略划分为实体抗辩、证据抗辩和程序抗辩，理清个案专利诉讼的分析思路，为企业应对专利诉讼提供新选择。氟化工、工业机器人、LED照明、卫星导航终端等课题组对"337调查"中的专利分析进行不同程度的探索，为企业应对"337调查"提供新策略。工业机器人课题组将

TRIZ 理论引入专利分析，融合技术创新理论和专利分析方法，为企业技术创新开辟新途径。

2013 年度专利分析普及推广项目的研究得到社会各界的大力支持。例如，抗体药物课题组的行业指导专家沈倍奋院士多次来到课题组指导分析工作，并对课题研究成果给予充分肯定；工业机器人课题组的行业指导专家蔡鹤皋院士、燃气轮机课题组的行业指导专家蒋洪德院士均对专利分析报告给予较高的评价。氟化工课题组的合作单位中国石油和化学工业联合会组织大量企业参与课题具体研究工作，为课题研究的顺利开展奠定了基础。《产业专利分析报告》（第 17～28 册）凝聚社会各界的智慧，形成服务于产业发展的专利分析成果。希望这些成果能够为专利信息利用提供工作指引，为行业政策研究提供有益参考，为行业技术创新提供有效支撑。

由于报告中专利文献的数据采集范围和专利分析工具的限制，加之研究人员水平有限，报告的数据、结论和建议仅供社会各界借鉴、研究。

《产业专利分析报告》丛书编委会
2014 年 4 月

项目联系人

　　李超凡　62083762/13810803618/lichaofan@sipo.gov.cn
　　褚战星　62084456/13810154361/chuzhanxing@sipo.gov.cn

LED 照明行业专利分析课题研究团队

一、项目指导
国家知识产权局：杨铁军　廖　涛　葛　树　徐　聪　毛金生

二、项目管理
国家知识产权局专利局：张小凤　李超凡　褚战星　汪　勇

三、课题组
承 担 部 门：国家知识产权局专利局电学发明审查部　国家知识产权局专利局专利审查协作北京中心
课 题 负 责 人：唐跃强　田　虹
课 题 组 组 长：张　莉
课题组副组长：王小东
课 题 组 成 员：王艳妮　周　江　徐小岭　徐　健　戴丽娟　王文杰
　　　　　　　　高铭洁　刘　博　柴春英　孟　超　杨云锋　张　玥
　　　　　　　　范　伟　李　明　黄万国　吴　昊　曹毓涵　张慧明

四、研究分工
数据检索：周　江　徐　健　张　玥　范　伟　李　明　曹毓涵
数据清理：周　江　徐　健　戴丽娟　高铭洁　王文杰　杨云锋
　　　　　　黄万国　吴　昊
数据标引：周　江　高铭洁　徐　健　柴春英　徐小岭　范　伟
　　　　　　李　明　曹毓涵
图表制作：刘　博　周　江　杨云锋　张　玥　李　明　黄万国
　　　　　　吴　昊
报告执笔：周　江　高铭洁　徐　健　柴春英　戴丽娟　王文杰
　　　　　　徐小岭　潘光虎　杨云锋　张　玥　范　伟　李　明
　　　　　　黄万国　吴　昊　曹毓涵
报告统稿：张　莉　王小东　王艳妮
报告编辑：周　江　徐　健
报告审校：邹世昌　李永红　曲淑君　唐跃强　田　虹　李超凡
　　　　　　蒋路帆

五、报告撰稿

田　虹：主要执笔第 10 章

王小东：主要执笔第 1 章第 1.1 节

王艳妮：主要执笔第 9 章第 9.6 节，参与执笔第 10 章

周　江：主要执笔第 5 章第 5.5 节、第 7 章第 7.6 节，参与执笔第 1 章

徐　健：主要执笔第 4 章第 4.4 节、第 7 章第 7.1～7.3 节，参与执笔第 3 章

王文杰：主要执笔第 2 章第 2.5 节，第 5 章第 5.4 节，第 8 章第 8.1 节、第 8.4 节、第 8.5 节，参与执笔第 8 章第 8.3 节

徐小岭：主要执笔第 2 章第 2.4 节，第 4 章第 4.6 节，第 8 章第 8.2 节、第 8.3 节，参与执笔第 8 章第 8.5 节

高铭洁：主要执笔第 2 章第 2.2 节，第 4 章第 4.3 节，第 7 章第 7.4 节、第 7.5 节

戴丽娟：主要执笔第 2 章第 2.6 节、第 5 章第 5.1～5.3 节、第 7 章第 7.7 节

柴春英：主要执笔第 1 章，第 4 章第 4.2 节、第 4.5 节

刘　博：主要执笔第 7 章第 7.8 节

潘光虎：主要执笔第 3 章

唐跃强：参与执笔第 10 章

张　莉：参与执笔第 10 章

孟　超：参与执笔第 1 章

杨云锋：主要执笔第 9 章第 9.2 节、第 9.4 节，参与执笔第 2 章第 2.3 节、第 9 章第 9.6 节

张　玥：主要执笔第 9 章第 9.1 节、第 9.3 节，参与执笔第 9 章第 9.2 节、第 9.4 节、第 9.5 节

范　伟：主要执笔第 2 章第 2.3 节、第 9 章第 9.5 节

李　明：主要执笔第 4 章第 4.6 节，参与执笔第 2 章第 2.7 节

黄万国：主要执笔第 2 章第 2.1 节、第 2.7 节，第 6 章第 6.1 节，参与执笔第 6 章第 6.2 节

吴　昊：主要执笔第 6 章第 6.2 节、第 2 章第 2.7 节

曹毓涵：主要执笔第 2 章第 2.7 节、第 6 章第 6.2 节

六、指导专家

行业专家

邹世昌　中国科学院院士、中国科学院上海微系统与信息技术研究所
李晋闽　国家半导体照明工程研发及产业联盟
王国宏　国家半导体照明工程研发及产业联盟
张雪松　北京市高级人民法院
刘升平　中国照明电器协会

技术专家

郭伟玲　北京工业大学光电子实验室
朱彦序　北京工业大学光电子实验室
郭金霞　中国科学院半导体研究所半导体照明研发中心
刘　勇　北京市第一中级人民法院
吕晓蓉　中国科学院国家科学图书馆情报研究部
王良均　三安光电股份有限公司
宋巧丽　北京北方微电子基地设备工艺研究有限责任公司
杨　凯　厦门乾照光电股份有限公司

专利分析专家

李超凡　国家知识产权局专利局审查业务管理部
褚战星　国家知识产权局专利局审查业务审查部
王兴妍　国家知识产权局专利局电学发明审查部
潘光虎　国家知识产权局专利局电学发明审查部
刘　红　国家知识产权局专利局电学发明审查部

七、合作单位（排序不分先后）

中国半导体行业协会、中国照明电器协会、国家半导体照明工程研发及产业联盟、广东半导体照明产业联合创新中心、北京工业大学、中国科学院半导体研究所半导体照明研发中心、中国科学院国家科学图书馆情报研究部、三安光电股份有限公司、中微半导体设备有限公司、厦门乾照光电股份有限公司、北京太时芯光科技有限公司、国星光电股份有限公司、鸿利光电股份有限公司、深圳雷曼光电有限公司、晶科电子有限公司

目 录

第1章 研究概述 / 1
  1.1 研究背景 / 1
    1.1.1 技术发展概况 / 1
    1.1.2 产业现状 / 3
    1.1.3 行业需求 / 5
  1.2 研究对象和方法 / 6
    1.2.1 技术分解 / 6
    1.2.2 数据检索 / 7
    1.2.3 查全率和查准率评估 / 8
    1.2.4 相关事项和约定 / 8

第2章 LED 照明领域专利分析 / 13
  2.1 全球专利申请概况 / 13
    2.1.1 总申请趋势 / 13
    2.1.2 首次申请国家/地区分析 / 14
    2.1.3 申请目标国家/区域分析 / 16
  2.2 中国专利申请分析 / 18
    2.2.1 申请发展趋势分析 / 18
    2.2.2 申请人国别分析 / 18
    2.2.3 专利申请的区域分布 / 19
  2.3 重点区域专利分析 / 20
    2.3.1 从申请量的变化看广东 LED 照明的发展 / 20
    2.3.2 广东 LED 产业所受到外来的影响 / 32
    2.3.3 小 结 / 41
  2.4 衬底技术 / 42
    2.4.1 全球专利申请分析 / 42
    2.4.2 中国专利申请分析 / 45
    2.4.3 小 结 / 48
  2.5 外延技术 / 49
    2.5.1 全球专利申请分析 / 49

2.5.2　中国专利申请分析 / 53
2.5.3　小　结 / 57
2.6　芯片技术 / 58
2.6.1　全球专利申请分析 / 58
2.6.2　中国专利申请分析 / 61
2.6.3　小　结 / 64
2.7　封装技术 / 65
2.7.1　封装概述 / 65
2.7.2　全球专利申请分析 / 67
2.7.3　中国专利申请分析 / 72
2.7.4　LED封装重要技术：圆片级封装技术 / 78
2.7.5　小结及建议 / 81

第3章　重要专利筛选方法 / 83
3.1　针对什么——筛选的对象 / 83
3.2　怎么做——筛选重要专利的步骤 / 84
3.2.1　谁说了算——重要专利的筛选原则 / 84
3.2.2　话语权大小问题——影响因素的具体权重 / 85
3.2.3　如何定量化——确定各专利影响因素的值 / 86
3.2.4　谁是真英雄——量化计算 / 87
3.3　得到什么——重要专利分析 / 87
3.4　还要做什么——重要专利分析方法的改进 / 87

第4章　日亚化学专利分析 / 89
4.1　日亚化学概况 / 89
4.2　全球专利申请现状 / 90
4.2.1　地区分布分析 / 90
4.2.2　技术分支分析 / 92
4.3　中国申请状况分析 / 94
4.3.1　中国专利申请趋势分析 / 94
4.3.2　中国技术分布状况 / 95
4.3.3　中国申请法律状态分析 / 96
4.4　日亚化学技术发展路线 / 100
4.5　重要发明人专利申请分析 / 102
4.6　中村修二及团队分析 / 104
4.6.1　中村修二的简介 / 104
4.6.2　中村修二的专利申请、研发团队和研发路线 / 104
4.6.3　中村修二相关专利的布局特点及影响 / 115
4.6.4　中村修二专利的小结和建议 / 125

4.7 小 结 / 126

第5章 科锐专利分析 / 127
    5.1 科锐概况 / 127
    5.2 全球专利申请分析 / 127
        5.2.1 申请趋势及国家/区域分布 / 127
        5.2.2 技术分支分析 / 128
    5.3 中国专利申请分析 / 133
    5.4 重要专利 / 134
    5.5 发明人分析 / 134
        5.5.1 发明人数量分析 / 143
        5.5.2 发明人活跃度分析 / 143
        5.5.3 发明人团队分析 / 145
        5.5.4 独立发明人分析 / 164
    5.6 小 结 / 165

第6章 三星专利分析 / 166
    6.1 技术发展历程 / 166
        6.1.1 三星概况 / 166
        6.1.2 照明产品系列 / 167
        6.1.3 重要技术 / 168
    6.2 照明专利基本态势分析 / 173
        6.2.1 全球专利申请分析 / 173
        6.2.2 中国专利申请分析 / 178
        6.2.3 重要专利分析 / 179
        6.2.4 申请模式分析 / 180
        6.2.5 三星LED衬底技术 / 184
    6.3 小 结 / 203

第7章 MOCVD设备领域专利分析 / 205
    7.1 行业和技术现状 / 205
        7.1.1 MOCVD设备概况 / 205
        7.1.2 全球发展现状 / 206
        7.1.3 国内发展现状 / 207
    7.2 全球专利申请分析 / 208
        7.2.1 全球专利申请趋势分析 / 208
        7.2.2 申请国/地区分析 / 211
        7.2.3 全球各技术分支分析 / 212
        7.2.4 全球主要申请人分析 / 213
        7.2.5 重要申请人趋势和技术分析 / 214

7.3 中国专利申请分析 / 216
　　7.3.1 中国专利申请趋势分析 / 216
　　7.3.2 法律状态分析 / 217
　　7.3.3 省市/区域和技术分布分析 / 218
　　7.3.4 申请人排名及对比分析 / 219
7.4 技术发展路线分析 / 220
　　7.4.1 MOCVD 设备技术发展路线分析 / 221
　　7.4.2 分系统技术演进脉络分析 / 224
7.5 重要专利分析 / 227
7.6 VEEC 专利申请分析 / 233
　　7.6.1 申请趋势及申请国/区域分布 / 236
　　7.6.2 技术分布 / 237
　　7.6.3 发明团队 / 238
　　7.6.4 技术发展历程 / 239
7.7 AIXT 专利申请分析 / 263
　　7.7.1 申请趋势 / 263
　　7.7.2 申请国/区域分布 / 264
　　7.7.3 技术分布 / 265
　　7.7.4 发明团队 / 266
　　7.7.5 AIXT 技术发展历程 / 267
　　7.7.6 AIXT 在华申请研究 / 274
7.8 国内重要申请人分析 / 280
　　7.8.1 中国科学院专利申请概况 / 281
　　7.8.2 中微半导体专利申请概况 / 283
　　7.8.3 江苏中晟半导体设备有限公司 / 285
　　7.8.4 国内外技术分布区别 / 285
7.9 小　结 / 286

第 8 章 LED 照明领域诉讼分析 / 287
　8.1 LED 照明领域诉讼概况 / 287
　　8.1.1 全球分析 / 287
　　8.1.2 涉及中国大陆企业的、在国外发生的诉讼 / 292
　　8.1.3 中国大陆的 LED 诉讼 / 294
　8.2 诉讼案件分析 / 296
　　8.2.1 日亚化学 / 297
　　8.2.2 欧司朗 / 302
　　8.2.3 鹤山银雨灯饰有限公司和鹤山丽得电子实业有限公司 / 306
　8.3 "337 调查"案件分析 / 314

8.3.1 "337调查"简介 / 314

8.3.2 LED产业涉及"337调查"的情况 / 316

8.3.3 "337调查"典型案件分析 / 318

8.4 中国台湾厂商目前的专利布局和专利策略 / 333

8.4.1 概　述 / 333

8.4.2 中国台湾LED企业涉及的专利授权、诉讼、企业合并事件 / 334

8.4.3 不同企业的专利策略 / 335

8.4.4 中国台湾诉讼的程序 / 341

8.4.5 启　示 / 342

8.5 小　结 / 343

第9章　飞利浦LED专利许可研究 / 345

9.1 公司发展概况 / 345

9.1.1 简　介 / 345

9.1.2 中国发展简介 / 345

9.2 中国专利申请分析 / 347

9.2.1 中国专利申请量分析 / 347

9.2.2 各技术分支专利申请量分析 / 348

9.2.3 中国专利的申请人分析 / 351

9.2.4 中国专利申请类型分析 / 351

9.2.5 专利申请法律状态分析 / 352

9.3 专利合作与技术引进 / 353

9.3.1 合作申请 / 353

9.3.2 公司并购与技术引进 / 355

9.4 飞利浦灯具和光源许可计划协议 / 356

9.4.1 概　述 / 356

9.4.2 专利许可清单的全球分布 / 359

9.4.3 专利许可清单的中国分布 / 361

9.5 专利诉讼研究 / 367

9.5.1 近几年全球专利诉讼情况简介 / 367

9.5.2 飞利浦照明诉讼涉案专利 / 371

9.5.3 侵权诉讼涉案专利研究 / 375

9.5.4 小　结 / 381

9.6 小结与启示 / 381

9.6.1 小　结 / 381

9.6.2 对中国企业的启示 / 382

第10章　结论与建议 / 383

10.1 结　论 / 383

10.1.1 专利申请趋势、重点技术以及重点区域的发展分析 / 383
10.1.2 日亚化学 / 385
10.1.3 科　锐 / 386
10.1.4 三　星 / 387
10.1.5 MOCVD 设备 / 387
10.1.6 诉　讼 / 388
10.1.7 飞利浦 LED 照明许可 / 389
10.2 建　议 / 389
10.2.1 关键技术方面 / 389
10.2.2 应用方面 / 390
10.2.3 专利许可与诉讼 / 390
10.2.4 其他方面 / 392

第1章 研究概述

1.1 研究背景

随着全球环境日益恶化，以减缓气候变化和促进人类可持续发展为目标的低碳经济模式逐渐成为各技术领域和技术产业关注的焦点。根据美国能源信息局的报告，发电（大部分为照明应用提供电源）制造了37%的温室气体。其中，照明在生产、生活中消耗大量电能，同时也伴随着二氧化碳和大气污染物的排放。为此，"绿色照明"的理念应运而生。其中，LED 照明除了具有单位耗电低（在同等条件下，耗电量仅为普通白炽灯的10%，比荧光灯节能50%）、能源转化效率高的显著特点之外，还具有寿命长（寿命是荧光灯的10倍、白炽灯的100倍）、体积小、色彩丰富、抗震动、直流低压、易维护等诸多优点，成为照明史上继白炽灯、荧光灯、高压气体放电灯之后的又一重大突破。于是一股 LED 照明热潮席卷全球，美国、日本、韩国、欧洲等国家和地区纷纷制定了自己的半导体照明计划。而且，LED 照明作为新一代信息技术和节能环保产业的重要组成部分，其集成度高，拉动效应大，涉及新材料、装备制造、电子信息等多学科、多领域，已经成为全球最具发展前景的技术领域之一。

以 LED 照明技术为对象，以专利为核心，本报告首先在第 2 章对该技术领域的总体专利态势分别从全球和中国的角度进行分析。以技术先进度和市场占有率等为标准，选取了几个主要申请人在第 4~6 章分别进行了专利分析。MOCVD 设备作为 LED 照明产品最为主要的生产设备，在第 7 章中对其进行了重点和详细的研究。此外，引起诉讼纠纷的专利技术往往是本领域的核心技术或具有实际利用价值的重要技术，因此在第 8 章中对 LED 照明领域的专利诉讼进行分析。在 LED 照明领域飞利浦拥有大量的专利，飞利浦近年在全球积极推行灯具和光源许可计划协议，在第 9 章中分析飞利浦在中国的专利布局，并进一步分析灯具和光源许可计划协议。最后，在第 10 章中给出了LED 照明领域专利分析的主要结论。

1.1.1 技术发展概况

LED 作为一种新的照明技术，在过去几十年间实现了快速更新和飞跃增长。LED 照明从红光、黄光器件发展到低成本、高亮度、大功率的成熟白光照明产品。

电致发光现象早在 1907 年就被 Henry Joseph Round 在一块碳化硅里观察到，但是由于其发出的黄光太暗，不适合实际应用，更难处在于碳化硅与电致发光不能很好地适应，研究被摒弃了。

直到 1968 年，才制作出具有实用价值的低发光效率的 LED，在砷化镓基体上使用磷化物发明了第一个可见的红光 LED，磷化镓的改变使得 LED 更高效、发出的红光更亮，甚至产生出橙色的光。当时所用的材料是 GaAsP，发红光（$\lambda p = 650nm$），在驱动电流为 20 毫安时，光通量只有千分之几个流明，相应的发光效率约 0.1 流明/瓦。

此后，从 20 世纪的 70 年代到 90 年代早期，相继出现了绿光、黄光、橘红等单色光 LED 器件。在很长的一段时间内无法制造蓝光 LED，早期的"蓝光"器件并不是真正的蓝光 LED，而是包围有蓝色散射材料的白炽灯。第一个有历史意义的蓝光 LED 出现在 20 世纪 90 年代早期（日亚化学 1993 年宣布，由中村修二博士发明），再一次利用金刚砂——早期的半导体光源的障碍物。依当今的技术标准去衡量，它与俄罗斯以前的黄光 LED 一样光源暗淡。20 世纪 90 年代中期，出现了超亮度的氮化镓 LED，当前制造蓝光 LED 的晶体外延材料是氮化铟镓（InGaN），发射波长的范围为 450～470nm，氮化铟镓 LED 可以产生 5 倍于氮化镓 LED 的光强。

超亮度蓝光芯片是白光 LED 的核心，在这个发光芯片上抹上荧光磷，然后荧光磷通过吸收来自芯片上的蓝色光源再转化为白光，利用这种技术可制造出任何可见颜色的光。也正是基于蓝光技术，1996 年世界第一支白光 LED 研制成功，标志着 LED 照明时代的到来；2008 年，大功率白光 LED 的发光效率达到 100lm/W，是 LED 技术发展的又一里程碑。LED 从诞生至今，以亮度每 18～24 个月可提升一倍，价格每 10 年降低 90% 的 "Haitz 定律" 快速发展。曾经暗淡的发光二极管现在终于迎来了新时代。

从技术角度看，外延技术和芯片技术是 LED 发展的两大核心技术。外延技术的发展是大幅度地提高其内量子效率和外量子效率的基础。内量子效率主要取决于外延材料的品质，而外量子效率主要与芯片技术和封装结构相关。随着外延生长技术和多量子阱结构的发展，超高亮度发光二极管的内量子效率已有了非常大的改善。业内普遍认为氮化镓单晶衬底作为同质外延的衬底，是生长氮化镓外延层的最理想衬底，可大大提高外延层的晶体质量，降低外延层的位错密度，提高发光器件的工作寿命，并能提高发光效率。GaN 基材料的外延生长有多种方法，包括 MBE、HVPE、LPE 和 MOCVD 等，GaN 材料生长的质量控制是关键，直接影响发光器件的波长和效率。MOCVD 外延技术是其中的主流，日亚化工的双束流 MOCVD 技术专利 US5433169A，改进了 MOCVD 系统的性能，大幅度提高了 GaN 的生长的晶体质量，成为 LED 器件领域突破性技术之一。芯片制造技术通常是在外延工艺结束后利用多种技术将外延片作后续处理以形成具体结构的发光芯片，全球主要研发机构有韩国三星、乐金，日本日亚化学、夏普、松下、东芝，中国台湾晶元等有诸多研究，日本日亚化学的电极的材料、结构和制造工艺等。目前，芯片制造领域主要集中于提高发光二极管芯片的外量子效率，不断谋求设计新的芯片结构来提高出光效率，包括电极制造、衬底剥离、表面粗化、光学反射等技术。在提高出光效率的问题上，芯片的反射/抗反射、增透以及表面粗化等技术已经比较成熟，目前通过设置布拉格反射镜提高出光效率的研究比较多。

目前的技术发展现状，欧美及日系厂商是先进技术的主要持有者，在 LED 新产品和新技术领域拥有创新优势。2010 年科锐的白光 LED 实验室光效率已提高到 208lm/W。欧司朗、Lumileds、日亚化学的白光 LED 光效率都已经突破 140lm/W。欧洲则在 LED 应用技术领域的开发和吸收最新技术转化方面拥有优势；中国台湾地区在 LED 芯片产量和 LED 封装方面占据全球第一的位置。韩国也是在 LED 技术方面有一定实力的国家，首尔半导体于2010年实现了发光效率达到100lm/W、使用寿命超过35000小时的Acriche LED已经量产。日本、美国和欧洲这些全球LED技术与产业核心国家或地区始终处在激烈的竞争状态之中，它们之间的差距处于不断的动态变化之中。

LED照明目前仍未形成统一的国际标准，主要由各国自行制定。目前相对权威的国际级标准主要包括国际电工委员会（IEC）、国际照明委员会（CIE）、国际标准组织（ISO）等三大组织制定的相关标准。这些标准实际上并不是对LED所有零组件作一个统一规范，有些只针对光源特性、制程等不同需求进行规范。国际电工委员会将LED认定为会发光的电气元件，因此从操作、应用安全等方面制定了相关的规范；国际照明委员会主要针对LED的光源特性作出规定；国际标准组织主要针对LED相关材料、制程、系统、产品等制定标准。

1.1.2 产业现状

自1968年具有实用价值的低发光效率的LED产生以来，LED产业经历了几十年的发展历程，已经经历了形成期，进入了发展期。尤其是20世纪90年代之后，LED产业在全球迅速崛起并高速发展。美国、日本、欧盟、韩国等国家和地区，陆续启动固态照明计划，以占领LED照明领域的前沿技术和市场份额。

2005~2009年全球LED产值稳步增长，而2010~2012年的几年间更是呈现突破性增长，如表1-1-1所列。

表1-1-1 2005~2012年全球LED产值及增长情况[1]

年份	2005	2006	2007	2008	2009	2010	2011	2012
全球产值/亿美元	57.76	61.8	66.13	68.11	70.15	96.1	129.74	173.85
同比增长	—	6.99%	7.01%	2.99%	3.00%	36.99%	35.01%	34.00%

世界LED照明产业和市场发展的一个突出特点是市场细分度极高，不同市场发展存在较大差异。LED已从指示灯、手机背光、显示屏、交通信号灯等成熟应用领域，正逐步向中大尺寸LCD背光、汽车、照明等新兴应用市场渗透应用。高端有显示屏、交通灯、汽车灯、背光；中端则是家居光源、户外灯饰、太阳能系列产品；低端有玩具等产品，各个市场的发展状态存在显著差别。从市场发展情况看，中大尺寸液晶背光和汽车灯用LED正在成为增长最快的应用市场，高亮LED的市场在未来几年仍将以14%的速度增长，但是随着各国交通等信号灯替换的结束，交通灯领域基本饱和；其他如安全照明、普通低亮度LED的需求稳定上升，增长率变化不大。高亮度LED和超高亮度LED市场是LED照明产业近年快速发展的重点，市场增长程度超过了LED的整体增长速度。自从第一只商业化的蓝光LED面世以来，全球高亮度LED市场发展迅速，2001~2004年，高亮度LED市场年增长率为44%。从2004年开始，高亮度LED市场增长速度放缓，但仍高于LED市场的平均增幅。日亚化学占领着这一市场的

---

[1] 数据来源：www.china-consulting.cn.

60%。丰田和科锐紧随其后，占据相当的市场份额，通用电气、飞利浦、欧司朗三大照明公司分别与半导体公司合作，成立制造白光 HB-LED 的公司。

LED 照明市场形成美国、亚洲、欧洲三大区域为主导的产业分布和竞争格局，且上中游的生产主要集中在日本、美国和欧洲。美、日主要从事最高附加价值产品的生产；欧洲企业则利用其在应用技术领域的开发和善于吸收最新技术的转换优势，主要从事高附加价值产品生产。美国科锐、Lumileds、Gel Core，日本日亚化学、丰田合成，德国欧司朗等厂商垄断了高端产品市场，代表了当今 LED 照明的最高水平。

美国是 LED 照明产业核心技术的最大拥有者之一，通过掌握核心技术控制全球 LED 产业链的利润流向，牢牢占据了技术领先者地位，并形成了企业内部垂直整合的完整产业链。美国发展 LED 产业的核心思路是"通过科技突破带动市场、加速市场渗透速度"，这一以技术带动市场的战略得到了政府部门的大力支持，美国能源部先后启动总投资 5 亿美元的国家 LED 照明研究计划，即"下一代照明计划"（NGLI）和"固态照明研究与发展计划"，从发光二极管成本的降低和转换效率的提升、氮化镓材料的固体物理学问题、金属有机化学气相沉积相关工艺、低缺陷密度衬底和器件结构的优化等方向展开研究，并确定了无机发光二极管和有机发光二极管两个方向，以期继续保持技术的领先地位。同时美国 LED 产业垂直整合度较高，单个企业内部产业链相对完整，很多企业形成了包括"衬底—外延—芯片—封装—应用产品"的完整 LED 产业链。

日本是全球 LED 主要生产国，其 LED 产业发展实施与美国相似的技术领先型发展战略，已经形成了存在于企业间的从上游到下游应用的完整产业链，还是全球封装产量第二大的生产地区。到目前为止依然是日本掌握着最高亮度 LED 的生产技术，以及封装所用的高档荧光粉技术。日本的 LED 产业集中度也比较高，在产业链上游，主要以日亚化学及丰田合成为龙头；而在封装及下游应用领域，则由大型专业 LED 照明厂开发照明市场，如西铁城电子、Stanley 电气、鹿儿岛松下电子、夏普、东芝。

欧洲是 LED 应用普及和推广率较高的地区，是 LED 生产和消费的主要地区。欧洲 LED 产业发展主轴以飞利浦和欧司朗两大企业为重心，虽然两大企业在面板背光领域未获取掌控权，但是相对于照明市场却是相当积极。2000 年前即投入巨资开始了 LED 照明基础技术的研究，其中飞利浦则携其资本的强大优势，在 LED 应用领域首先收购美国 Lumileds 及其他具有技术优势的方案公司，并在取得核心技术和相关专利后在亚洲市场挖掘优质代工企业生产；欧司朗在白光 LED 用荧光材料方面一直具有领先优势，但欧司朗最近几年侧重点放在白光灯珠，在通用照明产品领域的推广种类很少，主要集中在室内球泡灯和模组类灯的推广上。

我国的 LED 产业起步于 20 世纪 70 年代，其中 LED 照明产业起步于 90 年代初，经过近 20 年的发展，初步形成了包括 LED 外延、芯片制备、封装以及产品应用在内的完整产业链，并自 2003 年实行半导体照明工程以来进入了快速发展时期。在市场格局上，中国 LED 产业已经初步形成珠江三角洲、长江三角洲、闽三角（东南地区）、北方地区四大区域，每一区域都形成了比较完整的产业链，具有不同的特点。

在 LED 产业规模迅速增长的同时，产业结构也有了较大的提升，中高端产品份额逐步增加。中国 LED 照明产业发展向好，封装企业规模继续保持较快增长、外延芯片企业的发展尤其迅速。2008 年、2009 年 LED 芯片、外延的产值年增长率分别达到 26%、25%，远高于同期封装销售额的 10% 左右增长率。同时其占比也在不断扩大，2008 年，LED 照明产业芯片和外延产业占 LED 照明产业规模的 9%，2009 年这一比例上升到 12%。

我国 LED 照明应用领域差异较大，应用结构变化显著。2008 年 LED 产品在各主要应用领域销售额分布统计显示：建筑景观为我国 LED 最大的应用领域，占总市场份额的 28%；LED 显示屏与家电显示为中国 LED 第二大应用领域，占总市场份额的 27%；手机、电脑笔记本等中小尺寸背光源为第三大应用领域，占总市场份额的 22%；交通信号灯、汽车灯、特种照明灯等各类应用占有一定市场份额。随着技术的进一步发展，未来 LED 的应用市场结构也将随之产生较大的变化。

1.1.3 行业需求

巨大的市场需求、显著的经济和社会效益的驱动，使世界各国均倾注了大量财力、人力和物力，来推动固体 LED 作为固态照明光源的研究和开发。经过几十年的发展，从目前的技术发展现状看，日本和美国最具有技术实力，在 LED 新产品和新技术领域拥有创新优势；欧洲则在 LED 应用技术领域的开发和吸收最新技术转化方面拥有优势；中国台湾地区在 LED 芯片产量和 LED 封装方面占据全球第一的位置。

我国进入 LED 照明领域较晚，在经历了买器件、买芯片、买外延片之路后，目前已经实现了自主生产外延片和芯片。区域分布上形成了四大半导体照明产业聚集区，14 个产业基地，21 个"十城万盏"半导体照明试点示范工程的试点城市，20 多家研究机构，4000 多家企业，其中上游企业 60 余家，封装企业 1000 余家，下游应用企业 3000 余家，并涌现了一批锐意创新、技术过硬的先进企业。尽管科技部先后批准上海、厦门、大连、南昌、深圳 5 个国家半导体照明工程产业化基地，促进了区域技术集成创新和产业链的完善，初步形成了相对合理的产业格局，但我国缺乏 LED 照明领域的核心专利，特别是关系到产业长远发展的蓝光核心专利及白光专利缺乏，这将使国内产业的长期发展受制。上游的外延生长与芯片制造是最能代表企业或国家技术与产业水平的部分，也是技术含量最高和专利竞争最激烈、经营风险最大的领域，同时也是专利壁垒最强的环节，据统计，LED 产业中 70% 的利润集中在这个环节；中游的器件与模块封装以及下游的显示与照明应用，属于技术和劳动密集型行业。我国 LED 照明领域与世界领先企业在技术和规模上存在着一定的差距，且面临着一定的专利技术壁垒。

目前我国 LED 产业仍然处于起步阶段，核心专利少。但是目前全球 LED 照明产业竞争格局还未完全形成，这是因为 LED 技术仍处在不断进步过程中，LED 产业远没有达到成熟，未来的技术路线在不断发展，白光技术路线在探索，衬底、外延、芯片、封装技术都在不断更新，因此我国 LED 产业尚有很多突破机会。我国 LED 行业需要集中精力，找准时机，努力突破专利壁垒，使中国半导体照明产业开辟出一条"中国式"道路。

通过多方调研，行业需求主要集中在需要了解 LED 照明领域产业现状及发展趋势分析、专利技术整体态势分析，全球、中国专利申请分布状况；外延、芯片、封装等各领域分析；主要申请人专利申请状况；LED 照明器件中关键技术专利申请分布状况；重要专利分析；国内外专利申请对比分析，优劣势、空白点和突破点；专利诉讼案例；无效专利分析。

1.2 研究对象和方法

1.2.1 技术分解

在前期调研过程中，课题组通过与业内专家进行充分讨论，从产业层面加深了对 LED 照明技术的认识。在此基础上，遵循"符合行业标准和习惯"并兼顾"便于检索和标引"的原则，将 LED 照明技术划分为衬底材料、外延、芯片结构、封装、照明组件和一体化灯具五部分。具体的 LED 照明技术技术分解，如表 1-2-1 所列。

表 1-2-1 LED 照明技术分解表

一级技术分支	二级技术分支
衬底	四族元素
	四族化合物元素
	二六族元素
	三五族元素
	III-VI 族
	衬底其他
外延	方法
	结构
芯片结构	电极
	反射镜
	粗化
	侧面腐蚀
	衬底剥离键合
	划片
	保护层
	保护电路
	微结构

续表

一级技术分支	二级技术分支
封装	封装结构
	封装技术
	封装材料
照明组件	颜色
	出光面特性
	发光强度
	组件外形
一体化灯具	应用

此外，LED 照明器件的主要结构均由 MOCVD/MOVPE/OMVPE 设备加工制备的，MOCVD/MOVPE/OMVPE 设备的技术水平与 LED 照明技术的发展息息相关，因此，本课题对 MOCVD/MOVPE/OMVPE 设备也进行了详细的专利分析。这里也给出了具体的 MOCVD/MOVPE/OMVPE 设备技术分解，如表 1-2-2 所列。

表 1-2-2　MOCVD/MOVPE/OMVPE 设备部分技术分解表

一级技术分支	二级技术分支
MOCVD/MOVPE/OMVPE 设备	系统架构（system architecture，包括 platform、mainframe）
	其他反应室
	常规反应腔/室
	腔/室外气体运输，source delivery
	生长控制装置（主要是温度控制）
	外延层生长的原位监测（原位光学监测）
	反应腔及腔内部件清洁（原位及非原位、chamber cleaning、component cleaning）
	安全控制装置
	尾气处理分系统

1.2.2　数据检索

本报告的专利文献数据主要来自国家知识产权局专利检索与服务系统（以下简称"S 系统"）。数据检索截止时间为 2013 年 6 月 30 日。

（1）专利文献来源

DWPI（德温特世界专利索引数据库）；CPRSABS（中国专利检索系统文摘数据库）。

(2) 非专利文献来源

中文：百度搜索引擎；外文：谷歌搜索引擎。

(3) 法律状态查询

中文法律状态数据来自 CNPAT（中国专利数据库）。

(4) 引用频次查询

引文数据来自 DII（德温特引文数据库）和 Soopat 网站。

(5) 诉讼相关数据

主要来自 Innography 分析平台、中国台湾的财团法人"国家实验研究院科技政策研究与咨询中心"的网上公开资料，以及中国知识产权裁判文书网、中国法院网、广东法院网等网络公开信息。

由于 LED 照明领域各一级分支之间的相似度不高，因此本课题采用了分总式检索策略。首先，分别对技术分解表中的各技术分支进行检索，得到该技术分支的检索结果；然后，将各技术分支的检索结果进行合并，得到总的检索结果。检索结果文献量如表 1-2-3 所列。

表 1-2-3 检索结果文献量

	衬底	外延	芯片	封装	MOCVD	照明组件及一体化灯具	总计
全球（项）	10311	22563	9480	11342	1183	151343	206222
中国（件）	1983	4338	2049	3763	595	69250	81978

1.2.3 查全率和查准率评估

查全率和查准率是评估检索结果优劣的指标。查全率用来评估检索结果的全面性；查准率用来衡量检索结果的准确性。设 S 为待验证的待评估查全专利文献集合，P 为查全样本专利文献集合（P 集合中的每一篇文献都必须与要分析的主题相关，即"有效文献"），则查全率 r = num（P∩S）/num（P），其中 P∩S 表示 P 与 S 的交集，num（ ）表示集合中元素的数量。设 S 为待评估专利文献集合中的抽样样本，S'为 S 中与分析主题相关的专利文献，则查准率 p = num（S'）/num（S）。

课题组根据上述方法对检索结果的查全率和查准率进行了验证，查全率为 93.0%，查准率为 97.8%，满足研究需要。

1.2.4 相关事项和约定

(1) 主要申请人名称约定

由于翻译或者子母公司、企业兼并重组等因素，在专利申请人的表述上存在一定的差异，导致同一申请人可能对应着多个不同的名称，在此本报告对出现频次较高的重要申请人的名称进行同一的约定，以便于本课题的规范，具体约定见表 1-2-4。

表1-2-4 主要申请人名称约定

约定名称	对应的申请人名称
飞利浦	皇家飞利浦电子股份有限公司
	飞利浦拉米尔德斯照明设备有限责任公司
	皇家菲利浦电子有限公司
乐 金	LG 伊诺特有限公司
	LG 电子株式会社
	LG 矽得荣株式会社
	LG 电子有限公司
	乐金显示有限公司
富士康	富士康
	鸿海精密工业股份有限公司
	鸿准精密工业股份有限公司
	富准精密工业（深圳）有限公司
	鸿富锦精密工业（深圳）有限公司
	富士迈半导体精密工业（上海）有限公司
	沛鑫能源科技股份有限公司
	沛鑫半导体工业股份有限公司
住 友	住友电气工业株式会社
	住友化学株式会社
东 芝	株式会社东芝
	东芝医疗系统株式会社
	东芝电器营销株式会社
	东芝家电制造株式会社
	东芝机械株式会社
	东芝解决方案株式会社
	株式会社东芝
	东芝松下显示技术有限公司
	东洋制罐株式会社
	东芝三菱电机产业系统株式会社
	东芝技术中心有限公司
	东芝电梯株式会社
	东芝照明技术株式会社

续表

约定名称	对应的申请人名称
三　星	三星电子株式会社
	三星 LED 株式会社
	三星电机株式会社
	三星 SDI 株式会社
	三星电管株式会社
	三星日本电气移动显示株式会社
	三星移动显示株式会社
	三星移动显示器株式会社
	三星移动显示器株式会社
中庆微	北京中庆微数字设备开发有限公司
	深圳市中庆微科技开发有限公司
欧司朗	西门子公司
	欧司朗股份有限公司
	OSRAM
	欧司朗光电半导体有限公司
科　锐	科锐公司
	惠州科锐半导体照明有限公司
	惠州科锐光电有限公司
	科锐 LED 照明科技公司
	科锐有限公司
	克里研究公司
	美商克立股份有限公司
	克立公司
	科里公司
	科锐香港有限公司
	上海科锐光电发展有限公司
	克里微波有限责任公司
	华刚光电（深圳）有限公司
	华刚光电（上海）有限公司
	华刚光电（集团）有限公司
	鲁德照明公司

续表

约定名称	对应的申请人名称
科 锐	克里公司
	克利公司
	格里公司
索 尼	索尼公司
	索尼化学
	索尼株式会社
日 立	日立电线株式会社内斯泰石油公司
	株式会社日立制作所
	日立化学工业株式会社
	株式会社日立高新技术
	日立造船株式会社
	日立金属株式会社
	株式会社日立显示器
三 菱	三菱电机株式会社
	三菱化学株式会社
	三菱重工业株式会社
	三菱瓦斯化学株式会社
	三菱聚酯薄膜公司
	三菱树脂株式会社
VEEC	VEECO INSTR INC
AIXT	AIXTRON AG
	AIXTRON SE
	GENUS INC
SWAT	SWAN THOMAS & CO LTD
EMCO	EMCORE CORP
NIIO	NIPPON SANSO CORP
	NIPPON SANSO KK
	TAIYO NIPPON SANSO CORP
	NIPPON SANSO
	TAIYO SANSO CO LTD

续表

约定名称	对应的申请人名称
MATE	APPLIED MATERIALS INC
NDEN	NISSHIN ELECTRICAL CO LTD
	NISSIN ELECTRIC CO LTD
	NISSHIN ELECTRICAL KK
SHAF	SHARP KK
日亚化学	NICHIA KAGAKU KOGYO KK
	NICHIA CORP
	日亚化学工业株式会社

（2）技术术语约定

本节对本报告中反复出现的各种专利术语或现象，一并给出如下解释：

项：同一项发明可能在多个国家或地区提出专利申请，DWPI 将这些相关申请作为一条记录收录。在进行专利申请数据统计时，对于数据库中以一族（同族）数据的形式出现的一系列专利文献，计算为"1 项"。一般情况下，专利申请的项数对应于技术的数目。

件：在进行专利统计时，例如为了分析申请人在不同国家、地区或组织所提出的专利申请的分布情况，将同族专利申请分开进行统计，所得到的结果对应于申请的件数。1 项专利申请可能对应于 1 件或多件专利申请。

专利族、同族专利：同一项发明创造在多个国家或地区申请专利而产生的一组内容相同或基本相同的专利文献，成为一个专利族或同族专利。从技术角度看，属于同一专利族的多件专利申请可视为同一项技术。在本课题中，针对技术和专利首次申请国家/地区分析时对同族专利进行了合并统计，针对专利在国家或地区的公开情况进行分析时对隔间专利进行了单独统计。

专利被引频次：专利文献被在后申请的其他专利文献引用的次数。

国内申请：中国申请人在中国国家知识产权局的专利申请。

在中国申请：申请人在中国国家知识产权局的专利申请。

无效诉讼：有他人向中国国家知识产权局专利复审委员会就申请人的某件发明提出的无效请求。

图表数据约定：由于 2012 年或 2013 年数据不完整，其不能完全代表真正的专利申请趋势，因此，在于年份有关的趋势图表中未全部给出 2012 年或 2013 年数据段。

第 2 章 LED 照明领域专利分析

本章基于 DWPI 等数据库对 LED 照明领域专利技术进行检索和分类标引,不仅从全球专利申请趋势和中国专利申请趋势进行总体上的分析,还对各个 LED 照明专利技术分支,如衬底、外延、芯片、封装等进行深入分析。

2.1 全球专利申请概况

我们基于 DWPI 对 LED 照明专利技术的所有专利申请进行检索,并对 LED 全球的专利申请的发展趋势、首次申请国家/地区和申请目标国家/区域的情况作出总体分析。

2.1.1 总申请趋势

全球 LED 照明专利的总申请量达 206222 项,其中大部分为照明组件和一体化灯具。

LED 照明专利技术最早出现于 1955 年,但是在随后的 10 年里其发展速度相当缓慢,至 1965 年也仅有几项专利申请,与其进入 2000 年之后的申请量相比甚至可以忽略不计。

从 1966~2000 年,除了少数几个年份如 1978 年、1979 年、1988 年、1989 年的专利申请量有短暂回落之外,LED 照明专利的申请量总体而言处于一个明显的上升期(参见图 2-1-2)。申请量也从 1966 年的数十项上升至 1973 年的上百项,并于 1991 年开始达到了上千项。这期间的申请量累计达到了 2.8 万项,并为 2000 年之后的大发展提供了坚实的基础。

从 2001 年开始至今的 10 余年时间是 LED 照明技术的快速发展时期,在这阶段每年的申请量只有上升,没有下降或回落态势,只有发展得越来越快的趋势(参见图 2-1-1)。就目前的数据而言,其申请量于 2011 年达到最高值,超过了 3.1 万项。就绝对值而言,2001 年之后的 10 多年的申请量贡献了总的申请量的大部分。这主要得益于 2001 年以来对 LED 显示、LED 一体化灯具和照明组件等的大量需求,在市场的驱动下,众多厂商都加大了对 LED 照明的研发力度。例如,三星就在 2001 年开始着力于 LED 照明技术的研发,并在 2005 年进入相对平稳期。在 2011 年,三星决定开始培育以照明应用为主的新的战略增长点,对 LED 照明技术的大发展贡献了一部分力量。

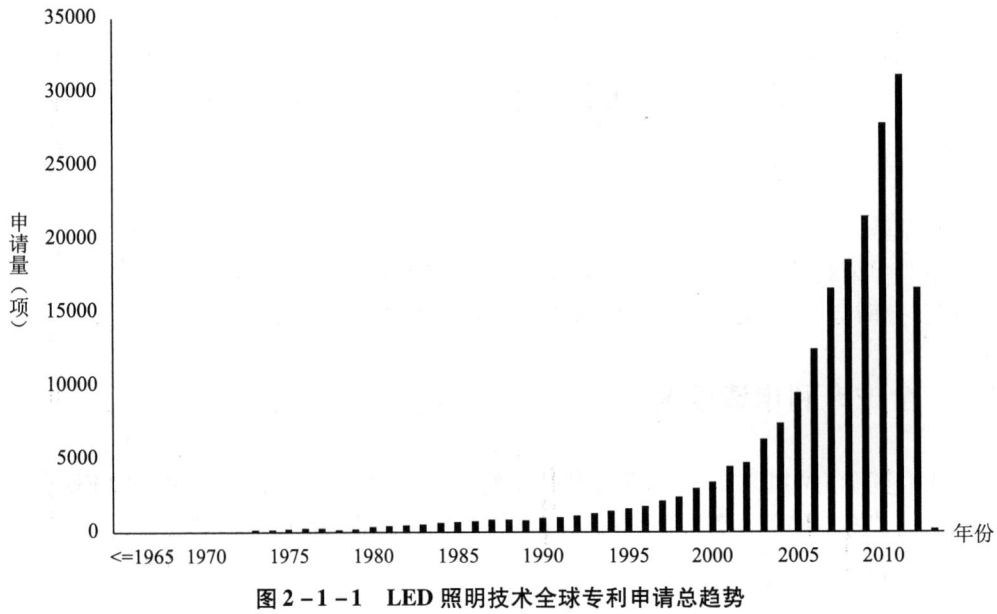

图 2-1-1 LED 照明技术全球专利申请总趋势

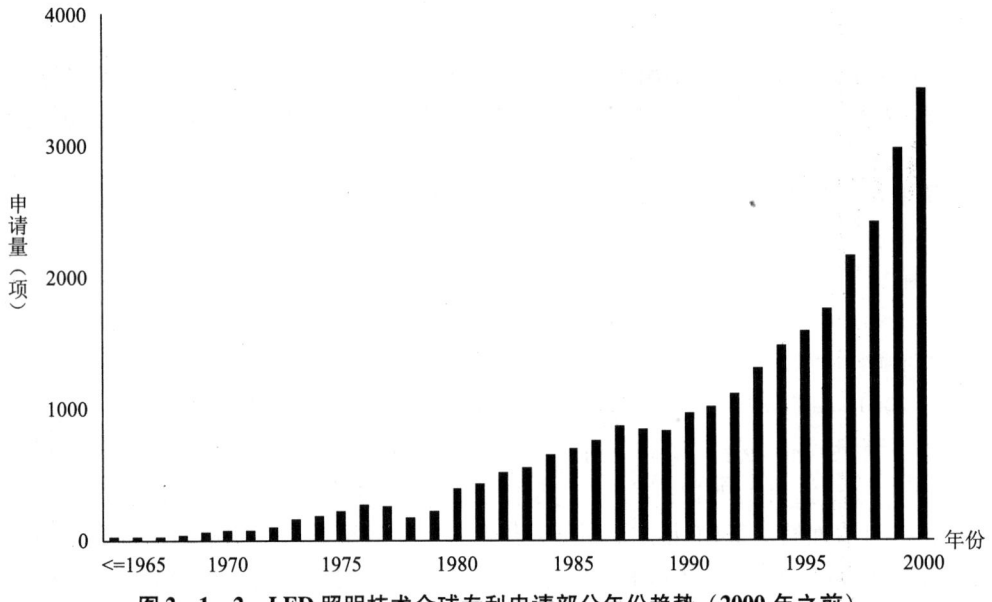

图 2-1-2 LED 照明技术全球专利申请部分年份趋势（2000 年之前）

2.1.2 首次申请国家/地区分析

对全球 LED 照明专利的首次申请国家/地区分析发现（参见图 2-1-3），中、日、美、韩四国占据了首次申请国家/地区的前四名。

第 2 章 LED 照明领域专利分析

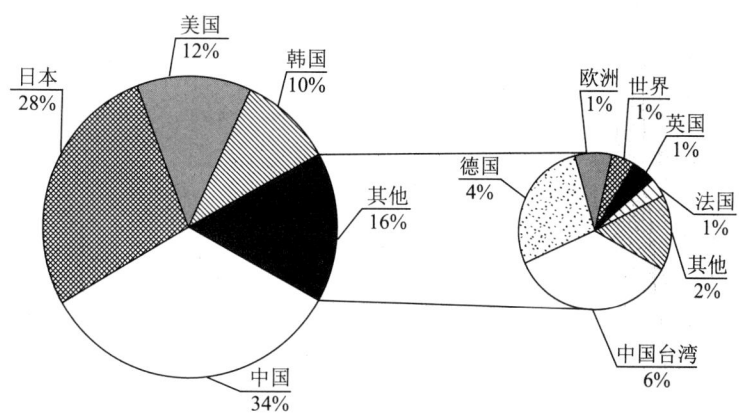

图 2-1-3 LED 照明全球专利首次申请国家/地区分布图

其中，中国以超过 1/3 的占比排名榜首，这反映了中国在 LED 照明领域方面较强的研发实力和强烈的专利保护意识。以中国为首次申请国家/地区的 LED 照明专利技术大多集中在照明组件和一体化灯具上，以具有 F21 这个分类号大类的专利文献为主。此外，中国的申请人数量众多也是中国的 LED 照明专利技术排名第一的原因之一。

排名第二的日本以 28% 的占比紧随中国之后。日本素以对产品进行改进并形成包围专利而闻名，因此，源自日本的专利技术数量众多也是可以理解的。但是与中国的情形不同的是，其对 LED 一体化灯具和照明组件的改进的专利（分类号主要是 F21）只占约 1/4 的量，其比重最大的专利技术集中在 H01 这个分类号下，即以对 LED 芯片结构、衬底、外延及其封装本身进行的改进为主。

其次是美国 12%、韩国 10%。与日本相同的是，美国、韩国的专利技术以对 LED 芯片结构、衬底、外延及其封装本身进行的改进为主。中国台湾地区和德国分别以 6%、4% 的占比紧随其后。

总体上看，中、日、美、韩四国的专利申请量占比达到了 84%，显示出这几个国家对 LED 照明技术的统治地位。

从各国的专利申请量随着年份的变化情况来看（参见图 2-1-4），中、日、美、韩四国在 1978 年之前的申请量都相对较小，中国甚至在专利局成立之后的 1985 年才有了少量申请。首次申请国家/地区为中国的专利申请虽然出现得较晚，并且在 2002 年之前都不超过 100 项，但是自 2005 年的申请量达到近千项之后，最近几年的申请量更是飞速发展，并于 2011 年迅速达到约 1.8 万项的最高值，每年的递增量达到 2000 余项。这与我国近年开展实施"十城万盏"计划，并大力推进节能照明等政策是密不可分的。

相对来说，日本、美国对 LED 照明技术的研发时间较早，分别为 1964 年、1961 年，并且在随后的发展过程中态势相对平稳，体现出较好的连续性。尽管如此，两国的申请量在 2008~2009 年均出现了一个小幅的回落，这可能与源自美国的金融危机有一定关联，金融环境的大变化必然会对制造业造成一定的影响。

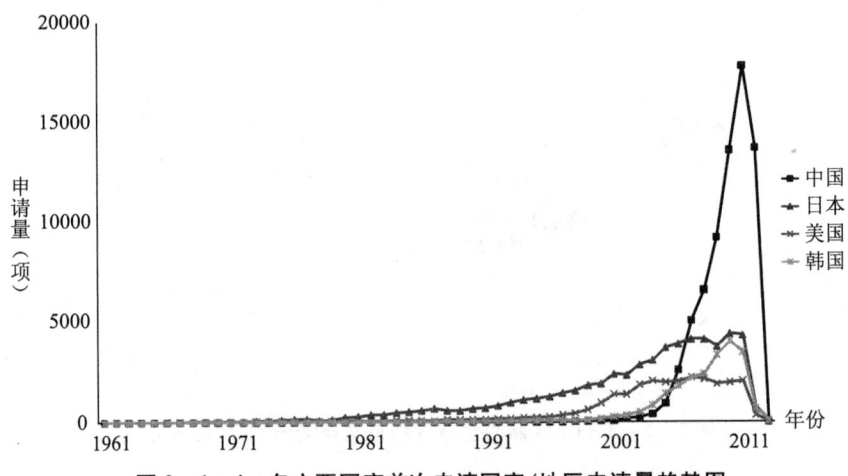

图 2-1-4　各主要国家首次申请国家/地区申请量趋势图

韩国的 LED 照明技术的发展态势与中国的发展态势有些相似。源自韩国的专利技术于 2001 年取得上百项的成绩后一直较平稳发展；在进入 2004 年达到近 900 项之后发展迅速，在 2008 年总申请量超过美国当年的申请量之后，至 2010 已经达到近 4000 项的总申请量，大幅领先于美国。

综合来看，虽然各国在 LED 照明技术方面的申请量在近年都维持在一个高位，但是各国的发展并不均衡。中国 LED 照明技术的发展在近几年异军突起，发展迅猛，这对提高我国在 LED 照明技术方面的话语权有极大的积极意义。

2.1.3　申请目标国家/区域分析

对申请目标国家/区域的分析发现（参见图 2-1-5），中、日、美、韩四国仍然占据了排名的前四强，并且排名次序与首次申请国家/地区的排名次序完全相同。不同的是，各国在占比有升有降。中国以 27% 的占比仍然排名榜首，这与其技术产出最多是相适应的，源自中国的专利技术会优先考虑在中国寻求专利保护。日、美、韩同样如此。但是相对于首次申请国家/地区的占比而言，将中国作为申请目标国家/区

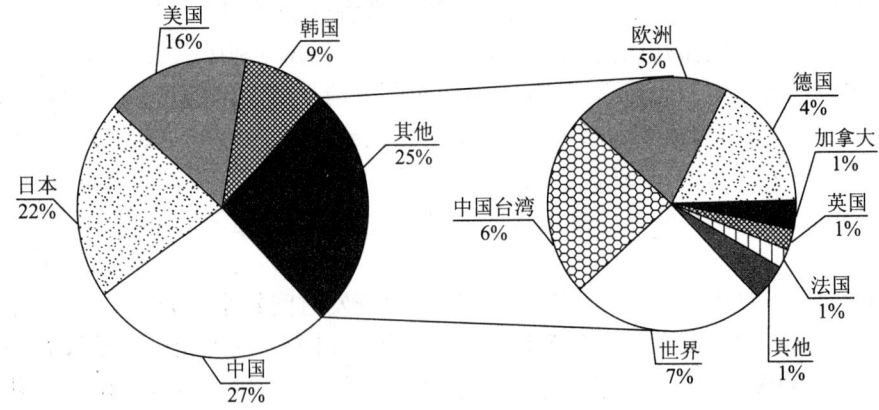

图 2-1-5　LED 照明专利技术申请目标国家/地区分布图

域的专利申请量大幅下降了7个百分点,将日本作为申请目标国家/区域的专利申请量大幅下降了6个百分点,韩国只下降了1个百分点,相反的是,将美国作为申请目标国家/区域的专利申请量却上升了4个百分点。考虑到多边申请的情况及由此导致的件数增加,各国的专利申请量占比下降是比较好理解的。从另一个角度来说,美国的专利申请量占比上升也说明各国申请人都竞相将自己的LED照明技术在美国寻求专利保护。

从各国被作为申请目标国家/区域的申请量随着年份的变化情况来看（参见图2-1-6）,中国大致延续了其作为首次申请国家/地区的发展态势,在1998年取得上百项专利申请量,在2003年取得近千项专利申请量后,在2005~2011年取得了非常快速的发展,在2011年其申请量达到了近1.8万项。

日本、美国的专利申请出现时间较早,且均在2008~2009年有一个小幅回落。将美国作为申请目标国家/地区的专利申请量在2010年取得了约4700余项的好成绩,相对于将美国作为首次申请国家/地区的专利申请量在同年的近2000项而言,是一个极大的提高,这也进一步说明各国申请人对美国市场的重视。

将韩国作为申请目标国家/地区的专利申请发展态势与将其作为首次申请国家/地区的专利申请发展态势大致相同,在近几年的发展势头迅猛,并且基本没有受到金融危机等事件对LED照明技术的影响。这也可能与三星等韩国企业进一步将LED照明技术列为未来的发展战略计划有关。值得注意的是,将韩国作为申请目标国家/地区的申请量在2010年取得的最高值约4600项,比将韩国作为首次申请国家/地区的申请量在同年取得的最高值约4000项而言只有较小提高,韩国在LED照明技术方面的专利布局的国际化道路还有较长的路要走。

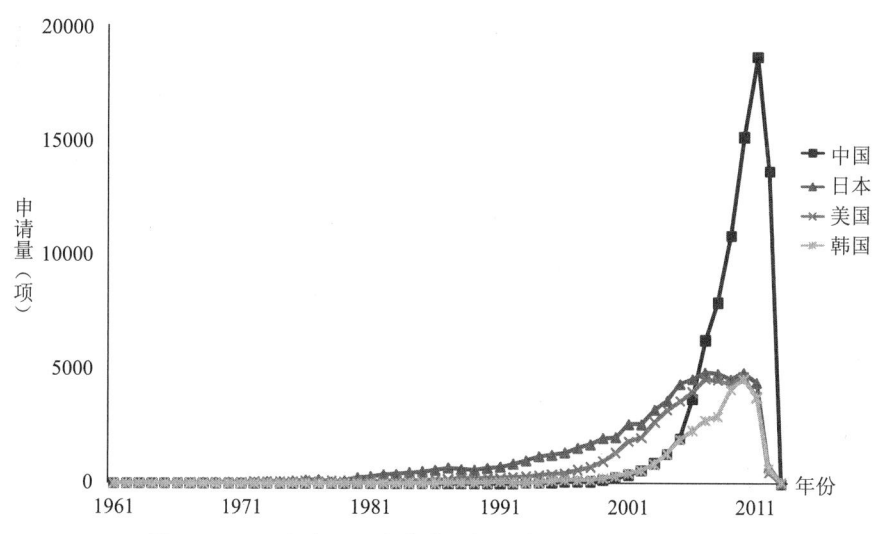

图2-1-6 各主要国家申请目标国家/区域申请量趋势图

2.2 中国专利申请分析

截至 2013 年 6 月 30 日,LED 照明中国专利申请量累计达 81978 件。本节将对 LED 在华的专利申请的发展趋势、地域分布以及主要申请人的情况作出总体分析。

2.2.1 申请发展趋势分析

图 2-2-1 示出了 LED 照明领域中国专利申请的发展趋势。从该图中可以看出,LED 的专利申请开始于 1985 年,到 1985 年才开始出现了第一件专利申请,在 2000 年之前申请量比较少,从 1985~1995 年,申请量都维持在几件到几十件的水平,由于 20 世经 90 年代初期蓝光 LED、黄光 LED、白光 LED 的诞生,全球 LED 技术前进了一大步,带来专利申请量的增长,在这一时期提出了很多基础性的重要专利,在 1996 年以后,专利申请量有了很大程度的增加,在 1996~2001 年,申请量较之前有了很大提高,2001 年达到 447 件。由于国家提倡低碳环保的光源,对 LED 产业有很大的资金支持,国内厂商也开始重视 LED 方面的专利保护,积极进行专利布局,2005 年之后 LED 在中国的申请开始呈指数级增长,2011 年达到了 17765 件。

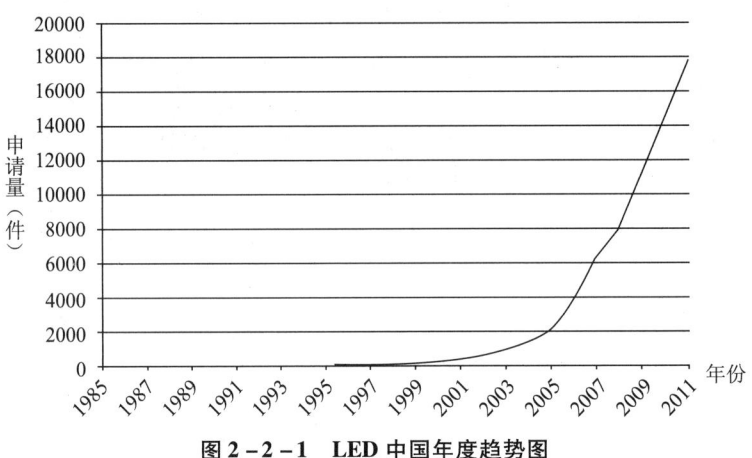

图 2-2-1 LED 中国年度趋势图

2.2.2 申请人国别分析

通过对 LED 在中国的专利申请人的国别进行分析(参见图 2-2-2),可见国内的申请占总申请量的 84%,达 69066 项,国外申请人中,日本申请人的申请量最多,达到 5916 项,作为国外申请人的第二申请大户,美国的申请量达到 2380 项,韩国、德国的申请量分别为 1517 项和 1046 项。从专利申请数据可以看出,国内申请人在中国的申请量上有绝对优势,说明国内对 LED 在本国的专利布局比较重视。而作为 LED 产业最重要的生产国日本对中国市场非常重视,在中国进行了一定的专利布局。随着中国 LED 产业的迅速发展和市场的逐步兴起,美国也逐渐增强对中国市场的重视,申请了一些 LED 领域的专利。

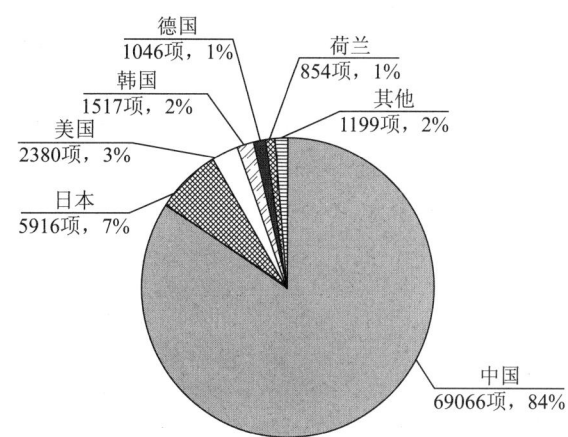

图 2-2-2　LED 主要国家申请人在中国专利申请量比例分布

2.2.3　专利申请的区域分布

如图 2-2-3 所示。专利申请量位于前十位的省市区分别是：广东、浙江、江苏、台湾、上海、北京、福建、山东、四川和安徽，其中广东占国内申请人总申请量的 30%，达 20526 件，其次是浙江和江苏分别为 7704 件和 7582 件，然后台湾 6567 件，上海 4546 件，北京 3023 件，福建 2954 件，山东 2385 件。

其中，广东的专利申请量最大，主要原因在于经济发展水平比较高，半导体产业比较发达，分布着很多半导体制造厂家，对于 LED 的研发有着得天独厚的优势，广东对 LED 一直比较关注，扶持力度比较大，聚集着多家 LED 厂商，如富士康、海洋王照明、展晶科技等。

对于浙江、江苏、台湾，这些省份分布着很多的 LED 企业。浙江、江苏的半导体产业一直比较发达。台湾在 LED 产业链的上游晶圆、中游芯片制造、下游封装都有许多厂商投入，形成了非常完整的产业链结构，在终端应用，亦有多家企业，投入 LED 照明产业以及汽车电子和显示器应用等产业。台湾的 LED 厂商这些年有了长足发展，不仅 LED 领导厂商的专利合作以及自身的技术发展有了很大发展，而且台湾厂商专利意识比较强，在大陆进行了专利布局，对低端产业向大陆进行了转移。

上海、北京的专利申请量也比较大，主要原因在于这两地区分布着很多高校、研究所，如北京有北京大学、中科院半导体所，上海有中科院上海光学精密机械研究所、复旦大学等，这些高校研究所在 LED 领域进行了广泛深入地研究，提高了所在省市地区专利申请的总量。

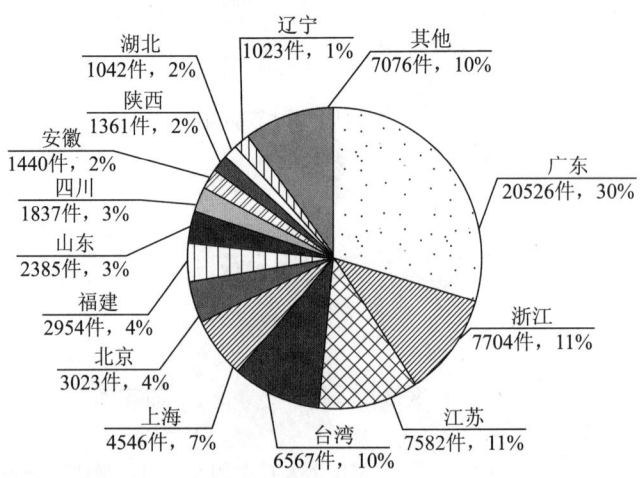

图 2-2-3　LED 衬底在中国各省市专利分布图

2.3　重点区域专利分析

产业的发展离不开地方的规划，企业的壮大离不开政府的扶持。对于具有较长产业链条的产业，需要在有限的区域形成完整的产业链，从而优化产业发展环境，形成吸引效应，降低成本，进一步壮大区域产业发展，走上良性循环。LED 照明具有上游的衬底、芯片、外延，中游的封装和下游的应用，因此，LED 照明属于产业链较长的产业。分析 LED 照明的区域发展，将能够为产业链的发展提供良好的借鉴。

2.3.1　从申请量的变化看广东 LED 照明的发展

广东是我国 LED 照明产业大省，该省 LED 照明产值一直处于我国该行业的领先地位，据统计，广东的 LED 产值已经占到了全国的七成以上。[1] 通过对广东的 LED 照明进行相关专利的分析可以有助于我们更清楚认识到广东 LED 照明产业的优势和短板，为今后的产业规划制订和调整提供一些依据。

2.3.1.1　广东——中国 LED 照明产业大省

广东的 LED 产业发展起步较早，依靠优良的地域优势和完备的产业链配套及巨大的交易市场，下游 LED 应用产业发展迅猛。2011 年广东 LED 产业实现产值 1500 亿元，与 2010 年相比增长 43.13%，在 2012 年则突破 2000 亿元大关。从广东 LED 行业产值占中国整体产值的比重看，2011 年广东 LED 产值占整体产值的 65%，2012 年比重进一步拉大，预计到 2015 年广东 LED 产值规模将突破 5000 亿元，将成为名副其实的中国 LED 产业领头羊。

从专利申请的角度看：包括广东在内，LED 照明产业近 10 年来都有了快速发展，特别是从 2007 年起随后的几年到 2011 年，从专利申请量来看，申请量增长迅猛，步入

---

[1]　http://www.cnledw.com/info/newsdetail-25600.htm.

了发展快车道。对于 2012 年的数据，由于部分发明专利还未公开，数据仅供参考。但按照之前的趋势，2012 年的申请量变化也应处于稳步提升态势。将广东的专利申请量与中国 LED 专利申请量进行比较，广东省 LED 照明的专利申请量同其产业产值一直位于我国 LED 照明产业的前列，2012 年 LED 照明相关专利的申请量占到了全国该产业申请总量的将近 25%。从图 2-3-1 也可以看到广东省 LED 产业在全国占有举足轻重的地位。按照目前的发展趋势，在未来的几年，广东的 LED 照明专利量仍然将处于中国的前列。

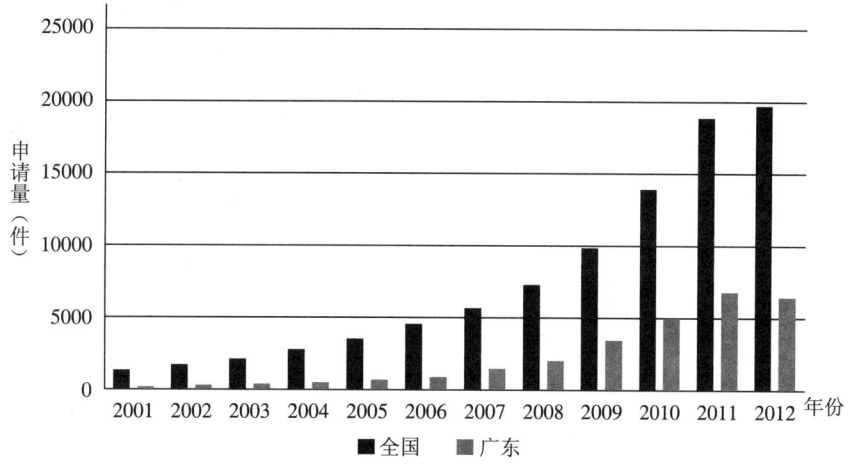

图 2-3-1　全国及广东的 LED 照明专利申请趋势

参见图 2-3-2，该图列出了广东的 LED 照明专利申请量占据全国 LED 照明专利申请量的占比的趋势变化。从该图中可以看出，广东的 LED 照明产业专利申请大概分成以下三个阶段。

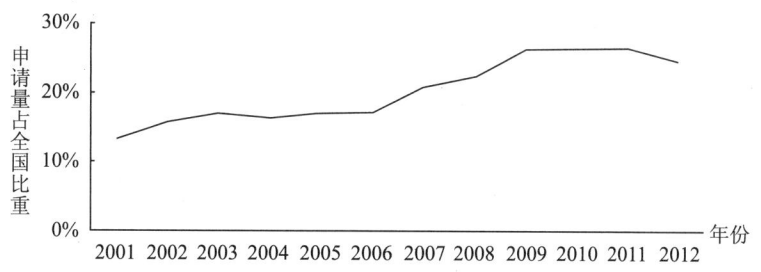

图 2-3-2　广东 LED 照明专利申请占中国 LED 照明总申请量比重

（1）2001～2006 年属于广东 LED 照明专利申请的起步期，这几年广东的 LED 照明专利申请量占到全国的比例从 13% 上升到 17%，在这一时间段，广东的 LED 照明伴随其产业发展已经是位于我国前列了，该比例是较大的。但在几年的时间内，该比例并没有发生大的变化，这说明广东 LED 照明的发展速度基本和其他省份的发展速度近似，虽然广东 LED 照明专利申请量每年以近 50% 的速度增长，但其他省份的增长速度也很快，广东并没有体现其突出的产业发展速度。

（2）2007～2009 年是广东 LED 发展的快速增长期，这段时间专利申请量迅速增加,该时间段内广东 LED 照明专利申请量占到了全国的 23.1%,并且该时间段内每年都以大概 67% 的速度递增。这段时间专利申请增长率是大大高于全国平均水平的,导致了广东 LED 照明专利占比逐年增加;这也与广东这段时间加大 LED 照明产业的倾斜与投入相契合。

(3) 2010~2012 年广东 LED 发展的稳定期,这段时间广东的 LED 照明申请量在全国一直维持在 25% 左右。每年申请量递增幅度大概在 14% 左右。与前两个阶段相比,这段时间的申请量增长不如前两个阶段迅速,甚至在 2012 年还有些许下滑。从专利角度反映出广东自身 LED 照明产业的发展在经过前几年的高速发展后,在进行了基础的专利布局后,进入了调整阶段。

课题组在以下小节试图从多角度来分析广东的 LED 照明产业目前所遇到的发展瓶颈。

2.3.1.2 波涛起伏,发展进入盘整期

从 2001 年以来广东一直位于中国 LED 发展的前列,甚至一度成为 LED 发展的火车头。然而,它始终会这样吗?在它发展的过程中是否会遇到其他省份的追赶,其自身发展是否会遇到一定的瓶颈?这样的发展是否存在规律?

以下利用广东 LED 专利申请量在各方面的变化,来说明广东 LED 产业发展进程。将广东的 LED 照明领域专利与省内专利申请总量占比进行分析,得到图 2-3-3。

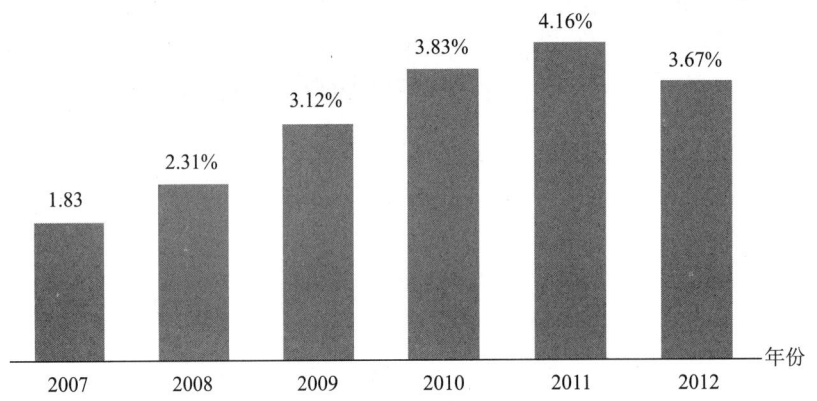

图 2-3-3 广东的 LED 照明专利申请与省内总申请量占比趋势

从图 2-3-3 可以看出:从 2007~2011 年,这几年 LED 照明专利申请相对于广东全部 LED 申请量处于稳步提升的态势,而 2011~2012 年这两年由原来 LED 照明专利申请量占比上升的趋势变为下降趋势。说明与广东的其他产业相比,在代表技术创新的专利申请量看,创新的活跃度有所下降。

以下进行单位产值专利产出比分析。

专利申请量增长变慢并非是单纯对该产业的投入减少而造成的。这 10 年来广东一直对该产业加大投入,这在之前的分析数据就可以看出:在产业规模上:从 2008 年的 310 亿产值到 2010 年的 853 亿元产值,再到 2012 年的 2025 亿元产值,其产业产出增长迅猛。但其专利申请量相对比值确没有达到相同的增长率。图 2-3-4 的产值与专利申请量关系可以清楚反映这一情况。

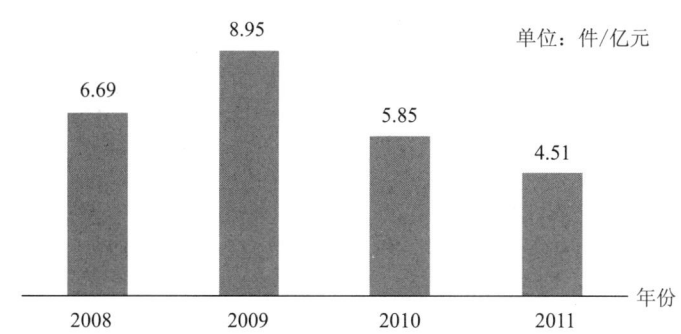

图2-3-4 广东的LED照明产业产值与专利申请量比值变化趋势

图2-3-4中的数据代表亿元产值产出的专利量（单位：件/亿元），计算方式是用当年LED照明专利申请量除以当年行业产值。

从2008年的6.69件/亿元至2009年达到峰值8.95件/亿元，然后专利申请量与产业规模的比值有所下降的趋势，从这方面也验证了之前谈到的广东LED照明产业目前面临着虽然投入在不断加大，但专利申请量增长趋缓。造成该方面的原因有多方面：一方面是经过2007～2011年的专利申请快速增长后，部分企业已经完成了在相应领域的专利布局，转入了对专利布局的细节填补，反映在技术活跃度上，企业在经过前期的活跃期后进入了调整期；另一方面是，由于现阶段LED产业发展突破了一定数量后，单元部件成本迅速下降，LED照明进入家庭和公共照明成为了可能，LED产值的增长来源于成本的下降，LED照明获得了新的产值增长点，这也降低了单位产值的专利产出比。

下面将广东与国内部分LED照明产业活跃省份的专利申请量进行比较。

前期，广东凭借自身的先发优势，在前几年积累下的一定的领先优势。但这几年，其他省份LED照明产业得到了极大的发展，面对广东的先发优势，中国其他地区根据自身的特点合理布局，借助国家大力推广LED照明计划，在LED照明市场中分到了一杯羹。另外，部分LED照明优势企业在自身发展的同时，也带动了区域产业的发展。例如福建厦门的三安光电，在这几年以产业链的中游延伸到上游和下游，在稳固自身国内产业规模第一位置的同时带动了福建周边地区相关产业的发展。这些都对广东LED照明的领先位置提出了挑战。

从广东LED照明产业放眼到全国该产业在我国的发展，LED产业已经在不同的地区形成了较为完整的产业链，在全国已经形成了上海、大连、南昌、厦门和深圳等多个国家半导体照明工程产业化基地。以地域分布来看，目前中国的LED产业可以划分为五大主要经济产业区，分别为长三角经济区、环渤海经济产业区、珠三角经济产业区、闽三角经济产业区和中西部经济产业区。这其中，珠三角经济产业区，也就是广东省产业链发展最为完善，产业规模和科研实力在全国范围内名列前茅，竞争力强劲。

图2-3-5示出了2010～2012年全国LED照明产业活跃地区专利申请相对份额变化（由内环至外环依次分别是从2010～2012年广东、浙江、江苏、上海、福建五省市专利申请相对份额变化情况）。从2010～2012年的变化看：广东LED照明专利申请量份额在下降，在这几年相对份额从2010年的最高值47%逐年下降到2012年的41%。

主要原因除了上述提到的快速专利布局后的自身调整，申请量增长率相比提高没有原来快之外，还在于专利申请量排名第二、排名第三的浙江、江苏两省，以及福建省这两年的申请量有了飞速发展，占比有了上升。例如福建作为LED照明产业大省，其拥有类似三安光电等一批涉及产业上中下游的企业，这两年在各个领域扩张布局，伴随着是申请量的大增，也就是在新的领域的迅速地专利布局。

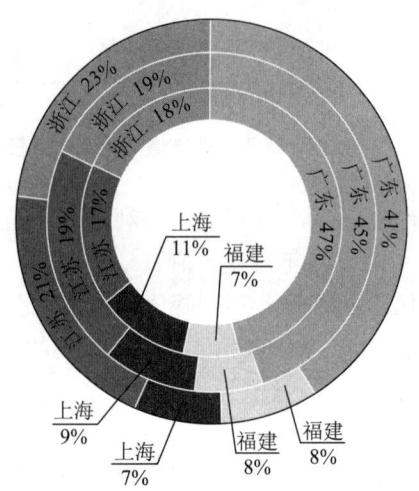

图2-3-5 中国LED照明产业活跃地区2010~2012年专利申请相对份额变化

注：内环表示2010年的专利申请相对份额，中环表示2011年的专利申请相对份额，外环表示2012年的专利申请相对份额。

从与省内其他领域申请量的比较、单位产值专利产出比的比较以及与其他LED照明活跃省份的比较不难看出：虽然目前广东LED照明产业仍然在全国处于领先地位，但从代表技术创造的专利申请量看，在快速的专利布局后将是对布局的精细调整，类似的问题可能在以后的几年会出现在其他省份上。对于该问题，专利申请量的下降从一定程度来说并不一定是坏事，关键是在布局调整中，能够根据自身的情况强化优势，确定市场、技术的引领优势。

2.3.1.3 专利申请技术分支——产业链布局的体现

区域专利申请情况与区域产业的发展相关联，那么专利申请的技术领域分支情况能够真实地体现在该地区的产业链布局。在本节中，研究人员将对广东LED专利申请进行具体技术分支的研究，研究广东LED产业构成以及发展引擎。

为了更加精确地对广东产业链的分布分析，课题组选取了发明专利进行统计。

从图2-3-6 广东LED照明产业专利构成看（统计不包括外观设计专利），实用新型专利占到了总量的74%，而代表技术含量更高的发明专利占比只有26%。

从图2-3-7 占比26%的发明专利的应用领域看：其中有57%的专利是与下游应用相关联，这些专利包括有：LED照明光学部件、LED照明散热技术以及灯具的接口等。而处于产业链的中上游的封装、衬底、芯片以及外延总共占到了43%。这一专利布局领域情况也与广东LED产业布局相吻合。

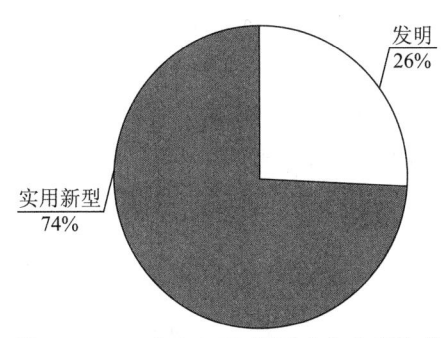
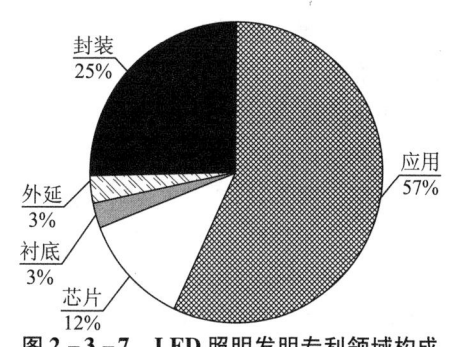

图2-3-6 广东LED照明产业专利构成　　图2-3-7 LED照明发明专利领域构成

从图2-3-6和图2-3-7不难看出：广东LED照明专利申请多集中在下游的应用方面。

从图2-3-8可以看出：广东省内LED照明活跃地区分布在包括深圳、东莞、广州、中山、佛山、惠州等珠三角地区。目前珠三角地区已经是中国最大的LED封装基地，其中约占全国封装产值的30%~50%，拥有深圳、东莞两个国家半导体照明产业基地，产业链条齐全，企业规模大，发展齐全❶。另外专利中以实用新型专利为主（未统计外观设计专利），其占总申请量的74%。

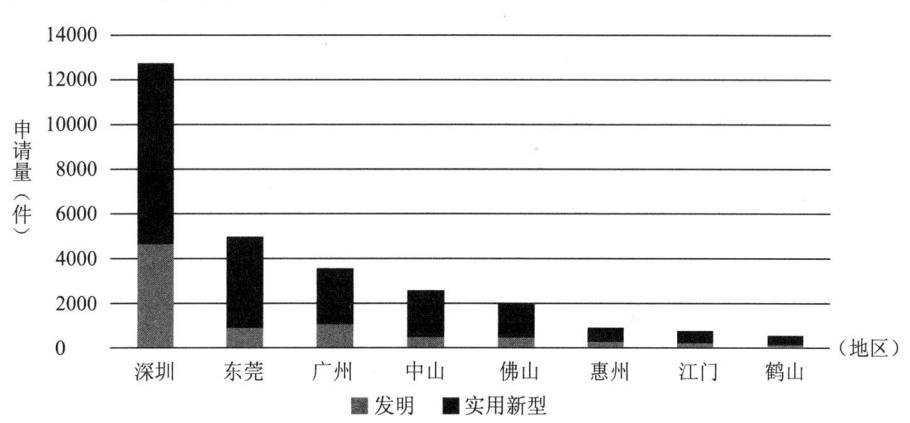

图2-3-8 广东省内主要LED照明产业聚集地专利申请情况汇总

以下进行各分支发明专利申请量的分析。

发明相比于实用新型专利，更能代表本领域的技术发展水平；通过分析发明专利，也能更准确地摸清各领域相对变化。研究人员选择了广东LED照明中的发明专利作为下面的研究对象。

发明专利申请量变化率可以反映该产业发展的活跃程度。如果一段时间内某领域申请量有大幅地增加，说明该领域技术革新，技术发展的需求是很旺盛的。分析发明专利申请量的增长率，可以反映出该产业在该地区的焦点程度。

---

❶ 广东省半导体照明产业联合创新中心.广东省LED照明2011—2015年市场趋势分析报告［EB/OL］.［2003-02-19］. http：//www.gscled.com/list.jsp?catid=15.

课题组按照 LED 照明产业特点分为：上游，芯片衬底外延；中游，芯片封装与荧光粉技术；下游，光学组件、接口、散热以及电源、驱动与控制。从图 2-3-9 可以看出，每个时间段，总申请量都在增长，但各个领域的增长幅度各不相同；其中下游应用增长幅度最大，对应的这个时间段正是广东 LED 照明应用企业快速扩张时期（这些企业主要是灯具制照，涉及路灯、景观照明以及室内照明）。增长率处于第二位置的是中游产业：芯片封装与荧光粉技术以及下游领域中的电源驱动控制领域。而处于上游的芯片、衬底外延领域申请量增长相对缓慢。LED 照明下游产业入门门槛低，在广东分布着众多企业，由于企业数量多，相对来说该领域的申请活跃程度就会高，特别是在 2007~2009 年时间段，申请量的增长幅度与其他领域拉开差距，广东 LED 照明专利申请量能在这一时间段占到全国申请量的 25%，也是得益该下游领域申请量的大幅提升。

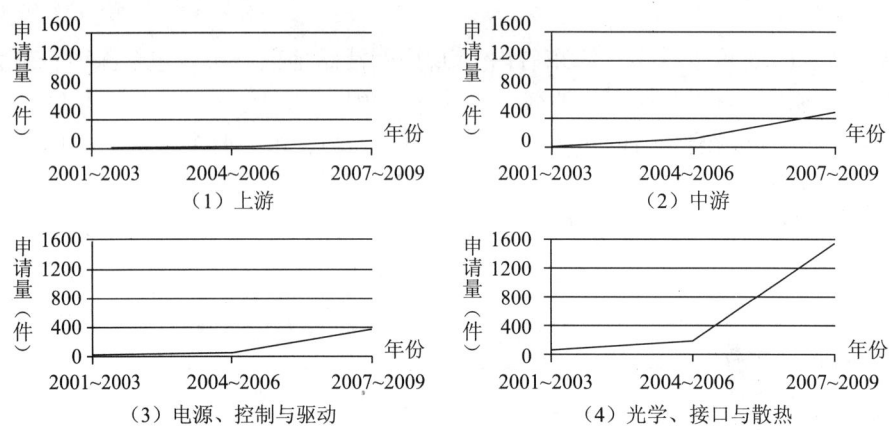

图 2-3-9　各时间段不同领域申请相对量变化趋势

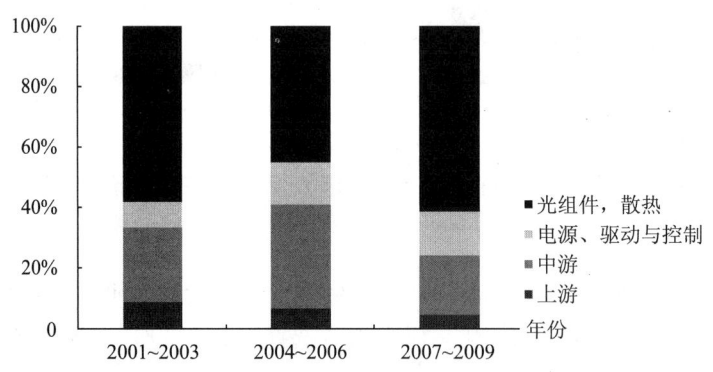

图 2-3-10　各时间段不同领域申请相对量变化趋势

从图 2-3-10 各个领域在各个时间段的占比情况看：

下游应用一直是 LED 照明申请量占比最大部分，而中游（LED 封装与荧光粉技术）专利一直占据到第二位。从这几个时间段的领域分布看，也体现出广东在 LED 照明产业以下游应用为重心的发展特点。

2006 年之前包括广东在内的 LED 照明产业还处于从起步到发展的初级阶段，从统计数据看这个阶段的申请人主要集中在少数几个公司及大学科研院所，该领域整体处在研究阶段。因此，在 2001~2003 年，上游专利的占比相对随后的时间段是最高的，这段时间 LED 照明应用还处于初级阶段，产业还没有达到大规模的市场应用的程度。随着 LED 照明技术的不断成熟，随后的几年，LED 被越来越多地用于照明应用，对中游的 LED 封装以及相关的荧光技术带来的要求也越来越大，因此在 2004~2006 年这几年 LED 封装技术有了长足的发展，体现在专利申请量上，其比例也有了提高。

随着 LED 照明技术的发展，以及单元器件成本的降低，LED 照明进入使用成为可能。2007~2009 年，是广东 LED 照明产业发展最为迅速的时期，特别体现在下游应用领域中的光组件以及散热的专利层出不穷。相比之下，中游封装领域发展并没有那么快。但情况在最近几年得到了改善，广东加大了中游领域特别是封装方面的投入。特别是在广东建立起了中国最大的 LED 封装基地，该基地产值占全国封装产值的 30%~50%。伴随着中游产业链的聚集效应，在该地区围绕着产业链的技术创新变得活跃起来，使得申请量又有了大幅的提高。

需要说明的是，对于下游领域中的电源、驱动与控制，由于其技术相对独立，发展一直处于稳步提高的过程。在各个时间段，在总申请量的占比也是比较接近的。但随着 LED 照明系统的更进一步的发展，目前市场已经不仅仅是要求能够提供稳定的照明用电源，更提出了智能控制、网络化管理等新要求，广东的电源与驱动技术领域在将来将面临更多的机遇与挑战。机遇来源于国内外市场对这方面的需求，挑战则来源于已经拥有这方面先进技术储备的国外跨国企业的市场占有需求。

2.3.1.4 发明专利授权量分析

授权量的多少可以间接反映该领域的技术实力，授权量相对值越高，说明在该领域技术水准、研发水平越高。从分析授权量的相对比值，能够或多或少看到广东 LED 照明产业研发水平的相对高低，各时间段授权率比较如图 2-3-11 所示。

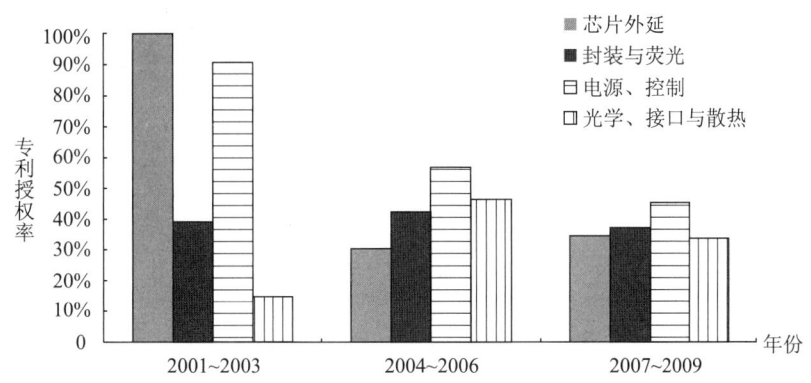

图 2-3-11 各时间段广东 LED 照明发明专利授权率变化趋势

从图 2-3-11 和图 2-3-12 可以看出：在 LED 照明专利早期（2003 年以前），该市场还未成熟，LED 照明技术授权率表现出领域上的差异性。随着时间的推移，这种领域上的差异正在逐渐减小。

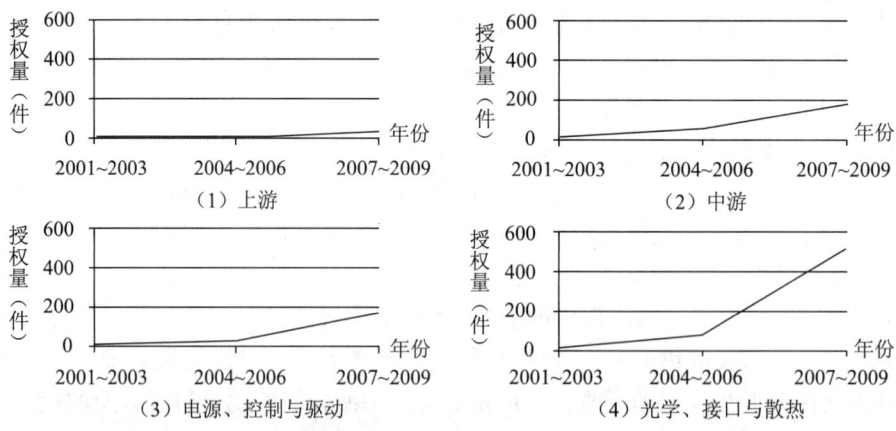

图 2-3-12　各时间段广东 LED 照明发明专利授权量变化趋势

分析授权率的变化，主要呈现两个特点：

（1）上游芯片外延，以及下游电源、驱动与控制领域等原创技术密集型领域的授权率下降。

芯片外延技术含量较高，一直是由国外大的 LED 芯片厂商，例如：三星、欧司朗、乐金、丰田等控制了核心技术。这些原创核心技术以核心专利的形式体现。2001~2003 年上游技术以及荧光技术还处于增长期，国内技术虽然也不成熟，但技术空白相比还较多，在这段时间国内厂商还有机会去弥补技术空白。然而随着国外大厂在随后几年完成专利布局，国内厂家在相应领域的技术创新受到一定的抑制，造成专利的授权率在该时间段有下降。另外一个授权率下降明显的是电源与控制领域。这个领域同样也是国外 LED 照明应用厂商例如飞利浦、欧司朗等的布局重点。飞利浦这几年凭借在电源、控制等领域的传统优势，借助收购 LED 中上游厂商强势进入 LED 照明应用领域，飞利浦在此过程中也加大针对 LED 照明的电源、控制等技术的革新。广东省内电源与控制厂家由于受到自身实力限制，这方面的研发虽然一直处于增长过程，在国外厂商逐渐加大这方面技术垄断的情况下，这也对国内企业的相关技术发展提出了挑战。

（2）中下游的封装以及应用（除电源驱动控制领域外）授权率持续增长。

虽然也会受到国外技术垄断的影响，但由于这方面技术相比上游更容易规避，可以通过规避的方式解决相同的技术问题，达到相同或相似的技术效果，所以对下游中的光学部件、接口和散热技术的影响不太大，另外从 2004~2009 年正是广东 LED 照明产业蓬勃发展的时期，相关的技术投入增长很快，各厂家出于抢占市场的需要，技术革新不断涌现，授权率有所增加也是正常的。广东省 LED 照明产业通过在下游聚集产业优势已经在该领域中形成了自己的技术特点。

这几年 LED 照明市场中特种照明（例如舞台照明）、大功率照明以及网络化智能照明系统的需求，对 LED 照明用电源与控制有更高的技术要求，使得对该技术革新创造的需求不断增强，从授权增长率也能看到这方面的技术创新能力有所提高。

当然，影响授权率的因素还有很多。除了上述产业上的因素外，专利审批的不断完善也是影响授权率的一个因素。早期由于条件限制，发明专利实质审查中由于检索系统不完善，难免存在授权专利稳定性问题。但随着审查特别是检索系统的不断完善，检索经验的不断积累，授权率从早期较高的阶段也下降到一个合理的区间范围，这对于 LED 照明领域专利也不例外。

2.3.1.5 有效专利——产业层次的体现

有效专利量是指到 2013 年 6 月 30 日为止，授权专利中仍然处于有效状态的专利数量（本报告只统计发明专利），其与专利授权数量的比值定义为有效专利率。有效专利，特别本领域有效期超过了 10 年以上的专利，申请人仍然在为该专利支付年费，一定程度上说明该专利在该领域的重要地位。缴纳多年年费的有效专利量能够反映该领域核心技术的数量，体现该领域在市场中竞争力的强弱。

从图 2-3-13 可以看出，随着申请量增加，必然有效专利量会增加；另外，授权时间越短，有效专利量也会越多。有效专利量可以反映专利自身的价值含量，专利的有效时间较长，说明该专利的自身价值越高。如图 2-3-14 所示，截至 2009 年广东 LED 照明申请的发明专利目前仍然处于有效期的专利相对数据。其中的百分比是指：有效专利量/授权专利量。

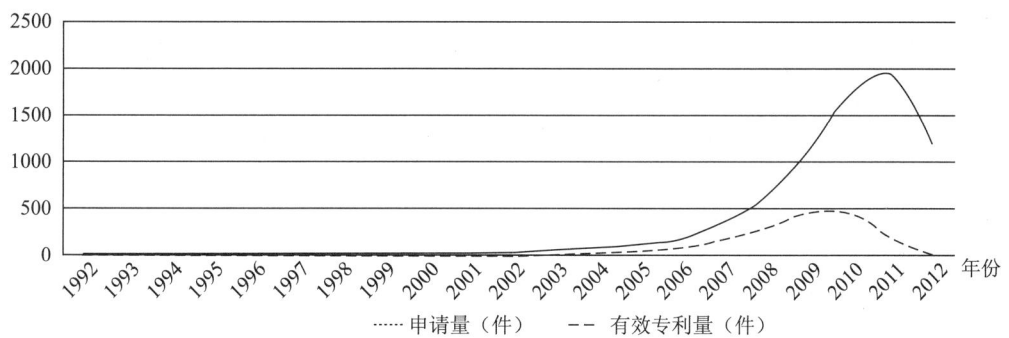

图 2-3-13　广东 LED 照明专利申请量与有效专利的逐年变化趋势

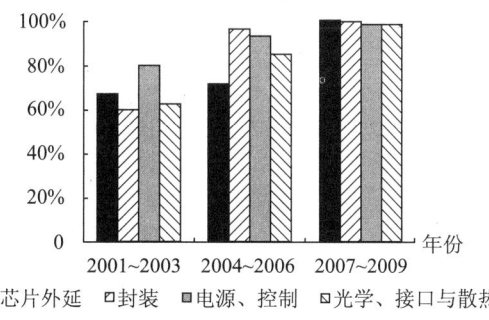

图 2-3-14　各时间段广东 LED 照明发明专利有效率变化趋势

在 2001～2003 年、2004～2006 年及 2007～2009 年这三个时间段，按照一般规律，时间越短，有效专利量应该越多。从广东省 LED 照明专利有效量的数据看：2001～2003 年平均有效专利率在 67%，而 2004～2006 年为 86.4%。2007～2009 年的平均有效专利率达到 99%。

分析有效专利量的变化，主要呈现出以下特点：

(1) 上游衬底、芯片、外延的专利价值相对不高。一般来说，上游产业链有效专利率应当高于产业链的平均水平。在课题组的统计数据中，2000年以前仅有一件专利（专利号：ZL00131322，名称：氮化镓基蓝光发光二极管芯片的制造方法）目前处于有效期，其属于上游领域。该专利属于上游领域并非偶然，由于自身技术特点，上游领域专利多为基础专利，需要大量的资金和人力投入才能产出这一类型的专利，一旦这一技术在生产实践中证明是成熟有效的，其能带动中下游产业的相应技术升级。在LED照明产业中上游包括芯片衬底、外延技术往往处于核心技术位置，也是国外大公司想通过各种手段获得这些技术的重点方面。相比于中下游技术的进步，上游技术进步受制于半导体技术的成熟，技术创新的步伐要慢，所以一般来说，上游专利的有效率应该高于平均有效率。

但从图2-3-14可以看到：上游芯片外延领域的有效专利量从2001~2003年基本达到平均水平下滑到2004~2006年度低于平均水平，有效专利率相比于其他领域来说并没有提高，一定程度上反映该领域的核心技术水平相比于其他领域提高并不大。课题组分析这一原因主要有以下几点：①从申请量的增长看：中游、下游在2004年后都有了飞速发展，而这一阶段上游产业发展相对滞后，申请量增长缓慢；技术革新活跃度不如中下游。②从授权率可以看到：在2001~2003年产业发展初期该领域申请授权率高，但到2004~2006年只有34%；在2001~2003年发展的初期，在上游芯片衬底、外延上技术还处于发展期，还留有给国内在该领域进行技术布局的空间，因此广东的少数企业专利授权率以及专利有效率都可以维持在一个相对高的水平，随后的几年，情况发生了变化，该领域的技术研发水平因投入有限而提高不够。因此即使是授权专利，其技术含量达到高度也有限。

上述两个因素决定了上游领域的有效专利率低于平均水平的情况。从2007年后的专利有效率看：因为专利平均有效率也较高，虽然广东LED照明上游领域的有效率提高显著，但其是否达到具有核心技术水准的标准还需要时间来检验。

(2) 中游及下游电源与驱动控制游封装的技术水平进步在显著提高。从中游产业链角度来看：2001~2003年的平均专利有效率在60%，但经过几年的技术发展，在2004~2006年期间平均有效率已经达到了96.2%，从低于平均的有效专利率到超过平均有效专利率，这说明随后的几年技术水平进步明显。这可以从申请量和授权量上的变化来解释。从申请量来看：从2004年开始，产业发展的每一阶段，该领域的申请量增长幅度都在加快，说明该领域在全产业链中热度不断升温。从授权率的角度看：授权率这几年一直处于较为稳定的状态，说明技术革新，技术创造水平在持续保持中。正是有上面两点的保障，给技术创新带来了健康稳定的环境，这些有利于广东LED照明产业在该领域形成自己的优势，从而持有自主的核心技术，具备核心技术反映在有效专利量在该领域相比较多。

在下游应用领域，电源、驱动与控制的有效专利率也在这几年超过了当时段的平均有效专利率。近10年来该领域的申请量增长一直是平稳的，主要是因为该技术领域相对独立，电路及网络控制，与LED照明相关的半导体和光学领域关系度不大。广东涉及该领域的厂家相对独立，为其他LED应用厂商提供配件，技术上多被该领域的大企业所独占。但也应该看到，超过10年的有效专利比率低于平均水平，这也是由于之前提到了随着对电源与控制在技术上提出了更高的要求，之前的技术已经难以满足目前的需要而造成的。

（3）下游LED产品组件及应用方面还需培养建立起核心技术。下游LED产品组件及应用方面，这一领域的技术含量相比于中上游来说相对要低（从申请量的发明与实用新型的比例可以看出），产品更新换代较快，竞争对手往往会通过对专利产品的研发改进或是通过其他解决方案绕过该专利。这从申请量这些年一直在全产业链中排在前列可以看出。另外广东LED照明产业的大部分厂商也集中在下游，也是这一领域申请量大的原因。从有效专利率看出：能达到有效期10年的该领域专利有效率低于平均水平，说明这一领域的专利核心度不高，很难通过长期持有专利达到市场占有的目的。

分析这些早年的专利，我们也能发现：由于专利在我国普及发展也是一个渐进的过程，受到初期撰写水平的限制，独立权利要求更多还是方法步骤的记载，并未作合理的概括，造成保护范围较小，随着技术水平的进步，专利保护的技术方案被代替或被绕开的可能性增大。另外，早期的上游专利被少数厂家所垄断，例如方大国科光电集团。专利保护期的多少，多受厂家自身战略的影响，数据量也有限，这些都会对分析专利有效率产生影响。

2.3.1.6 小结

综合上述分析，可以得出造成广东LED申请量总体下降的可能存在的影响因素，小结如下：

（1）LED照明已形成一定产业规模，下游灯具散热、灯具组装，以及中游芯片封装产业具有优势，专利申请量仍较大；上游外延、芯片产业发展相对滞后，科技创新相对不足，直接影响专利申请量的增长。

广东LED产业虽然形成了外延、芯片、封装和应用这一上中下产业链，但是在各环节发展上并不均衡，呈现出外延、芯片环节薄弱，封装、应用环节较强的格局。从现有产业本身来看，广东LED产业的优势主要集中在LED封装和应用方面，并形成了若干龙头企业，其中，中山木林森电子、深圳量子光电、瑞丰光电、广州鸿利和佛山国星光电在封装领域，东莞勤上光电等在功率LED路灯位居全国前列。但另一方面，广东LED产业在材料、外延和芯片的研发与产业化方面比较薄弱。广东省所需LED芯片绝大多数需要进口或从台湾购得，主要的上游企业有深圳方大国科光电、世纪晶源、东莞福地电子等，均还未形成规模，这从上述的专利分析中也能得到验证。上游产业链，技术含量较高，对整个产业链的影响最大，市场利润也最丰厚，应该说创新要求更加强烈。但目前广东在国内上游产业链至少在专利上并未形成优势，这一方面的专利申请有很大的缺失。从授权率和有效专利率看，拥有的这方面专利价值水平还不太高，很难有对核心专利的持续性的研发创新，这些都抑制了申请量的提高。

（2）优势产业的创新多以低水平、低附加值技术为主；光源驱动、控制领域等高端技术与国外厂商差距大。

广东LED照明产业以下游应用产品居多，并且是以单个灯具的改进为主，技术含量相对较低，这造成研发上的技术延续程度低，难以形成核心专利，进而难以针对核心专利进行外围专利的布局。

与之形成对比,国外厂商在LED照明的应用层面上的专利布局,多体现在电源、驱动与网络化控制技术上,这些技术需要投入的研发人员经费更多,产出的技术含量更高。特别是与目前LED照明应用的热点——大功率照明、智能照明系统相配套,国外厂商能够针对这一热点进行配套的电源、驱动控制技术的完整专利布局。从国内外厂商在LED照明应用层面上的对比看出:在下游产业,专利申请的技术含量总体偏低,难以围绕这些专利展开专利布局,同时在产业上也受到国外专利布局的影响制约。这些都对下游专利的申请造成了障碍。

2.3.1.7 对国内区域LED照明产业发展的启示

(1) 加强中上游技术投入,占领技术制高点。

中上游技术的创新往往会带来全产业链的技术革新,加大这方面的投入,加强这方面的政策引导可以在一定程度上解决目前广东在该产业发展遇到的障碍。同时多关注中上产业链,多掌握具有自主知识产权的核心技术,才能在该产业上获得最大利润。应该看到广东已经在加强中游封装领域以及上游芯片相关的投入,接下来还需要巩固产业地位,将其转化为技术优势。

(2) 巩固下游优势产业,通过专利技术做好自身产品线技术更新的保护工作。逐步加强在下游高附加值技术的研究与保护,逐渐从生产制造型向研发型转变。

应该看到:目前广东LED产业已经进入发展的稳定期,相比其他省份的发展水平无论从产业规模还是研发水平还是领先的,可以预见在不久的将来,其他LED照明产业大省在发展中也会遇到广东目前遇到的机遇与挑战,其他省份在发展LED照明产业时也应提早做好产业引导和规划,以促进产业的健康发展。

2.3.2 广东LED产业所受到外来的影响

广东是LED照明应用大省,无论是该产业的市场规模还是专利申请量,在LED照明应用方面都处于全球前列。而飞利浦LED照明的优势也在于下游应用领域,其近年来高举专利许可的大旗,利用专利诉讼来达到其抢占市场的目的。同时,路灯照明市场是LED照明较为成熟的产业市场,也属于广东LED照明企业主要经营的市场。以下通过飞利浦专利许可协议,以及路灯照明领域国外厂商在中国大陆专利布局等两个示例来分析广东LED产业经济发展中部分外来因素对当地产业的影响。

2.3.2.1 飞利浦专利许可协议

区域专利申请情况与区域产业的发展相关联,专利申请的技术领域分支情况能够真实地体现在该地区的产业链布局。在本节中,课题组首先对广东LED专利申请进行具体技术分支的研究,以研究广东LED产业构成以及发展引擎。

(1) 广东省LED照明企业专利分析

课题组选取广东省内有代表性的20家LED照明相关企业,对它们2009~2013年国内申请专利情况进行了分析。这20家企业分别是:德豪润达、国星光电、中镓半导体、鸿利光电、木林森电子、佛山电器照明、TCL照明、勤上光电、洲明科技、茂硕电源、广东昭信、雷士、世纪晶源、奥伦德、东莞福地、国冶星、方大国科光电、鹤山丽得、广州银丽灯具、奥拓电子。这些企业在产业规模上基本上排在广东省同类型企业前列，同时也基本上涵盖了广东 LED 照明的全产业链。图 2-3-15 和图 2-3-16 是对这些企业专利申请量按产业链及技术分支划分后得到的。

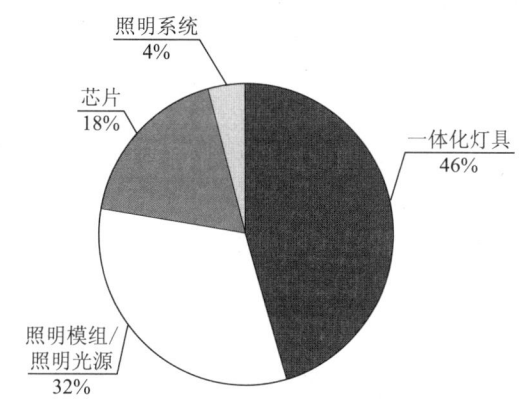

图 2-3-15　广东 LED 产业国内专利申请产业链分布

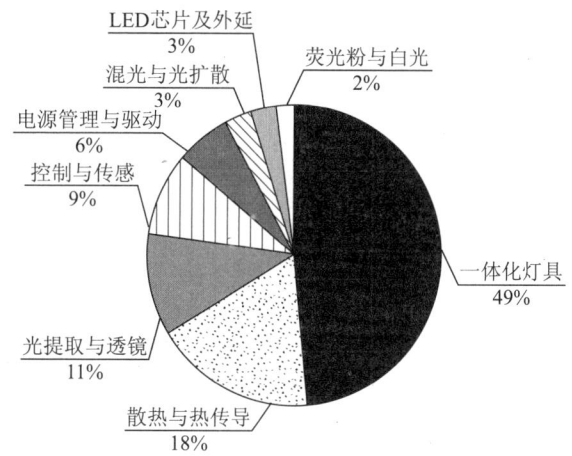

图 2-3-16　广东 LED 产业国内专利申请技术分支分布

从产业链分布情况来看，一体化灯具以及照明模组和照明光源共占到了所有统计专利申请量的 78%。而 LED 芯片专利申请量与照明系统的专利申请量分别只有 18% 和 4%。这是与目前我国 LED 照明产业的技术方展现状相吻合。在 LED 照明产业的上游和中游涉及衬底、外延以及芯片的封装时，还缺乏自主的核心技术，虽然这几年包括广东 LED 照明企业在内的国内企业已经在产业链上、中游进行了布局，但相关技术多被国外垄断，还不能在短时间内摆脱技术上依赖进口的局面。同样的，在照明系统领域，例如照明工程整体解决方案，由于涉及 LED 光源的控制等技术环节，这方面虽然国内企业有涉及，但一方面专用于 LED 驱动控制的企业较少，另一方面在网络化灯具控制技术上与国外技术有差距，缺乏独立自主的先进技术，专利申请量只占到 4%，就很好地说明了这一点。

具体地，从表 2-3-1 专利技术分支来看，封装组件与接口占到了总申请量的将近一半，散热与热传导领域也占到了18%。这反映了广东LED照明专利技术多集中在LED照明的外围。至于围绕LED芯片的核心技术领域：包括LED芯片的荧光粉、LED衬底与外延、LED芯片封装，还有光学方面的"混光与光扩散"、"光提取与透镜"，这些一共只占到总申请量的20%。这也与广东LED照明企业专注于产品应用相吻合。"电源的管理与驱动"以及"控制与传感"一共占总量15%，且这些技术也多集中在少数专注于LED驱动与控制的企业中，分布不均匀。

表2-3-1 飞利浦在中国大陆专利申请与广东主要企业专利申请比较

专利申请量 技术类型	广东企业专利量（件）	广东企业各领域专利申请量占专利申请总量比值	飞利浦在中国大陆专利申请量（件）	飞利浦在中国大陆各领域专利量占专利申请总量比值
散热与热传导	152	18.34%	66	5.03%
封装组件与接口	403	48.61%	103	7.85%
混光与光扩散	28	3.38%	125	9.53%
电源管理与驱动	48	5.79%	152	11.59%
控制与传感	72	8.69%	399	30.41%
荧光粉及白光	15	1.81%	147	11.20%
光提取与透镜	88	10.62%	249	18.98%
LED芯片及外延	23	2.77%	71	5.41%

研究人员将飞利浦照明在中国大陆专利布局与广东20家LED照明企业专利申请的相对数量进行比较，可以看出：

（1）专利申请领域差异明显。"控制与传感"、"光提取与透镜"、"电源管理与驱动"以及"荧光粉及白光"这四大部分是飞利浦在中国大陆重点布局的领域。这四部分的专利申请量都超过了总申请量的10%，这四部分总共占统计专利申请量超过了70%。而对于广东而言，这四部分领域都不是此次统计的专利申请量大的领域，其中荧光粉及白光领域更是属于统计量中申请量最小的部分，仅占到总量的1.81%；而对应飞利浦这四个领域部分，广东20家企业专利在该部分的申请仅占总申请量的27%。

广东LED照明企业多分布在LED产业链的下游，产品多以照明灯具居多；技术研发的重点放在了封装组件与接口以及对灯具散热能力的改进上。这些技术相比于"控制与传感"以及"电源管理与驱动"领域投入较小，但见效快，这也与我国LED企业规模较小的特点相适应。这造成了"封装组件与接口"领域专利申请量占总申请量的比例达到了将近一半（48.61%）。

（2）飞利浦在中国大陆申请各领域申请量更加均衡。虽然飞利浦在中国大陆申请的"控制与传感"领域占到了总申请量的约30%，但比例最小的"散热与传导"领域也占到了约5%的比例，且相对数量超过10%的领域也超过了4个。而同比，统计数据中广东省20家企业申请中"封装组件与接口"在总申请量上的比例占到了将近一半（48.61%），而有3个领域的申请量小于5%。飞利浦通过近十几年在LED照明行业内的并购，已经从原来专注于白炽灯、荧光灯光源应用的企业变成了在 LED 全产业链中都具有一席之地的 LED 照明领先企业。表现在其技术储备上也会涵盖 LED 照明的各个环节，相比我国企业还主要处于下游应用环节之中，大部分企业在规模上还没有向上游延伸，整个产业还不能做到全产业链的均衡发展，这从图 2－3－17（见文前彩色插图第 1 页）中与飞利浦专利申请在技术领域分布的对比中可以得到验证。

（2）飞利浦 LED 照明在中国大陆许可清单专利领域分布与广东 LED 照明专利领域分布

课题组将飞利浦许可清单中列出的在中国大陆申请与广东 20 家 LED 照明企业进行比较，参见表 2－3－2，图 2－3－18 试图发现飞利浦许可清单影响重点领域与广东省主要企业专利申请重点之间是否存在冲突，从而分析是否可能产生直接的影响。

表 2－3－2　飞利浦在中国大陆许可清单专利申请与广东主要企业专利申请比较

专利申请量 技术类型	广东企业 专利申请量 （件）	广东企业各领域 专利申请量占专利 申请总量比值	飞利浦许可清单 专利申请量	飞利浦许可清单各 领域专利申请量占 专利申请总量比值
散热与热传导	152	18.34%	1	0.74%
封装组件与接口	403	48.61%	0	2.22%
混光与光扩散	28	3.38%	6	4.44%
电源管理与驱动	48	5.79%	34	25.19%
控制与传感	72	8.69%	75	55.56%
荧光粉及白光	15	1.81%	10	7.41%
光提取与透镜	88	10.62%	7	5.19%
LED 芯片及外延	23	2.77%	0	0.00%

课题组发现该专利许可清单并未与飞利浦在中国大陆所有的专利布局领域完全吻合。"控制与传感"以及"电源管理与驱动"领域在飞利浦许可清单专利比重相比于飞利浦专利布局的比重更高，而"光提取与透镜"以及"混光与光扩散"领域在许可清单中所占比重比在专利布局中有所减少。

"控制与传感"以及"电源管理与驱动"领域专利比重的增加，体现出了飞利浦在专利许可清单协议中看重专业照明领域例如"建筑、娱乐、剧场照明"的需求。而这些领域正是广东 LED 照明企业及至国内 LED 照明企业的薄弱环节。目前专业照明领域在国内正缺少像飞利浦这种能够提供整体照明控制解决方案的企业。虽然国内企业中也有专注于像 LED 照明驱动与控制的，但一方面企业规模较小，技术存储上与国外先进技术有差距，另一方面这些企业没有过多地涉及 LED 照明其他产业链，造成产品单一，只能适应于通用型 LED 照明驱动，缺少专用领域的特殊设计，较难满足上述提到的专业照明需求。此外，目前国内虽有企业专注于大功率 LED 产品，这些产品能够满足专业用途的需求，但这些产品又缺乏与之配套的 LED 驱动控制的国内产品，造成这些企业的大功率 LED 产品还难以与飞利浦这样的能够针对专业用途进行驱动控制优化的产品相抗衡。专业照明领域在国内的市场前景看好，国内大功率 LED 照明企业以

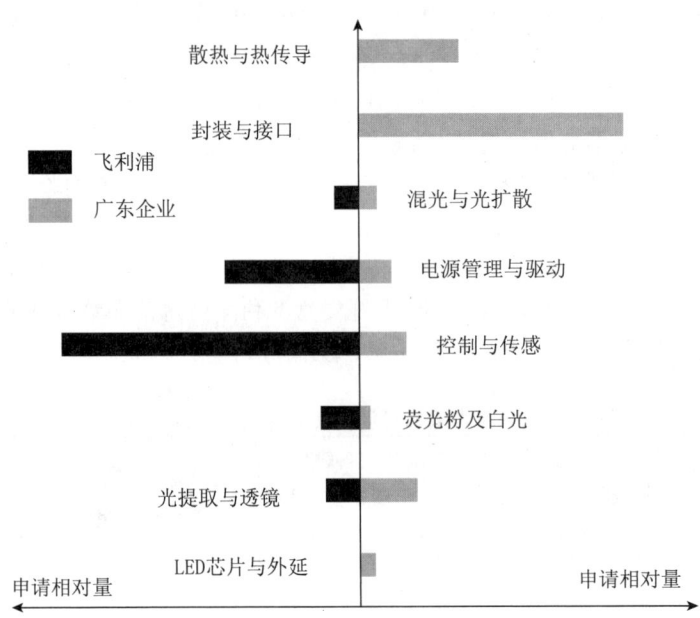

图 2-3-18 飞利浦在中国大陆许可清单与广东主要企业专利申请现状比较

注：广东主要企业专利为选取的广东 20 家 LED 照明企业，其专利为 2009～2013 年申请的专利。

及专业用途灯具企业出于产品抢占这一市场的需要，造成这些企业很难拒绝飞利浦许可清单中的"控制与传感"以及"电源管理与驱动"领域的相关技术需求。

从以上的分析可以看出：虽然广东省的下游产业比较强大，但优势主要在于"封装组件与接口"、"散热与热传导"领域的专利申请，其他方面则较弱。而飞利浦则加强了其优势的"控制与传感"以及"电源管理与驱动"领域，形成了技术优势错位的局面。因此，一方面，飞利浦专利许可计划将不会直接对广东主要 LED 企业产生直接的冲突和威胁。但另一方面也说明了飞利浦其优势领域正是广东省内的薄弱环节，飞利浦在这方面的专利布局进一步挤压了广东省内该领域企业的产业发展。

2.3.2.2 路灯照明领域国外厂商在中国大陆专利布局

2012 年，对于 LED 照明推广来说，可以说是跨越式发展的一年。纵观 2012 年 LED 照明产品的市场表现，不难看出，LED 照明在得到国家财政补贴政策垂青的同时，在政府采购市场的推广也发生了巨大的变化，从往年少人问津逐步蜕变为炙手可热的长效产品。

造成这种现象的原因：一是目前各级政府在节能减排方面负有较大的责任和压力，采购节能环保产品，实现节能减排目标成为现实所需；二是 LED 照明产品的推广受到消费理念、产品价格等因素影响，在大众消费者中推广仍有难度，而政府部门承担着率先垂范的责任；三是随着 LED 产业的发展，市场和技术比日益成熟，产品价格有所下降，也降低了市场推广难度。

出于以上的各种原因，国内各个城市在国内普遍推广 LED 路灯节能改造工程。

以 LED 路灯照明投资效益来看，虽然 LED 路灯单价为传统高压钠灯的 5 倍，但如果以中国每个城市装设 1 万盏 LED 路灯、连续使用 8 年计算，光是 LED 路灯所节省的电费将达 4672 万元人民币（约 684 万美元），足以涵盖 LED 路灯装设成本且有余。

根据中国"十城万盏"各阶段发展计划来看，其所创造的 LED 照明需求在 2009～2012 年将分别为 100 万、200 万、300 万、500 万盏，呈逐年倍数增长。2009 年中国总路灯数占全球比重将为 20%，中国 LED 路灯占全球 LED 路灯比重将高于此，达 50% 以上，为全球 LED 路灯需求量最大区域。尤其中国目前传统路灯照明总数约 2000 万～2500 万盏，若全置换成 LED 照明，商机将非常庞大。

但是这么大的一个政府主导型的路灯采购市场，在推广 LED 路灯节能改造项目中，是否会落入国外 LED 厂商的专利陷阱，国内厂家在发展 LED 相关专利时，是否会遇到国外 LED 厂商的专利壁垒。基于此，课题组以这些国外大厂进入中国的专利为研究对象，研究其在国内 LED 路灯领域的专利布局。特别说明：在本部分研究中，课题组仅仅关注特别提到的针对路灯进行改进和研究的相关专利。

通过图 2-3-19LED 路灯专利申请人构成看出：在总共 9487 件 LED 路灯专利申请中，中国申请人（不包括港澳台申请人）占到了 98%，而国外申请人申请的 LED 路灯专利数量为 200 件，只有约 2% 的比例。国内申请人在专利申请数量上占到了绝对优势。

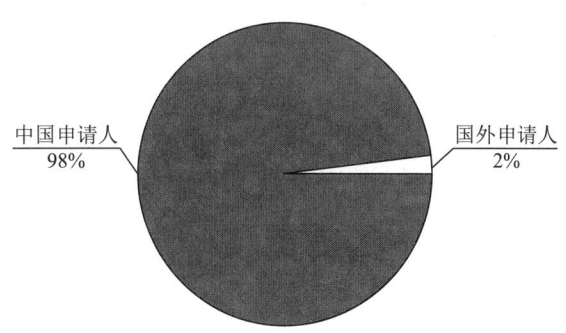

图 2-3-19　LED 路灯专利申请人类别占比分布

从仅有的 200 件境外申请人构成看，只有飞利浦与欧司朗专利申请量各超过了 5 件，其余境外公司的申请量都在 4 件以内。由这些数据可以看出：境外公司的 LED 路灯专利对路灯领域没有进行大规模布局，各公司包括行业内的照明巨头飞利浦、欧司朗在中国大陆的专利布局还是呈散点状，布局量小且专利之间关联度也不高（飞利浦与欧司朗在中国大陆的 LED 路灯专利详细情况参见本节后续分析）。造成该现象的原因不完全是技术上的，更可能是由于路灯采购市场的敏感性，使得境外厂商对该领域专利布局的特定考虑。

从境外申请人的专利申请的技术领域看：课题组将 LED 路灯专利细分为光学部件（主要包括反射镜、透镜改进等以提高出光均匀性及照射区域指向性）、光组件接口部件（主要包括散射部件、电源驱动的装配、外壳改进等以降低装配难度，减少成本）以及光源控制与驱动（主要包括网络化智能化管理，优化道路照明质量同时降低能源消耗）。

课题组选择了包括飞利浦、欧司朗、LED 道路照明等申请人在国内 LED 路灯方面的专利申请进行研究。

从图2-3-20可以看到,"封装组件与接口"方面的技术占到了LED路灯的第一位置,占46%;这方面的专利主要集中在改进接口以降低在更换照明模块装配和拆除的成本、合理布置连接部件,降低安装损伤的复杂性和减少总体尺寸等。具体参见图2-3-21,对于"封装组件与接口"中,散热方面的改进占到了封装组件接口技术领域的24%。另外的76%分布较为分散,在部件的封装、焊接等方面都有涉及,这与我国路灯方面专利存在大量的散热方面的专利形成了对比。

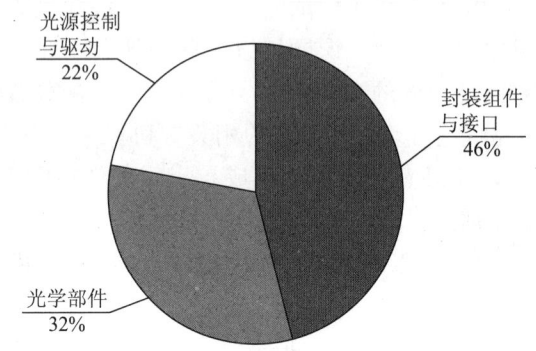

图2-3-20 境外LED路灯专利领域分布

图2-3-21 散热部件在封装组件接口领域占比

"光学部件"的改进则排在第二位,占32%,各个细分领域都有涉及,且比较平均,技术内容多涉及对LED照射均匀度的改进以及提高LED光源与反射杯或透镜的配合上。这主要是因为LED作为路灯光源与其他光源相比存在易出现"光斑"、照射不均匀的问题。可以看出,在这一领域,国外大厂的专利布局仍然是围绕着解决LED路灯相比传统路灯的缺点而展开。

"光源控制与驱动"部分排在第三位,占到22%,参见图2-3-22,在这一领域中,智能化、网络化管理占到了该光源控制与驱动部分的17%。这部分专利通过智能化、网络化的管理提高了照明效率,减少照明系统不必要的能源浪费,同时也关注了光源自身的发光效率如何提升的问题。

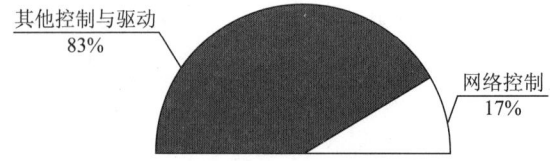

图2-3-22 网络控制在光源控制与驱动占比

图 2-3-23 示出了国外 LED 路灯在中国大陆专利申请的法律状态。国外主要企业在中国大陆 LED 路灯专利申请中未决的比例最大，占比约为 52%，其次是授权有效专利 20%，授权后放弃专利申请比例为 16%，视撤专利申请的比例为 10%；而驳回失效专利申请的比例为 3%。未决专利大部分为近两三年的申请，从 2009 年起关于路灯的专利增多，从已经授权的专利占比可以看出，未决申请中可授权专利的比例也将很可观，从而形成在未来几年有效 LED 路灯专利相比之前快速增长的势头。

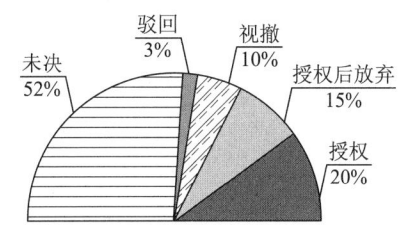

图 2-3-23　境外 LED 路灯在中国大陆专利申请法律状态

飞利浦与欧司朗是照明应用领域的跨国大厂，飞利浦已经在前面的内容中有介绍。而欧司朗已成为世界两大光源制造商之一，在照明应用市场占有较大的市场份额，其技术优势体现在光源的光学部件以及灯具封装组件接口等。欧司朗目前在中国共设有 5 个生产基地和研发中心，欧司朗中国已成为欧司朗在亚太地区的实力中心，并在欧司朗全球战略中扮演重要角色。课题组选取了飞利浦、欧司朗在中国大陆的 LED 路灯专利，领域分布详细情况见表 2-3-3 所列。

表 2-3-3　飞利浦、欧司朗在中国大陆 LED 路灯专利领域分布　　单位：件

厂商＼领域	光学部件	封装组件接口	光源控制与驱动	总计
飞利浦	5	1	3	9
欧司朗	1	3	1	5

表 2-3-4　飞利浦、欧司朗在中国大陆 LED 路灯专利概要

申请号	发明名称	申请人	领域类型	发明要点	法律状态
97102681	街道照明灯具	飞利浦	封装组件接口部件	接口结构的改进以方便安装拆卸	未缴费失效
98800051	照明设备	飞利浦	光学部件	通过光学结构改进照射水平	有效
02800808	照明装置	飞利浦	光学部件	采用反射器调整光的出射方向以消除远距离观察者观看时可能出现的目眩	视撤无效
03817849	照明系统	飞利浦	光学部件	采用反射器调整光的方向以利于车辆行驶	视撤无效
200480012268	具有通信网络部件的灯	飞利浦	光源控制与驱动	网络智能管理灯的亮度或开关，并且有感应器感应环境亮度，能够快速安装，智能控制	视撤无效

续表

申请号	发明名称	申请人	领域类型	发明要点	法律状态
200780030549	包含可调节光模块的照明设备	飞利浦	光学部件	限定出多个光模块,以保证光的方向,从而提供充足的照明	有效
200880011268	光束成形器	飞利浦	光学部件	通过透镜提供区域内均匀的照明	未决
201080049496	物体感测照明网络及其控制系统	飞利浦	光源控制与驱动	动态智能化管理每个节点光的开关,智能化管理各区域的亮度	未决
201080049501	物体感测照明网络及其控制系统	飞利浦	光源控制与驱动	动态智能化管理每个节点光的开关,智能化管理各区域的亮度	未决
201080054233	发光体和交通道路照明装置	欧司朗	光学部件	通过多个反射单元进行小角度散射,减少了炫目,特别是行车人员的炫目	未决
201110283505	LED发光模块及其制造方法	欧司朗	封装组件接口部件	通过反射体及凹槽改进发光,产生偏光提高光效率	未决
201180007502	道路照明装置	欧司朗	光源控制与驱动	控制两个光源,以及通过传感器调整光的强弱,以用于在存在有雾等大气沉降下的照明	未决
201180050347	发光组件	欧司朗	封装组件接口部件	合理布置连接部件,降低安装损伤的复杂性和减少总体尺寸	未决
201220345278	发光装置和包括该发光装置的路灯	欧司朗	封装组件接口部件	针对大功率光引擎,提供散热装置以提高大功率发热装置的散热能力	有效（实用新型）

通过以上分析得到以下结论：

（1）相比于其他的LED照明专利申请，境外申请人（指的是中国大陆地区以外的申请人）并没有对该领域进行大规模的专利布局。

这一方面是由于我国政府大力推广LED路灯照明，广东省内申请人可以加快在这领域的布局，另外一方面是由于路灯采购市场的特殊性，境外申请人不至于过多对该领域进行专利布局。

（2）LED路灯取代传统路灯所面临的技术难题是国内企业要解决的技术问题。这些技术难题包括多个LED单元集成的相对复杂性、使用大功率LED的散热问题、LED照射均匀度差、光源与反射杯或透镜的匹配。

（3）国外LED大企业的技术优势也体现在LED路灯领域。飞利浦的技术优势在于LED光源的控制与驱动，而欧司朗作为灯具应用企业，在光源的光学部件以及光组件接口方面具有优势技术，这些方面的技术改进体现在LED路灯专利之中。

对广东企业的启示：

（1）偏向应用的LED路灯专利相对容易规避。

从境外申请人的专利申请可以看出，其领域主要集中在应用领域，包括"光学部件"、"光组件接口部件"以及"光源控制与驱动"。而这些领域会直接影响路灯的效果和操作的便捷程度。但解决相同问题可以采用不同的手段，即该部分专利容易绕过。因此，厂家对于路灯领域不必过于苦恼于域外厂家的专利陷阱，而应当通过不断的技术革新来寻找新的实施解决方案，不断推动 LED 路灯的技术革新，帮助其对市场的细分和占领。

（2）标准化光组件方面应当加强合作和布局。

由于政府的主导，国内厂家加强了该 LED 路灯的专利布局，这也间接造成各个厂家标准和接口不同。

而国外厂家在"封装组件与接口"领域的专利近75%方面的技术集于标准与接口。国外的 Zhaga 联盟更是集中推出自己的光组件接口标准（局限于 LED 控制装置于与驱动接口）。我国厂商更应当加强在标准化光组件的合作与布局。

（3）将路灯照明与网络智能化驱动控制相结合，掌控网络智能化驱动控制的核心技术。

通过上述数据分析，国外大厂有将近 1/4 的 LED 路灯专利与光源控制与驱动相关。这也与全球的网络化、智能化照明趋势相一致。而目前包括广东在内的国内专利在这方面的专利布局比重要小的多，长此下去，缺少这方面的技术研发和专利积累，很难在未来与国外大厂相抗衡。因此广东省内企业要加强这方面的投入，结合自身情况，可以企业联合研发或是专业的控制领域企业合作，促成这一领域的快速成长。

（4）做好产业链各环节的均匀发展：

正如之前的分析，广东乃至中国 LED 照明的产业链都呈现"下肥上瘦"极度不均衡情形，也就是中国有庞大的 LED 市场商机，然而在上游 LED 芯片却落后于国外大厂甚多，这部分所产生的缺口，将是外资企业进入中国 LED 市场可掌握的主要利器，也就是说，即使不正面参与 LED 路灯招标，国外 LED 巨头仍可分享中国照明市场的巨大商机。这也警示国内企业要做大做强，力争做到各产业链均衡发展。

2.3.3 小 结

广东 LED 照明已形成一定产业规模，下游灯具散热、灯具组装，以及中游芯片封装产业具有优势，专利申请量较大，但由于上游外延、芯片产业发展相对滞后，科技创新相对不足，表现为影响广东专利申请量的增长。广东目前优势产业的创新多以低水平、低附加值技术为主；在应用方面的光源驱动、控制领域等高端技术与国外厂商差距大。

在一些热点事件和领域方面，对于飞利浦专利许可计划，飞利浦在中国大陆通过专利布局一方面巩固其技术优势地位，挤压其他厂家的技术发展，另一方面着眼于利润率较高的建筑以及剧场照明市场，与广东省目前主流企业的所针对市场不存在明显、直接的冲突。目前在一些热点领域如 LED 路灯，由于政府的引导，国内企业提前在路灯领域进行了布局，国外企业由于种种原因尚未形成成规模的专利布局，还不完善。这使得包括广东在内的中国企业还有机会在新兴专用 LED 照明领域如 LED 路灯领域等有施展拳脚。中国企业应当抓住机遇尽快通过专利等手段抢占市场，占据有利地位。

2.4 衬底技术

本节以 LED 照明衬底领域全球和中国专利数据为数据源,分析了该领域专利的全球发展趋势和中国发展趋势,以及全球首次申请国家/区域分析、目标国家/区域分析、主要申请人分析,并对中国专利数据的专利申请国别、省市/地区和主要申请进行了分析,以便国内的 LED 厂商更好地了解衬底领域的专利情况。

2.4.1 全球专利申请分析

本小节将以 LED 照明衬底领域在全球范围内的专利数据为数据源,从专利申请的发展趋势、区域分布、申请人等方面出发,对 LED 照明衬底方面进行专利分析。本节涉及专利申请 10311 项,截止日期为 2013 年 6 月 30 日。

2.4.1.1 全球发展趋势

图 2-4-1 示出了 LED 照明衬底领域全球专利申请的发展趋势。从该图可以看出,LED 照明衬底领域的发展可以分为以下三个阶段。

(1) 萌芽时期(1963~1978 年)

这一阶段申请量较少,从 1963 年开始出现了 1 项申请,此后申请量开始出现增加趋势,到 1975 年达到了 76 项,然后出现了小幅回落,申请量维持在三四十项左右,其原因应该是在 LED 照明领域对蓝光 LED 的研究遇到了瓶颈,很长时间难以突破,打击了研究者的积极性,所以对作为基础材料的衬底的研究也受到了影响。

(2) 技术成长期(1979~1994 年)

从 1979 年开始,申请量又逐渐增长,并且增长速度逐渐加快,从 1987~1991 年均在 180 项以上,在此阶段,以氮化镓作为衬底的蓝光 LED 的亮度被日亚化学的中村修二提高至可以商用的程度,带来了 LED 领域的蓬勃发展,因此这阶段的衬底的研究也有了很大的发展。

(3) 快速发展期(1995 年至今)

在 1995 年以后,随着蓝光 LED、蓝绿光 LED、蓝光 LD 等技术的成熟,衬底领域的申请量也得到了迅速的增加,1997 年达到 271 项,1999 年达到 300 多项,进入 2001 年达到了 400 项大关,在 2011 年达到了 651 项,可见 LED 衬底的研究越来越受到重

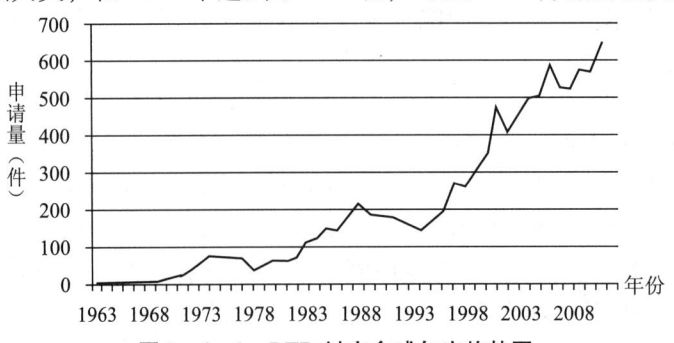

图 2-4-1 LED 衬底全球年度趋势图

视,尤其近几年,为了进一步提高 LED 的亮度,课题组研究了不同材料的衬底,而对常用的氮化镓衬底也转向无极性和半极性的研究,因此也带动了申请量的增加。

2.4.1.2 首次申请国家/区域分析

专利申请的首次申请国/地区代表了申请人所属的国家,通过对申请国/地区的分析,可以了解哪些国家/地区掌握着 LED 照明衬底领域的相关申请。

从图 2-4-2 中可以看出,LED 照明衬底领域的专利申请主要由日本提出,申请量达到了 6363 项,其次是美国和中国,然后是韩国。

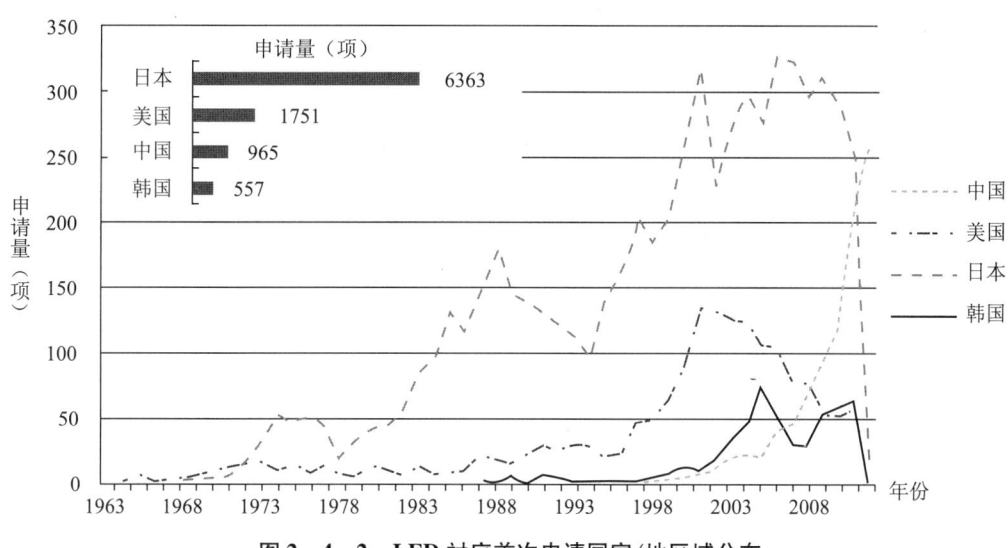

图 2-4-2 LED 衬底首次申请国家/地区域分布

日本是 LED 产业最早发展起来的国家,有很多重要的 LED 厂商,如日亚化学、日立等,目前在 LED 市场占有重要的地位,因此其在衬底方面的专利申请量也遥遥领先,其他国家与其仍然存在着很大的差距。

其次,美国的申请量也达到了 1751 项,美国经济在世界的领导地位决定了其在 LED 的衬底领域也有很大的竞争力,美国也有 LED 的领导厂商如科锐。

中国的申请量近些年有了很大的增加,处于第三名的位置,达到了 965 项。中国近些年 LED 产业有了很大的发展,因此衬底的申请量有了很大的提高,虽然中国没有特别突出的 LED 厂商,但企业众多,且越来越重视专利技术的发展,属于后起之秀。

韩国的申请量紧随中国之后,韩国虽然 LED 的研究起步不是很早,但最近随着三星和乐金等 LED 后起之秀的崛起,达到了 557 项。

值得一提的是,中国台湾地区的申请量也达到了 160 项,甚至高于欧洲地区的申请,这是由于中国台湾地区已经成为了全球著名的 LED 代工地区,且中国台湾地区的 LED 厂商在技术上也有了很大的发展,因此在全球的 LED 市场也占了一席之地。

2.4.1.3 申请目标国家/区域分析

申请目标国/地区代表了申请人申请了专利的国家/地区。通过分析申请目标国家/地区。可以从一定程度上了解全球各申请人对该市场的重视程度以及该国的市场前景。

图 2-4-3 示出了 LED 衬底领域全球专利申请的目标国家/地区,表 2-4-1 列出

了LED衬底领域全球主要首次申请国家/地区专利申请流向。

申请量（件）

- 日本 7247
- 美国 3800
- 中国 1983
- 欧洲 1536
- 韩国 1454
- 德国 1029

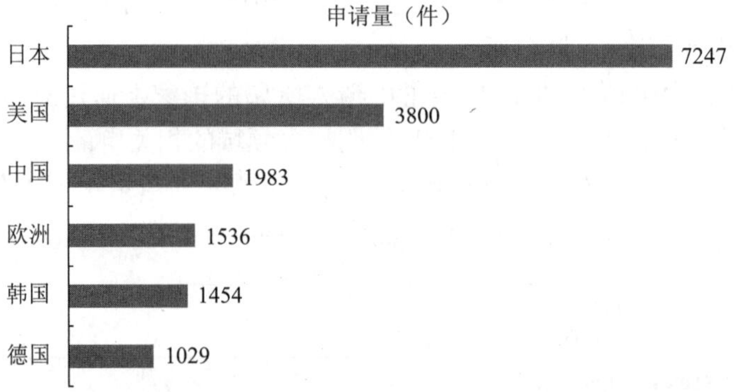

图2-4-3 LED衬底领域全球专利申请的目标国家/地区

表2-4-1 主要首次申请国家/地区专利申请流向　　　　　　单位：件

目标国家/地区　首次申请国	日本	美国	中国	韩国	德国	欧洲
日本	6201	1692	603	599	425	777
美国	750	1651	292	278	277	476
中国	12	24	964	5	2	6
韩国	130	202	56	528	18	49
德国	181	198	41	42	317	93

LED衬底领域在日本的申请量在全球属于最多的，达到了7247件，其中绝大部分为日本申请人的申请，美国也很重视日本市场，接着是德国的很多申请也流向了日本，足见日本作为全球LED最重要的产地的重要地位。

LED衬底领域在美国的申请量也达到了3800件，仅次于日本，处于第二位，其中美国的申请主要来自美国申请人和日本申请人，且韩国和德国以及欧洲也都很重视美国市场，大部分申请都流向了美国。

LED衬底领域在中国的申请量也达到了1983件，其中主要来自中国申请人、日本申请人和美国申请人，中国作为新兴的LED市场，孕育着巨大的机会和挑战，因此全球的各LED厂商都越来越重视中国的市场，纷纷来中国进行专利布局。

LED衬底领域在欧洲和韩国的申请量分别为1536件和1454件，其申请主要来自本国以及日本和美国，足见日本和美国的申请人的专利意识比较强，早早在各国做好LED衬底领域的专利布局，为占领市场打好基础。

2.4.1.4 主要申请人分析

图2-4-4示出了LED照明衬底领域全球主要申请人的专利申请量，从该图中可以看出，排名前15位的申请人绝大多数为日本的厂商，占据了其中的14个席位，只有三星处于第九位，可见日本在LED衬底领域的绝对领导地位。其中在所有申请人中住友的申请量最大，达到了678项，在申请人中申请数量遥遥领先。紧随其后的申请人是日立，申请量接近396项，两个申请人的申请量总和快达到全球申请量的10%。而

松下、三菱、夏普、日本电气和电装的申请量均在 200 项左右，均是日本著名的电器厂商。而东芝、三星、昭和电工、索尼等厂商的申请量均在 100 项左右，和住友等厂商的申请量存在着明显的差距。

在申请量前 15 名的申请人，除了韩国的三星其他都是日本企业，三星是近些年新兴的 LED 厂商的代表且是佼佼者，拥有强大的经济基础和研发团队，在 LED 领域能够逐步争取到一席之地，三星近些年在玻璃衬底方面投入了很大的研究，相关的申请也不断地增加。

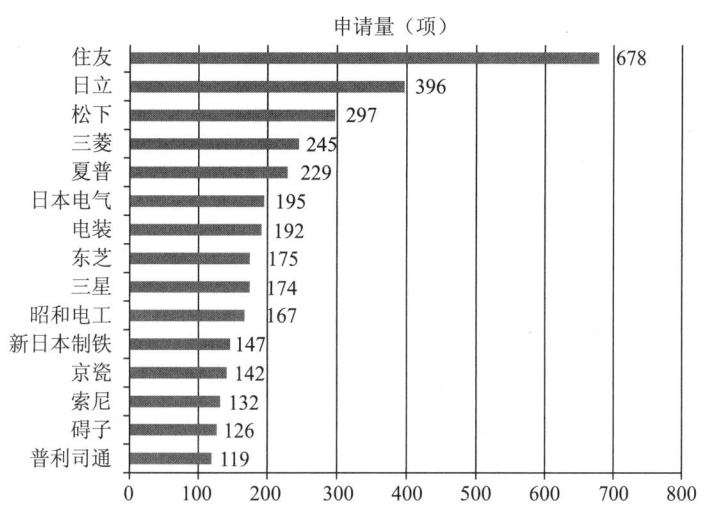

图 2-4-4　LED 衬底领域全球主要申请人的专利申请量

2.4.2　中国专利申请分析

本小节以 LED 照明衬底领域在中国范围被公开的专利申请为数据源，从专利申请发展趋势、区域分布、申请人等方面出发，对 LED 照明领域的中国专利申请状况进行分析。本节涉及专利申请 1983 件，截止日期为 2013 年 6 月 30 日。

2.4.2.1　中国专利申请发展趋势分析

图 2-4-5 示出了 LED 照明衬底领域中国专利申请的发展趋势。从该图中可以看出，中国 LED 衬底的研究起步比较晚，全球 LED 衬底方面的专利申请开始于 1963 年，但中国到 1985 年才开始出现了第一件专利申请，整整比全球晚了 22 年。从 1985~1995 年，中国在 LED 衬底方面的研究都很缓慢，其专利申请量都在个位数徘徊。在 1996 年以后，专利申请量有了很大程度的增加，从十几件到二十几件跃升到六十几件、九十几件，在 2000 年达到了 117 件，直到现在，申请量还在飞速地提高，2012 年达到了 260 件，在全球的申请量中都达到了很大的比重，足见我国 LED 衬底方面技术突飞猛进的发展，这一方面是国家政策的积极扶持，大力鼓励 LED 产业的发展，另一方面，国内的 LED 厂商逐步增强了专利意识，在注重技术创新的同时还进行专利布局，提早为迎接国际厂商的专利大战做好准备。

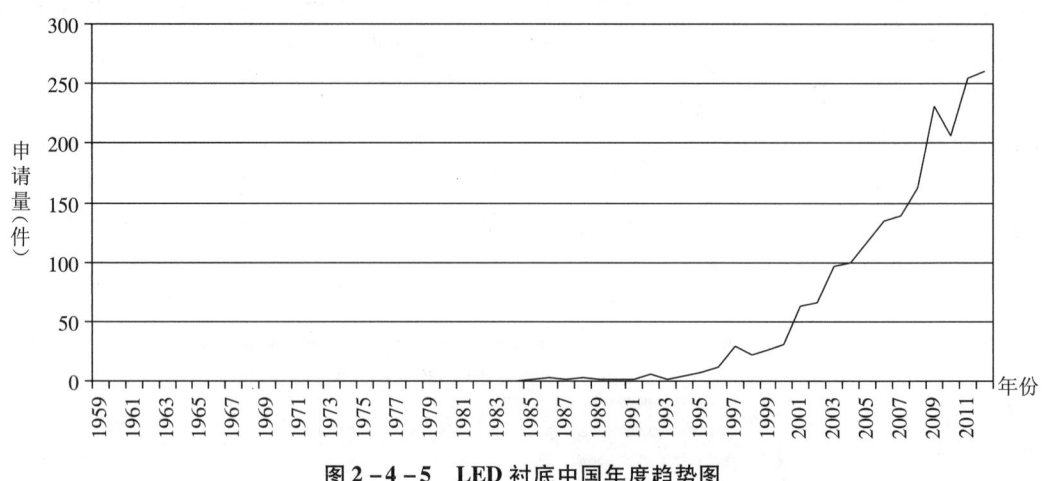

图 2-4-5 LED 衬底中国年度趋势图

2.4.2.2 专利申请的国别分析

通过对 LED 衬底领域在中国申请的专利申请人的国别进行分析（参见图 2-4-6），可见国内申请人的申请占总申请量的 46%，国外申请人中，日本申请人的申请量最多，达到 670 件，作为国外申请人的第二申请大户，美国的申请量达到 222 件，韩国、德国和法国的申请量均在几十件。从专利申请数据可以看出，目前国内的申请人已经逐步认识到以专利为基础的核心技术对行业的发展所起到的至关重要的作用，正在积极进行专利布局。而日本作为 LED 产业最重要的生产国，对中国市场非常重视，在中国进行了一定的专利布局。随着中国 LED 产业的迅速发展和市场的逐步兴起，美国也逐渐增强了对中国市场的重视，申请了一些 LED 衬底领域的专利。

2.4.2.3 专利申请的省市/地区区域分布

目前，专利申请量位于前十位的省市区分别是：江苏、北京、上海、浙江、广东、山东、台湾、陕西、福建和安徽，其中江苏 168 件、北京 162 件、上海 121 件，这三个省市的申请量均超过 100 件，然后浙江 81 件、广东 78 件、山东 52 件、台湾 52 件、陕西 50 件，这 5 个省份的申请量均在 50 件及以上，接下来的福建和安徽为 23 件和 22 件。

其中，江苏、北京和上海的专利申请量最大，其主要原因在于这三个省市有很多高校院所，如北京有北京大学、中国科学院。江苏有南京大学，上海有中国科学院上海光学精密机械研究所，这些高校科研院所在 LED 领域都有深入的研究，其中在 LED 衬底领域每年都有一些申请，由此提高了所在省市区专利申请的总量。

对于浙江、广东、山东、台湾和陕西，这些省份分布着很多的 LED 企业，如广东

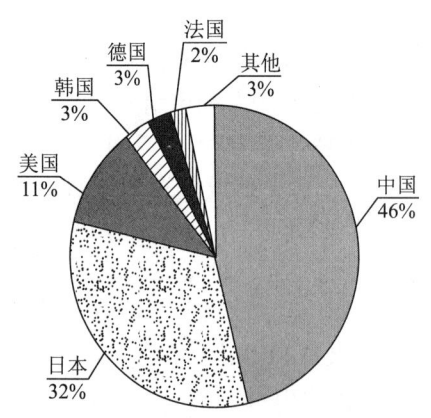

图 2-4-6 LED 衬底主要国家申请人在中国专利申请量比例分布

聚集着多家LED厂商,如国星光电、鸿利光电等,而台湾更是有亿光、宏齐科技、今台电子、光宝、光磊等多家LED厂商,且台湾的LED厂商这些年有了长足的发展,无论在与其他LED领导厂商的专利合作还是自身技术的提高上都有了很大的发展,在LED领域的市场上占据了一席之地,具有一定的竞争力,且台湾的厂商的专利意识比较强,在中国大陆也进行了专利布局,为向中国大陆市场扩展创造良好的条件。

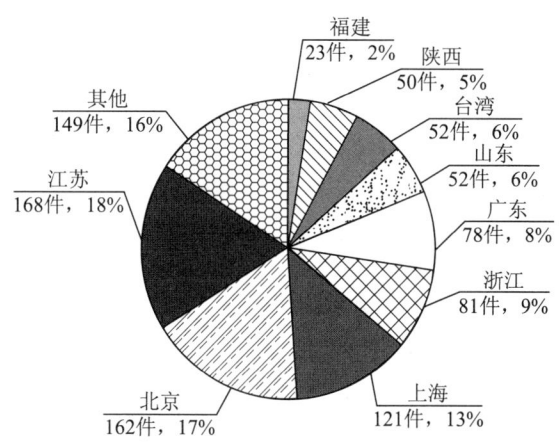

图2-4-7 LED衬底在中国各省市专利分布图

2.4.2.4 主要申请人分析

图2-4-8和图2-4-9示出了在LED衬底领域中国主要申请人专利申请量的排名,包括全球申请人排名和中国申请人排名,在全球申请人排名中,其中住友排名第一,为182件,在申请量上遥遥领先,这与住友在全球LED衬底领域总的申请量处于前列相一致。排名第二的是中国科学院半导体研究所,其申请量达到了52件,美国的科锐达到了38件,处于第三位,虽然科锐在全球总的申请量不是太高,在中国就拥有38件,足见科锐对中国市场的重视程度。在紧接着的第四位至第六位分别是松下、日立、丰田,均属于日本的LED厂商,第七位是中国科学院物理研究所,为27件。其中西安电子科技大学和中国科学院上海光学精密机械研究所分别处于第九位和第十位,可以看出,在前十位中,共4个中国申请人,均是大学和研究院所,且其中的3个研究所均是中国科学院的研究机构,可见在LED衬底领域,中国的研究力量主要集中在

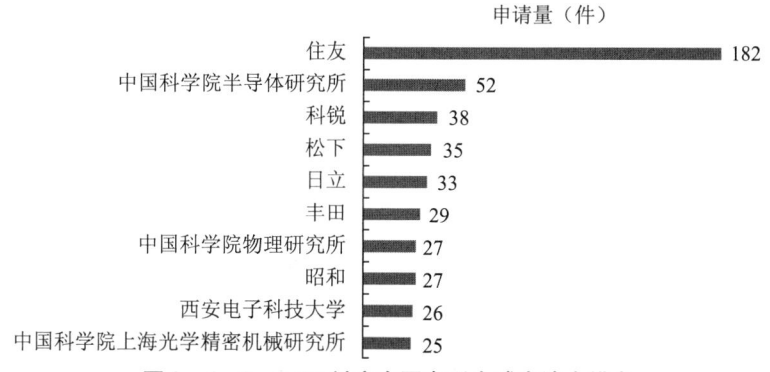

图2-4-8 LED衬底中国专利全球申请人排名

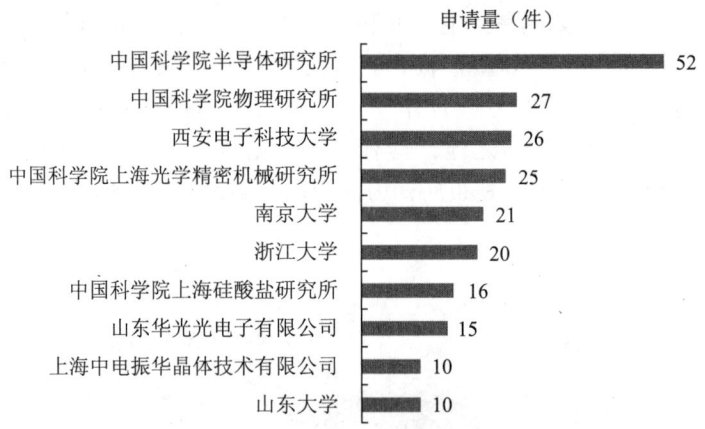

图 2-4-9 LED 衬底中国专利中国申请人排名

高校和研究院所，且中国科学院的研究机构在该领域占有重要地位。

对于中国申请人，在前十位申请人中，中国科学院的研究所共 4 家，分别是中科院半导体研究所、中科院物理研究所、中国科学院上海光学精密机械研究所和中国科学院上海硅酸盐研究所，只有两家企业，分别是山东华光光电子有限公司和上海中电振华晶体技术有限公司，还有 4 所大学。由此可见，在 LED 衬底领域，中国的研究力量主要集中在高校和研究院所，企业在这方面的研究不多，企业可以加强在 LED 衬底方面的研究，增强在市场的竞争力。

2.4.3 小　结

LED 照明衬底领域的全球申请量从 1995 年开始呈现快速增长的趋势，到了 2011 年全球申请量达到一个巅峰，随着 LED 技术的日趋成熟，申请量开始趋于稳定。

LED 照明衬底领域在首次申请国家/地区中，位于前四位的分别为日本、美国、中国和韩国，其中日本的申请量遥遥领先，处于第二位至第四位的国家的申请量与日本存在着很大差距，原因是日本是 LED 产业最早发展起来的国家，有很多重要的 LED 厂商，如日亚化学、日立等，目前在 LED 市场占有重要的地位，因此其在衬底方面的专利申请量也遥遥领先，其他国家与其仍然存在着很大的差距。

LED 照明衬底领域在目标申请国/地区中，日本是全球最大的 LED 照明衬底领域专利申请目标国/地区，美国位居第二，而中国位于第三位，中国作为新兴的 LED 市场，孕育着巨大的机会和挑战，因此全球的各 LED 厂商都越来越重视中国的市场，纷纷来中国进行专利布局。

LED 芯片技术领域全球主要申请人排名前 15 位的申请人中，日本的住友的申请量最大，高达 678 项，在申请人申请数量中遥遥领先，而日本的 LED 厂商在 15 位申请人中占据 14 个席，由此可以看出日本在 LED 照明衬底领域的领先地位。

中国有关 LED 照明衬底领域的研究起步较晚，始于 1985 年，但到 2000 年后才开始蓬勃发展。国内申请人的申请占总申请量的 46%，可以看出国内的申请对专利布局非常重视。而在中国申请的国外申请人中，日本的申请量最多。LED 照明衬底领域的中国主要申请人中，国外申请人包括日本的住友、松下、日立、丰田和昭和，国内主要申请人包括中国科学院的研究所、还有一些高校。专利申请量位于前十位的省市分别为江苏、北京、上海、浙江、广东、山东、台湾、陕西、福建和安徽。由此可见，在LED衬底领域，中国的研究力量主要集中在高校和研究院所，企业在这方面的研究不多，企业可以加强在LED衬底方面的研究，增强在市场的竞争力。

2.5 外延技术

2.5.1 全球专利申请分析

本节将以LED照明外延技术领域在全球范围内的专利为数据源，就专利的申请趋势、首次申请国、目标市场、全球申请人等方面进行了分析。本节涉及专利总申请量为22563项，截止日期为2013年6月30日。

2.5.1.1 发展趋势分析

图2-5-1示出了LED照明外延技术领域全球专利申请的发展趋势。可以看出，全球LED照明外延技术领域专利申请总体态势可分为以下三个阶段。

（1）萌芽期（1963~1979年）

这一阶段申请量较少，专利申请量缓慢增长。从1963年开始出现第一项申请。1963~1970年之间申请量为个位数或者申请量为0。从1971年开始出现增加趋势，到1978年增加到100项，1979年相对1978年略有减少。申请量增长缓慢，主要是由于LED的研发处于初始阶段，前景不明朗，投入的研发经费也相对较少。且外延技术受设备的影响比较大，设备的落后也制约了外延技术的发展。

（2）技术成长期（1980~2002年）

从1980年开始，申请量又呈现增长趋势，并伴随小幅波动，并且增长速度逐渐加快，从1980年的176件增加至2002年的770件；1993~1998年专利申请量来回波动，但年申请量仍然维持在500项左右。蓝光技术的发展以及广大的市场前景，各国均加

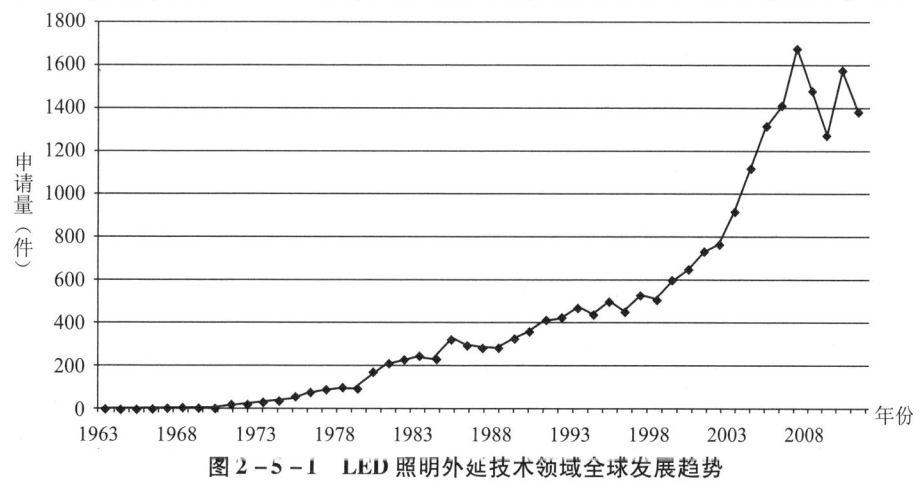

图2-5-1 LED照明外延技术领域全球发展趋势

大了对氮化镓外延技术的研究开发,掀起了围绕氮化镓基材料外延技术的研究高潮,外延技术专利年申请量呈井喷之势。

(3) 快速发展期(2003年至今)

2003年开始,专利申请量大幅攀升,行业的研发热情很高,专利年申请量一直保持较高的增长率,从2004年开始申请量一直超过1000项,并于2007年达到峰值(1678项),随后受累于全球经济的不景气,2008年、2009年申请量有明显的回落,2009年的申请量降至1272项,2010年后又开始上升,2011年虽然略有下降,但相对的基数还是很大。

2.5.1.2 首次申请国家/地区分析

首次申请国是以优先权中的国别提取的,首次申请国在一定程度上代表了技术输出国。

图2-5-2和图2-5-3示出了LED照明外延技术领域首次申请的国家/地区分布情况。外延技术的申请量主要来源于日本、美国、韩国等发达国家,其中日本申请人的申请量最大,达到12421项,其次是美国申请人,申请量为3348项。韩国申请人的申请量位于第三位,申请量为2984项。接下来是中国大陆和中国台湾地区的申请人,申请量分别为1748项和931项。

日本申请人虽然申请量最大,但最近5年的申请比例相对较低,近5年申请量占其总申请量的比例为14%。

中国大陆是LED照明外延技术领域近几年申请最活跃的地区,近5年申请量占其总申请量的65%。这一方面表明了中国大陆在作为LED照明外延技术领域的研究还处于起步阶段,另一方面也表明了中国大陆在LED照明外延技术领域技术的蓬勃发展以及投入的增大,这将为未来的技术进步打下坚实的基础。

韩国申请人近5年申请也相对活跃,近5年申请量占其总申请量的49%。中国台湾地区,近5年申请量占总申请量的40%,显示出中国台湾地区申请人对LED市场的重视,保持对外延技术进行研究和申请。

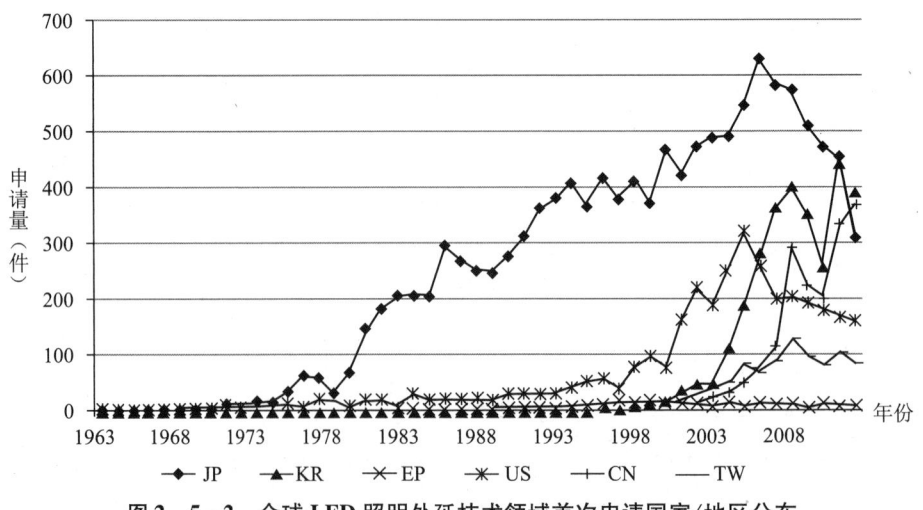

图2-5-2 全球LED照明外延技术领域首次申请国家/地区分布

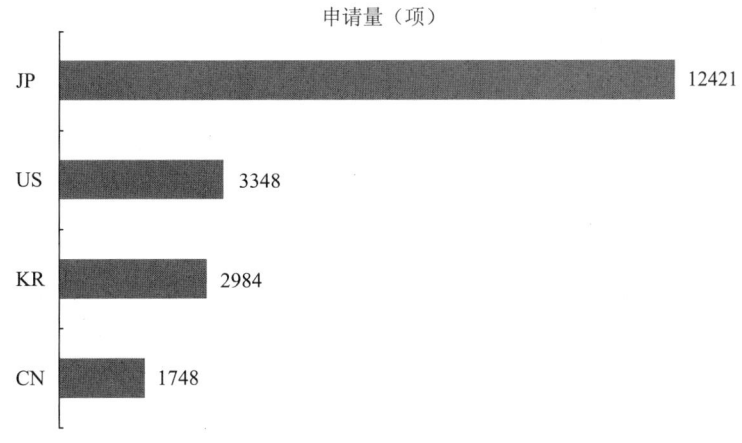

图2-5-3 全球LED照明外延技术领域首次申请国家/地区分布

2.5.1.3 申请目标国家/地区分析

图2-5-4示出了专利申请目标国家/地区分布。

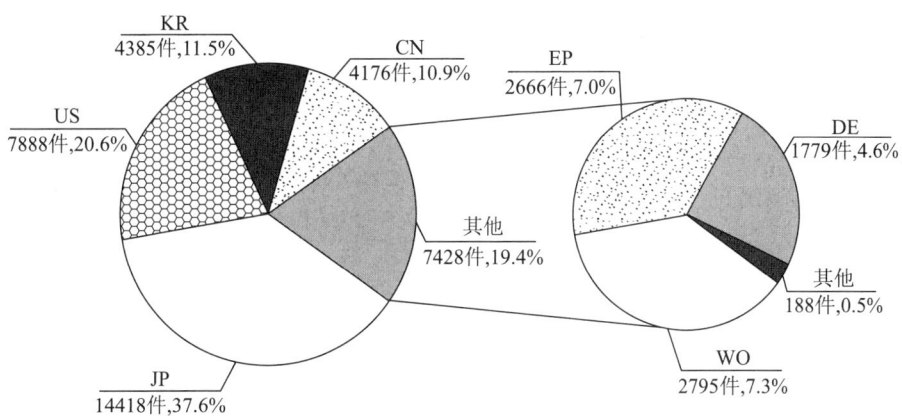

图2-5-4 LED照明外延技术领域全球专利申请的目标国家/地区分布

如图2-5-4所示,从世界范围来看,日本的申请量(申请件数)是各个国家/地区中最大的,占总申请量的1/3多,美国次之,其后依次为韩国、中国。日本、美国的总申请量占整个外延技术领域专利量的55%,可见美国、日本在外延技术领域具有很大的优势。

韩国由于有三星、乐金这样的申请大户,其申请量也不容忽视。

中国作为目前LED照明外延技术领域应用的最大市场之一,LED照明外延技术领域在中国的申请量位于第四位,为4176件,占总申请量的10%。

2.5.1.4 主要申请人分析

图2-5-5示出了LED照明外延技术领域全球主要申请人的申请量分布情况,排名前列的这15位申请人的申请量占全球总申请量的40%。

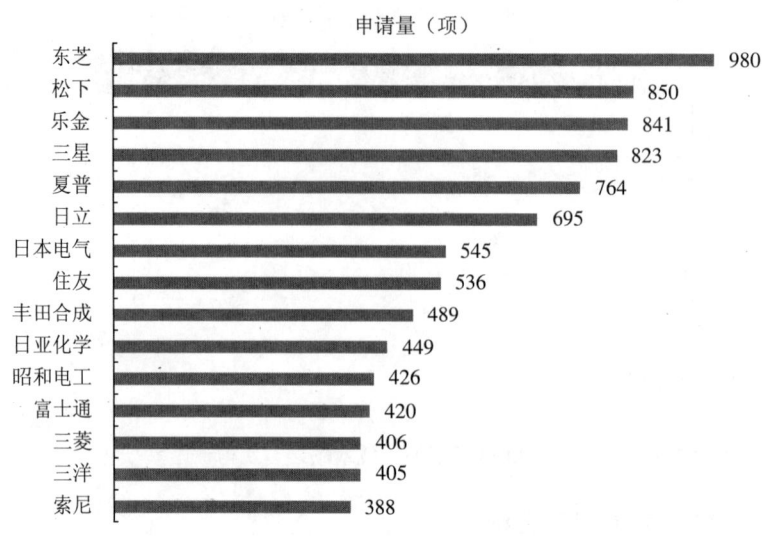

图 2-5-5　LED 照明外延技术领域全球主要申请人的专利申请量

其中东芝的申请量最大，为 980 项，在申请人中申请数量遥遥领先，表明东芝在 LED 照明外延技术领域对研发的重视。而接下来的松下、乐金、三星的申请量也超过 800 件。

前四位申请人的申请量总和超过全球申请量的 15%。而日本著名的电器厂商夏普、日立、日本电气和住友的电装的申请量也在 500 项以上。

如表 2-5-1 所列，在申请量前 15 名的申请人，日本申请人优势明显，占据了 13 个席位。只有韩国的乐金、三星不是日本的企业，乐金和三星、特别是三星是近些年新兴的 LED 厂商的代表且是佼佼者，作为后起之秀，凭借强大的经济基础和研发团队，在 LED 领域逐步争取到一席之地。

表 2-5-1　LED 照明外企技术领域全球主要申请人排名

排名	申请人	数量（项）
1	东芝	980
2	松下	850
3	乐金	841
4	三星	823
5	夏普	764
6	日立	695
7	日本电气	545
8	住友	536
9	丰田合成	489
10	日亚化学	449

续表

排名	申请人	数量（项）
11	昭和电工	426
12	富士通	420
13	三菱	406
14	三洋	405
15	索尼	388
16	罗姆	360
17	欧司朗	343
18	三田	336
19	飞利浦	249
20	冲电气	238
21	首尔半导体	228
22	斯坦雷	227
23	NTT	222
24	佳能	173
25	信越半导体	172

而LED照明领域的六大厂商中的欧司朗，其申请量为343项，排在第17位；飞利浦以249项排在第19位，美国的科税则只有100多项，排在第25位之后。

2.5.2 中国专利申请分析

本小节以LED照明外延技术领域在中国范围内的专利申请为数据源，从中国专利申请的趋势、专利申请的国别、专利申请的省市区区域分布，以及申请人排名等方面出发，对LED照明外延技术领域的中国专利申请状况进行分析。本节涉及专利申请4338件，截止日期为2013年6月30日。

2.5.2.1 中国专利申请发展趋势分析

图2-5-6示出了中国专利申请的发展趋势。LED照明外延技术领域在中国的专利申请整体呈现增长趋势，虽然国内外延技术的起步较晚，但是发展迅速，专利意识逐渐增强，专利申请量将继续增加。LED照明外延技术领域在中国专利申请的发展趋势可以分为以下三个阶段。

（1）缓慢发展期（1984~2001年）

在1985~1999年期间，LED照明外延技术领域在中国的专利申请呈现缓慢发展的趋势，在这一时期的专利共258件。申请人绝大部分为国外申请人，国内的申请人只占很少的一部分。在这一时期，国内的LED照明外延技术领域发展比较缓慢，国内的研究者涉足较少，很长一段时间内我国的外延技术处于停滞状态，因此国外的申请人占有绝对的优势。

(2) 快速发展期(2002~2007年)

在2002~2007年期间,LED照明外延技术领域在中国的专利申请呈现快速发展的趋势,在这6年间专利申请量从2002年的111件,增加至2007年的472件,申请量有快速的增长。这一时期,受国家产业政策的刺激,国内越来越多的企业,高校和科研院所开始对LED照明外延技术领域投入更大的热情,国内申请人申请的专利数量有较大幅度的增长。同时,在全球LED照明外延技术领域也呈现出蓬勃发展的状态,国外申请人也更加重视在中国的专利保护,在中国申请的专利数量也大幅度增加。

(3) 调整稳固期(2008年至今)

从2008年至今,LED照明外延技术领域在中国的专利申请量达到了2296件。2008年、2009年相对2007年只有微幅增长,这与全球的经济不景气有一定关系;而2010年又有了较大增长,增加至576件,增幅明显。而2011年又出现较大程度下降。

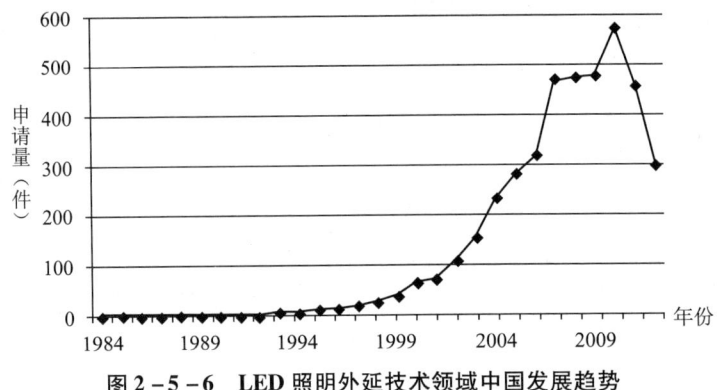

图2-5-6 LED照明外延技术领域中国发展趋势

2.5.2.2 专利申请的国别分析

通过对LED照明外延技术领域在中国的专利申请人的国别进行分析(参看图2-5-7),可见中国申请人(包括中国大陆和中国台湾地区),其申请量(中国大陆的申请人1745件,中国台湾地区的申请人321件)占总申请量的48%。国外申请人中,日本申请人的申请量最多,共计1081件,在华申请所占的比重为25%;韩国和美

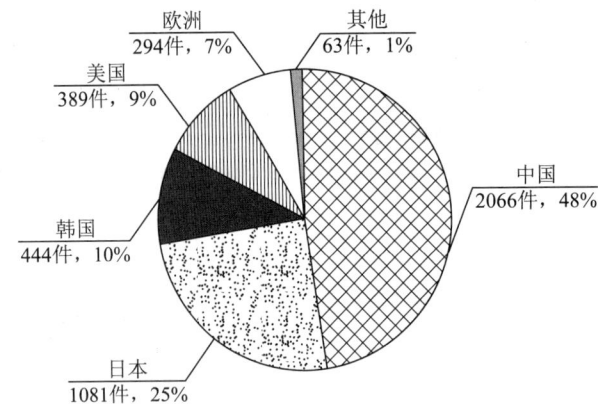

图2-5-7 LED照明外延技术领域主要国家申请人在中国专利申请量比例分布

国作为国外申请人的第二、第三申请大户,申请量分别为 444 件、389 件。由专利申请数据可以看出,目前国内申请人已经逐步认识到了以专利为基础的核心技术对行业发展所起到的推动作用,正在积极进行专利布局。日本作为邻国,一直非常重视中国市场,在中国申请了大量的专利。而韩国和美国随着对中国市场越来越重视,近年来也逐渐加强了在中国的专利战略布局。

2.5.2.3 专利申请的省市区域分布

截至 2013 年 6 月 30 日,如图 2-5-8 所示,申请量位于前六位的省市分别是:广东、台湾、北京、上海、江苏、浙江、福建,申请量均超过 100 件。广东的申请量为 346 件,远超过其他省市,主要原因是其 LED 产业发达,聚集了多家 LED 厂商,形成了完整的 LED 产业链。台湾拥有众多的 LED 厂商,面对庞大的大陆 LED 市场,在大陆进行了积极的专利布局,对大陆 LED 市场非常重视;而北京、上海、江苏、浙江,由于地理位置的缘故,有大学以及科研院所的研发力量,且多家半导体行业的企业位于其中;而福建则得益于三安光电的申请量。而前 10 位中的湖北、山东、江西,其申请量均为几十件。

2.5.2.4 主要申请人分析

在 LED 照明外延技术领域申请量排名前十位的主要申请人参见图 2-5-9。乐金排名第一,申请量达到 221 件,在申请量上遥遥领先,而三星、夏普、住友分别位居第二位至第四位。前四位申请人的申请量占整个申请量的 14%。前十位申请人中,国内的申请人也占据 1 席,为中国科学院半导体研究所,其排名为第五位。

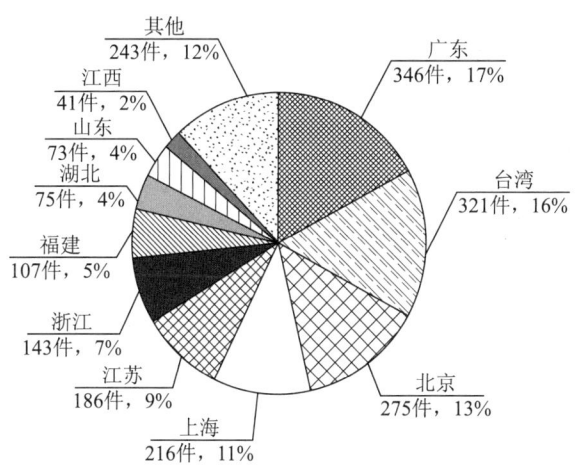

图 2-5-8 LED 照明外延技术领域中国专利申请省市分布图

国外的主要申请人中日本的申请人居多,有:夏普、住友、昭和电工、东芝、松下,5 个申请人的总量(462 件)占据前十位申请人的专利申请总量(1074 件)的 43%,而排在第一位和第二位的乐金、三星的申请量占据前十位申请人的专利申请总量(1074 件)的 33%,足可以证明日本、韩国对中国市场的重视,专利战略布局意识很强。排在第六位的奥斯兰姆虽然在全球总的申请量不是很高,但在中国的排名靠前,足见奥斯兰姆对中国市场的重视程度。

美国的科锐则排到第 Ⅰ 位。

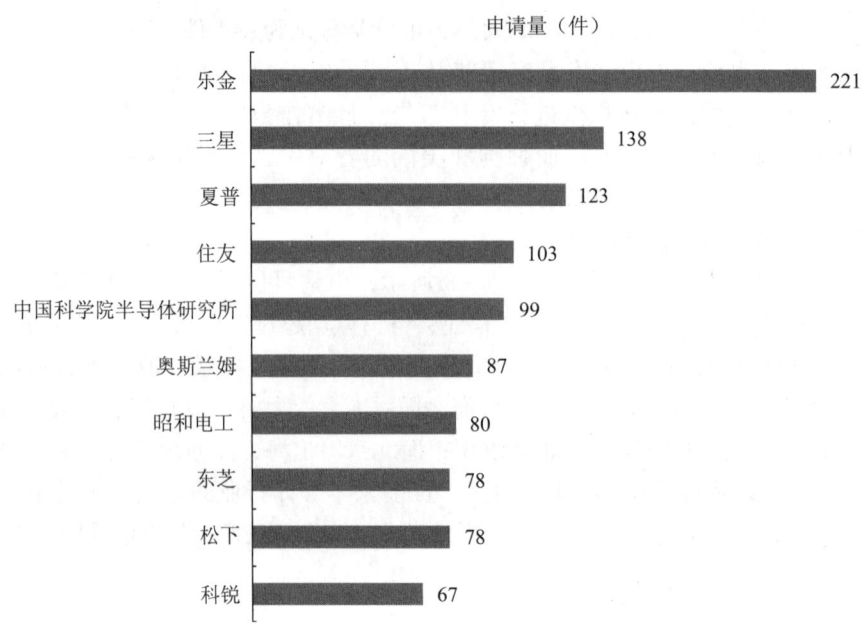

图 2-5-9 LED 照明外延技术领域中国主要申请人的专利申请量

位于第 11~15 位的日亚化学、三安光电、飞利浦、丰田合成、东京毅力,其申请量很接近,都在 60 件左右。

三安光电作为中国企业的代表,其在专利方面的重视程度也越来越高。

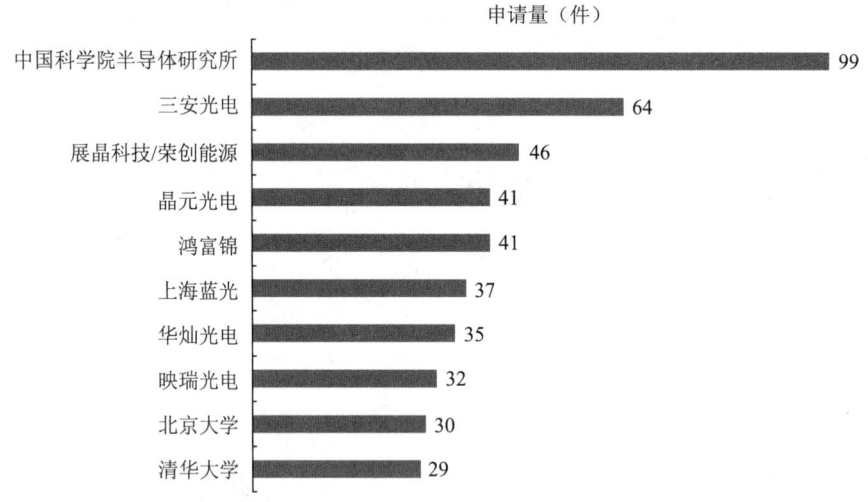

图 2-5-10 LED 照明外延技术领域中国国内主要申请人的专利申请量

如图 2-5-10 所示,中国科学院半导体研究所作为科研院所的代表,高居中国大陆申请人的首位,其非常关注 LED 照明外延技术领域的研究,研发能力较强。外延技术领域申请量较多的大陆企业主要包括厦门三安光电、展晶科技/荣创能源、上海蓝光、华灿光电、映瑞光电;台湾企业晶元光电和台湾在大陆的投资企业富士康也占据排名的第四位和第五位,也可见台湾企业对大陆市场的重视。展晶科技、荣创能源在申请时,往往作为共同申请人。北京大学、清华大学作为大学的代表,也做了不少研究。

2.5.3 小 结

LED 照明外延技术领域行业整体上呈现蓬勃发展态势,从 2004 年开始每年的全球专利申请量均超过 1000 项。

LED 照明外延技术领域首次申请的国家/地区分布中,外延技术的申请量主要来源于日本、美国、韩国等发达国家,其中日本申请人的申请量最大,美国申请量位居次席。中国是 LED 照明外延技术领域近几年申请最活跃的国家,近 5 年申请量占其总申请量的 65%。

专利申请的目标国家/地区分布来说,日本的申请量是各个国家/地区中最大的,占总申请量的 1/3 多,美国次之,其后为韩国。日本、美国的总申请量占整个外延技术领域专利量的 55%,可见美国、日本在外延技术领域具有很大的优势。

LED 照明外延技术领域全球主要申请人的申请量分布情况,排名前列的这 15 位申请人的申请量占全球总申请量的 40%。其中东芝的申请量最大,接近 980 项,在申请人中申请数量遥遥领先,而接下来的松下、乐金、三星的申请量也超过 800 件。在申请量前 15 名的申请人,日本申请人优势明显,占据了 13 个席位。乐金和三星作为后起之秀,凭借拥有强大的经济基础和研发团队,在 LED 领域能够逐步争取到一席之地。

LED 照明外延技术领域在中国的专利申请整体呈现增长趋势。与全球专利申请人的状况不同的是,在 LED 照明外延技术领域,中国专利申请的主要申请人——中国大陆申请人的申请量的比例最高,占总申请量的 48%,而日本紧随其后,位居第二位,占有 25%,共计 1081 件,其次是美国、韩国。韩国申请人近 5 年申请也相对活跃,近 5 年申请量占其总申请量的 49%。中国台湾地区,近 5 年申请量占总申请量的 40%,显示出台湾申请人对 LED 市场的重视,保持对外延技术进行研究和申请。

申请量位于前六位的省市分别是:广东、台湾、北京、上海、江苏、浙江、福建,申请量均超过 100 件,广东的申请量为 346 件,远超过其他省市;台湾拥有众多的 LED 厂商,申请量居第二位。

在 LED 照明外延技术领域申请量排名前 10 位的主要申请人,乐金排名第一,申请量达到 221 件,在申请量上遥遥领先,而三星、夏普、住友分别位居第二至四位。前十位申请人中,国内的申请人也占据 1 席,为中国科学院半导体研究所,其排名为第五位。

中国科学院半导体研究所作为科研院所的代表,高居中国大陆申请人的首位,其非常关注 LED 照明外延技术领域的研究,其研发能力较强。外延技术领域申请量较多的大陆企业主要包括厦门三安光电、展晶科技/荣创能源、上海蓝光、华灿光电、映瑞光电;台湾企业晶元光电和台湾在大陆的投资企业富士康也占据排名的第四和第五位,也可见台湾企业对大陆市场的重视。

2.6 芯片技术

2.6.1 全球专利申请分析

本小节以 LED 芯片结构领域在全球范围内的专利申请为数据源,从专利申请的发展趋势、首次申请国家/地区、目标申请国家/地区、申请人等方面出发,对 LED 芯片结构领域进行专利分析。本节涉及专利申请 9480 项,截止日期为 2013 年 6 月 30 日。

2.6.1.1 全球专利申请趋势分析

芯片结构是 LED 照明中一个非常重要的技术分支,早在 20 世纪 60 年代就有关于芯片结构的专利申请。但从 20 世纪 60~90 年代,有关 LED 的芯片技术发展缓慢,申请量十分零星。这是由于 20 世纪 90 年代以前,LED 处于研发的初始阶段,相应的研发投入较少。由图 2-6-1 可见,从 1990~2000 年开始呈现缓慢增长的态势。到了 2000 年后,才呈现快速增长的趋势,这是由于从 21 世纪初开始,LED 市场需求旺盛,各国的研发投入力度大幅度提高,从而使得芯片结构这一技术分支也相应进入了一个快速增长期。到了 2010 年全球申请量达到一个巅峰,随着 LED 技术的日趋成熟,申请量开始有所回落。

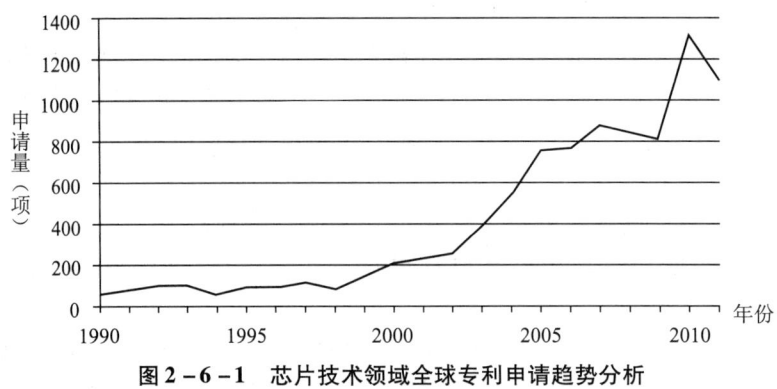

图 2-6-1 芯片技术领域全球专利申请趋势分析

2.6.1.2 首次申请国家/地区分析

首次申请国家/地区在一定程度上代表了技术输出国,反映了该国家/地区的技术创新能力和活跃程度。通过对 LED 芯片技术领域首次申请国家/地区的分析,可以了解哪些国家/地区掌握着 LED 芯片技术领域的主要专利。

由图 2-6-2 可知,日本、韩国、中国和美国的专利申请占到 LED 芯片技术申请总数的 88%,说明这 4 个国家是该领域的主要技术领域。其中,日本所占比例最高,主要是由于日本拥有日亚化学、东芝、丰田、夏普等众多致力于 LED 芯片技术研发的企业,中国在 LED 芯片技术领域的申请量位居全球第三,说明中国相关企业和科研机构对这一领域的研究重视,同时也体现出中国在 LED 芯片技术领域的竞争优势。

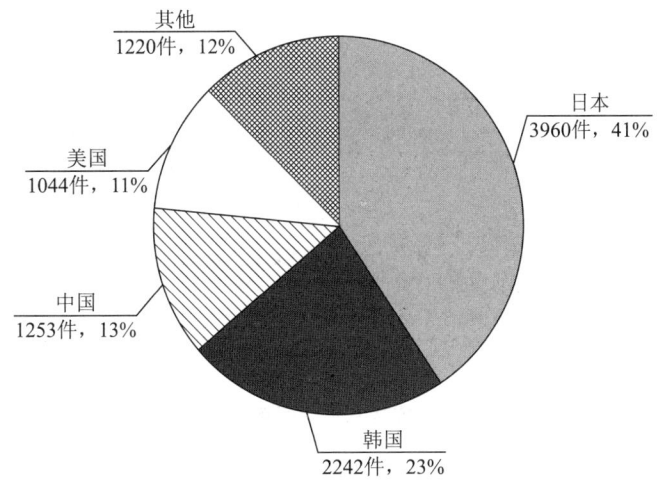

图 2-6-2　LED 芯片技术主要首次申请国家/地区构成比例

由图 2-6-3 可知，到了 2000 年以后，日本在 LED 芯片技术领域开始进入快速增长期，韩国是到 2004 年后进入快速增长期，中国起步较晚，到了 2006 年以后才进入快速增长期，其中，值得注意的是，韩国作为首次申请国，在 2010 年和 2011 年的申请量都超过了日本，可见近两年韩国非常重视对 LED 芯片技术的研发。

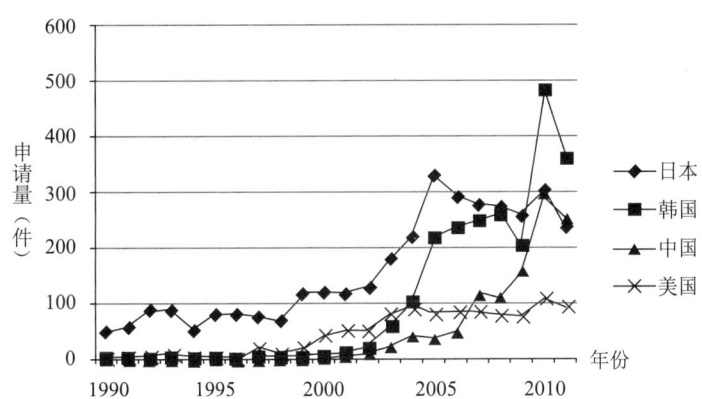

图 2-6-3　LED 芯片技术主要首次申请国家/地区历年专利申请量分析

2.6.1.3　目标申请国/地区分析

目标申请国/地区代表的是申请人申请了专利的国家/地区。通过分析申请目标国/地区，可以从一定程度上了解全球各申请人对该国 LED 芯片技术的重视程度以及市场前景。

由图 2-6-4 和图 2-6-5 可知，日本是全球最大的 LED 芯片技术专利申请目标国/地区，美国位居第二，虽然在首次申请国家/地区的分析中可知，韩国的申请量排名在美国之前，但在目标国/地区的比较中，在美国的申请量超过了韩国，由此可见，美国的 LED 芯片技术的市场非常活跃，备受重视。在中国的申请量也超过了 2000 件，且在 2006 年以后增长趋势非常明显，可以看出近几年中国市场也是非常活跃的。

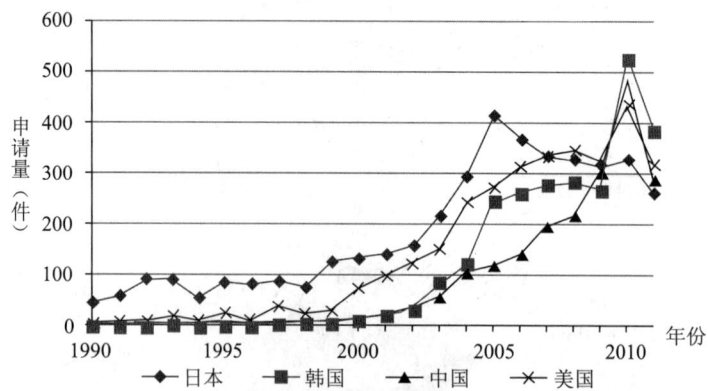

图 2-6-4 LED 芯片技术主要目标申请国/地区历年申请趋势

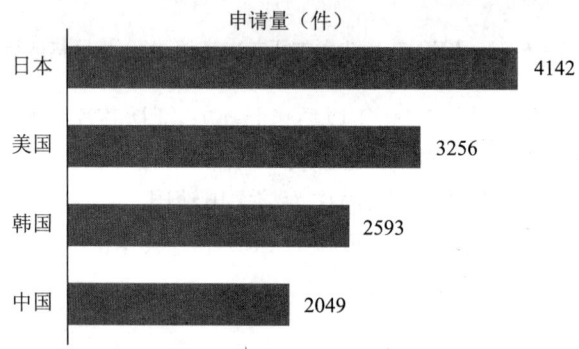

图 2-6-5 LED 芯片技术主要目标申请国/地区分布

2.6.1.4 主要申请人分析

图 2-6-6 是 LED 芯片技术领域全球主要申请人根据申请量大小的排名，由图可以

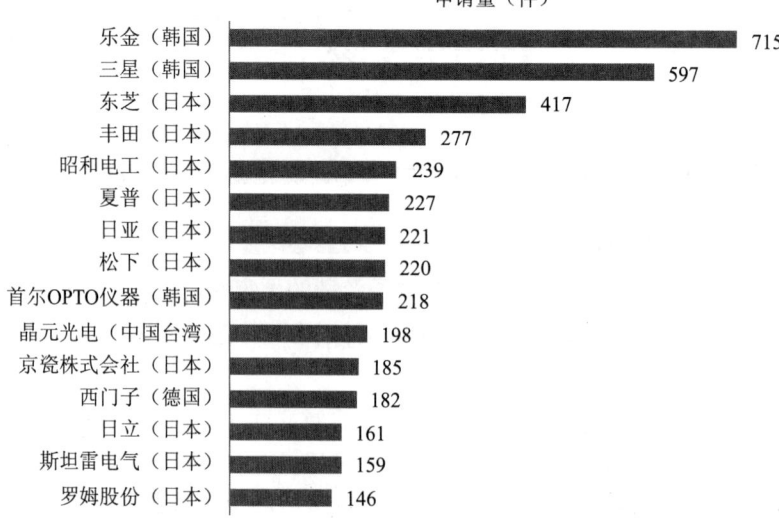

图 2-6-6 LED 芯片技术全球主要申请人申请量排名

看出，排名前 15 位的申请人中，乐金的申请量最大，高达 715 项，在申请人申请数量中遥遥领先，排名第二位和第三位的申请人三星和东芝的申请量也超过了 500 项，紧随其后申请量在 200 项以上的申请人有丰田、昭和电工、夏普、日亚、松下和首尔半导体。

虽然在申请量排名中，韩国的乐金和三星的申请量名列前茅，但可以看出，日本的申请人在前 15 位的排名中占据了 10 席，占绝对优势。由此可以看出日本在 LED 芯片结构领域的领先地位。

值得注意的是位于第十位的申请人是中国台湾的晶元光电以及位于第 12 位的是申请人德国的西门子，由此可见，中国台湾和德国的申请人在 LED 的芯片结构领域也争取到一席之地。

2.6.2 中国专利申请分析

本小节以 LED 芯片结构领域在中国范围内的专利申请为数据源，从专利申请发展趋势、专利申请的国别、省市区区域分布、申请人等方面为研究点，对 LED 芯片结构领域的中国专利申请状况进行分析。本节涉及专利申请 2049 件，截止日期为 2013 年 6 月 30 日。

2.6.2.1 中国专利申请发展趋势分析

由图 2-6-7 可以看出，中国有关 LED 芯片结构的研究起步较晚，全球 LED 芯片结构方面的专利申请开始于 20 世纪 60 年代，但中国芯片结构方面的专利申请始于 20 世纪 80 年代，且从 1985～2000 年这 15 年的时间里，专利申请量每年都在 15 件以下，申请量的增长非常缓慢，而中国从 2000 年以后，开始缓慢增长，到 2006 年以后进入快速增长期，2009 年开始申请量超过了 300 件，从 2009 年开始中国申请量在全球的申请量中都占到了很大的比例，由此可见，国家政策的大力扶持和国内 LED 厂商专利意识的不断增强，使得中国对 LED 芯片结构的研发越来越受重视，而且近 10 年技术也有了突飞猛进的发展。

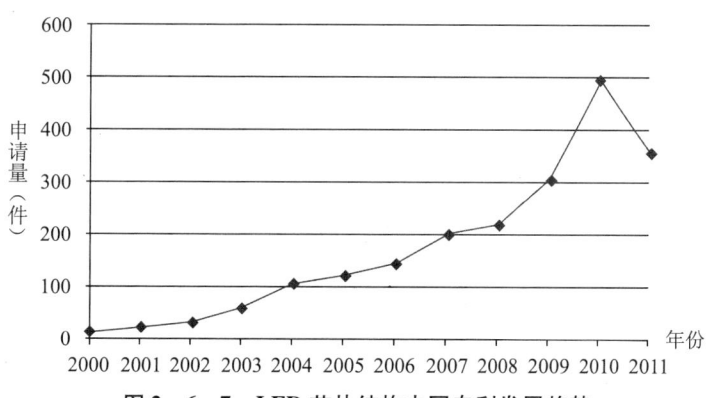

图 2-6-7 LED 芯片结构中国专利发展趋势

2.6.2.2 专利申请的国别分析

参见图 2-6-8 和图 2-6-9，通过对 LED 芯片领域在中国的专利申请人的国别进行分析，可见国内申请人的申请占总申请量的 52%，在申请总量中所占比例已经过半，可以看出国内的申请对专利布局非常重视。而在中国申请的国外申请人中，日本的申请量最多，韩国其次，日本和韩国的申请量都在 300 件以上，美国在中国的申请量也过了百件,可以看出日本、韩国和美国在专利布局策略中,注重对中国的专利布局,由此也可以看出中国 LED 市场备受几个 LED 大国的关注。

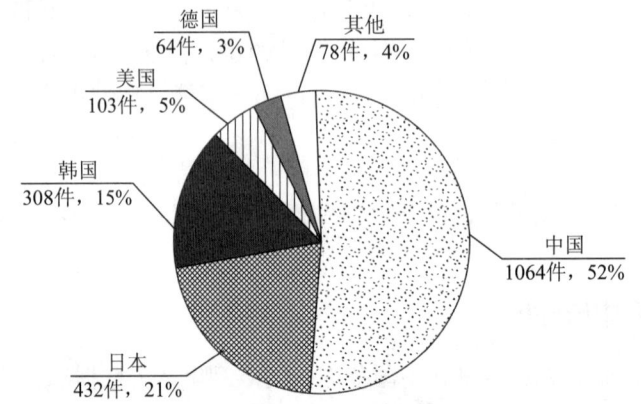

图 2-6-8　LED 芯片主要国家申请人在中国专利申请量比例分布

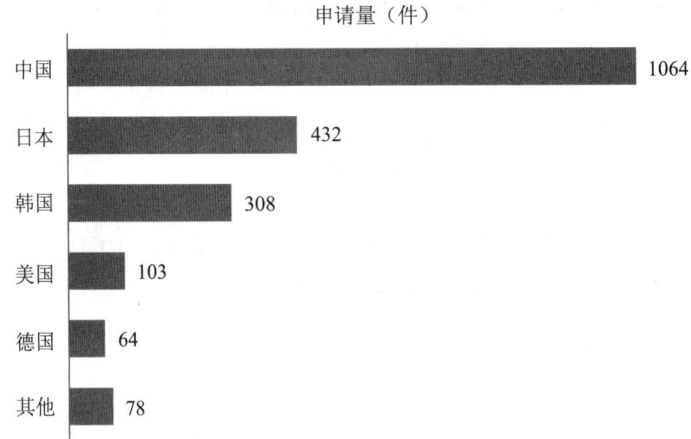

图 2-6-9　LED 芯片主要国家申请人在中国专利申请量排名

2.6.2.3　专利申请的省市区区域分布

由图 2-6-10 可知,专利申请量位于前十位的省市分别为台湾、广东、北京、上

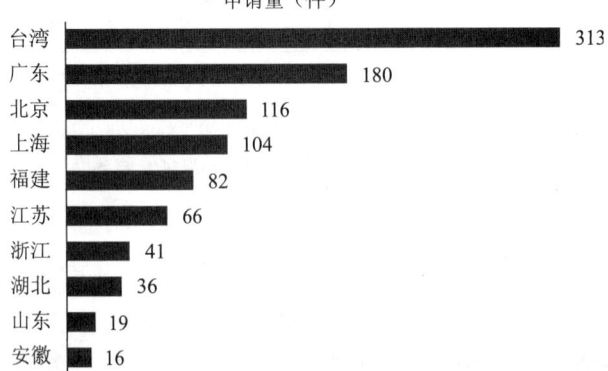

图 2-6-10　LED 芯片领域专利申请量在中国省市区区域分布

海、福建、江苏、浙江、湖北、山东和安徽。其中，台湾、广东、北京、上海都在百件以上，江苏和浙江在50件以上。

其中，台湾在中国芯片方面的申请量最大，超过了300件，究其原因，主要是台湾致力于LED芯片研发的公司非常多，如表2-6-1所列，例如晶元光电、隆达电子、新世纪光电、亿光电子、台积电、台达电子等，这些公司也非常注重在大陆的专利布局。

广东、北京和上海也是国内申请人中的申请大户，参见表2-6-1，这3个省市拥有诸多致力于LED研究且专利保护意识强的厂商，例如广东的展晶科技、荣创能源、比亚迪、鸿富锦精密工业，北京的同方光电，上海的蓝光科技、映瑞光电，除了厂商，高校和科研机构也是LED芯片领域专利申请的又一中坚力量，尤其是北京，申请量排名靠前的基本都是高校和科研院所，例如中国科学院半导体研究所、清华大学、北京大学、北京工业大学。

表2-6-1　LED芯片在中国省市主要申请人

台湾	晶元光电、隆达电子、新世纪光电、亿光电子、台积电、台达电子
广东	展晶科技、荣创能源、比亚迪、鸿富锦精密工业、中山大学、奇明光电、奇力光电
北京	中国科学院半导体研究所、清华大学、同方光电、北京大学、北京工业大学
上海	蓝光科技、映瑞光电科技、上海大学、彩虹集团、上海蓝宝光电
厦门	厦门三安、厦门乾照光、厦门大学
江苏	协鑫光电、东南大学、江苏威纳德照明、江苏新广联科技

2.6.2.4　主要申请人分析

由图2-6-11可知，LED芯片结构中国主要申请人中，国外申请人包括韩国的乐金，日本的昭和电工、夏普、东芝和丰田，其中乐金的申请量高达173件，这和乐金在全球申请量的领先地位是相应的。以上几个申请人也是全球LED芯片结构领域的主要申请人。国内申请人包括大陆的三安光电、展晶科技、荣创能源、中国科学院半导体研究所、台湾地区的晶元光电。值得注意的是，中国科学院半导体研究所是一家科研结构，在LED芯片结构中国主要申请人排名靠前，由此可见看出，国内除了企业，科研机构也非常关注LED芯片结构领域的研究。

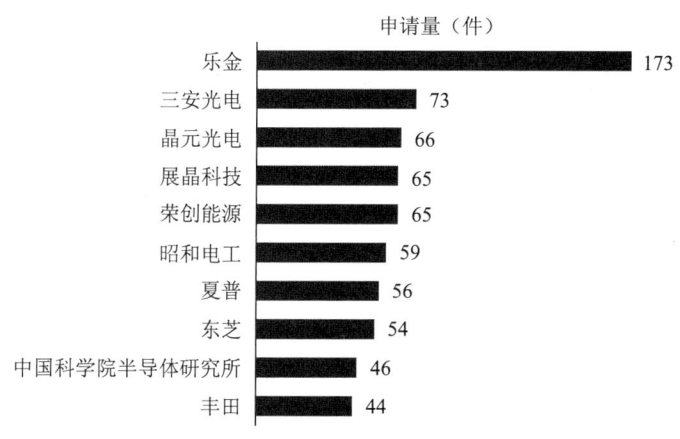

图2-6-11　LED芯片中国专利申请主要申请人分析

在LED芯片领域中国专利申请中，国内申请人高达300多位，申请量排名前十位的如图2-6-12所示，其中申请人大部分位于台湾、福建、北京、上海、广东，这和中国专利主要申请省市也是对应的趋势。在诸多的申请人中，三安光电位居首位，申请量为73件，接下来申请量在30件以上的是晶元光电、展晶科技/荣创能源科技（共同申请人）、中国科学院半导体研究所和上海蓝光科技。

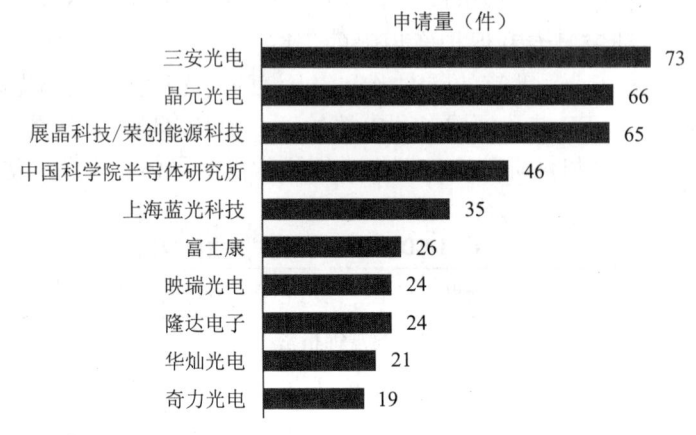

图2-6-12 LED芯片中国专利申请国内申请人分析

2.6.3 小　结

LED芯片结构领域全球申请量从2000年开始呈现快速增长的趋势，到了2010年全球申请量达到一个巅峰，随着LED技术的日趋成熟，申请量开始趋于稳定。

LED芯片结构领域在首次申请国家/地区中，日本、韩国、中国和美国的专利申请占到LED芯片技术申请总数的88%，说明这四个国家是该领域的主要技术领域。

LED芯片结构领域在目标申请国/地区中，日本是全球最大的LED芯片技术专利申请目标国/地区，美国位居第二，超过了韩国，由此可见，美国的LED芯片技术的市场非常活跃，备受重视。

LED芯片技术领域全球主要申请人排名前15位的申请人中，韩国乐金的申请量最大，高达715件，在申请人申请数量中遥遥领先，而日本在15位申请人中占据10席，由此可以看出日本和韩国在LED芯片技术领域的领先地位。

中国有关LED芯片结构的研究起步较晚，始于20世纪80年代，但到2000年后才开始蓬勃发展。国内申请人的申请占总申请量的52%，在申请总量中所占比例已经过半，可以看出国内的申请对专利布局非常重视。而在中国申请的国外申请人中，日本的申请量最多，韩国其次。专利申请量位于前十位的省市分别为台湾、广东、北京、上海、福建、江苏、浙江、湖北、山东和安徽。LED芯片结构中国主要申请人中，国外申请人包括韩国的乐金，日本的昭和电工、夏普、东芝和丰田；国内主要申请人包括大陆地区的三安光电、展晶科技、荣创能源、中国科学院半导体研究所，台湾地区的晶元光电。在LED芯片领域中国专利申请中，国内申请人高达300多位，大部分位于台湾、福建、北京、上海、广东。

2.7 封装技术

2.7.1 封装概述

半导体照明产业链由衬底制备、外延生长、芯片制造、LED 封装和照明应用等环节组成。LED 封装处在产业链的中下游，担负着承前启后、上下沟通的重任，既要将上游提供的芯片之性能发挥到极致，又要配合下游照明应用的需要封装出最合适的产品，还要充当产业链中信息沟通和反馈的角色。

一般来说，封装的功能在于提供芯片足够的保护，防止芯片在空气中长期暴露或机械损伤而失效，以提高芯片的稳定性；对于 LED 封装，还需要具有良好光取出效率和良好的散热性，好的封装可以让 LED 具备更好的发光效率和散热环境，进而提升 LED 的寿命。封装也是白光 LED 制备的关键环节。半导体材料的发光机理决定了单一的 LED 芯片无法发出连续光谱的白光，因此工艺上必须混合两种以上互补色的光而形成白光。目前实现白光 LED 的方法主要有三种：蓝光 LED + YAG 黄色荧光粉、RGB 三色 LED、紫外 LED + 多色荧光粉，而白光 LED 的实现都是在封装环节。良好的工艺精度控制以及好的材料、设备是白光 LED 器件一致性的保证。

封装技术对 LED 性能的好坏、可靠性的高低，起着至关重要的作用。LED 要作为光源进入照明领域，必须比传统光源有更高的发光效率、更好的光学特性、更长的使用寿命和更低的光通量成本，传统 LED 的封装技术是很难达到这些要求的。照明用 LED 的封装有别于传统 LED，必须采用更高更新的封装技术和可靠性控制手段，才能制造出符合照明应用要求的 LED 光源，使其顺利进入照明领域。

LED 封装技术一直跟随着 LED 芯片制造技术发展的脚步，其主要经历引脚式（lamp）LED 封装、贴片式 LED 封装、功率型 LED 封装的发展阶段。

1998 年前，LED 的工作功率一般都小于 30～60mW，与之相应，LED 封装结构也比较单一，主要以小功率引脚式 LED 封装为主。

引脚式封装就是常用的 3～5mm 封装结构。一般用于电流较小（20～30mA），功率较低（小于 0.1W）的 LED 封装。主要用于仪表显示或指示，大规模集成时也可作为显示屏。其缺点在于封装热阻较大（一般高于 100K/W），寿命较短。

1999 年输入功率达到 1W 的发光二极管商品化，为了满足其封装需求，采用表面组装（贴片）式（SMD – LED）封装的 SMD 系列产品应运而生。

表面贴片 LED 是一种新型的表面贴装式半导体发光器件，具有体积小、散射角大、发光均匀性好、可靠性高等优点。其发光颜色可以是包括白光在内的各种颜色，可以满足表面贴装结构的各种电子产品的需要，特别是手机、笔记本电脑。随着 SMD 系列产品的诞生，不断有新的 LED 封装结构出现，LED 封装结构主要根据应用产品的需求而改变。

随着 LED 芯片及封装向大功率方向发展，在大电流下产生比 Φ5mm LED 大 10～20 倍的光通量，必须采用可以有效地散热并且不易劣化的封装材料来解决光衰问题；同时，因市场对灯珠亮度的需求不断提高，单颗大功率灯珠已经无法满足要求，如何在封装中集成多颗大功率灯珠也是需要解决的问题。各种形式的大功率 LED 封装结构由此被不断开发出来。其中一种比较流行并且已逐渐被各大封装企业认可的封装形式就是 COB 封装。

COB 是 Chip On Board（板上芯片直装）的英文缩写，是一种通过粘胶剂或焊料将 LED 芯片直接粘贴到 PCB 板上，再通过引线键合实现芯片与 PCB 板间电互连的封装技术。PCB 板可以是低成本的 FR-4 材料（玻璃纤维增强的环氧树脂），也可以是高热导的金属基或陶瓷基复合材料（如铝基板、覆铜陶瓷基板等）。而引线键合可采用高温下的热超声键合（如：金丝球焊）和常温下的超声波键合（如：铝劈刀焊接）。COB 封装技术主要用于大功率多芯片阵列的 LED 封装，同 SMD 封装相比，不仅大大提高了封装功率密度，而且降低了封装热阻。COB 封装在 2008 年就开始生产，但直到 2009 年底，COB 封装的产品仍然无法达到相应的效果，且散热问题依旧无法解决，很多企业减缓研发和生产。2010 年下半年开始，COB 封装散热问题也得到了妥善的解决，高功率照明、球泡灯对 COB 封装需求逐渐升温，且随着封装工艺技术的不断提升，COB 封装成本低、光效高的优势逐渐显现，目前 COB 封装已被各大封装企业认可。从成本和应用角度来看，COB 封装成为未来灯具化设计的主流方向。COB 封装的 LED 模块在底板上安装了多枚 LED 芯片，使用多枚芯片不仅能够提高亮度，还有助于实现 LED 芯片的合理配置，降低单个 LED 芯片的输入电流量以确保高效率。而且这种面光源能在很大程度上扩大封装的散热面积，使热量更容易传导至外壳。

随着 LED 逐步进入照明领域，立足于代替传统的白炽灯以及高压汞灯，首要任务是将其发光效率、光通量提高至现有照明光源的等级。而光通量的增加可以通过提高集成度、加大电流密度、使用大尺寸芯片等措施来实现，由此对于 LED 的封装技术也提出了更高的要求。具体体现在：模块化、系统效率最大化、低成本、易于替换和维护四个方面。除了目前市场上比较常见的 SMD 封装、COB 封装结构，一些新的技术也在被积极开发出来。比如系统封装式（System in Package，SiP）LED 封装以及圆片级（Wafer level）LED 封装。

SiP 封装是近几年来为适应整机的便携式发展和系统小型化的要求，在系统芯片（System on Chip，SOC）基础上发展起来的一种新型封装集成方式。对 SiP-LED 而言，不仅可以在一个封装内组装多个发光芯片，还可以将各种不同类型的器件（如电源、控制电路、光学微结构、传感器等）集成在一起，构建成一个更为复杂的、完整的系统。同其他封装结构相比，SiP 封装具有工艺兼容性好（可利用已有的电子封装材料和工艺），集成度高，成本低，可提供更多新功能，易于分块测试，开发周期短等优点。按照技术类型不同，SiP 可分为四种：芯片层叠型、模组型、MCM 型和三维封装型。

圆片级 LED 封装技术是指芯片结构和电路的制作、封装都在圆片（Wafer）上进行，封装完成后再进行切割，形成单个的芯片（Chip）。

与之相对应的芯片键合（Die bonding）是指芯片结构和电路在圆片上完成后，即进行切割形成芯片（Die），然后对单个芯片进行封装（类似现在的 LED 封装工艺）。很明显，晶片键合封装的效率和质量更高。由于封装费用在 LED 器件制造成本中占了很大比例，因此，改变现有的 LED 封装形式（从芯片键合到晶片键合），将大大降低封装制造成本。此外，晶片键合封装还可以提高 LED 器件生产的洁净度，防止键合前的划片、分片工艺对器件结构的破坏，提高封装成品率和可靠性，因而是一种降低封装成本的有效手段。

我国LED封装产业的现状：

我国是全球封装产业最为集中的区域，也是全球LED封装产业转移的主要承接地。全世界有80%数量的LED器件封装集中在中国，分布在各类美资、台资、港资、内资封装企业。目前，我国有封装企业1200～1500家，但多以中低端市场的小规模企业为主，真正具有规模效应和国际竞争力的企业还不多，代表性企业有深圳雷曼光电、厦门华联、国星光电、江苏稳润、鸿利光电、宁波升谱、江西联创、天津天星、廊坊鑫谷、瑞丰光电、深圳光量子、健隆光电等公司。我国的LED封装产品经过10多年的发展，已形成门类齐全的各类封装型号，主要包括直插式（或引脚式）封装、表面贴装封装、功率型封装、板上芯片封装等类型。就目前和未来的市场需求来看，背光和照明将成为最主要应用，对LED器件的需求将以表面贴装封装、功率型封装和板口芯片封装为主。2011年国产设备市场占有率超过30%，我国LED封装设备正在进入黄金发展时期。LED封装主要生产设备有固晶机、焊线机、点胶机、封胶机、分光分色机和自动贴带机等。目前封胶机已成功实现国产化，可满足产业要求。固晶机、焊线机、点胶机、分光分色机和自动贴带机还以进口为主，但近几年，国内设备的产品水平也在不断提升，除自动焊线机外，国产全自动设备已能批量供应，不过精度和速度有待进一步提高。LED封装器件的性能在50%程度上取决于芯片，50%取决于封装工艺和辅助材料。国内中小尺寸芯片已能基本满足国内封装企业的需求，大尺寸还需进口，主要来自美国、中国台湾企业。国产品牌的中小尺寸芯片性能与国外品牌差距较小，具有良好的性价比，能满足绝大部分LED应用企业的需求。国产大尺寸芯片还需努力，以满足未来照明市场的巨大需求。LED封装辅助材料主要有支架、胶水、模条、金线、透镜等。目前中国大陆的封装辅助材料供应链已较完善，大部分材料已能在内地生产供应。高性能的环氧树脂和硅胶以进口居多，这两类材料主要要求耐高温、耐紫外线、优异折射率及良好的膨胀系数等。中国的LED封装设计是建立在国外及中国台湾已有设计基础上的改进和创新。目前中国的LED封装设计水平还与国外行业巨头有一定差距，这也与中国LED行业缺乏规模龙头企业有关，缺乏有组织、有计划的规模性的研发设计投入。直插式LED的设计已相对成熟，目前主要在衰减寿命、光学匹配、失效率等方面可进一步上台阶；贴片式LED的设计，尤其是顶部发光TOP型SMD处在不断发展之中，封装支架尺寸、封装结构设计、材料选择、光学设计、散热设计等不断创新，具有广阔的技术潜力；功率型LED的结构、光学、材料、参数设计均处于发展之中，不断有新型的设计出现。LED封装工艺包括固晶参数工艺、焊线参数工艺、封胶参数工艺、烘烤参数工艺、分光分色工艺等。目前我国的LED封装工艺已经上升到一个较好的水平，尤其是一些高端需求如大型LED显示屏、广色域液晶背光源等，中国的LED优秀封装企业已能满足其需求，先进封装工艺生产出来的LED已接近国际同类产品水平，但大功率封装工艺水平还有待进一步完善。

2.7.2 全球专利申请分析

本小节基于LED封装领域的全球专利申请数据进行综合性分析，包括申请量趋势、产出国/目标国分布、技术构成、重要申请人等。

在 DWPI 截至 2013 年 9 月 4 日所收录的数据中，涉及 LED 封装技术的全球专利申请量为 11342 件。

2.7.2.1 全球专利申请趋势分析

图 2-7-1 反映出 LED 封装领域全球专利申请趋势的变化情况。从总体上看，申请量呈现出逐年上涨的趋势。结合申请量与增速，可以将 LED 封装领域的全球专利申请大致划分为 3 个阶段：

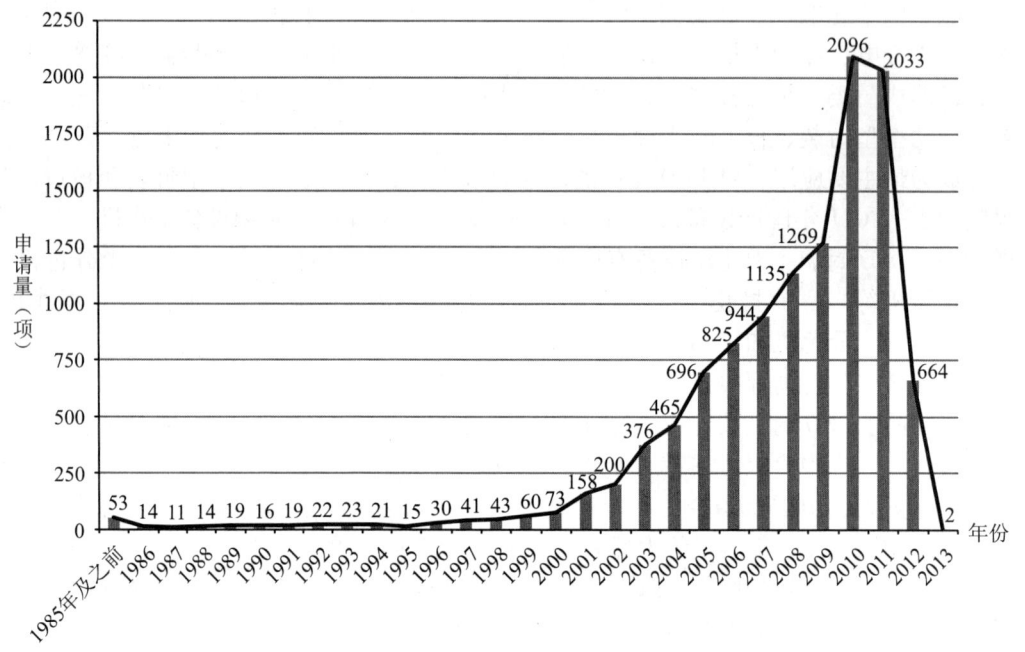

图 2-7-1　LED 封装技术全球专利申请趋势图

第一个阶段是 1985 年之前，可以被称为 LED 封装技术的萌芽期，每年仅有零星的数件申请出现。早期进入的科研院所、研发型企业还处于对 LED 技术工业实用性的探索阶段，尚未引起业界广泛的研究兴趣。

第二个阶段是 1986~2000 年，每年的申请数量保持在两位数水平，增速平缓且稳定，是 LED 封装技术的平稳发展期。在此阶段，"蓝光之父"中村修二于 1993 年成功研发了可以量产的高亮度蓝光 LED，从而使得业界的注意力逐渐汇集到 LED 技术上。但此阶段的 LED 相关研发多集中于衬底、外延方法/结构等底层基础性技术，投入到相对后端的 LED 封装技术的研发精力并不很多。

第三阶段是 2001 年至今，LED 封装技术进入快速发展期，平均年增长率在 15%以上，个别年份甚至达到 60%~80% 的极高增速。2008 年，全球 LED 封装相关申请数量突破 1000 件，仅仅 2 年之后的 2010 年，这一数字便迅速增加到 2000 件以上。进入 21 世纪后，由于经济发展与能源紧张之间的矛盾愈加突出，而 LED 器件相对于传统照明设备具有节能、环保、长寿命的优点使其极好地契合了时代的需求，各国政府纷纷出台鼓励性政策大力支持 LED 产业的发展。此外，在此阶段 LED 前端技术已经较为成熟，研究团体尤其是各大 LED 厂商的研究精力开始从外延、芯片结构等基础方向向封装等后端技术转移,从而推动了 LED 封装技术的相关专利申请量快速增长。

图 2-7-2 和图 2-7-3 反映出美国、日本、韩国、中国和中国台湾地区这 5 个 LED 封装专利申请主要产出国/地区的逐年申请趋势变化情况。

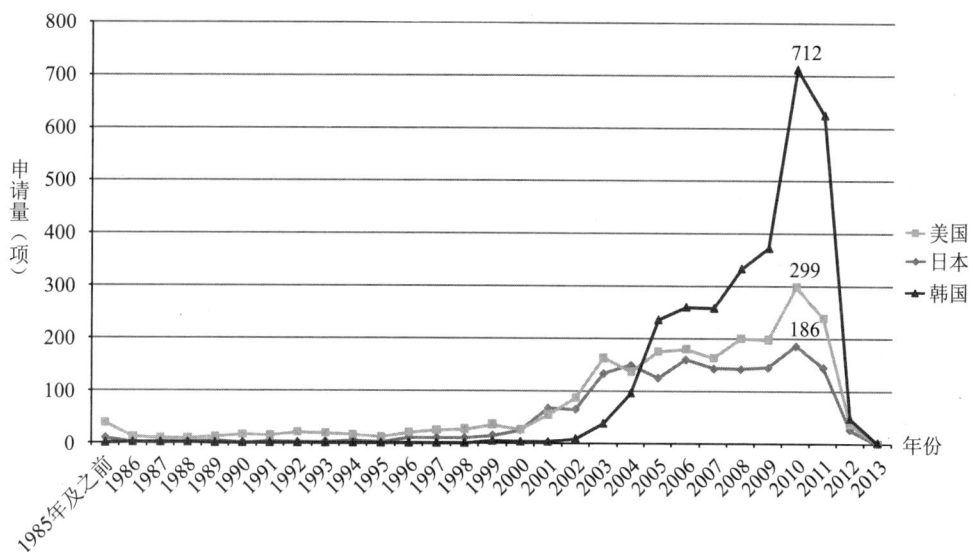

图 2-7-2　美、日、韩各国申请量趋势图

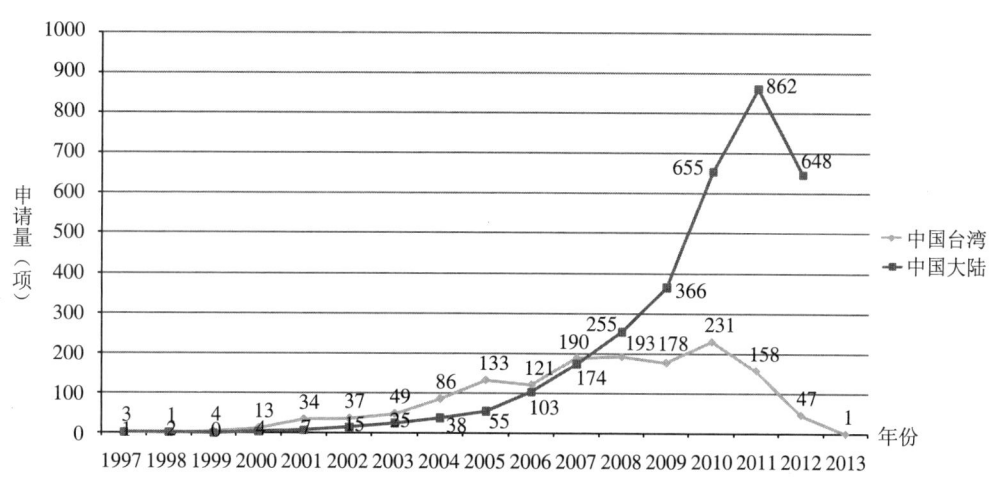

图 2-7-3　中国大陆和台湾地区申请量趋势图

从时间跨度上看,作为传统的半导体技术强国,日本和美国最早涉足 LED 封装技术的研究并申请专利保护。在 1985 年之前的 LED 封装技术萌芽期,上述 5 个国家/地区所有的专利申请均来自于日本和美国,尤其是日本在 1985 年之前就已经积累了数十件相关的专利申请,足以反映出其深厚的半导体技术底蕴。在 1986~1988 年的 3 年,韩国的三星公司每年出产 1 件关于 LED 封装技术的专利申请,然而在此之后的 10 年间,韩国的申请量进入沉寂期,没有相关的专利申请被提出,直到 1999 年才由乐金和 KYUNGBONG SEMICONDUCTOR 恢复了 LED 封装相关专利的申请。作为新兴亚洲市场

的代表,中国台湾地区和中国大陆的科研院所/厂商对LED封装技术开展研究的起步时间较晚,直到1997年才开始有零星的相关申请出现,在早期基础专利的积累上明显落后于日本和美国的竞争对手(虽然这些早期专利大部分已经失效或者即将失效);作为对比,此时日本和美国已经能够保持每年两位数的申请水平。

从增长速度上看,则是新兴市场相比于传统强国更具有"爆发力"。以最具代表性的中国为例,从2005年的55件到2011年的862件,仅仅用了6年的时间就使相关专利的申请数量增长了1467%,年均复合增长率达到惊人的56%。然而,这一高速增长的背后是否有"高质量"的支撑是值得我们考虑的问题,国内企业的LED封装申请多关注于外围的结构化改进(例如对于散热基板的改进),对于核心技术则很少涉及,而且还有相当一部分申请增量来自于权利稳定度不高的实用新型专利申请。反观日本和美国,虽然在进入21世纪的LED发展黄金期其申请量也有较为明显的增长,但并没有出现"井喷"式的爆发,其技术发展的连续性更好,也更容易组织起稳定有效的核心专利群。

2.7.2.2 产出国/目标国分析

对专利产出国和目标国分布信息进行分析,可以了解各国家/地区在LED封装领域的技术地位和市场重要程度。

图2-7-4示出了LED封装技术全球专利申请的产出国/地区分布情况。从该图可以看出,中、韩、日、美四国和中国台湾地区的专利申请占到全球申请量的97%以上,而欧洲地区的产出量很小,说明欧洲地区的主要LED厂商(如飞利浦、欧司朗等)并没有将其研发重点放在封装技术上。其中,来自中、韩两国的申请超过全球申请总量的一半,可以看出两国的LED市场参与主体具有很高的研发活跃度;不同的是,来自韩国的申请向三星、乐金、首尔半导体等领军企业集中的程度较高,而中国现阶段还没有突出的申请人代表,众多中小型企业长尾效应明显。

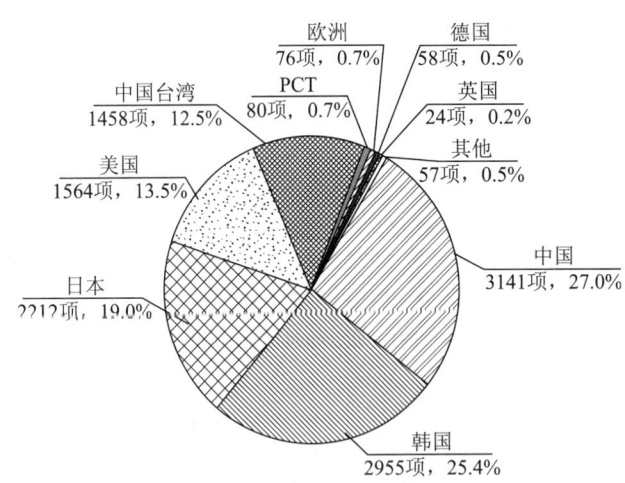

图2-7-4 LED封装技术全球专利产出国/地区分布图

图2-7-5示出了LED封装技术全球专利申请的目标市场分布情况。从该图可以看出,各大LED厂商最为看重中国的广阔市场,韩国、美国、日本和中国台湾地区等LED使用普及程度较高的市场也是各大厂商所着力抢占的。以欧洲市场为目标的申请

占比明显高于欧洲申请人所产出的申请占比,说明成熟的欧洲市场对于其他国家/地区的申请人具有相当的吸引力。此外,基于《专利合作条约》(PCT)提出的、意在进入多个国际市场的申请占到总量的5.5%,表现出各经济体之间的联系日益紧密,LED市场逐步向全球化发展。

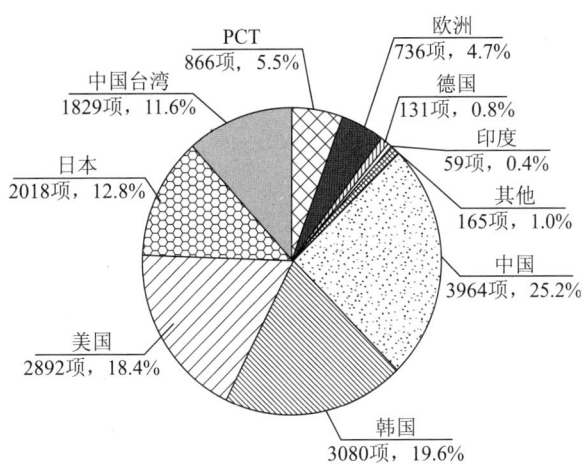

图2-7-5　LED封装技术全球专利目标国/地区分布图

2.7.2.3　重要申请人分析

图2-7-6示出了全球范围内关于LED封装技术专利申请量在30件以上的申请人

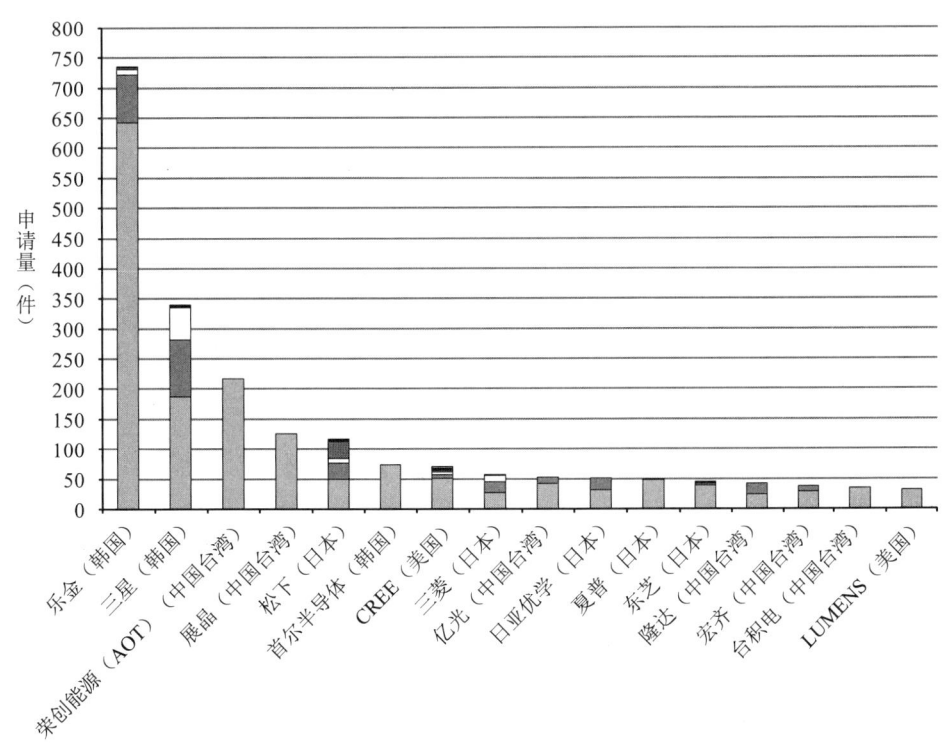

图2-7-6　LED封装技术重要申请人排名

排名情况,其中柱状图的不同范围代表某个申请人旗下各子公司对其申请总量所作贡献。可以看出,来自韩国、中国台湾地区和日本的申请人在 LED 封装领域掌握着大部分的专利话语权。科锐和 LUMENS 是申请量较为集中的美国申请人代表。除了韩国、日本、美国和中国台湾地区外,没有其他国家或地区的申请人跻身于该排名中。

韩国的 3 家主要申请人乐金、三星和首尔半导体分别排在第一位、第二位和第六位。尤其是排在前两位的龙头企业乐金和三星,申请量遥遥领先,展示出其在 LED 封装领域绝对的技术优势。在 LED 行业起步较早、背后有雄厚的研发实力作为支撑,是导致这两家韩国企业在封装这一分支具有如此明显优势的重要原因。

来自中国台湾地区的 LED 厂商占据了这一排名中最多的席位,共计 6 家申请人。封装技术是中国台湾半导体厂商的传统优势所在,在 LED 封装这一细分领域也展示了其"集团化"的特点。如果能够通过交叉许可等方式结成同盟,其庞大的共享专利池将对其他国家和地区的竞争对手带来很大的威胁。

日本的申请人呈现出与中国台湾厂商相类似的特征,共有 5 家企业登上排名榜,并且相互之间申请量分布比较平衡,其中更包括日亚化学这样的早期进入者,整体实力同样强大。

与此形成对比的是,虽然中国在 LED 封装领域的专利申请总量在全球申请量中排名第一,但是尚无一家企业跻身上述排名。这也反映了国内的 LED 行业还处于"群雄并起"的发展初期,尚未经由收购、合并等市场行为实现资源的优化与集中配置,没有风向标式的领军企业出现,可能存在较为普遍的重复研发行为。

2.7.3 中国专利申请分析

本小节基于 LED 封装领域的中国申请人在国内的专利申请数据进行综合性分析,以反映国内 LED 封装技术的发展情况。

在 CPRS 截至 2013 年 9 月 4 日所收录的数据中,LED 封装领域由中国申请人(不含中国台湾地区申请人)提出的专利申请量为 3763 件。由于专利数据库数据收录有时间滞后性,并且专利申请从提出申请到公开公布具有一定的时间间隔(非提前公开的为 18 个月,PCT 申请时间间隔更长),因此 2012 年和 2013 年的数据有所偏差,均少于实际的专利申请量。

2.7.3.1 国内申请人申请趋势分析

图 2-7-7 反映出国内申请人在 LED 封装领域提出专利申请的逐年变化趋势。

2000 年以前可以认为是国内 LED 封装技术的探索阶段,总共只有 13 件专利申请被提出。国内最早与 LED 封装技术相关的申请是由中国科学院上海冶金研究所在 1986 年提出的一件实用新型专利申请,涉及一种发光二极管指示灯的管芯、管座和硅反射腔的封装方法。这一阶段国内申请的技术方案大都比较简单,并且多以实用新型专利申请的形式提出,专利权已经全部失效。

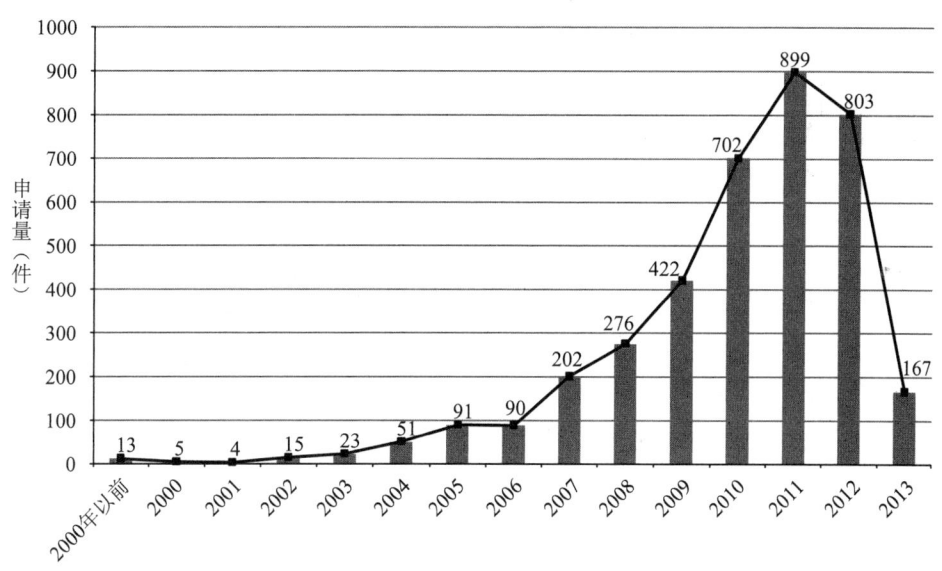

图 2-7-7　LED 封装技术中国申请人申请量趋势

从 2000～2006 年是一个上升趋势的平稳发展期，年申请量从个位数逐步增长到接近 100 件，参与到 LED 封装技术研发的企业逐渐增多，诸如佛山国星光电等一批较早进入该领域的本土企业开始崭露头角。

2007 年之后，在节能减排等利好政策密集出台的背景下，国内的 LED 封装技术进入了高速发展期。2011 年，国内申请人的当年申请总量达到了 899 件，是 5 年前的 10 倍，年均复合增长率达到了 58% 之多。然而，应该注意到的是，虽然在申请数量上已经处于较高的水平，国内申请仍然较少涉及 LED 封装的核心技术，多是对例如散热结构一类的外围技术进行改善型的专利申请；并且，申请类型中实用新型专利所占比例较高（40% 左右），权利稳定性不高，难以建立起有效的专利壁垒对抗进入国内市场的众多国际企业。

2.7.3.2　国内申请人分析

（1）国内申请人地区分布情况

图 2-7-8 是 LED 封装领域国内各专利申请人的省市区分布情况。从该图可以看出，在各省市区之间的分布相当不均衡：广东省独占鳌头，占据了国内申请总量的 45%；长三角的江苏、浙江、上海 3 省市又占去全国申请总量的 28%。也就是说，我国 LED 封装产业的相关专利申请向珠三角和长三角两个区域集中的程度非常高，其他所有省市的专利申请量之和也仅占到国内申请总量的不足 27%，区域发展很不平衡。

在广东产出的所有专利申请中，由深圳市的 LED 企业所贡献就超过了一半（54%），达到 922 件，这与深圳市在 LED 封装技术中的提前谋划是分不开的。在 20 世纪 90 年代，深圳市就开始了 LED 产业的发展规划；2008 年，深圳市政府发布了《深圳市 LED 产业发展规划（2009～2015）》，进一步对 LED 厂商进行高额的财政补贴。到 2010 年底，深圳市从事半导体照明技术及产品研究、开发、生产及应用的企业已经多达 1300 多家，其中包括多家上市公司。可以说，深圳市是我国 LED 行业名副其实的领头羊。

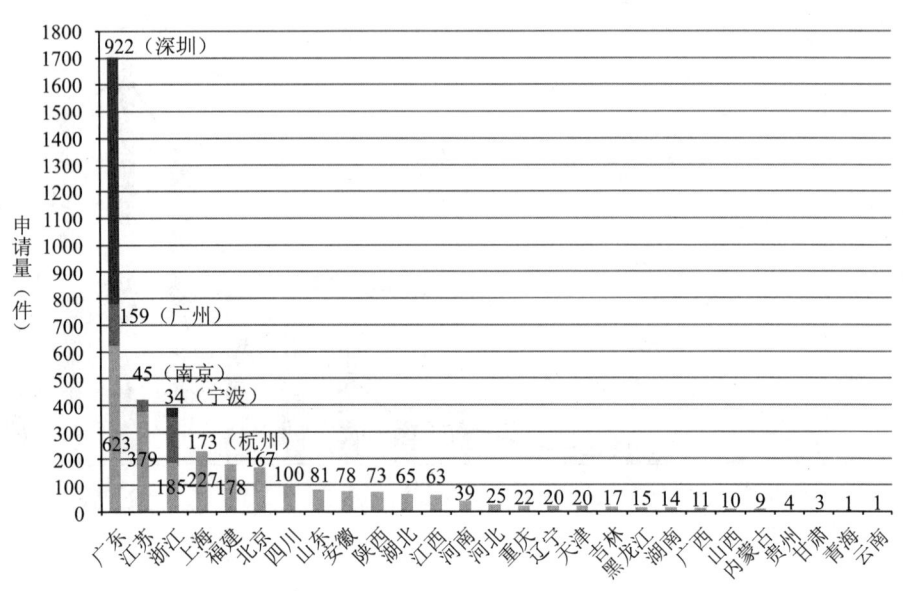

图 2-7-8 LED 封装领域范围内各专利申请人的省市分布图

长三角地区一向拥有发达的半导体产业，在 LED 封装领域产出了接近 1/3 的国内专利申请量。实际上，长三角地区在 LED 芯片的技术分支具有更加突出的优势，这与优质的教育、科研资源在该区域的汇集有一定的关系。与广东的组成结构类似，长三角地区的申请量也是由众多的、申请量较小的申请人所累加贡献的。

除珠三角与长三角地区外，福建、北京和四川的申请量相对较多。其中，福建省厦门市是国家科技部授予的全国首批 4 个"国家半导体照明工程产业化基地"之一，以厦门为中心基本形成了辐射漳州、泉州、福州的海峡西岸 LED 产业基地；此外，其与 LED 产业发达的台湾地区隔海相望的地理位置也是其得天独厚的优势之一。北京则得益于其集中的高校和科研院所资源，院校的申请占比较高。四川省作为西南区域最重要的 LED 产业基地，获得政策支持的力度相对更大，而其省会成都市在 2010 年初提出的《成都市 LED 照明产品应用规划（2010～2012）》，也对成都市的 LED 照明应用作出了详细的规划。

（2）重要申请人分析

图 2-7-9 示出了在 LED 封装领域的专利申请量在 20 件以上的国内申请人排名情况。从该图可以看出，国内领军企业大部分集中在珠三角地区，展现出该地区在国内 LED 封装领域的绝对优势；尤其是深圳市，是 5 家在榜企业的所在地。此外，有 21 件相关申请以"王海军"的个人名义为申请人提出，其为无锡市光泰玻璃有限公司的法定代表人，该公司的主营产品之一为大功率 LED 透镜。

各个国内申请人的申请模式都比较类似：实用新型申请占比较高，而提出的 PCT 申请数量很少。这一方面说明国内企业还主要着眼于改良型的外围技术研发，另一方面也反映出图 2-7-9 中企业现阶段仍以国内市场为主要目标，进军海外市场的意愿和实力还有待提高。

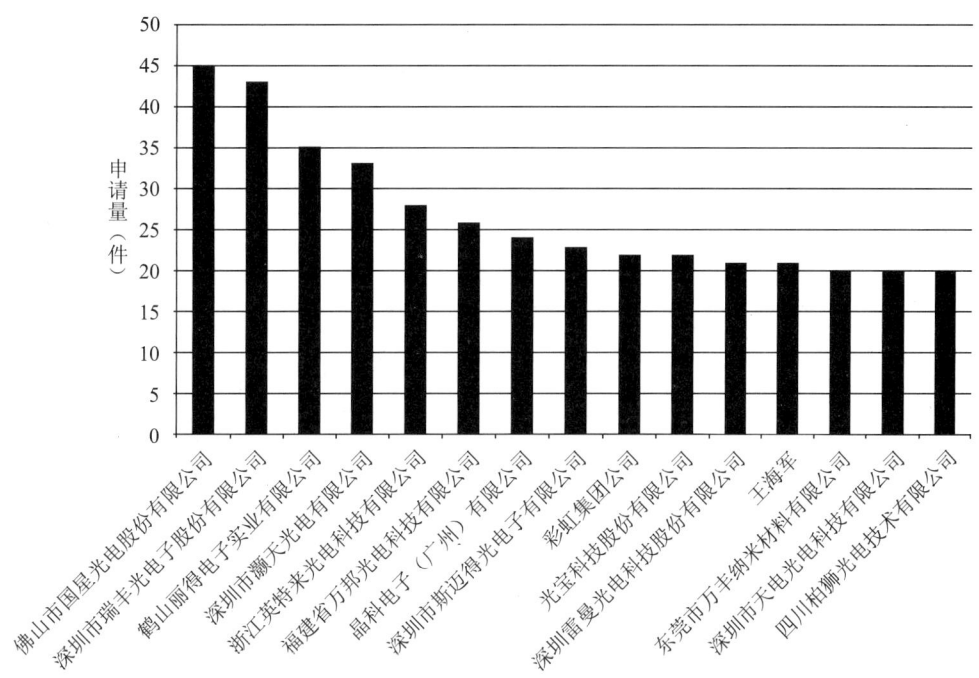

图 2-7-9 LED 封装领域的专利申请量 20 件以上的国内申请人排名图

作为国内在 LED 封装领域申请量最大的本土企业,位于佛山市的国星光电也是最早一批进入该领域的国内企业之一,其主要从事 LED 器件及其组件的研发、生产与销售,拥有相对完整的 LED 照明产品体系,涵盖 LED 背光源、显示模块、光源模块、汽车尾灯、日光灯、射灯等多系列产品;并且,作为国内 LED 封装行业的龙头企业之一,该公司正从其原有优势的封装产业链环节向上游的外延芯片和下游的应用、渠道延伸,进行产业链一体化的整合,在稳固公司 LED 封装环节龙头地位的同时,向高附加值的 LED 产业两端拓展,这也可以作为国内同行业其他企业制定发展路线的参考和借鉴。

彩虹集团虽然排名并不十分靠前,但是其拥有相对独特的央企身份,在主要的显像管业务之外,其于 2012 年开始涉足 LED 照明领域,初期即投资建立了 21 条 LED 封装的全自动生产线,其独特背景和雄厚实力让人看到 LED 照明行业新力量崛起的可能。

2.7.3.3 在华申请法律状态对比分析

图 2-7-10 至图 2-7-14 示出了不同国家或地区申请人在中国就 LED 封装技术提出专利申请的法律状态分布情况对比。

从图 2-7-10 至图 2-7-14 中可以看出,国内申请人拥有最高的专利权维持比例,在其提交的 3763 件申请中,目前有 2157 件处于权利维持的状态,占比达到 57.3%,明显高于日本、美国、韩国等国家的申请。然而,造成这一权利有效性高占比的主要原因并非国内申请人的申请质量高于国外申请人,而是国内申请多实用新型的特点:对以实用新型形式提交的专利申请进行授权无需经过可专利性的实质审查,这也导致其权利稳定性较差,在诉讼等争议过程中被宣告无效的可能性较大。

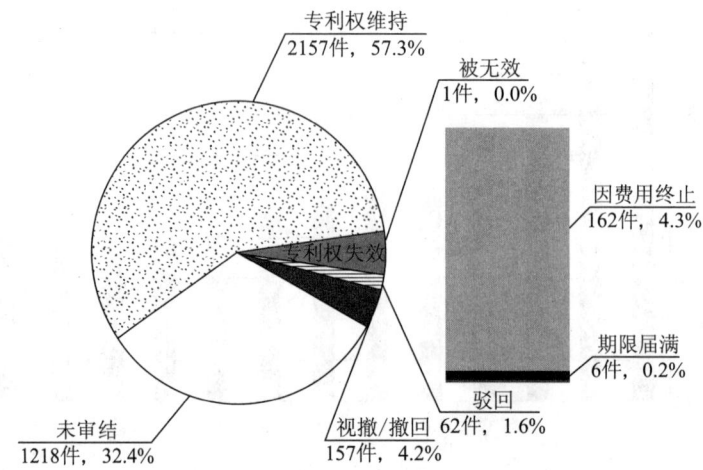

图2-7-10 国内申请人就LED封装技术提出的在华专利申请的法律状态分析

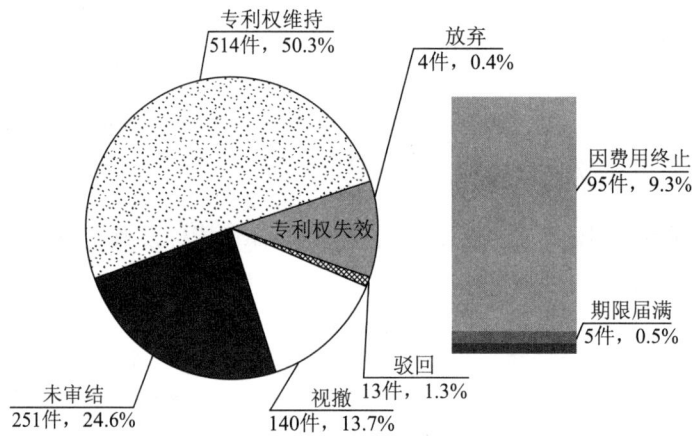

图2-7-11 中国台湾地区申请人就LED封装技术提出的在中国大陆专利申请法律状态分析

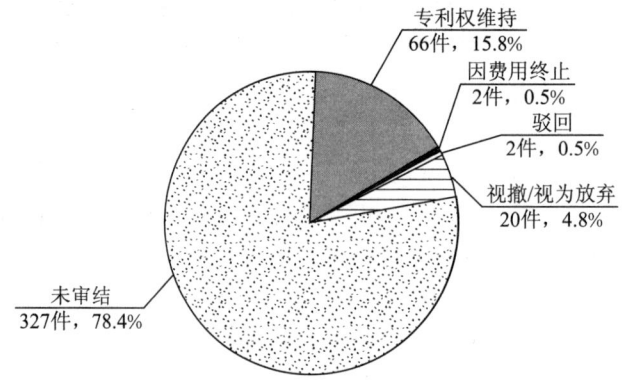

图2-7-12 韩国申请人就LED封装技术提出的在华专利申请的法律状态分析

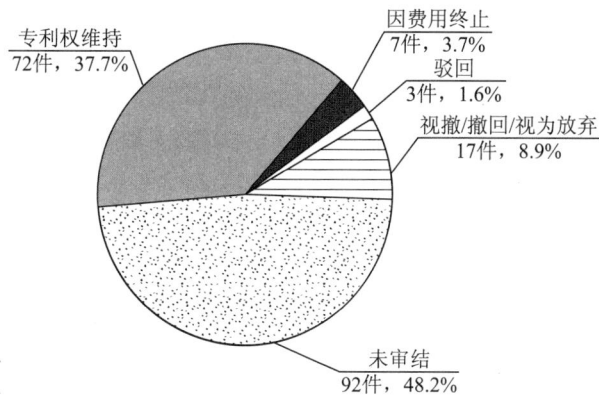

图 2-7-13　日本申请人就 LED 封装技术提出的在华专利申请的法律状态分析

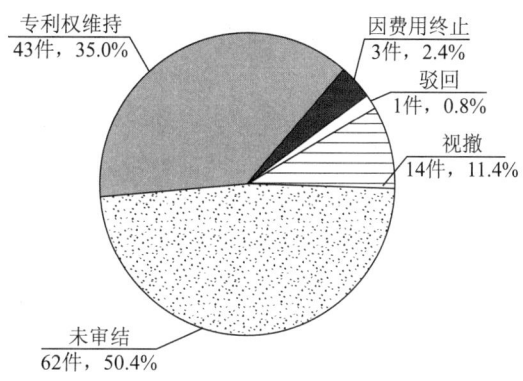

图 2-7-14　美国申请人就 LED 封装技术提出的在华专利申请的法律状态分析

中国台湾地区申请人在大陆提交的 LED 封装技术相关申请总共达到 1022 件，申请的法律状态分布与大陆申请类似，有效专利权的占比较高。一方面同样是因为较高的实用新型比例（以申请量最大的 2011 年数据为例，发明申请 94 件，实用新型申请 34 件）；另一方面，依托于其在半导体行业的传统优势，诸如友达光电、亿光电子等台湾地区 LED 大厂的研发实力相比于大陆的竞争对手更强，其申请的质量也相对更高。

韩国、日本、美国三国申请人在我国提交的相关申请分别有 417 件、191 件和 123 件，基本上由发明专利申请和 PCT 申请构成。其中，由韩国申请人提交的申请集中于三星、乐金、首尔半导体等几家行业巨头，并且未审结的申请比例高达 78.4%，说明韩国领军企业在近几年对中国市场的重视程度有很大的提升，明显加大了在中国的专利布局力度。而作为 LED 技术发展最早、专利保护意识最强的成熟申请人代表，日、美两国申请人的在华申请无论是在数量上还是在法律状态的分布上都比较类似，未审结的申请占到一半左右，而在已经给出审查结论的另一半申请中，有效的专利权占到约 2/3。从在华申请的数量上看，日美两国并未处于领先的位置，而是在有效性和权利稳定程度方面占有比较明显的优势。

2.7.4 LED 封装重要技术：圆片级封装技术

LED 圆片级封装技术是指在未划片前完成对于发光二极管芯片的封装，使得测试、划片都可以在封装完成之后进行，对于降低封装成本、提高良品率、缩小封装尺寸都有着积极的作用。

对 WPI、EPODOC 中收录的关于 LED 圆片级封装技术的申请进行了检索、标引以及统计，从而掌握了其技术发展趋势。

2.7.4.1 技术发展趋势分析

圆片级封装技术出现在半导体技术中的时间比较早，但是将此技术应用到 LED 照明技术相对较晚。从图 2-7-15 可以看出，在 1995 年才出现了第一件关于 LED 圆片级封装技术的专利，而且在 2002 年之前都维持在每年 1 件以下的数量上。

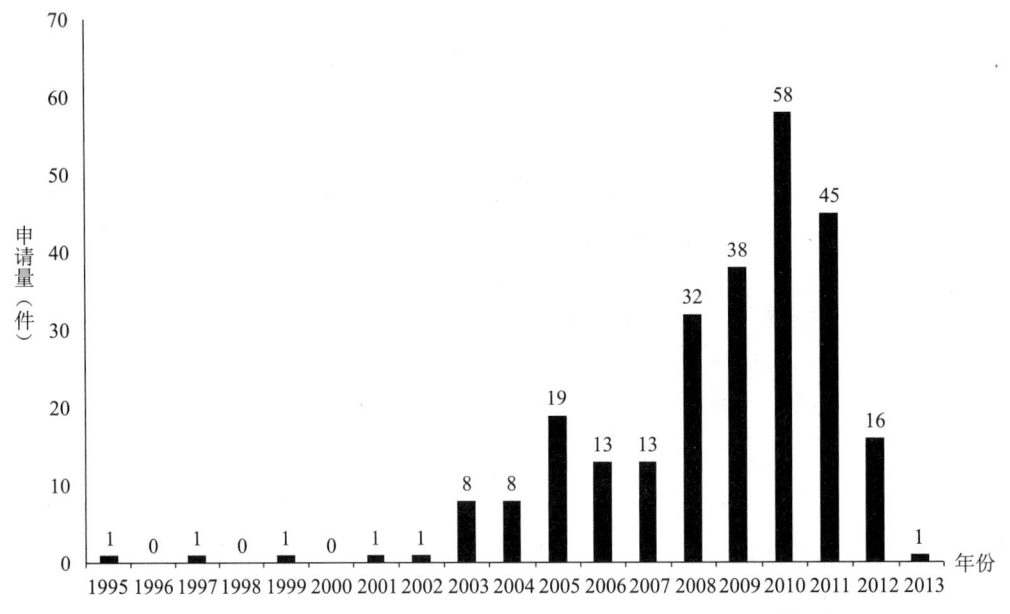

图 2-7-15　LED 圆片级封装技术全球专利申请量总趋势

然而，随着 LED 照明技术对降低生产成本、提高制备效率的呼声越来越高之际，研究人员开始将圆片级封装技术引入到 LED 封装领域，并由此拉开了 LED 圆片级封装技术大发展的序幕。从 2003 年至今，LED 圆片级封装技术迎来了一个快速发展时间。从 2003～2007 年间的约 10 件/年的发展水平迅速攀升到 2008～2013 年之间的数十件/年的发展水平上，并且从 2008 年开始其申请量一直处于一个较快的上升通道中。

2.7.4.2 首次申请国家/地区分析

LED 圆片级封装技术的研究最为活跃即专利申请量最多的国家和地区分别是美国、中国、韩国、中国台湾地区和日本（参见图 2-7-16）。

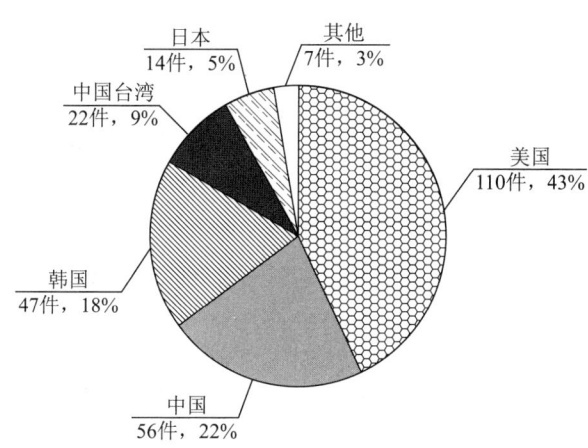

图 2-7-16 涉及 LED 圆片级封装技术的首次专利申请的国家/地区分布图

美国以总占比 43%排名第一,遥遥领先于排名第二的中国,而中国的总占比仅为 22%。这一排名情况与 LED 封装技术总的申请量排名情况并不相同。从总的申请量分析可以看到,无论是首次申请国家/地区还是申请目标国家/区域,中国的申请量都领先于美国。这一排名的变化情况也说明,中国在一些关键技术或核心技术的研发还存在投入不足、产出较少的现状。而事实上,一个国家或地区要实现技术的更新换代,加大对核心技术的研发是不可或缺的。

韩国以 18%的总申请量占比排名第三位。令人欣慰的是,中国台湾地区对 LED 圆片级封装技术也非常感兴趣,并且以 22 件专利、占比 9%排名第四。作为发达国家的日本在 LED 圆片级封装技术上只有 14 件专利申请。

2.7.4.3 研发重点和研发潜力

虽然圆片级封装技术在其他的半导体技术领域中相对比较成熟,但是将其应用到 LED 照明技术领域中还或多或少存在一些问题,例如如何提高 LED 的发光性能、如何解决其中的散热问题等一直困扰着此领域研发人员。

从图 2-7-17 可以看出,大多数专利将其研发重点放在了如何提高 LED 的发光性能和提高 LED 的散热性能上,这方面的专利占比分别达到了 22%、19%,成为 LED 圆片级封装领域最为关心的技术问题。发光性能直接决定了相关 LED 产品在市场上是否在第一时间打动消费者,为消费者所接受,直接决定了其在市场上的销量;而其散热性能一方面直接影响到 LED 照明产品的寿命,如散热性能不好则会快速老化,另一方面影响到消费者的直接感官,毕竟谁也不愿意去买一个很容易高温甚至烫手的产品。从这两方面考虑,提高发光性能、提高散热性能成为研发人员重点关注的技术问题无可厚非。

此外,将圆片级封装技术应用到 LED 照明领域,必须对其整个工艺进行适当改进或优化以适应 LED 照明产品的特定要求,并且在为了提高 LED 照明产品的发光性能和散热性能的工序中,也可以通过适当调整、优化其制备工艺以达到更好的技术效果,这就使得对 LED 照明产品的封装工艺进行优化同样引起了研发人员的极大关注,并以申请量占比 17%位列第三。

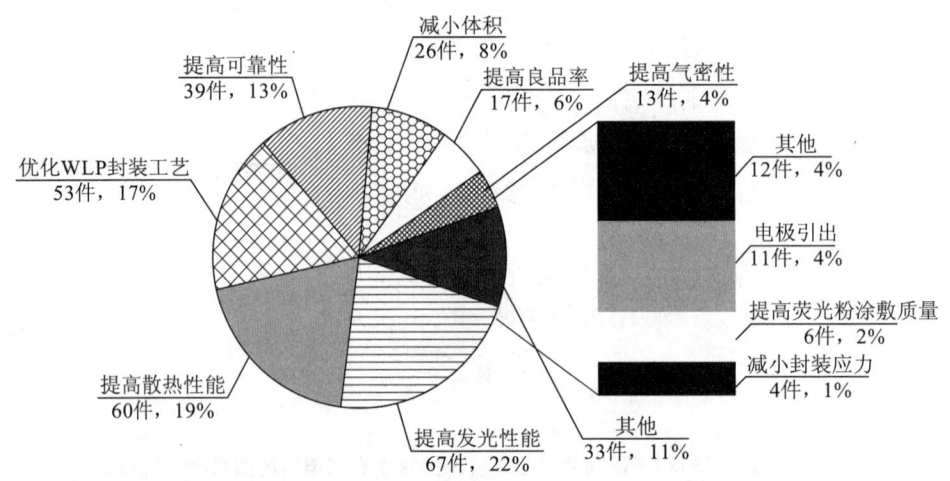

图2-7-17　LED圆片级封装技术技术手段分析

除此之外，提高可靠性、减小体积、提高良品率、提高气密性等对改进LED照明产品的性能都起到了相当重要的作用，研发人员在这些技术问题上也取得相当多的专利成果。

针对上述技术问题，研发人员提出了相当多的技术手段用来解决这些问题，比如对透镜进行改进、硅通孔和倒装技术、设置散热通孔及散热层、表面粗化等。从图2-7-18可以看出，用布线技术、硅通孔和倒装技术来解决相关技术问题是LED圆片级封装的研发人员用得最多的技术手段。布线技术主要解决了提高可靠性、提高散热性能、减小体积等相关问题；而硅通孔和倒装技术主要解决了提高发光性能、提高散热性能、提高可靠性等相关问题。

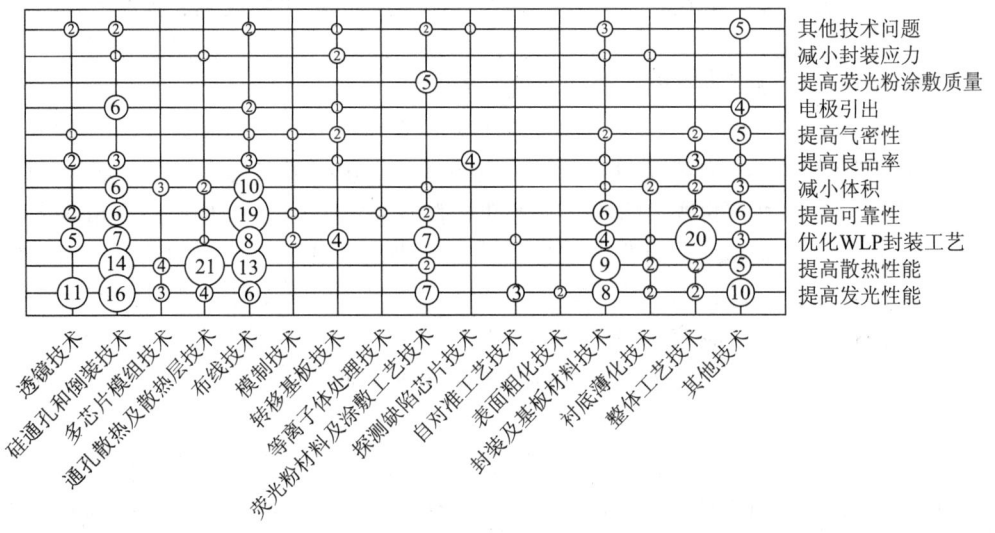

图2-7-18　LED圆片级封装技术技术功效图

从总体上来看，用布线技术、硅通孔和倒装技术、封装及基板材料、通孔散热及散热层等技术来解决相关技术问题的专利较多，如为了提高发光性能、提高散热性能、提高可靠性、减小体积等的专利较多，因此，涉及对这些方面的研发会有较多可以借鉴的现有技术，研发难度相对较小；另一方面，由于这些方面的现有专利较多，壁垒相对较多，因此，企业在研发时应当注意对专利壁垒的规避设计，尽量不要落入他人的保护范围之内。

相对来说，涉及用表面粗化、等离子体处理、模制技术、探测缺陷芯片、自对准工艺、衬底薄化等对LED圆片级封装进行改进的专利较少，都在10件专利的数量级上，且研发人员对电极引出、提高荧光粉涂敷质量、减小封装应力等技术问题的关注度也不够，对这些方面进行改进的时候可供企业自由发挥的地方很多，并且这些方面在某些特定的应用领域还相当重要，因此，企业可以考虑适时介入。当然，另一方面来说，由于可供借鉴的技术太少，所以研发难度必然较大，企业在拟定研发计划时应当注意此点。

2.7.5 小结及建议

2.7.5.1 小　结

LED封装技术从整体上看，全球专利申请量在进入21世纪后迅速增长，中、美、日、韩等国的相关企业迅速入场。尤其是中国在近几年的发展更是突飞猛进，其申请量最高的年份的申请量甚至超过了美、日、韩等发达国家的申请量。虽然中国的总申请量已经处于较高的水平，但是尚无一家中国企业能够进入LED封装技术专利申请量排名的前十位，因此，打造本土优势企业成为我国亟待解决的一个问题。

中国申请人提交的专利技术较少涉及LED封装的核心技术。在向中国国家知识产权局提交的申请中，实用新型申请占比较过高，发明专利申请较少；向其他国家提出的专利申请数量更少。此外，我国LED封装产业的相关专利申请向珠三角和长三角两个区域集中的程度非常高，区域发展很不平衡。

圆片级封装代表了一种新的重要封装技术，中国与美国、韩国和日本一道共同开展了对这个"蓝海"的研发。提高LED的发光性能和提高LED的散热性能等技术问题成为LED圆片级封装领域关注较多的技术问题。研发人员可以考虑从这些现有专利文献较多的领域出发，尝试采用多种技术手段来解决这些问题，以尽快建立自己在新技术方面的攻防体系。

2.7.5.2 建　议

（1）提高专利申请的技术含量：国内企业应提高专利保护意识，加大发明专利申请量的比例，降低稳定性较低的实用新型专利申请的占比；走出"为专利而专利"的困境，完成从专利申请数量增长到质量提高的华丽转身。通过对专利侵权的预警分析，在专利申请之初即做好相应的防护措施和应对之策。

（2）提高专利布局水平：一方面国内企业可以着眼于改良型的外围专利技术研发，以从某个角度来说完成对国外核心专利技术的围堵，并增加和国外企业进行谈判或进行交叉许可时的筹码；另一方面国内企业应走出国门，在扩大国内市场的同时进军海外市场，并加强海外市场的专利布局。

(3) 打造本土优势企业：大陆企业应打破在重要申请人排行榜无名次的僵局，从行业需要出发培养极具发展前景的优势企业；并通过优势企业在资金和技术等方面的优势，反哺整个 LED 行业的国内企业，实现"先富带动后富"的目标。

(4) 加强新兴技术的研发：圆片级封装技术是 LED 封装技术今后发展的一个技术方向，在目前各企业投入尚不太多，专利布局相对较少的情况下，企业可加大对此"蓝海"的研发力度，以期在此领域获得一定的话语权。企业可以选择现有专利技术相对较多、研发难度相对较小的技术问题和技术手段进行突破，但是同时应注意对专利壁垒的规避设计。

第 3 章　重要专利筛选方法

重要专利是专利分析中一项十分重要的工作。国内现有的专利分析中对于重要专利的筛选通常采用人工筛选的方式来进行，利用这种方式筛选出来的专利虽然准确性较高，但是其使用范围受到一定的限制。首先，这种筛选方式由于需要筛选人员通过大量的阅读文献来进行，工作量较大。因此对于专利文献量较小的技术领域或技术分支，例如专利文献量在千篇以下，在筛选人员足够多的情况下，可以使用这种方式，而对于专利文献量较大的技术领域或技术分支，这种方式由于工作量的问题而难以采用。其次，这种筛选方式判定专利重要程度主要依据筛选人员的能力和水平，在实际操作过程中，由于筛选人员的水平参差不齐，因此筛选出的重要专利的质量也不尽相同。最后，人工筛选的方式的随机性较大，即使同一筛选人员在不同的时期由于受到外界各种因素比如精神状态等影响，对于一组专利也可能筛选出不同的文献作为重要专利。

为了能够解决上述问题，在参考了以往专利分析报告的基础上，本报告在以前重点专利筛选的方法的基础上，首次提出了通过定量计算的方式来筛选专利，从而全部或部分克服了由于人工筛选带来的工作量大、人员依赖程度高、随机性高等问题。

3.1　针对什么——筛选的对象

要进行重要专利筛选，就首先需要明确筛选的对象是什么。课题组通过前期调研和检索（包括初步检索和补充检索等）获得了大量的专利文献，这些文献构成了专利分析的素材。要进行重要专利筛选的对象即是课题组通过检索等手段获得大量的专利文献。

由于 MOCVD 设备包括众多组件，在众组件中，有很多技术含量较低的组件已经发展成熟，在市场上完全可以购买到，没有必要花费大量精力与财力开发新的技术。而涉及核心技术的专利，对技术和市场乃至整个 MOCVD、甚至 LED 行业的发展的影响巨大。为此，本章以 MOCVD 设备中通过重要申请人和分类号检索得到的数据为例❶进行重要专利筛选方法及分析的介绍，共 329 件专利申请，以期介绍清楚本报告中重要专利的筛选情况，本报告的其余章节中涉及的重要专利都是由本章介绍的方法筛选获得的。

---

❶　由于 MOCVD 总数据较大，本章在于详细介绍重要专利筛选的方法，为此作者选择了其中一部分数据作为数据基础（即本章数据通过重要申请人和分类号检索得到），后经由本领域技术专家（主要是中微半导体和三安的技术人员）细筛和标引后得到最终数据。

3.2 怎么做——筛选重要专利的步骤

本报告在以往专利分析报告中采用的重要专利的筛选原则的基础上，结合专家调查法，采用定量计算的方法来获得重要专利。具体而言，分析研究以往专利分析报告中的重要专利筛选原则，并在此基础上结合本领域的行业和技术等特点，确定影响重要专利的影响因素；在此基础上，通过和专家调研、座谈等方式对确定的影响重要专利的因素进行分析，确定出各个影响因素的具体的权重 a_i；确定各个因素的赋值办法，并在此基础上确定各个专利的各个因素对应的值 b_i；利用公式 $\sum a_i b_i$ 计算每个专利的重要专利值；通过重要专利值靠前的 10% 来获得重要专利。

3.2.1 谁说了算——重要专利的筛选原则

通常来讲，影响重要专利的因素包括技术因素、市场因素、法律因素等多种因素，而这些因素又分别包括多种影响因素。具体而言：

（1）被引频次。被引频次在一定程度上反映专利在该领域中的基础性、重要性，通常一件专利被其他专利所引用的频次越高，表明该专利在该领域中越基础、越重要。采用引证频次的缺点在于一般提出年份较早的专利其被引证的几率就越高，因此容易遗漏近年来新提出的重要专利。因此，为了尽可能消除不同专利年龄带来的影响，逐渐引入同年龄专利文献的平均被引频次水平作为参照。此外，很多国家的专利没给引用信息，或引用信息不可检索，这也是专利引证用来评述重要专利时需要考虑的因素。

（2）布局情况。专利布局情况通常采用同族专利数量来表示，同族专利是指同一项发明在多个国家或地区进行专利申请而形成的一组内容相同或基本相同的专利族。通常一项专利如果在多个国家布局，即其同族数量越多，说明该专利重要程度越高。同族专利数量易于统计，但是其跟申请人的市场战略、投资能力有关，因此对于筛选重要专利存在误差。

（3）企业、专家意见。通常一项专利的重要性程度，本领域竞争对手最具有发言权，通常某领域的重要企业都会对重要竞争对手的专利技术进行对比和研究，以此发现其技术缺陷、申请缺陷、技术研发方向，其也会对竞争对手的专利进行分析和评估，以此确定其核心技术和专利。因此在本课题组在合作专家的帮助下，提供了一批企业认为的比较重要的专利。

（4）保护范围大小。对于一件专利，权利要求尤其是独立权利要求概括是否恰当，从属权利要求的限定是否呈现层次性细化，这些都会决定专利的保护范围与专利权的稳定性。通常来看，比较基础的专利以及独创程度高的专利其保护范围较大。

（5）申请人、发明人。某一领域若有几家公司垄断，则表明这几家公司的专利技术代表了本领域的发展方向，其专利技术在本领域的重要性就越高。例如在 MOCVD 领域，主要市场份额由 AIXT 和 VEEC 占有，达到 90%，这说明 AIXT 和 VEEC 的技术在本领域处于核心领先地位，因此其专利技术在本领域中越重要。同样的，某一企业都具有某一重要发明人及其带领的团队，因此占有率高的企业的重要发明人及其团队的专利的重要性就相对越高。当然，由于其也可能会申请一些外围专利，市场占有率不高的企业可能也会申请一些核心/重要专利，因此这只能作为筛选重要专利的标准之一。

（6）纠纷、诉讼专利。由于专利侵权诉讼耗钱、费时、需要花费大量的精力，因此出现的专利侵权诉讼，其所涉及的专利通常都是本领域比较重要的专利。

（7）技术路线关键节点。技术发展路线中的关键节点所涉及的专利技术不仅是技术的突破点和重要改进点，也是在生产相关产品时很难绕开的技术点。通常技术路线关键节点文献的出现，会促进本领域企业/专家对该专利进行重要改进，或对该领域的其他相关技术作相应的改进，因此技术关键节点的文献，也是判定该阶段专利重要性的一项重要指标。

（8）技术标准化指数。标准化指数是指专利文献是否属于技术标准的必要专利，以及该专利文献涉及的技术标准的数量、类别等。技术标准化指数的获取不论是根据技术标准查找涉及的专利还是通过专利文献出发查找，都需要花费较大的时间来完成。

（9）其他专利。例如政府资助专利、许可专利等，其由于受到政府的资助，因此专利可能涉及领域前沿技术，或者由于满足产业需求，受到产业界的认可，因此这些专利的重要性较强。

以上因素对于重要专利的筛选都是十分重要的。考虑到实际操作中的问题❶，并结合本领域的技术领域特点等，我们选择了被引频次、布局情况、保护范围大小、申请人情况、发明人情况等作为影响重要专利的因素。通常，一件专利的引证频次、布局情况、保护范围大小、申请人、发明人这5个方面的信息已经足以显示出该专利的重要程度。

由于领域特色、领域难度、时间、工作量较大等方面的原因，在此选择引证频次、布局情况、保护范围大小、申请人、发明人这5个方面作为筛选重要专利的原则，这5个方面仅作为示例，本领域或其他领域技术人员可以根据自身情况添加、删减、改进。

3.2.2 话语权大小问题——影响因素的具体权重

在确定了影响专利重要性的因素后，我们面临的一个重要问题是各个影响因素的话语权问题。显然，每一个影响因素对于专利重要性的影响程度是不相同的。那么如何才能确定出各个影响因素的具体的权重 a_i 呢？

本报告采用确定影响因素具体权重的方式是采用专家调查法。分析人员通过召开专家座谈会、向本领域的技术专家、行业专家、管理专家等发放调查问卷等方式收集

---

❶（1）被引频次：在专利分析中，我们可以通过 S 系统、EPODOC 系统等容易地获取每个专利的专利引证情况。同时考虑到在筛选重要专利中被引频次的重要性，我们选择被引频次作为一个影响因素。

（2）布局情况：在检索到的数据中，可以方便的提取出有关各个专利进入各专利的情况，该因素容易批量运算。

（3）保护范围大小：对于专利来讲，保护范围太小的话容易被规避，而保护范围过大则稳定性不高，一个重要专利应该是兼顾稳定性和易规避程度的。

（4）申请人和发明人情况：申请人和发明人可以容易的通过专利的著录项目中获得，因此容易批量获得。

专家的意见,并在专家的意见的基础上确定平均的权重做为后续计算的权重。

通过多次座谈会和调查文件,分析人员最终确定了各影响因素的具体权重,如表3-2-1所列。

表3-2-1 专利重要性影响因素权重

	布局情况	引证频次	申请人	发明人	保护范围
权重示例1	0.4	0.25	0.15	0.15	0.05
权重示例2	0.55	0.1	0.15	0.15	0.05

3.2.3 如何定量化——确定各专利影响因素的值

在确定了影响专利重要性的因素后,下面要做的就是确定专利影响因素的值。为了对每个专利获得相应的值,需要有一个量化标准。为此,分析人员确定了一个计算标准,以布局情况举例来说,同族数量较高,为7个以上的,给其设定一个最高值为1,而同族数量在4~6个之间的设定一个相对高值0.8,同族数量在2~3个之间的设定一个较低值0.5,而同族数量为1个的设定一个最低值0.3。

类似地,保护范围大小、被引频次都可以通过上述设定方式给其设定相关量化值。

表3-2-2列出该章中给出的引证频次、布局情况、保护范围大小的量化值。

表3-2-2 专利影响因素的量化标准

同族专利数量	量化值	引证频次	量化值	保护范围(特征数)	量化值
7个以上	1	110次以上	1	20~30	0.3
4~6个	0.8	30~109次	0.8	10~19	0.6
2~3个	0.5	10~29次	0.5	4~9	1
1个	0.3	1~9次	0.3	1~3	0.4
0个	0	0次	0	0	0

申请人和发明人的数值的设定与上述有些许的差别,申请人的量化值的设定是通过两方面求和得到:第一是申请人在本领域的市场等各方面的占有率;第二是专利是否存在共同申请人。一般情况下,几个共同申请人联合研发申请的专利技术其重要性相对较高。

由于作为本章数据基础的数据是通过申请人和分类号检索得到的,因此在此将数据中的申请人归类为两类申请人,一类是较重要申请人,包括AIXT(含GENU、SWAT)、VEEC(含EMCO)、TOZA、VALE-N、BRID-N、GALL-N,给其设定的量化值较高,为0.6,而其余申请人NIIO、MATE(含APMA)、NDEN、CCRE,则设定的量化值较低,为0.4。申请人为一个的,给其设定量化值为0.2,共同申请人为2~4个的量化值为0.3,共同申请人5个以上的,量化值为0.5。

通过上述两方面的量化值求和,得到一件专利在申请人方面的量化值。同样的,发明人量化值的设定与申请人类似。

表 3-2-3 列出该章中给出的申请人、发明人的量化值。

表 3-2-3 专利影响因素的申请人、发明人的量化值

申请人	量化值1	共同申请人	量化值2	发明人（参与发明排名）	量化值1	发明人数量	量化值2
AIXT（GENU、SWAT）、VEEC（EMCO）、TOZA、VALE-N、BRID-N、GALL-N	0.6	1	0.2	20~38	0.4	7以上	0.4
NIIO、MATE（APMA）、NDEN、CCRE	0.4	2~4	0.3	8~19	0.3	4~6	0.3
		5以上	0.4	3~7	0.2	1~3	0.2
				1~2	0.1		

以上，通过给出一件专利在上述5个方面的值，通过数值的方式，确定了该专利在5个方面的重要性情况。

3.2.4 谁是真英雄——量化计算

根据公式 $\sum a_i b_i$ 计算一件专利的量化最终值。

上述在已经得出一件专利在5个方面的量化值和确定了其权重后，通过使该量化值乘以其权重，最后将在5个方面得到的乘积相加求和，得出该专利一个量化最终数值，该数值越大，表明该专利在该领域内的重要性越高。

3.3 得到什么——重要专利分析

通过以上分析，得出重要专利列表后，我们就可以根据常规的分析方法来分析重要专利的国家、地区，以及申请人分布情况，同时我们也可以根据标引情况来分析其具体技术分支分布情况。另外，我们还可以针对核心专利进行详细分析，以分析出该专利的具体情况以及相关外围专利。

3.4 还要做什么——重要专利分析方法的改进

为了验证该定量化方法，我们以由该领域中国内重要申请人和科研单位所提供的其认为的MOCVD设备领域非常重要的专利进行了验证。

通过验证，我们发现，这些单位提供的15件重要专利中有5件专利在我们通过定量化计算筛选的重要专利之外。

通过具体分析发现，这是由于我们在赋值时对同族专利数量给了较大权重导致的，这种由于赋值导致的重要专利遗漏，其改进方法可以为：一是优化系数；二是优化指

标（增加指标）；三是补充获取重要专利方法。例如，有些开创性专利仅在一个国家申请，其同族数量较少，会引起很大误差，专利的引证频次的统计受到准确性和完全性的制约、各个量化值的确定也存在很大的人为因素，可能会存在较大误差，很多方面的信息不易得到，如专利的诉讼、纠纷、许可等，难以得到其相关准确的信息。即该分析方法的难点在于难以准确的确定一件专利的各个方面的量化值。

然而，在此给出的量化分析方法，其存在的一些弊端可以通过认真、仔细、详细的工作来克服，对于一些较为客观的因素，则可以通过与一些简单的重要专利的筛选方法结合使用，通过相互补充、查缺补漏的方法来克服。因而，在对该分析方法美化和细化后，其可能会对我们筛选重要专利作出重要的贡献，降低人为筛选导致的误差几率，使结果更客观、更准确。

第 4 章　日亚化学专利分析

4.1　日亚化学概况

LED 照明作为新兴的、潜力巨大的行业，正受到全球的广泛关注，其发展前景也受到众多因素的影响。由于专利技术在 LED 发展中所起的巨大作用和其独特的专利分布方式，专利的转让、授权及纠纷将极大地影响 LED 行业未来的发展格局。日本日亚化学是全球主要的 LED 生产企业，也是全球最大的 InGaN 系 LED 厂商，荧光粉是日亚化学的重要产品。日亚化学是全球最早利用氮化物制造蓝绿光 LED 的企业，拥有蓝光加 YAG 制造白光 LED 的专利。

该公司于 1956 年在阿南市新野町（现新野工厂）成立，在 1993 年之前的主要方向是荧光粉的开发与生产。该公司于 1993 年成功开发出世界首个高亮度（1 烛光）的蓝色 LED，1996 年成功开发出白色 LED，1998 年世界首次黄色氮化物发光二极管开发成功并相继实现了紫外至黄色的氮化物 LED 及白色 LED 的商品化，大幅扩大了 LED 的应用领域。

日亚化学 LED 产品包括 Lamp LED、SMD LED、TOP LED、COB LED。目前日亚化学的 Lamp 产品在中国高端显示屏市场中具有很强的市场竞争力，SMD 产品在背光源市场上具有很强的竞争力。该公司专注于高端市场，只对外销售 LED 成品，不单独销售其芯片。高亮度蓝光、白光 LED 产品是日亚化学的研发重点。其 LED 产品在中国 LED 显示屏及背光领域市场认可度非常高。其在全球显示屏、背光源等市场占据竞争优势。

日亚化学的产品优势体现在产品质量高、稳定性好，在蓝光以及白光产品的研发方面竞争实力强。但是其产品价格定位高，大功率白光产品与欧美企业相比不占优势。日亚化学的销售模式与国际厂商相对比，更趋于保守，其仅出售封装产品，而不提供荧光粉与芯片，这样不仅提高了产品的附加值和利润，同时也有效防止了竞争企业对其技术的侵权。另外日亚化学拥有的许多专利技术面临到期的问题，届时其将很难再通过专利诉讼的方式保障其自身的市场优势地位。中国客户对其产品了解甚少。未来日亚化学可能将主要市场目标锁定在中国市场。

专利与技术是日亚化学称雄半导体照明行业的两大核心竞争力，特别是蓝宝石衬底技术和荧光粉技术方面。日亚化学在核心技术保护方面，也将专利战略作为应对竞争形势的一张王牌，从 1996~2010 年，日亚化学共参与了 62 件专利诉讼案，数量远远高于全球其他厂商。由于在 LED 蓝光芯片及白光 LED 专利技术方面的霸主地位，日亚化学在未来几年的专利转让、授权、诉讼中将继续处于主导地位。尽管以欧司朗为主的欧美企业对技术转让授权持积极态度，但受持有专利所限，专利授权的主导方向还是由日亚化学来确定。

按照专利法规定，发明专利保护期限为20年，实用新型专利和外观设计专利保护期限为10年，也即是从1990年开始提出的LED相关专利，已从2010年起逐渐到期，而这其中相当大一部分还涉及重要的白光LED。换句话说，在今后的2~3年中，会有一批20世纪90年代的核心专利陆续到期。另外，涉及荧光粉的相关专利也将在2012~2014年间逐渐失效。但随着专利保护有效时间的到期和以大功率著称的碳化硅技术的异军突起，日亚化学的专利和技术优势逐渐失去。

近年来，随着国际照明巨头之间专利交叉授权的增加，日亚化学在专利保护方面较之前有所松动，日亚化学也授权中国台湾相关LED企业做代工。

从各种授权及纠纷的发生数量来看，以日亚化学为主导，占据所有授权及纠纷总量的60%左右，其次是欧司朗。这种状况在近几年不会有太大改变。

在专利授权方面，欧美企业一向比日本企业更为积极。随着欧司朗、Lumileds等企业在技术专利方面的增强以及对中国台湾地区和韩国企业授权增加，日亚化学等企业从自身利益出发，也将加快对外授权的速度。日亚化学有意开放专利授权，将会以产能较大的下游封装厂为主，并会将未获相关专利授权的企业作为优先对象，中国台湾企业将会是重点所在。另外，韩国及中国台湾企业在技术上的突破或获取其他公司授权，避开日亚化学专利诉讼的可能性大大增加。在专利诉讼不能限制中国台湾企业继续争夺市场空间的情况下，授权生产也将是日本LED企业的最好选择。

4.2 全球专利申请现状

4.2.1 地区分布分析

根据日亚化学在LED照明领域专利申请在全球各国的申请数量情况，得到图4-2-1。

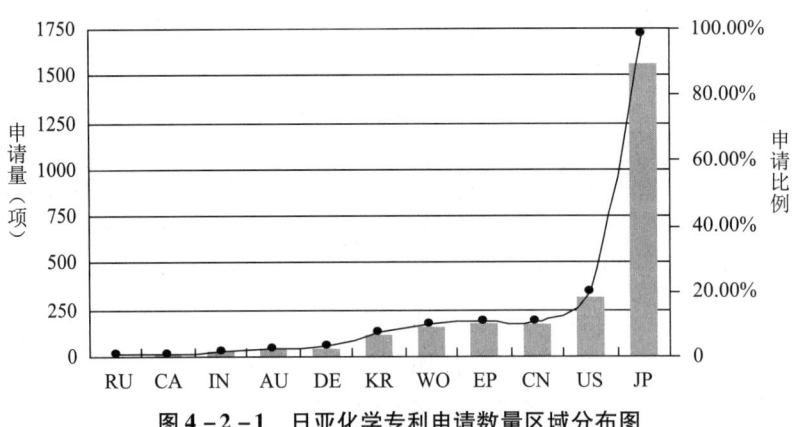

图4-2-1 日亚化学专利申请数量区域分布图

图4-2-1中未示出对于申请量小于等于3件的国家或地区。从图4-2-1中可以看出，目前其在LED照明领域专利申请数量的排名依次是：日本、美国、中国、欧洲、韩国、澳大利亚、德国、印度、加拿大以及俄罗斯。此外，日亚化学还在马来西亚、捷克、英国、匈牙利、以色列、挪威、芬兰、法国等地也有零星申请（在图4-2-1

中未示出)。

目前,日亚化学在 LED 照明领域的专利申请数量方面,日本本土所占的比例最高,达到 98.73% 以上,日亚化学在日本本土的申请数量占绝对优势说明日亚化学对本土市场非常重视。

美国的申请数量紧随其后,超过 20.11%,而后其他国家的申请数量情况为:中国 11.13%、欧洲 10.88%、PCT 申请 9.61%、韩国 7.59%、德国 2.91%、澳大利亚 2.85% 和印度 1.52%。日亚化学在上述国家也都达到了数十至数百件之多,可见日亚化学正积极完善在其他几大 LED 照明市场的专利布局,其欲拓展国际市场的意图已经十分明显。

此外,日亚化学还在上述马来西亚、捷克等国也有少量申请。足见,日亚化学对于某些技术分支,根据其实际需要,分地域地进行了相应的专利布局,进行技术点地域性或全球性保护。

而对于鼓励大力发展 LED 照明的我国来说,应当了解析技术强国的发展情况,积极地发展 LED 照明技术自主创新,增加专利的占有数量以及完善专利布局状况。同时,对于那些已经由具有技术优势的申请人通过专利申请而公开的技术,尤其是仅仅在个别国家或地区进行了专利保护的技术,例如日亚化学仅在其本土的申请中所公开的技术进行研究和借鉴,促进我国相关技术的发展,以及借鉴其已经显现的专利布局经验,增加我们在专利方面的技术占有量。

根据日亚化学在 LED 照明领域每年的专利申请量,得到图 4-2-2。

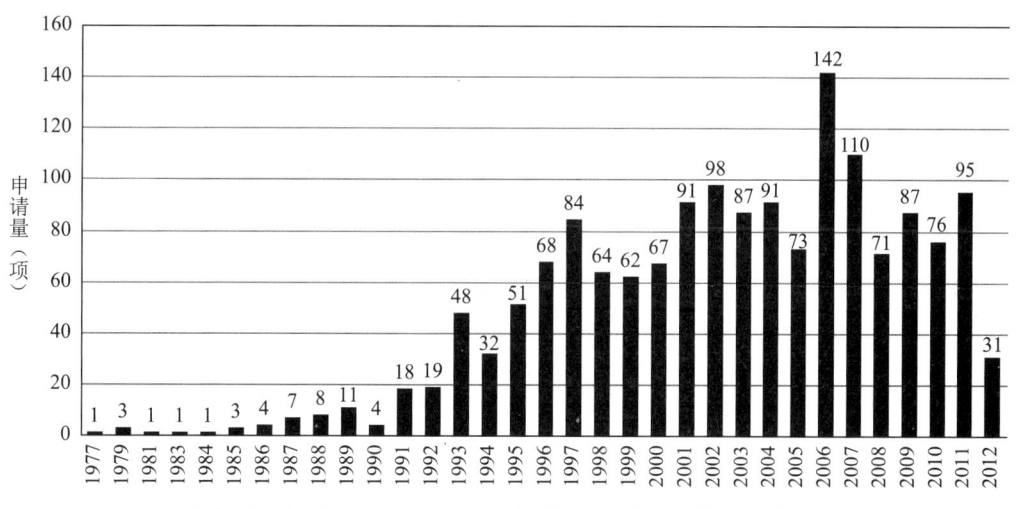

图 4-2-2　日亚化学 LED 照明领域全球专利申请量年度走势图

从图 4-2-2 中可以看出,日亚化学最早于 1977 年提出有关 LED 照明的专利申请,随后的十几年间其专利申请从最初的每年零项至几项到 20 世纪 90 年代前后的每年十几项左右的缓慢增加。而从 1991 年起,其专利申请数量迅速增加,并于 2006 年达到顶峰,专利申请数量达到 149 项之多。

1977—1990 年,日亚化学的专利申请数量缓慢的增加,几个方面可能导致上述结果：其一，日亚化学在早期技术探索阶段，技术更新不快，在该领域的发展较缓慢；其二，日亚化学在没有形成完善的专利申请、保护体系；其三，LED 照明技术在上述时间段内没有突破性创新技术产生，导致没有相关的技术分支改进。

自 1991 年起，日亚化学的专利申请数量开始显著增加，一方面表明其技术在当时有了显著的更新；另一方面，日亚化学作为比较早就占领 LED 照明市场重要企业，其申请数量突然迅速增加，也在一定程度上体现了 LED 照明领域在当时产生了突破性的技术创新。事实上，日亚化学的中村修二在该阶段发明了 LED 蓝光芯片，这一重大的技术突破，开启了该技术分支的迅猛发展，相关专利申请的数量呈现爆发趋势。图 4-2-3 也明确验证了这一点。

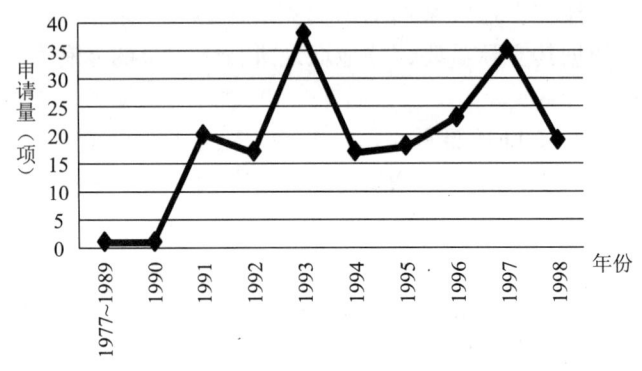

图 4-2-3　中村修二申请趋势

此外，从 1991 至今，日亚化学一直保持较高的专利申请数量表明，日亚化学一直保持积极的技术研发，并且其技术发展稳定。而且在不断地完善专利布局，使其受到保护的技术持续地稳定增加。

而 1996~1997 年的申请数量增长，则是由于 1996 年成功开发白色 LED，1998 年世界首次黄色氮化物发光二极管开发成功并相继实现了紫外至黄色的氮化物 LED 及白色 LED 的商品化，大幅扩大了 LED 的应用领域。

其中，在 2006 年出现专利申请数量激增的现象说明在该年或之前一段时间，日本或全球的 LED 照明技术或产业得到了迅猛发展，从而促进了专利申请数量的增长。

2008 年日亚化学出现了申请数量低谷，显示出该时期的金融风暴对日亚化学也产生了严重的冲击，导致其技术研发步伐也随之放缓。

4.2.2　技术分支分析

根据对日亚化学在 LED 照明领域中各主要技术分支申请数量的分析，得到图 4-2-4 和图 4-2-5。

从图 4-2-4 中可以看出，日亚化学的相关申请中数量优势明显的是依次为以下三个方面：封装（774 件）、芯片结构（378 件）和外延（239 件）。

封装技术数量占绝对优势，说明日亚化学的封装技术起步早，技术更新快，封装市场占有率高。并且通过进一步分析，封装结构中涉及荧光粉的申请的数量占绝对优

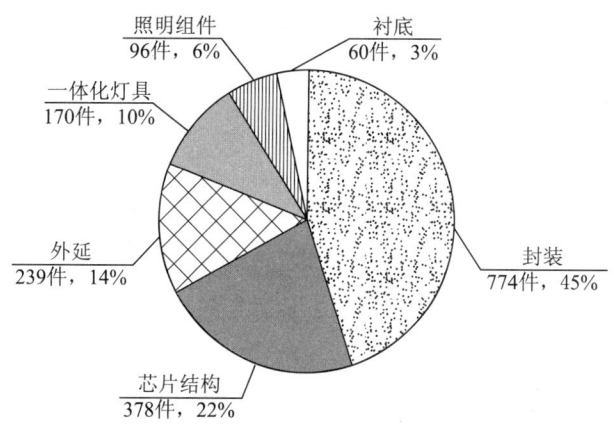

图4-2-4 日亚化学主要技术分支专利申请数量分布

势,可见其在荧光粉材料的开发和应用方面所具有的先进成果数量很多。这也进一步显示出:日亚化学的销售模式与国际厂商相对比,更趋于保守,其仅出售其封装产品,而不提供荧光粉与芯片,这样不仅提高了产品的附加值和利润,同时也有效防止了竞争企业对其技术的侵权。

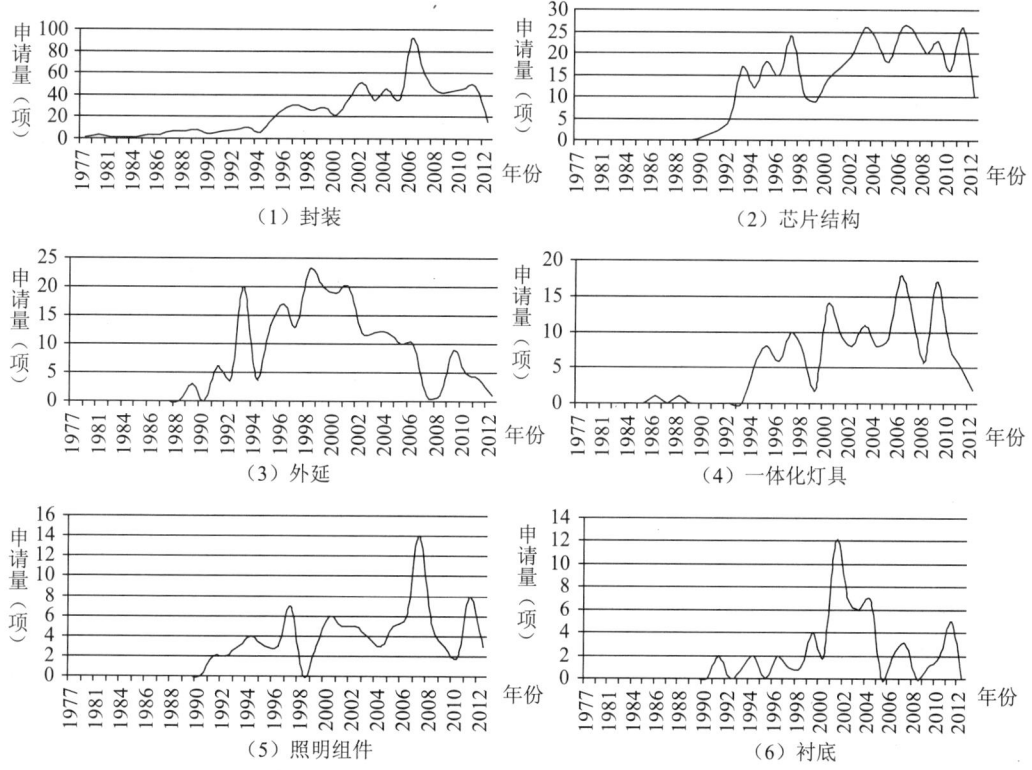

图4-2-5 日亚化学各主要技术分支申请数量趋势

而对于优化LED照明器件的各种性能、例如电流注入、出光效率等的芯片结构方面,日亚化学也占有相当数量的申请。可见其在开发和改善器件参数,制造性能优良的产品发明也已经处于领先地位。同时，对于器件微结构中的外延技术分支所占有的专利技术也不可小觑。

在图4-2-4所示的6项主要技术分支中，衬底的申请量最小（60件），说明衬底的相关技术和产片都不是日亚化学的研究重点，也可以初步推断其不是日亚化学目前发展的重心。在 LED 照明主要应用所涉及的两大块技术，即一体化灯具和照明组件，从图4-2-5中可以看出日亚化学也涉及了上述应用领域，并具有比较强的技术更新能力。

从图4-2-5中可以看出，其最早的专利自1977年开始，直至1989年，其申请除了涉及一体化灯具方面的申请以外，其他全部是关于封装技术方面的申请。说明日亚化学在早期封装技术是其产业的重点，其他相关的核心技术未涉及。同时也是日亚化学仅出售其封装好的器件的做法促使其封装技术的不断更新和发展。

如图4-2-5中所示，自1989年起其各技术分支的专利申请开始出现，可见日亚化学在这一阶段开始丰富其技术内容，全面进入 LED 照明领域，其技术能力几乎覆盖了 LED 照明的所有主要分支，日亚化学进入了快速增长期，开启其技术领导地位的步伐。

1991~1995年，外延和芯片结构两个技术方面的申请量迅速激增，也显示出蓝光 LED 的发明促使了 LED 照明领域的快速发展。而随后的时间里，上述两个技术分支的数量也基本上保持平稳，表明日亚化学在蓝光 LED 这个重大技术突破基础上不断地发展更新，此后一直保持着持有一定量先进外延和芯片结构相关技术。

而在1996年之后，封装技术的申请数量呈现明显上升趋势，说明日亚化学在发展其他技术分支的同时仍然保持其原有的封装技术的优势，并在该时期在该技术领域或相关领域取得了技术突破。

此外在封装、外延和芯片结构之外的其他3个主要技术分支方面，日亚化学自1989年开始出现专利申请，并持续的保有一定的申请数量。说明日亚化学在不断积极地完善其技术结构，并全面发展 LED 照明技术，同时积极地进行新技术的专利布局，以获得全面的技术占优和保护。

总体上而言，日亚化学在几个主要技术方面都已经取得技术领导地位，同时也进行了相应的专利布局。并且围绕主要的技术分支，对其他技术分支，尤其是应用领域也进行了相应的技术改进或更新。说明日亚化学的技术发展以封装、芯片结构和外延为主，并拓展到其他三个主要技术方面，以具备主导主要技术又拥有全面技术的优势。

4.3 中国申请状况分析

4.3.1 中国专利申请趋势分析

截至2012年12月31日，日亚化学在 LED 领域在中国共申请专利211项（仅在该日期之前公开的专利申请数量），占全球申请量的12.8%。在1993年之前，日亚化学主要从事荧光粉的生产研究，在中国未进行专利布局。在1993年开始从事 LED 芯片的研发生产之后,根据不同年份提交专利申请的数量,可以看出日亚化学在中国的专利申请技术划分为两个阶段,如图4-3-1所示。

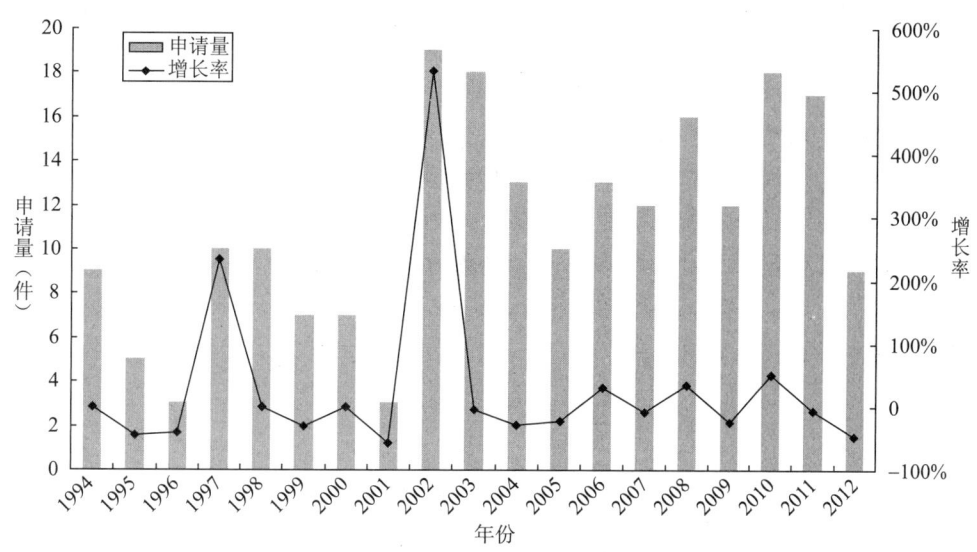

图4-3-1　日亚化学在中国申请的专利数量与增长率

(1) 第一阶段:发展期(1994~2001年)

本阶段日亚化学共申请专利54项,这一阶段的专利申请主要集中在蓝光LED、白光LED、荧光粉。日亚化学在此期间成功开发了世界上首个高亮度蓝色LED、首个高亮度纯绿色LED和白色LED、首个黄色氮化物LED以及YAG荧光粉,奠定了在LED蓝光芯片及白光LED专利技术方面的霸主地位,这一阶段的专利数量虽然不大,但是技术含量较高,集中了日亚化学的核心专利,主要涉及芯片外延技术和芯片结构的改进。由于1993年发明了世界第一个蓝光LED,伴随着蓝光LED的研制成功,1994年的专利申请量相对较大,在1995~1996年申请量逐年降低。1996年成功研制白光LED,1997~1998年申请量较前两年又出现了较大的增长。在2001年,在上海成立上海日亚电子化学有限公司,显示了日亚化学对中国市场的重视,次年在中国的专利申请量出现了显著数量的增长同样显示了日亚化学将重心向中国市场开始倾斜。

(2) 第二阶段:快速增长期(2002年至今)

2002年,日亚电子化学株式会社并入日亚化学,此后专利申请迅猛增长。在此阶段,日亚化学共申请专利157项,这些专利主要是在核心专利的基础上对某些技术点的进一步改善以及LED芯片的封装应用。在2004年,日亚化学成功开发超高功率白色LED。超高亮度白光LED的出现,使LED应用领域跨越至LED照明时代。随着中国市场的快速崛起,日亚在公司战略上,产品策略上不断进行调整,加快照明用LED的开发。

4.3.2　中国技术分布状况

图4-3-2示出了日亚化学中国申请技术总体分布状况,其中管芯方面的改进(包

括衬底、外延和芯片结构）占申请总量的44%，所占比重最大，其次为封装方面的改进，占申请总量的36%。图4-3-3示出日亚化学中国历年申请技术分布状况，在1994~2001年之间日亚化学突破了蓝光LED的技术瓶颈后，在器件的外延、衬底、芯片结构方面作出了很多努力，在核心专利的基础上对器件的电极、反射层、电流限制层等结构作出了许多改进，相应的其专利申请也主要集中在这些领域。而2001年以后随着芯片技术的不断成熟以及LED芯片的市场化程度不断提高，日亚化学凭借其在荧光粉材料方面的优势，在使用荧光粉的封装技术和一体化灯具方面作了很多技术改进，相应的在这些方面的专利申请量比较大。从图4-3-4中可以看出，对各个技术进行细分后发现，日亚化学的申请总体来说荧光粉方面的改进占据申请量的份额最大，占据总申请量的13%，其次分别是超晶格量子阱和有源层的改进，分别占总申请量的10.4%和9.4%。

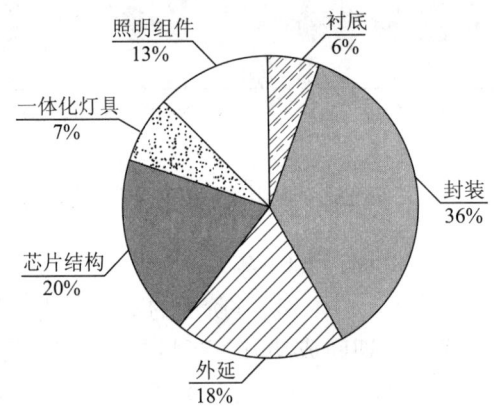

图4-3-2 日亚化学中国申请技术总体分布状况

4.3.3 中国申请法律状态分析

从图4-3-4可以看出，日亚化学在中国申请的专利66.8%处于授权状态，28.9%处于专利审批状态，终止、驳回、视撤的专利仅占总体申请量的4.3%，日亚化学的专利申请的授权率比较高，大部分专利处于有效状态。失效专利中终止的专利有4件，均是因费用终止，4件专利其中有3件涉及封装，1件涉及一体化灯具的应用且该专利为实用新型专利；视撤的专利有2件，1件涉及封装，1件涉及元件的安装基板；驳回的专利有3件，均涉及器件的封装。由此可见，失效的专利均不涉及器件结构本身的改善，技术含量不高。虽然，日亚化学目前失效的专利技术含量不高，但是日亚化学有相当一部分专利在今后的几年内将因为保护期限满20年而陆续失效。

4.3.3.1 中国即将失效专利分析

日亚化学在中国申请的专利一共211件，其中在近5年保护期限将要届满的有39件，近3年将要届满的有18件，近5年届满的专利技术分布如图4-3-5所示，从该图中可以看出，1994~1996年的专利申请技术分布在外延、衬底、芯片结构这些方面，

第4章 日亚化学专利分析

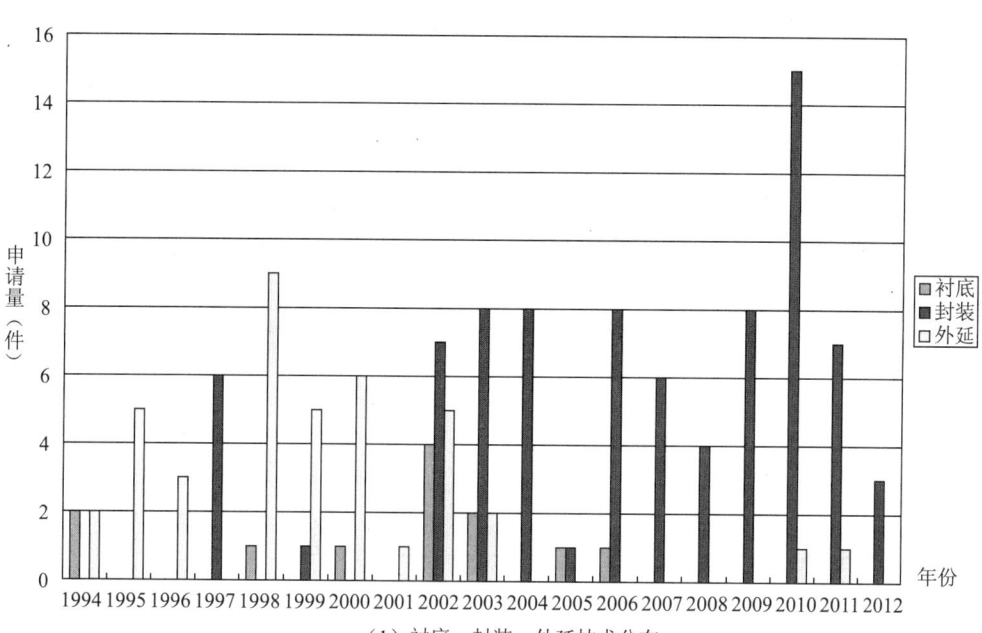

（1）衬底、封装、外延技术分布

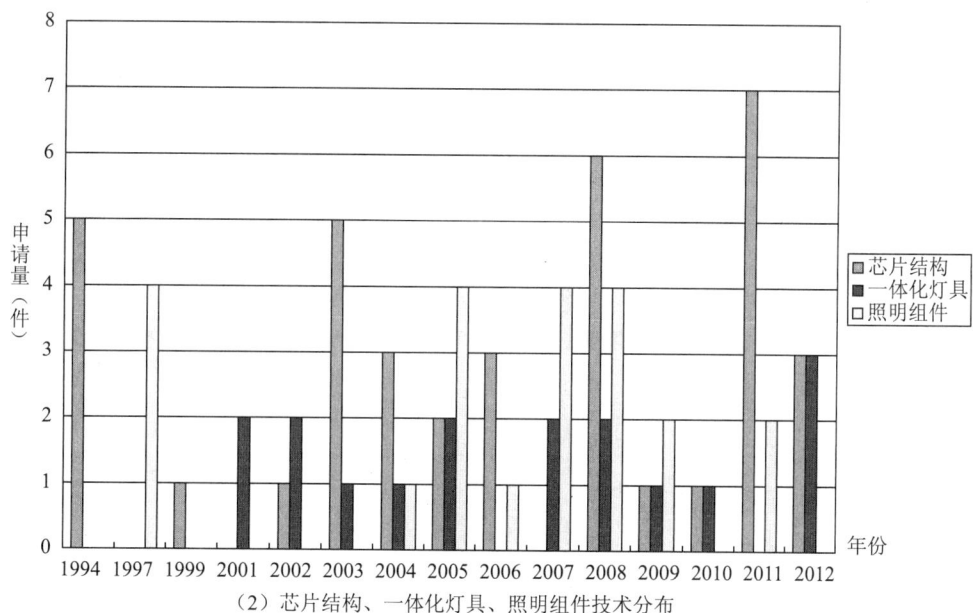

（2）芯片结构、一体化灯具、照明组件技术分布

图4-3-3 日亚化学中国历年申请技术分布状况

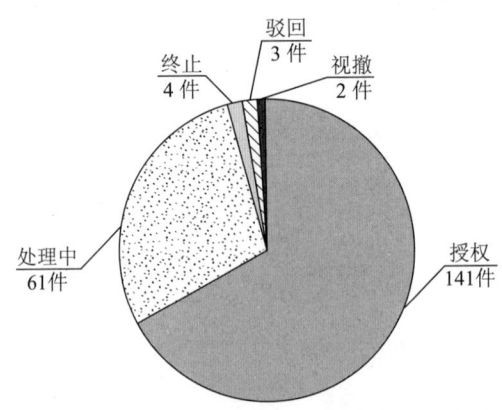

图 4-3-4　日亚化学中国申请专利法律状态分布

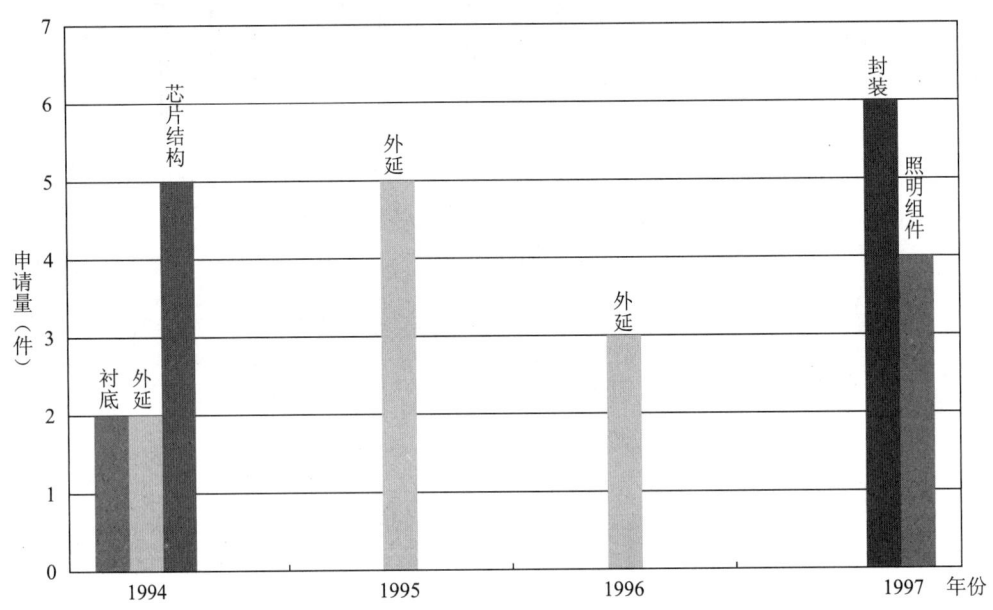

图 4-3-5　日亚化学在中国近5年内即将失效专利申请技术分布

这些技术涉及 LED 的发光管芯的制造，属于核心的专利，随着这些专利技术保护期限的到来，日亚化学在中国的专利垄断将被削弱。

4.3.3.2　2017 年前即将失效申请

表 4-3 列出了 1994~1997 年申请的近几年将失效的专利的技术方案和主要附图，同族专利仅列出其中一个：其中申请号为 CN03145868 的专利申请是日亚化学在中国的第一篇申请，该申请及其同族专利涉及氮化镓 Ⅲ-Ⅴ 族化合物半导体器件的 P 型电极的改进，不含铝或铬的合金作为焊盘使用退火技术与 p 型电极形成了良好的欧姆接触，其在中国的同族专利一共有 8 件，申请号分别为：CN03145867、CN03145869、CN03145870、CN200510128772、CN200510128773、CN200610100207、CN98118311、CN94106935，这些专利从电极的形成方法、电极的结构、电极的材料这些方面对该电

极的方案进行全面的保护形成一个专利族。申请号为 CN02142888 的专利申请及其同族专利涉及一种含铟和镓的氮化物半导体器件结构，尤其涉及这种器件有源层两侧限制层的改进，通过在有源层两侧设置含有铝和镓的 p 型覆盖层和含有铟和镓的 n 型覆盖层，从而提高了出光效率，其在中国的同族专利一共 4 件，申请号分别为：CN200510126712、CN200510126713、CN200810109931、CN95117565。申请号为 CN200410003720 的专利申请及其同族专利也涉及一种有源层为含铟的氮化物半导体器件结构，尤其涉及有源层两侧的限制层的改进，通过使用 3 层限制层提高了出光效率，其在中国的同族专利一共 2 件，申请号分别为 CN200410003721、CN96120525。申请号为 CN96107921 的专利申请主要涉及余辉性灯泡的荧光体层的材料的改进。可以看出，即将失效的专利申请中有 17 件涉及器件结构的改进，只有一件涉及荧光粉材料，而且该材料用于灯泡的涂层。

表 4-3 1994~1997 年申请的将失效的专利技术方案及主要附图

申请号/申请日	发明简介	附图
CN03145868/ 1994-04-28	一种氮化镓系Ⅲ-Ⅴ族化合物半导体器件，包括：具有第一和第二主表面的衬底；形成在所述衬底的第一主表面上、包括 N 型氮化镓系Ⅲ-Ⅴ族化合物半导体层和 P 型氮化镓系Ⅲ-Ⅴ族化合物半导体层的半导体叠层结构；在除去设置在所述 N 型半导体层上的 P 型层后露出的 N 型层上形成的第一电极；形成在所述 P 型半导体层上的透光性的第二电极，以及覆盖住一部分所述第二电极表面、一部分露出的端面和一部分露出的 N 型半导体层表面的绝缘的透明保护膜	
CN02142888/ 1995-12-04	一种氮化物半导体发光器件，具有一个单量子阱结构或多量子阱结构的有源层（14），其由含铟和镓的氮化物半导体构成。一个由含铝和镓的 P 型氮化物半导体构成的第一 P 型覆盖层（61）被设置与有源层的一个面接触。一个由含铝和镓的 P 型氮化物半导体构成的第二 P 型覆盖层（62）被设置在第一 P 型覆盖层上。第二 P 型覆盖层具有比第一 P 型覆盖的带隙大的带隙。一个 N 型半导体层（13）设置与有源层（14）的另一面接触	

续表

申请号/申请日	发明简介	附图
CN200410003720/ 1996-11-06	一种具有氮化物半导体层结构的氮化物半导体器件。该层结构包括含铟氮化物半导体构成的量子阱结构的有源层（16）。提供具有比有源层（16）大的带隙能量的第一氮化物半导体层（101），使之与有源层（16）接触。在第一层（101）之上提供具有比第一层（101）小的带隙能量的第二氮化物半导体层（102）。另外，在第二层（102）之上提供具有比第二层（102）大的带隙能量的第三氮化物半导体层（103）	
CN96107921/ 1996-05-27	该发明的余辉性灯泡具有将电能变换为光能的发光部和激励发光部发光并且包含用下述一般式表示的荧光体层：$(M_{1-p-q}, Eu_pQ_q)O \cdot n(Al_{1-m}B_m)_2O_3 \cdot kP_2O_5 \cdot aX$，其中，$0.0001 \leq p \leq 0.5$，$0.0001 \leq q \leq 0.5$，$0.5 \leq n \leq 3.0$，$0 \leq m \leq 0.5$，$0 \leq k \leq 0.2$，$0 \leq a \leq 0.5$，$0 \leq a/n \leq 0.4$，M 是从 2 价金属组中选择的至少一种，Q 是从由 Mn、Zr、Nb、Pr、Nd、Gd、Tb、Dy、Ho、Er、Tm、Yb 和 Lu 构成的组中选择的至少一种，X 是从卤素元素中选择的至少一种	

4.4 日亚化学技术发展路线

图 4-4-1 显示出了日亚化学的技术发展路线。

日亚化学成立之后直到 1992 年的 30 多年里，其主要产品为 CRT 和荧光灯用的荧光粉材料，20 世纪 80 年代发明了具有自主知识产权的具有一定重要性的专利，例如专利申请 JP4448889；JP23887386，尤其是关于稀土材料的研究，为后期在荧光粉核心技术的突破奠定了坚实的基础。

1988 年，日亚化学将中村修二派往美国留学，通过留学期间自行制造 MOCVD 设备，中村修二充分了解了 MOCVD 设备，并能根据实际需要对其进行改进，由此掌握了 GaN 生长的关键技术，如专利申请 JP8984091，而到了 1992 年，中村修二在实验中，无意中发现通过加热工艺可以成功地制造出 P 型 GaN，由此将 P 型 GaN 成功地商品化。

基于上述 P 型 GaN 的良好结晶成膜技术，且在 20 世纪 90 年代初日亚化学已经对蓝光 LED 有了一定的技术积累，例如相关专利申请 JP11691291、JP3423492，因此基于

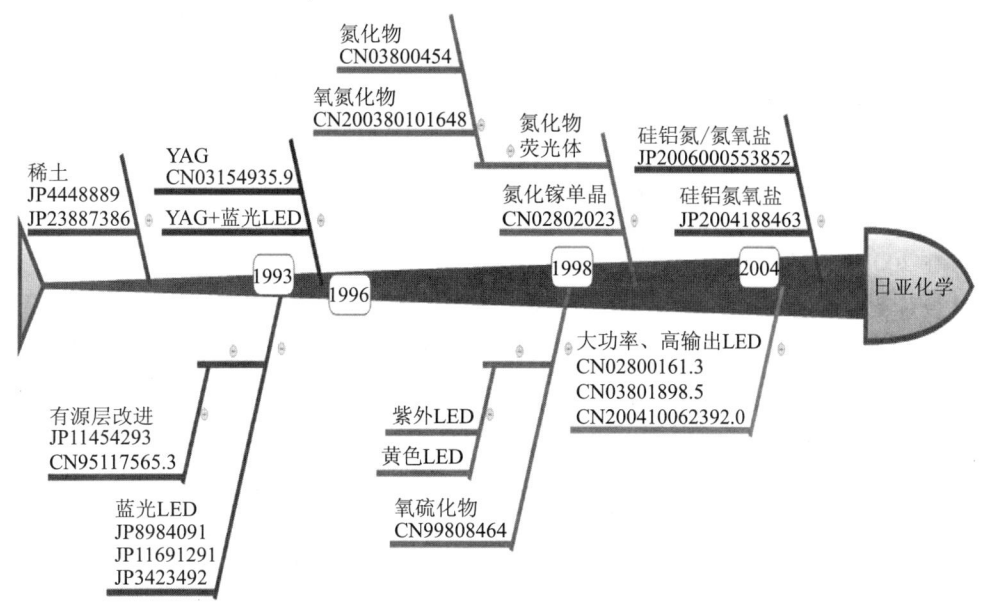

图 4-4-1 日亚化学技术路线图

此，于 1993 年，中村修二开创性地发明了世界首个高亮度蓝光 LED，并成功实施量产，由此使得日亚化学成为全球闻名的公司。

1994～2000 年，在高亮度蓝光 LED 的基础上，为了实现高发光效率和高输出，日亚化学发明了双异质结发光器件和量子阱有源层结构，例如专利申请 JP11454293、CN95117565.3。通过对有源层结构以及材料的改进，使得理论上氮化物半导体可以发射任意可见光波长的光，基于此，日亚化学于 1995 年开发出世界首个高光度纯绿色 LED，1997 年开发出世界首个紫外发光 LED，1998 年成功开发出世界首个黄色 LED。日亚化学不仅对发光器件的有源层有深入的研究，还对器件的过渡层、欧姆接触层、电极层等器件的其他结构作了许多的研究，由此形成了数量庞大的专利群。日亚化学的研发人员初期研发仅是为了获得高性能的激光二极管器件，随着研究的深入与突破，使得在 LED 照明领域获得了突破性进展。

尤其是，日亚化学在自己的老本行"荧光粉"方面，于 1996 年获得了突破性的进展，独创性地开发出了 YAG 荧光粉材料，由此基于蓝光 LED 和 YAG，成功开发出白光 LED，例如专利申请 CN03154935.9，其同族专利申请高达 109 件。YAG 荧光粉材料至今在全球市场上仍占据重要地位。

值得一提的是，在该阶段，日亚化学基本垄断了全球的 LED 专利，形成了完整的专利壁垒。

在 2001 年之后，LED 技术上在照明领域已经基本趋于成熟，由此各大公司开始向利润更丰厚、竞争少的大功率 LED 器件方向发展，日亚化学也不例外。由此，研发了一批能够提高器件的可靠性、发光效率的技术，例如专利申请 CN02800161.3、CN03801898.5、CN200410062392.0。

在该阶段，为了改善光的色温色调等，日亚化学对荧光粉材料作了进一步的改进，发明了氮化物、氧氮化物荧光体等，例如专利申请 JP2002167166（中国同族专利为 CN03800454）。从 2004 年开始，日亚化学在铝酸盐、硅铝氮化合物方面投入了很大精力，并对此申请了一系列的专利，例如专利申请 JP2004188463。

日亚化学不仅在芯片结构、荧光粉材料领域占据统治地位，其在照明装置的结构、封装技术等方面也是颇多建树，具有一整套完整的产业链。

在 2001 年之后，各大公司相继开发出了新的技术，突破了日亚化学的专利壁垒，例如科锐与欧司朗的 SiC 蓝光 LED 技术、荧光粉技术（TAG），随着与科锐关于蓝光 LED 专利诉讼的失败，日亚化学开始改变自己的专利战略，开始与各大公司展开合作，专利交叉授权，形成战略联盟。现今，世界五大 LED 巨头已经形成了战略联盟，随着我国 LED 产业的发展，其必然会想方设法进行压制。

4.5 重要发明人专利申请分析

图 4-5-1 所示为日亚化学全球专利申请中，发明人出现次数位居前 30 位的情况。图 4-5-1 中明确示出：以中村修二（NAKAMURA S）为发明人的申请数量遥遥领先，具有 230 项之多，其他发明人之间则比较均衡，数量处于 21～73 项之间，说明日亚化学在 LED 照明领域的专利研发人员中，在其主要技术方面是以中村修二为核心人物展开的。

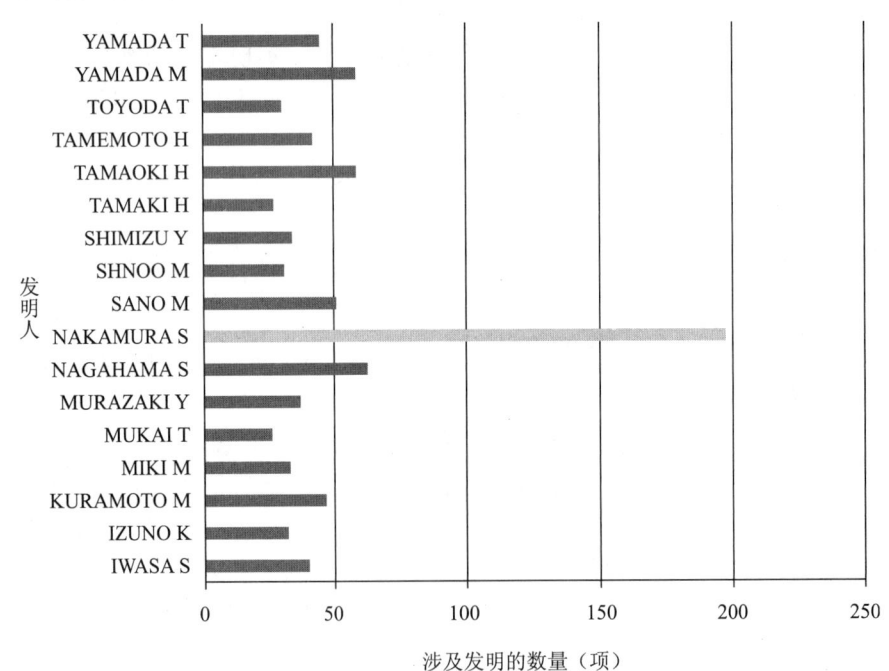

图 4-5-1 日亚化学 LED 照明领域主要发明人申请分布情况

中村修二是日亚化学最为重要的研究者之一，日亚化学作为 LED 照明领域的全球领先企业之一，其在该领域的研发团队核心人物之一的中村修二也必然在 LED 照明领域的技术发展中具有举足轻重的地位。

此外，申请数量位居前 30 位的发明人中，基本上每个发明人都参与了数十项发明研究，显然，日亚化学的研发团队精英科研人员数量很多。他们是日亚化学技术创新的主体，其关注的技术点不仅仅代表着其所在企业的技术发展方向，同时在一定程度上也是产业技术发展方向的风向标。

图 4-5-2 示出了以中村修二为核心人物的研发团队在专利申请数量方面的关联。该图中仅显示出所述团队中申请数量较多的几个主要的、与中村修二联系紧密的发明人。由该图可以看出，以中村修二为核心，在其周围的发明人的专利申请数量也十分可观。中村修二誉为蓝光 LED 之父，以其为核心的其他发明人在该分支下，共同或分别进行这各个分支的技术研究。可见日亚化学对蓝光 LED 技术方面所进行的不断完善和更新，逐步地全面覆盖各个技术分支。

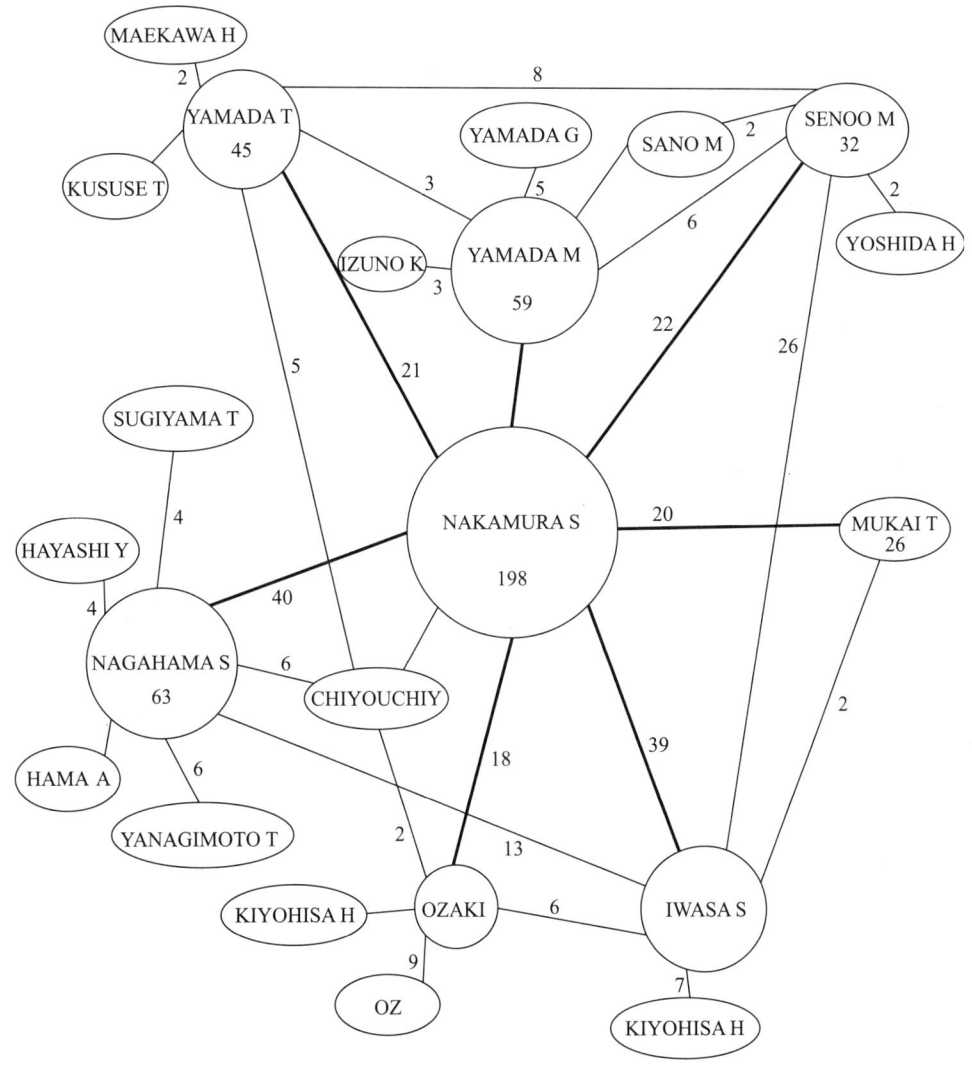

图 4-5-2　日亚化学 LED 照明领域主要发明人之间的关联图

日亚化学优秀的研发团队共同推动了日亚化学LED照明技术的迅速发展，使其在全球范围处于领先地位。足见优良的技术研发团队对于企业的技术更新和未来发展竞争中所起到的不可替代的作用。因此，本文在下节中会着重对于中村修二及其团队进行分析。

4.6 中村修二及团队分析

本节主要介绍了日亚化学的重要研发人员中村修二的工作历程、其专利申请、研发路线和研发团队，并对其在中国的专利布局以及重点专利做了研究。本节还对中村修二与日亚的专利纠纷作了介绍，中村修二的经历告诉我们，企业善待研发人员对企业的发展、声誉等都具有重要意义。

4.6.1 中村修二的简介

中村修二，现任加州大学圣芭芭拉分校（UCSB）工程学院材料系的教授，作为蓝光LED的发明人而享誉世界，被誉为可以和爱迪生相媲美的发明家。中村修二获得了一系列荣誉，包括1996年获得仁科纪念奖（1996）、IEEE Jack A. 莫顿奖，英国顶级科学奖（1998）、富兰克林奖章（2002），2003年中村教授入选美国国家工程院（NAE）院士，2006年获得千禧技术奖，目前作为LED领域的领军人物，仍然活跃在LED研究领域。

4.6.2 中村修二的专利申请、研发团队和研发路线

本部分介绍了中村修二的专利申请情况、研发团队，以及总的研发路线图和蓝光LED研发路线图，还介绍了中村修二与日亚化学的专利纷争。

4.6.2.1 中村修二专利申请状况

中村修二在技术上的领先也体现在专利申请量上，从图4-6-1可以看出，中村修二共有专利421件，其中在日亚化学的专利申请有270件（此数据包括中村修二所有技术分支的专利），在科锐16件，在加利福尼亚大学共135件，这些专利的申请和中村修二工作地点的转换时间是一致的，中村修二的工作历程为两个阶段：

1979~1999年中村修二就职于日亚化学，在此期间共申请了270件专利，从图4-2-1中可以看出中村修二在日亚化学的专利申请的时间分布在1989~1999年间；2000年以后供职于美国加利福尼亚大学圣芭芭拉分校，任教授。同时以每周一天的频率指导科锐，此期间在加利福尼亚大学和科锐分别申请了135件和16件专利，时间跨度为2001年持续到现在，目前每年也会有些新的专利申请，从图4-6-1中也可以看出，中村修二专利申请的最大活跃期是出现在工作在日亚化学期间，因为在此期间中村修二研发出了蓝光二极管以及蓝色激光二极管。目前中村修二的专利申请中，仍然相当大的比例是在日亚化学工作时申请的，但由于中村修二目前还活跃在LED领域，随着中村修二近些年专利申请量的增加，日亚化学的专利申请量在总的申请量中的比率会越来越小。

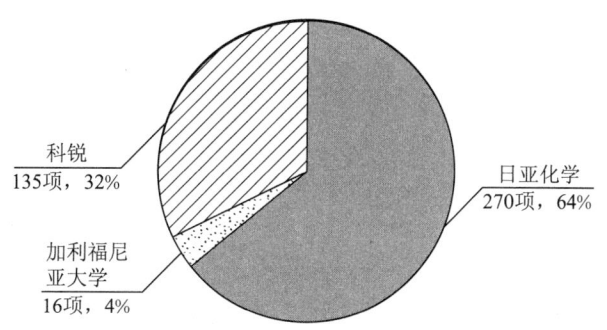

（1）中村修二在各公司专利申请量分布图

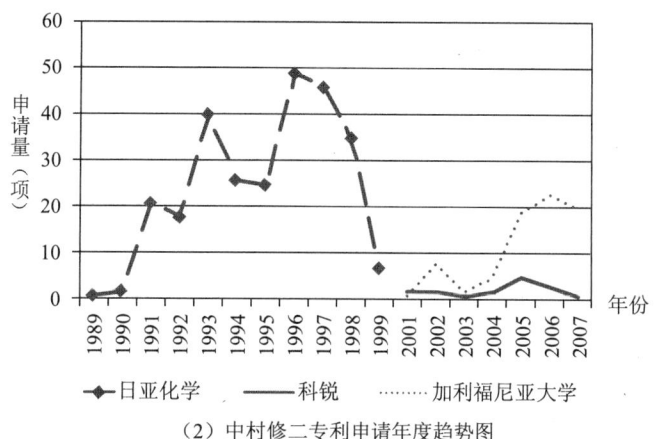

（2）中村修二专利申请年度趋势图

图 4-6-1　中村修二专利申请分布状况

4.6.2.2　中村修二研发团队及研发路线

（1）中村修二的研发团队

中村修二的研发团队主要包括两个：一个是在日亚化学时的研发团队；另一个是就职于加利福尼亚大学后形成的加利福尼亚大学圣塔芭芭拉分校研究小组。下面主要对中村修二在日亚的研究团队进行了研究，参见图 4-6-2 和图 4-6-3。

在图 4-6-2 中给出了与中村修二合作申请在 20 件以上的发明人的信息，从该图中可以看出，中村修二在日亚化学研发团队的主要成员包括长滨慎一（NAGAHAMA S）66 件、岩佐成人（IWASA S）46 件、山田元量（SENOO M）38 件、妹尾雅之（YAMADA M）24 件、板东完治（MUKAI T）和 OZAKI N 分别为 22 件。其中通过研究中村修二的专利申请情况可以看出，中村修二在 1991 年以前，都是专利申请的唯一发明人，在 1991 年开始，逐步有研究人员加入他的研究团队，其中与中村修二合作最多的两个发明人分别是 NAGAHAMA S 和 IWASA S，其中对其合作申请的专利情况进行进一步分析可以得到，在与中村修二合作的专利申请中，NAGAHAMA S 的 66 件申请中有 44 件是作为第一发明人、IWASA S 的 46 件中竟有 44 件是第一发明人，从图 4-6-3 中可以看出，他们与中村修二的合作年限分别为从 1992～1999 年和 1991～1997 年，主要的研究方向均是 LED 和激光二极管，从中也可以看出 NAGAHAMA S 和 IWASA S 也是日亚化学的重要的发明人。而 OZAKI N 是从 1995 年才开始与中村修二合作的，

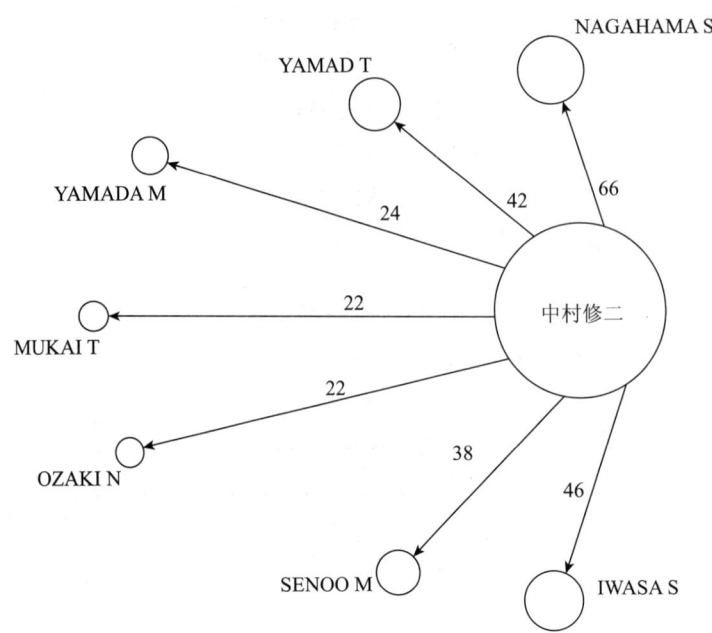

图 4-6-2　中村修二在日亚化学的研发团队

注：图中线上的数字表示合作申请量，单位为项。

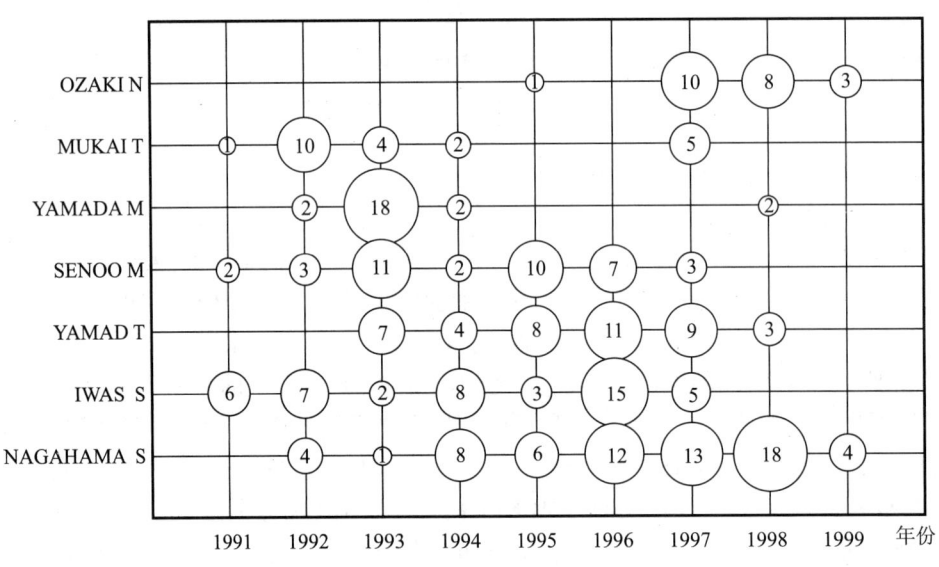

图 4-6-3　中村修二重要合作发明人专利申请分布

主要的申请集中在 1997~1999 年，是日亚化学后来发展起来的研究人员。

（2）中村修二的研发路线

中村修二的研究从时间上可分为三个阶段：

1）第一阶段：蓝光 LED 研究阶段

第一阶段从 1989 年开始持续到 1993 年，此阶段主要是蓝光二极管的研发和改进阶段，中村修二在 1989 年开始研究 MOCVD 方法制备 GaN 膜，克服了制备气体易腐蚀制备设备的问题，于 1990 年采用可从 MOCVD 设备的底板的两个方向吹入气体的"Two - Flow 法"，成功生长出了 GaN 结晶薄膜，如图 4-6-5 给出的专利 JP4284623A。中村修二于 1991 年利用"Two - Flow 法"在衬底上生长 $Ga_xAl_{1-x}N$ 半导体层作为缓冲层，然后在 $Ga_xAl_{1-x}N$ 缓冲层上生长 GaN 系外延层，该 GaN 系外延层外延层具有良好的结晶性，突破了一直以来 GaN 难成膜的技术瓶颈，如图 4-6-5 中的专利 JP4170390A，为实现高亮度的蓝光 LED 打下基础。中村修二于 1991 年在此基础上申请了 pn 结型蓝光 LED，如图 4-6-5 中的专利 JP5063236A。1992 年，中村修二制备了双异质结蓝光 LED，大大提高了蓝光 LED 的发光效率，如图 4-6-5 中的专利 JP6177423A，此后中村修二又对双异质结蓝光 LED 进行了包括电极（CN1102507A 欧姆接触）、盖层（JP7162038A 盖层）、衬底（JP6291368A 蓝宝石衬底）等一系列的改进，由此得到了高发光效率的蓝光 LED，终于在 1993 年实现了蓝光 LED 的商业化生产。蓝光 LED 的出现被称为世纪发明、诺贝尔奖级别的发明，从图 4-6-4 中也可以看出，中村修二的专利申请从 1989 年开始，然后逐年增加，在 1993 申请量达到了一个峰值，说明是蓝光 LED 的研发产生的一个专利申请量的累积的增加。

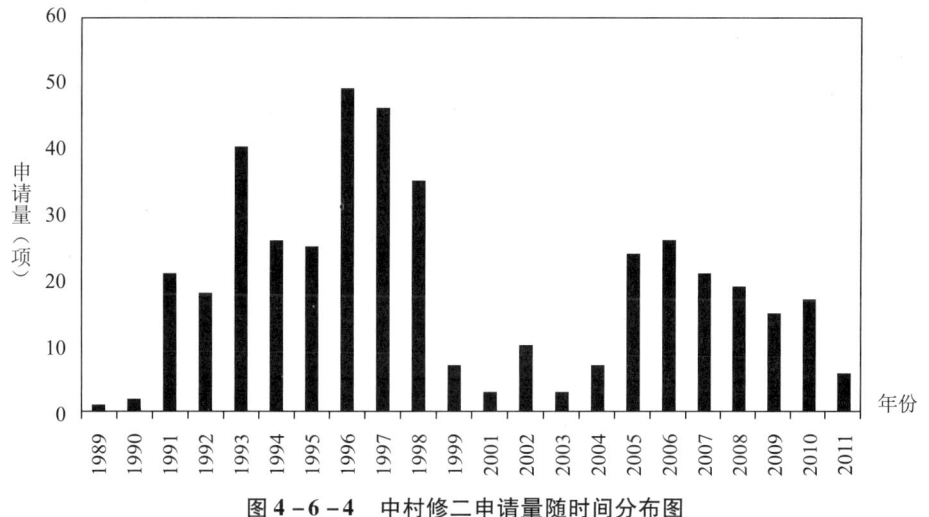

图 4-6-4　中村修二申请量随时间分布图

从 1991 年开始，中村修二也涉及荧光粉封装领域的研究，参见图 4-6-5，JP10093146A 和 JP11261114A 将荧光粉分散到封装树脂，在 1993 年伴随着蓝光 LED 的成熟，封装的申请也迎来了一个高峰，在 JP7099345A 中封装树脂采用两层结构，荧光粉分散在内层树脂中，JP6244458A 是引线框架结构的改进。

2）第二阶段：激光二极管

第二阶段从 1994 年到 1999 年，此阶段中村修二研发团队主要研发对象为蓝色激光二极管，1994 年中村修二研制出双异质结蓝光激光二极管，在 1994 年中村修二的重大

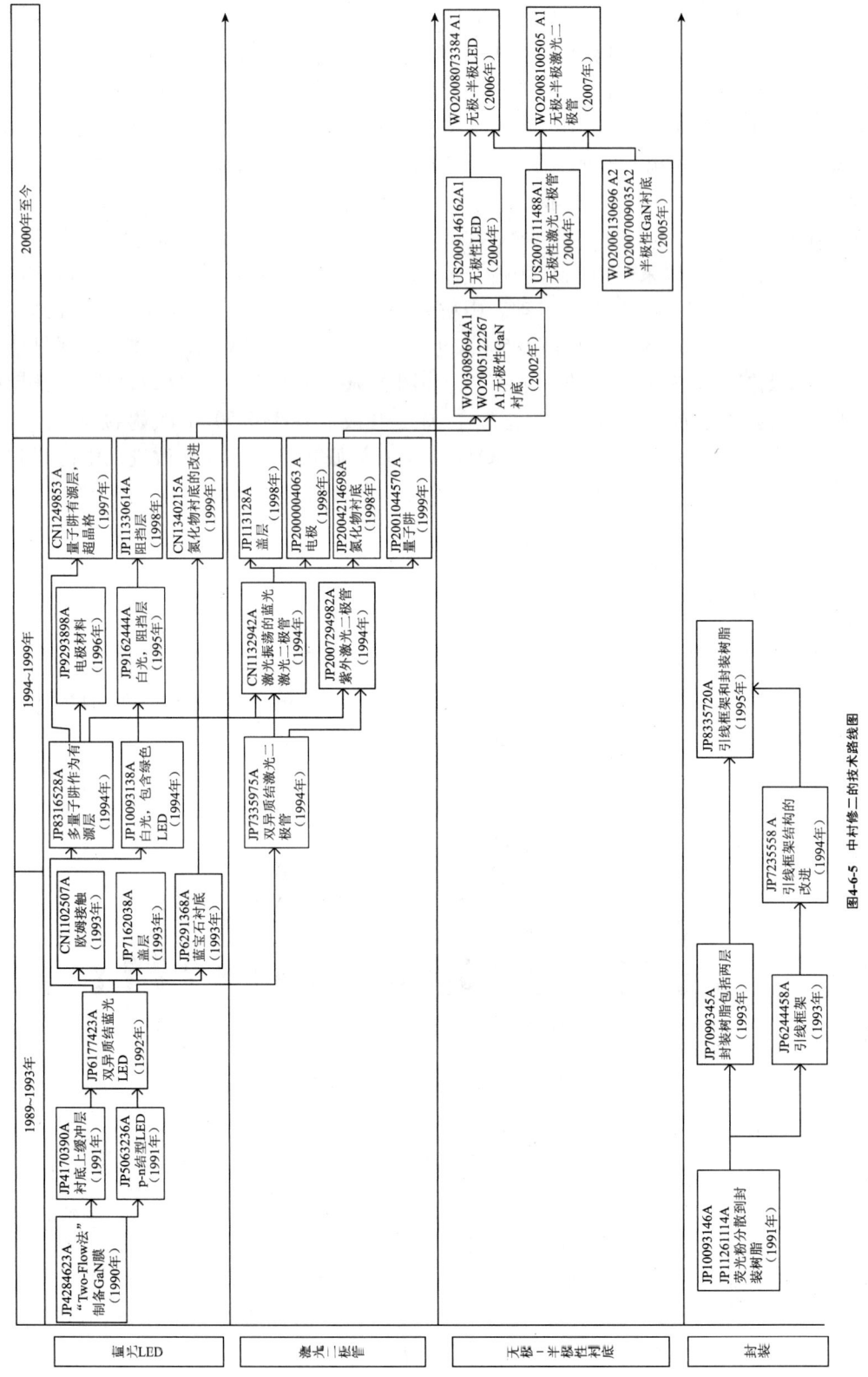

图4-6-5 中村修二的技术路线图

突破是将多量子阱引入到发光器件的有源层中，如图4-6-5中的JP8316528A，在此基础上，中村修二获得了CN1132942A的具有激光振荡的蓝光激光二极管和JP2007294982A的紫外激光二极管，从图4-6-4也可以看出在1995~1996年左右，中村修二的专利申请量也达到了一个高峰时期，是研发出蓝色振荡激光二极管的连锁反应。此后中村修二对激光二极管在盖层（JP113128A）、电极（JP2000004063A）、氮化物半导体衬底（JP2004214698A）、量子阱（JP2001044570 A）等进行了一系列的改进，进一步提高激光二极管的发光效率。

在此期间，中村修二还制备了如JP10093138A的包含绿色LED白光发光器件，并对蓝光LED、绿光LED和白光LED的性能作了进一步的改进，如图4-6-5中的JP9162444A、CN1249853A等。

同时，中村修二的申请也涉及封装领域，参见图4-6-5，JP7235558 A对引线框架结构的作了进一步改进，JP8335720A对引线框架和两层的封装树脂做了进一步改进。中村修二在封装方面的研究主要截至1995年，此后基本没有这方面的专利申请，可见其主要的研究方面还是在发光器件方面。

3）第三阶段：无极-半极性GaN衬底发光器件

2000年至现在，中村修二离开日亚化学后，任职于加利福尼亚大学巴巴拉分校，2002年开始，中村修二开始研究无极性GaN衬底，如专利WO03089694A1和WO2005122267A1，2004年制备了无极性GaN衬底LED（US2009146162A1）和无极性GaN衬底LED激光二极管（US2007111488A1），2005年中村修二开始研究半极性GaN衬底，如WO2006130696A2和WO2007009035A2，在此基础上，于2006年制备出了无极-半极性GaN衬底LED（WO2008073384A1），随后研制出了无极-半极性GaN衬底激光二极管（WO2008100505A1），中村修二最近的研究也集中在对无极性-半极性GaN衬底发光器件的改进方面，进一步提高无极性-半极性GaN衬底发光器件发光效率，如专利US20120313077A。

（3）中村修二蓝光LED的研发路线

基于"技术在线"❶提供的资料中所给出的蓝光LED亮度变化数据以及对于中村修二在日亚化学期间的所有专利分析的基础上，绘制了蓝光LED研发历程及其重点专利布局关系图谱，参见图4-6-6（见文前彩色插图第2页）。

其中，折线连接的各点反映了蓝光LED的亮度变化趋势，从PN结的5mcd，到双异质结的10mcd，在1993年11月实现1000mcd，达到量产的亮度要求；拾阶而上的框图反映了围绕蓝光LED的重点专利布局，体现了实现蓝光LED的各个关键技术点。

实现蓝光LED的技术要点：

1）MOCVD制备GaN膜

中村修二选择的是氮化镓作为蓝色发光二极管的发光材料。从原理上来说，好几种材料都能实现蓝色发光功能。其中，氮化镓是最受人冷落的。原因是氮化镓成膜非常困难。

---

❶ [EB/OL]．http：//techon．nikkeibp．co．jp/article/FEATURE/20090601/1/10/61．

首先，制造氮化镓的原料气体 NH_3 具有腐蚀性，没有一种加热器既耐高温又耐腐蚀。为了克服氨气的腐蚀性，中村修二一方面改进加热器，比如通过将石墨加热器经热解氮化硼涂层处理，以提高耐腐蚀性；另一方面，中村修二从改变氮源入手，在专利申请 JPH0380198A 中，公开了采用氢气作为载体携带烷基胺作为氮源，以克服氨气的腐蚀性的技术方案，该方案实现了在 700℃下高质量单晶 GaN 膜的生长。

但是真正具有实际意义的，则是在 1990 年中村修二发明了可从底板的两个方向吹入气体的"Two-Flow 法"，成功生长出了结晶 GaN 薄膜。

EP482648A1 首次提出一种大面积、高质量薄膜的外延方法及其 MOCVD 设备，该方法即为著名的"Two-Flow 法"：反应气体平行或倾斜的施加到加热的衬底上，惰性加压气体通过宽的漏斗状的管道垂直吹向衬底，以使反应气体和衬底充分接触，由此制备出具有当时最高迁移率的大面积、高质量 GaN 膜。其中，该 MOCVD 双流体反应腔的漏斗状管道的展宽以不偏离垂直轴向 20 度的方向为准，最好在 10 度以内。

这是中村修二在日亚化学的第二件专利申请，是第一件进行海外布局的专利，包括欧洲、美国、德国、日本同族专利（EP482648A1/JP4164895A/JP4284623A/US5334277A/US5433169A/JP02628404B2/EP482648B1/DE69132911D1/JP02556211B2）。"Two-Flow 法"奠定了制备 GaN 膜的基础，是成功制备蓝光 LED 的关键技术。

在该专利中，GaN 膜的生长基板为蓝宝石，由于蓝宝石单晶（Al_2O_3）与 GaN 膜的晶格常数有 15.4% 的不同，因此，直接在蓝宝石衬底上生长 GaN 膜，很容易形成表面有凹凸的薄膜和多晶膜，难以用于制造发光器件。为了制造出平滑的薄膜，日本名古屋大学的研究小组通过在 400℃ ~900℃ 下在蓝宝石衬底上生长 100~500Å 的 AlN 膜作为缓冲层，成功生长出平滑的 GaN 膜。

但是，该制备方法中对缓冲层 AlN 的生长条件极为苛刻，薄膜的厚度只能控制在一个较小的范围内，难以形成大面积的平滑的 GaN 膜，难以实现对 GaN 膜的掺杂……因此其距离能够实际应用于 LED 或 LD 器件的 GaN 膜还很遥远。

为了克服这些缺陷，中村修二采用了新的技术方案，由专利 EP497350A1 所披露，该专利公开了采用"Two-Flow 法"在蓝宝石衬底上生长缓冲 $Ga_xAl_{1-x}N$（$0<x\leq1$）层后再继续生长 $Ga_xAl_{1-x}N$ 层以提高外延层的结晶特性。在该技术中，缓冲层在 200℃ ~900℃ 下形成，厚度为 0.001~0.5 微米；在 900℃ ~1150℃ 生长外延层。该技术突破了薄膜外延生长的技术瓶颈，使得蓝光二极管的制备进入了实质性阶段。基于该专利的重要性，该专利申请包括多个同族专利，实现了在日本、欧洲、美国、德国、韩国的专利布局（EP497350A1/JP4297023A/US5290393A/EP497350B1/DE69203736D1/JP7312350A/KR199506968B1/JP10294492A/EP497350B2/JP03257344B2/JP2002154900A/JP03478287B2）。

2）P 型 GaN 膜的制备

通过向 GaN 膜中加入杂质，可以简单地制成 N 型膜。但却难以制成 P 型膜。在利用缓冲层外延生长 GaN 膜的专利中（EP497350A1），中村修二公开了预先形成 N 型或 P 型缓冲层，然后再形成 N 型或 P 型外延层的技术方案，其中，P 型杂质包括 Mg/Zn/Ca/Be。

但是，传统的方法难以形成低阻态的 P 型 GaN 膜，因此，蓝光二极管依然受阻。

当时名古屋大学的研究小组制成了向 GaN 中添加 Mg 作为杂质的薄膜，而且在专利 JPH02257679A 公开了通过在 600℃ 以下，经具有 5~15kV 加速电压的电子束照射，降低了薄膜表面区域 0~5 微米厚度范围内的电阻，制成 P 型 GaN 膜的实验结果。中村修二也仿效了这一方法，但是实验进行得非常不顺利。虽然将试料放到扫描电子显微镜中照射了电子束，但是一点都未能形成 P 型。

当中村修二采用荧光体评测用装置而非电子显微镜进行电子束照射后，材料意外形成了 P 型。日亚的主力产品是 CRT 中使用的荧光体。日亚有许多在加热荧光体的过程中照射电子束，然后评测发光状态的装置。中村修二发现只有采用这种装置制作的材料在照射电子束后形成了 P 型。

进一步地，中村修二进行实验后发现，只进行加热也可以制成 P 型膜。这个发现推翻了原来的需要照射电子束的定论。这样可以比原来预想的简单得多地制成 p 型膜。

中村修二将制备 P 型 GaN 膜的技术方案形成在专利 EP541373A2（同族专利：EP541373A2/JP5183189A/JP5198841A/JP5206520A/US5306662A/EP541373A3/US5468678A/JP8213656A/EP541373B1/DE69227170D1/EP541373B2）中，他指出了先前 JPH02257679A 方法的缺陷所在：能够降低电阻的薄膜区域有限，只能是电子束照射的地方，因此，整个薄膜的电阻不能均匀地降低；再有就是重复性差，所以如果采用这种方法来制备蓝光二极管，其效率是难以接受的。中村修二自己的方案是：直接在 400℃ 以上进行退火，或者在 600℃ 以上照射电子束。使得薄膜在整个区域的厚度方向具有均匀的低阻。

围绕 P 型 GaN 膜的制备，中村修二进行了大量的试验工作，日亚化学据此布局了多篇专利，着重降低 P 型层的电阻率。比如系列申请：JP2003309290A 通过退火分离厚度方向的氢，以降低 P 型层的电阻率；JP2004343132A、JP2004266293A 通过退火快速去除 P 型 GaN 层的氢，以降低其电阻率，提高光传输性能。

此外，在 MOCVD 外延层结构中，当在基板上完整地形成 N 型、P 型氮化镓后，为了进一步的降低 P 型层的电阻率，1997 年，中村修二作为发明人提出了系列申请：JP10178204A、JP10178205A、JP10178206A、JP10178207A、JP10178208A、JP10178209A、JP10178210A、JP10178211A、JP10178212A、JP10178213A，采用退火以去除 P 型层中的氢元素，从而降低其电阻率。

3）制备基于 PN 结的蓝光 LED

完成了 P 型氮化镓的制备后，JP4321280A 公开了在蓝宝石衬底上叠置缓冲层 $Ga_xAl_{1-x}N/N-Si-Ga_xAl_{1-x}N$ 覆盖层/$Zn-Ga_xAl_{1-x}N$ 活性层/$P-Mg-Ga_xAl_{1-x}N$ 覆盖层，Zn 掺杂 $Ga_xAl_{1-x}N$ 形成的活性发光层，其发光波长在 470~480nm；在专利 JP5063236A 中，中村修二公开了在蓝宝石衬底上叠置缓冲层 $Ga_xAl_{1-x}N/P-Ga_xAl_{1-x}N/N-Ga_xAl_{1-x}N$ 的 PN 结的蓝光 LED 结构。发光波长在 420nm。

4）制备 InGaN 膜

虽然成功实现了 PN 结型 GaN 发光二极管，但是中村修二颇感失望。因为，从肉眼而言，难言明亮。这样的亮度距离产业化的要求还比较遥远。为了提高发光波长，增加亮度，中村修二决定在发光层中添加 InGaN 作为发光中心的杂质。这样一来，所发光的波长从 420nm 跃升至 450nm，人眼可见的亮度达到以前的 4 倍。

JP10135516A、JP6196757A、JP6196755A 公开了在 600℃ 以上外延 InGaN 膜的工艺，包括预先在蓝宝石衬底上形成低温缓冲层；JP6209122A、JP62109121A 对成膜工艺进一步优化，建立了成膜温度与成膜速度的比例曲线，通过精确控制 P 型 InGaN 膜的分子比例，提高结晶性，获得 450～490nm 波长范围内的最大发光效率。

5) 构建双异质结蓝光 LED

完成了 InGaN 膜的制备之后，中村修二在 EP844675A2、EP599224A1 中披露了双异质结蓝光二极管结构，具体地，在蓝宝石衬底上依序形成缓冲层/第一覆盖层/低阻 InGaN 发光层/第二覆盖层，构建了 P-GaN/InGaN/N-GaN 双异质结结构。该专利是蓝光 LED 技术趋于成熟的标志，距离真正的产业化已经越来越近了，日亚化学将这两件专利作为重点技术进行海外布局，包括欧洲、美国、德国、韩国、中国台湾。

6) 解决欧姆接触

产品化的 LED 器件，电极引出是必不可少的，但是金属电极与 N 型、P 型半导体的接触是面临的一个技术问题，同时还要考虑电极可能对 LED 发光性能的影响，为此，中村修二提出了形成 N 型、P 型欧姆电极的解决方案，在 1993 年 4 月 28 日提出的专利申请 EP622858A2 中，主要通过选择电极材料、设计电极厚度、焊盘结构、热退火等技术手段来解决欧姆接触问题；该专利技术是日亚化学海外布局的重点技术，包括欧洲、美国、德国、中国、中国台湾、日本、韩国同族专利，这是中村修二相关专利技术中，第一个进入中国的专利。

随后，中村修二为了实现蓝光 LED 的量产进行了持续的努力，专利布局涉及 LED 结构（JP6177434A、JP6177429A、JP6268257A）、电极结构（JP6232510A、JP6296041A）、InGaN 薄膜的生长条件优化（JP6209121A、JP6209122A、JP6177059A、JP6216409A）等方面，使得基于双异质结的蓝光 LED 亮度与日俱增。从最初的试制后过了约半年，到 1993 年 10 月，亮度就上升到以前的 100 倍，达到 1cd，是当时市售的采用 SiC 的蓝色发光二极管的约 100 倍，产品化的条件基本具备了。

7) 引入量子阱有源层

为了进一步提高双异质结蓝光 LED 的发光效率，获得窄半带宽的发射谱，中村修二在基于氮化物的发光器件中引入单量子阱结构或多量子阱结构的有源层，涉及该技术方案的专利申请为 EP716457A2，该申请包括日本、美国、欧洲、德国、中国和中国台湾同族专利，技术方案中主要包括氮化物发光器件的量子阱结构有源层、P 型覆盖层、N 型覆盖层的结构和材料选择，能隙、膨胀系数的关系等。

至此，中村修二为 LED 奠定了主流生产制造工艺、器件结构等，这些技术影响深远，蓝光 LED 是一项堪称"诺贝尔奖级别"的世纪发明，成就了中村修二和日亚化学在 LED 领域的地位，也有力推动了 LED 技术的发展，促进 LED 产业化进程。

4.6.2.3 重点专利分析

中村修二在 LED 的领域建树颇多，但对人类意义最大的还是研发出第一个蓝光 LED，前面分析了中村修二研发蓝光 LED 的整个过程及各关键技术点的相关专利布局，本节以中村修二的"Two-Flow 法"为例，分析日亚化学围绕该专利的所形成的外围专利网。

中村修二研制出蓝光 LED 之前，整个业界对蓝绿光 LED 都束手无策，从原理上来说，好几种材料都能实现蓝色发光功能。作为今天 LED 最主要材料的氮化镓，当时很难找到与之晶格常数相匹配的衬底，氮化镓成膜非常困难，因此也倍受研究人员的冷落。

1990 年 9 月，中村修二发明了可从底板的两个方向吹入气体的"Two - Flow 法"，成功生长出了 GaN 结晶薄膜，在专利 JP4284623A 给出了详细的描述，由此为形成蓝光 LED 奠定了基础。在 1991 年，中村修二成功地在衬底上生长出了结晶性良好的 GaN 薄膜，为实现蓝光 LED 的实现迈出了最重要的一步，下面就专利 JP4297023A 对该技术进行介绍。

专利 JP4297023A，其申请日为 1991 年 3 月 27 日，如图 4-6-7 所示，中村修二使用了 MOCVD 装置，采用"Two - Flow 法"主要是在衬底的上生长 $Ga_xAl_{1-x}N$ 半导体层作为缓冲层，然后在 $Ga_xAl_{1-x}N$ 缓冲层上生长 $Ga_xAl_{1-x}N$ 外延层，该 $Ga_xAl_{1-x}N$ 外延层具有良好的结晶性，该专利突破技术瓶颈，可以在衬底上生长结晶性良好的氮化镓外延层，由此实现了高亮度的蓝光二极管的制备，该申请存在多个同族专利，分别是：US5290393A、DE69203736D1、JP7312350A、JP3257344B2、JP2002154900A、JP10294492A、JP3478287B2、EP0497350A1、KR950006968B1，可看出该专利的同族专利分布在美国、德国、韩国、欧洲，足见其在 LED 领域的重要性，同时也能反映出日亚化学对专利保护的前瞻性，由于该专利的申请日主要集中在 1991 年和 1992 年，目前面临着失效的问题，因此有必要对其外围专利进行分析，以了解该专利相关的专利信息。

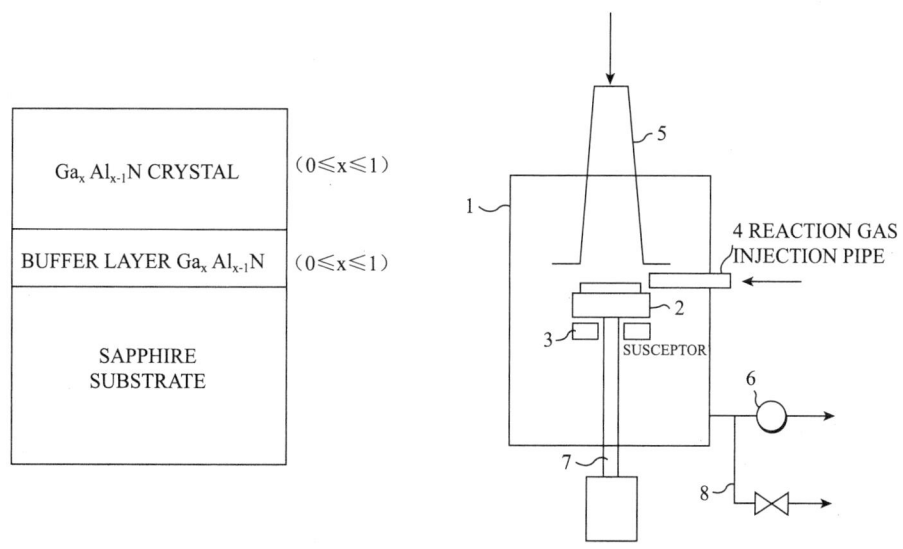

图 4-6-7　专利 JP4297023A 附图

日亚化学在提交了专利 JP4297023A 后，便开始筹划专利布局，因此围绕该核心专利设置了许多对该专利的改进的相关专利，形成了一个庞大的外围专利网，从图 4-6-8 可以看出，这些专利主要从外延层、电极、衬底几方面入手，其中外延层的改进主要集中在外延层的制备方法和结构，其中外延层结构又包括对 N 型和 P 型半导体层掺杂浓度、材料和叠层结构改进，对有源层量了阱的改进，阻挡层、盖层以及电流限制层的改进，对电极的改进主要包括对电极材料和形状的改进，对衬底的改进包括在异质衬底上形成 GaN 衬底和改善衬底晶格失配。日亚化学的专利布局使其很长时间在 LED 领域都处于垄断地位，并对多个公司提起了专利侵权诉讼，其他公司从日亚化学获得专利使用许可之后，销售额至少达到日亚化学的一半，日亚化学能从中得到 20% 的专利使用许可费计，为日亚化学带来了巨大的经济效益。目前日亚化学所涉及的专利纠纷也很多，它最大的砝码就是手中的多年积累的核心专利，企业的专利布局的重要性可见一斑。

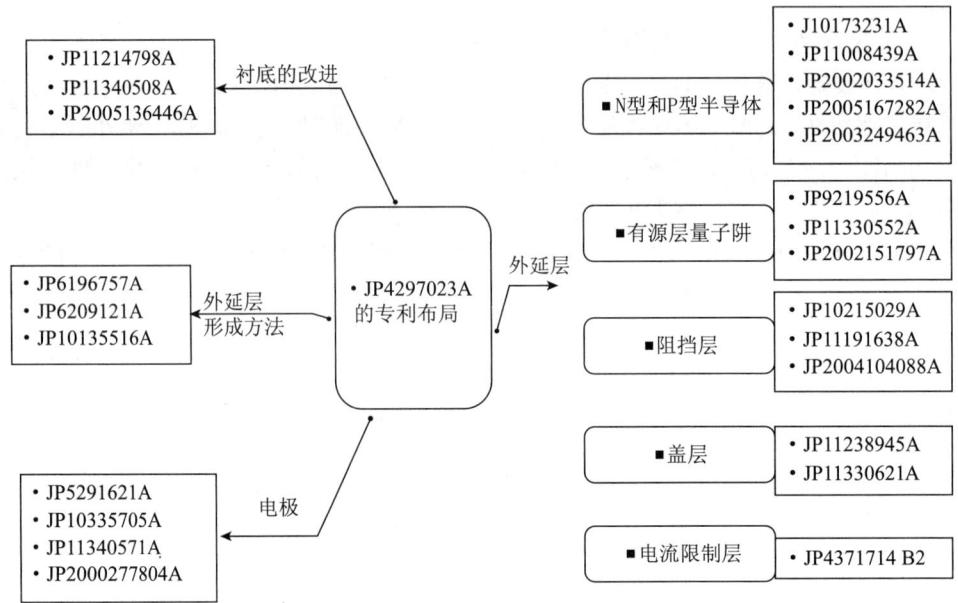

图 4-6-8　专利 JP4297023A 外围专利布局

4.6.2.4　奴隶的战争与专利纠纷

中村修二研发出第一个蓝光二极管，使日亚拥有大量的相关专利，而日亚化学为了达完全垄断蓝光 LED 市场的霸心，运用了坚守专利的策略，拒绝将专利授权给其他任何的厂商，设下进入市场的专利障碍。日亚化学挟其在化学工业领域长期研发的优势与专利保护策略，初期很顺利走向垄断蓝光 LED 市场之路。中村修二为日亚化学获得了近 2000 亿日元受益，日亚化学仅仅支付 2 万日元的奖励，中村修二还被调离研发一线。

鉴于在日亚化学受到的不公正待遇，中村修二于 1999 年离开日亚化学，转而到美国加利福尼亚大学的固态光源中心担任教授，并一星期一次到美国科锐兼职研发的工作，科锐掌握了中村修二这张王牌，开始向日亚化学发动专利战争。该公司于 2000 年 9 月 22 日联合北卡罗莱那州立大学（NCSU）向美国北卡罗那州东区地方法院提出日亚化学侵害专利的诉讼，专利大战随即开打，2000 年 12 月 12 日，科锐和日本半导体制造商 Rohm 公司组成蓝光 LED 的技术联盟，并签订 5 年的专属专利授权合约。Rohm 公司即于 2000 年 12 月 15 日向美国宾夕法尼亚州东区地方法院指控日亚化学因制造与销售氮化镓 LED 产品，而侵害其美国第 6084899 号与第 6115399 号专利，最后日亚化学败给了科锐。

日亚化学在败诉后对中村修二展开了泄漏营业秘密的诉讼。而这一举动也惹怒了中村修二，向日亚化学提出了蓝光LED专利权的诉讼，要求日亚化学必须和他共享蓝光LED的相关专利，并赔偿1600万美金。谈判持续5年，2005年最终和解，赔偿金额从600亿日元降到8.4亿日元（约为6700万元人民币），过程曲折，虽然中村修二与日亚化学专利权纠纷告一段落，但围绕中村修二发明的蓝光LED的专利纠纷却一直延续到现在，期间日亚化学对待专利诉讼的态度也发生了很大变化，随着欧司朗、丰田合成、科锐、Lumileds等公司在LED领域拥有的专利数不断增加，2001年起日亚化学在专利诉讼方面遭到挫败，分别与上述公司达成了专利和解和授权协议，日亚化学从最开始的坚守专利转变为积极相互授权，技术的快速发展也迫使日亚化学放弃了独自发展的念头，转而趋向多边技术合作。

4.6.3 中村修二相关专利的布局特点及影响

本节对日亚化学就中村修二就职于日亚化学期间在中国申请的专利进行了分析，总结了日亚化学围绕蓝光LED的专利布局特点，并给出了对中国LED企业的启示。

4.6.3.1 中村修二相关专利在中国的布局状况

中国是世界上重要的LED目标市场和产地，日亚化学在中国的专利申请中，中村修二作为发明的专利为7个同族专利，包括28件专利申请。下面对该28件专利申请的布局状况逐一进行分析。

（1）氮化镓系Ⅲ-Ⅴ族化合物半导体器件及其制造方法专利（CN1102507A）

申请日期：1994年4月28日，最早优先权日1993年4月28日，该专利的技术方案要点在于：通过超过400℃的热退火，解决金属电极与半导体层之间的欧姆接触问题，该技术方案的主要附图如图4-6-9所示。

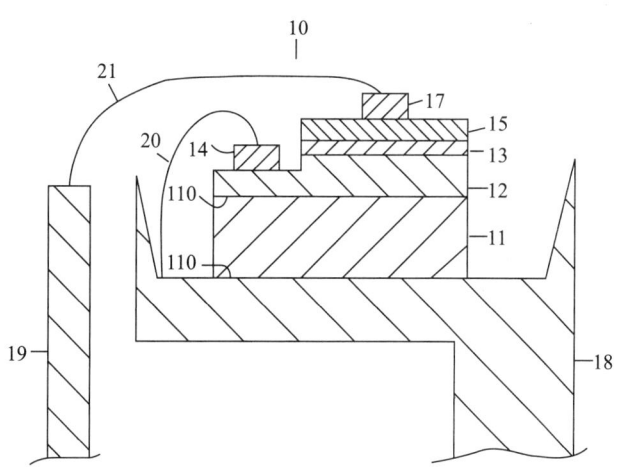

图4-6-9 专利CN1102507A附图

由图4-6-9可见，该技术方案为常见的基于PN结的LED结构，金属和半导体之间的接触问题是实现LED器件产业化的关键问题，日亚化学对此技术格外重视，进行了多边申请，包括日本、美国、欧洲、德国、韩国、中国、中国台湾同族专利，其中在各个国家或地区更是利用分案申请制度，从不同的角度对该方案进行保护，其在中国的申请及布局状况如图4-6-10所示。

尽管核心发明点在于如何解决欧姆接触问题，但是日亚化学最终在国内获得授权的技术方案，实际上涵盖了所有包括P型层和N型层的LED的结构的欧姆电极形成或欧姆接触解决方案，因为LED器件必然包括P型层和N型层，而不管其具体结构如何变化，是基于PN结还是双异质结，其有源层是否为量子阱结构，只要采用这样的欧姆接触接触解决方案，都将落在该专利的保护范围内。

（2）氮化物半导体发光器件专利

申请日期：1995年12月4日，最早优先权日1994年12月2日，该专利的技术方案要点在于：氮化物发光器件的量子阱结构有源层、P型覆盖层、N型覆盖层的结构和材料选择，能隙、膨胀系数的关系等。该技术方案的主要附图如图4-6-11所示，该专利所提出的技术手段是提高发光器件的亮度的有效解决方案，日亚化学就该专利技术进行了多边申请，包括日本、美国、欧洲、德国、中国、中国台湾同族专利，其中，在中国的专利布局情况如图4-6-12所示。

参见图4-6-12，该技术方案为中村修二首次引入单层或多层量子阱结构有源层14，具有量子阱结构的有源层为现代LED的主流技术。

（3）氮化物半导体器件专利

申请日期：1996年11月6日，最早优先权日1996年7月16日，该专利的技术方案要点在于：调整含铟氮化物有源层半导体器件的结构、能隙设计，以解决器件温升时，发光效率降低的问题。该技术方案的主要附图如图4-6-13所示，该专利所提出的技术手段是提高发光器件的亮度的有效解决方案，日亚化学就该专利技术进行了多边申请，包括日本、美国、欧洲、德国、中国、中国台湾同族专利，其中，在中国的专利布局情况如图4-6-14所示。

（4）氮化物半导体元器件专利

申请日期：1998年1月8日，最早优先权日1997年1月9日，该专利的技术方案要点在于：在P导电侧半导体区域形成超格子层，通过调整各P型层的杂质浓度，提高超格子层的结晶性，从而降低氮化物组成的LD器件的阈值电流、电压，实现长时间的连续振荡，该技术方案的主要附图如图4-6-15所示。本申请为PCT申请，日亚化学就该专利技术选择进入了日本、美国、欧洲、德国、中国，其中，在中国的专利布局情况如图4-6-16所示。

（5）氮化物半导体的生长方法专利

申请日期：1998年4月9日，最早优先权日1997年4月11日，该专利的技术方案要点在于：提供一种外延生长技术，通过在异种基底形成缓冲层，通过掩模阻断缓冲层的晶体缺陷，使得后续外延层晶格缺陷少，结晶质量高，该技术方案的主要附图如图4-6-17所示。该专利申请为PCT申请，进入的国家和地区包括：日本、美国、欧洲、韩国、中国、中国台湾。其在中国的布局情况如图4-6-18所示。

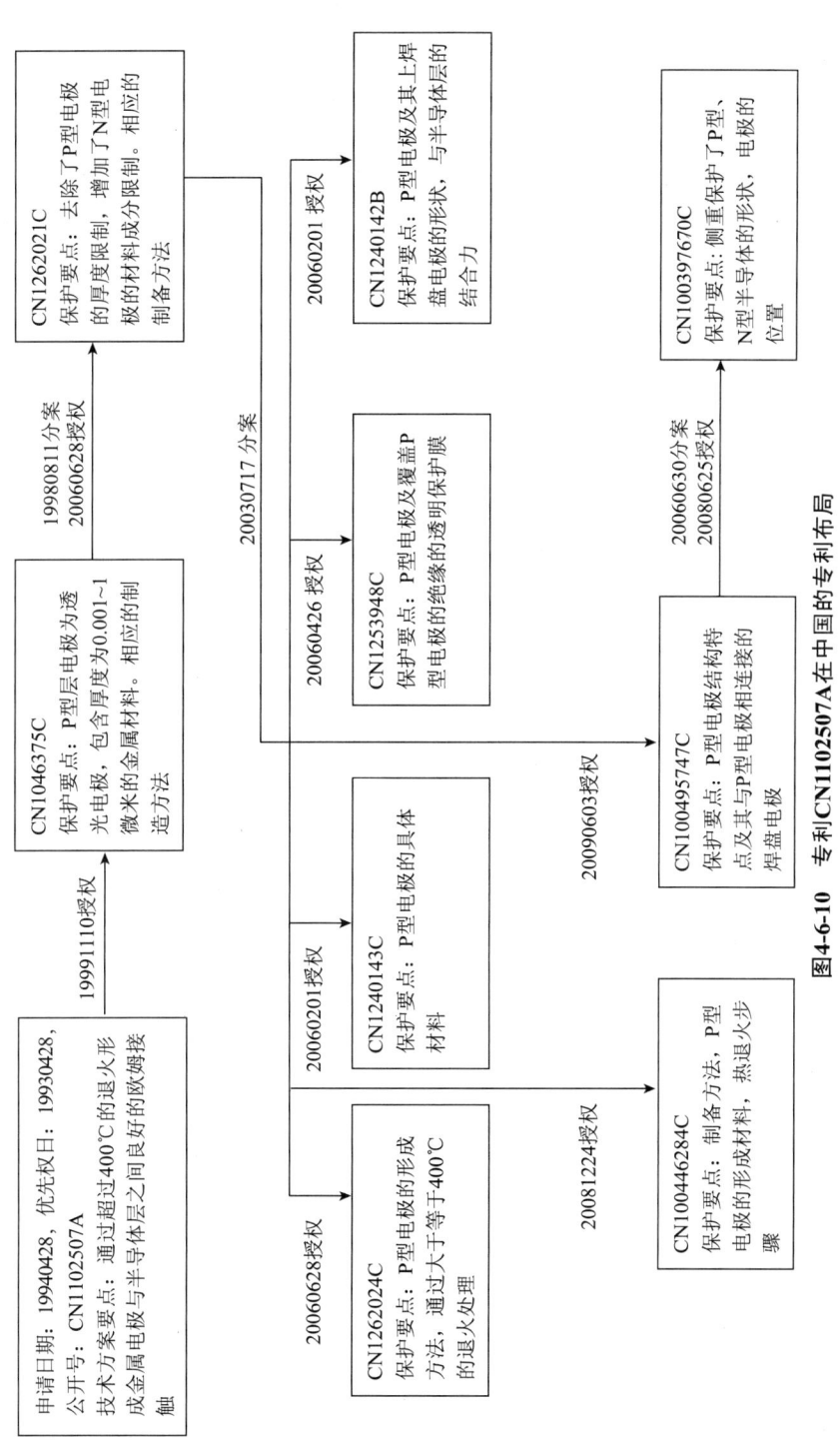

图4-6-10 专利CN1102507A在中国的专利布局

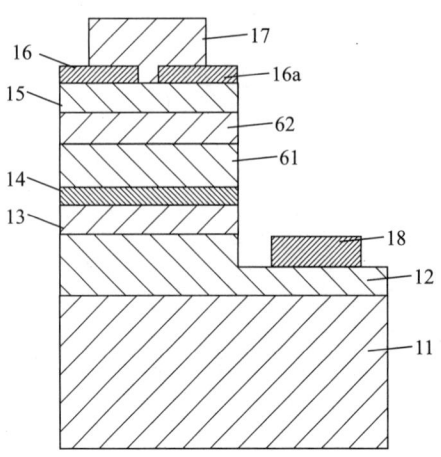

图4-6-11 专利CN1132942A的附图

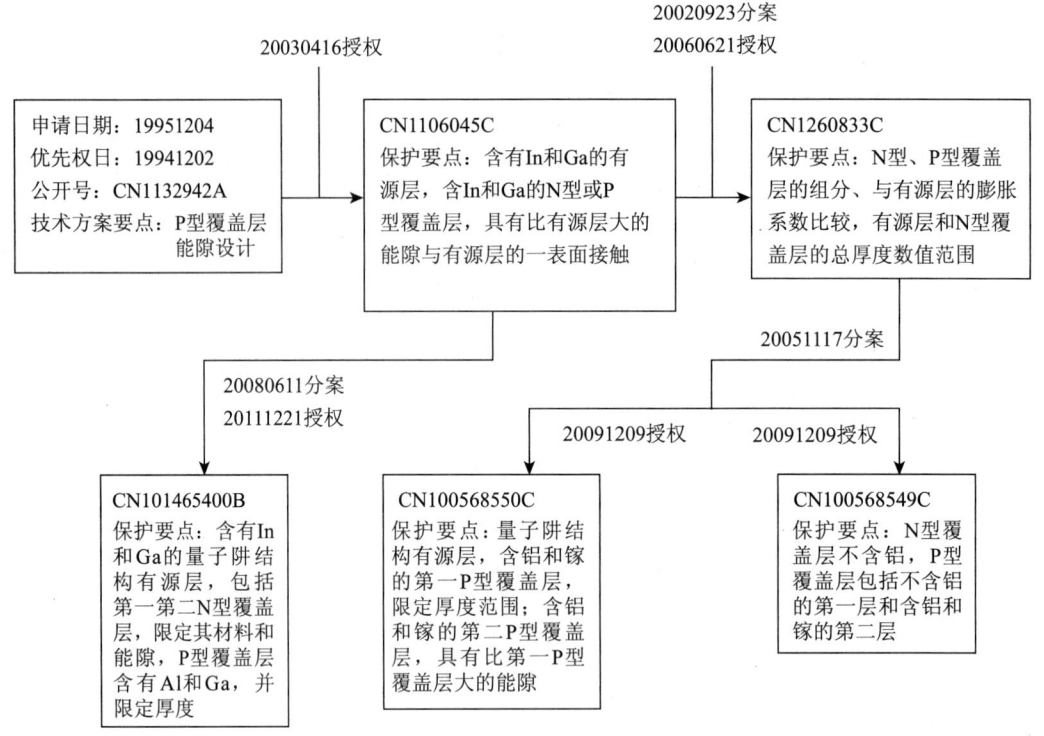

图4-6-12 专利CN1132942A在中国的专利布局

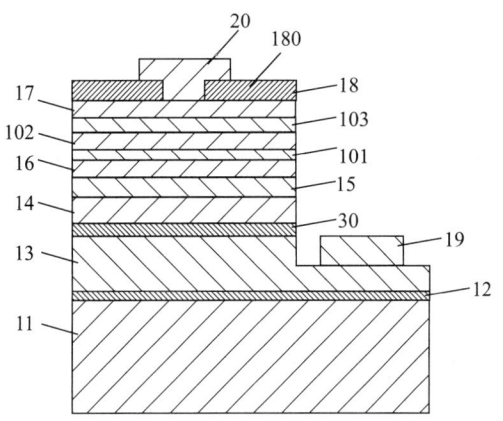

图 4-6-13 专利 CN1156909A 的附图

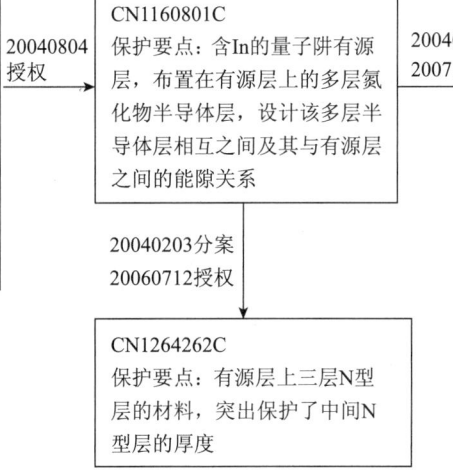

图 4-6-14 专利 CN1156909A 在中国的专利布局

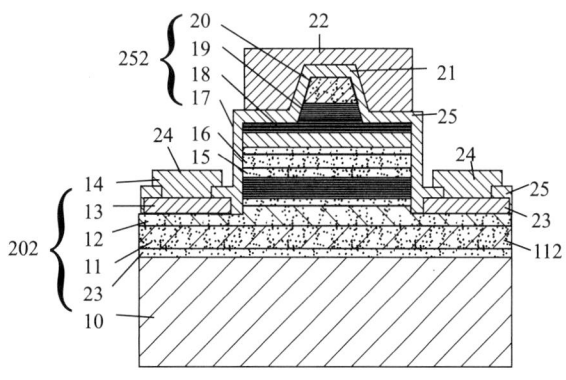

图 4-6-15 专利 CN1249853A 的附图

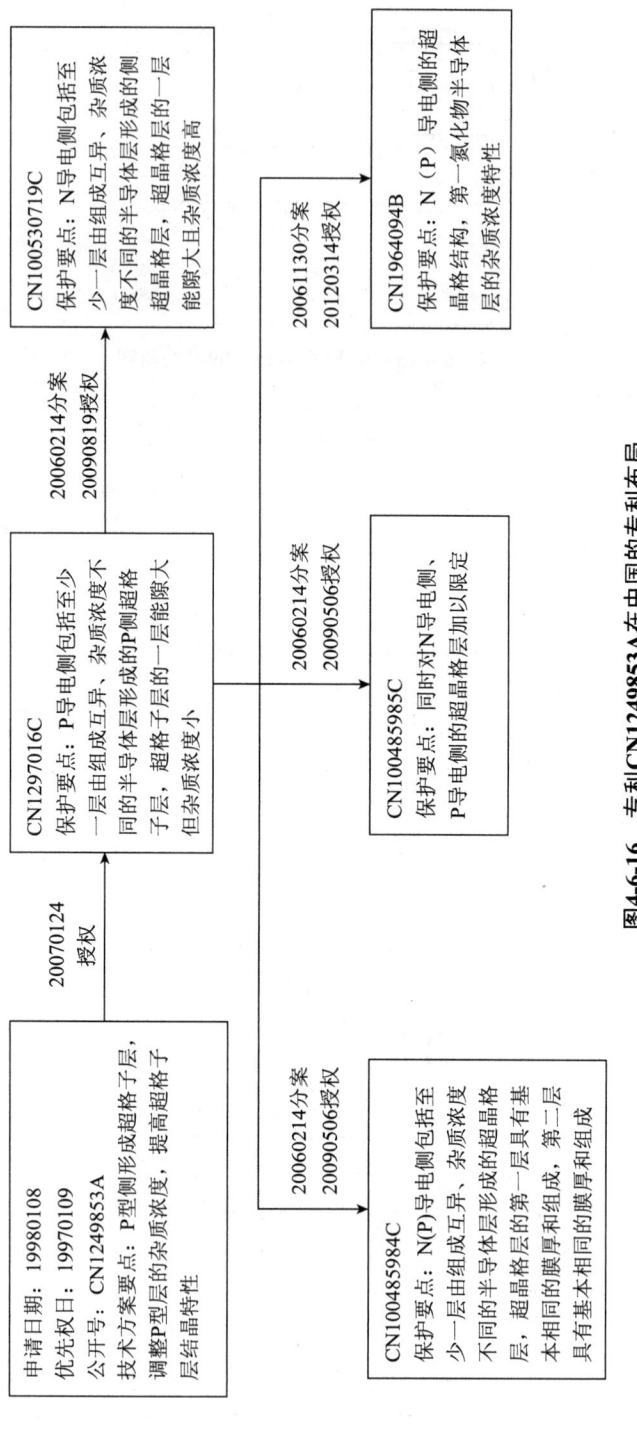

图4-6-16 专利CN1249853A在中国的专利布局

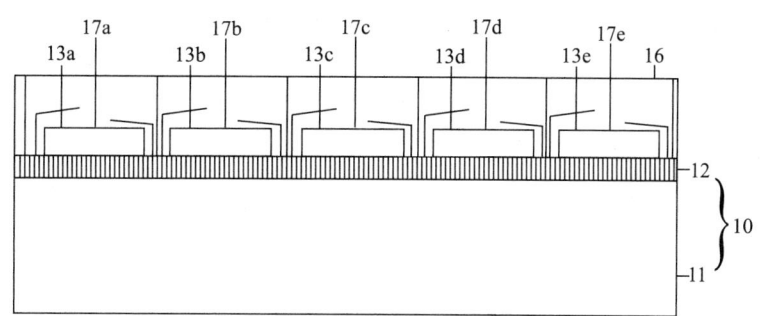

图 4-6-17 专利 CN1223009A 的附图

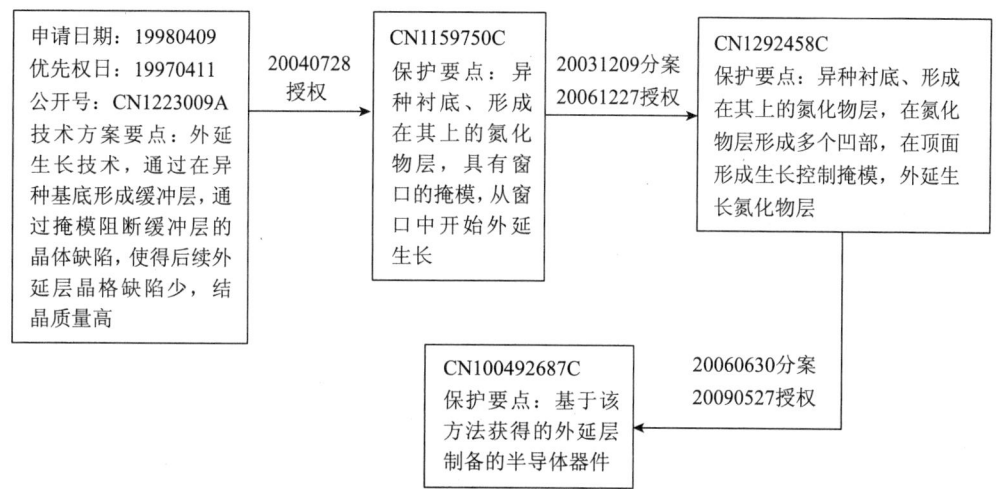

图 4-6-18 专利 CN1223009A 在中国的专利布局

（6）氮化物半导体发光器件专利

申请日期：1998 年 7 月 27 日，最早优先权日：1997 年 10 月 20 日，公开日期：2000 年 8 月 30 日，公开号：CN1265228A；授权公告日：2004 年 3 月 17 日，授权公告号：CN1142598C。

该专利的技术方案要点在于：一种氮化物半导体元器件，在用来作为 LD 和 LED 元件的氮化物半导体元器件中，为了提高输出，同时降低 Vf，将 N 电极所形成的 N 型导电层作成以非掺杂氮化物半导体层夹住掺杂 N 型杂质的氮化物半导体层的三层层叠结构或氮化物超格子结构。该技术方案的主要附图如图 4-6-19 所示，该专利申请为 PCT 申请，进入的国家和地区包括：日本、美国、欧洲、韩国、中国、中国台湾。

（7）氮化物半导体器件及其制造方法专利

申请日期：2000 年 2 月 8 日，最早优先权日：1999 年 2 月 9 日，公开日期：2002 年 3 月 13 日，公开号：CN1157804A；授权公告日：2004 年 7 月 14 日，授权公告号：CN1157804C。

该专利的技术方案要点在于：一种包括 GaN 基底的氮化半导体器件，在所述 GaN 基底的表面至少有一个单晶 GaN 层，在所述 GaN 基底上有多个氮化半导体器件形成层。与所述 GaN 基底接触的器件形成层的热胀系数小于 GaN 的热胀系数，从而使器件形成层受到压应力的作用。结果可防止器件形成层产生裂纹，从而可改善氮化半导体器件的工作寿命。

该技术方案的主要附图如图 4-6-20 所示，该专利申请为 PCT 申请，进入的国家和地区包括：日本、美国、欧洲、韩国、中国、中国台湾。

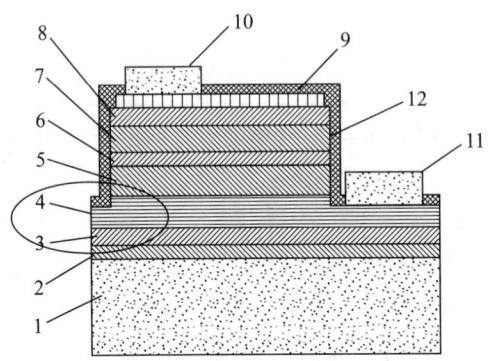

图 4-6-19 专利 CN1265228A 的附图

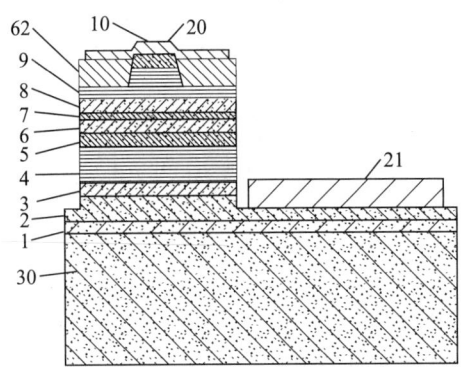

图 4-6-20 专利 CN1157804A 的附图

采用 GaN 基底制备 GaN 器件可大大提高外延膜的晶体质量，降低位错密度，提高器件工作寿命，提高发光效率，提高器件工作电流密度。通常借助于蓝宝石转移衬底技术形成 GaN 基底，由于侧向生长的薄膜中的存在不明原因的微细裂纹，由此增加阈值、降低氮化物半导体器件的可靠性，该申请提出了一种解决方案。授权的权利要求中侧重包括与侧向生长 GaN 层接触的器件形成层为 AlGaN，其热膨胀系数小于 GaN，因此压应力作用在与单晶 GaN 层相接触的层上。

4.6.3.2 中村修二蓝光 LED 相关专利的布局特点

日亚化学从一个不足 200 人的小公司，成长为世界知名的 LED 领导企业，核心专利和技术是其参与全球市场竞争的有力武器，对日亚化学围绕中村修二作为发明人的蓝光 LED 的专利布局进行分析，可以看出日亚在知识产权方面的重视和布局特点。

（1）提前布局

蓝光 LED 的制备是业界公认的技术难题，被认为是 20 世纪不可能完成的任务，谁也无法预料蓝光 LED 在什么时候能够真正实现,中村修二凭借执著使得难关一个个被攻破,日亚化学虽有动摇,但从 1989 年中村修二的第一件专利开始,直至 1993 年实现蓝光 LED 的量产期间,中村修二的发明专利申请达到了 92 件。如果没有"兵马未动,粮草先行"的提前布局意识,直至蓝光 LED 可预见成功时才匆忙进行专利申请,就会丧失时机,日亚化学作为一个小公司,既不能凭借蓝光 LED 的大量核心、基础专利频频向业界巨头发起诉讼,获取高额的专利许可费用,也不能垄断蓝光芯片的市场。

(2) 多维保护

蓝光 LED 的实现是一个集衬底技术、晶体生长、MOCVD 设备、器件结构、电极材料与结构、欧姆接触、封装、切割等多方面技术为一体的研究,如果仅有单个或少数专利往往不能对蓝光 LED 及其基于蓝光 LED 的白光 LED 销售市场产生有效保护,也就不能形成有效的技术壁垒,中村修二的研究涵盖了蓝光 LED 制备的每一个技术点,日亚化学也对蓝光 LED 进行了多角度、全方位的专利布局,从而形成了竞争对手难以逾越的技术鸿沟。其专利申请所涉及的技术主题如图 4-6-21 所示。

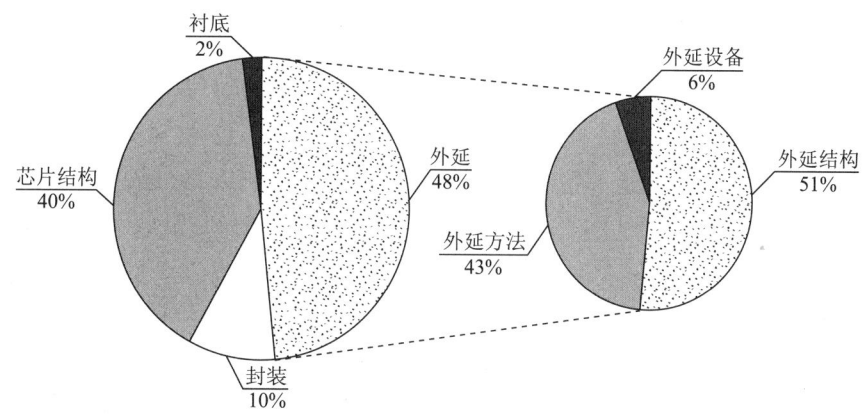

图 4-6-21 专利申请涉及的技术主题

(3) 重点突出

日亚化学大部分专利申请仅在本土布局,其中中村修二作为发明人的专利申请的多边申请比例如图 4-6-22 所示。但是具体到蓝光 LED 技术,日亚化学却准确地在涉及实现蓝光 LED 的关键技术进行了海外布局,从一开始的"Two-Flow 设备"、实现 GaN 膜的制备技术、PN 结蓝光 LED、双异质结蓝光 LED 等都在主要竞争市场,如欧洲、美国、韩国、中国台湾进行了专利布局,这些专利是标志性的成果,成为了日亚化学重点布局的对象。

此外,日亚化学充分利用了分案申请、《保护工业产权巴黎公约》合案申请等规则,例如,关于欧姆接触的 CN1102507A,在中国经过 8 次分案申请,从各种不同的角度,把整个申请文件中可能的技术方案都加以保护起来。

中村修二的研发历程值得我国科技人员学习,但是日亚的专利布局意识及其思路同样值得我国企业借鉴。

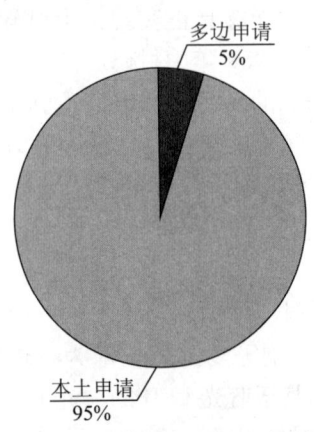

图 4-6-22　中村修二专利申请的多边申请状况

4.6.3.3　中村修二蓝光 LED 专利过期后对国内企业的影响

（1）中村修二相关专利在 LED 技术中的地位

中村修二提出的蓝光 LED 的技术路径是一条完整的、能够使 LED 商品化的解决方案，属于 LED 的上游核心技术，是目前我国 LED 上游制造企业难以逾越的技术鸿沟；是日亚化学频频发起专利侵权诉讼的有力武器之一。

（2）中村修二蓝光 LED 专利过期的影响

首先，随着蓝光 LED 基础专利的 20 年有效期满，日亚化学将失去部分优势，削弱其在蓝光 LED 领域的垄断地位，降低我国企业面临的风险。

其次，尽管实现蓝光 LED 的技术路径不是唯一的，也有其他业界巨头另辟蹊径，提出了不同的解决方案，但是我国企业目前还不具备这样的实力。从我国产业布局情况来看，封装、应用等中下游领域占据了主要份额，而在 LED 衬底、外延与芯片等上游领域则处于劣势。因此，当中村修二这条技术路径完全释放出来之后，有利于我国企业积极利用这些公知技术，站在日亚化学的"肩膀"上，对蓝光 LED 技术进行二次开发，作出更高起点的发明创造，开发出更具有实用性和前瞻性的专利；弥补我国在 LED 上游领域核心技术、核心专利方面的缺失。

再次，有利于我国企业积极拓展海外市场。反观日亚化学早期的专利布局特点，针对于中村修二相关的专利申请，其进行多边申请的比例仅占 5%，95% 的专利申请都仅仅布局日本本土，可能是当时日亚化学没有能充分认识到某些专利技术的重要性，对这个行业可能的发展预估不足，由于专利的地域性，日亚化学不能在没有布局的地区和国家获得保护，从而也不能针对竞争对手提起诉讼，从而使得很大程度上制约了日亚化学利用"专利武器"在海外狙击竞争对手。比如日亚化学和首尔半导体之间的专利诉讼，除了进入韩国的专利可以作为武器在韩国提起诉讼，其他则只能针对首尔半导体出口到日本的产品，选择相关专利提起诉讼。2007 年 5 月，日亚化学认为首尔半导体的白光 Z-Power LEDP9 侵犯了其发明专利 JP3511970、JP2778349，在日本的大阪对首尔半导体提起侵权诉讼。这两件专利均是中村修二的发明，具体涉及外延-结构-欧姆接触层。

一方面因为中村修二的早期基础专利，包括"Two-Flow"外延方法，缓冲层技术、PN结LED、双异质结LED、GaN膜、InGaN膜的外延技术专利并没有进入中国；另一方面中村修二的大部分专利又被仅布局在日本本土，所以中国企业在芯片和外延技术上面临日亚化学的威胁主要是海外。现在这样的威胁被削弱了，则有利于企业进行海外市场的拓展。

最后，LED领域的核心专利面临失效是我国LED业界所期待的，但是也应该注意到日亚化学是一个注重技术研发和专利布局的LED领导企业，其善于运用专利战略，所具有的专利布局意识是我国企业所欠缺的，围绕这些核心专利的过期，日亚肯定有自己的"补救"措施，一方面进行技术更新，继续抢占先机，垄断市场；另一方面继续布局大量外围专利，形成新的技术壁垒。除了日亚化学之外，LED领域的其他企业，特别是五大巨头，它们也拥有诸多核心技术，进行了相当数量的专利布局，如果不能在技术上有所创新，形成具有一定数量的核心专利技术，我国LED企业将继续沿袭"缺乏核心技术、核心专利，受制于人"的不利境地。

4.6.4 中村修二专利的小结和建议

（1）小结

"蓝光之父"中村修二的一系列重要发明为LED照明铺平了产化化的道路，奠定了日亚化学在LED领域的领导地位。通过分析中村修二的研发过程，可以开拓科研人员的思路；分析日亚围绕LED的相关专利布局，可以增强我国企业的专利布局意识。

本部分重点分析了中村修二在不同时期的研发工作，绘制了关于中村修二的研发路径图；分析了中村修二的研发团队。其中侧重分析了其在日亚化学期间围绕蓝光LED所解决的各个关键技术，为实现高亮度蓝光LED所做的持续努力，分析了日亚化学围绕蓝光LED的专利布局情况及其特点，以"Two-Flow法"外延技术为例，分析了围绕该技术所形成的外围专利网。

中国是世界上最重要的LED照明市场之一，国内的LED产业正值蓬勃发展时期，国外LED产业巨头也纷纷进驻；但是在LED领域："核心专利缺失，核心技术受制于人"的尴尬局面不容回避，来自国外LED巨头的专利围堵不容忽视。本节分析了日亚化学围绕中村修二作为发明人的相关专利在中国的布局状况。日亚化学利用分案规则对这些专利技术从多个角度进行了保护，虽然蓝光LED最初的外延技术等没有进入中国，但是后期所申请的涉及欧姆接触问题的专利，也是我国企业所难以规避的。

中村修二提出的蓝光LED的技术路径是一条完整的、能够使LED商品化的解决方案，属于LED的上游核心技术，是目前我国LED上游制造企业难以逾越的技术鸿沟；是日亚化学频频发起专利侵权诉讼的有力武器之一。但是中村修二的蓝光LED核心专利面临专利权有效期到期而失效的问题，这是我国业界所期待的，本部分分析了这些专利过期所带来的可能影响。

（2）建议

首先，企业作为市场的主体，要能够前瞻性地把握市场前进的方向，重视技术研发，尊重科研人员的技术开发工作，如果没有日亚化学对蓝光LED产品的市场意义的认识，没有给予中村修二的足够的耐心和等待，中村修二难以在日亚化学实现蓝光LED研发工作。

其次，增强专利布局意识，日亚化学从一个不足200人的小公司，成长为世界知名的LED领导企业，核心专利和技术是其参与全球市场竞争的有力武器，日亚化学在中村修二研发蓝光LED的过程中，持续不断地在每一个可能产生积极影响的技术点进行专利布局，更是精准地在各个关键技术点进行了海外专利布局。体现了本部分所提炼的三个特点：提前布局、多维保护、重点突出。

最后，针对中村修二蓝光LED核心专利技术过期后的可能影响，应该注意到：目前从我国产业布局情况来看，封装、应用等中下游领域占据了主要份额，而在LED衬底、外延与芯片等上游领域则处于劣势。中村修二的蓝光LED技术是一条能够商业化的技术路径，当中村修二这条技术路径完全释放出来之后，我国企业应积极利用这些公知技术，站在日亚化学的"肩膀"上，对蓝光LED技术进行二次开发，作出更高起点的发明创造，开发出更具有实用性和前瞻性的专利，弥补我国在LED上游领域核心技术、核心专利方面的缺失。同时，也应该认识到：无论是日亚化学，还是LED领域的其他巨头，都在关注蓝光LED的核心专利过期问题，他们围绕这些过期专利所进行的外围专利布局，所形成的新的专利壁垒，需要深入分析和研究。在本部分仅以"Two-Flow"外延技术为例，简单分析了日亚化学围绕该技术的外围专利布局，以避免业界产生认识误区，认为过期专利不存在潜在风险。

4.7 小 结

本章主要介绍了日亚化学的发展历史、全球专利申请趋势、国家/区域分布、主要发明人的申请情况，以及其申请的主要技术分支分布情况；针对中国专利，还分析了申请趋势、法律状态、即将失效的专利情况，以及主要技术分支分布情况；查找重要专利，得出核心专利，由此作出了日亚化学的技术发展路线图。

日亚化学的发展主要依靠几个发明团队来推动，其研究重点主要集中在芯片结构和封装这两方面，并分别取得了使其能够实现垄断全球的技术突破，迄今为止，其在LED方面的研究已经基本处于成熟阶段，基本已经完成了LED专利的全球布局，时刻保持LED行业的领先优势，由于LED发展经历了一个较长阶段，使得日亚化学的部分核心知识产权面临到期，但其具有数量巨大的外围专利限制对其到期专利的使用。日亚化学如今研发方向在具有高利润率的大功率LED器件，且如今其与全球前几大公司之间结成战略联盟。

第5章 科锐专利分析

5.1 科锐概况

科锐成立于1987年，1993年在美国纳斯达克上市，为全球LED外延、芯片、封装、LED照明解决方案、化合物半导体材料、功率器件和射频于一体的制造商。

科锐在核心技术的积累方面，除了其内部研发，很重要的一方面就是并购公司。在2000年后，除了UltraFR为通信器件的并购外，科锐分别从Nitres、ATMI、Intrinsic获得GaN和SiC的核心技术和人才。而2007~2008年对香港华刚光电集团有限公司（COTCO）和LED照明灯具公司（LLF）的并购，则强化了LED在应用领域的技术，主要体现为封装领域。

中国市场对科锐来说是非常重要的。科锐中国公司由中国团队筹备经营，充分本土化，利用本地人进行经营管理，并通过总部提供充沛的资源支持。科锐在中国围绕上海和深圳两个工程中心，提供应用支持。在惠州、深圳和香港设有研发团队，是美国之外的另外两处研发基地。同时，科锐在惠州拥有封装和LED芯片制造基地。除美国LED芯片制造外，惠州LED芯片制造乃是科锐在海外的第一个基地。科锐是从材料、芯片、零件到成品一体化的提供商。

科锐的专利布局涉及衬底、外延、芯片结构、封装、照明组件和一体化灯具多个领域，在LED产业链中布局完整，除了本身有优势的衬底技术专利外，通过并购、专利独家授权，也让科锐在整个LED产业链中具备完备的专利组合。

5.2 全球专利申请分析

5.2.1 申请趋势及国家/区域分布

参见图5-2-1，科锐在1988年提出了第一件专利申请。从1988~2000年，专利申请量呈现缓慢增长的态势，从2001~2004年，科锐专利申请量的增长较快，而到了2005年，申请量进入一个低谷。究其原因，可以从科锐2004~2005年期间的运营策略着手分析，2004~2005年是科锐重点研发领域从晶片到封装的一个转型期，而在转型初期，由于晶片领域的研发力度降低而封装领域又刚刚起步，因此这期间这两个领域的专利申请量就不会太多，从而导致在2005年出现了专利申请量的一个低谷值。随着对封装研发力度的加大以及2007年科锐并购COTCO的封装部门，其封装领域的业务规模持续扩张，因此，在专利申请量上，在2006~2007年申请量又开始迅速增长，然而受到2007年金融危机的影响，2007之后几年申请量又开始进入一个下滑期。

由图 5-2-2 可以看出,在专利申请方面,科锐专利申请以本土美国为重点,主要海外市场选取中国、欧洲、日本、韩国重点进行专利申请,其中中国和欧洲的申请量略高于日本和韩国。说明科锐海外专利申请重点地区就是美国本土和传统的专利强地区。由图 5-2-3 可以看出,美国、中国、日本、韩国、欧洲在 1988~2011 年期间的专利申请量趋势基本上和图 5-2-1 的科锐全球专利申请趋势是一致的,也是在 2005 年出现了专利申请量的低谷值,同时在 2007 年后专利申请量开始下滑。

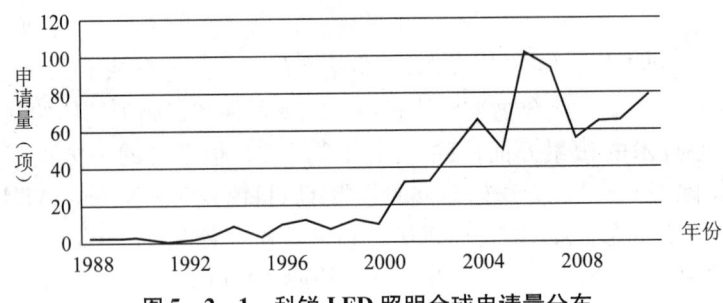

图 5-2-1 科锐 LED 照明全球申请量分布

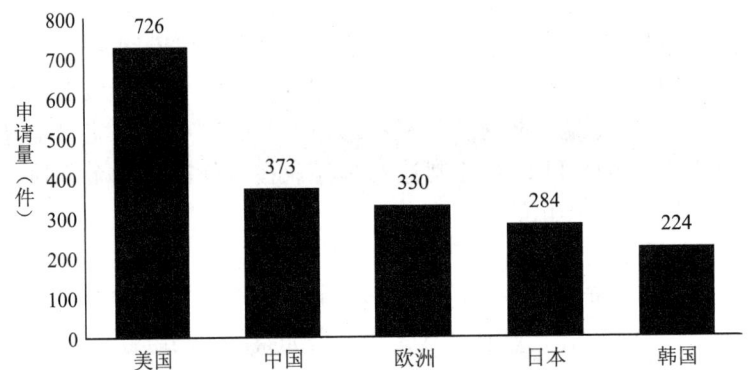

图 5-2-2 科锐 LED 照明全球主要地区申请量布局

5.2.2 技术分支分析

科锐的专利布局涉及衬底、外延、芯片结构、封装、照明组件和一体化灯具这几个主要领域。从图 5-2-4 可以看出,科锐重点研发的领域是封装领域,而衬底和一体化灯具领域研发力度较小,属于后续的研发中可能趋于放弃研究的领域。由图 5-2-5 可以很明显地看出,在 2005 年前,各个技术分支的申请量增长缓慢且有起伏,2005 年就像一个分水岭,封装领域自 2005 年进入一个低谷值后,申请量如同井喷般开始迅速增长,而与封装领域正好相反,衬底领域的申请量大幅度减少,这种明显的对比正是基于科锐研发侧重点的转变:科锐在 2004 年 7 月推出自有的封装产品 XLamp 系列,正式跨足封装领域,跨足封装领域后,晶片衬底领域的研发力度明显削弱,2007 年科锐并购 COTCO 的封装部门,其封装领域的业务规模持续扩张,从而使得 2005 年后封装领域的申请量和衬底领域的申请量呈现两极分化的态势。

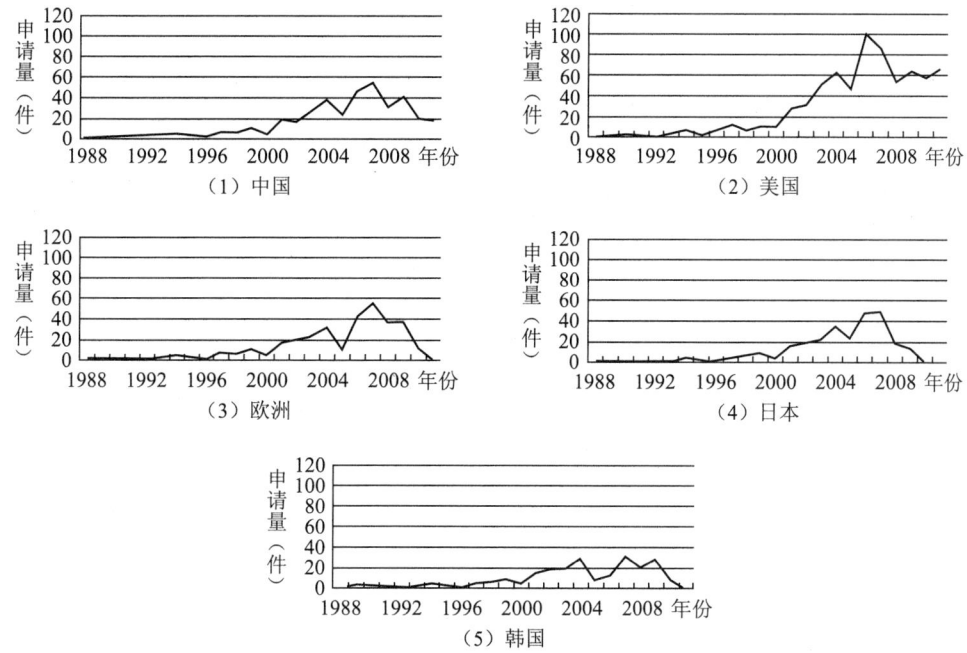

图 5-2-3　科锐 LED 照明全球主要地区申请量年度分布

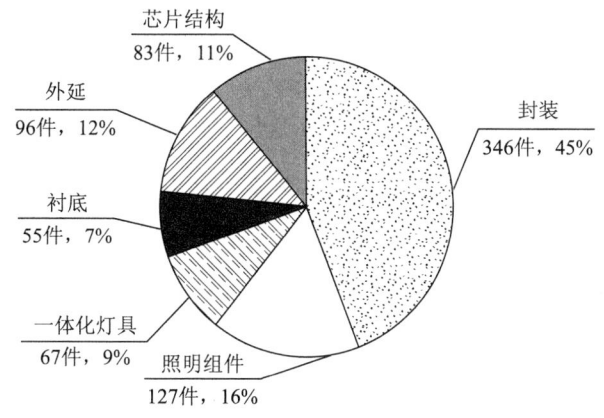

图 5-2-4　科锐各技术领域申请量比例

在衬底技术领域中，参见图 5-2-6（1）可知，科锐专利申请以美国本土为重点，主要海外市场选取中国、欧洲、日本和韩国重点进行针对性申请。在衬底技术分支领域，美国的申请量明显高于中国、欧洲、日本和韩国这 4 个主要海外市场的申请量，而且科锐在美国本土从 1988 年起就开始针对衬底领域进行专利申请，而在中国、欧洲、日本和韩国都是从 1996 年起才开始涉及该领域的申请。同时，由于科锐从 2004 年开始转向封装领域的研发，这 5 个地区在 2005 年后就基本没有衬底领域的专利申请了。

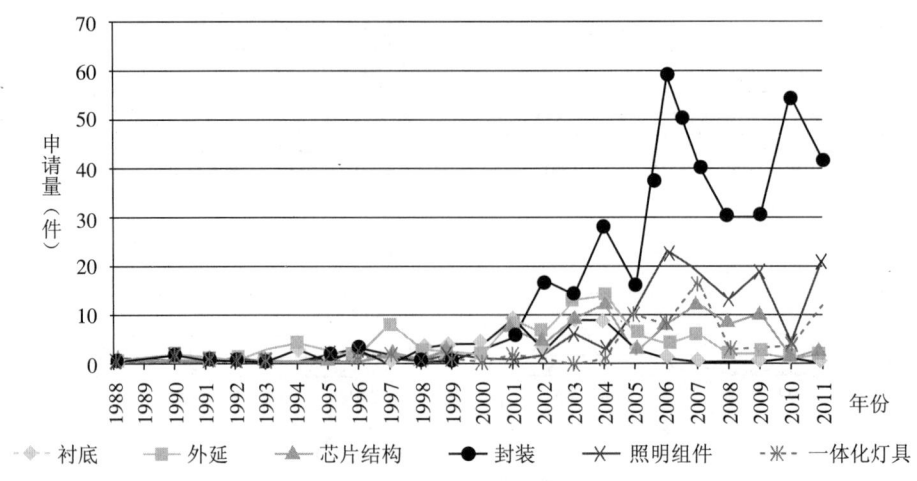

图 5-2-5 科锐各技术领域年度申请量趋势

在外延技术领域中,参见图 5-2-6(2)可知,科锐专利申请以美国本土为重点,而在海外市场中,中国、欧洲和日本的申请量基本持平,但都高于韩国的申请量,因此,科锐海外市场主要选取中国、欧洲和日本重点进行针对性申请。

在芯片结构技术领域,参见图 5-2-6(3)可知,科锐专利申请以美国本土为重点,在海外市场中,中国、欧洲、日本和韩国的申请量基本持平,可见,科锐主要海外市场选取中国、欧洲、日本和韩国重点进行针对性申请。由图可知,科锐在美国本土和海外几个重点申请区域基本都是在 1995 年后开始该领域的专利申请。

在封装技术领域,参见图 5-2-6(4)可知,科锐专利申请以美国本土为重点,在海外市场中,专利申请量活跃的区域为中国和欧洲,由此可见,科锐海外市场主要选取中国、欧洲重点进行针对性申请。由图还可以看出,除了美国在 2000 年以前在封装领域有零星申请外,中国、欧洲、日本和韩国都是在 2000 年后开始有该领域的专利申请,由于从 2004 年开始,科锐开始封装领域的研发,到 2006 年,各国有关封装领域的申请量基本都达到了一个峰值。

在照明组件技术领域,参见图 5-2-6(5)可知,科锐专利申请以美国本土为重点,在海外市场中,中国和欧洲的申请量较日本和韩国都要高,因此,科锐主要海外市场选取中国、欧洲重点进行针对性申请。由图 5-2-6(5)可知,科锐在美国本土和海外几个重点申请区域基本都是在 1999 年左右开始该领域的专利申请。

在一体化灯具技术分支领域,由图 5-2-6(6)可知,科锐即使是在美国本土,总的申请量也就 20 多件,其他主要海外市场中国、欧洲、日本和韩国申请量则更少,这主要是因为一体化灯具不是科锐重点针对研发的领域,因此,在这方面申请的专利量比其他技术分支要少很多。

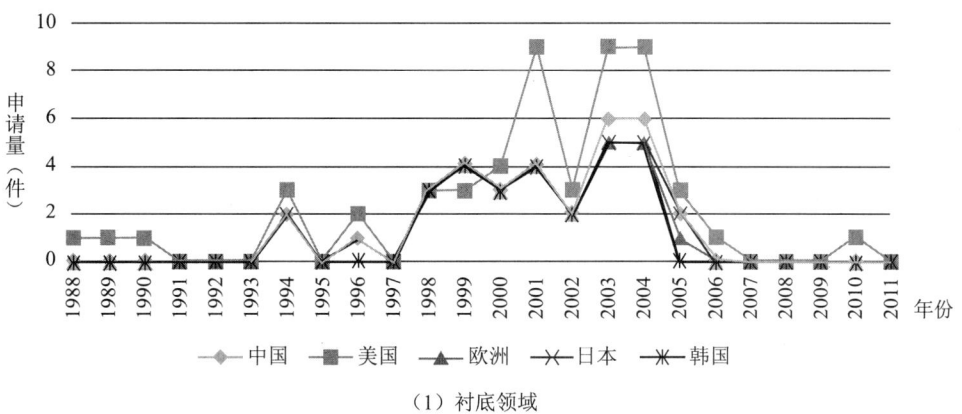
（1）衬底领域

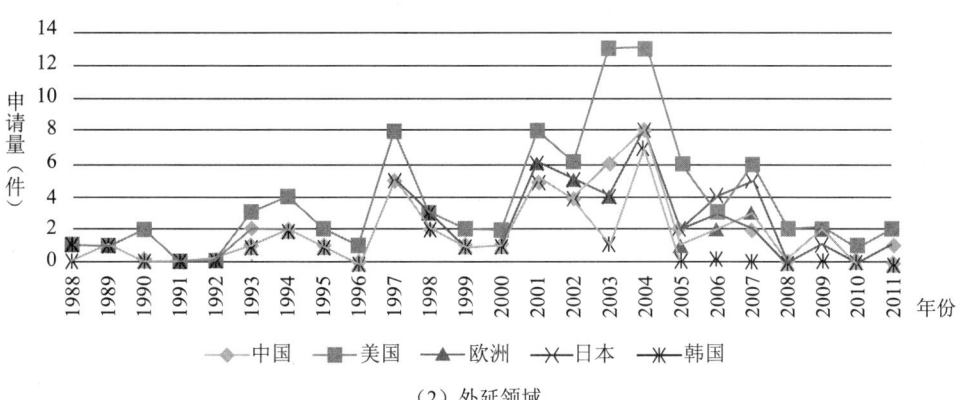
（2）外延领域

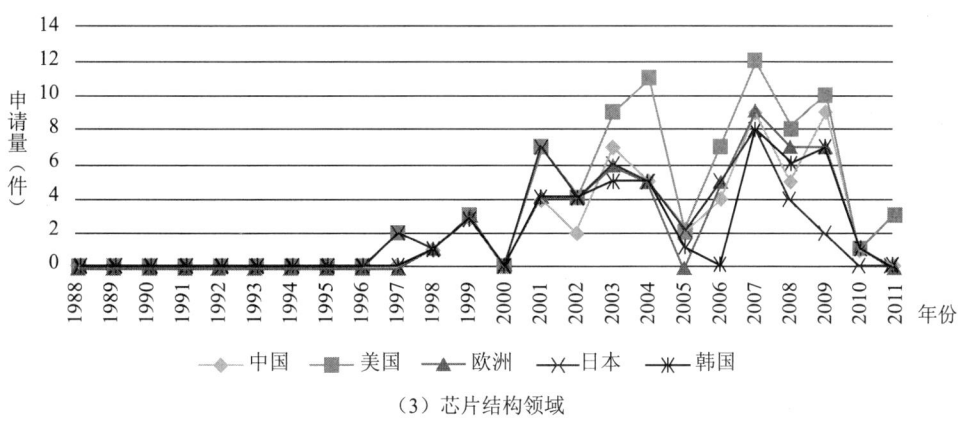
（3）芯片结构领域

图 5-2-6　科锐各技术分支主要地区申请量分布

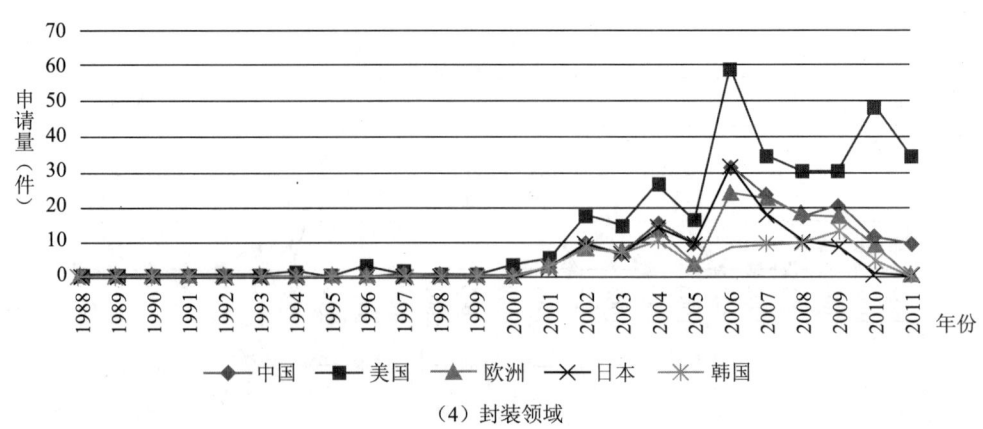

(4)封装领域

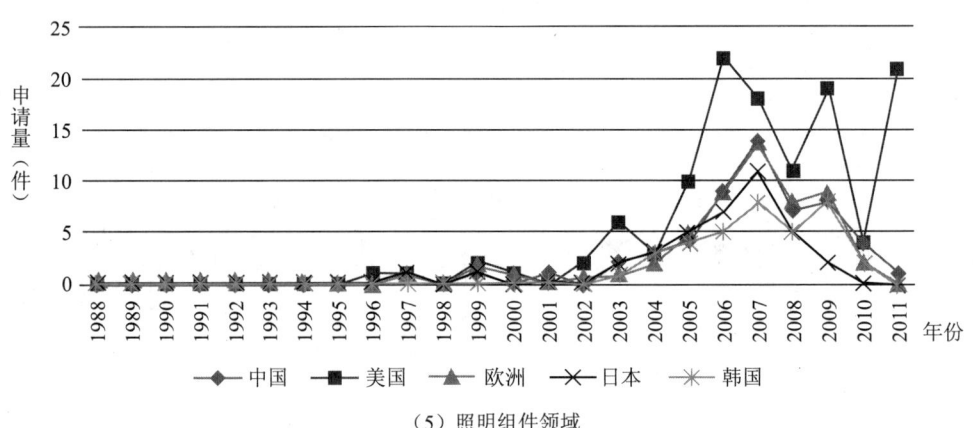

(5)照明组件领域

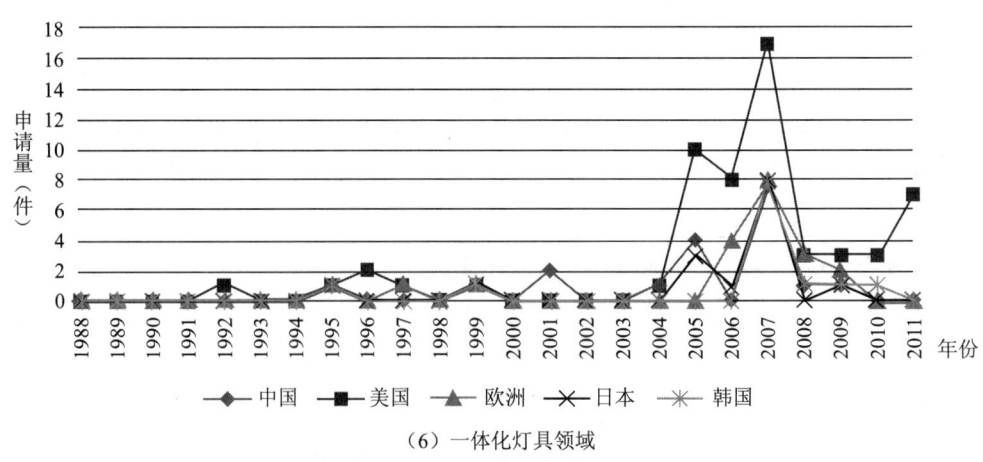

(6)一体化灯具领域

图 5-2-6 科锐各技术分支主要地区申请量分布（续）

5.3 中国专利申请分析

科锐在中国专利申请所涉及的技术分支包括衬底、封装、外延、芯片结构和一体化灯具这六个方面,由图5-3-1可知,在中国申请中上述六方面技术分支的申请比例是不均衡的,其中封装领域占到了50%的比例,而一体化灯具仅占到5%,由此可以看出科锐在中国申请的侧重点在封装领域。

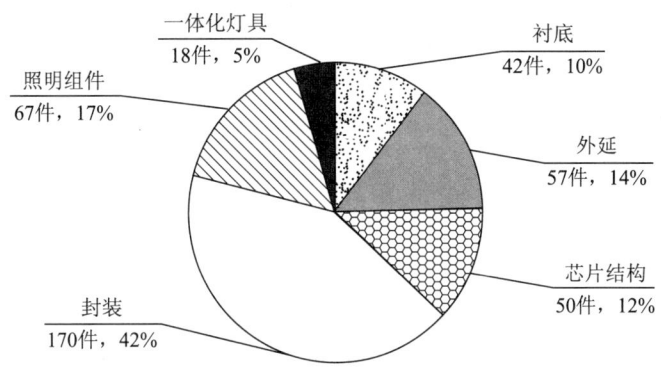

图5-3-1 科锐在中国专利申请领域分布

科锐在中国专利申请的类型涉及非PCT发明、PCT实用新型和非PCT实用新型这三类,由图5-3-2可知,PCT申请占到了72%的比例,由此可见,科锐在中国专利布局的策略大部分都是PCT国际申请进入中国的。

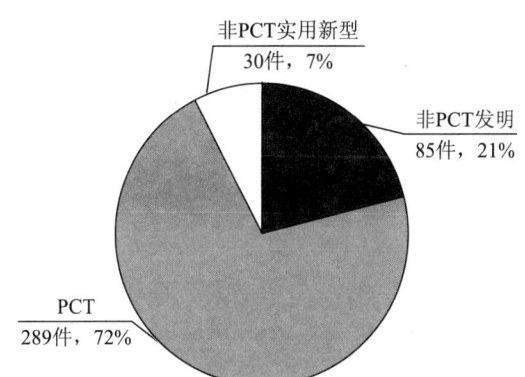

图5-3-2 科锐在中国专利申请类型分布

参见图5-3-3,科锐在中国的申请主要集中在2000年以后,申请量增速很高,但在2005年时,由于科锐研发重点处于从衬底到封装的转型期,申请量有明显的下滑,这和科锐全球申请的趋势是相同的。在2007年,受到金融危机的影响,申请又有所下降。值得注意的是,对于授权专利而言,有效性维持也呈现很高比率,体现了科锐在中国专利申请的重视。

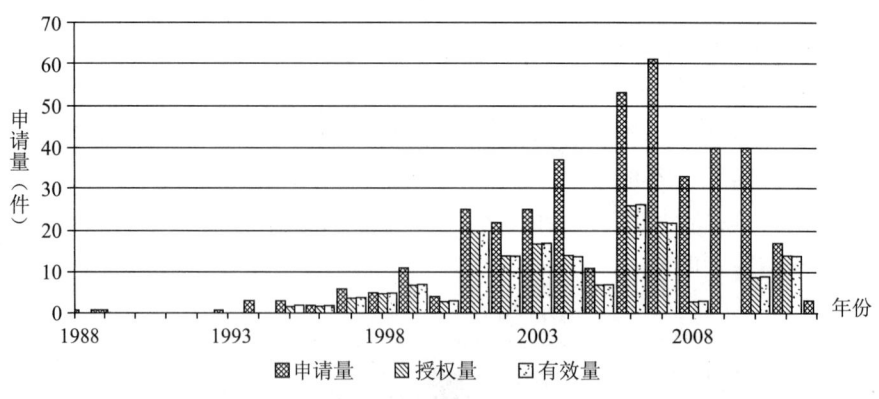

图 5-3-3 科锐在中国申请量、授权量和有效量分布

5.4 重要专利

科锐产业链布局从芯片、封装延伸到下游照明，建立了比较完善的垂直供应链。产业链上的每个技术类别，科锐皆有许多专利布局。

科锐的技术优势主要体现在：碳化硅和氮化镓材料技术、白光技术、大功率芯片技术以及芯片级封装技术。

科锐早期技术来源于北卡罗莱那州立大学，随后通过并购（先后并购了 Nitres、ATMI 的 GaN 部门、LLF 等）、波士顿大学专利独家授权在整个产业链中建立起强大的专利组合。科锐成立初期（1987~1998 年），专利几乎集中于衬底与外延技术上；1999~2002 年，由于并购了 Nitres，并开始与加州大学圣塔芭芭拉分校合作，大量累积芯片技术，也开始布局一些封装专利；2003 年后，衬底、外延、芯片专利继续布局之外，为配合封装技术的发展，大量布局了 LED 封装专利，XLamp 产品的基础专利在 2004 年、2005 年布局。科锐专利布局的发展是配合技术、产业的发展，除了自主研发，更多的是通过并购等商业行为获取。科锐通过专利许可或专利转让获得北卡罗莱那州立大学、波士顿大学涉及 SiC 材料和 GaN 生长技术方面的几百项专利权。2008 年科锐以 1.03 亿美元并购前 CEO Neal Hunter 在 2005 年离开后成立的 LED Lighting Fixture（LLF），取得了 19 件封装与照明的专利。科锐已在整个产业链中建立了强大的专利组合。

表 5-4 列举了科锐成立以来的重要专利，供读者参考。

5.5 发明人分析

技术的竞争在于人才的竞争。发明人作为专利技术的研发人员，为专利的申请提供了智力基础。因此，研究申请人内部的发明人及其联系，可以深入地探寻其技术团队、了解重要发明人，以及获知申请人技术发展的动力和源泉。

表 5-4 科锐 LED 照明领域重要专利列表

专利族代表	技术领域/技术点	技术方案	最早优先权日	公开号中地区分布	公开号中五局分布	中国的法律状态
US4918497A	蓝光 LED	使用碳化硅作为衬底和外延层的蓝色 LED。在碳化硅中形成的发光的 α 型碳化二极管包含具有第一导电型的 α 型碳化硅的基片和在具有相同导电型的用作为基片上的 α 型碳化硅的第一外延层。一个在第一外延层上的 α 型碳化硅的第二外延层，具有与第一层相比相对高的导电型，并与第一外延层形成一个 P-N 结	19881214	US	US	失效,2010 年 5 月 26 日届满
JS4988862A	蓝光 LED	在碳化硅衬底上用外延层碳化硅形成蓝光 LED 的方法	19890828	US	US	无申请
US4946547A	碳化硅表面上外延生长碳化硅	一种在碳化硅表面上外延生长一层单晶碳化硅薄膜的方法,该方法包括:在一块单晶碳化硅晶体上形成一个基本上是平面的表面,将基本上是平面的表面暴露在腐蚀性等离子体中,直至任何因机械制备而引起的表面或表面下的损伤基本上被消除,但是待续时间不超过在表面发展现有缺陷恶化所需的时间,并且发展新缺陷或者离子体腐蚀本身不会在表面中造成显著缺陷;以及用化学气相沉积方法在经腐蚀的表面上沉积一层单晶碳化硅薄膜,该方法可降低所得到的薄膜中以及薄膜和碳化硅表面之间界面中的缺陷密度	19891013	EP; KR; JP; CA; CN; WO; DE;AU	EP; KR; JP; CN;US	失效,2010 年 12 月 15 日届满
US5210051A	外延层 GaN	在碳化硅上形成外延层 GaN,用于形成 PN 结	19900327	US	US	无申请
US5686738A JS7235819B2	氮化镓	使用分子束外延生长绝缘单晶氮化镓	19910318	WO; AU; US; EP,JP;DE	US;EP;JP;	无申请
US5359345 A	应用显示屏	使用 LED 做全色显示屏	19920805	US	US	无申请
US5338944A	蓝光 LED	在碳化硅衬底上用外延碳化硅形成的蓝色 LED	19930922	US	US	无申请

续表

专利族代表	技术领域/技术点	技术方案	最早优先权日	公开号中地区分布	公开号中五局分布	中国的法律状态
WO9517019A1	缓冲层 buffer layer	通过GaN和AlN两层作为缓冲层在碳化硅衬底上获得晶体质量良好的GaN外延层	19931213	WO; CN; DE; EP; KR; AU; JP;US;CA	CN; EP; KR; JP;US	有效,2014年11月1日届满
US5679152A	氮化镓衬底	在生长氮化镓衬底时采用牺牲性基底,其具有与氮化镓外延层生长相容的表面,在生长完成后刻蚀去除该牺牲性基底	19940127	US;JP;KR;EP; WO;CN;AU	US;JP;KR;EP; CN	CN100420569C,2022年8月12日届满;CN101353813B,2022年8月12日届满;CN102383193A,实质审查阶段
US5604135A	绿色LED	使用SiC衬底制作绿色LED	19940812	US	US	无申请
WO9609653A1	蓝光LED	率先提出在导电碳化硅衬底上生长氮化物有源层的蓝光LED结构;垂直芯片结构	19940920	JP; AU; ES; WO; KR; EP; CA;CN;US;DE	JP; KR; EP; CN;US	有效,2015年9月19日届满
US5631190A	利用激光切割碳化硅衬底	采用碳化硅衬底,在碳化硅的一个方向上引导激光束,形成切割线,干法刻蚀碳化硅以除去激光切割线产生的副产品。增加了LED的量子结构及产台式结构所需的技术从而能以更高的生产率来生产	19941007	KR; EP; JP; WO; CN; DE; AU;US	KR; EP; JP; CN;US	有效,2015年10月2日届满
US5679153A	碳化硅外延层	一种用来制作基本上没有微管缺陷的碳化硅外延层的方法。此方法包含用液相外延方法,在碳化硅衬底上,从碳化硅和一种使碳化硅在熔体中的溶解度增大的元素中的熔体中,生长一个碳化硅外延层。借助于该元素的原子百分比相对于硅的原子百分比占优势,熔体的厚度达到恰当条件下继续生长外延层,直至外延层中微管缺陷不再重现于外延层中而终止由衬底传入外延层的微管缺陷,从而显著减少了外延层中微管缺陷的数目	19941130	CA; JP; DE; EP; AU; RU; CN; WO; KR;US	JP; EP; CN; KR;US	有效,2015年11月22日届满

续表

专利族代表	技术领域/技术点	技术方案	最早优先权日	公开号中地区分布	公开号中五局分布	中国的法律状态
US5739554A	双异质结	带有氮化镓有源层的双异质结发光二极管	19950508	AU; US; CA; JP; KR; CN; EP;WO;TW	US; JP; KR; CN;EP	有效,2016年4月15日届满
US6600175B1	白光	以UV激发荧光粉形成白光	19960326	US	US	无申请
JS6066205A	氮化铝	在升高的温度下生长大直径的氮化铝(AlN)单晶。当在籽晶上生长体中形成的AlN时,从熔体中拉起籽晶,该熔晶保持低于周围的液态铝的温度	19961017	US	US	无申请
US6187606B1	缓冲层 buffer layer	在碳化硅衬底上通过氮化镓和铜氮化镓缓冲层中的缓冲反应,生长晶体质量良好的GaN外延层	19971007	EP; US;CA;JP; KR; AU; CN; WO	EP;US;JP;KR;CN	有效,2018年10月6日届满
US6051849A	ELOG横向外延过生长技术	通过掩膜横向外延过生长技术制作氮化镓半导体	19980227	WO; UW; EP; KR;CN;AU;IN	WO; UW; EP;KR;CN	有效,2019年2月26日届满
US6093253A	MOCVD设备	在衬底上通过CVD外延生长物体的装置,包括接受衬底的基座,和围绕衬底的基座支撑衬底的部件。装置还包括支撑结构的加热墙的部件	19980406	JP; DE; WO;US;EP	JP;US;EP	无申请
WO9951797A1	外延方法	CVD外延生长的方法	19980406	WO, US, EP, DE,JP	US, EP,JP	无申请
US6459100B1	InGaN垂直结构	能发射电磁波谱中红光,绿光,蓝光,紫光和紫外光部分的垂直结构发光二极管,包括导电的碳化硅衬底,氮化镓量子阱,在衬底和量子阱之间的导电缓冲层,以及在量子阱每个表面上的各自末接触氮化镓层和在垂直结构方向上的欧姆性触点	19980916	JP; CN; AU; EP; KR; US; CA; MX; WO;TW	JP; CN; EP;KR;US	有效,2019年9月16日届满
US20021799010A1	垂直器件的背面欧姆触点	CN1579008A中已经出现将衬底设置为梯形垂直结构方向上的欧姆性触点	19980916	KR; WO; AU; JP;CN;US;EP;MX;TW	KR; JP; CN; US;EP	CN1178277C,有效,2019年9月16日届满;CN1579008B,有效,2022年10月10日届满

续表

专利族代表	技术领域/技术点	技术方案	最早优先权日	公开号中地区分布	公开号中五局分布	中国的法律状态
US6218680B2	碳化硅衬底	半绝缘碳化硅单晶材料,在室温下其电阻率至少为5000Ω·cm,其深能级陷阱元素的浓度比影响这个材料的电阻率的浓度值低	19990518	US; WO; EP; TW; KR; AU; JP;DE;CN;ES; CA	US;EP;KR;JP; CN	CN1222642C,有效,2020年5月17日届满;CN100483739C,有效,2022年5月23日届满
US20020222290A1	悬挂和侧向外延过生长	ELOG横向外延过生长技术,Pendeo	19991014	JP; CN; US; KR; EP; DE; WO; AU; TW; MX	JP; CN; US; KR;EP	有效,2000年10月11日届满
US7084436B2	白光	以晶片掺杂后的色光混合白光	19991119	JP;AU;EP; US; WO;TW	JP;EP;US	无申请
US6140556B1 US6885036B2	电流分散结构	具有改良电流分散结构的发光二极管,其具有一活化层结构可注入发光二极管的电流,改良其功率和光通量。这种改良结构包括形成协同导电路径的导电指形件,该路径可确保电流从接触点分散到活化层,并通过反向掺杂层均匀分散。活化层以将电子和电洞均匀注入整层活化层,重新组合发光	19991201	CN; WO; EP; JP; DE; US; KR; CA; AU; TW	CN;EP;JP;US; KR	有效,2020年11月22日届满
US6410942B1	光提取结构	电连接微发光二极管的数组,其具有一活动夹夹在两个相对掺杂的层之间。该微发光二极管形成在第一展开层之上,而该微发光二极管其底层则与第二展开层相接触。一第二展开层形成于该微发光二极管之上,并与其上层相接触,偏压施加在第二展开层的第二展开层之间而使所述微发光二极管的效率由增加,来自每一个微发光二极管的发光的一反第二展开层而增加。来自每一个微发光二极管活动层的发射的光将会在行进一短距离之后到达一表面,并降低该光将进的整体内部反射	19991203	WO; EP; CA; KR; CN; JP; AU;US;TW	EP; KR; CN; JP;US	CN1229871C,有效,2020年11月20日届满;CN1292493C,有效,2020年11月28日届满

续表

专利族代表	技术领域/技术点	技术方案	最早优先权日	公开号中地区分布	公开号中五局分布	中国的法律状态
US6350041B1	灯具	固态灯具,包括一发射光通过一分隔器至一散射器的固态光源;散射器使光散射,聚焦或引导,以所需之模式散射光及/或改变光之颜色;光源和散射器藉分隔器隔开,至少一部份自光源发出的光沿着分隔器并通过散射器	20000329	JP; CN; US; CA; KR; EP; DE; WO; AU; KR;EP TW	JP; CN; US; KR;EP	有效,2020年11月8日届满
WO02097904A3	量子阱和超晶格	具有量子阱和超晶格的基于Ⅲ族氮化物的发光装置用的半导体结构体,该半导体结构体包括于第一N-型和第二N-型Ⅲ族氮化物覆盖层之间的第Ⅲ族氮化物覆盖层各自具有的带隙大于活性层的带隙。该半导体结构体进一步包括P-型Ⅲ族氮化物,其位于半导体结构体内,使得第二N-型覆盖层处于P-型与活性层之间	20010116	AU; US; JP; KR; CN; EP; WO;TW;IN	US; JP; KR; CN;EP	CN100350637C,有效,2022年5月23日届满; CN1274035C,有效,2022年1月12日届满
US20020212164A1	光提取	将衬底设置为梯形,减小发射面积,由此来提高芯片的发光效率	20010201	KR; EP; AU; US; JP; CN; WO;CA	KR; EP;US;JP; CN	CN1330008C,有效,2022年7月23日届满; CN100392874C,有效,2022年7月22日届满
WO02078070A1	MOCVD设备	在衬底上通过CVD外延长物体的装置包括接收运输大量衬底气体的容器,供给混合气体的部件。加热混合气体的部件与加热基座的壁相适应,以通过从热基座的辐射来加热混合气体	20010323	WO; EP; DE; JP;AU	EP;JP	无申请
US2004012027A1	荧光粉	变换材料,被设置以基本吸收全部从半导体发射器发射的光,并以一种或多种不同的波长重新发射光	20020613	CN; AU; JP; WO; KR; US; EP;DE;TW	CN; JP; KR; US;EP	有效,2023年6月12日届满

续表

专利族代表	技术领域/技术点	技术方案	最早优先权日	公开号中地区分布	公开号中五局分布	中国的法律状态
US2004012015A1	悬挂和侧向外延过生长	ELOG 横向外延过生长技术，Pendeo	20020719	JP;AU;EP;US;WO;TW	JP;EP;US	无申请
WO2004023522A2 WO2005043627A1	Xlamp 封装结构	采用导热性的电绝缘材料基板，基板表面形成有用于将外部电源连接到安装垫片处的发光二极管的迹线;反光板耦合到基板并大体环绕安装垫片;覆盖安装垫片的透镜。LED产生的热量可通过基板(充当底部散热器)与反光板(充当顶部散热器)而从LED被驱散，不需要延伸导电封装包括一个独立的散热器棒或引线。反光板包括一个反光面以将来自LED的光线导向所要的方向	20020904	KR; JP; WO; US; AU; EP; CN;DE;TW	KR;JP;US;EP;CN	CN100414698C，有效，2023年9月2日届满CN1871710B，有效，2024年10月20日届满
US20051782A1	荧光粉	以一包含透明塑料及磷添加剂之熔融液体填充一模并容许该熔融液体凝固以产生具有磷分散于其中的光学穿透组件。无需使用一单独的磷涂层或含磷密封剂。光学穿透之透明件包含一壳，其系由具有磷分散于其中之透明塑料所制成的	20030909	TW; WO; DE;US;JP;EP	US;JP;EP	无申请
US20041784174A1	改变芯片截面现状，厚度和出光方向	将衬底设置为梯形，从外延出光改为由SiC衬底端出光，减少SiC衬底厚度，由此来提高发光效率。使用激光剥削或切削技术直接将布涂在碳化硅基板上刻出凹槽，再利用旋转将荧光材料填入凹槽内，晶体或荧光粉等荧光材料填入回槽中，在凹槽同形成一个凸面桥	20041214	US	US	无申请
US20071558668A1	荧光体涂敷	电泳淀积	20050825	JP; WO; US; DE;TW	JP;US	无申请

续表

专利族代表	技术领域/技术点	技术方案	最早优先权日	公开号中地区分布	公开号中五局分布	中国的法律状态
US7213940 US7768192	颜色混合	照明装置，其中，所述照明装置包括发射具有峰值波长在从430～480nm的范围中的光线的第一及第二组固态光发射器，发射具有主波长在从555～585nm的范围中的光线的第一及第二组发光荧光粉，以及具有主波长在从600～630nm的范围中的第三组固态光发射器	20060418	CN; JP; WO; KR; US; EP; DE; TW; IN; BRPI	CN; JP; EP; CN; JP; KR; US; EP	CN101449097B 有效，2026年12月20日届满；CN101554088B 有效，2027年4月18日届满；CN101617405B 有效，2027年11月30日届满；CN101438630A，有效，2027年4月18日届满；CN101449099A，驳回失效；CN101554089A 驳回，复审维持驳回后等待诉讼；CN102037785A 驳回，复审审查阶段；CN102305374A，实质审查阶段
US20070236911A1	远程荧光技术	一种照明装置，包括：至少一个固态发光元件，发光元件包括至少一种发光材料，并且发光面与固态发光体同隔开；固态发光体具有发光面；发光元件具有发光元件发光面；发光元件表面至少是发光面的两倍大	20060719	CN; IN; JP; WO; KR; US; BR;EP;TW	CN; JP; KR; US;EP	实质审查阶段
US20081796II A1	荧光体涂敷	晶片级荧光体涂层方法，提供多个发光二极管；在发光二极管上沉积基座，每个基座与发光二极管之一电气接触；在发光二极管上形成涂层，涂层掩埋至少一些所述基座；和平面化所述涂层，在LED上留下至少一些涂层，同时露出至少一些被掩埋的基座	20070122	WO; CN; JP;EP;US; EP;US;KR;TW	CN;JP;EP;US; KR	CN101627481B，有效，2007年11月20日届满；CN102544267A，实质审查阶段；CN101663767A 驳回，复审阶段

141

续表

专利族代表	技术领域/技术点	技术方案	最早优先权日	公开号中地区分布	公开号中五局分布	中国的法律状态
US2009080185A1	多芯片模块	多芯片发光器件,白光LED芯片,蓝光LED芯片和红光LED芯片被配置在位于光部件壳体内的半导体衬底上。光部件壳体可以提供白光,红光,绿光和蓝光光束。这些芯片在衬底上被配置成发射光束可以交叠。白光芯片、红光芯片、蓝光芯片和绿光芯片可以同时被激励,发出更大功率的白光	20070925	US	US	无申请
US2009206322A1	白光	一种用于提供白色光的多芯片发光器件(LED)灯包括第一宽带LED芯片和第二宽带LED芯片。第一宽带多量子阱LED芯片包括第一多个交替的有源层和势垒层,第一多个有源层分别包括第一半导体化合物的相对浓度不同的至少两种元素,并且分别被配置为在第一波长范围上发射具有多个不同的发射波长的光。第二宽带LED芯片包括第二多个交替的有源区,其包括第二多个有源区的有源层和势垒层,第二多个有源层分别包括第二半导体化合物的相对浓度不同的至少两种元素,并且分别被配置为在包括大于第一波长范围的第二波长范围上发射具有多个不同的发射波长的光。第一和第二LED芯片发射的光组合提供白色光	20080215	WO;UW;EP;KR;CN	WO;UW;EP;KR;CN	有效,2029年2月13日届满

5.5.1 发明人数量分析

如图 5-2-1 所示,自早期少量年申请量逐步发展到现有大量年申请量的规律一样,发明人的数量也体现出从少到多的总体增长规律。图 5-5-1 示出了总申请量 5 项以上的发明人历年发明人数量的变化情况。

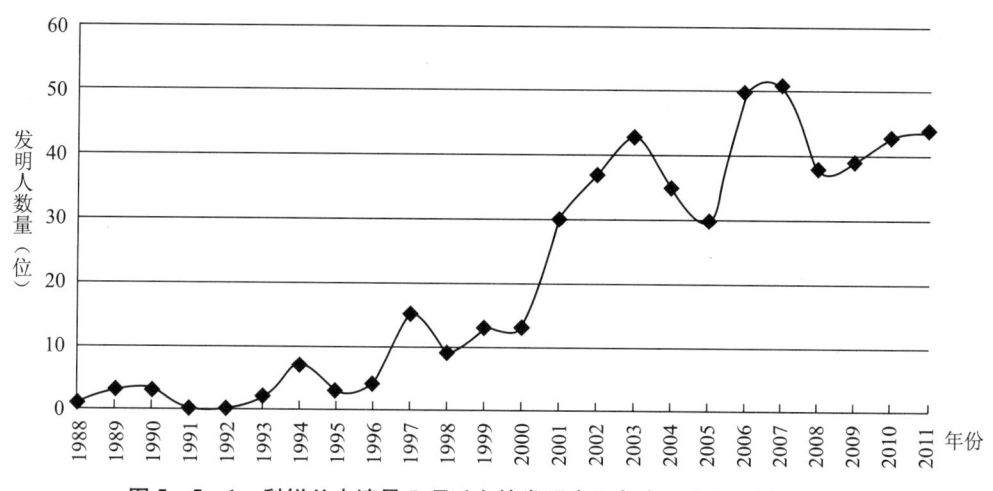

图 5-5-1 科锐总申请量 5 项以上的发明人历年发明人数量的变化情况

在 1997 年以前,年发明人数量都位于 10 位以下,且数量变化平缓。到 1997 年,年发明人数量突破 10 位,一直持续到 2000 年,年发明人数量继续保持在 10～20 人之间。在 2000 年以前一段时期,处于研发的起步期。

自 2001 年开始,发明人数量出现一个急剧的增加,涌现出大量的新增发明人,显示技术研发进入高速增长期。在 2003 年达到极值 43 位,在随后的 2004～2005 年间数量略有下降,后又增长至 2006～2007 年 50 位。

2008 年以后,发明人数量稳定在 40 位上下,显现出发明人团队进入快速增长后的稳定发展时期。

前 6 年(1988～1993 年)中,有申请的发明人共有 5 位:EDMOND J A(前 6 年申请量 7 项,总申请量 69 项,排名 4 位)、KONG H S(前 6 年申请量 6 项,总申请量 28 项,排名 15 位)、CARTER J C H(前 6 年申请量 3 项,总申请量 12 项,排名 39 位)、HUASHUANG K(前 6 年申请量 1 项,总申请量 5 项,排名 81 位)、COLEMAN T G(前 6 年申请量 1 项,总申请量 13 项,排名 35 位),他们形成了科锐的早期研发团队,也是公司的元老。其中,只有 EDMOND J A 在此后进行了较多的专利申请;COLEMAN T G 则申请较少;而 HUASHUANG K 与 CARTER J C 分别在 2003 年、2007 年以后没有新的专利申请。

5.5.2 发明人活跃度分析

为了研究各发明人的活跃度,将 2009～2011 年的申请量除以截至 2011 年的总申请量,作为活跃度参数。数值越大表明发明人近年的技术活跃程度越高。

表 5-5 列出了科锐近 3 年活跃度在 80% 以上的发明人。

表 5-5 科锐近 3 年活跃度在 80% 以上的发明人

发明人	近 3 年申请量（件）	截至 2011 年总申请量（件）	近 3 年活跃度	总申请量排名
LOWES T D	14	14	100.0%	28
LAU Y K V	15	15	100.0%	28
PANG C H	13	13	100.0%	35
FEI X	10	10	100.0%	49
LIU H	9	9	100.0%	53
CHOBOT J P	7	7	100.0%	64
ZHIKUAN Z	7	7	100.0%	64
SHENG J	7	7	100.0%	64
LE LONG L	6	6	100.0%	70
LU D	6	6	100.0%	70
MCCLEAR M T	6	6	100.0%	70
ZHANG J	6	6	100.0%	70
HEIKMAN S	5	5	100.0%	70
YAO Z J	4	4	100.0%	82
LI F	5	5	100.0%	82
CHAN C K	26	27	96.3%	17
TONG T	13	14	92.9%	28
LAY J M	11	13	84.6%	35
CHAN W K	5	6	83.3%	70
PICKARD P K	44	53	83.0%	6
HUSSELL C P P	14	21	66.7%	20
COLLINS B T	8	12	66.7%	39
DONOFRIO M	22	34	64.7%	12
LETOQUIN R P L P	20	31	64.5%	15
WANG X	3	5	60.0%	82
BRITT J C	4	7	57.1%	64
VAN DE VEN A P	49	92	53.3%	2
EMERSON D T	34	64	53.1%	5
VILLARD R G	6	12	50.0%	39

相对于上述活跃的发明人，一些发明人在近几年（2008 年至今）没有申请相关专利，活跃度为 0.0%，其中申请量大于 10 项的发明人有：SLATER D B、LOH B P、VAUDO R P、LEUNG M、TISCHLER M A、HAUGAARD E J、DENBAARS S P、CART-

ER J C H、BARATAN J、XU X、THIBEAULT B、TSVETKOV V F、HILLER N。

5.5.3 发明人团队分析

为了说明发明人之间的关系，以及技术团队的构成，图 5-5-2 示出了科锐 LED 照明主要专利申请的主要发明人及其关系。

按照各发明人的专利申请量排序，排名前十位的发明人（对应于图 5-5-2 中面积排名前十的饼图）：NEGLEY G H（139 项，18.0%，主要研发领域为：封装）、VAN DE VEN A P（96 项，12.4%，主要研发领域为：封装、照明组件）、KELLER B P（70 项，9.0%，主要研发领域为：封装）、EDMOND J A（69 项，8.9%，主要研发领域为：外延）、EMERSON D T（65 项，8.4%，主要研发领域为：封装）、PICKARD P K（54 项，7.0%，主要研发领域为：封装）、IBBETSON J（51 项，6.6%，主要研发领域为：封装）、ANDREWS P S（49 项，6.3%，主要研发领域为：封装）、MEDENDORP N W（44 项，5.7%，主要研发领域为：封装）、BERGMANN M J（42 项，5.4%，主要研发领域为：外延）。

前十位发明人的合并申请量为 679 项，占总申请量 774 项的 87.7%。呈现出点面结合，研发团队聚集，发明人众多，共同申请活跃，技术领域全面，重点突出等特点。

从图 5-5-2（见文前彩色插图第 3 页）中的聚类关系可以清楚地得出，发明人主要形成了三个研发团队。

其中，团队 1 的核心研发人员为 NEGLEY G H，主要研发领域涉及封装、照明组件与芯片结构。在 NEGLEY G H 的带领下，团队 1 可以进一步细分为两个子团队：团队 1-1、团队 1-2。团队 1-1 的核心发明人为 NEGLEY G H 与 VAN DE VEN A P，主要研发领域涉及封装与照明组件，还有少量芯片结构以及一体化灯具。在团队 1-1 中，PICKARD P K 也是比较重要的研发人员。

如图 5-5-3（由于 Gerry Negley 同时涉及团队 1-1，团队 1-2，为了区分这两个

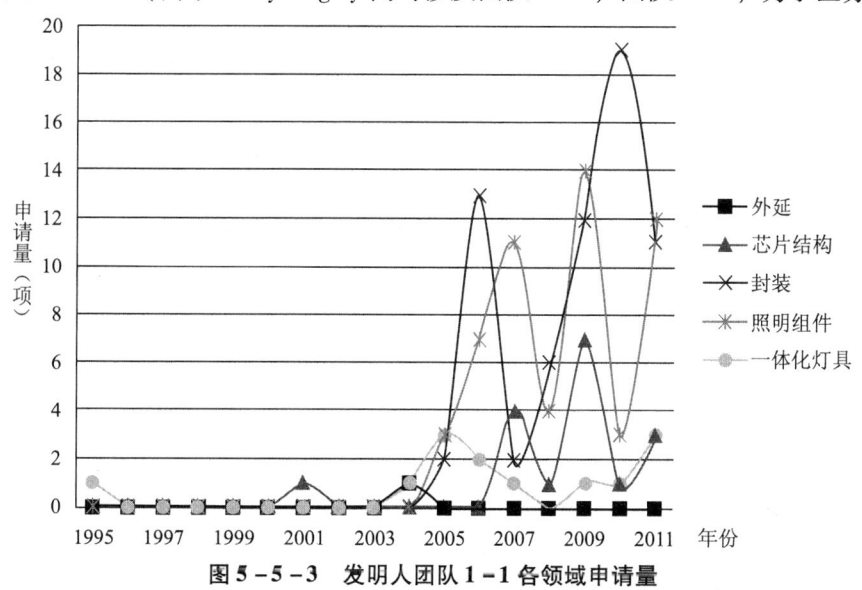

图 5-5-3 发明人团队 1-1 各领域申请量

子团队的申请量，图中团队 1-1 的申请量未含 Gerry Negley 的申请量）所示，2005 年以前，团队 1-1 的申请量很少，只有零星的几件；到 2005 年，申请量出现快速增长；在随后的几年间，封装、照明组件、芯片结构出现较多数量的申请。团队 1-1 最近几年的活跃程度很高。

Gerry Negley（NEGLEY G H）

发明时间：1997 年、2001 年至今；

2005 年，与科锐创始人及前 CEO Neal Hunter 一起离开科锐，创立 LLF，并担任首席技术官；

2008 年，随被并购的 LLF 而重返科锐；

现任科锐 LED 照明首席技术官；TrueWhite® 技术的共同发明人。❶

如图 5-5-2 及图 5-5-4 所示，Gerry 的技术领域全面，其中申请量较多的领域为封装、照明组件和芯片结构。2004 年，其在封装领域申请量剧增；由于 2005 年 Gerry 前往 LLF，这是一家自成立起目标就是为了将 LED 推向照明工业的企业，从而 2005 年 Gerry 在照明组件和一体化灯具领域出现较大的申请量，其中，照明组件在随后几年内都维持了较多数量的申请。虽然，封装领域的申请量自 2004 年出现最大值后呈现下降的趋势，但是仍然占有重要地位。

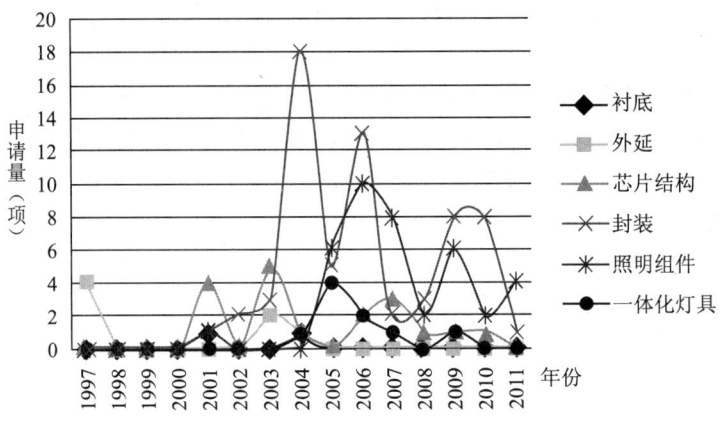

图 5-5-4 Gerry Negley 各领域申请量趋势

Tony van de Ven（VAN DE VEN A P）

发明时间：1995 年、2004 年至今；

1987~1994 年，就职于 Color Cells 有限公司，担任技术主管；

1994~1997 年，就职于科锐，担任 RCD 主管；

1998~2005 年，就职于兆光科技有限公司（Lighthouse Technologies Ltd.），担任首席执行官；

2005 年，与科锐创始人及前 CEO Neal Hunter 一起创立 LED Lighting Fixture（LLF）

---

❶ http://www.ofweek.com/print/PrintNews.do?detailid-16108001
　http://www.creeledrevolution.com/innovators

有限公司，并担任总经理；

2008 年，随被并购的 LED Lighting Fixture 有限公司而重返科锐；

2008 年至今，就职于科锐，担任亚太区 LED 照明解决方案主管（香港）；True-White®技术的共同发明人。❶

Tony 的相关专利申请主要开始于加入 LLF 的 2005 年，涉及领域主要为封装、照明组件；涉及芯片结构、一体化灯具较少，年均 2 件。自 2005 年以来，研发一直很活跃（参见图 5-5-5）。

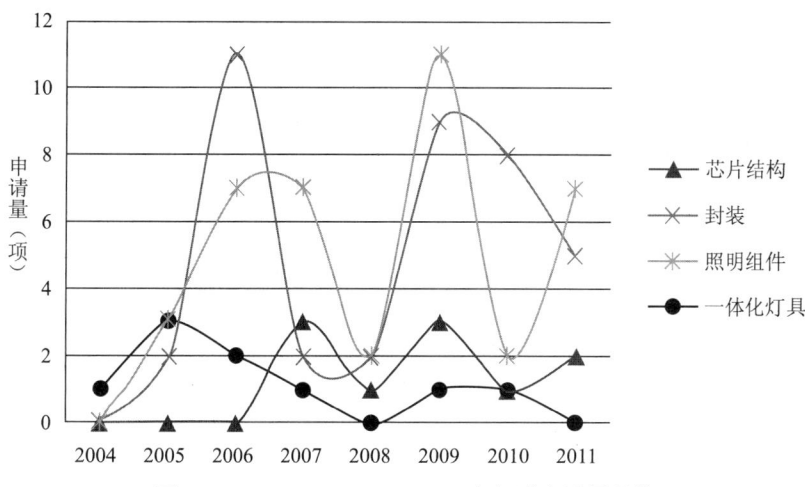

图 5-5-5　Tony van de Ven 各领域申请量趋势

Paul Pickard（PICKARD P K）

发明时间：2006 年至今；

1988~1993 年，就读于新墨西哥大学，获机械工程学士学位；

2009~2011 年，就职于科锐，担任 LED 照明高级开发副总裁；

2009 年至今，就职于科锐，担任 LED 照明研发副总裁；

2011 年至今，就职于科锐，担任系统设计师；

帮助开发并推出第一个商业上可行的 LED 筒灯 LR6；带领的技术团队推出第一个商业上可行的 LED 面板灯 CR24；他工作的团队目前正在开发和推出新的科锐 40W 和 60W 替代灯泡（参见图 5-5-6）。❷

团队 1-2 的核心发明人为 KELLER B P，主要研发领域涉及封装与照明组件。在团队 1-2 中，IBBETSON J 以及 MEDENDORP N W 是比较重要的研发人员。该团队与科锐圣芭芭拉技术中心有关。

如图 5-5-7 所示，团队 1-2 的申请主要开始于 2001 年，除封装外的其余 5 个领

---

❶ http://hk.linkedin.com/in/tonyvdv.
　http://www.creeledrevolution.com/innovators.

❷ http://www.linkedin.com/in/ppickard.
　http://www.yatedo.com/p/Paul+Pickard/normal/50c7db3677ca08c36c026ff80de919c6.

域的申请量较少,以封装领域为主要研究方向。如图 5-5-8 至图 5-5-10 所示,团队 1-2 的 3 位重要研发人员的领域分布与团队的领域分布保持了一致。

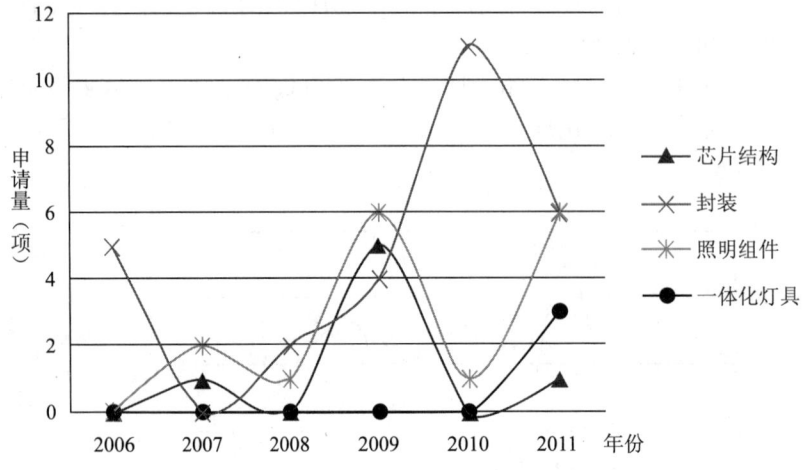

图 5-5-6　Paul Pickard 各领域申请量趋势

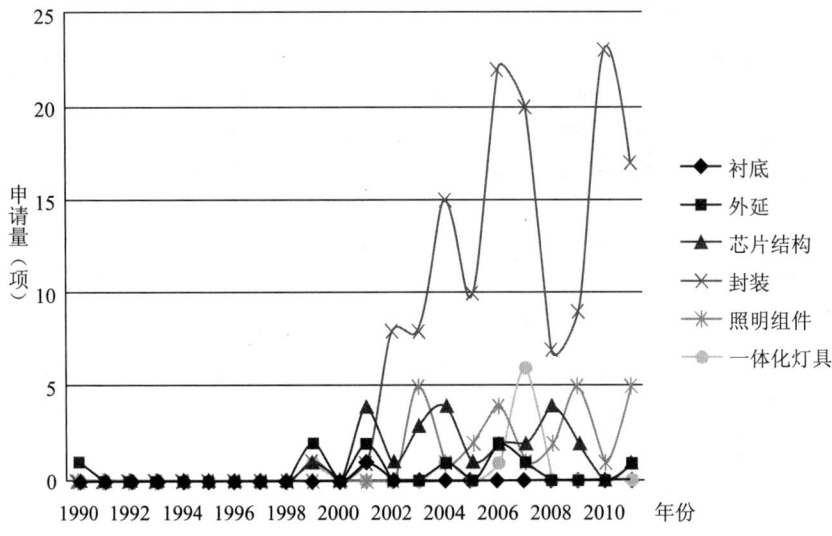

图 5-5-7　发明人团队 1-2 各领域申请量趋势

Bernd Keller(KELLER B P)

发明时间:1999 年至今;

担任科锐圣芭芭拉技术中心(Cree Santa Barbara Technology Center)总经理(参见图 5-5-8)。[1]

---

[1] http://www.linkedin.com/in/berndpkeller.

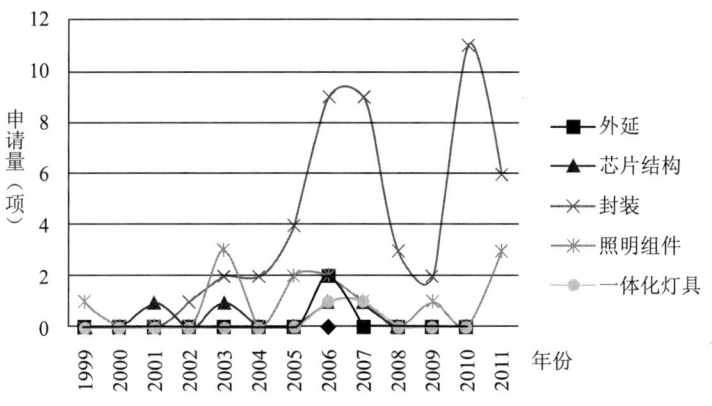

图 5-5-8　Bernd Keller 各领域申请量趋势

James Ibbetson（IBBETSON J）

发明时间：1999 年至今；

1996 年，加利福尼亚大学圣芭芭拉分校（UCSB）材料博士毕业；

1997 年，加入 Nitres 公司；

2000 年，随被并购的 Nitres 公司加入科锐。

现任科锐圣芭芭拉技术中心的先进 LED 组主管，该中心负责开发下一代基于 LED 的照明系统和相关材料。

从加入 Nitres 公司开始，他一直参与逼真照明级白光 LED 商业产业化技术的开发和应用。这包括第一代和第二代 EZBright™ 芯片、晶片级荧光材料集成，以及 XLamp™ LED 组件（参见图 5-5-9）。[1]

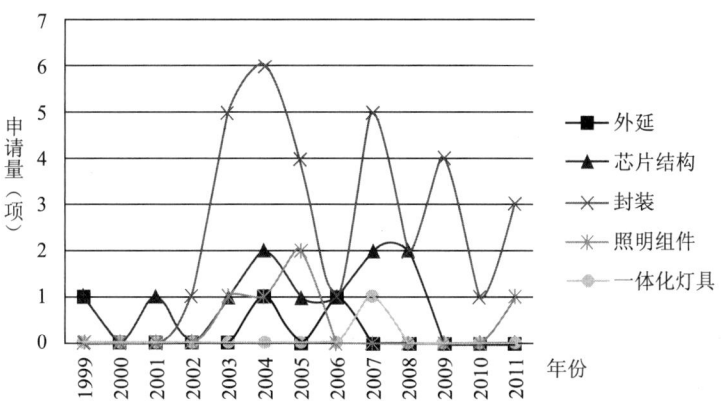

图 5-5-9　James Ibbetson 各领域申请量趋势

Nick Medendorp（MEDENDORP N W）

发明时间：2005 年至今；

---

[1] http://iee.ucsb.edu/summit2013/lighting.

获得普度大学材料科学与工程学士、硕士、博士学位；

1998~2001年，就职于摩托罗拉，担任高级工程师；

2001~2004年，就职于Agility Communications公司，担任业务经理；

2004~2007年，就职于科锐，担任研发和运营主管；

2007年10~2008年2月，就职于LLF，担任运营副总裁；

2008年2~2011年9月，随被并购的LLF而重返科锐，担任科锐LED照明运营副总裁；

2011年8月至今，就职于科锐，担任照明研发副总裁（参见图5-5-10）。❶

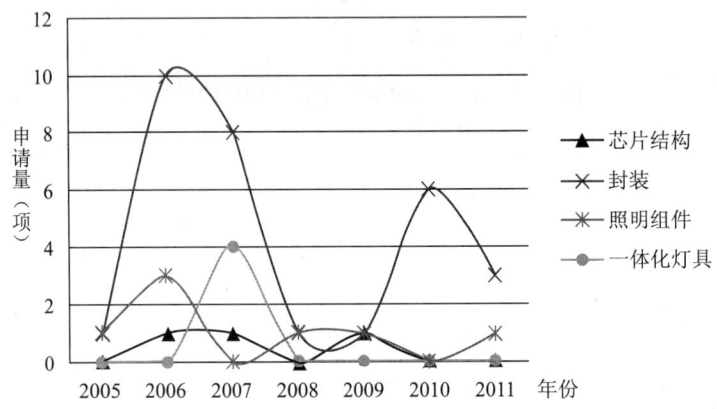

图5-5-10 Nick Medendorp各领域申请量趋势

团队1中的团队1-1和团队1-2容纳了团队1的较多的申请人及申请量。在团队1-1和团队1-2的外围，团队1还分布着一些小团队：团队1-3至1-7。这些小团队不同于团队1-1和团队1-2的大规模、大数量以及复杂的共同申请关系，甚至研发领域也有差异。

团队1-3至1-7的主要研发人员大多为6~7位，拥有一定数量的申请量。

团队1-3的核心研发人员为WILCOX K S，主要研发领域为封装、照明组件与一体化灯具（参见图5-5-11和图5-5-12）。该团队来源于2011年科锐并购的Ruud Lighting公司。作为一家照明应用领域公司，其发明人团队1-3的技术领域主要为封装、照明组件及一体化灯具。在整个发明时间内，封装领域的发明基本贯穿前后；照明组件的最大年申请量出现在2006年。

团队1-4的核心研发人员为BRANDES G R与VAUDO R P，主要研发领域为衬底，其他像外延、封装与照明组件也有一些涉及（参见图5-5-13）。团队1-4的技术领域分布广泛，在所有团队中，各领域的申请量分布最均匀。该团队来源于2004年3月科锐并购的高级技术材料公司（ATMI）的GaN部门。通过并购，进一步在2000年4月并购Nitres公司氮化物半导体技术的基础上，强化了GaN衬底和外延技术，同时获得了不少重要的专利。

---

❶ http://www.linkedin.com/pub/nick-medendorp/5/286/597？trk=pub-pbmap.

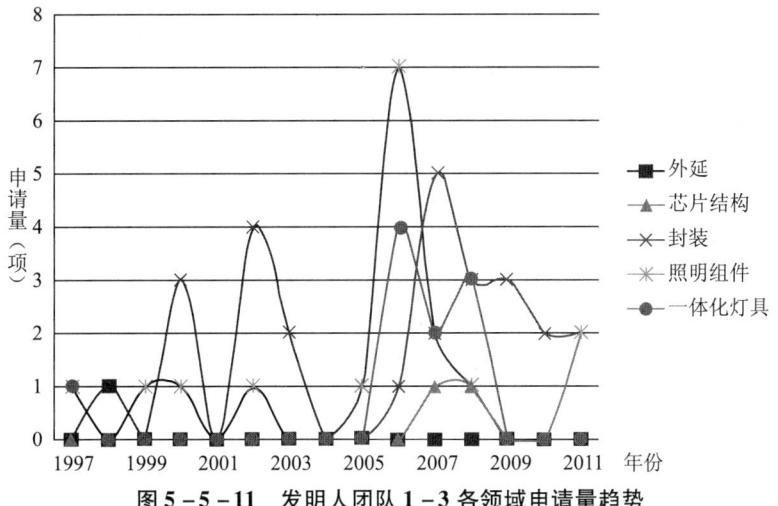

图 5-5-11 发明人团队 1-3 各领域申请量趋势

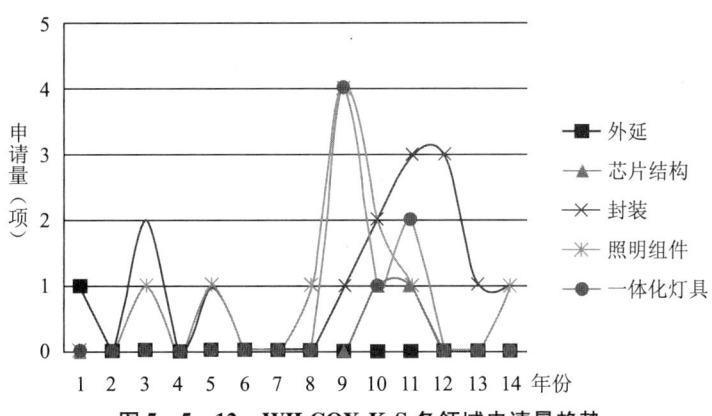

图 5-5-12 WILCOX K S 各领域申请量趋势

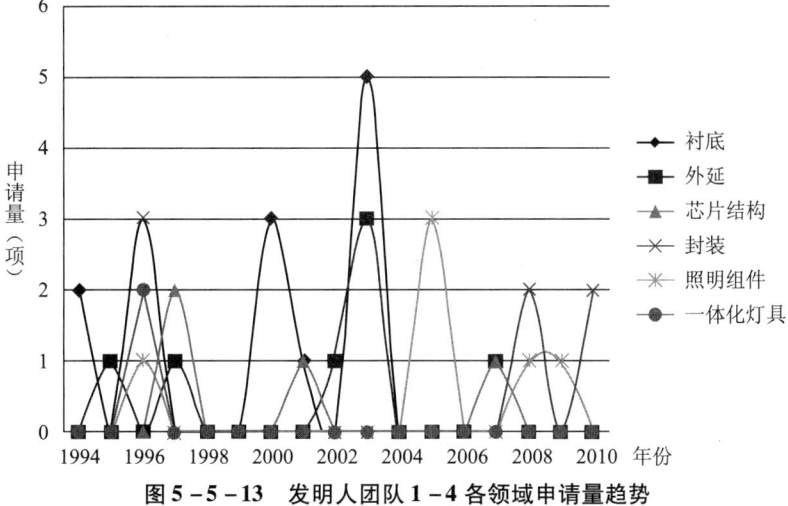

图 5-5-13 发明人团队 1-4 各领域申请量趋势

团队 1-5 的核心研发人员为 ROBERTS J K，主要研发领域为一体化灯具，也涉及一些封装以及照明组件（参见图5-5-14）。

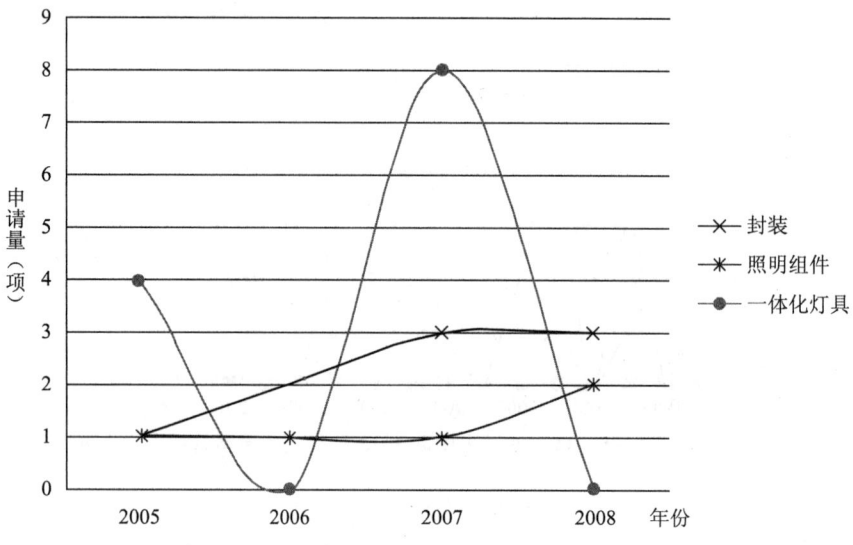

图5-5-14　发明人团队1-5各领域申请量趋势

团队1-6的主要研发人员有：DENBAARS S P、BATRES M 以及 NAKAMURA S（中村修二），主要研发领域为外延与芯片结构。该团队与加州大学圣芭芭拉分校有关（参见图5-5-15）。

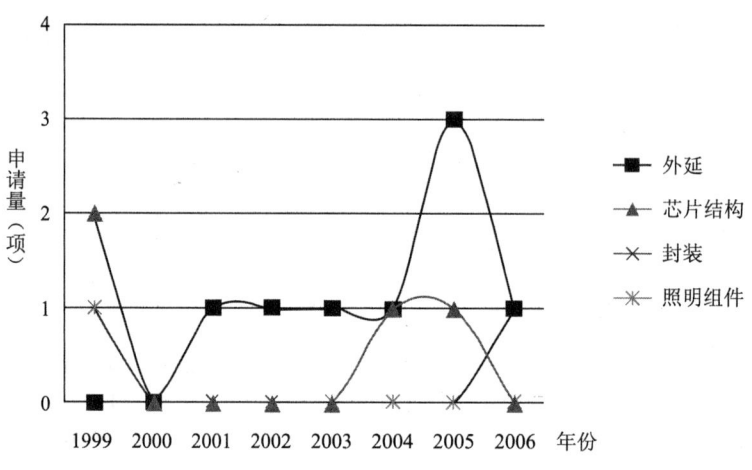

图5-5-15　发明人团队1-6各领域申请量趋势

Steven P. DenBaar（Denbaars S P）

发明时间：1999～2006年；

1984年，亚利桑那大学材料与冶金工程学士毕业；

1984～1988年，就职于南加州大学，担任化合物半导体实验室的研究助理；

1986年，南加州大学材料科学硕士毕业；

1988年，南加州大学电气工程博士毕业；

1988~1991年,就职于惠普光电,担任研发工程师;

1991~1994年,就职于加利福尼亚大学圣芭芭拉分校,担任材料系助理教授;

1994~1998年,就职于加利福尼亚大学圣芭芭拉分校,担任材料系副教授;

1997年,创立Nitres公司,共同创始人;

2000年至今,就职于科锐,担任科技顾问;

1998年至今,就职于加利福尼亚大学圣芭芭拉分校,担任材料系教授;

2002~2007年,就职于加利福尼亚大学圣芭芭拉分校,担任固态照明和显示中心的执行主管;

2007年至今,就职于加利福尼亚大学圣芭芭拉分校,担任固态照明和能源中心的执行主管。

研究方向为:宽禁带半导体(GaN基、ZnO基)的生长;Ⅲ-Ⅴ族化合物半导体材料及器件(InP、GaN)的MOCVD,其材料特性对蓝光LED、蓝光激光器与高温高功率器件的影响(参见图5-5-16)。❶

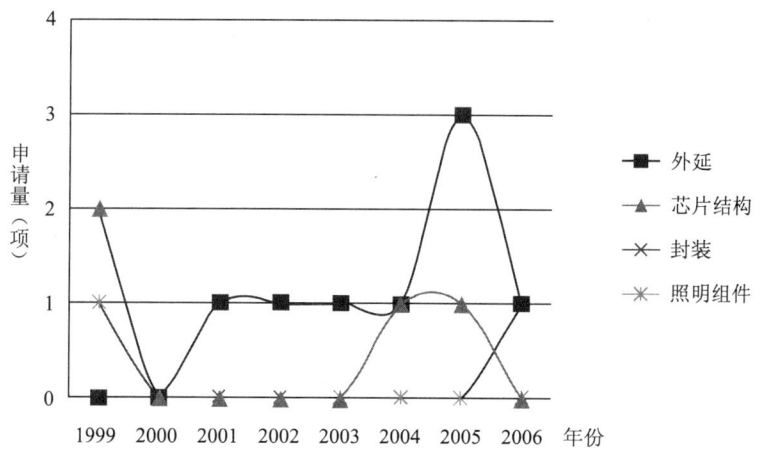

图5-5-16 Steven P. DenBaar各领域申请量趋势

中村修二(Nakamura Shuji,Nakamura S)

发明时间:2001~2005年;

1954年,出生于日本爱媛县濑户町;

1977年,德岛大学(日本)电子工程学士毕业;

1979年,德岛大学电子工程硕士毕业,同年进入日亚化学;

1988~1989年,赴佛罗里达大学,担任电子工程客座副研究员,研究有机金属气相沉积(MOCVD);

1993年,开发出第一个Ⅲ族氮化物基的蓝色发光二极管;

1994年,德岛大学工程博士学位毕业;

---

❶ http://engineering.ucsb.edu/faculty/profile/152.
http://www.sslec.ucsb.edu/denbaars/cv_denbaars.pdf.

1999 年，离开日亚化学；

1999 年至今，就职于加利福尼亚大学圣芭芭拉分校，担任材料系教授。同时以每周一天的频率指导科锐。

2000 年至今，就职于加利福尼亚大学圣芭芭拉分校，担任固态照明和显示中心主管；

2004 年至今，担任不来梅大学（德国）名誉教授、信州大学（日本）、鸟取大学（日本）、德岛大学（日本）客座教授；

2005 年至今，担任武汉大学名誉教授；

2007 年至今，担任香港科技大学荣誉客座教授、爱媛大学（日本）客座教授；

2009 年至今，担任上海半导体照明工程技术研究中心顾问、复旦大学顾问教授❶。

其在 LED 照明领域的研究方向为：紫外线、蓝色和绿色；先进外延生长；低缺陷密度基板增长生长；颜色转换的新型荧光粉；先进光提取封装（参见图 5-5-17）。❷

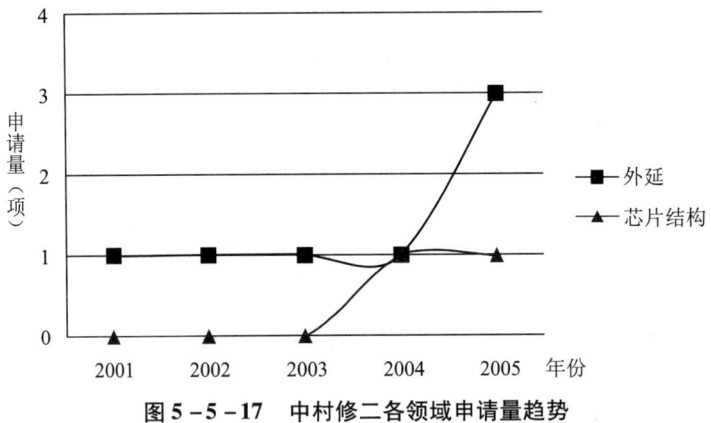

图 5-5-17　中村修二各领域申请量趋势

团队 1-7 的主要研发人员为：CARTER J C H，主要研发领域为衬底，还少量涉及外延与芯片结构（参见图 5-5-18）。

Calvin Carter Jr.

发明时间：1990～2006 年；

1987 年，创立科锐，共同创始人；

Calvin Carter Jr. 的精力主要放在公司的管理上，专利申请量不多（参见图 5-5-19）。

团队 1-3 到团队 1-7 与团队 1-1、团队 1-2 一起构成团队 1 庞大的研发团队，是 3 个研发团队中人数最多，申请量最大的团队。

团队 2 的核心研发人员为 EDMOND J A、EMERSON D T 与 BERGMANN M J，主要研发领域涉及外延、封装、芯片结构与衬底（参见图 5-5-20）。在 2000 年以前（含 2000 年），研发领域主要为外延，直到 2005 年，外延都是团队 2 研发的首要方向；而

---

❶ http://www.sslec.ucsb.edu/nakamura/Shuji_Nakamura_CV03012011.pdf.

❷ http://www.sslec.ucsb.edu/nakamura/research.html.

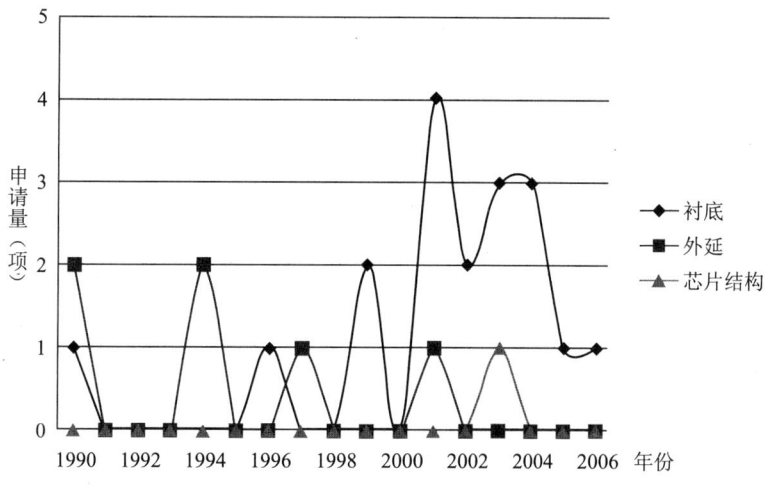

图 5-5-18 发明人团队 1-7 各领域申请量趋势

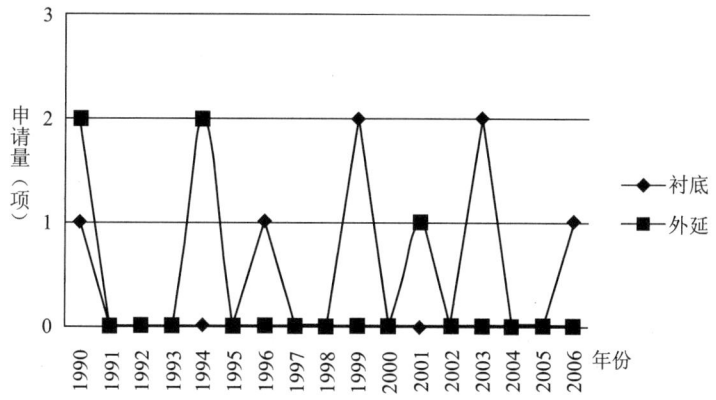

图 5-5-19 Calvin Carter Jr. 各领域申请量趋势

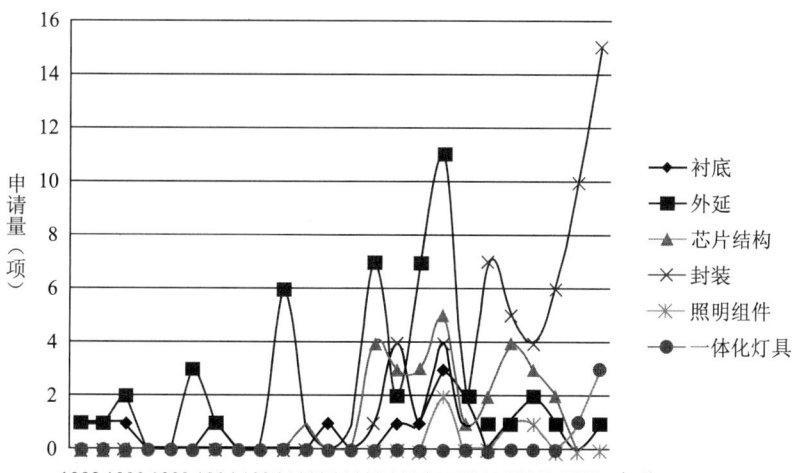

图 5-5-20 发明人团队 2 各领域申请量趋势

在 2005 年以后，对外延的研究大幅减少；从 2001 年开始，研发逐步扩展到芯片结构、封装、衬底、照明组件等领域，出现研发方向多领域化的趋势；2006 年是研发方向的一个明显转折点，研究的重点从外延为主转到了封装为主；在 2010 年，开始涉及少量的一体化灯具的研发。另外，通过对团队内各发明人数据的单独分析，上述研发方向的转变对于各发明人都是一致的，未形成明显差异。

John Edmond（EDMOND J）

发明时间：1988 年至今；

科锐的共同创始人；蓝光 LED 的共同发明人。

在 1989 年，科锐推出了世界上第一个蓝色发光二极管。该公司自创立起的 20 多年间，John Edmond 一直在为改进 LED 技术而努力。作为科锐的高级光电主管（director of advanced optoelectronics），他仍然在实验室为创新而工作，并持续贡献着专利申请（参见图 5-5-21）。❶

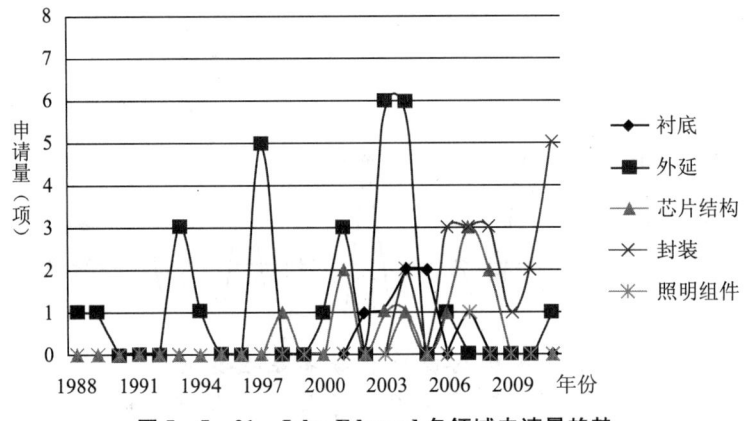

图 5-5-21　John Edmond 各领域申请量趋势

EMERSON D T 在参与团队 2 的同时，还与 CHAN C K（陈志强）一起领导了团队 3，主要研发领域涉及封装与一体化灯具（参见图 5-5-23）。团队 3 中除 EMERSON D T 外的其他研发人员基本都为华人，是华人研发团队。该团队来源于 2007 年科锐并购的 COTCO，其 1982 年成立于香港，总公司设于香港，生产厂房设于广东惠州（成立于 1997 年的惠州华刚零件有限公司）。作为一家封装企业的研发团队，团队 3 的研发领域几乎不涉及 LED 芯片制造的上中游、只涉及下游。在此次并购以前，团队 3 的研发方向比较单一，主要为封装；经过两年的调整，到 2009 年，团队 3 的研发领域进行了扩展，除了原有封装外，还涉及一体化灯具，显示了并购后的团队 3 进一步向 LED 照明一体化灯具应用领域的扩展（参见图 5-5-22）。

---

❶　http：//www.creeledrevolution.com/innovators.

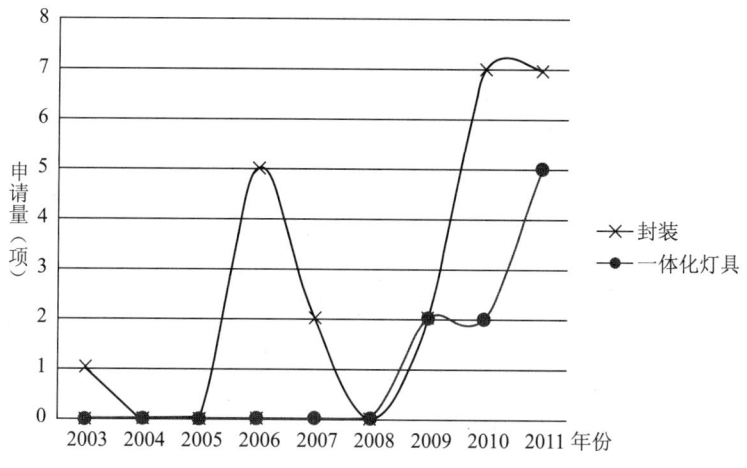

图 5-5-22 发明人团队 3 各领域申请量趋势

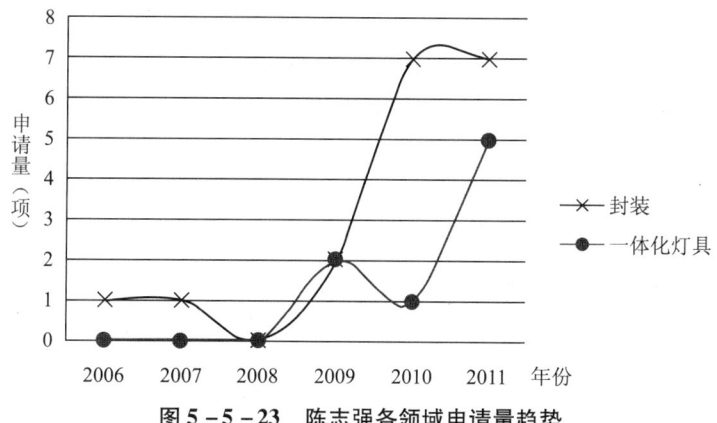

图 5-5-23 陈志强各领域申请量趋势

通过以上的发明人聚类分析，详细分析了科锐的各个发明人团队。这些团队在活跃时域、研发地域、技术领域上各有特色、各有不同。有些团队自科锐创立之始就已形成，并随着科锐的发展而不断发展；有些团队来自于科锐的并购，在并购后保持着团队特点的同时又与科锐原有团队开展横向技术合作，构建错综复杂的发明人网络，实现技术的内部流动和多元进化。有些团队来源于科锐的发源地美国；有些团队则成长于科锐全球化发展的海外区域。有些团队扎根于企业；有些团队则置身于大学等研发机构。科锐的发明人团队众多，这里我们选取位于中国的发明人团队 3 对其进行专利技术分析。

团队 3 的发明人主要包括：EMERSON D T、CHAN C K、WANG X、FEI X、SHENG J、ZHIKUAN Z、LI F、LAU Y K V、PANG C H、LIU H、ZHANG J、XIE J H。

2007 年科锐并购 COTCO，使得 2007 年成为发明人团队 3 发展的转折点。2007 年以前申请的第一发明人为 CHAN K M、WANG X、XIE J H、CHENG S C，而自 2007 年开始，第一发明人则几乎都为 CHAN C K。发明人团队 3 随着并购，同时也引入科锐已有的重要发明人 EMERSON D T，以及后续逐步增加了多个发明人，体现了科锐对 COT-

CO发明团队快速而又高效地接收、整合与扩容。

下面按照发明点的不同将团队3的专利分为6组：涉及增加可靠性、色彩逼真度或散热；涉及实现窄视角显示；涉及实现大视角显示；涉及改善像素对比度；涉及提高耐候性以及其他，分别进行说明。图5-5-24示出了团队3的专利技术演进。其中，横轴为时间；纵轴为第一发明人；箭头代表专利技术演进。

（1）第一组：涉及增加可靠性、色彩逼真度或散热

CN101454911B、US7675145B2、WO2007141664A2，发明人：WANG X、XIE J H、CHENG S C，最早申请日（最早优先权日）：2006年3月28日。技术方案：表面贴装器件，第一引线单元的芯片组部包括延伸到凹口所暴露区域内的第一和第二凹部，且第二凹部设在与第一凹部相对并靠近第二引线单元的位置。增大了引线单元周围的粘附区域，利于固定引线单元和光电子组件。

后续对母案CN101454911B提交了分案申请CN102137573A，第一引线和第二引线中的至少一个在其暴露的部分中具有一个或多个尺寸减小部，减小了表面积以提供与引线周围的外壳之间的增加的表面接合区域。

CN101432875B、US7635915B2、EP2011149A2、JP2010501998A、WO2007122516A2，发明人：XIE J H、CHENG S C，最早申请日（最早优先权日）：2006年4月26日。技术方案：表面安装装置中，外壳具有从外壳表面延伸到外壳中的凹部，以使得芯片座部分的至少一部分通过凹部暴露。可提高装置稳定性，且改善了电极相对外壳和/或凹部的定位。

后续对母案CN101432875B、US7635915B2提交了分案申请CN101834265A、US8362605B2，当第一电极从芯片座部分向外壳周边延伸时分成第一多根引线，在第一电极部分突出外壳外之前第一多根引线结合到第一结合引线部分。

CN101127350B、US8367945B2、JP2008047916A、DE102007038320A1，发明人：CHENG S C、XIE J H，最早申请日（最早优先权日）：2006年8月16日。技术方案：表面安装器件包括：具有凹部的外壳；具有反射表面的插入物；通过凹部而部分露出的多根引线。解决现有技术将电子器件安装在电路板上时，有些器件难以安装，且有些器件的安装会随时间恶化，导致安装有该器件的产品操作精度退化，甚至不能操作的问题。

后续对母案CN101127350B提交了分案申请CN102569273A。

CN101641784A、WO2008101433A1、US2008218973A，发明人：XIE J H、LIANG Z、WANG X，最早申请日（最早优先权日）：2007年2月12日。技术方案：表面贴装器件具有形成在壳体的第一表面中且至少部分地延伸进入壳体中的一凹槽；电子和/或光电子器件与引线相连接且至少部分地通过凹槽露出。散热器的安装表面的尺寸可以减小和/或最小化，以提供更多的散热；通过减少散热器的暴露表面面积，可以增强光的发射和接收。

CN101388161A、US2009072251A1，发明人：CHAN C K、WANG X，最早申请日（最早优先权日）：2007年9月14日。技术方案：引线框，三个LED中每一者的第一电端子电耦合且热耦合到芯片载体部件的芯片承载表面；表面承载组合产生大体上完全范围颜色的三个LED的线性阵列；三个导电连接部件与芯片载体部件分离，LED芯

片载体部件和三个导电连接部件中的每一者均具有引线。LED 的线性定向会在广泛范围的视角上改进颜色保真度。

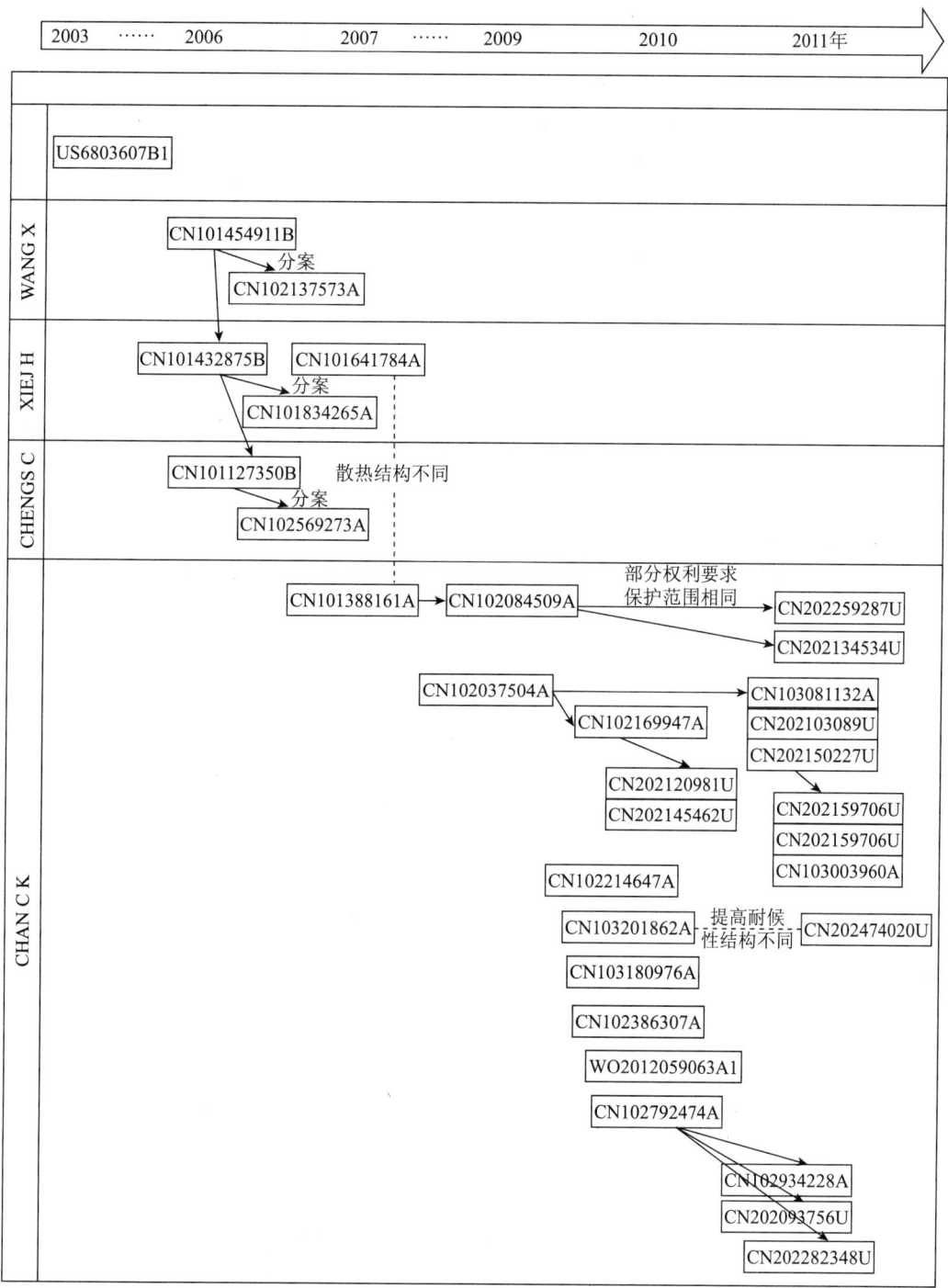

图 5-5-24　团队 3 专利技术演进图

CN101388161A 与 CN101641784A 的散热结构的不同主要在于：后者的散热器是独立设置，前者的散热器与引脚一体设置。

CN102084509A、US8368112B2、WO2010081403A1、EP2377173A1、JP2012515440A、KR20110096601A、US20130038644A1，发明人：CHAN C K、LAU Y K V、WANG X、EMERSON D T，最早申请日（最早优先权日）：2009年1月14日。技术方案：用于多发光器封装体的导电性引线框中，导电性阴极部具有用于承载发光器件的附着焊盘，导电性阳极部具有连接焊盘，附着焊盘和连接焊盘设置成保持发光器件线性对齐，通过引线框将电信号施加到发光器件，并设置陶瓷壳体和通孔。允许封装体在不同观看角度以改进的颜色均匀性发光，可改善发光器件的电流控制、封装体组件的刚性和防水性。

CN102084509A 与 CN101388161A 的不同只在于多个相同或相近技术特征的不同组合，发明点一致。

CN202259287U，发明人：CHAN C K、LAU Y K V、WANG X、EMERSON D T，最早申请日（最早优先权日）：2011年5月27日。技术方案：发光器件显示器包括：载有发光器件封装体阵列的基板，每一个所述发光器件封装体包括塑料壳体并包含线性对齐的LED；以及电连接的驱动电路，选择性对所述阵列加电以在所述显示器上产生可视图像。该发光器件显示器可以用在诸如室内和/或户外，用于增加色彩逼真度和散热、改进电流控制并增加封装组件的刚性。

CN202259287U 的全部权利要求与 CN102084509A 的第三组权利要求保护范围一致。

CN202134534U，发明人：CHAN C K、LAU Y K V、WANG X、EMERSON D T，最早申请日（最早优先权日）：2011年5月27日。技术方案：导电性引线框，每一个导电性阴极部具有用于承载至少一个发光器件的附着焊盘，阳极部中的每一个具有连接焊盘，其中附着焊盘和连接焊盘设置成保持发光器件线性对齐；引线框的表面积的至少一半通过发光器件封装体的壳体中的空腔而可见。提供一种导电性引线框以及发光器件封装体，可用于LED显示器中，诸如室内和/或户外的LED屏中，使得能够增加色彩逼真度和散热、改善电流控制、增加封装组件的刚性。

CN202134534U 对 CN102084509A 的改进主要在于：引线框的表面积的至少一半通过发光器件封装体的壳体中的空腔而可见。

（2）第二组：涉及实现窄视角显示

CN102037504A、CN202134569U、CN202474014U、EP2452330A1、JP2012532349A、KR20120039701A、WO2011003277A1、US2011001149A1，发明人：CHAN C K、LAU Y K V、ZHANG Z、YAN X、LIU H、FEI X，最早申请日（最早优先权日）：2009年7月6日。技术方案：LED封装以及使用LED封装的LED显示器。LED封装体中，LED偏离反射杯的中心放置。LED的峰值发射是倾斜的或偏移的，从而将其峰值发射定制为与LED显示器的安装高度或位置相匹配。

CN102169947A、US8350370B2、WO2011091569A1、KR2012124468A，发明人：CHAN C K、ZHIKUAN Z、LAU Y K V、LIU H、FEI X、LUO M、SHENG J，最早申请日（最早优先权日）：2010年1月29日。技术方案：LED封装以及使用LED封装的

LED 显示器。至少部分 LED 封装的水平发射角大于垂直发射角。设置 LED 封装以提供宽角度水平发射，这导致 LED 显示器呈现例如宽角度远场图形的改善的发射特性；LED 显示器在垂直视角范围还可呈现改善的图像质量。

CN102169947A 对 CN102037504A 的改进主要在于通过设置反射杯的不同方向上的不同来替代 LED 偏离反射杯的中心放置。

CN202120981U、CN202145462U，发明人：CHAN C K、ZHIKUAN Z、LAU Y K V、LIU H、FEI X、LUO M、SHENG J，最早申请日（最早优先权日）：2010 年 11 月 19 日。

CN202120981U、CN202145462U 对 CN102169947A 的改进主要在于：LED 封装具有反射涂层。

CN103081132A、CN202103089U、CN202150227U、CN103081132A、WO2012135976A1、TW201232840A，发明人：CHAN C K、ZHIKUAN Z、LAU Y K V、FEI X、LIU H、SHENG J、EMERSON D T，最早申请日（最早优先权日）：2011 年 4 月 7 日。技术方案：引线框、发光二极管封装件以及显示器。引线框具有反射杯，反射杯的壁面相对于底面倾斜并在其上端处限定出开口，反射杯为椭圆形或圆形，LED 安装在底面上，底面具有沿第一轴线的 0.91~1.1mm 的第一轴向尺寸和沿垂直于第一轴线的第二轴线的 0.66~0.91mm 的第二轴向尺寸。出光效率高，节能，减少光污染。

CN103081132A、CN202103089U、CN202150227U、CN103081132A 比 CN202120981U、CN202145462U 更进一步地限定了反射杯底面的互相垂直的不等长的两轴线的具体尺寸。

CN202268380U、CN202159706U、CN103003960A、WO2012139252A1，发明人：CHAN C K、ZHIKUAN Z、FEI X、LIU H、SHENG J、EMERSON D T，最早申请日（最早优先权日）：2011 年 4 月 13 日。技术方案：显示器，LED 器件中的至少一个包括具有反射杯的引线框，反射杯具有圆形底面和壁面，壁面相对于底面具有可变的倾度并在其上端限定开口；反射杯具有大于 0.25mm 的从壁面的上端到底面的深度；信号处理和 LED 驱动电路，被电连接以选择性地激励 LED 器件阵列；反射杯具有椭圆形形状。提供一种产生具有和均匀远场图样的 LED 器件，并得到高质量且高性能的视频显示屏。视角较窄，在公共场所第三方不能看到显示的图像。相比广视角显示器，可减少光的浪费，减小大屏幕 LED 显示屏的能量消耗。

CN202268380U、CN202159706U、CN103003960A 对 CN103081132A、CN202103089U、CN202150227U 的改进主要在于：反射杯具有大于 0.25mm 的从壁面的上端到底面的深度、显示器的相邻 LED 模块之间的间距小于 44mm、显示器的相邻 LED 模块之间的间距是 20mm 或者显示器的相邻像素之间的像素间距小于 44mm。

（3）第三组：涉及实现大视角显示

CN102792474A、CN202103048U、WO2012058852A1、TW201220561A、US2012104427A1，发明人：CHAN C K、PANG C H、LI F、LAU Y K V、ZHANG J、EMERSON D T，最早申请日（最早优先权日）：2010 年 11 月 3 日。技术方案：具有大引脚垫的微型表面安装 LED 封装件。包括引线框和至少部分地包绕引线框的塑料壳体。引线框包括多个导电芯片

载体。在所述多个导电芯片载体中的每个上设置有 LED。表面安装 LED 封装件的轮廓高度小于约 1.0mm。具有较大的引脚垫、更低的运行温度。

CN102934228A、CN202178295U、WO2012116470A1、TW201250982A，发明人：CHEN A C、PANG C H、LI F、EMERSON D T，最早申请日（最早优先权日）：2011 年 3 月 2 日。技术方案：发光二极管封装件，至少部分导电芯片载体暴露在聚合物壳体的腔室底面上，腔室底面的面积与聚合物壳体第一主表面的面积的比例为至少 35%。降低运行温度，提高色彩保真度。

CN102934228A、CN202178295U 对 CN102792474A、CN202103048U 的改进主要在于：透镜部分地覆盖引线框；并将其中的"聚合物壳体包括：相对的、其间具有高度距离的第一主表面和第二主表面；相对的、其间具有宽度距离的侧表面；和相对的、其间具有长度距离的端面，其中所述高度距离、所述宽度距离和所述长度距离均小于约 2.6mm（权利要求 21）"进一步缩小为：聚合物壳体，包括其间具有高度距离的相对的第一主表面和第二主表面、其间具有宽度距离的相对的侧表面，以及其间具有长度距离的相对的端表面，其中，所述高度距离、所述宽度距离和所述长度距离小于约 2mm、约 1.85mm 或者其他更小数值。

CN202093756U，发明人：CHEN A C、PANG C H、LI F、EMERSON D T，最早申请日（最早优先权日）：2011 年 3 月 2 日。LED 显示器。技术方案：基板，支承以竖直列和水平行布置的表面安装器件的阵列，所述表面安装器件中的每个都包括壳体、引线框和透镜，并含有多个 LED，所述透镜部分地覆盖所述引线框，所述多个 LED 配置为通电而以组合方式基本上产生所有颜色并限定所述显示器的一个像素；以及信号处理和 LED 驱动电路，所述信号处理和 LED 驱动电路电连接以选择性地对表面安装器件的阵列通电而在 LED 显示器上显示图像，其中，所述显示器的每个像素具有小于 2.8mm×2.8mm 的尺寸。微型表面安装器件具有低运行温度和低制造成本，LED 显示器提高了对比度，提高了色彩保真度。

CN202093756U 对 CN102792474A、CN202103048U 的改进主要在于：透镜部分地覆盖引线框。

CN202282348U，发明人：CHAN C K、PANG C H、LI F、LAU Y K V、ZHANG J、EMERSON D T，最早申请日（最早优先权日）：2011 年 5 月 27 日。技术方案：发光二极管封装件和发光二极管显示器，所述发光二极管封装件包括：引线框，包括多个导电芯片载体；设置在所述多个导电芯片载体中每个上的发光二极管；透镜，至少部分地覆盖所述引线框；以及塑料壳体，其至少部分地包绕所述引线框，其中表面安装的发光二极管封装件的轮廓高度小于 1mm。实现大视角、维持相对低的运行温度以及减小 SMD 封装件的尺寸。

CN202282348U 对 CN102792474A、CN202103048U 的改进主要在于：透镜部分地覆盖引线框。

（4）第四组：涉及改善像素对比度

CN102386307A、CN202259406U、CN202797078U、WO2012027871A1、TW201218439A、US2011037083A1、CN202111155U，发明人：CHAN C K、EMERSON D T、PANG C H、

ZHANG J，最早申请日（最早优先权日）：2010年9月3日。技术方案：LED封装以及使用LED封装的LED显示器。LED封装包括LED芯片和转换LED芯片发射的至少一些光的转换材料。该封装发射来自转换材料的光或来自转换材料与LED芯片的光的组合。在LED芯片周围包括反射区域，其充分反射封装光，且在反射区域外包括对比区域，其具有与封装光形成对比的颜色。LED显示器包括多个彼此相关地布置以产生消息或图像的LED封装，该封装提供改善的像素对比度。

（5）第五组：涉及提高耐候性

CN103201862A、WO2012013161A1、US2012025227A1，发明人：CHAN A C、PANG C H，最早申请日（最早优先权日）：2010年7月30日。技术方案：防水表面安装LED封装以及使用LED封装的LED显示器。具有改进的结构完整性及可定制属性的防水封装件。改进的结构完整性通过壳体材料包含的引线框中的各种特征提供，以增强引线框与壳体之间的粘附性，提供较牢固的防水封装件。此外，所述改进的结构完整性和防水性进一步通过凹腔特征提供，凹腔特征增强了凹腔与保护密封剂之间的粘附性。提供了总高度大于侧向暴露焊针的长度的封装件，改善了相邻封装件之间的侧向暴露焊针的凝胶覆盖物。LED显示器可用于户外显示。

CN202474020U，发明人：CHAN C K、PANG C H、FEI R F、LI F，最早申请日（最早优先权日）：2011年11月24日。技术方案：提供一种LED封装件和包括其的显示器。LED封装件包括：具有安装表面和下表面的第一塑料部分；环绕第一塑料部分并暴露第一塑料部分的安装表面和下表面的第二部分；安装在安装表面上的一个或多个LED；将一个或多个LED连接至电源的电气布线图案。第一塑料部分和第二部分具有不同的光学性质。LED封装件结构紧凑、坚固防水；且具备用于户外使用显示器的耐气候性；并且能够采用较少的材料以低成本生产。

（6）第六组：其他

US6803607B1、WO2004114423A1，发明人：CHAN K M、LAU V Y K，最早申请日（最早优先权日）：2003年6月13日。技术方案：提供一种表面安装发光器件，其中器件的底面露出引线框架，从而允许更大的热导率。发光二极管提供透镜和成型体在单一模制步骤中封装引线框架和电接触。透镜耦合发光二极管的光输出到主体为球形图案和它上面的反射器。表面安装发光器件具有高功率容量，避免了传统的引脚安装，提供足够的散热，以最少的组件可以方便地制造和适合光学直接安装到使用抛物面反射镜的器件中以及代替钨灯丝灯泡。

CN102214647A、CN202142527U、CN202142528U、EP2559065A1、US2011248293A1、WO2011127636A1，发明人：CHAN A C、PANG C H、FEI R F，最早申请日（最早优先权日）：2010年4月12日。技术方案：表面安装LED封装，引线框包括与外壳配合的多个特征，以提供引线框和外壳之间的牢固连接，外壳的腔体的底部包括与腔体的顶部不同的形状，腔体底部的形状增加了暴露的引线框部分的表面积。腔体的底部的尺寸比腔体的顶部的尺寸至少大30%。使用LED封装的光发射器件显示器中，LED封装的高度小于2.0mm，且其外壳腔体的底部的尺寸比腔体顶部的尺寸至少大30%，LED和引线框的多个部分通过腔体被暴露。提供在不同视角处的改善的色彩发射均匀度，LED

封装对于较平的应用具有薄/低断面，为附连到标准的机械/电气支撑体留出余地。

CN103180976A、US2011042698A1、TW201216527A、WO2012026966A1，发明人：EMERSON D T、CHAN C K，最早申请日（最早优先权日）：2010年8月25日。技术方案：LED封装和使用LED封装的LED显示器。LED封装包括反射杯和安装在反射杯内的LED芯片。反射杯具有第一轴线和与第一轴线正交的第二轴线，其中，LED芯片在反射杯内旋转，使得LED芯片不与所述第一轴线对准。一些LED封装可包括具有芯片纵向轴线的矩形LED芯片和具有杯纵向轴线的椭圆形反射杯。LED芯片安装在反射杯内，芯片纵向轴线与杯纵向轴线成角度。LED显示器包括多个LED封装，至少一些LED封装具有以不同角度安装在反射杯内的LED芯片。由于键合线的长度减小，引线键合的故障率降低。可有效地提高强度和质量的图像。提供具有均匀远场特性曲线的LED封装。

WO2012059063A1、US2012104426A1，发明人：CHAN C K、PANG C H、LAU Y K V，最早申请日（最早优先权日）：2010年11月3日。技术方案：白色陶瓷LED封装。贯通孔从接合垫通过壳体延伸，以在接合垫与电极之间提供电连接，可以改善LED封装的结构完整性。接合垫与壳体之间的连接得到改善。LED封装的成本和复杂性可被降低。

5.5.4 独立发明人分析

除了发明人之间错综复杂的共同发明之外，不少发明人也进行了独立发明。独立发明人53位，独立发明共181项，占总申请量的23.4%。其中，个人独立发明在5项以上的有10人，排名前三的为：NEGLEY G H（27项）、VAN DE VEN A P（12项）以及ANDREWS P S（11项），其余都在10项以下。

图5-5-25示出了独立发明比例10%以上且总申请量大于5项的21位发明人的独立发明与非独立发明对比。在图5-5-25中，独立发明比例自上而下逐渐增加。

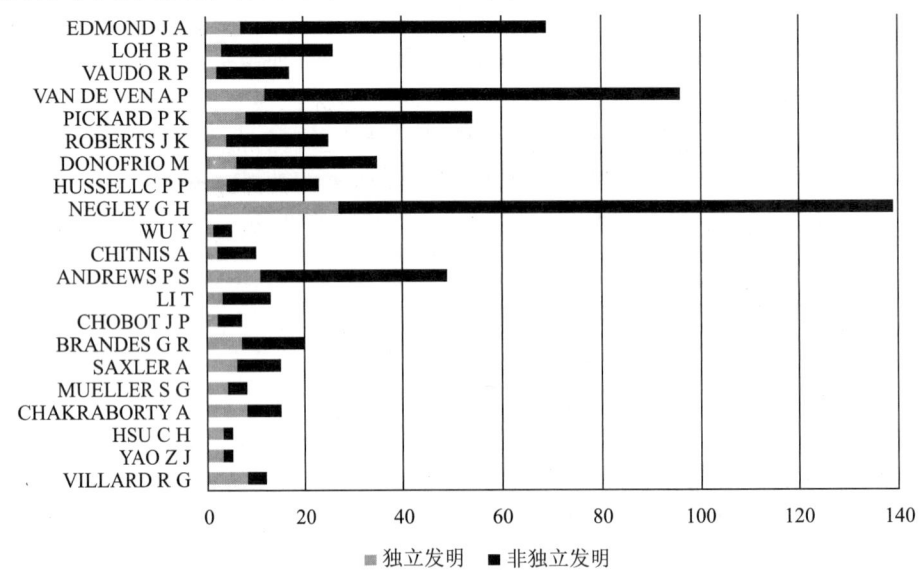

图5-5-25　科锐前21位发明人的独立发明与非独立发明对比图

科锐的研发主要以团队研发为主，个人的独立发明比例不高，但从具有独立发明的人数而言，独立发明比较活跃。

5.6 小　　结

本章主要介绍了科锐的概况、全球专利申请趋势、国家/区域分布、技术分支分布情况、针对中国专利，还分析了申请趋势、法律状态以及主要技术分支分布情况；介绍了一些重要专利；针对发明人，主要作了数量分析、活跃度分析、团队分析及独立发明人分析。在团队分析中，重点分析了其中的中国发明人团队的技术发展。

科锐产业链布局从衬底延伸到下游照明，建立了比较完善的垂直产业链。科锐的技术优势主要体现在：碳化硅和氮化镓材料技术、白光技术、大功率芯片技术以及芯片级封装技术。在申请量全球区域布局上，科锐的专利申请以本土美国为重点，主要海外市场选取中国、欧洲、日本、韩国重点进行专利申请。在技术领域分布上，科锐主要布局的领域是封装领域。

科锐的专利技术来源广泛。科锐早期技术来自北卡罗来纳州立大学的 SiC 的特性研究，在此基础上科锐通过自身研发，开发出基于 SiC 衬底的 LED 技术。后续通过对 Nitres、ATMI 的 GaN 部门、Intrinsic 的并购进一步获得了 GaN 与 SiC 的核心技术与人才；以及通过并购 COTCO，获得中国市场与低成本 LED 封装产能；通过并购 LLF、RUUD 照明扩展了照明组件与灯具领域的技术；同时，通过波士顿大学的专利独家授权以及与加州大学圣芭芭拉分校的合作获得更多的专利技术。科锐通过自身研发、并购、授权、合作多种途径和方式构建多领域专利布局。

科锐拥有众多数量的发明人，并以此形成多个发明团队。通过研究科锐的发明人及其联系，分析科锐的各个发明人团队。这些团队在活跃时域、研发地域、技术领域上各有特色。这些发明人和这些发明团队一起，构成了各具技术领域特色及不同团队合作模式的研发力量。通过并购，科锐得以不断地吸收不同技术领域的发明人，构成较广泛的领域分布，并维持了比较稳定的发明人队伍。

第6章 三星专利分析

6.1 技术发展历程

6.1.1 三星概况

三星成立于1938年，是韩国第一大企业，同时也是一个跨国的企业集团，三星包括众多的国际下属企业，旗下子公司有：三星电子、三星物产、三星生命、三星航空等，业务涉及电子、金融、机械、化学等众多领域。三星电子是旗下最大的子公司，目前已是全球第一大手机生产商、全球营收最大的电子企业，其中LCDTV、LEDTV和半导体等产品的销售额均在世界上高居榜首。

三星LED的前身为三星电机OMS（Optic & Mechanical Solution）部门的LED事业部，自2001年开始主要供应用于手机背光的LED，此后逐步涉足笔记本电脑显示屏背光、液晶显示器背光、液晶电视背光、LED照明等。事实上，早在1995年，三星就开始了LED业务；1999年，三星就开始大规模生产蓝色LED。2009年4月三星LED从三星电机中独立出来，成为韩国三星旗下一全新的独立法人，其中三星电机和三星电子各自出资50%。三星LED的总部和研发中心设在韩国，核心制造基地则设在韩国、中国。三星LED虽然成立的时间较晚，但是其营收在2009年大幅增长，一举超越首尔半导体跃居韩国LED龙头地位，2011年被评为"2010年前十大高亮度LED制造商排名"的第二名，成为成长最快的黑马。

随着笔记本电脑、手机等背光市场增长速度的减缓，三星LED于2011年开始培育以照明应用为主的新战略增长点，将其2011年LED照明应用的营收比重由2010年的10%调整为25%左右，并不遗余力地从产业链的垂直整合上进行布局，使得三星LED成为真正拥有从LED外延、芯片、封装、模组到照明应用产品在内的全产业链LED制造商。与此同时，三星LED开始基于LED照明应用的全球市场布局，在美欧、亚洲等地区，积极与当地照明厂、渠道商等企业合作。在北美市场，三星LED已与美国最大的照明生产商Acuity Brands建立合作关系。在欧洲与LED照明企业CML等取得合作，取得韩国综合照明灯具厂——泰源电气产业15%的股份。三星LED在拓展照明应用中，对中国市场也给予了特别的重视。三星LED目前在全球有4个生产基地，其中3个在韩国本土，天津三星LED有限公司是韩国本土以外唯一的一个从封装、模组到照明应用产品制造的生产基地。

2011年12月26日，为了强化LED事业的竞争力，三星电子宣布合并三星LED，将三星LED并入旗下"零件解决方案事业部"，与液晶显示器（LCD）和半导体归属同一部门。在获得三星电子与三星LED董事会批准通过后，两家公司于2012年正式合并。

6.1.2 照明产品系列

三星LED应用主要涉及4个部分,包括背光领域、手机闪光灯、汽车以及照明领域。其中背光领域主要包括LCD TV用LED背光、显示器用LED背光、笔记本用LED背光,而照明领域主要包括平面发光式照明、嵌灯、路灯和灯管等。

三星依托其优良的制造基因与全产业链整合优势,在LED照明领域找准了自身定位,其LED照明产品瞄准了传统光源替换市场,以室内光源为主。2011年2月,三星LED宣布投放五类新品,并借此正式进入LED照明市场。新产品包含以下五类:(1)输出功率超过1W的高功率LED。用以代替店铺的筒灯与汽车前照灯使用的卤素灯泡,以及用于路灯等户外照明用途。新产品的输出功率为3W(大功率LED,采用陶瓷封装),发光效率为133lm/W。(2)输出功率低于1W的中功率LED。适用于迄今使用荧光灯的室内照明及电子标牌。用硅封装技术,不仅可以提升可靠性,而且尺寸小型化(2.3mm×2.3mm),有利于照明模组的轻薄设计,适合高集成化。输出功率为0.2W。(3)多个LED芯片集成在一个封装内的多芯片LED。用于普通照明器具用途。该产品可输出1000lm以上的光量,采用一个多芯片LED即可制造照明器具。大尺寸产品的输出功率为8W,小尺寸产品为4W。(4)无需使用转换器将交流电转换为直流电的交流LED。适用于LED灯用途。无需使用转换器将交流电源转换为直流电源,其价格竞争力较高。而且驱动器的构造简单,可轻松实现产品整体的小型化,因此适合用于狭小的安装空间。输出功率为3.3W。(5)一个封装内集成有红、绿、蓝3个LED芯片的全彩LED。可通过控制流经红、绿、蓝各芯片的电流来发出多种颜色的光,因此适合景观照明、舞台照明及大型电子显示牌。

三星LED的照明应用产品线,包括了LED模组、LED光源、室内LED灯具、户外LED灯具和工程LED灯具等多个系统。而且三星LED还推出了一个"基本模组"的概念,在平板灯模组、筒灯模组、路灯模组之外,基本模组更强调通用性,可适用于路灯、庭院灯、室内、室外投光灯等,还能支持所有背光类型产品。

三星LED照明虽然起步较晚,但在日韩市场的占有率已名列前茅。在日本市场,三星LED灯管销量已超过主要竞争对手。目前,三星的LED芯片产能全球排名第一,LED芯片销量全球排名第二,仅次于日本的日亚化学,其LED芯片产品已广泛用于手机、电视、汽车等产品领域。

目前,三星拥有LM561B、LM561A、LM231B、LM231A、LM362A等中功率产品和LH351A、LC006A、LC013A、LC026A、LH934A等大功率产品。其中,中功率LED产品以其超高的性价比可用于球泡灯、日光灯、平板灯及筒灯等;大功率产品光效达157lm/W(350mA),可用于射灯、工矿灯、路灯及隧道灯等。另外,三星LED还为市场提供COB及AC LED等产品。三星LED照明产品在中、小功率市场份额较大,尤其是中功率产品优势非常明显。三星LED照明主要产品有球泡、MR16灯杯、PAR灯、T8灯管、蜡烛灯、筒灯等。其18W LED灯管光通量可达2300lm,设计寿命可达4万小时。

2013年4月,在2013年美国国际照明展览会(LFI)前夕,三星举行了新闻发布会,会上透露计划出售无线基于ZigBee的改型灯具,计划在今年的第三季度推出入门套件，还推出了新的 MR16 灯、LED 改造荧光灯管和新的 LED 封装和 LED 模块。三星推出的芯片封装（COB）LED 封装系列 LC013/26/40B 拥有一个紧凑的发光面（LES）、129lm／W 的高效率，80CRI（显色指数）和 5000K 色温（CCT），并提供 2700K、3000K 和 4000K 版本。COB 系列满足 Zhaga 标准，低热电阻和高可靠性、优异的散热、高光通量、单一 LED 封装可达 6000lm，适用于聚光灯等室内和室外照明。

图 6-1-1 A19 球泡灯

目前，三星 LED 推出的大功率产品 LH351A 光效为 145lm/W，凭借高光色以及稳定的性能已经通过业界最严格的 LM80 认证（1000mA，105°C，6000 小时）。无论亮度要求高的手电筒，还是户外照明需求，均有不同规格尺寸的多款产品满足客户在照明领域上的不同需求。此外，三星 LED 的 6.5W 的 A19 球泡灯（如图 6-1-1 所示）还赢得了 2012 年优秀设计奖。❶

在 LED 驱动 IC 方面，三星 LED 于 2013 年 4 月开始选用 Marvell 的 88EM8183 深度调光单阶 AC/DC LED 驱动 IC 来制备新一代 LED 节能灯泡，其中包括三星的全新产品 A19、凸面反射灯罩（BR）以及抛物形铝反射灯罩（PAR）灯泡。透过采用 Marvell 88EM8183 驱动 IC，三星可制造出高效能、低成本的 LED 灯泡，不仅提供深度调光功能，并完整相容于全球超过 150 种不同的壁箱式调光器，由于此驱动 IC 架构的高度整合性，可大幅减少物料清单（BOM），并可大幅降低所需的机板空间。

6.1.3 重要技术

6.1.3.1 石墨烯电极在 LED 中的应用

在很多电器里，诸如液晶显示器、太阳能电池板和发光器件等都需要用到透明导电材料作为电极。目前，作为透明电极材料应用最广泛的是氧化铟锡（Indium Tin Oxide，ITO）。但是，铟属于稀土的一种，平均 1000 公斤的矿石中只能找到 0.05 公斤的铟，价格高昂、供应受限，另外这种僵硬的材料缺乏柔韧性，难以用于可挠式面板，此外，制作电极需要在真空环境下沉积而成本比较高。很长时间以来，人们都在致力于寻找它的替代品，而石墨烯正是这么一种材料，非常合适来做透明电极。

2010 年，Wu J 等人将旋涂在石英表面的氧化石墨烯薄膜进行高温热处理，得到透明导电电极，用其取代 ITO 电极并设计制备了有机电致发光二极管❷。石墨烯基器件在电流密度小于 $10mA/cm^2$ 时，其性能与 ITO 基 OLED 器件是相当的，但是当电流密度大于 $10mA/cm^2$ 时，石墨烯基 OLED 器件的性能出现了显著的下降。究其原因，一方面是由于制作大面积石墨烯时会混入很多杂质及缺陷，石墨烯薄膜的表面电阻较大，其导电性及透明性都有待进一步提高，这需要改进石墨烯薄膜的制备工艺，发展更好的制

---

❶ [EB/OL]. www.samsung.com/global/business/led.

❷ Wu J, Agrawal M, Becerril H A, et al. Organic light-emitting diodes on solution processed graphene transparent electrodes [J]. ACS Nano, 2010, 4, 43.

备方法来解决。另一方面是石墨烯电极功函数与有机材料能级不匹配导致,这可以通过选择合适的有机分子材料以及在石墨烯与有机材料之间增加缓冲层来优化。

2010 年 8 月,三星与浦项工科大学、新加坡国立大学和成均馆大学等合作,通过湿式化学掺杂的方式在柔性铜基底上用 CVD 方法生产出 30 英寸的单层石墨烯薄膜如图 6-1-2 所示,其可以达到 97.4% 的光透过率。然后通过逐层层叠的方式制备出经掺杂的四层薄膜,其仍然可以达到约 90% 的透光率,这个性能超过如铟锡氧化物等商用的透明电极材料。研究人员随后将石墨烯电极整合到触屏设备上,制备出的产品可以承受较大的应力。❶

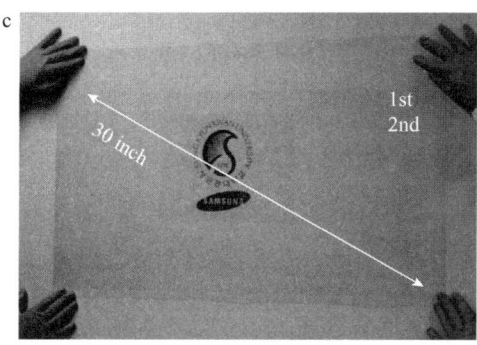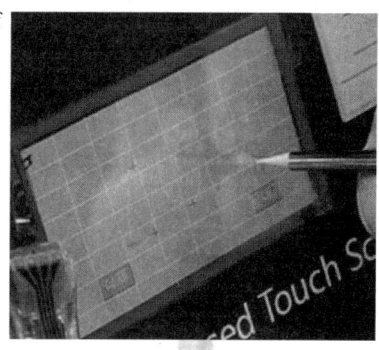

图 6-1-2 30 英寸石墨烯透明电极及触屏设备展示

2011 年 11 月,三星高等研究院与全北国立大学校合作,在纳米柱 InGaN/GaN 二极管中整合入均匀的多层石墨烯透明电极(参见图 6-1-3)。研究人员用逐层转移的方式将四层用 CVD 方法制备的均匀的多层石墨烯(h-MLG)放在了密集的纳米柱 LED 阵列的上面,由此制备出的纳米柱 LED 可以操作在大的注入电流下并且发光亮度极高。❷

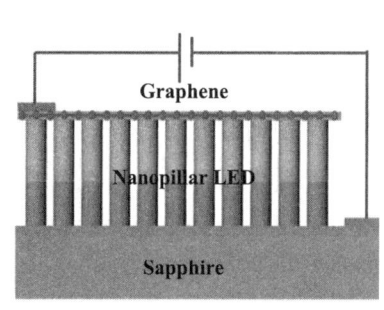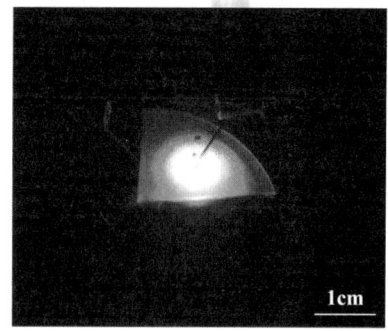

图 6-1-3 纳米柱 LED 及其发光展示

2012 年 1 月,韩国浦项科技大学、成均馆大学和首尔大学三所大学的研究人员,在透明电极采用碳的单原子层石墨烯的柔性 OLED 元件上,实现了优于采用原透明电

---

❶ Sukang Bae et al, Roll-to-roll production of 30-inch graphene films for transparent electrodes Nature Nanotechnology 5, 574-578 (2010).

❷ Dae-Woo Jeon et al, Nanopillar InGaN/GaN light emitting diodes integrated with homogeneous multilayer graphene electrodes J. Mater. Chem., 2011, 21, 17688-17692.

极 ITO 时的发光效率和电流效率,并将其成果作为论文发表于《Nature Photonics》上。❶ 他们采用由成均馆大学和韩国三星共同开发的石墨烯透明电极,其通过在铜箔上用 CVD 法形成石墨烯薄膜,然后将其转印到 PET 基板上制作成 OLED 元件。为了克服薄膜电阻过高、功函数较低的问题,研究人员通过在 4 层的石墨烯薄膜上添加硝酸的方法,将薄膜电阻大幅降低。此外,在透明电极和空穴传输层之间设置了可控制功函数的树脂材料层(即空穴注入层),通过减缓功函数的梯度使空穴轻松流动,从而制出了优于 ITO 的高效率 OLED 元件。

2013 年 1 月,成均馆大学的 Lee Hyo - young 教授再次和三星电机的研究团队合作,共同开发出了更好的可挠式透明电极,其采用的是透明且可挠的银纳米线以及能够防止银氧化的石墨烯纳米薄片。由于银纳米线和石墨烯纳米薄片的生产难度均低于铟,同时也能进行量产,因此,可以在未来开发出表现更优秀、成本更低廉的 LED 元件及相应的显示面板。

2013 年 3 月,三星电子和光州科学技术学院、国立首尔大学等共同制备出具有金掺杂的多层石墨烯薄膜(MLG),并将其作为透明导电层应用到了近紫外发光二极管(NUV - LEDs)中。与没有进行金掺杂的多层石墨烯作电极的 NUV - LEDs 相比,金掺杂的 MLG 在热退火后可以将出光效率提高 34%。这主要归功于 NUV - LEDs 中的薄层电阻的降低和电流注入效率的提高。❷

除了在 LED 领域中,三星试图用石墨烯透明电极来代替 ITO 之外,三星还尝试将石墨烯透明电极应用到太阳能电池等领域。2012 年 1 月,三星高等研究院和庆熙大学用多层石墨烯作电极制备出无 ITO 的有机太阳能电池。虽然可以大幅降低成本,但是其性能尚不及与用 ITO 作电极制备出的太阳能电池的性能。❸ 此后,在 2013 年 4 月,三星高等研究院在 III - V 族多结集热器太阳能电池中引入了透明的石墨烯电极,降低了在高辐照下的电阻性功率损耗,从而提高了其电池转换效率,这使得性能更高、价格更低的光电器件的出现成为可能。❹

除了三星外,其他公司或科研院所也对石墨烯电极表示出了极大的兴趣。例如,在 2011 年,韩国高丽大学、韩国电子技术研究所和美国海军实验室合作,把多层石墨烯作为深紫外 LED 的透明导电层来提高紫外 LED 的光功率。研究者首先采用 CVD 方法把多层石墨烯生长在铜片上,然后通过 PMMA 作为载体,在硫代硫酸铵溶液中浸泡后转移到 LED 表面,随后用 ICP 进行 LED 台面结构刻蚀,N 电极为 TiAlTiAu,P 电极则使用 TiAu 金属电极。相比于传统的 ITO 透明电极,石墨烯的优势在于紫外光波段具有高透过率。在 10V 偏压下,使用石墨烯透明电极的 LED 电流提高一倍,石墨烯可以有效传导电流,引起 LED 芯片整个表面均匀发光。对于短波长紫外 LED,无论从成本、透过率、

---

❶ Tae - Hee Han et al, Extremely efficient flexible organic light - emitting diodes with modified graphene anode Nature Photonics 6, 105 - 110 (2012).

❷ Cha - Young Cho et la, Near - ultraviolet light - emitting diodes with transparent conducting layer of gold - doped multi - layer grapheme J. Appl. Phys. 113, 113102 (2013).

❸ Yoon - Young Choi et al, Multilayer graphene films as transparent electrodes for organic photovoltaic devices Solar Energy Materials and Solar Cells, Volume 96, January 2012, Pages 281 - 285.

❹ Jieun Chang et al, Transparent Graphene Electrodes for Highly Efficient III - V Multijunction Concentrator Solar Cells Energy Technology, Volume 1, Issue 4, pages 283 - 286, April 2013.

散热性还是电流传输，石墨烯作为电流传导层都要优于ITO，但目前石墨烯仍然存在很多问题，如可靠性和大电流下石墨烯的老化等，进一步的工作仍需要继续深入研究。❶

6.1.3.2 大电流驱动

传统的LED芯片采用低电压的直流驱动，LED芯片的结构包括正装结构芯片、倒装结构芯片、垂直结构芯片、无需打金线的垂直结构芯片（或称为"三维垂直结构芯片"），并且其驱动电流密度都在$35A/cm^2$或$0.35A/mm^2$以下。随着越来越多的液晶电视从LCD转换为LED，以及越来越多的公司开始发力于LED的照明市场，市场对LED的需求越来越大，但是LED芯片的扩产的增加速度形成了瓶颈。❷要解决这个瓶颈问题的方法之一就是研发可以采用大电流驱动的LED芯片，使得一个芯片发出的光通量相当于数个传统的LED芯片的光通量。这种大电流驱动的LED芯片的优势如下：(1) 相当于LED芯片的价格降低到原有芯片的几分之一，更有利于LED照明的推广；(2) 相当于现有产能提高了几倍，而没有增加极其昂贵的设备投资，降低风险；(3) 提高了新扩产的设备的生产能力。

大电流驱动的LED芯片应当对外延层面、芯片层面和封装层面可能存在的问题进行考虑。在外延层面，关键的问题是要解决在大电流驱动时芯片的量子效率下降（efficiency droop）问题。在芯片层面，需要开发一种有效的向LED芯片引入大电流的方法，使得电流分布均匀，没有电流拥塞，从而使芯片的散热性能优良。在封装层面，则需要考虑把大电流产生的热量有效的散掉。

虽然至今已有多家芯片公司推出大电流密度驱动的LED芯片，但是，目前大电流驱动芯片并没有被广泛采用。在灯具中采用大电流驱动芯片的主要瓶颈之一在于，下游厂家的封装和灯具的散热性能达不到要求，造成结温太高，寿命减小，芯片极易烧坏。然而，随着封闭和灯具的散热效率的提高，大电流密度驱动将成为照明市场的主力。此外，由于传统的LED芯片采用低电压直流电驱动，LED灯具的驱动器的价格进一步推高LED灯具的价格。降低LED灯具的价格，也包括降低LED灯具的电源的整流部分和变压部分的成本。

与此同时，光效下降的原因直到现在仍然没有一个统一的看法。Philips Lumileds认为俄歇复合是量子效率下降（Droop）效应的主因；而伦斯勒理工学院的Fred Schubert团队则认为应该归因于载流子溢出；而台湾大学的研究人员则认为薄量子阱造成了量子效率下降效应。而三星LED将量子效率下降效应主要归因于载流子溢出。

三星LED在寻找发光效率下降的原因的同时，也在不断地通过各种技术手段来改进LED的各种参数，以其能降低量子效率下降效应对LED的影响。在2011年3月的一篇非专利文献中，三星LED与光州科学技术学院合作，在InGaN/GaN多量子阱LED中的P型AlGaN/GaN超晶格中，通过使Al的含量逐渐变化来提高LED的出光功率，减小了其光效下降。❸由于对Droop效应出现的原因的看法一致，三星LED联手伦斯勒理

---

❶❷ www.China-led-net/into/20101221/20101221181048.shtml.

❸ Sang-Jun Lee et al, Improvement of GaIV-begde light emiting diodes using p-type AlGaN/GaN Superlattices with a graded AL composition Journal of Physics D：Applied Physics Volume：44 Issue：10 Pages：105101 (5 pp.) Published：16 March 2011.

工学院于 2011 年进一步通过提供实验证据证明在 GaInN/GaN pn 结 LED 中载流子浓度和迁移率的不对称性导致了发光效率下降现象的出现。它们发现在很宽的一个温度范围内都存在光效下降现象，而以 80K 时的下降最大。

在 2012 年 2 月，三星 LED 与伦斯勒理工学院、浦项工科大学一起制备了一个包括 0.4 微米厚 AlGaN 金属覆层和两个量子阱的多量子阱 LED，并观察到其发光效率下降比传统的具有 5 个量子阱的 GaInN/GaN 型 LED 的光效下降更少。❶ 由于这种结构在活性区具有少得多的电子泄漏，且由于活性区体积更小而使得载流子密度更大，因此，能减少光效下降的因素中起主要作用的是电子泄漏，而非 Auger 重组效应。❷ 同时，它们还发现，芯片尺寸越大，在温度升高的时候出光功率 LOP（light-output power）下降得就越快，这意味着随着 LED 芯片尺寸的增加，大电流时效率下降的现象对耐高温 LED 是有害的。此外，在 LED 工作在相同的电流密度的情况下，不论 LED 芯片尺寸大小如何，其随着温度变化的 LOP 都是一样的。❸

不仅如此，在室温条件下，AlGaInP P-N 结 LED 不存在效率下降的现象。但是，将其冷却到低温却出现了一个显著的效率下降现象。这可以归结为由电子漂移导致的注入效率的下降，即载流子从活性区渗出。❹

通过数值模拟的方式，三星 LED 研究了在 InGaN/GaN 多量子井 LED 中对其中的 InGaN 井层施加内建电场时的影响。通过研究发现，在 Ga 极 LED 中 InGaN 井层的内建电场的方向与由偏压形成的外电场的方向相同，从而导致了一个巨大的光效下降。但是，在 N 极 LED 中的光效下降则得到极大的提升，这利益于随着前向偏压的增加导致内电场的削弱，从而使得内禀量子效率和载流子注入效率得到增加，并且电子溢出减少，由此更加确定了载流子溢出为量子效率下降效应出现的最主要的原因这一结论。❺

6.1.3.3 玻璃衬底

众所周知，相对于生长在蓝宝石晶片上的 GaN 基发光二极管（GaN LED），生产商更愿意选择硅衬底氮化镓发光二极管（GaN-on-Si-based LED）技术，因为蓝宝石晶圆的 LED 价格昂贵，而且不适合大尺寸。随着技术的发展，研究发现，玻璃衬底上的氮化镓发光二极管不仅制造成本更低，在大尺寸 LED 晶圆级封装方面可扩展性也更强，而且由于玻璃衬底的透明度，还可用于光电发射设备。因此，越来越多的公司和科研院所开始大力发展在玻璃上制备 LED 的相关研究。

---

❶ David. S. Meyaard et al, Asymmetry of carrier transport leading to efficiency drop in GaIN based light – emitting diodes APPLIED PHYSICS LETTERS 卷：99 期：25 文献号：251115 DOI：10.1063/1.3671395 出版年：DEC 19 2011.

❷ An Mao et al, Reduction of effcienty droop in GaIN/GaN light – emitting diodes with thice AlGaN cladding layers ELECTRONIC MATERIALS LETTERS Volume：8 Issue：1 Pages：1 – 4 DOI：10.1007/s13391 – 011 – 0780 – 9 Published：FEB 2012.

❸ David S. Meyaard et al, Temperature dependent effcciency droop in GaINN light – emitting diodes with different current densities APPLIED PHYSICS LETTERS 卷：100 期：8 文献号：081106 DOI：10.1063/1.3688041 出版年：FEB 20 2012.

❹ Applied Physics Letters Volume：100 Issue：11 Pages：111106 (4 pp.) Published：12 March 2012.

❺ Sang – Heon Han et al, Effect of interral elettric field in well layer of InGaN/GaN muttiple quantum well light – emitting diodes on efficiency droop JAPANESE JOURNAL OF APPLIED PHYSICS Volume：51 Issue：10 Article Number：100201 DOI：10.1143/JJAP.51.100201 Part：1 Published：OCT 2012.

在 2011 年 10 月，三星电子宣布，公司研究人员已经能够利用普通玻璃比如窗户玻璃来生产超大尺寸的高级显示屏面板。三星高级技术研究所（Samsung Advanced Institute of Technology）已经成功地利用无定形玻璃基材制造出单晶氮化镓（GaN），这是一个重要的里程碑式成绩，因为有了这项技术，三星就可以利用玻璃基材生产超大尺寸的 LED。虽然目前市场上的氮化镓 LED 最大为 2 寸，但利用新技术生产的氮化镓 LED 的尺寸会比现有产品大 400 倍。不过，三星表示，这项技术还需 10 年的时间才能被用于工业生产。这项研究的成果已经被发布在网络版的《Nature Photonics》杂志上。❶

6.2 照明专利基本态势分析

6.2.1 全球专利申请分析

6.2.1.1 全球专利申请趋势

图 6-2-1 反映了三星就 LED 相关技术所提出申请量的逐年变化趋势，数据来源于由 EPODOC 和 WPI 组成的族数据库中基于 OPD（最早优先权日）字段进行的统计，以准确体现相关技术的产生时间。

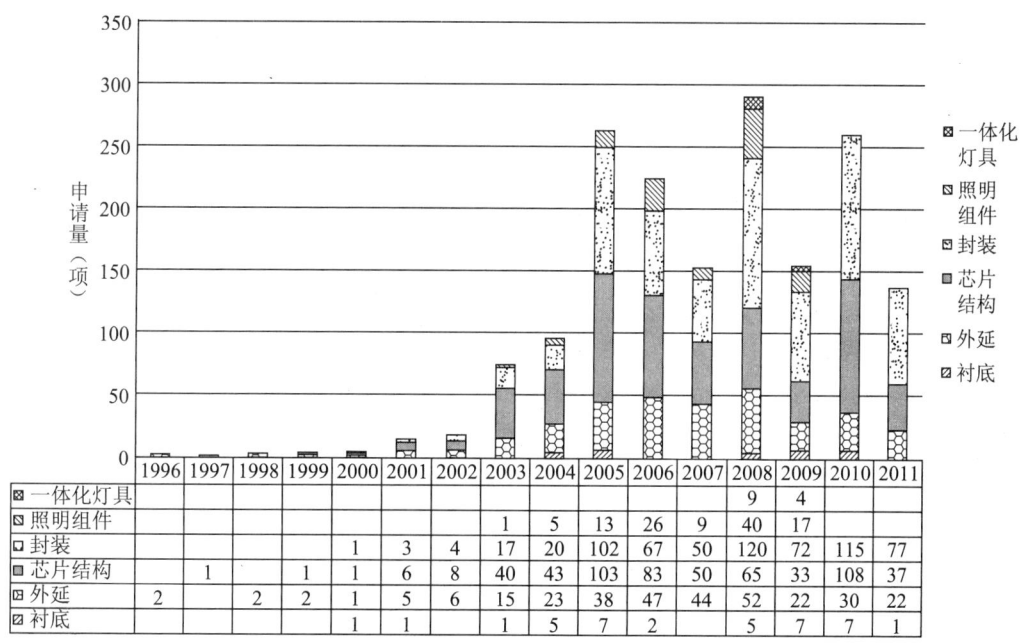

图 6-2-1 三星 LED 全球专利申请趋势

与从 20 世纪七八十年代就开始 LED 相关技术研发的日亚化学、科锐等主要竞争对手相比，三星在 LED 技术领域的介入时间相对较晚，1996~2000 年是三星在 LED 技术

---

❶ Jun Hee Choi et al, Nearly single-cnystalline GaN light-emitting diodes on amorphous glass substrates Nature Photonics 5, 763-769 (2011).

上的萌芽期；在这一期间内每年只有 2~5 件的申请量，并且技术方案多数集中在对外延、芯片结构等产业链上游技术的研究；也就是说，在这一阶段三星进行了 LED 基础技术的初步积累。

在 2001~2002 两年间，每年的申请量分别增长到 16 件和 19 件。在这一期间三星对于 LED 的研究方向仍然主要集中在外延和芯片结构两个基础的技术分支；与此同时，每年开始出现 3~4 件关于封装技术的申请，标志着三星的研究开始向产业链的下游进行延伸。这两年可以视为三星在 LED 技术上从萌芽期向发展期的过渡阶段。

从 2003 年开始到 2005 年，三星进入了 LED 技术的第一个高速发展期，尤其是 2003 年和 2005 这两年的申请量都接近甚至超过前一年的 300%。在 2003 年的申请总量中，涉及芯片结构的申请量超过 50%，并达到前一年芯片结构相关申请量的 5 倍之多，可以看出三星在芯片结构的相关技术上取得了突破性的进展；进一步分解发现，这些涉及芯片结构的申请中有约 70% 是关于电极的改进，由此可见，三星在自身 LED 技术高速发展的初期将芯片电极作为自己的研发重点并获得了显著的效果；此外，在 2003 年这一年涉及封装技术的申请量也出现了较为明显的增长幅度。在 2004 年，构成申请总量主体的外延、芯片结构和封装三个技术分支的申请量相比于前一年没有表现出明显的变化；值得注意的是，在这一年出现了 5 件关于照明组件的申请（实际上，在 2003 年已经出现了 1 件照明组件的相关申请），标志着三星的研发领域进一步扩展，开始向产业链的下游延伸；同时，在将 LED 作为显示设备背光组件的主要用途之外，三星在 LED 照明的新应用领域取得了初步的探索成果。2005 年是继 2003 年后又一个申请量出现大幅增长的年度，年申请总量超过了 250 件，可以说三星在这一年对前期研发的积累进行了集中式的收获，在各个技术分支上的申请量都出现了明显的增长；尤其显著的是与封装技术相关的申请量，超过了前一年相关申请量的 5 倍，并且占据到当年申请总量的接近 40%，说明三星在初步完成对外延、芯片结构等 LED 核心技术的积累后，开始将更多的研发精力投入到相对外围的后端封装技术中，以期建立起能够覆盖全产业链的完整专利壁垒。

2006 年和 2007 年这两年的申请总量出现了连续的下滑，尤其是涉及芯片结构和封装这两个主要技术分支的申请量都以每年 20%~40% 的幅度出现萎缩；可能的原因之一在于经过 2005 年的大幅度增长后，三星在 LED 领域各分支的技术积累已经达到了相对完备的程度，而作为其 LED 技术在这一时期主要应用领域的显示设备背光组件的市场需求并未对其研发活动带来新的刺激点，导致其研发动力下降，研发产出萎缩；另一个可能的原因是在 2005 年对之前积累的研究成果较为集中的提取之后，遇到了暂时难以克服的技术障碍，从而阻碍了进一步的研发产出。考虑到在不同技术分支的申请量同时出现下滑的变化趋势，前一个原因的可能性相对更大。

在连续两年的下滑之后，2008 年的申请总量出现了强烈的反弹，接近 300 件的申请总量几乎达到前一年的 2 倍，这一反弹主要来源于封装相关分支的大幅增长，以及照明组件、一体化灯具两个分支的异军突起；此时已经较为成熟的基础技术储备足以支撑三星在其传统强势的背光组件领域之外，将更多精力投入到 LED 照明产品的开发研究中，而对下游照明成品开发投入的增加反过来又对与其出光质量有直接关系的封装技术提出了更高的要求，促进了封装技术分支成果的产出；也就是说，2008 年这一反弹的主要动力很可能来自三星向其并不占优势的 LED 照明市场进一步进军的意愿。2008 年前后席卷全球的金融危机显然也对三星的研发投入产生了明显的抑制作用：由于专利申请行为相对于经济形势的滞后特性，2009 年的申请总量和各技术分支的申请量都显著地掉头向下，没有维持 2008 年的增长态势；不过值得注意的是，尽管外部经济形势并不乐观，三星在这一年提出的相关专利申请仍然覆盖了全部的 LED 技术分支。下滑趋势在一年之后即得到了扭转，在平板显示设备等新兴市场需求的推动下，2010 年的申请总量迅速恢复到 250 件以上的水平，尤其是在芯片结构分支的申请量出现了较为显著的增长。由于本统计基于 OPD 字段进行，所以部分 2011 年的申请截至目前尚未公开，导致该年度的统计数据尚不完备。

6.2.1.2 技术分支分析

从图 6-2-2 可以看出外延、芯片结构和封装是三星在 LED 领域投入研发力量的 3 个重点方向，占到其申请总量的 90%；与此同时，对上游的衬底和下游的照明组件、一体化灯具等技术方向三星也都不同程度地有所涉及，其研发产出已经较为完整地覆盖了整个产业链条。

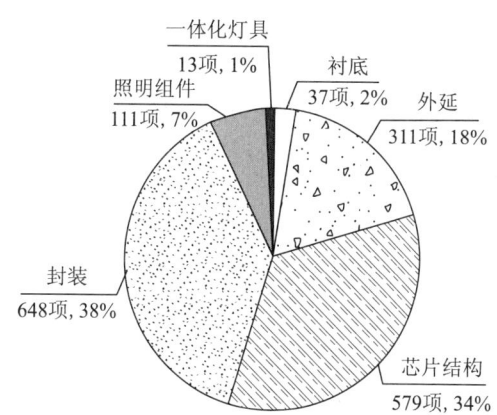

图 6-2-2　三星公司 LED 申请技术分支分析

图 6-2-3 示出了三星在 LED 各技术分支上申请量的逐年变化趋势，为了准确反映技术的产生时间，数据基于 OPD 字段进行统计。

由图 6-2-3 可以看出，在进入 LED 技术领域之后、2000 年之前的研发初期阶段，三星投入的研发精力基本上集中在外延这一前端技术分支，进行基础技术的积累；从 2000 年开始，三星的研发领域开始扩展到衬底、外延、芯片结构和封装等主要的 LED 技术方向。

作为三星最为重视、也是实力最强的两个技术分支，与芯片结构和封装相关的申请在经历 2000~2002 年的积累期后，从 2003 年开始进入高速发展期，尤其在 2005 年两个分支都出现了爆发式的增长（分别达到前一年申请量的 239% 和 510%），取得了重要的技术突破；2005 年后，这两个分支的逐年申请量呈现出明显的"大小年"趋势，这往往是处于活跃期的技术分支研发规律的体现，表明三星在这两个分支上的持续投入。

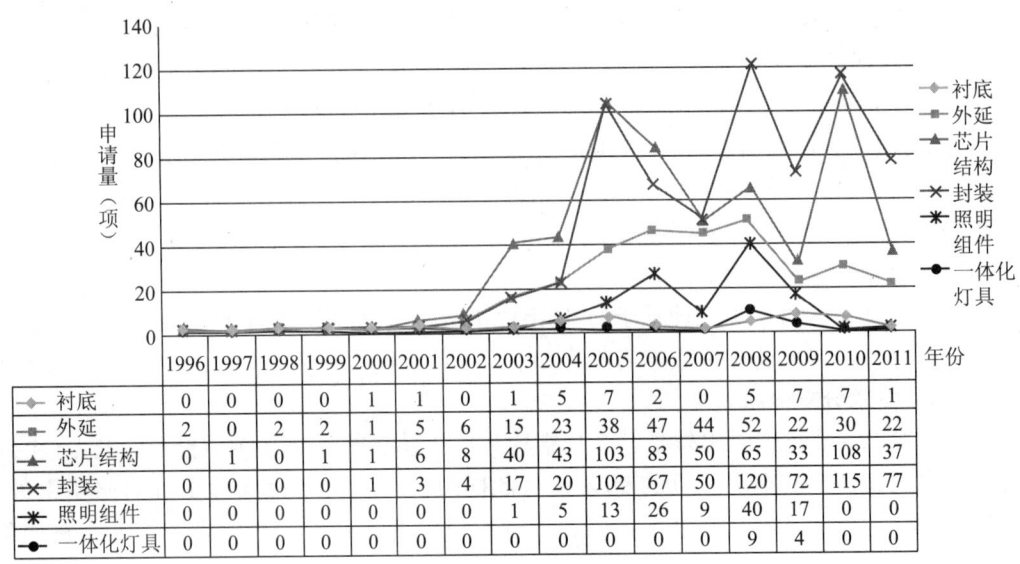

图6-2-3 三星在LED各技术分支上申请量的逐年变化趋势

作为三星最早介入的外延分支,其基本保持着较为缓和的增长趋势,说明这一分支并非主要的研发投入点,没有突破性的技术革新出现,更多的是响应于其他技术分支提出的新需求所作出的适应性改进。

照明组件分支申请的产出主要集中在2005~2006年、2008~2009年这几年,并且申请数量较小,一体化灯具分支更是仅在2008年和2009年这两年有数件相关申请提出,这是由于三星的LED产品主要应用于显示设备的背光领域,在LED照明领域的起步较晚。

衬底分支在2000年之后保持有每年几件的零星申请量,似乎不是三星的专利申请的重点。

6.2.1.3 国家/区域分布

图6-2-4示出了三星在全球主要市场进行专利申请布局的分布和历年趋势变化。由图6-2-4可以看出,自2005年之后,三星在各个重要市场都在稳步地进行着专利壁垒的建设工作;其中,作为韩国的领军企业之一,在其本土市场保持优势自然是三星进行专利布局的重中之重;此外,成熟的美国、日本市场对新显示技术和新照明技术具有强烈的需求,同样吸引着三星向其提出大量的专利申请;同时,在作为新兴市场代表的有着巨大发展潜力的中国市场,三星也基本保持着30件/年以上的申请量水平。与此形成对比的是,在与美国、日本同为发达市场的欧洲,三星公司的申请意愿相对较弱,这与其市场策略和主要对手的竞争优势有很大的关系。

如图6-2-5所示,通过对WPI中NPN(公开号数目)字段的统计,发现在三星全球的专利申请中,包含5个及以上公开号的同族申请占到申请总量的25%左右;对于三星这样的跨国企业来说,这是一个较为温和的数字,说明三星在LED专利布局的全球扩张性上相对保守,这或许与其在LED市场上后进者的身份有一定关系;从另一个角度来说,这也反映出韩、美、日、中几个主要市场对于三星至关重要。

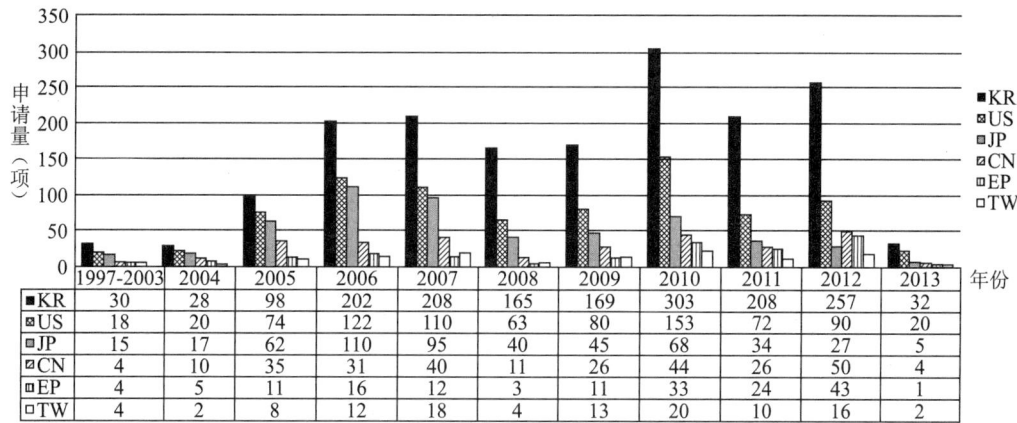

(1) 历年趋势变化

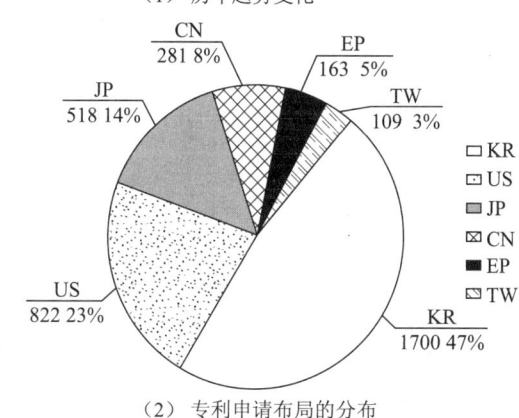

(2) 专利申请布局的分布

图 6-2-4　三星在全球主要市场进行专利申请布局的分布和历年趋势变化

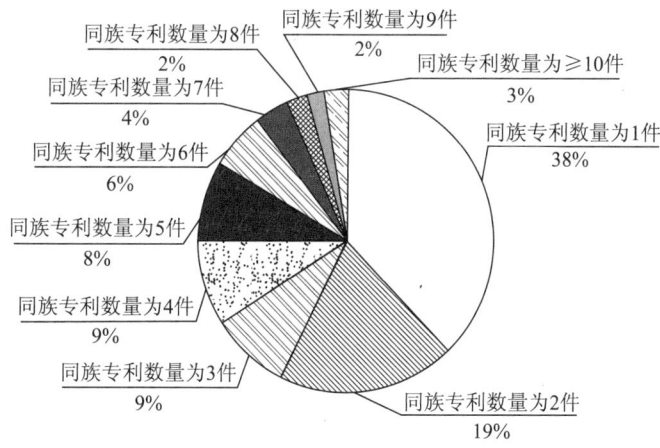

图 6-2-5　三星专利申请同族数量分布图

6.2.2 中国专利申请分析

6.2.2.1 技术分支分析

图6-2-6示出了三星在LED领域的各技术分支在中国市场进行专利布局的分布和逐年变化趋势。

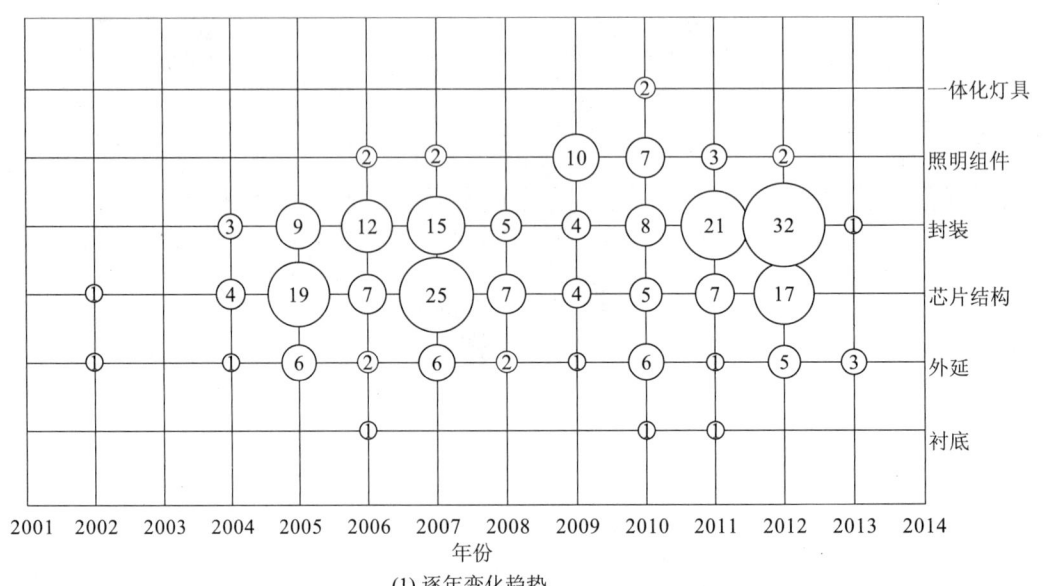

图6-2-6 三星LED领域的各技术分布在中国市场专利布局分布和逐年变化趋势

三星在LED领域于中国的专利申请共有281项，占其全球申请量的8%左右。可以看出，三星在中国市场的专利布局还是以其最为重视、研发实力也最强的芯片结构和封装两个技术分支为主，分别占到申请总量的35%和40%，外延和照明组件也分别占有13%和10%左右的申请量；此外，虽然在最前端的衬底和最产品化的一体化灯具两个分支各自都只有1%的申请量，仍然可以说三星在中国市场实现了对LED技术专利布局的全产业链覆盖。

观察各技术分支申请量的逐年变化趋势,可以看出在 2008 年之前,芯片结构是三星最为重视的中国市场占领方向,而在 2009 年以后这一重点开始转向更为后端的封装技术;一方面,这与其 LED 部门整体的研发侧重点有关,另一方面,中国庞大市场的重要性要求三星将更多与其最终销售产品关系更为密切的技术带到中国,在这里寻求专利保护。此外,自三星开始就 LED 相关技术在中国市场进行专利布局以来,基本上在每一年都有关于外延技术的申请被公布;实际上,国内相关的科研院所和企业在外延方向拥有相对于其他技术分支较强的研发实力,三星的这一布局策略也在一定程度上反映了其对潜在竞争对手的警惕和重视。

6.2.2.2 法律状态分析

通过对 CPRS 导出数据中审批历史和授权公告日等字段信息的采集,统计三星已经公开的关于 LED 技术的中国专利申请目前的法律状态分布情况。从图 6-2-7 可以看出,54% 的申请已获授权并处于有效状态,而经由视撤放弃、因费用终止和被驳回等途径未获得保护的申请仅占总量的 12%,并且有 34% 的申请仍在审批过程中;可见,三星在中国提出的 LED 相关申请的质量是比较高的,这一方面体现了三星在研发实力上的优势,另一方面也体现了其对中国市场较高的重视程度。

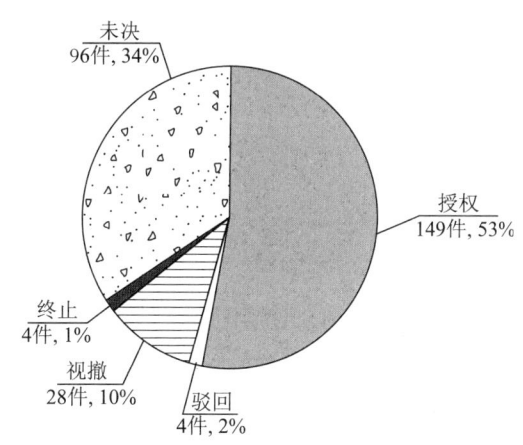

图 6-2-7 中国专利申请法律状态分析

因为三星在 20 世纪九十年代后期才开始涉足 LED 技术领域的研发,2002 年才有在中国的相关专利申请被公开,而其最早在中国获得 LED 相关专利的授权是在 2005 年,剩余保护期限在 10 年以上,还具有相当长期的市场保护能力。

6.2.3 重要专利分析

三星关于 LED 技术的专利布局已经形成了对从衬底到一体化灯具的整个产业链的完整覆盖,为了进一步明确其研发重点和技术优势,课题组通过第 3 章介绍的重要专利的筛选方法筛选出了三星在 LED 领域的重要专利,如表 6-2-1 所列。

表 6-2-1 三星在 LED 领域的重要专利

专利族	最早优先权日	被引频次	技术方案	中国法律状态
US20030116769A1 DE10227515A1 JP2003197974A KR2003053853A US6707069B2 DE10227515B4 KR439402B	20011224	65	在光出射腔围绕 LED 芯片设置金属反射盘 有益效果：改善散热	无申请
KR2004058479A JP2005108863A US20050173692A1 US20050214965A1 TW200411955A KR495215B US7112456B2 TWI242891B US7268372B2	20021227	31	在蓝宝石衬底表面依次形成 N-GaN 层、MQW 有源层和 P-GaN 层；在其表面贴附一导电衬底；剥离蓝宝石衬底；在上下表面分别形成导电接触 有益效果：改善电流密度的分布；增加发光面积，提升照度	无申请
US20050139846A1 JP2005197633A KR2005066030A JP04044078B2 KR586944B1	20031226	62	设置连接到导电通孔的第一电极和连接到散热单元的第二电极，该散热单元作为垂直导通道，并在第一和第二电极之间设置绝缘层；LED 芯片通过倒装键合连接到第一和第二电极 有益效果：增大散热单元的面积；无需使用引线键合	无申请
US20070001187A1 JP2007019505A CN1893130A KR665216B1 CN100433390C US7687815B2 JP04592650B2	20050704	32	在光出射腔的内壁设置由 Ag、Al、Au、Cu 等形成的高反射金属层 有益效果：提高出光效率和散热效率；防止由挤压造成的损坏	专利权维持
US20070019416A1 JP2007027765A KR631992B1 US7458703B2 JP04921876B2	20050719	42	分别设置下透镜和上透镜，其中上透镜具有轴对称的反射表面 有益效果：相比于一体化透镜，简化制作工艺	无申请

6.2.4 申请模式分析

6.2.4.1 子公司申请分布分析

本章第 6.1.1 节中已经提到，2009 年 4 月，为了应对 LED 行业的激烈竞争，三星旗下子公司三星电机和三星电子各自出资 50%，使原隶属于三星电机的 LED 事业部分离出来，成为三星旗下全新的独立法人。对三星所有涉及 LED 照明的专利申请进行申请人字段的统计排序，发现绝大部分（98% 以上）的申请都是由三星电机、三星 LED

和三星电子这3个子申请人所作出的,说明三星中涉及LED技术的研发工作主要由这3家子公司所承担。

从图6-2-8中可以看出,在2009年三星LED独立之前,三星电机是三星在LED照明领域专利申请的主力军,而将相关团队随三星LED分离之后,三星电机基本上不再涉足LED方面的研究,将其研发精力集中于IC组件、无线互联等产品领域。从2005年开始,三星电机LED事业部就以"三星LED"的独立申请人身份提出少量申请,其申请量在2008年激增,而在2009年之后基本上完全取代三星电机在LED照明领域的申请地位。另一主要申请人三星电子受上述拆分事务的影响较小,其一直保持有较为稳定的申请量产出。

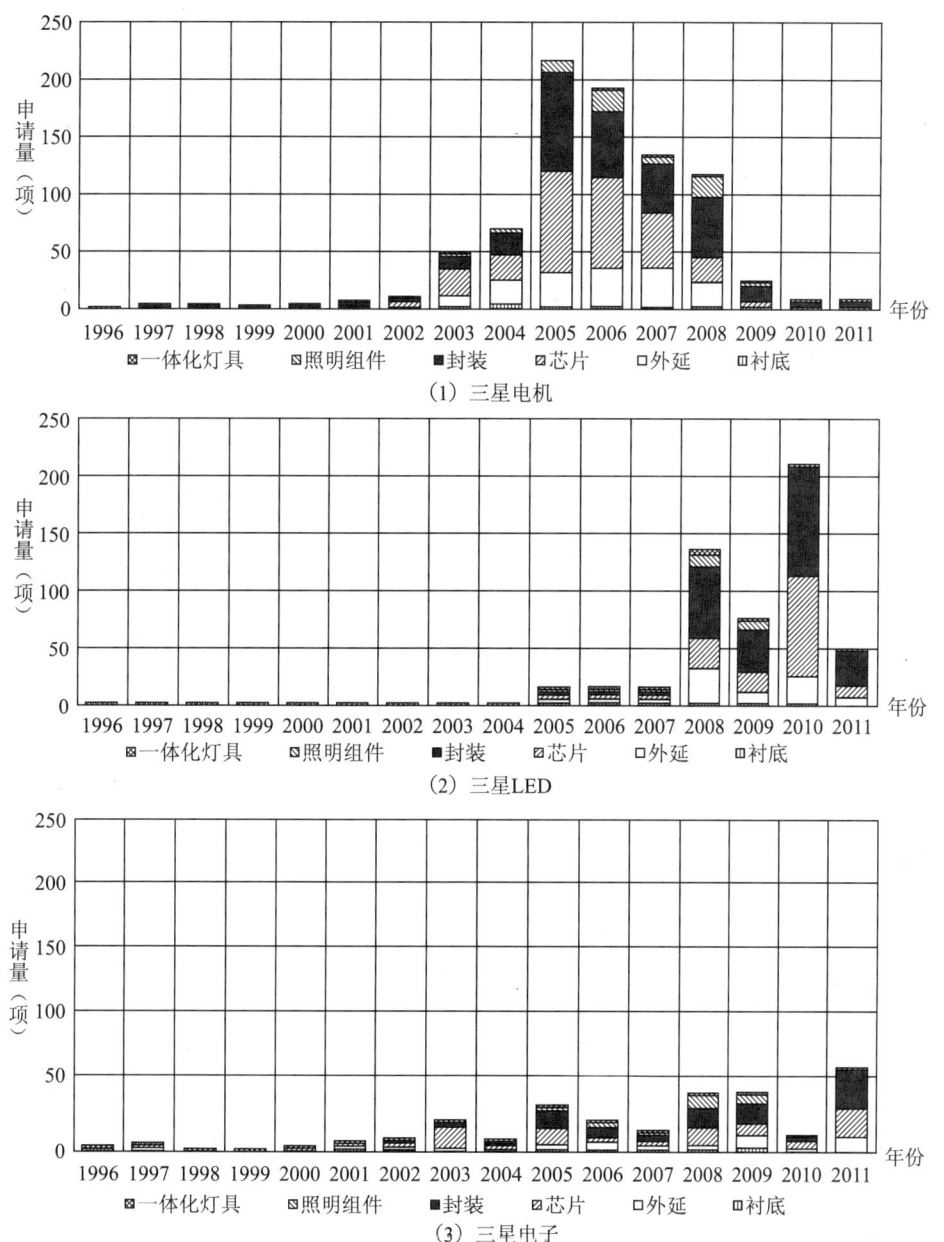

图6-2-8 三星子公司在LED照明领域的各技术分支历年专利申请情况

从三家子公司的申请在各技术分支的分布情况来看,每家子公司的研发工作都涉及 LED 照明全领域,从集团层面看并没有采用"互补"或者类似的研发策略。

在三家子公司中,出于公司架构上的天然联系,三星电机和三星 LED 之间的合作关系相对紧密,分别有约 8.1% 和 12.5% 的申请是和对方共同提出的;三星电子的申请行为则相对独立,与其合作最多的并非同一集团的三星电机或三星 LED,而是韩国光州科学技术研究院,二者共同申请占到三星电子申请总量的约 7.7%。

6.2.4.2 外部合作申请人分析

合作申请也是三星进行技术研发以及专利技术申请的一种重要模式。图 6-2-9 反映了三星公司在 2000~2011 年间在 LED 技术方面的合作申请的合作者以及每一年的合作申请量。

合作者 \ 年份	2000	2002	2003	2004	2005	2006	2007	2008	2009	2010	2011
KWANGJU INST SCT & TECH			11	13				2		3	3
EPIVALLEY CO LTD	1	2	8	2							
IOFFE PHYSICO TECHNICAL INST						1	2	1			
KOREA RES INST CHEM TECH				1							
MEDIANA ELECTRONICS CO LTD						3					
RENSSELAER POLYTECH INST					5		5	3			1
SEOUL NAT UNIV IND FOUNDATION						3	1	2	1		
SNU R&DB FOUNDATION										2	3
UNIV KOREA RES & BUS FOUND						1					
UNIV SUNCHON NAT IND ACAD COOP											2
UNIV SUNGKYUNKWAN FOUND									1		1
UNIV TOKUSHIMA					2	1		1			

图 6-2-9 三星 2000~2011 年在 LED 方面的合作申请情况

由图 6-2-9 可以看出,三星从 2000 年开始和其他公司、高校以及研究所开展 LED 方面的专利合作申请。最早的合作者是 Epivalley 公司,2000~2004 年间,三星和 Epivalley 公司之间都有合作申请。从 2003 年开始,三星合作申请的主要合作者由 Epivalley 公司转变为研究所及高校。其中合作较多的有:KWANGJU INST SCI & TECH、RENSSELAER POLYTECH INST,从 2003 年起至今和 KWANGJU INST SCI & TECH 持续进行合作申请,从 2005 年起至今和 RENSSELAER POLYTECH INST 持续进行合作申请。此外,从 2010 年开始,三星开始和 SNU R&DB FOUNDATION 进行合作申请,并且申请量呈现稳步上升的趋势。

图 6-2-10 为三星在 2000~2011 年间涉及 LED 的各主要技术领域的合作申请数量。

由图 6-2-10 可以看出,三星在 LED 领域的合作申请几乎涉及了 LED 相关的各类技术分支,包括材料、衬底、外延技术、外延设备、LED 芯片结构技术、荧光粉以及 LED 照明组件。其中,以 LED 芯片结构技术、外延技术、LED 封装技术方面的合作申请量最大。合作较多的合作者中,和 KWANGJU INST SCI & TECH 主要在 LED 芯片结构技术以及外延技术方面进行合作研究，和 RENSSELAER POLYTECH INST 的合作研究的重点主要在 LED 芯片结构技术、LED 封装技术以及照明组件。在 LED 衬底技术方面，三星主要是和 TOKUSHIMA 大学进行合作申请。

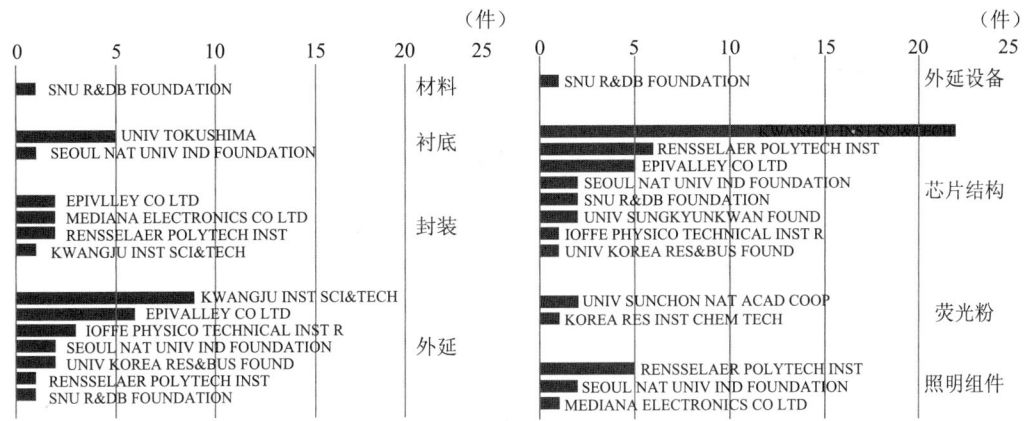

图 6-2-10　各主要技术领域合作申请量

图 6-2-11 至图 6-2-13 详细反映了三星从 2000 年起至 2011 年，在 LED 衬底技术、LED 芯片结构技术、外延技术、LED 封装技术方面的合作申请的情况。

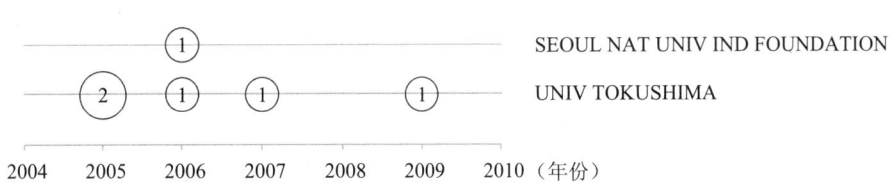

图 6-2-11　衬底技术相关 LED 专利合作申请年趋势

可以看出，三星在 2000~2002 年间，仅和 Epivalley 公司进行过合作申请，对于 LED 芯片结构技术、外延技术、LED 封装技术都有涉及；2003 年，三星开始和 KWANGJU INST SCI & TECH 在 LED 芯片结构技术、外延技术方面进行合作申请，并且也就是从这一年起，三星开始主要和研究所及高校进行合作申请，和其他公司之间的合作申请减少，反映出从 2003 年起，三星在 LED 领域进行合作申请时选择合作对象的策略出现了转变。此外值得一提的是，三星在 LED 衬底技术方面主要和 TOKUSHIMA 大学进行合作申请，从 2005~2009 年总共提出了 5 件申请，基本都涉及半极性、非极性衬底；从 2011 年起，三星开始和 SUN R&DB FOUNDATION 在 LED 芯片结构技术方面进行合作申请，同年有 2 件涉及 LED 芯片结构技术的申请被提出：2011 年 8 月 30 日提出的 KR20130024052A 涉及一种 LED 芯片结构，包括衬底、形成在衬底上缓冲层，形成在缓冲层上的第一半导体层，形成在第一半导体层上的绝缘层，所述绝缘层被图案化以暴露出部分第一半导体层，一维纳米棒阵列结构垂直生长在所述被暴露出的第一半导体层上，所述纳米棒包括纳米核心部分以及形成在所述纳米核心部分表面上的光发射层，第二半导体层围绕所述纳米棒阵列设置，上述 LED 芯片结构中形成在所述纳米核心部分表面上的所述光发射层具有不同厚度以及 In 掺杂浓度的部分，因此可以通过改变施加在所述光发射层上的电压获得不同波段（包括蓝光、绿光、红光所在的波段）的连续光出射，从而可以不使用荧光材料即获得白光；2011 年 12 月 20 日提出的 KR20130071142A 涉及一种 LED 芯片结构，包括衬底、形成在衬底上的剥落阻挡层，一维纳米棒阵列结构垂直生长在所述剥落阻挡层上，所述纳米棒包括纳米核心部分以及形成在所述纳米核心部分表面上的半导体层，电极层围绕所述纳米棒阵列设置，上述 LED 芯片结构能够增强纳米棒阵列结构的稳定性。由此，我们推测在未来在 LED 器件中采用纳米棒结构的有源层来提高 LED 的性能可能是一个新的发展方向。

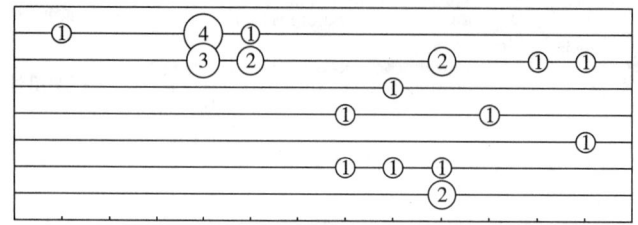

图 6-2-12　外延技术相关 LED 专利合作申请年趋势

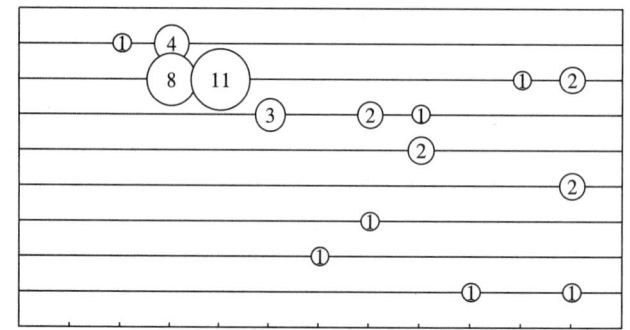

图 6-2-13　芯片结构技术相关 LED 专利合作申请年趋势

6.2.5　三星 LED 衬底技术

6.2.5.1　三星 LED 衬底技术概况

从图 6-2-14 可以看出，三星对 LED 的衬底的专利布局始于 2000 年，相对于其竞争对手如科锐（始于 1988 年）、日亚化学（始于 1991 年）等公司来说，起步相对较晚。在 2000~2003 年都仅有 1 件以下的专利申请量，而在 2004~2005 年申请量相对较多，可能源于其对 LED 衬底技术的研发投入较多或者其克服了 LED 衬底方面的某些关键技术。不过这种局面并未一直得以持续，在 2006~2007 年又陷入了一个低谷，申请量回落到每年 2 件以下。2008 年之后，随着 LCD 电视对 LED 背光等方面的需求的大幅增长，三星又重新加大了对 LED 衬底的研发力度，在 2008～2010 年在 LED 衬底方面的专利申请量都维持在了 5 件以上。

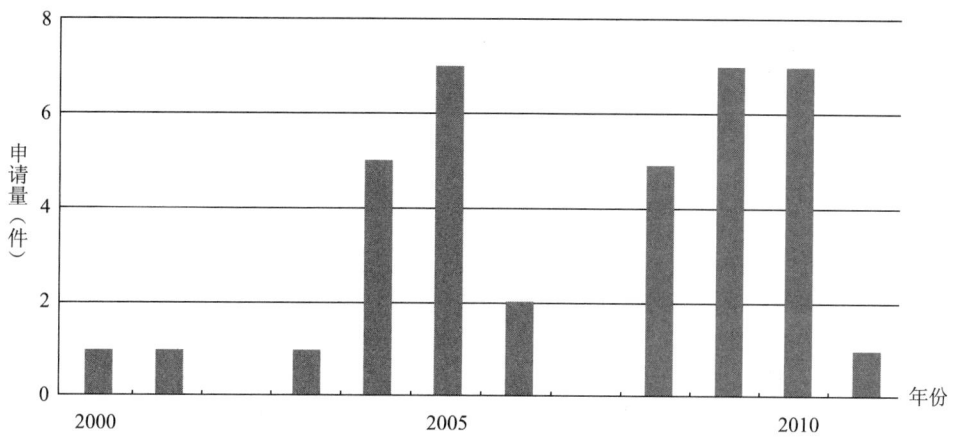

图 6-2-14 三星 LED 涉及对衬底进行改进的专利技术的申请量随着年份的发展情况

总体来说，三星对 LED 衬底的研发经历了两个高峰时期：2004～2005 年、2008～2010 年。鉴于三星在 2011 年开始培育以照明应用为主的战略增长点以实现 LED 市场的战略转型，预计其未来在 LED 各方面的技术，包括对 LED 的衬底方面的技术进行专利布局的力度可能会有所增强。

6.2.5.2 三星 LED 衬底技术路线

图 6-2-15 示意了三星 LED 衬底技术路线，在三星的 LED 衬底技术发展历程中，三星在较早的时间依然采用蓝宝石这种技术相对成熟的材料作为生长衬底，例如 KR20010098328A（2000 年）、US2006038190A1（2004 年）。一般情况下，可以通过激光照射来将 GaN 单晶层从蓝宝石衬底上分离出来；进一步地，可以利用激光束蚀刻蓝宝石基板表面以形成一个精细的不平整表面，以此来提高 LED 的出光效率。

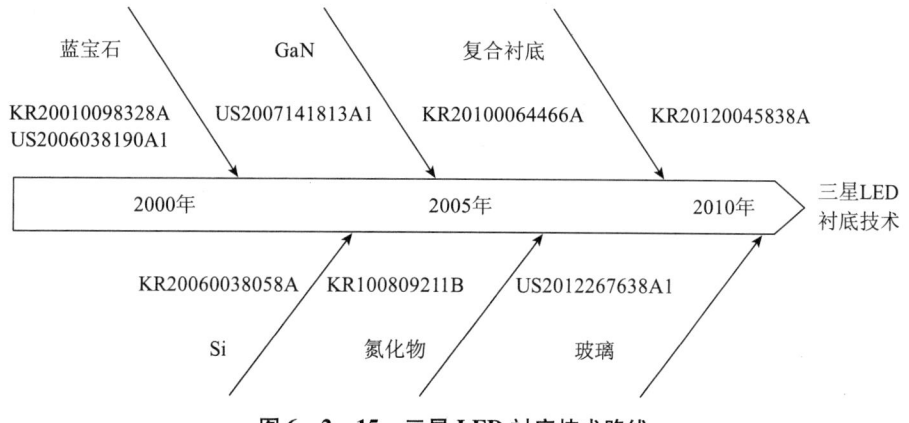

图 6-2-15 三星 LED 衬底技术路线

虽然在硅衬底上很难直接外延出高质量的 GaN 薄膜,但是在 2004 年,三星依然开始了用硅作衬底来生长 GaN 薄膜的尝试。在 KR20060038058A 这件专利中,三星通过将 Si 衬底进行粗糙化以形成凹凸不平的表面,并观察到在其上生长的 GaN 薄膜具有非常好的质量。

GaN 单晶材料可大大提高外延膜的晶体质量,是生长 GaN 薄膜的最理想衬底。三星在用蓝宝石作衬底的同时,也于 2005 年开始积极开展了对 GaN 衬底的研究。例如在专利 US2007141813A1 中,三星通过在蓝宝石外延基板上生长 GaN 缓冲层,并通过表面处理得到多孔 GaN 缓冲层,在多孔 GaN 缓冲层上生长较厚的 GaN 层,在该较厚的 GaN 层表面再次表面处理得到多孔 GaN 层,在该多孔 GaN 层表面再次生长较厚的 GaN 层,如此重复,得到 GaN/多孔 GaN 层叠结构;通过降低反应腔体内温度使多孔 GaN 碎裂,得到独立的 GaN 基板。

除了 GaN 衬底外,三星也对一般的氮化物(不限于 GaN)作衬底制备 LED 作了进一步的研究。例如,在 2006 年申请的 KR100809211B 中,三星通过在衬底(例如蓝宝石)的上表面上形成槽,再在上面生长氮化物单晶,最后将衬底移除以得到氮化物单晶衬底;或者如 2006 年申请的 US2007215983A1 所示,将用于垂直氮 LED 中的氮单晶衬底在 100 微米的厚度方向上分成上部和下部,其中,上部的掺杂浓度是下部的掺杂浓度的 5 倍以上,实施例之一是下部未掺杂而上部为 N 型高掺杂。

从 2008 年开始,三星开始了复合衬底的研究。这可能源于每种单一的衬底都有其劣势,如蓝宝石散热性能不好,SiC 成本较高,GaN 生长困难等,而将各种材料进行复合可以发挥各自的优势,在一定程度上避免其劣势。在 2008 年申请的 KR20100064466A 中,三星将衬底设置为包括纸芯层、在纸芯层两面设置的玻璃纤维层以及在玻璃纤维层的表面设置的铜箔层所形成的层叠结构。为了减轻衬底与界面的晶格失配,并且降低衬底的热膨胀系数与 GaN 基 LED 的热膨胀系数之间的差异,三星在 2010 年申请的 KR20120045838A 中,将其衬底设置为一复合衬底:衬底 110 由 AlN 和 YO 组成(多晶或非晶),其上形成 Si 衬底 120(单晶),再在衬底上方形成 LED 结构 200(GaN);其中,衬底 110 的厚度(300~800 微米)比衬底 120 的厚度(50-500 纳米)大得多。事实上,在复合衬底出现之后,对复合衬底的几种材料之间进行键合就显得非常关键,如 KR20120032288A、KR20110134149A、KR20110134114A、KR20110134115A 所示。

早在 2011 年 10 月,三星就宣布已经能够利用普通玻璃作衬底来生长单晶 GaN。在其 2011 年申请的专利 US2012267638A1 中,三星公司就开始了用硅氧化物 SiO_2(即玻璃)作衬底来生长 LED。

表 6-2-2 列出了三星 LED 衬底主要专利文献。

表 6-2-2 三星 LED 衬底主要专利文献

公开号	申请年份	衬底种类	代表性附图
KR20010098328A	2000	蓝宝石	
US2006038190A1	2004	蓝宝石	
KR20060038058A	2004	硅	
US2007141813A1	2005	GaN	

续表

公开号	申请年份	衬底种类	代表性附图
KR100809211B1	2006	氮化物	
US2007215983A1	2006	氮化物	
KR20100064466A	2008	复合衬底	

续表

公开号	申请年份	衬底种类	代表性附图
KR20120045838A	2010	复合衬底	
KR20120032288A	2010	复合衬底	
KR20110134149A	2010	复合衬底	

续表

公开号	申请年份	衬底种类	代表性附图
KR20110134114A	2010	复合衬底	
KR20110134115A	2010	复合衬底	
US2012267638A1	2011	蓝宝石、硅碳化物、硅或玻璃	

6.2.5.3 重要技术——玻璃衬底

目前用于氮化镓研究的衬底材料比较多，但是能用于生产的衬底目前只有二种，即蓝宝石 Al_2O_3 和碳化硅 SiC 衬底，GaN 可以利用 MOCVD、分子束外延（MBE）或氢化物气相外延（HVPE）方法制造在具有六方晶系的蓝宝石（Al_2O_3）、硅碳化物（SiC）异质基板上。然而，因为到目前为止，Al_2O_3 或 SiC 基板以大约 2 英寸的小尺寸使用，所以大量生产 GaN 晶体可能是困难的，因而阻碍了 GaN 晶体的制造成本降低。尽管新近发展趋势将 2 英寸基板转换成 4 英寸基板，但是 4 英寸基板仍然昂贵。由于在普通玻璃衬底上沉积 GaN 薄膜，不仅成本低，而且可以实现大面积化，因此在玻璃基板上生长 GaN 的相关研究一直都在进行之中。依照目前的技术，玻璃基板可以制作的比 2 寸的 Al_2O_3 基板大 400 倍，一般来说，尺寸扩大，价格竞争力也势必获得上升。

图 6-2-16（见文前彩色插图第 4 页）是 1996~2011 年间在玻璃基板上生长 GaN 的主要研究成果。

由图 6-2-16 可以看出，最初在 1996~1997 年，采用脉冲激光沉积技术（PLD）和 MBE 技术可以在玻璃基板上制备出单晶态的 GaN 外延层；然而众所周知，PLD 技术在脉冲瞬间沉积时会不可避免地形成液滴以及大小不一的颗粒、它们会以大的团簇形状存留在薄膜中影响膜的质量，PLD 技术得到的薄膜的厚度也不够均匀，等离子区域分布也难以形成大面积的薄膜；采用 MBE 方法生长薄膜的速率则很低，一般在 0.1~0.15μm/h，难以满足大规模生产的要求。因此，从 1998 年起，出现了采用 MOCVD 技术在玻璃衬底上生长 GaN 外延层，为了提高采用 MOCVD 技术在玻璃衬底上生长出的 GaN 外延层的薄膜质量，特别是得到晶态的 GaN 外延层，在 1999~2000 年间，诸如横向生长、重结晶之类的技术被提出并用于在玻璃衬底上采用 MOCVD 技术生长 GaN 外延层。此外，其他多种沉积技术，例如 RFPECVD、RPECVD、RPCVD、MARE、射频溅射技术，也被用于在玻璃衬底上生长 GaN 外延层。

图 6-2-17 为 1996~2011 年间比较有代表性的、在玻璃基板上成功制备 GaN 基发光二极管的专利申请和期刊文章。其中，1996 年东芝的申请 JPH08139361 以及 1999 年 MURATA MANUFACTURING CO 的申请 JPH11243229A 都是采用 ECR-MBE 技术在玻璃衬底上的 ZnO 薄膜缓冲层上生长 n-GaN 层、GaN 有源层、p-GaN 层，形成 LED 器件结构。然而，采用 MBE 方法生长薄膜的速率则很低，一般在 0.1~0.15μm/h，难以满足大规模生产的要求，因此一直在研究采用其他沉积方法的技术。2007 年澳大利亚的 Bluglass 公司宣布采用 RPCVD 技术在玻璃衬底上生长蓝光 GaN 基 LED，然而其生长的 GaN 外延层为非晶态或者为细粒的多晶结构，所得的 LED 的发光效率较差。此外，2000 年 D.P. Bour 等人提出了在石英衬底上采用 MOCVD 技术生长多晶 GaN 基 LED，可以发出 430nm 波长的蓝紫光，其主要是通过激光激发技术，将 MOCVD 方法沉积得到的非晶态 GaN 转化为晶态，从而得到 GaN 基 LED（相关专利申请为 US6288417B1，XEROX CORP，D.P. Bour）。2011 年，三星宣布在玻璃基板制作成功了蓝光 LED，其主要是利用了一层 Ti 金属薄膜、利用局部异质外延技术生长低温 GaN 缓冲层、在低温 GaN 缓冲层上形成二氧化硅掩模并局部去除二氧化硅以形成暴露出 GaN 缓冲层的窗口阵列、在窗口中采用 MOCVD 形成 rod 型的 n-GaN/MQWs/p-GaN 结构，

其中 GaN 有源层接近单晶形态（相关专利申请为 US2012267638A1）。

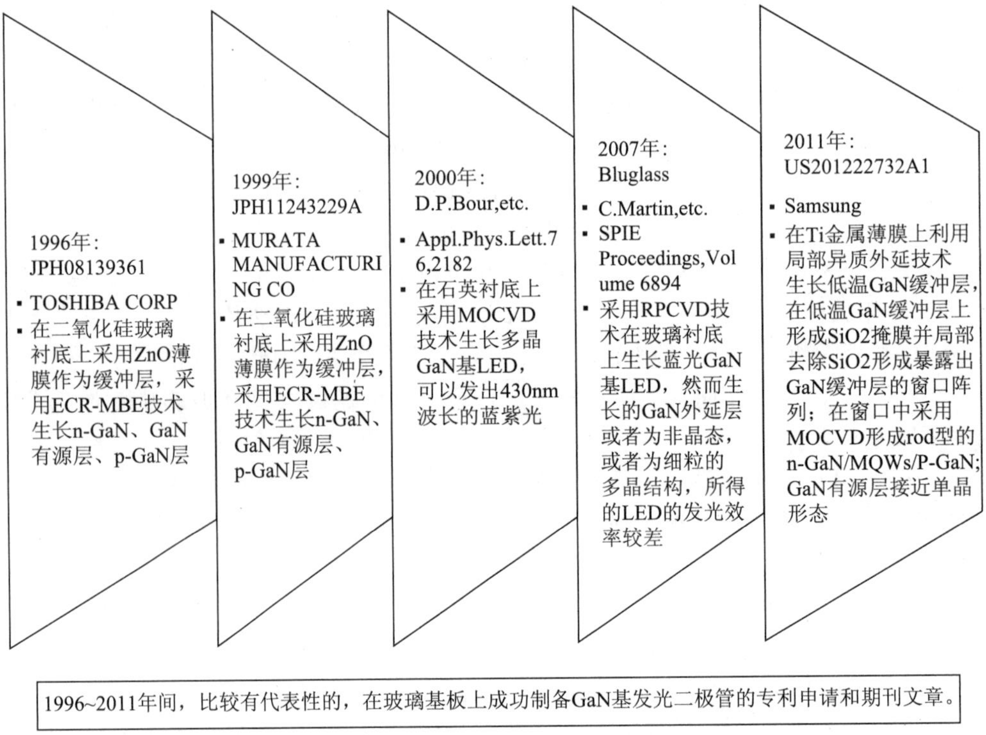

1996年：
JPH08139361
- TOSHIBA CORP
- 在二氧化硅玻璃衬底上采用ZnO薄膜作为缓冲层，采用ECR-MBE技术生长n-GaN、GaN有源层、p-GaN层

1999年：
JPH11243229A
- MURATA MANUFACTURING CO
- 在二氧化硅玻璃衬底上采用ZnO薄膜作为缓冲层，采用ECR-MBE技术生长n-GaN、GaN有源层、p-GaN层

2000年：
D.P.Bour,etc.
- Appl.Phys.Lett.76,2182
- 在石英衬底上采用MOCVD技术生长多晶GaN基LED，可以发出430nm波长的蓝紫光

2007年：
Bluglass
- C.Martin,etc.
- SPIE Proceedings,Volume 6894
- 采用RPCVD技术在玻璃衬底上生长蓝光GaN基LED，然而生长的GaN外延层或者为非晶态，或者为细粒的多晶结构，所得的LED的发光效率较差

2011年：
US201222732A1
- Samsung
- 在Ti金属薄膜上利用局部异质外延技术生长低温GaN缓冲层，在低温GaN缓冲层上形成SiO2掩膜并局部去除SiO2形成暴露出GaN缓冲层的窗口阵列；在窗口中采用MOCVD形成rod型的n-GaN/MQWs/P-GaN；GaN有源层接近单晶形态

1996~2011年间，比较有代表性的，在玻璃基板上成功制备GaN基发光二极管的专利申请和期刊文章。

图 6-2-17　成功在玻璃基板上制备 GaN 基发光二极管的专利申请和期刊文章

可以看出，虽然目前有众多技术可以用于在玻璃基板上生长晶态 GaN，然而综合考虑生产效率、成本以及工艺兼容性，可能最有希望用于在玻璃基板上工业生产 GaN 基 LED 的沉积技术应当还是 MOCVD 如图 6-2-18 所示。采用 MOCVD 方法制备 GaN 薄膜的生长速率适中，薄膜的厚度可控，虽然采用 MOCVD 设备的工艺温度一般在 900℃以上，然而目前采用 MOCVD 方法制备 GaN 薄膜的最高工艺温度一般可以控制在 1000℃左右，而目前耐高温玻璃已经可以长时间在 1200℃高温下工作、短时间可以耐到 1500℃高温，软化温度则可以到达 1730℃；此外虽然玻璃是非晶态的，然而采用诸如缓冲层、晶态调节技术以及一些新的外延生长方法依然有可能得到晶态的 GaN 外延层并用为 LED 器件。

通过对基于玻璃基板制备 GaNLED 的技术资料，可以总结出对于采用 MOCVD 技术在玻璃基板上制备 GaN 外延层，至少可以通过以下手段提高外延质量，使 GaN 外延层达到制备 LED 器件的要求，如图 6-2-19 所示。

① 调节诸如生长时间、TMGa 流量、升温时间等 MOCVD 的工艺参数；

② 采用缓冲层，减少 GaN 外延膜的应变与位错，主要有 SiO$_2$、AlN、GaN、In-GaN、AlGaN 等；

③ 晶态调节技术，例如：US6288417B1 记载的采用激光激发技术将非晶态 GaN 转化为晶态，"Journal of Crystal Growth，Volumes 189-190，1998"中记载的采用 RF 等离子束调节外延生长时的能量获得单晶的 GaN；

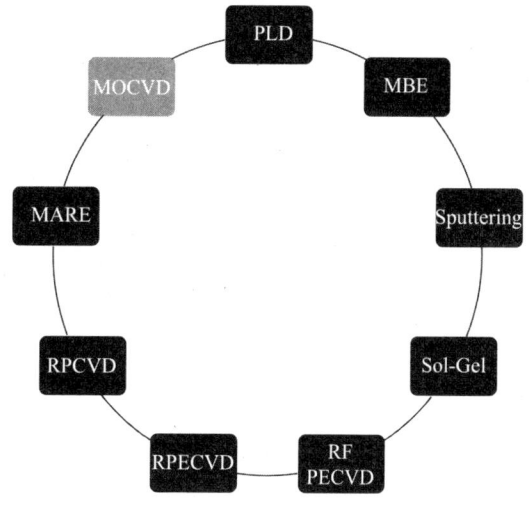

图 6-2-18 MOCVD 可能为众多技术中最具希望的沉积方法

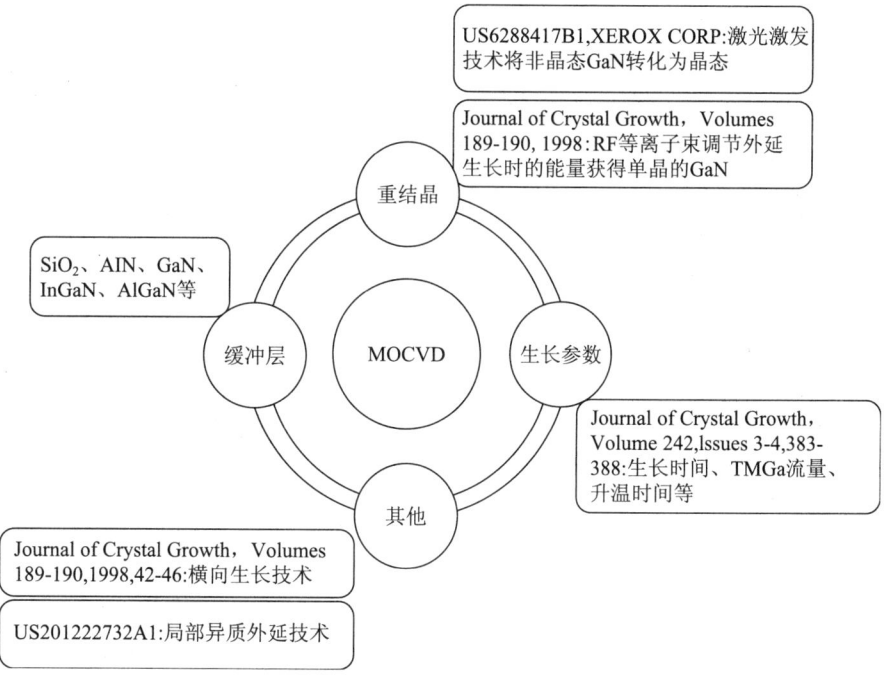

图 6-2-19 提高 MOCVD 沉积质量的主要方法

④ 采用新的外延方法,比如 US201222732A1 记载的局部异质外延技术,"Journal of Crystal Growth,Volumes 189-190,1998,42-46"记载的横向生长技术。

具体地,可以通过分析三星在玻璃基板上生长 GaN 薄膜的技术得到一些启示:

三星在 2011 年 11 月宣布研发出了成本低且利于制造大尺寸面板的 LED 生产技术,该技术在玻璃基板上生长 GaN 薄膜。经过检索,目前所收集到的较为详细的记载该技术的文献资料主要有:

① 专利申请 US2012267638(韩国同族 KR20120100296);

② Nearly single – crystalline GaN light – emitting diodes on amorphous glass substrates, Jun Hee Choi, etc., Nature Photonics, Vol 5, December 2011;

③ GaN light – emitting diodes on glass substrates with enhanced Electroluminescence, Jun Hee Choi, etc., J. Mater. Chem., 2012, 22, 22942 – 22948;

④ Prospect of GaN light – emitting diodes grown on glass substrates, Jun Hee Choi, etc., Proc. of SPIE Vol. 8625 86251C – 1。

通过分析上述资料，得到了以下信息：

(1) 如图 6 – 2 – 20 所示，该技术得到了 n – GaN/MQW（InGaN/GaN）/p – GaN 结构的 LED，其中有源层中的 GaN 薄膜接近单晶态，该 LED 可以发出中心波长为 495nm 的蓝光，发光强度达到 9100cd/m^2。

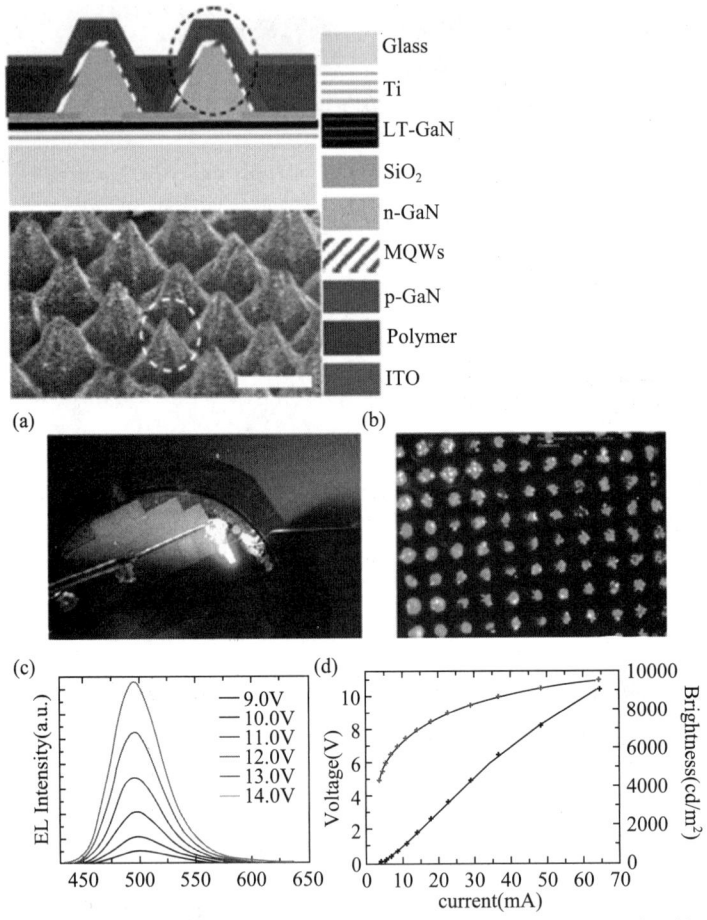

Figure 4. The enhanced EL performance of GaN pyramid arrayed LEDs on galss. (a) and (b) are the photograph and the optical microscope images showing the macroscopic and microscopic EL uniformities, respectively. (c) and (d) are EL spectra and I-V-L curves, respectively.

图 6 – 2 – 20　三星在玻璃衬底上的制备的 LED 及其主要性能❶

---

❶ Nearly single – crystalline GaN light – emitting diodes on amorphous glass substrates, Jun Hee Choi, etc., Nature Photonics, Vol 5, December 2011. Prospect of GaN light – emitting diodes grown on glass substrates, Jun Hee Choi, etc., Proc. of SPIE Vol. 8625, Gallium Nitride Materials and Devices Ⅷ, 86251C.

(2) 主要制备工艺流程（参见图 6-2-21）

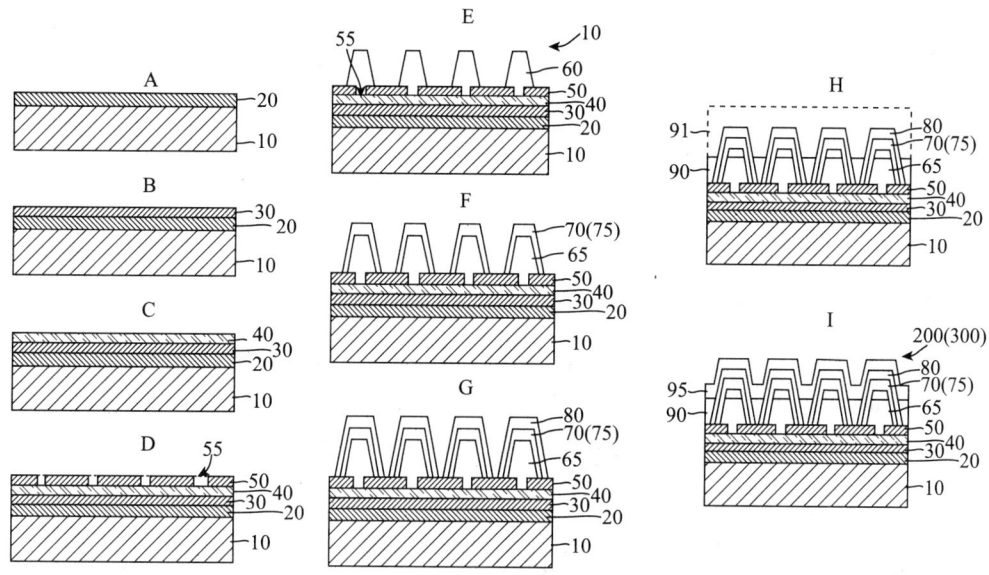

10: Glass substrate, 20: Metal later (Ti), 30: Nitride metal latyer (TiN),
40: Buffer layer (LT-GaN), 50: Mask (SiO_2), 60: HT-GaN (n-type),
70: Active layer, 80: GaN (p-type), 90: Insulating layer,
95: TCO

图 6-2-21　三星在玻璃衬底上的制备的 LED 的工艺流程❶

(3) 各个关键技术

1) 在非晶玻璃基板上采用电子束蒸发的方法长成 100nm 的 Ti 金属薄膜，作为预先取向层（Pre-orienting layer, POL）；之所以选择 Ti 作为 POL，是因为其具有近似于纤维锌矿 GaN 的六方晶系结构（$\Delta a/a = 7.4\%$）。

2) 在 Ti-POL 上生长 LT-GaN 作为成核层（Nucleation layer, NL）；由于 Ti-POL 和 LT-GaN 之间的局部异质外延生长（Local Hetero-epitaxy, LHE），Ti-POL 的六方晶系形态可以被复制到 LT-GaN 成核层中（参见图 6-2-22）。

3) 具有阵列开口的 SiO_2 掩模的作用至关重要。在 LT-GaN NL 层上制作具有阵列开口的 SiO_2 掩模，HT-GaN 在各开口中从 LT-GaN NL 层上面开始生长，从而实现了 LHE，形成阵列排布的、呈微小金字塔形态的 GaN（参见图 6-2-23）。

如果不采用具有阵列开口的 SiO_2 掩模，而是直接在 LT-GaN NL 层上生长 HT-GaN，则无法控制所得的 HT-GaN 薄膜的形貌。

在图 6-2-24 中，左侧为不采用具有阵列开口的 SiO_2 掩模、直接在玻璃衬底的 LT-GaN NL 层上生长的 HT-GaN，中间为采用具有阵列开口的 SiO_2 掩模在玻璃衬底的 LT-GaN NL 层上生长的 HT-GaN，右侧为采用具有阵列开口的 SiO_2 掩模在蓝宝石衬底的 LT-GaN NL 层上生长的 HT-GaN。

---

❶ 专利申请 US2012267638（韩国同族 KR20120100296）。

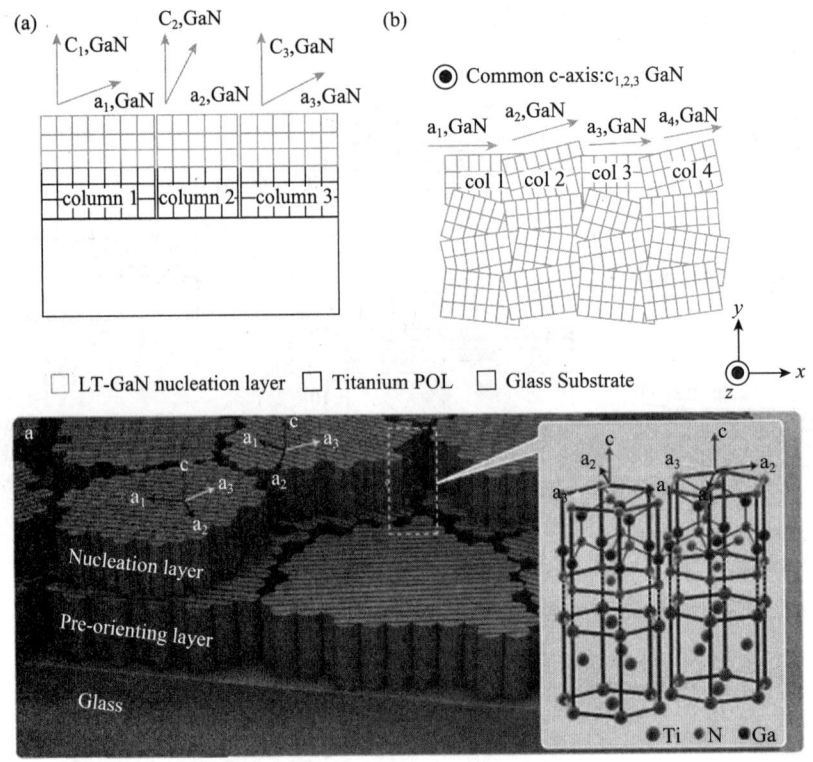

图 6-2-22 局部异质外延生长技术示意[1]

在 Ti-POL 上生长的 LT-GaN 成核层，其虽然在 c 轴取向上一致，但却在水平方向上随机取向（a1、a2、a3 轴在水平方向上随机取向）；因此，在 LT-GaN NL 层上生长的各 HT-GaN 小岛之间无法连接并最终形成薄膜。在这种情况下，阵列开口的 SiO_2 掩模对于 HT-GaN 薄膜形貌的控制作用至关重要；在没有阵列开口的 SiO_2 掩模的境况下，各 HT-GaN 小岛接近杂乱无章的分布；而在有阵列开口的 SiO_2 掩模的境况下，各 HT-GaN 小岛以接近于一致的大小均匀分布，这是因为阵列开口的 SiO_2 掩模抑制了各 HT-GaN 小岛的横向生长。

4）良好的绝缘。每个呈微小金字塔形态的 GaN 堆叠中，P-GaN 完全覆盖其下的 n-GaN/MQW（InGaN/GaN）结构；此外，在各个呈微小金字塔形态的 GaN 堆叠的上下电极之间、各个 GaN 堆叠之间形成绝缘，防止不必要的泄漏以及焦耳热造成的损害。

5）MOCVD 的工艺参数：

① 生长 LT-GaN NL 层（130nm）：采用 TMGa、NH_3、H_2 的混合气体在 560℃下形成 LT-GaN NL 层；

---

[1] Nearly single-crystalline GaN light-emitting diodes on amorphous glass substrates, Jun Hee Choi, etc., Nature Photonics, Vol 5, December 2011. Prospect of GaN light-emitting diodes grown on glass substrates, Jun Hee Choi, etc., Proc. of SPIE Vol. 8625, Gallium Nitride Materials and Devices Ⅷ, 86251C.

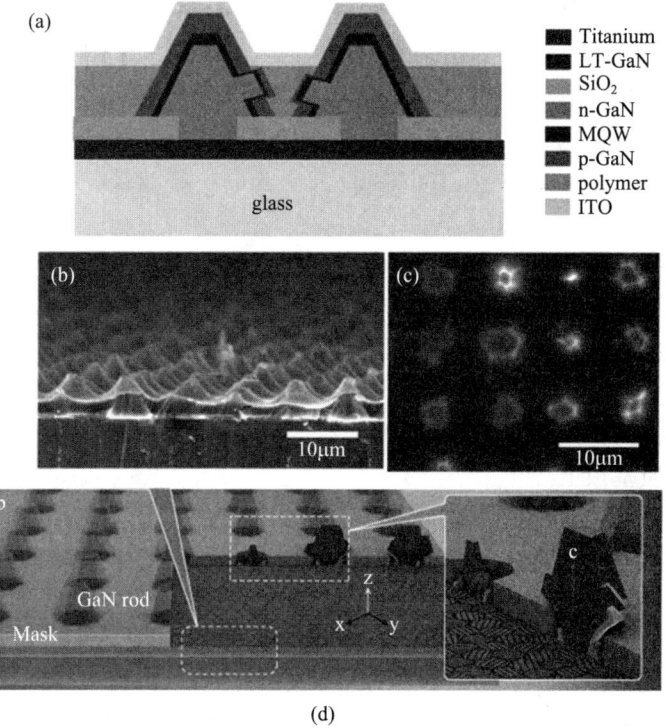

图 6-2-23 局部同质外延生长技术示意[1]

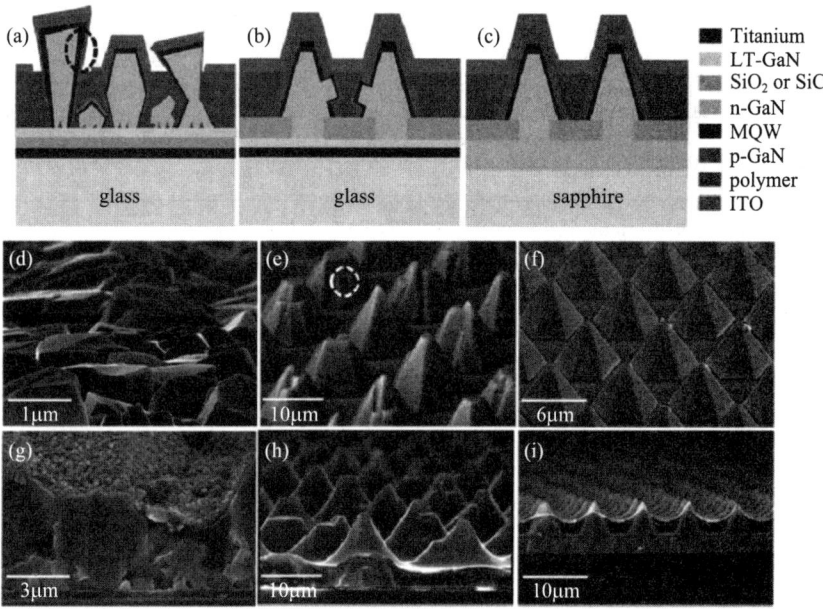

图 6-2-24 不采用局部同质外延生长的结果示意

---

[1] Nearly single-crystalline GaN light-emitting diodes on amorphous glass substrates, Jun Hee Choi, etc., Nature Photonics, Vol 5, December 2011. Prospect of GaN light-emitting diodes grown on glass substrates, Jun Hee Choi, etc., Proc. of SPIE Vol. 8625, Gallium Nitride Materials and Devices Ⅷ, 86251C.

② 生长 n 型 HT-GaN 层（0.7~1.4um，GaN：Si）：采用 TMGa、NH_3、H_2 的混合气体在 940℃或者 1040℃下形成 n 型 HT-GaN NL 层，压力 100Torr、V/Ⅲ比例 2200、沉积时间 1200~2400s；

③ 生长 MQW 结构（5 个周期，2nm InGaN/19.4nm GaN）：在 720℃~780℃间控制 MQW 的生长温度，从而控制 GaN LED 发射光的中心波长，控制其发出中心波长为 495nm 的蓝光；

④ 生长 p 型 HT-GaN 层（200nm，GaN：Mg）：在 755℃或者 780℃生长 p 型 HT-GaN 层，p 型 HT-GaN 层进一步在 700℃的氮气气氛下激活。

6.2.6.4 其他公司在玻璃衬底上的研发

目前用于 GaN 研究的衬底材料比较多，但是能用于生产的衬底目前只有二种，即 Al_2O_3 和 SiC 衬底，GaN 可以利用 MOCVD、MBE 或 HVPE 方法制造在具有六方晶系的 Al_2O_3、SiC 异质基板上。

然而，因为到目前为止，Al_2O_3 或 SiC 基板以大约 2 英寸的小尺寸使用，所以大量生产 GaN 晶体可能是困难的，因而阻碍了 GaN 晶体的制造成本降低。尽管新近发展趋势将 2 英寸基板转换成 4 英寸基板，但是 4 英寸基板仍然昂贵。由于在普通玻璃衬底上沉积 GaN 薄膜，不仅成本低，而且可以实现大面积化，因此在玻璃基板上生长 GaN 的相关研究一直都在进行之中。依照目前的技术，玻璃基板可以制作的比 2 寸的 Al_2O_3 基板大 400 倍，一般来说，尺寸扩大，价格竞争力也势必获得上升。

表 6-2-3 是 1996~2011 年间在玻璃基板上生长Ⅲ-Ⅴ族化合物、特别是 GaN 的主要研究成果。

表 6-2-3 1996~2011 年在玻璃基板上生长Ⅲ-Ⅴ族化合物研究成果

年份	文献	主要技术内容	外延形成方法	是否制得 LED
1996	Growth of c-axis oriented gallium nitride thin films on an amorphous substrate by the liquid-target pulsed laser depositon, R. F. Xiao, etc., J. Appl. Phys. 80, 4226 (1996)	在熔融石英衬底上利用 ZnO 薄膜作为对准层，采用脉冲激光沉积技术形成纤锌矿型、c 轴取向的 GaN 外延层	PLD	否
1996	JPH08139361, TOSHIBA CORP	在二氧化硅玻璃衬底上采用 ZnO 薄膜作为缓冲层，采用 ECR-MBE 技术生长 n-GaN、GaN 有源层、p-GaN 层	MBE	是
1997	Gas source molecular beam epitaxy growth of GaN on C-, A-, R- and M-Plane Sapphire and Silica Glass Substrates, Kakuya Iwata, etc., Jpn. J. Appl. Phys. 36 (1997) pp. L661-L664	在蓝宝石的 C 面、A 面、R 面、M 面以及二氧化硅玻璃衬底上采用 MBE 技术生长 c 轴取向的 GaN 外延层	MBE	否

续表

年份	文献	主要技术内容	外延形成方法	是否制得 LED
1997	Promising characteristics of GaN layers grown on amorphous silica substrates by gas-source MBE, Iwata, K; etc., JOURNAL OF CRYSTAL GROWTH Volume: 189 Pages: 218-222	在石英衬底上采用 ECR-MBE 技术生长多晶 GaN 外延层	MBE	否
1998	Low-temperature growth of GaN and InxGa1-xN films on glass substrates, Yuichi Sato, etc., Journal of Crystal Growth, Volumes 189-190, 15 June 1998, Pages 42-46	在玻璃衬底上采用 MOCVD 技术制备 GaN、InGaN 外延层，利用 RF 等离子束调节外延生长时的能量，获得单晶的 GaN 外延层	MOCVD	否
1998	Growth of GaN on Indium Tin Oxide/Glass Substrates by RF Plasma-Enhanced Chemical Vapor Deposition Method, Park Doo-cheol, etc., Japanese journal of applied physics. Pt. 2, Letters 37 (3A), L294-L296, 1998-03-01	在玻璃衬底上采用射频等离子体增强 PECVD 技术生长多晶 GaN 外延层	RF PECVD	否
1998	Crystal Growth and Optical Property of GaN on Silica Glass by Electron-Cyclotron-Resonance Plasma-Excited Molecular Beam Epitaxy (ECR-MBE), Murata Naoya, etc., Japanese journal of applied physics. Pt. 2, Letters 37 (10B), L1214-L1216, 1998-10-15	在石英衬底上采用 ECR-MBE 技术生长 c 轴取向、多晶 GaN 外延层	MBE	否
1999	Growth of a GaN layer on a glass substrate by metal organic chemical vapor deposition, H. X Wang, Journal of Crystal Growth, Volume 206, Issue 3, October 1999, Pages 241-244	在玻璃衬底上，采用低温 GaN 缓冲层，并利用 MOCVD 技术、横向生长的方法，获得 GaN 外延层	MOCVD	否
1999	JPH11243229A, MURATA MANUFACTURING CO	在玻璃衬底上采用 ZnO 薄膜、GaN 薄膜作为缓冲层，采用 ECR-MBE 技术生长 GaN 外延层	MBE	是
2000	Improved properties of polycrystalline GaN grown on silica glass substrate, M Hiroki, H Asahi, etc., Journal of Crystal Growth, Volume 209, Issues 2-3, February 2000, Pages 387-391	在玻璃衬底上采用 ECR-MBE 技术生长 c 轴取向的 GaN 外延层	MBE	否

续表

年份	文献	主要技术内容	外延形成方法	是否制得LED
2000	Low temperature growth of gallium nitride, W. T. Young, Diamond and Related Materials, Volume 9, Issues 3–6, April–May 2000, Pages 456–459	在玻璃衬底上采用射频溅射技术生长多晶GaN外延层，但缺陷、位错较多	RF sputtering	否
2000	JP2000124140, FURUKAWA ELECTRIC CO LTD	在玻璃衬底上生长SiO_2薄膜、非晶硅薄膜和AlGaN薄膜缓冲层，采用ECR–MBE技术在AlGaN薄膜缓冲层上生长GaN外延层	MBE	是
2000	Polycrystalline nitride semiconductor light–emitting diodes fabricated on quartz substrates, D. P. Bour, etc., Appl. Phys. Lett. 76, 2182 (2000)	在石英衬底上采用MOCVD技术生长多晶GaN基LED，可以发出430nm波长的蓝紫光	MOCVD	是
2000	US6288417B1, XEROX CORP, D. P. Bour	在石英衬底上生长浸润层、缓冲层，采用MOCVD技术生长n–GaN、GaN有源层、p–GaN层，所述GaN层为非晶态；通过激光激发技术，将非晶态GaN转化为晶态，从而得到GaN基LED	MOCVD	否
2001	Growth of high–quality polycrystalline GaN on glass substrate by gas source molecular beam epitaxy, H Tampo, H Asahi, Journal of Crystal Growth, Volumes 227–228, July 2001, Pages 442–446	在石英衬底上采用MBE技术生长高质量的多晶GaN外延层	MBE	否
2002	Growth parameters for polycrystalline GaN on silica substrates by metalorganic chemical vapor deposition, Seong–Eun Park, Journal of Crystal Growth, Volume 242, Issues 3–4, July 2002, Pages 383–388	在石英衬底上采用MOCVD技术生长多晶GaN外延层；其中低温缓冲层、生长时间、TMGa的流量、升温时间这些工艺参数的选择对于多晶GaN外延层的质量至关重要	MOCVD	否

续表

年份	文献	主要技术内容	外延形成方法	是否制得 LED
2002	Recrystallization prospects for free-standing low-temperature GaN grown using ZnO buffer layers, K. S. A. Butcher, Journal of Crystal Growth, Volume 246, Issues 3-4, December 2002, Pages 237-243	在钠钙玻璃上生长 ZnO 缓冲层，利用 RPCVD 才在低温下对于多晶 GaN 外延层进行重结晶	RPCVD	否
2003	Characterization of polycrystalline GaN grown on silica glass substrates, Seong-Eun Park, Journal of Crystal Growth, Volume 250, Issues 3-4, April 2003, Pages 349-353	在石英玻璃上生长 GaN 缓冲层，利用 MOCVD 技术在缓冲层上生长多晶 GaN 外延层	MOCVD	否
2003	WO03097532A1，UNIV MACQUARIE	在玻璃上生长 ZnO 缓冲层，利用 RPECVD 技术在缓冲层上生长多晶 GaN 外延层	RPECVD	否
2004	JP2004055811A，KANSAI TLO KK	在石英衬底上生长氮化硅、GaN 缓冲层，采用 MBE 技术生长 GaN 外延层	MBE	否
2006	Gallium nitride thin films deposited by radio-frequency magnetron sputtering, Maruyama, Journal of Vacuum Science & Technology A: Vacuum, Surfaces, and Films (Volume: 24, Issue: 4)	采用射频溅射在玻璃衬底上生长 GaN 薄膜	RF sputtering	否
2007	Bluglass, form GaN-based LED on glass substrate emitting blue light; Modeling and experimental analysis of RPCVD based nitride film growth, C. Martin, SPIE Proceedings, Volume 6894	采用 RPCVD 技术在玻璃衬底上生长蓝光 GaN 基 LED，然而生长的 GaN 外延层或者为非晶态、或者为细粒的多晶结构，所得的 LED 的发光效率较差	RPCVD	是
2007	US2007029541A	在玻璃衬底上生长低温成核层，采用 MOCVD、HVPE、MBE、溅射、脉冲激光沉积、CVD 或 PVD 技术在低温成核层上生长 n-GaN、GaN 有源层、p-GaN 层	未记载	是

续表

年份	文献	主要技术内容	外延形成方法	是否制得 LED
2008	Synthesis and optical characterization of c – axis oriented GaN thin films on amorphous quartz glass via sol – gel process, Godhuli Sinha, Applied Surface Science, Volume 254, Issue 16, 15 June 2008, Pages 5257 – 5260		sol – gel	否
2009	Preparation of GaN films on glass substrates by middle frequency magnetron sputtering, C. W. Zou, Journal of Crystal Growth, Volume 311, Issue 2, 1 January 2009, Pages 223 – 227	采用中频磁控溅射在玻璃衬底上低温生长 GaN 薄膜	Sputtering	否
2009	Low – temperature growth of polycrystalline GaN films using modified activated reactive evaporation, Kuyyadi P. Biju, etc., Journal of Crystal Growth, Volume 311, Issue 8, 1 April 2009, Pages 2275 – 2280	采用 MARE（modified activated reactive evaporation）技术在玻璃衬底上生长多晶 GaN 薄膜	MARE	否
2010	Low gap amorphous GaN1 – xAsx alloys grown on glass substrate, K. M. Yu, Journal Name: Applied Physics Letters; Journal Volume: 97; Journal Issue: 10	采用 MBE 技术在耐热玻璃上生长 $GaN_{1-x}As_x$ 薄膜	MBE	否
2011	三星首创以玻璃基板制造 LED	在 Ti 金属薄膜上利用局部异质外延技术生长低温 GaN 缓冲层，在低温 GaN 缓冲层上形成 SiO_2 掩模并局部去除 SiO_2 形成暴露出 GaN 缓冲层的窗口阵列；在窗口中采用 MOCVD 形成 rod 型的 n – GaN/MQWs/p – GaN；GaN 有源层接近单晶形态	MOCVD	是
2011	US2012267638A，三星	在玻璃基板上形成牺牲层；在牺牲层上形成第一缓冲层；在第一缓冲层上形成电极层；在电极层上形成第二缓冲层；部分地蚀刻牺牲层，从而形成配置为支撑第一缓冲层的至少两个支撑件并且形成在基板与第一缓冲层之间的至少一个空腔；以及在第二缓冲层上形成 GaN 薄层	MOCVD/MBE	是

分析表 6-2-3 中的研究成果，可以得到以下信息：

（1）目前，采用 HVPE、MBE、MOCVD、磁控溅射，合理调节各种制备参数，目前都已经成功地在玻璃衬底上生长出了 GaN 薄膜。

（2）缓冲层的使用至关重要，由于玻璃非晶体，在玻璃衬底上直接获得多晶态或者单晶态的 GaN 薄膜几乎不可能，因此在玻璃衬底上生长与氮化镓结构和性质相近的缓冲层可以极大提高了成膜的质量。表 6-2-3 中的研究成果中所采用到的缓冲层材料为：AlN、GaN、ZnO、InGaN、AlGaN，都是和 GaN 的晶格失配很小的材料。介于此，采用近年来逐渐发展起来的多孔缓冲层技术（例如：多孔 Si、多孔 GaN、多孔 TiN、多孔 SiN、多孔 Al_2O_3、多孔 SiC 和多孔 GaAs）或许也可以进一步减少 GaN 外延膜的应变与位错；2011 年三星的专利申请 US2012267638A1 就是在非晶玻璃基板与缓冲层之间形成气体腔，从而降低其上生长的 GaN 薄膜的缺陷。

（3）在生长 GaN 薄膜过程中采用侧向外延技术，可以降低所生长的 GaN 薄膜中的缺陷、提高成膜质量。例如：在 1999 年的文献"Growth of a GaN layer on a glass substrate by metal organic chemical vapor deposition, H. X Wang, Journal of Crystal Growth, Volume 206, Issue 3, October 1999, Pages 241 – 244"中，采用 MOCVD 在玻璃衬底获得了 GaN 薄膜，并且都采用了在 SiO_2 掩模上开窗口、进行 GaN 侧向外延生长的方法。

（4）采用射频等离子激励的能量，可以在 GaN 薄膜的生长阶段对于 GaN 的结晶起到帮助。例如：在 1998 年的文献"Low – temperature growth of GaN and $In_xGa_{1-x}N$ films on glass substrates, Yuichi Sato, etc., Journal of Crystal Growth, Volumes 189 – 190, 15 June 1998, Pages 42 – 46"中就记载了：采用 MOVCVD 在诸如玻璃的非晶衬底上生长 GaN 薄膜，GaN 薄膜趋向于非晶态，然而在射频等离子激励的能量的帮助下，可以得到晶态的 GaN 薄膜。

6.3 小　结

外延、芯片结构和封装是三星在 LED 领域投入研发力量的 3 个重点方向，占到其申请总量的 90%；与此同时，对上游的衬底和下游的照明组件、一体化灯具等技术方向三星也都不同程度的有所涉及，其研发产出已经较为完整地覆盖了整个产业链条。三星涉及 LED 技术的研发工作主要由三星电机、三星 LED 和三星电子这 3 家子公司所承担；此外，合作申请也是三星进行技术研发以及专利技术申请的一种重要模式。三星在 LED 领域的合作申请几乎涉及了 LED 相关的各类技术分支，包括材料、衬底、外延技术、外延设备、LED 芯片结构技术、荧光粉以及 LED 照明组件。其中，以 LED 芯片结构技术、外延技术、LED 封装技术方面的合作申请量最大。

自 2005 年之后，三星在各个重要市场都在稳步地进行着专利壁垒的建设工作；在作为新兴市场代表的有着巨大发展潜力的中国市场，三星基本保持着 30 件/年以上的申请量水平。可以看出，三星在中国市场的专利布局还是以其最为重视、研发实力也最强的芯片结构和封装两个技术分支为主，分别占到申请总量的 35% 和

40%，外延和照明组件也分别占有 13% 和 10% 左右的申请量。在 2008 年之前，芯片结构是三星最为重视的中国市场占领方向，而在 2009 年以后这一重点开始转向更为后端的封装技术。

三星关于 LED 技术的中国专利申请目前的法律状态分布情况为：54% 的申请已获授权并处于有效状态，而经由视撤放弃、因费用终止和被驳回等途径未获得保护的申请仅占总量的 12%，并且有 34% 的申请仍在审批过程中。

第7章 MOCVD 设备领域专利分析

7.1 行业和技术现状

7.1.1 MOCVD 设备概况

MOCVD 是在气相外延生长（VPE）的基础上发展起来的一种新型气相外延生长技术。

MOCVD 是以Ⅲ族、Ⅱ族元素的有机化合物和Ⅴ族、Ⅵ族元素的氢化物等作为晶体生长源材料，以热分解反应方式在衬底上进行气相外延，生长各种Ⅲ-Ⅴ族、Ⅱ-Ⅵ族化合物半导体以及它们的多元固溶体的薄层单晶材料。通常 MOCVD 系统中的晶体生长都是在常压或低压（10~100Torr）下通 H_2 的冷壁石英（不锈钢）反应室中进行，衬底温度为 500℃~1200℃，用射频感应加热石墨基座（衬底基片在石墨基座上方），H_2 通过温度可控的液体源鼓泡携带金属有机物到生长区。

因为 MOCVD 生长使用的源是易燃、易爆、毒性很大的物质，并且要生长多组分、大面积、薄层和超薄层异质材料。因此在 MOCVD 系统的设计思想上，通常要考虑系统密封性，流量、温度控制要精确，组分变换要迅速，系统要紧凑等。不同厂家和研究者所产生或组装的 MOCVD 设备是不同的。

MOCVD 技术之所以这么重要并受到如此广泛的关注是因为在 MOCVD 问世以前，化合物半导体晶体薄膜生长主要依靠 LPE（Liquid Phase Epitaxy）和 VPE（Vapor Phase Epitaxy）这两项技术。在 1966 年和 1967 年，这两项技术分别研发成功，并被成熟地用于生长 GaAs 和 AlGaAs 等材料，制备出具有一定质量的半导体器件。但是，由于这两项技术存在着生长温度高、生长速度过快、生长厚度和均匀性很难控制以及生长样品尺寸小等缺点，很难生长出亚微米，甚至纳米尺寸的多层结构。VPE 和 LPE 的技术难点阻碍了化合物半导体材料和器件的进步，所以当时化合物半导体单晶薄膜生长技术亟待突破。正是在这种情况下，MOCVD 和 MBE 应运而生。它们的技术特点是可以精确控制和生长多种不同的原子层材料，从而实现了半导体异质结构单晶薄膜材料生长技术的飞跃，使得原来无法实现的超晶格和量子阱结构以及渐变组分的生长成为可能。人们通过新的材料结构和器件看到了过去想看但看不到的物理现象，并大大提高了器件的光电性能。MOCVD 早期的研发工作主要集中在原材料的选取、提纯、生长工艺条件的试验，衬底掺杂浓度的降低，P型、N型掺杂源的开发，流量和压力的控制，尾气处理与安全防护报警系统和 MOCVD 设备结构的完善等。

按照反应气体的进气流向与衬底表面的取向关系，MOCVD 可分为水平式与垂直式两种。水平式是最传统的 MOCVD 类型，早期的 MOCVD 以水平式为主。目前商用的垂直式 MOCVD 反应器依照厂家本身的定位可分为高速旋转型（turbo – disc）、衬底面朝下型（face – down）和近耦合喷淋型（close – coupled showerhead）。其中高速旋转型的技术主要来自美国的贝尔实验室（Bell Labs），当年的 Emcore 公司正是基于这项技术而成立（1982 年），并发展成为今天 VEEC 的一项主要业务。水平式 MOCVD 的主要问题是生长均匀性，德国的 RWTH Aachen University 通过气体驱动技术使得 MOCVD 生长过程中衬底既可以公转也可以自转，达到了生长均匀性的目的。基于此项技术，1983 年德国 AIXT 成立。该公司通过十几年的努力，发展壮大起来，并在 1999 年兼并了英国的 Thomas Swan 和瑞典的 Epigress，一举成为在全球范围内 MOCVD 设备的主导公司。目前，VEEC 和 AIXT 主导着整个 MOCVD 市场，它们的市场占有率高达 90% 以上。

MOCVD 设备从结构上主要包括系统架构、反应腔、腔外气体运输系统、生长控制装置、原位监测装置、清洁装置、安全控制装置、尾气处理系统这几部分。

系统架构主要包括主框架、基片传输系统和多腔/单腔系统。该部分主要涵盖的是 MOCVD 设备的总体框架架构。

反应腔是由石英管和石墨基座组成。为了生长组分均匀、超薄层、异质结构的化合物半导体材料，各生产厂家和研究者在反应室结构的设计上下了很大工夫，设计出了不同结构的反应腔。石墨基座是由高纯石墨制成，并包裹 SIC 层。加热多采用高频感应加热，少数是辐射加热。由热电偶和温度控制器来控制温度，一般温度控制精度可达到 0.2℃或更低。

腔外气体运输系统包括源供给系统和气体运输系统。气体的输运管都是不锈钢管道。

生长控制装置主要涉及对反应进行温度、气体、转速和压力进行控制的装置，通常为外部操作系统。

原位监测装置主要包括对外延层生长进行原位监测的装置。通常包括基片原位监测、衬底反射率、热辐射率、生长速率监测。

清洁装置是对 MOCVD 设备尤其是反应腔进行清洁的装置。

安全控制装置用于防止意外情况的发生。

尾气处理系统，反应气体经反应室后大部分热分解，但还有部分尚未完全分解，因此尾气不能直接排放到大气中，必须先进行处理。

7.1.2　全球发展现状

现阶段，全球 MOCVD 设备供应商主要包括德国的 AIXT、美国的 VEEC 以及日本的 NIIO。

根据 Gartner Dataquest 最近的一份分析报告，2008 年 AIXT 的 MOCVD 复合半导体设备的全球占有率达到 72%。目前，AIXT 具有最先进的独特的行星转盘技术。

美国 VEEC 主要采用 TurboDisc 反应室技术（收购 EMCO），其市场占有率占 20% 以上，其中主打机型 K465 已经销售数百台。VEEC 的 MOCVD 主要有以下优势：第一，它是量产型机器，能有效提高量产的时间，减少清洗和维护的时间和次数。因为开仓清洗过程需要从高达 1000 摄氏度的温度冷却后清洗，然后再将温度升高至 1000 摄氏度,需要浪费不少的时间。第二,自动化程度高,减少人为操作。例如可自动化导入,机械手在生产完成后可自动更换蓝宝石等,属于量产型的设计。第三,保护设备投资,防止落伍。避免将来由于新的设备出现,造成旧设备的落伍。通过计划与客户充分沟通,新的设备与旧的设备联系在一起,提升产品的良率。

近几年由于 MOCVD 机台供不应求的状况,使得 VEEC 在这段期间取得了相对有利的市场地位,尤其在中国市场大有斩获。根据了解,由于 VEEC 开始透过委外代工来增加产能,目前产能规模直追产业龙头 AIXT,因此明年 MOCVD 机台供给不足的瓶颈将可望获得解决。

其他厂家主要包括 NIIO 和 NDEN 等,其市场基本限于日本国内。此外,日亚化学和丰田合成的设备主要是自己研发,其 GaN – MOCVD 设备不在市场上销售,仅供自用。

从设备性能上来讲,日亚化学设备生产的材料质量和器件性能上,要优于 AIXT 和 EMCO 的设备。

7.1.3 国内发展现状

MOCVD 设备是制作 LED 外延片的关键设备,而 LED 外延片的水平决定了整个 LED 产业的水平。我国于 2003 年正式实施"国家半导体照明工程",并在"十五"、"十一五"重点攻关课题和"863"计划中,将 MOCVD 设备国产化列入重点支持方向。在国家政策的支持下,"十五"期间,我国在 MOCVD 设备国产化方面已取得了初步成效。中国电子科技集团公司第四十八研究所通过消化吸收和关键技术再创新等措施,研发成功了 GaN 生产型 MOCVD 设备填补了国内空白,使长期制约我国 LED 产业发展的装备瓶颈得以突破。同时,中国科学院半导体研究所、南昌大学、青岛杰生电器等单位也成功研发了研究型的 MOCVD 设备。

近年,有关 MOCVD 设备国产化的好消息不断传来。2012 年 12 月 6 日,上海理想能源有限公司研制开发的 MOCVD 设备成功下线,并于客户签订了 37 台设备的应用验证合同。2012 年 12 月 12 日,中晟光电设备(上海)有限公司成功发运中国首台具有世界先进水平的大型国产 MOCVD 设备。2012 年 12 月 27 日,广东昭信集团二代量产型 MOCVD 设备通过广东省科技厅专家组鉴定。2013 年 1 月 12 日,光达光电设备科技(嘉兴)有限公司宣布,其研制的 MOCVD 设备通过了量产验证。

然而,国产 MOCVD 设备还存在以下问题:

(1) 国产 MOCVD 设备仍处于技术跟踪阶段,设备产业化水平与生产需要不相适应

由于产能的差距,小批量的 MOCVD 设备外延片生产成本较高,大大降低了设备的性价比,使得国产设备刚研发出来就已经落后了。

(2) 设备造价高,应用风险大,多数厂商更愿意采购技术成熟的进口设备

MOCVD 设备的造价昂贵,生产型 MOCVD 设备的售价高达千万元。厂商对此类设备的采购均十分谨慎,更愿意采购技术成熟、售后服务完善的进口设备,使得国产 MOCVD 设备的推广处于尴尬的境地。

(3) 自主创新有待加强,国产 MOCVD 设备面临专利壁垒

目前,国产 MOCVD 设备的研发还处于"消化、吸收"阶段,而国外主流商用机

型已建立了严密的专利保护,如 AIXT 的 Planetary Reactor 反应器、THOMAS SAWN 的 CCS(Close Coupled Showerhead Reactor)反应器、VEEC 的 Turbo Disk 反应器和 NIIO 的双/多束气流(TF)反应器均是自己独有的专利技术,国产 MOCVD 设备产业化面临专利壁垒的考验。

为打破国内 LED 产业受制于人的局面,《半导体照明科技发展"十二五"专项规划》明确提出,"十二五"期间将实现大型 MOCVD 设备及关键配套材料的国产化。❶

7.2 全球专利申请分析

本节基于 MOCVD 设备领域的全球专利数据,对该领域的专利申请进行综合性分析,包括从发展趋势、区域分布、技术构成,以及申请人等方面分别进行分析。

其中 DWPI 截至 2013 年 6 月 30 日所收录的数据中,该领域的全球专利申请量为 1246 件。

7.2.1 全球专利申请趋势分析

截至 2013 年 6 月 30 日,全球 MOCVD 设备专利申请量为 1246 件。❷ 如图 7-2-1 所示,MOCVD 专利申请总体上呈快速增长的趋势,最早的 MOCVD 设备专利为 ROCKWELL INT 公司 1968 年申请的 US19680705213。直到 1988 年之前,专利申请量缓慢增长,1989 年开始专利申请量呈较大幅度增长,1997 年出现一定的下降,1998 年恢复上升,到 2004 年达到 74 件,出现峰值,之后直到 2009 年,申请量基本保持稳定,而到了 2010 年之后申请量呈更大幅度增长。

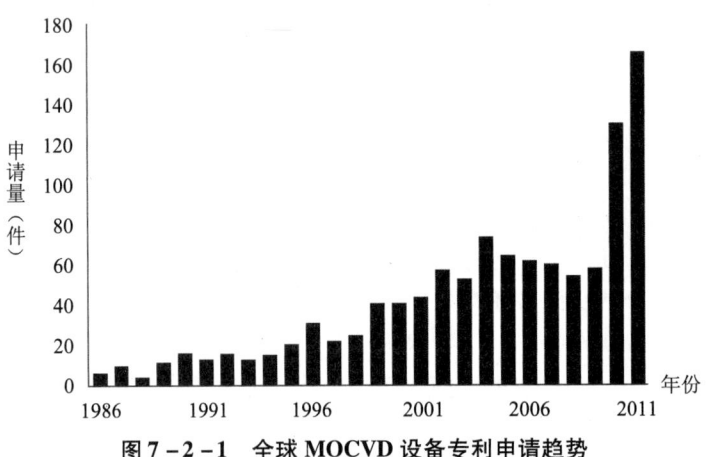

图 7-2-1 全球 MOCVD 设备专利申请趋势

---

❶ 中商情报网. 中国 MOCVD 设备国产化发展现状及前景展望;中国光学光电子行业网 - MOCVD 设备的市场现状及国产化情况.

❷ 由于专利数据库收录数据有时间滞后性,并且专利申请从提出申请到公开公布具有一定的时间间隔(非提前公开的为 18 个月,PCT 申请时间间隔更长),因此 2012 年和 2013 年的数据有所偏差,均少于实际的专利申请量,图文中不再显示和描述。

全球 MOCVD 设备的专利申请始于 20 世纪 60 年代，全球 MOCVD 设备专利申请的发展总体可以分为如下 5 个阶段。

(1) 缓慢发展期 (1988 年之前)

从 MOCVD 设备研发初期至 1988 年，其申请量从数量上来看较少，基本每年申请量都是个位数，只有在 1987 年达到了 10 件申请的申请量，但基本呈现稳步上升的趋势，这是由于 MOCVD 设备的研发和 LED 发光二极管的发展是相辅相成的，到 1988 年，LED 研发还没有获得突破性的进展，但世界上已经有很多公司、高校、科研院所等投入了大量设备、精力用于研发 LED 器件，并且此时 MOCVD 设备还不成熟，各公司、专家等在研发 LED 器件时，也会对 MOCVD 设备存在的缺陷作一定的创新性修正。而到了 1988 年，由于 LED 器件发展遇到的瓶颈，MOCVD 设备的申请量也步入低谷。从图 7-2-2 和图 7-2-3 中可以看出，在该阶段 MOCVD 设备专利申请主要分布在美国、欧洲和日本三个国家，可知美国、欧洲和日本的专利申请起步较早，而中国、韩国和中国台湾在该领域的申请基本为 0，即起步较晚，处于技术空白期。

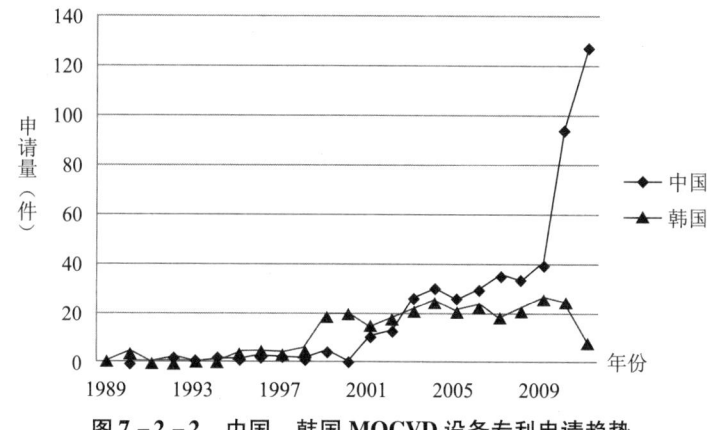

图 7-2-2　中国、韩国 MOCVD 设备专利申请趋势

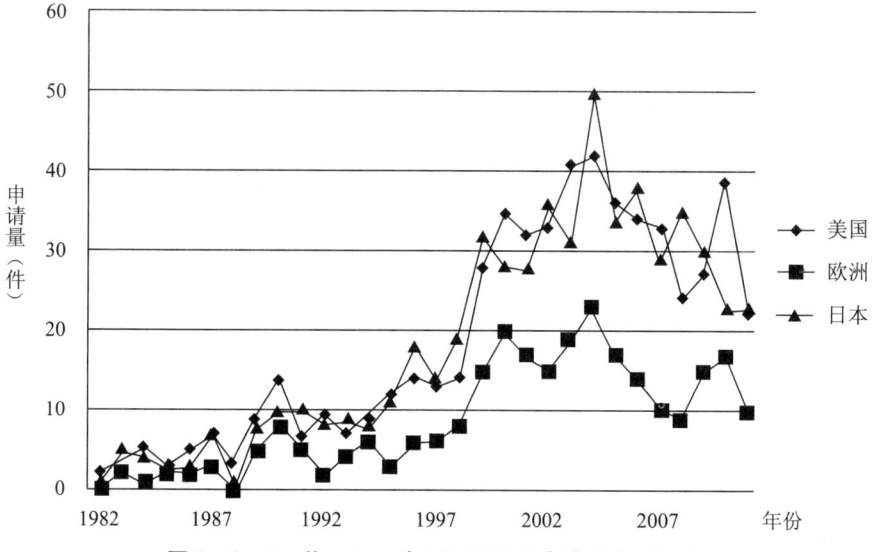

图 7-2-3　美、日、欧 MOCVD 设备专利申请趋势

(2) 第一阶段发展期（1989～1996年）

在此阶段，全球 MOCVD 设备的专利申请步入了第一阶段的稳步增长。由于 LED 器件的发展刚刚处于研发的初始阶段，因而各大机构仍然投入大量人力财力进行 LED 相关产业的研究。例如，日亚化学的中村修二于 1988 年前往美国留学，由于各种条件的限制，留学期间其需要自行组装 MOCVD 设备，由此对 MOCVD 设备了如指掌，并且由此开创性地研发出了可以量产的高亮度蓝光 LED 发光二极管器件，其在此期间研发出的采用石墨盘作为载片台材料的技术仍然是当今的主流技术。因此，基于 LED 发光二极管的突破性进展，从 1989～1996 年，MOCVD 设备的相关专利申请量不仅数量激增，且还呈现出了稳步增长的趋势，到 1996 年达到了 31 件申请。而参见图 7-2-2 和图 7-2-3，可以明显地看出，在 1989～1996 年这个阶段，日本、美国和欧洲（包括德国）的申请量以及增长趋势都要明显强于其他国家，即在该阶段，日本和美国的 MOCVD 设备专利申请在全球处于领先地位，欧洲在该阶段增长也相对比较迅速，而其他国家或地区则相对处于起步阶段，全球申请量的增长主要是美国、日本和欧洲（包括德国）贡献的。

(3) 第二阶段发展期（1997～2004年）

在该阶段，全球 MOCVD 设备专利申请量步入了第二阶段的稳步增长。在 1997 年，全球的 MOCVD 设备专利申请都呈现明显回落趋势。这主要是因为，MOCVD 设备属于高技术新兴产业，其深受经济波动的影响，而在 1997 年，亚洲发生严重的经济危机，在该领域领先的日本、中国台湾、韩国等国家和地区都是经济危机的主要受灾国，因此其对高新技术的投入不可避免地会出现回落，由此，导致 MOCVD 设备专利申请在 1997 年再次出现低谷，仅仅 22 件申请。

而 1997 年亚洲经济危机结束后，从 1998 年开始直到 2004 年，全球 MOCVD 设备的专利申请量出现更大规模的增长，其增长率以及数量都增长明显。这主要是由于此时 LED 器件技术此时已日趋成熟，已广泛深入到人们的生活中，被全球大规模开发和应用，并由于其具有的各种优点（例如节能环保、寿命长等），得到了政府的广泛支持，各国或地区纷纷出台各种政策鼓励 LED 相关产业的研发，由此使得 LED 制造设备的研发出现了相应的高增长。从图 7-2-2 和图 7-2-3 中可以明显地看出，美国、日本此时仍然在该阶段增长居前，处于领先地位，在 1999 年达到了 30 多件，而到了 2004 年超过了 40 件；相对来说，欧洲（包括德国）在该阶段的增长趋势与中国台湾和韩国更一致些，即欧洲（包括德国）已被美国和日本拉下了一定差距，再由图 7-2-4 可以看出，中国台湾和韩国已经开始加快追赶的步伐。而在中国的专利申请量直到 2001 年才出现明显的增长，到 2003 年和 2004 年已能追上中国台湾、韩国和欧洲的步伐，但与美国和日本存在的差距仍很明显。在 2004 年，随着美国、日本和欧洲申请量的爆发式增长，全球申请量达到又一高峰，申请量达到 74 件。

(4) 稳定发展期（2005～2009年）

从 2005～2009 年专利申请量保持稳定。随 MOCVD 设备技术的日趋成熟，新兴国家或地区在该领域的投入增强，美国、日本和欧洲等老牌强国开始步入下降期，中国、中国台湾以及韩国则缓慢增长，此时全球 MOCVD 设备的专利申请量虽时而具有小的波

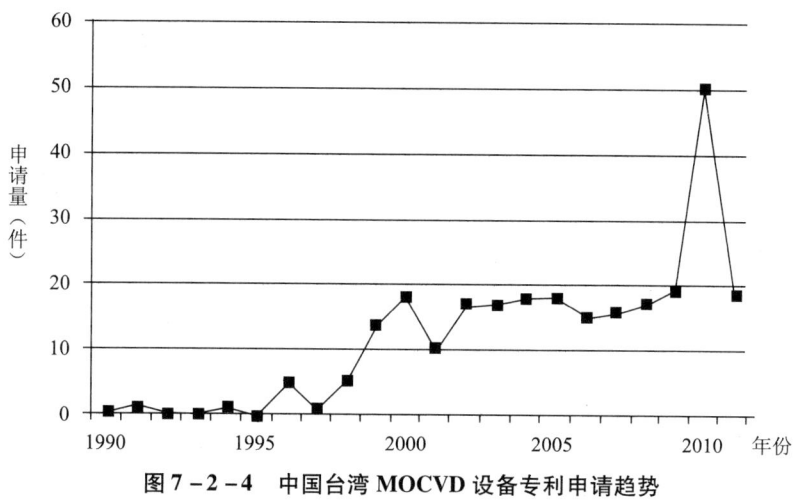

图 7-2-4 中国台湾 MOCVD 设备专利申请趋势

动,但研发投入保持在高位,每年的申请量都在 60 件左右,没有大的增长或回落。在该阶段,美国、日本和欧洲的申请量出现了一定的下降,而中国台湾、中国和韩国这三个国家和地区的申请量则仍在逐渐增长,尤其是中国的增长更为明显,到 2009 年,达到了 40 件,如图 7-2-4 所示。

(5) 爆发式增长期 (2010 年至今)

而到了 2010 年和 2011 年全球申请量出现了爆炸式增长。中国政府在 LED 领域开始加快追赶步伐,相继出台了各种政策鼓励发展 LED 技术相关产业,并规划自主创新研发用于 LED 制造的 MOCVD 设备,随着中国政府对 MOCVD 制造设备以及相关产业的支持和大量投入,中国的 MOCVD 设备专利申请量出现爆发式增长,2011 年申请量达到 127 件,数量庞大,甚至于高于 2010 年之前的全球年申请量,而此时美国、日本、中国台湾、韩国等国家或地区的申请量则在 2010 年出现一定增长,而到了 2011 年则出现明显的回落;但由于中国申请量的增长,使得全球 MOCVD 设备专利申请再次迎来大增长高峰,2010 年、2011 年的申请量分别达到了 130 件和 166 件,为前几年每年申请量的两倍左右。

7.2.2 申请国/地区分析

参见图 7-2-5,全球 MOCVD 设备专利申请主要分布在美国、日本、中国这 3 个国家,达 550 件左右,韩国、欧洲和德国的申请量也位居世界前列。而美国、日本、韩国和欧洲的多边申请(同样的发明在超过两个以上的国家提交)量位于世界前列。

全球 MOCVD 设备的专利申请分布区域,主要包括中国、日本、美国、欧洲、和德国等国家和地区,在美国、日本和中国的申请量不相上下,分别达到 563 件、557 件和 507 件,占全球总申请量的一半,另外,欧洲在 MOCVD 设备领域也不容小觑,其具有世界上前两大 MOCVD 设备供应商之一 AIXTRON(德国),并且其申请量也达到 310 件(包含德国),排在全球第四位,可见,中国、美国、欧洲(包括德国)以及日本在全球 MOCVD 设备专利申请量排名中处于领先地位。

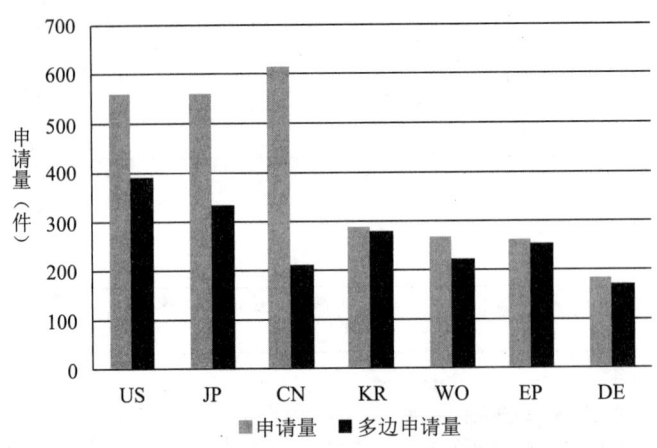

图7-2-5 全球MOCVD设备专利申请区域分布

在中国申请的MOCVD设备专利申请量排在全球的第三位,仅比美国和日本少数件,因而可推断出各申请人非常重视在中国市场的布局。总体来看,MOCVD设备在日本、美国、中国的申请最为活跃,在欧洲、韩国以及德国的申请相对比较活跃。

上述几个国家或地区的多边申请的数量,美国和日本分别以388件和334件排在前两位,紧随其后的是韩国和欧洲,分别为280件和254件。中国虽然从申请量上看与美国和日本排在第一集团,但是多边申请仅排在第五位,如果算上PCT申请量,则还会下降一位。通常情况下,一件申请进入的国家或地区越多,该专利越重要。而中国的申请量与多边申请量相差悬殊(多边申请量与总申请量相差345件,仅占总申请量的37.6%),且多边申请量排名靠后,表明中国的MOCVD专利申请总体技术高度较低,总体专利质量较差。

7.2.3 全球各技术分支分析

全球MOCVD设备专利主要分布在反应腔和腔外气体运输这两个领域,而在更下一级技术分支下主要分布在气体注入组件、载片台、气体供应和加热器这4个领域。而关于更下一级技术分支下,申请主要布局在中国、美国和日本。

图7-2-6中的左侧饼状图部分显示出全球申请主要涉及常规反应腔室、腔室外气体运输以及系统架构三个领域,尤其是常规反应腔室的申请量为713件,约占总申请量57%左右,从中可以得出,MOCVD设备的重点/核心技术基本都分布在反应腔室领域,而排在第二位的则是腔室外气体运输领域,有221件申请。

而图7-2-6中右侧饼状图显示出,全球申请在更下一级技术分支下主要分布在气体注入组件、载片台、加热器以及气体供应系统等四个领域,申请量分别为241件、180件、94件和180件,其中前三者属于腔室内部组件,即从属于常规反应腔室,而气体供应系统属于气体运输领域,这显示出加热器、载物台以及气体注入结构属于MOCVD设备的重点/核心技术,各申请人最为重视在上述几个领域内的布局。

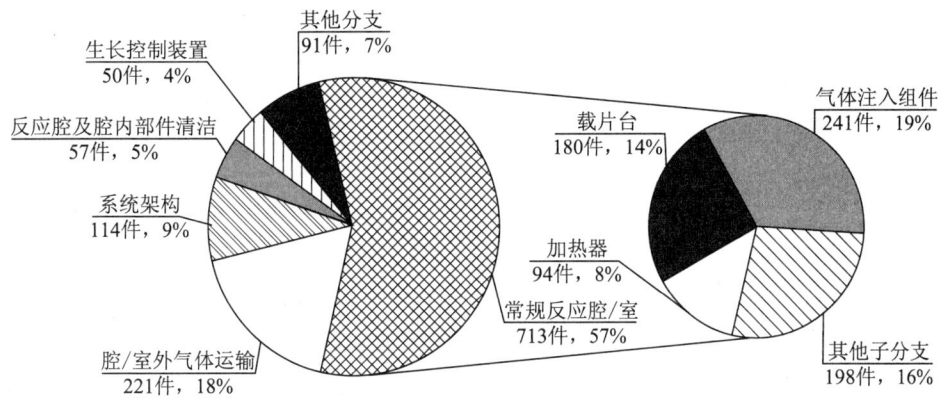

图 7-2-6　全球 MOCVD 设备技术分布情况

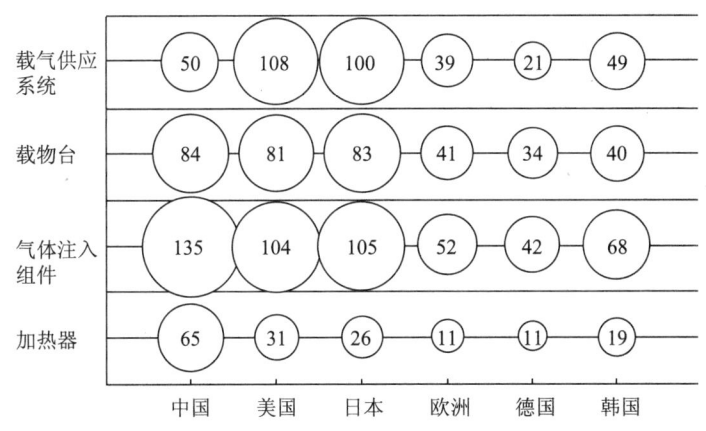

图 7-2-7　4 个主要技术分支的国家布局情况

注：图中的圈内数字表示申请量，单位为件。

参见图 7-2-7，在涉及的 4 个主要分支中，中国、美国和日本在气体注入组件分支下的申请较多且数量不相上下，分别为 135 件、104 件、105 件；美国和日本在气体供应系统的数量排在前列，分别为 108 件、100 件；中、美、日在载片台的申请数量相差不多且排在全球前列，分别为 84 件、81 件、83 件；可见各企业特别重视在中国、美国和日本的布局，特别重视中、美、日市场。

在涉及的 4 个主要技术分支中，关于加热器的申请数量在中国较多，达到 65 件，而在其他国家该领域申请量相对最少，这其中一部分的原因是由于加热器技术属于比较高端的技术，难以创新和仿造，因此国外申请人将其列为自己的保密技术，并不提交专利申请，由此也能达到保护自身技术、垄断市场的目的。

7.2.4　全球主要申请人分析

全球申请量排在前列的主要申请人有 AIXT、NIIO、MATE、VEEC、SHAF 和 NDEN；而多边申请量排前列的主要申请人有 AIXT、VEEC 和 MATE。

参见图 7-2-8，全球主要 MOCVD 设备申请人包括 AIXT、NIIO、MATE、VEEC、

SHARP、NDEN 等几家公司，排在第一位的为 AIXT，其申请量为 140 件，占全球申请量的 11%。AIXT 的申请量远远领先于其他公司，这主要归因于其收购了 GENUS 公司和 SWAT 公司，GENUS 公司具有 40 多项的 CVD 专利，其主要涉及原子层沉积设备（ALD）。美国的应用材料公司的专利申请量居前，说明其也在研发 MOCVD 设备，以降低其成本并且抢占全球 MOCVD 市场。VEEC 申请量为 58 件，排在全球第四位，然而虽然 VEEC 总申请量相对较少，但是其多边申请量达到 40 件，仅排在 AIXT 之后，位列第二位，这说明 VEEC 的专利质量较高。AIXT 的多边申请量达到 109 件，甚至是 VEEC 的两倍多，其中一部分归因于 AIXT 的并购策略，且同时也说明 AIXT 的专利质量很高。AIXT 和 VEEC 的多边申请量的排名情况和它们二者的全球市场占有情况一致。NIIO、SHARP 和 NDEN 的申请量虽然很大，但是其多边申请量少到个位数，表明上述 3 家公司较专注于本土市场。

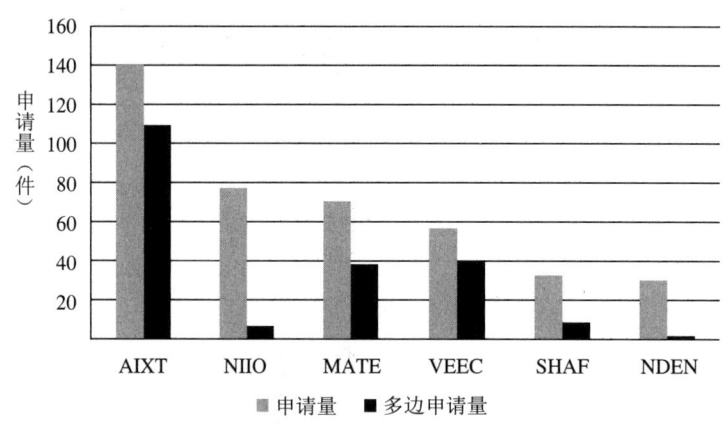

图 7-2-8 全球主要申请人申请量排名情况

由于上述主要申请人主要分布在欧美和日本（例如，VEEC 和 MATE 属于美国、AIXT 位于欧洲、而 NIIO、SHARP 和 NDEN 等位于日本），这说明由上述申请人带动了其所在国家的专利申请情况，使得欧、美、日基本垄断全球 MOCVD 设备专利申请和设备供应。

7.2.5 重要申请人趋势和技术分析

最明显地，NDEN 在 1998 年之后基本没有再提交 MOCVD 设备的专利申请，因此可知，其改变自身发展战略，主动放弃了在该领域的投入与发展。AIXT 在 2000 年左右的申请量达到峰值，从时间上领先于其他公司，由此奠定了其在全球的领先地位，据统计，其全球 MOCVD 设备的出货量占第一位。日本太阳日酸公司在 2004 年之后的申请量一直保持在较高数量，但是由于其策略控制（主要在国内提交专利申请），其产品仅在日本销售，但是现今随着全球经济发展和中国 LED 行业的高速发展，对 MOCVD 设备需求量的猛增，其也开始改变之前战略，积极地将技术和产品出口到中国等国家，参见图 7-2-9。

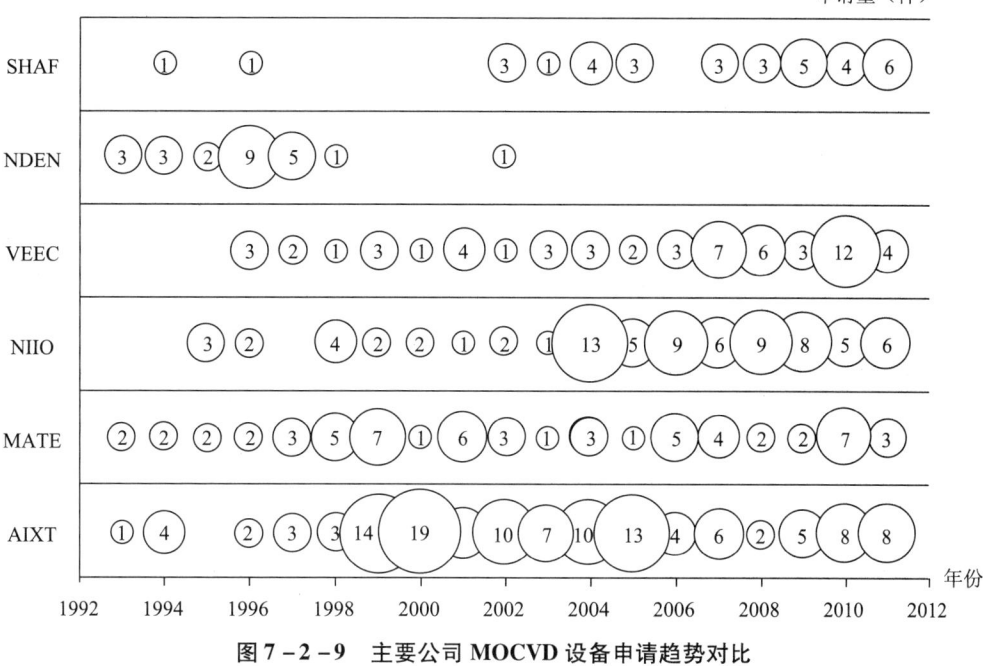

图7-2-9 主要公司MOCVD设备申请趋势对比

VEEC的申请量从1996年至2006年较稳定,而最近几年呈现积极的递增趋势,这说明其对MOCVD设备的研发投入逐步增大。据统计,最近几年VEEC的MOCVD设备的出货量在逐步增加,市场占有率逐步提高,其专利申请量的走势也从侧面反映了这一点。

通过图7-2-10可以看出,全球主要6个申请人的专利申请主要涉及对气体供应、气体注入以及载片台的改进,即其申请趋势互相之间比较接近,且与全球申请的技术分布比较一致。相对来说,作为MOCVD设备核心技术的加热器的相关专利较少,上面已经提高,这部分原因是由于加热器技术属于比较高端的技术,难以创新和仿造,因此很多公司将其列为自己的保密技术,并不提交专利申请,由此也能达到保护自身技术、垄断市场的目的。

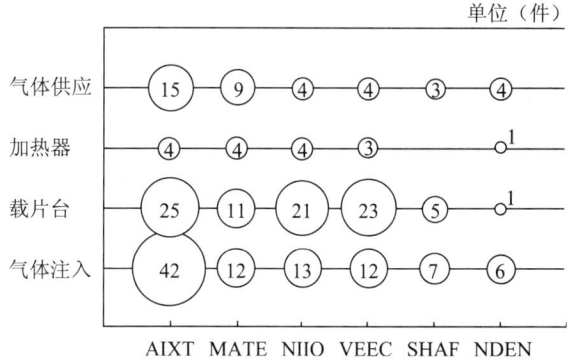

图7-2-10 各公司MOCVD设备主要技术分支对比

7.3 中国专利申请分析

本章基于 MOCVD 设备领域的中国专利数据,对该领域的专利申请进行综合性分析。其中 CPRS 截至 2013 年 6 月 30 日所收录的数据中,该领域的专利申请量为 607 件。❶

7.3.1 中国专利申请趋势分析

截至 2013 年 7 月 18 日,该领域的专利申请量为 607 件。参见 7-3-1,总体上,中国专利申请量呈稳步增长的趋势。2001 年之前,申请量较少,仅有零星申请出现。从 2002~2009 年,中国 MOCVD 设备申请出现大规模增长,并在 2009 年出现一定的下降。而从 2010~2012 年,申请量呈现爆炸式增长。

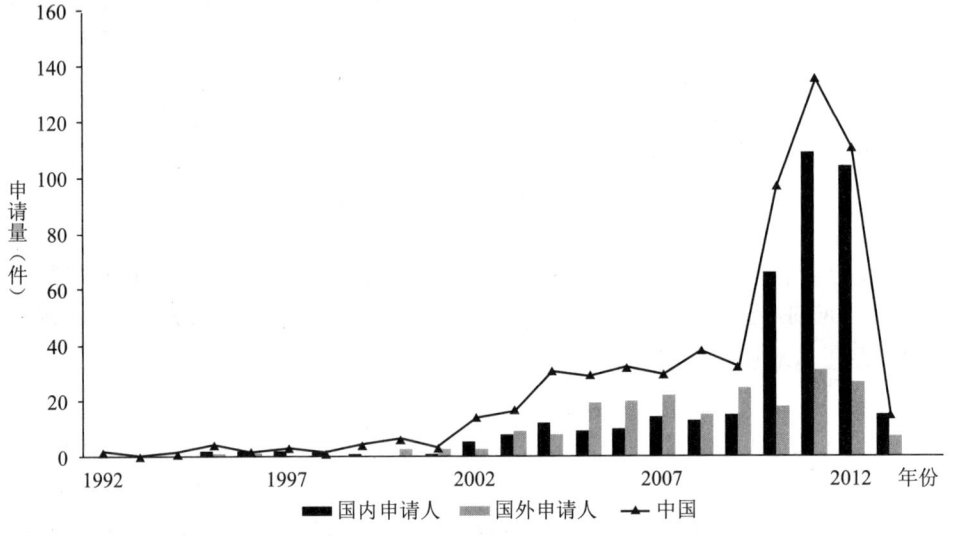

图 7-3-1 中国 MOCVD 设备专利申请趋势

中国的 MOCVD 设备专利申请始于 1992 年,总体上分为以下 3 个主要阶段。

(1) 萌芽期 (2001 年之前)

1992 年之前国内没有 MOCVD 设备方面的专利,国外申请人也没有开始注意中国市场,也没有在中国进行专利布局,从 1992 年第一件专利申请出现直至 2001 年,只有很小的专利申请量,申请量基本为个位数,甚至年申请总量没有超过 5 件,而且总体上以国外申请人为主,即国外申请人开始注意到中国市场,尝试性地进行布局。

(2) 成长期 (2002~2009 年)

2001 年之后,中国的 MOCVD 设备专利申请量才开始呈现大规模增长,国内申请人在设备研发方面也取得了一定的成果,申请量能保持在年均 30 件左右。然而更明显

---

❶ 由于专利数据库收录数据有时间滞后性,并且专利申请从提出申请到公开公布具有一定的时间间隔(非提前公开的为 18 个月,PCT 申请时间间隔更长),因此 2012 年和 2013 年的数据有所偏差,均少于实际的专利申请量。

地是，国内申请人要远低于国外申请人的申请量，这说明，随着中国经济的高速发展，国外申请人开始注重在中国的专利布局。因而，该阶段是中国 MOCVD 专利的成长期，更是国外申请人的专利布局期。而该阶段是全球 MOCVD 设备专利技术的成熟期，MOCVD 设备从产业上已能进行大规模量产，全球的 MOCVD 设备呈现被几大跨国公司垄断的形势。

（3）高速发展期（2010 年至今）

2010 年后，随着各国国家政策和财政的关注与投入，中国的专利申请量呈现爆发式的增长，从申请量上来看已经处于世界领先地位，并且国内申请人远远领先于国外申请人的申请量，从中国 MOCVD 设备专利的总申请量来看（参见图 7-3-1 中的饼状图），国内申请人提交了 390 件专利申请，占 64% 的份额，国外申请人提交了 217 件专利申请，占 36% 的份额，对比可见，国内申请人提交的专利申请主要集中在该阶段，这说明中国在 MOCVD 设备的投资和研发方面取得了大量的成果。

然而需要注意的是，虽然国内申请人的 MOCVD 设备专利从申请量上看已经占据了绝对优势，但是由于国内申请人在 MOCVD 方面的研发和专利申请起步较晚，在 2010 年之前，MOCVD 设备方面的专利早已成熟，重点/核心专利已主要被国外几大跨国公司拥有，因而，国内申请人在 MOCVD 方面的研发和成果主要是在外围对专利的重点/核心技术作进一步的修正或改进。这使得中国在 MOCVD 设备方面长期受制于人，基本依赖于进口。据了解，仅厦门三安近 3 年的设备购入量达到数百台，大部分购于 VEEC 公司。值得注意的是，由于 MOCVD 方面的专利成熟比较早，跨国公司在中国的专利布局也较晚，因而，部分核心/重点专利逐渐开始进入失效期，这对我国 MOCVD 设备制造企业是一个机会。

图 7-3-1 中比较明显的是，2012 年的申请量受专利数据库收录数据时间滞后型的影响有限，数量上没有显著降低，达到了 111 件，与前一年基本持平，其中一个原因是国内申请人为了较早获得专利权，通常会申请提前公开专利申请。

7.3.2 法律状态分析

国内申请人的申请量要远大于国外申请人，但中国实用新型专利申请量较多，国外 PCT 专利申请占据相当大的比例。国内申请人未决申请远大于国外申请人，说明国内申请人研发获得了较大进展，并开始注重提交发明专利申请，如表 7-3 所列。

表 7-3　MOCVD 设备国内和国外专利申请类型对比　　　　单位：件

	国内申请人				国外申请人			
	发明（非PCT）	发明（PCT）	实用新型	合计	发明（非PCT）	发明（PCT）	实用新型	合计
有效	55	0	119	174	32	61	3	96
失效	40	0	11	51	18	12	0	30
未决	165	0	0	165	37	54	0	91
总计	390				217			
合计总量	607							

国内申请人的申请量远大于国外申请人申请量，国内申请人申请的 MOCVD 有效专利有 174 件，而有相当一部分是实用新型专利，为 119 件，这说明国内申请人比较注重实用新型专利的申请。而在未决专利申请中国内申请人的申请数量达到 165 件，也是远大于国外申请人的 91 件，从表 7-3-1 中可看出，国内申请人的申请都是最近几年申请的，这从一个侧面反映了国内申请人在申请发明时可能会同时提交发明专利申请，以较早拿到专利权。国内申请人提交的专利申请中失效专利达到 51 件，其中发明 40 件，实用新型 11 件，而国内申请人的有效发明专利为 55 件，可见从已决专利中来看，国内申请人的无效专利还是占据了很大的数量和比例，从侧面反映出国内申请人提交的专利申请的技术高度相对较低。

反观国外申请人，在 217 件申请中，有 127 件为 PCT 申请，占申请量的 58.5%，PCT 申请作为专利全球布局的一个重要手段，在一定侧面上反映了申请人对技术的重要性以及技术布局的关注程度。国外申请人在中国较高的 PCT 申请比例在一定程度上反映了其对中国市场技术布局的重视程度。且国外申请人提交的专利申请中仅有 3 件为实用新型专利，其他都为发明专利，这说明国外申请人在中国提交的专利申请的发明高度较高，技术较先进。国外申请人的失效专利为 30 件，占总量的 14% 左右，而有效专利为 96 件，占总量的 44%，这说明国外申请人在中国提交的专利申请有效性较高。

7.3.3 省市/区域和技术分布分析

参见图 7-3-2 和图 7-3-3，国内申请人主要分布在上海、北京、浙江、江苏和广东等五个省市。国内申请人提交的专利申请一级技术分支下主要分布在常规反应腔和腔外气体运输，而在常规反应腔下主要分布在气体注入组件、载片台和加热器，这与全球的技术分布一致。

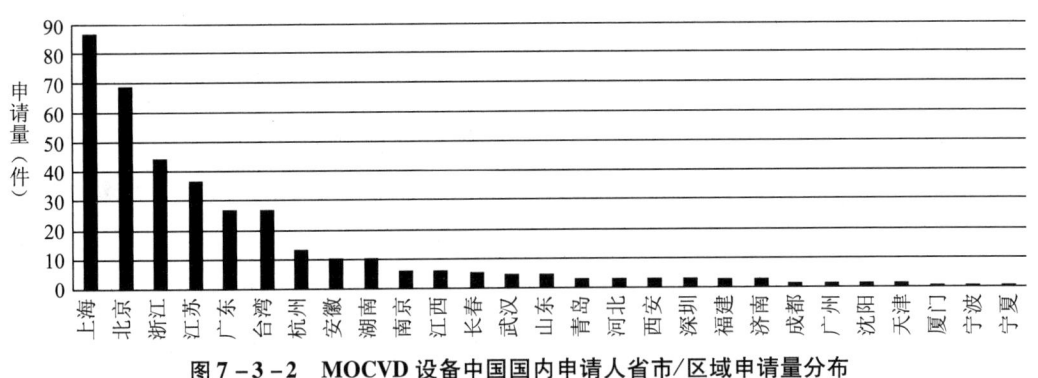

图 7-3-2 MOCVD 设备中国国内申请人省市/区域申请量分布

国内申请人主要分布在以下几个省市：上海、北京、浙江、江苏、广东、台湾，尤其是上海排名靠前，可见国内 MOCVD 设备领域申请人主要布局在长三角、珠三角、北京和台湾等地。

由于地理位置的缘故，多家 MOCVD 设备研发制造企业位于上海、北京，上海的排名第一位，得益于中微半导体、中晟半导体、中国科学院位于上海的研究所等企业或

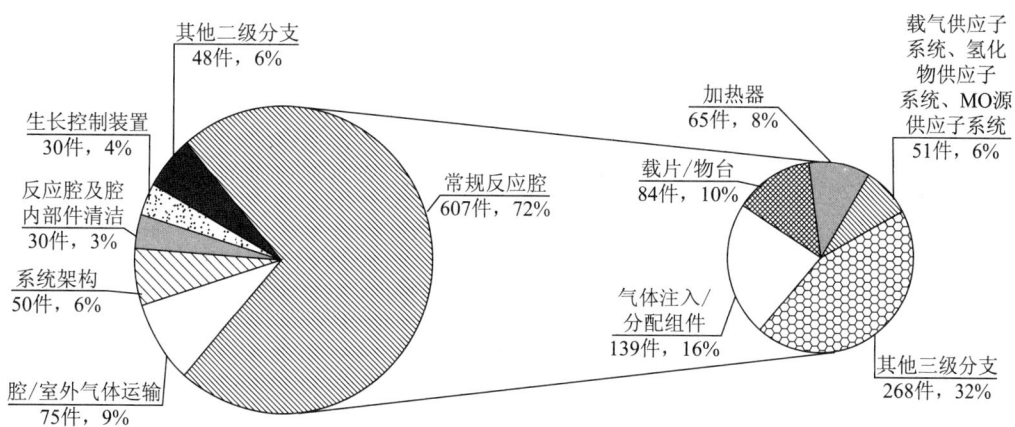

图 7-3-3 中国 MOCVD 设备专利申请的技术分布

科研院所，总申请量达到了 87 件，而北京排名第二位，主要是得益于中国科学院半导体研究所、北京北方微电子等企业或科研院所，申请量为 69 件。

另外，浙江、江苏、广东的申请量也居于前列，主要得益于光达光电、江苏中晟、南京大学，以及广东昭信等企业或科研院所。

由于国内申请人以大学和科研院所为申请主体，其市场化能力不强，需要进一步提高市场化能力。

中国 MOCVD 专利申请技术上的主要研发方向与全球申请的研发方向基本一致，即一级技术分支主要布局在反应腔室，二级技术分支主要布局在载片台、气体注入/分配组件、气体供应系统、加热器等几个方面，说明中国专利申请焦点也注重于 MOCVD 设备核心/重点技术的研发。

7.3.4 申请人排名及对比分析

申请量排在前列的国内申请人主要有中科院、光达光电、中微半导体和北方微电子等 4 家企业或科研院所。其中中国科学院和中微半导体的申请主要为发明专利，而其他两家公司的实用新型专利占据半壁江山。

国内排名前四位申请人中位居第一的是中国科学院，为 44 件。中国科学院作为中国顶级的科研机构，受到政府的高度支持，其科研水平在中国也排在前列，其从 1995 年左右就有零星的专利申请，基本上每年都会提交专利申请，最近几年申请量增长迅速，2010 年达到峰值的 11 件。

相对于中国科学院，排名前四位的其他国内申请人分别为：光达光电、中微半导体和北方微电子。这几家国内申请人都是公司，由图 7-3-4 可以看出，这 3 家公司基本上从 2010 年才开始申请 MOCVD 设备方面的专利，即可以推断出中国企业对 MOCVD 设备的大规模投入是从最近几年才开始的，起步非常晚。然而这几家公司都具有的一个优点是，其申请量相对较高，分别为 42 件、37 件、30 件，这说明中国企业不仅开始关注该行业，并且还十分重视 MOCVD 设备行业的发展。

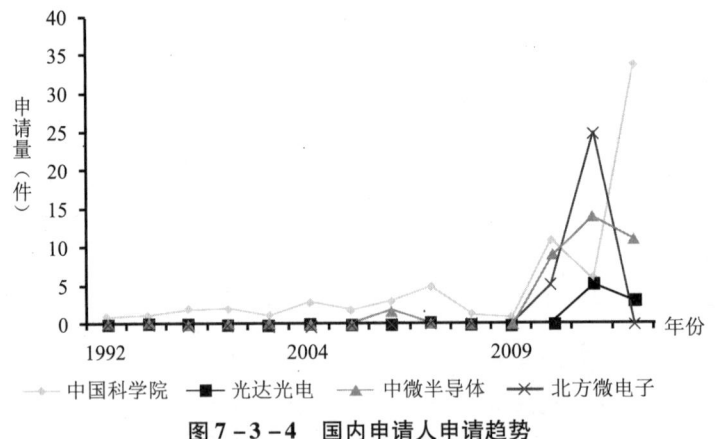

图7-3-4 国内申请人申请趋势

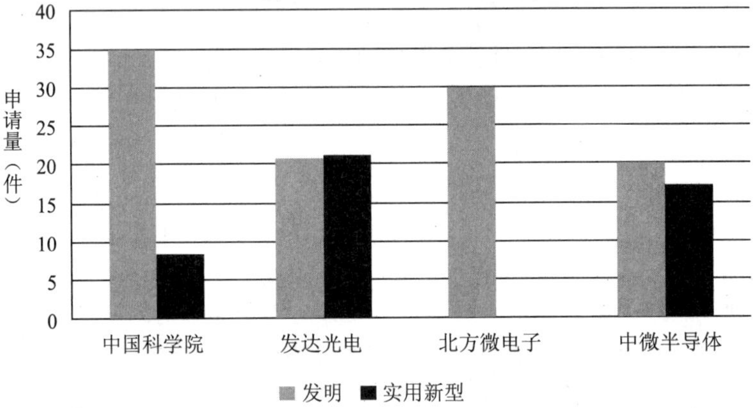

图7-3-5 国内主要申请人发明类型对比

中国科学院和北方微电子申请专利大多为发明专利，分别为35件和30件，尤其是北方微电子，申请的所有专利都为发明专利，如图7-3-5所示。

而光达光电和中微半导体设备基本只有一半的专利申请为发明专利，分别为21件和17件，由此可以推断出这两家公司同国内很多公司一样，为了尽早的获得专利权，其在申请发明专利的同时会提交相同的实用新型专利，另外也说明国内申请人的发明高度相对较低。

7.4 技术发展路线分析

MOCVD设备作为化合物半导体材料研究和生产的手段，特别是作为工业化生产的设备，它的高稳定性、可重复性及规模化等优异特点是其他的半导体材料生长设备无法替代的。它是当今世界上生产半导体光电器件和微波器件材料的主要手段，是光电子等产业不可缺少的设备。

MOCVD设备主要包括反应腔体、气源输运系统、加热系统、检测系统和控制系统等4个部分。气源输运系统主要实现气源的运输、气体流量的精确控制、阀门的准确快速切换以及废气的处理；加热系统主要是对反应发生的衬底进行加热，提供反应发生所需要的温度，并满足加热均匀、升温降温速度快、温度稳定时间短等要求；反应腔体是整个设备的核心部分，反应气体在经过输运系统进入反应室之后，在反应室中和加热的衬底表面分别发生气相化学反应和表面化学反应，经过扩散、吸附、反应和解吸附等几个复杂的步骤之后在衬底上均匀的外延生长出同质或异质的晶体薄膜；检测及控制系统主要在线检测反应室内的温度场、薄膜厚度和均匀性等参数，并对气路与加热系统等部分进行控制。

7.4.1 MOCVD 设备技术发展路线分析

下面结合图 7 - 4 - 1 对 MOCVD 设备的不同部分进行发展路线分析。

（1）反应腔体

20 世纪 60 年代，工作在 Rockwell 公司的工程技术及研发人员围绕 III - V 族 MOCVD 材料生长设备及工艺做了大量的技术开发工作，并于 1968 年在美国申请了与 MOCVD 相关的专利（705213）。可是，当时的专利申请并没有被美国专利商标局接受，而是遭到了拒绝。1978 年，Rockwell 公司重新申请（专利号 US4368098），1983 年才得到授权。此专利提出了 MOCVD 设备的基本构成，是水平式反应腔，在单晶衬底上生长 III - V 族半导体材料薄膜。通过在开放的反应器中加热衬底，反应器中有单一的加热区，且不加热反应器的外壁，衬底位于反应器中，掺杂气体注入反应器中。

水平式反应腔结构简单，但是很难实现薄膜厚度的均匀，通常采用将衬底倾斜一定角度，这样可以提高薄膜的均匀性。水平式的由于受到均匀性不好的制约，通常只能沉积一片，无法大规模生产，只适合于研究。为了更好地生长高质量的薄膜，抑制热对流和预反应，人们对水平式的反应腔进行了改造，提出了一些新的反应腔结构，主要是垂直式反应腔。

日亚化学的专利申请 US5334277A（1990 年），发明人为中村修二。提出了双流式反应腔，反应气体平行或倾斜的加到加热的衬底，惰性加压气体通过宽的漏斗状的管道垂直施加于衬底，以使反应气体和衬底充分接触。NIIO 的专利申请 JP3610376B2（1995 年），提出了垂直式反应腔，衬底在衬底固定器中且外延面朝下，衬底固定器围绕中心轴旋转。

EMCORE 公司的专利申请 US6197121B1（1996 年），提出了包括转动支架、喷射器和气体分离器的反应腔室。气体分离器，以分别维持各种气体在气体进口和喷射器之间。喷射器含有冷却沟道，反应器装有流量限制器，以限制气体从喷射器流至基材。加热器安装在固定基材支架的转动壳内。

NDEN 的专利申请 JP10167897A（1998 年），提出了对双流式反应腔的改进，镓有机金属气体和氨气平行流动到衬底，净化气以 5°~45°的角度流入反应气体并压迫反应气体到衬底，提高了 GaN 薄膜的形成。

BOGU/EMCO/GUEA/VEEC 联合申请的专利 CN1238576C（2001 年），提出了无基座反应器，晶片托架在装载位置和沉积位置之间进行迁移，具有更短的反应器周期、更低的成本和部件更长的寿命，还有更好的温度控制。

AIXT 的专利申请 US2004231599A1（2001 年），提出了旋转安装在反应腔内的晶圆固定器，处理室的顶部具有中央进气口。在中心区域的下方具有加热器，中心区域对应于安装载板和顶部旋转。获得更加均匀的沉积。

AIXT 的专利申请 US2010273320A1（2007 年），提出了具有控制、主动加热和冷却设备的腔室壁。冷却剂通道形成工艺室壁冷却装置，工艺室壁冷却装置和工艺室壁之间的距离能通过位移装置从隔开的加热位置变化为冷却位置，能够根据选择对工艺室壁进行主动加热和主动冷却。

VEEC 的专利申请 US2008102199A1（2006 年），提出了具有旋转磁盘的化学气相沉积反应系统。具体为振动源的振动力转移到载体横向轴，这样，硅片在载体中表现出行星运动。

VEEC 公司的专利申请 WO2011156371A1（2010 年），提出了行星齿轮驱动的多晶圆旋转盘反应器。具有惯性行星齿轮驱动的多晶圆旋转盘反应器基板与等晶圆平台以不同角速度旋转以在其间产生行星运动，改善了沉积的均匀性。

（2）加热系统

1990 年之前，MATE 的专利申请 US4047496A（1969 年）和 NL183952B（1972 年），提出了辐射加热的方法。申请 NL183952B 提出了辐射热灯作为加热源，由灯丝、反射系统、灯冷却组件组成。相邻灯间距离为反射系统，避免灯丝间直接辐射能量。US4047496A 提出了辐射热灯为加热源，邻近热源的反应腔室的壁由相对于辐射能量透明的材料形成，在加热过程中保持侧壁的低温，使反应仅发生在基板上。

MATE 的专利申请 US5179677A（1990 年）和 US5549756A（1994），提出了测量温度的方法。US5549756A 提出了红外测温，可以精确地测量沉积物的温度以及相对于基座支架的温度。US5179677A 提出了间接测量辐射图案温度。加热器和反射器阵列配置为可在整个表面产生均匀可控的间接热辐射图案。

AIXT 的专利申请 US2006272578A1（2004 年），提出了为了精确测量表面温度，在气体流出孔背侧设置多个感测器，其对准所属气体流出孔。

VEEC 的专利申请 US7275861B1（2005 年），提出了反射测温。温度校准系统，具有基于与校准半导体靶的温度相关的温度反射数据和温度数据校准温度的处理器，可以精确有效、简单连续地测温。校准晶片具有由金属制成的共熔区域作为参考区域，具有暴露的不具有金属的非参考区域，在金属共熔的公知熔点的范围内从参考区域作反射测量，从非参考区域做温度测量。

CCRE/BERG/BROW/COLE/EMER/GARN/PENN 联合申请的专利 US7645342B2（2004 年），提出了高温处理中的限制辐射加热组件，电阻丝加热的方法，允许电阻丝在高温作用下膨胀时能够运动并将该电阻丝的膨胀运动限制于一定量以防止电阻丝膨胀运动发生与反应器的接触。该方法可以提高热均匀，并且易于维护。

AIXT 的专利申请 US2009110805A1（2006 年），提出了控制基片表面温度，减小基片表面温度与平均值的侧向偏差。基片表面温度控制方法：基片由气流形成的动态气垫承载；向基片的热量输送通过经气垫的热传导进行，在基片表面的多个位置处测量基片温度；动态气垫的气流由多种不同导热率的气体形成，组分根据所测得的温度改变；基片保持器具有导热率，或基片下侧以及支承凹槽底面的构造使基片表面温度在仅使用两种气体的一种时，具有旋转对称的侧向不均匀性，不均匀性通过改变气流组分得到补偿或过补偿。

（3）气源输运系统

国内外所制造的 MOCVD 设备，大多采用气态源的输送方式，进行薄膜的制备。然而采用液态源输送的方法，是目前国内外研究的重要方向。采用将液态源送入汽化室得到气态源物质，再经过流量控制送入反应室，或者直接向反应室注入液态先体，在反应室内汽化、沉积。这种方式的优点是简化了源输送方式，对源材料的要求降低，便于实现多种薄膜的交替沉积以获得超晶格结构等。

MATE 的专利申请 US5419924A（1989 年），提出了使用汽化阀形成液体源，并载气供应到反应器，可以精确控制液体，具有更短的启动时间和关断时间，可以在真空、低压和高压环境下混合更多种类的材料。

MATE 的专利申请 US5348587A（1992 年），提出了在气流下游形成弱等离子体。通过使下流气体保持在 300℃～450℃而形成弱二次弱等离子体，消除冷壁铵盐。阻止在反应器的内表面形成不需要的铵盐，因此在清洁过程中，减少了停机时间和反应器中的污染。

SWAT 的专利申请 US5871586A（1995 年），提出了化学气相沉积反应室，对于第一和第二前驱气体分别配置第一和第二腔室以及第一和第二导管，在进入反应器之前第一和第二前驱气体不接触，因此可以容易的控制第一和第二气体在进入反应器之前不发生反应。

AIXT 的专利申请 US6899764B2（1999 年），提出了反应器中的衬底固定器通过旋转轴支撑。环状部分把衬底和旋转轴连接在一起。环状部分由比衬底固定器少孔的材料制成，可耐 300℃～1500℃。反应器易于制造且易于使用，可以在晶圆在沉积更多标准的层。

AIXT/DAUE/KAPP/MART 的专利申请 US2008308040A1（2005 年），提出了具有进气机构的 CVD 反应器。进气机构端部深入凹槽，气体转向面末端，对齐反应底板。为了改良反应室正上方的气流，使进气机构端部伸入一凹槽中，且气体转向面末端对其反应室的底板。

BRID/ELIT/LIUH 的专利申请 US2005178336A1（2003 年），提出了与反应器室相配合的可旋转载片台和多个进气口。具有多个进口的化学气相沉积反应器，不会受到热对流的影响，提高了晶片的生长效率，促进了室内反应气体的层流，提高了沉积的均匀性。进气口设有多个环带，每个环带的进气口具有流量控制器。

AIXT/CRAW/HUMB/SAYW 联合申请的专利 WO2008148773A1（2006 年），提出了喷淋头。解决现有气体分布器或"沐浴头"分布器生产困难的问题。气体分布器，其至少在小管的区域中包括位于另一个气体分布器上的多个结构化盘，盘固定地彼此连接，尤其盘在压力和温度的作用下彼此扩散焊接，小管由多个环形盘形成。

（4）其他部分

MATE 的专利申请 US5421957（1993 年），提出了机械清洁 MOCVD 设备。在低的温度和压力，因为低的水分含量，防止形成高反应性的 HF。用于冷壁 CVD 反应腔中的原位清洗。

EMCO 的专利申请 US5835677A（1994 年），提出了液体气化。在反应腔内产生用于化学气相沉积的液体汽化装置及方法。该装置由喷雾器、气体幕、加热多孔介质盘和载气混合器组成。在雾化和汽化过程中进行温度、压力和母气化学量的控制。

MATE 的专利申请 US6206971B1（1998 年），提出具有冷阱能力的集成温度控制的排气系统，冷阱在吸附冷凝的处理中产生额外的安全性。

AIXT/JUER/KAEP 联合申请的专利 US2008014057A1（2002 年），提出了晶片的加卸载装置，易于在处理室中加载和卸载基板。

AIXT 的专利申请 US2008206464A1（2004 年），提出了 GaN 沉积系统，在蓝宝石基板上沉积厚氮化镓膜的方法及装置以及所使用的基板座，支撑基板的操作台设置为可透光的，以避免形成薄膜过程中薄膜破裂。

AIXT/JURG/KAPP/STRA 联合申请的专利 US20030378494A（2000 年），提出了具有衬底固定器的热支撑板。可加热载板、基座，行星式排列在可驱动旋转的载板上。与基座轮廓互补的补偿板，设置抵靠补偿版边缘的对中环，在对中环上设置盖板，反应室被排气环包围，排气环具有多个径向气体流出口，排气环由石墨构成，具有高热容量及良好的导热性，使得盖板至载板的温度曲线稳定。

GALL 的专利申请 WO2010091470A1（2009 年），提出了在基片上沉积第Ⅲ族金属氮化物薄膜的装置，包含从氮源产生氮等离子体的等离子体发生器，具有供氮等离子体通过流动通道的挡板。挡板位于等离子体的入口和基片之间，防止等离子体入口和基片之间的氮等离子体的直线通过。充分减少了基片和/或薄膜的损害，有力地促进高质量的第Ⅲ族金属氮化物薄膜的均匀生长。

7.4.2 分系统技术演进脉络分析

7.4.2.1 加热器技术演进专利分析

加热系统是 MOCVD 系统的重要组成部分，每个新颖的反应室设计，都要与之相匹配的加热装置和控制技术。加热系统对反应发生的基底进行加热，提供反应发生所需要的温度，并满足加热均匀、升温速度快、温度稳定时间短等要求。在整个生产过程中，要求其温度波动很小。提高膜片厚度的均匀性是研发 MOCVD 技术永恒的主题。在反应腔内反应物分布均匀的条件下，提高膜片厚度均匀性的途径就是保持基座表面热场均匀。

对于 MOCVD 加热系统，主要申请人为 MATE、NDEN、EMCO、AEMFI、AIXT、CCRE、NINO、VEEC。

加热器主要有辐射加热器和高频感应加热器。

图 7-4-2 为 MOCVD 加热器技术手段演进图。在早期（1969 年）提出的专利主要为辐射加热器，采用灯丝加热，邻近热源的反应腔室的壁由对于辐射能量透明的材料形成，使加热过程中侧壁保持低温，从而使基座表面热场均匀。在 1992 年之前，专利的申请量不大。加热器主要为灯丝辐射加热，由灯丝、反射系统、冷却系统组成加热系统，在灯丝间加入反射系统，避免灯丝间直接辐射能量，提高加热的均匀性。

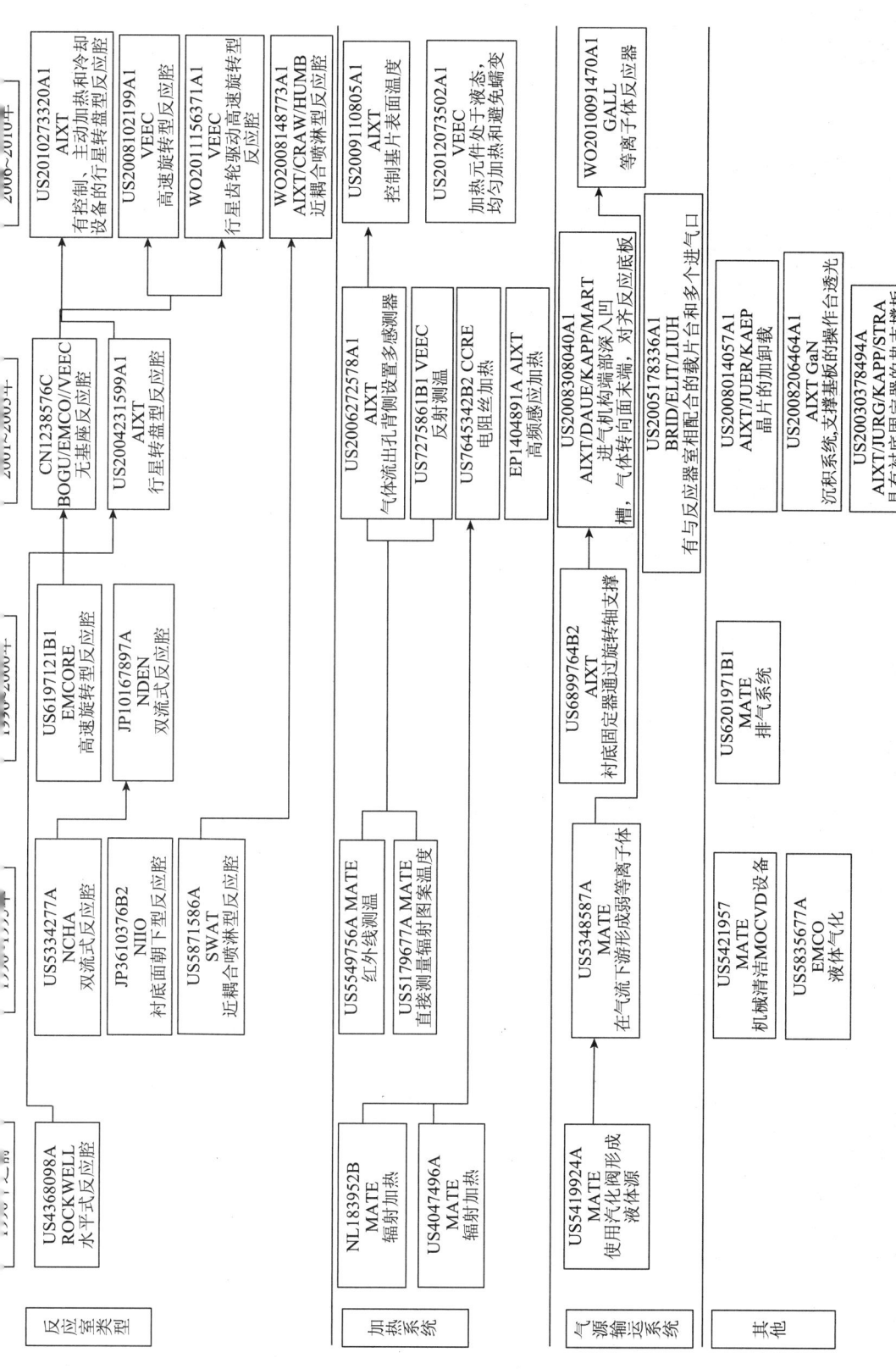

图7-4-1 MOCVD设备技术路线发展图

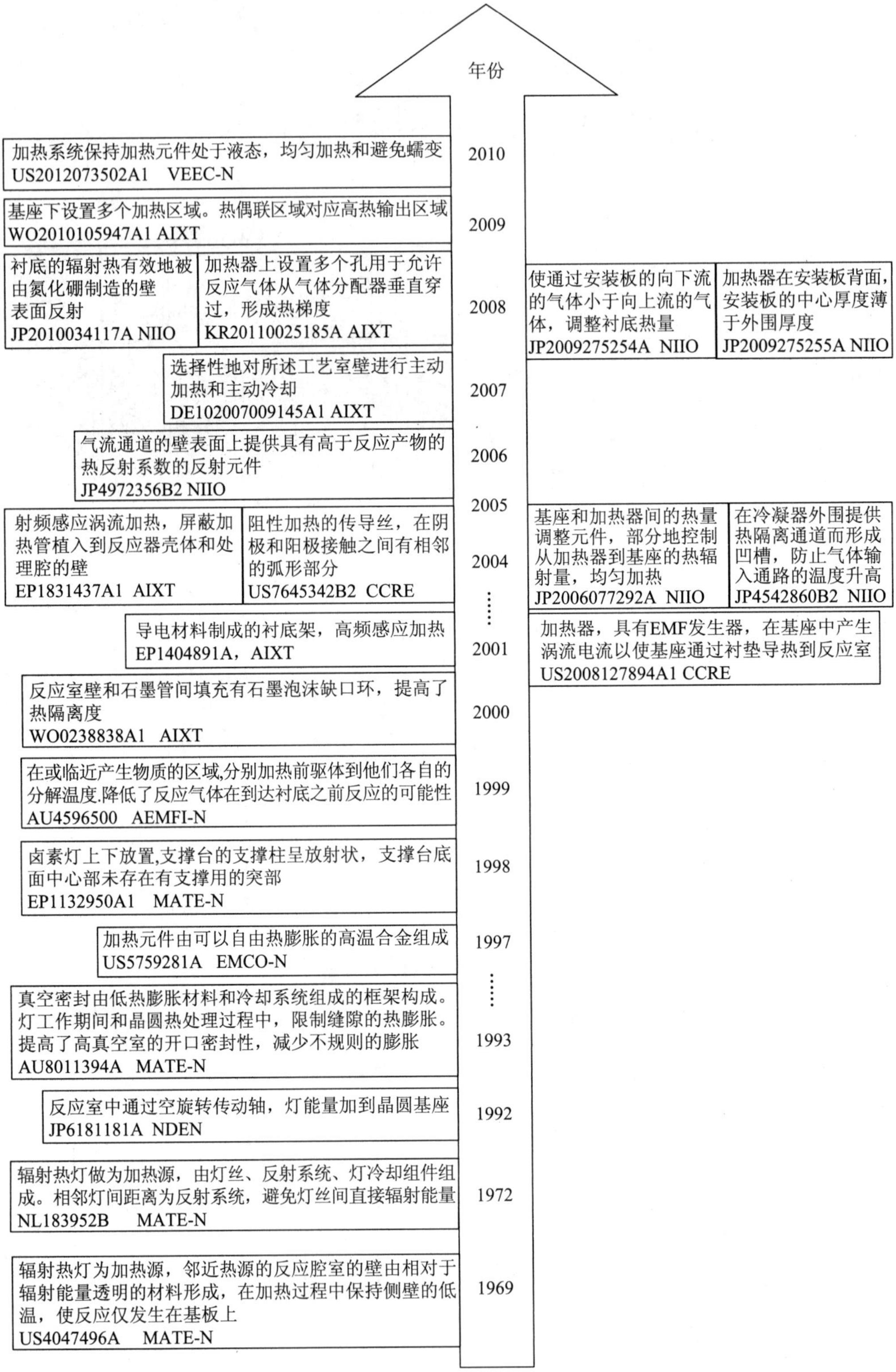

图 7-4-2 MOCVD 加热器技术手段演进图

年份	左侧	右侧
2010	加热系统保持加热元件处于液态，均匀加热和避免蠕变 US2012073502A1 VEEC-N	
2009	基座下设置多个加热区域。热偶联区域对应高热输出区域 WO2010105947A1 AIXT	
2008	衬底的辐射热有效地被由氮化硼制造的壁表面反射 JP2010034117A NIIO ／ 加热器上设置多个孔用于允许反应气体从气体分配器垂直穿过，形成热梯度 KR20110025185A AIXT	使通过安装板的向下流的气体小于向上流的气体，调整衬底热量 JP2009275254A NIIO ／ 加热器在安装板背面，安装板的中心厚度薄于外围厚度 JP2009275255A NIIO
2007	选择性地对所述工艺室壁进行主动加热和主动冷却 DE102007009145A1 AIXT	
2006	气流通道的壁表面上提供具有高于反应产物的热反射系数的反射元件 JP4972356B2 NIIO	
2005		
2004	射频感应涡流加热，屏蔽热管植入到反应器壳体和处理腔的壁 EP1831437A1 AIXT ／ 阻性加热的传导丝，在阴极和阳极接触之间有相邻的弧形部分 US7645342B2 CCRE	基座和加热器间的热量调整元件，部分地控制从加热器到基座的热辐射量，均匀加热 JP2006077292A NIIO ／ 在冷凝器外围提供热隔离通道而形成凹槽，防止气体输入通路的温度升高 JP4542860B2 NIIO
2001	导电材料制成的衬底架，高频感应加热 EP1404891A, AIXT	加热器，具有EMF发生器，在基座中产生涡流电流以使基座通过衬垫导热到反应室 US2008127894A1 CCRE
2000	反应室壁和石墨管间填充有石墨泡沫缺口环，提高了热隔离度 WO0238838A1 AIXT	
1999	在或临近产生物质的区域，分别加热前驱体到他们各自的分解温度。降低了反应气体在到达衬底之前反应的可能性 AU4596500 AEMFI-N	
1998	卤素灯上下放置，支撑台的支撑柱呈放射状，支撑台底面中心部未存在有支撑用的突部 EP1132950A1 MATE-N	
1997	加热元件由可以自由热膨胀的高温合金组成 US5759281A EMCO-N	
1993	真空密封由低热膨胀材料和冷却系统组成的框架构成。灯工作期间和晶圆热处理过程中，限制缝隙的热膨胀。提高了高真空室的开口密封性，减少不规则的膨胀 AU8011394A MATE-N	
1992	反应室中通过空旋转传动轴，灯能量加到晶圆基座 JP6181181A NDEN	
1972	辐射热灯做为加热源，由灯丝、反射系统、灯冷却组件组成。相邻灯间距离为反射系统，避免灯丝间直接辐射能量 NL183952B MATE-N	
1969	辐射热灯为加热源，邻近热源的反应腔室的壁由相对于辐射能量透明的材料形成，在加热过程中保持侧壁的低温，使反应仅发生在基板上 US4047496A MATE-N	

在 1992 年后，MOCVD 加热系统改进的方式更加多样化。2003 年以后，由于 LED 的快速发展，对于 MOCVD 加热系统的专利申请也开始显著增加。对于辐射加热主要改进有：加转动轴，使基座旋转；卤素灯上下放置；反应室和石墨管间用石墨泡沫填充；传导丝的阳极和阴极接触部分采用弧形接触（减小接触电阻）；加热元件材料的改进；加热元件处于液态。同时对于高频感应加热，亦有相关专利申请，主要改进集中于用导电材料制作衬底架；基座中产生涡流，通过衬垫导热到反应室；屏蔽加热管植入到反应器壳体和处理器的腔。在加热方式上也作了改进：分别加热前驱气体，降低到达衬底前反应的可能性。对加热器结构作了改进：设置上下加热器；冷凝器外围提供热隔离通道形成凹槽，防止气体输入通道温度升高；设置多个加热区域，与相应的热偶联区域相对应；反射系统材料的改进。对于控制技术，也有多项该进：选择性地主动加热和主动冷却；基座和加热器间增加热量调整元件。对于 MOCVD 加热系统，各个方面的改进，主要为了提高加热均匀性、升温速度快、温度稳定时间短、降低工序复杂度、减少成本等。

7.4.2.2 喷淋头技术演进专利分析

喷淋式 MOCVD 反应器近年来在国外得到广泛应用，其主要特点是采用喷淋头将反应气体在很近的距离内喷向基片，使之均匀分配到基片上方，喷口与基片距离很近，缩小的间距能够抑制对流涡旋，并且能更有效地利用反应气体。这种反应器一次可以沉积多个晶片，得到高质量的薄膜生长。

对于 MOCVD 喷淋头专利的申请，主要申请人为 NDEN、BRID、NIIO、VEEC、AIXT。

图 7-4-3 为 MOCVD 喷淋头技术手段演进图。在早期（1996 年）对于喷淋头的专利申请，技术改进主要为：防止喷嘴堵塞，采用的主要技术手段为分路供气和抑制在喷嘴上附着反应生成物；喷嘴具有热交换部件，可以防止气体在喷嘴内冷凝。随着时代的发展，对喷淋头的改进更多地专注于喷嘴的布置，主要有如下方面：喷淋头具有多个喷嘴，设计为环带，每个环带的喷嘴都有流量控制；喷淋头的喷嘴为条状，且分为不同进气区域，平行交替放置，有效控制反应气体的传送和混合。对喷淋头控制方式亦有相关专利申请，通过控制喷淋头气体的流速，而提高反应速度，提高产量。

总之，对于喷淋头的改进，主要集中在喷嘴防冷凝、喷嘴排布方式以及喷嘴的流量控制，使气体均匀的喷到衬底上，更有效地利用反应气体。

7.5 重要专利分析

本节对重要/基础专利中的一些代表性的技术所包含的技术信息以及引证信息及重要专利的地域分布进行分析。

H. M. Manasevit（1927~2008 年）于 1968 年在美国申请了与 MOCVD 相关的专利（705213）。可是，当时的专利申请并没有被美国专利商标局接受。1978 年，Rockwell 公司重新申请（专利号 4368098），1983 年才得到授权。具有戏剧性的是，1997 年，Rockwell 公司的专利被宣布无效，但后来申诉成功，又成为有效。就是这样一个阴差阳

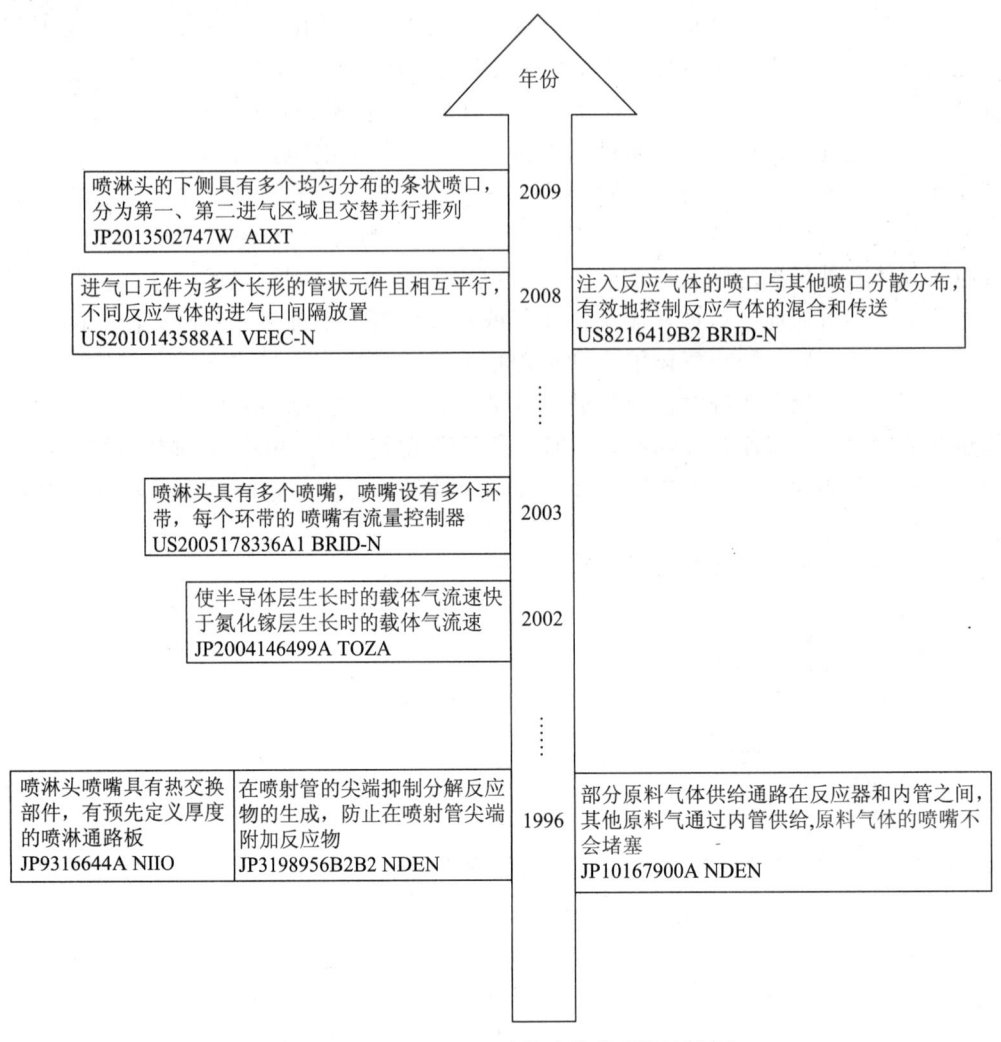

图 7-4-3 MOCVD 喷淋头技术手段演进图

错的专利后来给 Rockwell 公司带来了巨大的财富。因为如果 Rockwell 公司在 1968 年申请时就获得了这项专利,那么这项专利在 1990 年以前也就到期了。可是 MOCVD 的市场需求是到了 1993 年后才呈现出稳定的增长。所以,Rockwell 公司在这项专利上是因祸得福,甚至到了 2000 年还有与 MOCVD 相关的专利诉讼发生。在这项专利有效期间,在这项专利保护的区域,不论是哪家 MOCVD 设备制造厂商,每卖出一台设备就要交给 Rockwell 公司一笔可观的专利费用。US4368098 作为 MOCVD 的结构的最初的雏形,构思了 MOCVD 沉积的基本原理,提出了通过在开放的反应器中加热衬底,反应器中有单一的加热区,且不加热反应器的外壁,衬底位于反应器中,掺杂气体注入反应器中,在衬底表面反应生成金属有机化合物的方法。之后的在该专利的基础上各大公司对 MOCVD 的系统构架及各个组件进行了大量的改进,就该专利本身而言被引用的次数达 54 次之多,足以说明该专利在 MOCVD 技术领域的重要地位,参见图 7-5-1(见文前彩色插图第 5 页)。虽然 US4368098A 专利保护期限已满,但是作为一件基础专利,之后还有很多引用其的外围专利现在仍然处于保护期内。下面对引用其的专利所涉及的技术及改进方面进行逐一介绍,以供参考。

在引用 US4368098A 的专利中,最早申请日从 1983 开始至 1995 年,长达 12 年之久,在这 52 件专利中,有 13 件涉及设备本身的改进,剩余的大部分都是使用 MOCVD 设备进行材料生长,主要是工艺参数与工艺步骤的改进,与设备本身的改进无关。图 7-5-2(见文前彩色插图第 6 页)示出了引用 US4368098A 的专利分布情况,从该图中可以看出,气体注入/分配组件方面的改进所占比重比较大有 5 件,加热器 2 件,系统构架有 2 件,还有 1 件涉及基座方面的改进。除此之外,涉及气体注入方式等其他方面的专利申请有 3 件,以下将对这些专利分别介绍。

其中涉及气体注入/分配组件有以下专利:

US5308433A,申请人为松下电器产业株式会社,该申请在美国和日本布局。该专利的技术要点为气体输送线路由处理气体线路和流速控制线路组成。气体输送线路不同时向主线路输送处理气体。通过减小成膜过程中气体的切换时间得到高质量的薄膜。

US5354412A,申请人为日本电装株式会社,该申请在美国和日本有所布局,该专利的技术要点为通过提前将 AsH_3 分解,然后单独向反应腔室提供原子级或分子极的砷元素,从而阻止了硅原子进入镓砷层,提高了成膜质量。其代表性附图如图 7-5-3 所示。

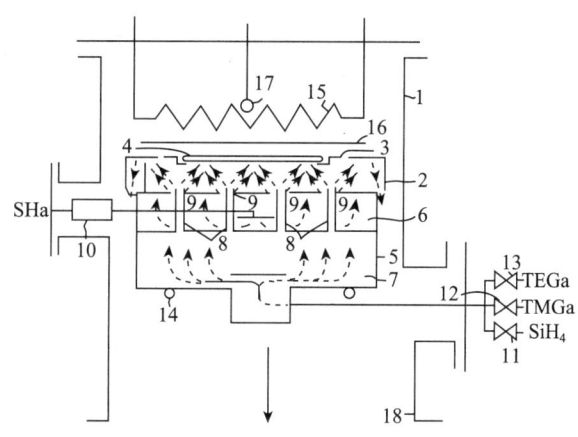

图 7-5-3 专利 US5354412A 代表性附图

US4703718A,申请人为 RCA 公司,该专利在美国和加拿大进行了申请,该专利的技术要点为在气体进入腔室之前充分混合气体并且为所有的气体提供一致的传输时间,最大程度保证了沉积物的均匀,其代表性附图如图 7-5-4 所示。

US4722911A,该专利申请人为飞利浦公司,其在美国、日本、欧洲、德国、法国均有布局,该专利的主要技术要点为应气体输送管道,可以不使用阀门控制气体的输入,因而可以避免有阀门存在时反应气体对阀门的腐蚀。其代表性附图如图 7-5-5 所示。

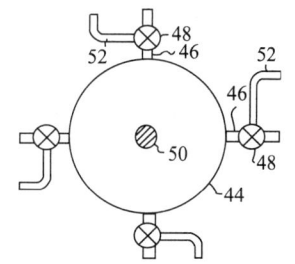

图 7-5-4 专利 US4703718A 代表性附图

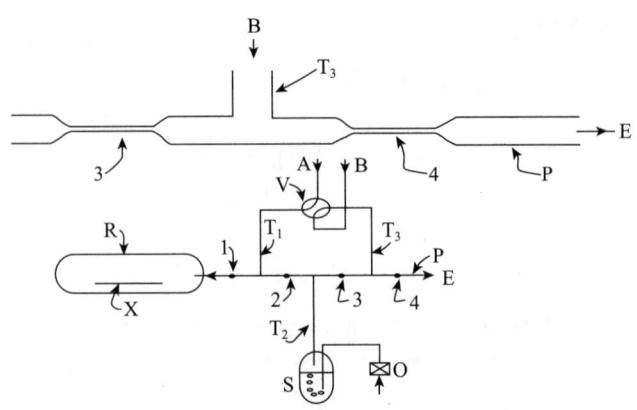

图 7-5-5 专利 US4722911A 代表性附图

US5392730A，该专利申请人为富士通株式会社，其在美国、欧洲、日本、德国均有布局，其主要技术要点为将进气通道分成许多小的气流支路，通过子喷嘴调整每个气流支路的流速使气体均匀分布在整个沉积表面上，其代表性附图如图 7-5-6 所示。

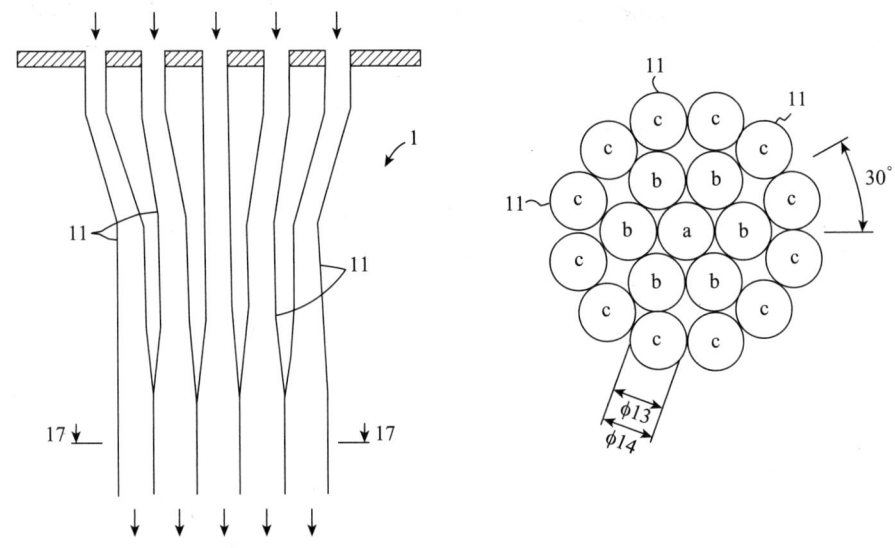

图 7-5-6 专利 US5392730A 代表性附图

其中涉及加热器的专利有两件，分别为：

US4622083A，申请人为德州仪器公司，其仅在美国申请，主要技术方要点为在将三族元素源加热之前，提前将衬底加热到生长温度减小了材料生长过程中的缺陷密度，其代表性附图如图 7-5-7 所示。

US5074954A，申请人为 NISHIZAWA 等，其在日本和美国进行了专利申请，主要技术要点为不使用镓源，使用辐射灯加热基座，因而可以低温生产外延层，保证了外延层的生长质量，其代表性附图如图 7-5-8 所示。

涉及基座的有一件，为 US4908074A，申请人为京瓷株式会社，其在日本和美国进行了专利申请，技术要点为用于沉积三五族单晶，在 MOCVD 设备中使用铝单晶支撑基座可以实现沉积表面的高平整度。其代表性技术附图如图7-5-9所示。

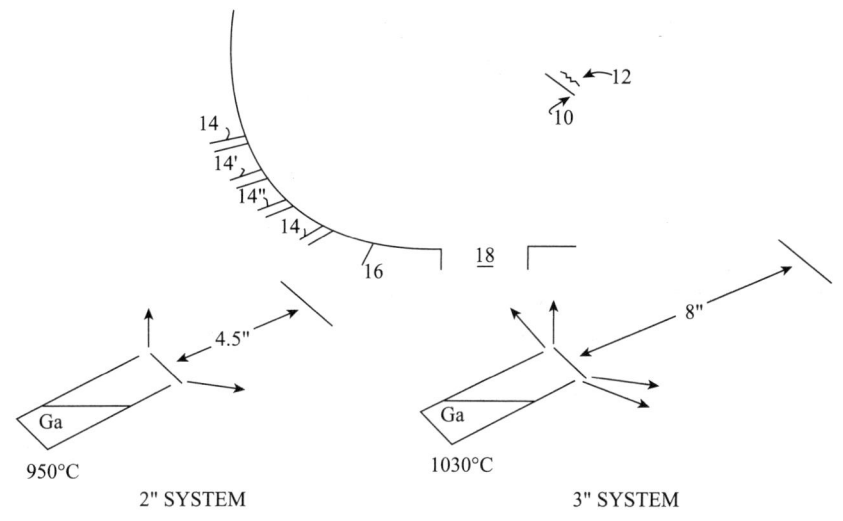

图7-5-7 专利US4622083A代表性附图

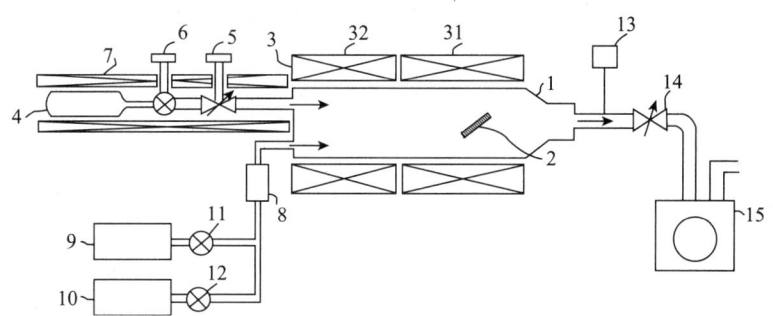

图7-5-8 专利US5074954A代表性附图

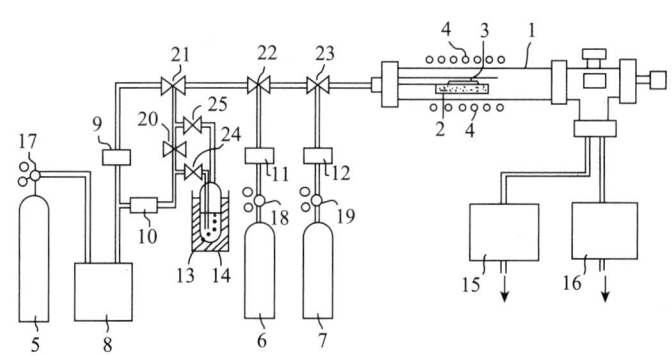

图7-5-9 专利US4908074A代表性附图

还有3件专利涉及其他领域，分别为：

WO8700965A1，申请人为史托福石化学公司（STAUFFER CHEMICAL CO），其在欧洲、日本、澳大利亚、南非均有布局，其使用低毒载气，减小了对环境的危害。US5294286A，申请人为NISHIZAWA等，其在美国、日本、欧洲均有布局，主要技术方案为将第一反应气体输入反应腔室,在衬底上形成第一反应气体的单分子层,将第一反应气体排出,再将与第一反应气体反应的第二反应气体输入腔室,与第一反应气体反应生成化合物晶体后,排出第二反应气体,重复此过程,可以控制将膜厚控制到单分子层结构。US5462008A,申请人为美国西北大学,公开了一种用于生长三五族化合物的低压 MOCVD。

图 7-5-2(见文前彩色插图第 6 页)是专利 US4368098A 的引证关系图,该图中仅示出了关于设备方面的改进的专利引证,从图 7-5-2 中可以看出专利 US4368098A 引证了 12 篇专利文献,这些专利均涉及 VPE,MOCVD 正是在 VPE 的基础上发展起来的,在 MOCVD 技术诞生之前,没有一种合适的外延能够生长出高质量高纯度的氮化镓薄膜,这是因为传统的镓源纯度不高,而且在室温及标准大气压下不是气态,这极大地影响了镓砷膜的成膜质量,US4368098A 提出了使用有机镓源例如三甲基镓或者三乙基镓作为镓源,可以获得高纯度的表面平整的镓砷超薄薄膜,并且拥有陡峭的界面过渡,从而为多层量子阱结构的制造提供了设备支持。从图 7-5-2 中可以看出,该专利在后续还被其他专利直接引用和间接引用。其中 1986 年提出的 US5294286A 提出了一种交替生长高质量薄膜的方法,该方法可以用于形成超晶格量子阱,最终形成出光效率高的 LED。US6334901A 引用了 US5294286A,其还分别被 WO8700965A1、US6464793B1、US5074954A 三件专利引用,说明该专利技术受关注程度比较高,其为日本科学技术公司等公司联合申请,在美国,日本,欧洲均有布局,其公开了一种加热方式,使用激光或者灯来加热,将衬底温度控制在较低的温度,能够提高成膜质量,其附图如图 7-5-10 所示。

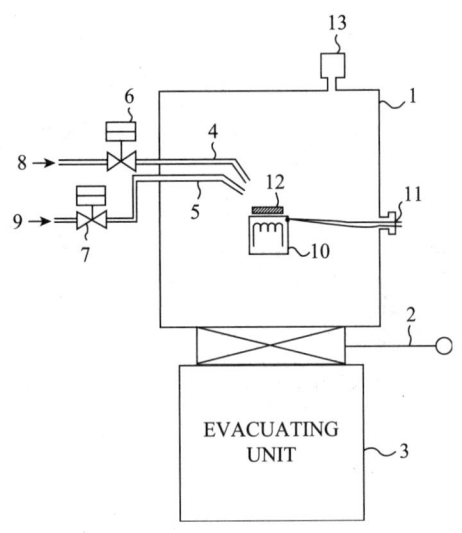

图 7-5-10 专利 US5294286A 代表性附图

US5074954A 对 US6334901 的技术作出了进一步的改进,通过将反应气体在管道的第一位置上加热,该位置的温度为 600℃~1000℃,然后气体再送达衬底,衬底温度在 300℃~700℃,减小了自掺杂效应。US6464793B1 分别引用了 US6464901A 和 US5074954A 两件专利,说明其对这两件专利进行了改进,其申请人为日本新技术集团等，该专利在美国、日本、欧洲均有布局，直到 2002 年还有该专利的系列申请在美国提出，其公开了一种循环形成单分子层薄膜的方法，在生长室内设置物质分析仪精确地控制材料生长，并且在晶体生长前，使用喷嘴引入刻蚀气体对衬底的表面进行刻蚀，其附图如图 7-5-11 所示。

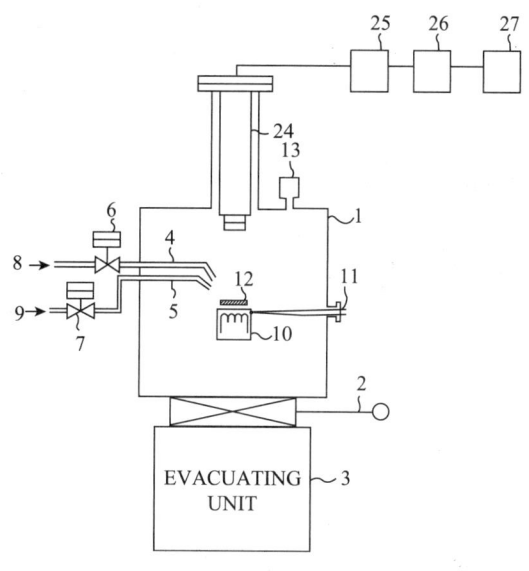

图 7-5-11　专利 US5074954A 代表性附图

US6464793B1 后来又被多次引用，例如 US5213654A 又进一步对加热的方式进行了改进。

7.6　VEEC 专利申请分析

VEEC 作为全球两大 LED 芯片制造设备 MOCVD 设备供应商之一，其产品主要涉及生产 LED、太阳能工艺设备以及数据存储工艺设备。

VEEC 的历史可追溯至 1945 年，其由氦检漏器发明家在纽约创办。该公司原名"VEECO"，是 Vacuum Electronics Engineering Company（真空电子工程公司）的简称。20 世纪 60 年代，VEEC 与电源制造商 Lambda 整并。1970 年，该公司在纽约证券交易所上市。1989 年，该公司被英国的电子元件制造商 Unitech P.L.C. 公司收购。1990 年，原 VEEC 的首席运营官 Ed Braun 领导管理层收购部分公司资产，并保留 VEEC 这个名称，开创全新的 VEEC。该公司重新调整其整体战略重心，致力于成为领先的半导体和数据存储设备提供商。1994 年，VEEC 的首次公开募股取得成功，并在美国纳斯达克证券交易所上市。Ed Braun 及其团队通过多次收购工艺设备和测量仪器业务使公司成长为一个拥有数百万美元资产的公司，销售和服务足迹遍及全球各地。2007 年 7 月，首席执行官 Ed Braun 退休，John Peeler 成为该公司的新任领导者。John 开始着手实施新战略，在几个重要方面推动公司转型——加快产品开发、实施灵活的运营战略、注重与成长型市场关联的技术。2007 年晚些时候，VEEC 发布 TurboDisc® K 系列

MOCVD 平台，包括 K300™ MOCVD 系统。2008 年年初，VEEC 推出新的 K465 MOCVD 系统。2010 年，VEEC 在新加坡新成立一个新的供应链中心，作为该公司外包制造业务的一部分。当 LED 市场扩展到电视背光领域时，VEEC 的制造战略使得其 MOCVD 产能提高 5 倍。2008 年晚些时候，VEEC 出售其量测仪器业务，专注于工艺设备技术。2010 年 1 月，VEEC 发布 TurboDisc® K465i™ MOCVD 系统，以满足全球不断增长的高亮度发光二极管（HB‐LED）需求。2010 年晚些时候，K465i 成为全球销量第一的 MOCVD 系统。2011 年，VEEC 的几个业务部门创造多个里程碑。VEEC 占有的 MOCVD 市场份额居首位。2011 年 5 月，VEEC 在中国上海开办中国培训中心，为客户提供用于 LED 生产的 VEEC MOCVD 系统的相关支持和操作培训。3 个月后，VEEC 在中国台湾新竹市开办新的台湾技术中心，为采用 VEEC MOCVD 技术的 LED 行业制造商提供流程支持。2011 年，VEEC 推出 TurboDisc® MaxBright® 多反应腔 MOCVD 系统面世，并一举成为高亮度发光二极管行业销量第一的系统。2012 年 5 月，VEEC 利用 3 个新工具拓展其 TurboDisc® MOCVD 平台：MaxBright® MHP™、MaxBright M™ 和 K465i HP™。❶

VEEC 的 MOCVD 设备的客户群主要如图 7‐6‐1 所示。❷

图 7‐6‐1 VEEC 的 MOCVD 设备的客户群

其中，中国客户占据大部分，主要有：三安光电、士兰明芯、上海蓝光、映瑞光电科技、清华同方、德豪润达、台积电、友达光电、广镓光电、晶元光电、璨圆光电、旭晶光科技、华上光电、隆达电子、泰谷光电等，显示出中国地区作为 LED 芯片制造

---

❶ [EB/OL]．http：//www.veeco.com.cn/about‐veeco/history.aspx．

❷ [EB/OL]．http：//phx.corporate‐ir.net/External.File?item=UGFyZW50SUQ9MTk1NDg5fENoaWxkSUQ9LTF8VHlwZT0z&t=1．

中心对 MOCVD 设备的强大需求以及对 VEEC MOCVD 设备业绩的突出贡献。

根据 VEEC 提供的资料显示，其 MOCVD 设备的市场份额自 2007 年起逐步上升，经过持续几年的快速发展，同时随着 K465i™、MaxBright® 多反应腔 MOCVD 系统的出货量快速增长，市场份额在 2011 年首次超过竞争对手 AIXT，接着在 2012 年达到 62%，如图 7-6-2 所示（注：市场份额仅估计对比 VEEC 和 AIXT）。

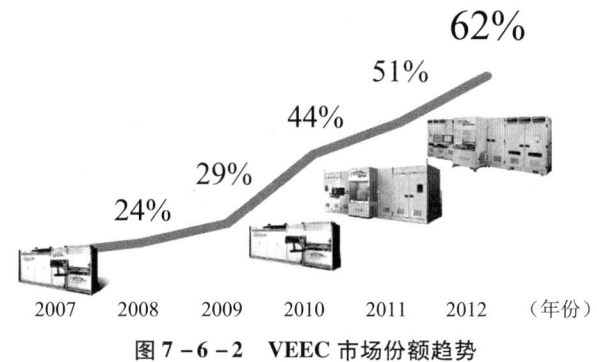

图 7-6-2　VEEC 市场份额趋势

近两年由于 LED 外延芯片行业产能过剩，市场对 MOCVD 设备的需求下降、LED 制造商的 MOCVD 设备开机率降低，进而使得 VEEC 业绩放缓、库存升高。

2013 年 7 月 29 日，VEEC 宣布已经收到三安光电和开发晶照明（厦门）有限公司❶的 TurboDisc® MaxBright® M™ 多反应腔 MOCVD 的新订单。❷ 显示出中国的 LED 芯片制造商开始实施新的产能扩充计划，尽管中国大陆市场 LED 芯片市场需求表现强劲，但是由于 LED 市场产能过剩的情况没有根本改变，因此，VEEC MOCVD 设备的市场需求前景依然不够明朗。作为全球前两大 MOCVD 设备供应商之一，VEEC 凭借其 20 多年在 MOCVD 领域的技术积累，发展了其以 TurboDisc 立式高速旋转盘反应腔技术为主导的产品系列。无论是在美国、欧洲还是在亚洲（中国）市场，不断地通过与 AIXT 的竞争，拓展市场份额。借助 K465i™、MaxBright® 多反应腔 MOCVD 系统的推出，其全球市场份额在 2011 年首次超过竞争对手 AIXT，接着在 2012 年占到两者总份额中的 62%，体现出强大的技术研发实力和市场开拓能力。

（1）研发实力主要集中在美国；专利布局主要分布在美国、韩国、中国、欧洲和日本。PCT 是其进行专利布局的一个重要手段。

（2）技术领域分布全面，但是重点突出。技术领域主要分布在反应腔/室、外延层生长的原位检测、腔/室外气体运输、系统架构以及生长控制装置。常规反应腔/室中的技术重点为载片/物台，占总申请量的 39.0%；其次为气体注入/分配组件，占 22.0%，两者合计占 61.0%。这两个技术分支是技术研发的重点和热点。其余较重要的研究方向涉及加热器，占 5.1%。

常规反应腔/室的申请量年度趋势与 VEEC 的 MOCVD 设备全球专利申请趋势大体上

---

❶ 开发晶照明（厦门）有限公司由晶元光电和深圳长城开发科技公司组建的合资企业。

❷ http：//phx.corporate-ir.net/phoenix.zhtml?c=111487&p=irol-newsArticle&ID=1842159&highlight=. http：//phx.corporate-ir.net/phoenix.zhtml?c=111487&p=irol-newsArticle&ID=1842148&highlight=.

保持一致，整体明显呈现增长趋势；而其余各技术分支按年代呈现零星少量分布态势。

（3）形成了以 GURARY A 为核心的技术团队。GURARY A 的发明占 VEECMOCVD 设备专利申请的 57.6%，其核心地位可见一斑。同时，GURARY A 在周围聚集了一批技术研发人员，形成了一个完整的技术团队，为 VEEC 的技术创新及专利申请提供了人才源泉及智力保障。

截至 2013 年 6 月 30 日，VEEC 在全球累积 MOCVD 设备专利申请量为 59 项，其中在中国的申请量为 22 项。

7.6.1 申请趋势及申请国/区域分布

VEEC 的 MOCVD 设备全球专利年申请量不多，整体明显呈现增长趋势（VEEC 并购了 EMCO 的 MOCVD 业务，因此申请量中包含 EMCO 的 MOCVD 申请量），如图 7-6-3 所示。其趋势大体与全球 MOCVD 设备申请趋势一致。

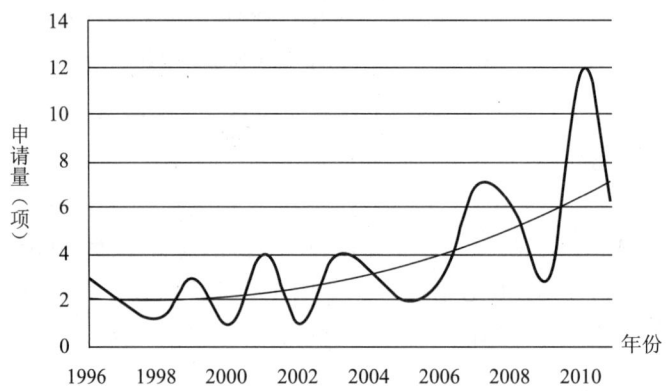

图 7-6-3　VEEC 的 MOCVD 设备全球专利年申请量趋势

VEEC 作为一家美国公司，其研发实力主要集中在美国，以美国作为来源国的申请量比重高达 96.6%；而在其他国家/地区所占比重很小，主要涉及中国、欧洲及日本，如图 7-6-4 所示。

图 7-6-4　VEEC MOCVD 设备专利申请来源国家/地区分布

美国作为 LED 照明产品的重要生产和消费国，美国是其优先考虑的专利布局区域，其美国专利申请量占到其总申请量比例的 96.6%。作为全球 LED 芯片制造的主要地区的亚洲（中国台湾、韩国、中国和日本）以及欧洲也进行了比较多的专利布局，以便更好地保护其技术并抢占市场份额。在所有的专利申请中，通过 PCT 进行专利布局的比例占到了 64.4%，PCT 是其进行专利布局的一个重要手段，如图 7-6-5 所示。

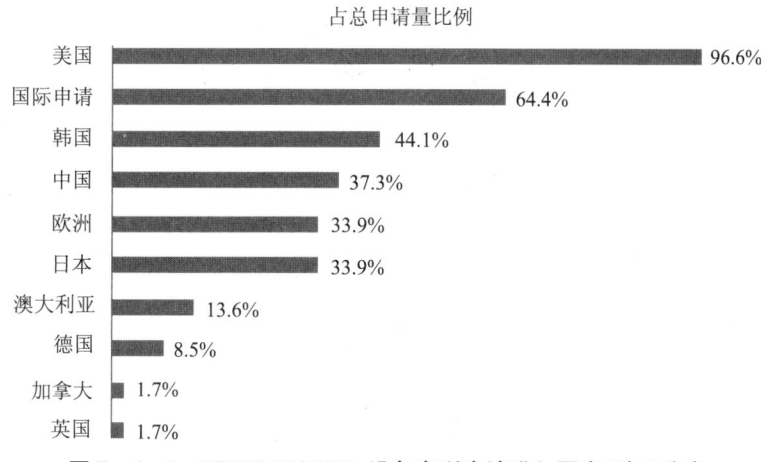

图 7-6-5　VEEC MOCVD 设备专利申请进入国家/地区分布

7.6.2　技术分布

LED 的外延生长位于 MOCVD 设备的反应腔内，反应腔设计的好坏直接关系成膜的质量。同全球 MOCVD 设备技术分支分布中常规反应腔/室技术分支占申请量的大部分（约60%），排在所有技术分支的首位一样，VEEC 的常规反应腔/室技术分支也占大部分，且比例更高，达到 72.9%，如图 7-6-6 所示。反应腔/室的重要性不言而喻。其他比较重要的技术分支还有外延层生长的原位检测、腔/室外气体运输、系统架构以及生长控制装置。在技术分支的排序上，VEEC 技术分支与全球技术分支相比，外延层生长的原位检测靠前，反应腔及腔内部件清洁靠后，显示出技术特点上的一定差异。

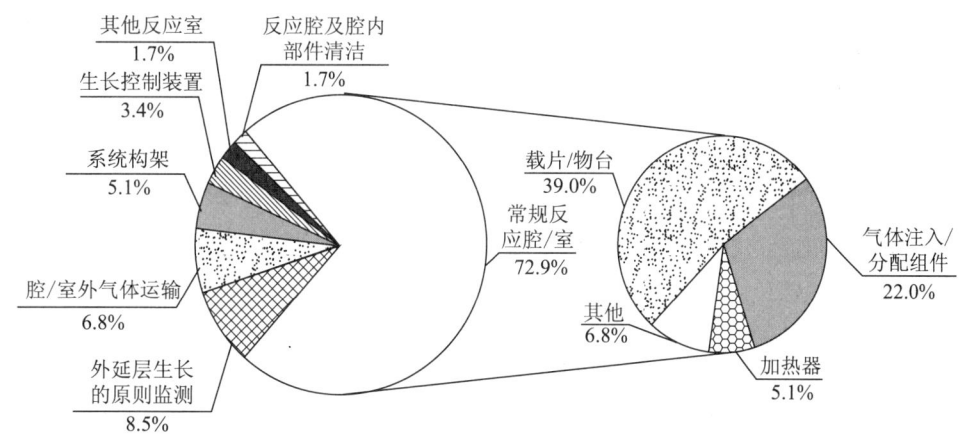

图 7-6-6　MOCVD 技术分支分布

作为最重要的技术分支，常规反应腔/室中，申请量最多的为载片/物台，占到了总申请量的39.0%；其次为气体注入/分配组件，占到22.0%，两者合计61.0%。这两个技术分支是VEEC技术研发的重点和热点。其余较重要的研究方向涉及加热器。

VEEC各技术分支在主要目标地区的申请量如图7-6-7所示。作为申请量最大技术分支的常规反应腔/室，其进入国家/地区的分布也是最广的，其中进入美国的申请量最高，达到42件，在LED的重要生产和消费地区东亚和欧洲也有较多申请。总体上看，技术分支的申请量越大，其进入国家/地区的分布也越广；进入国家/地区的申请量越大，则该国家/地区的技术分支分布也越广。

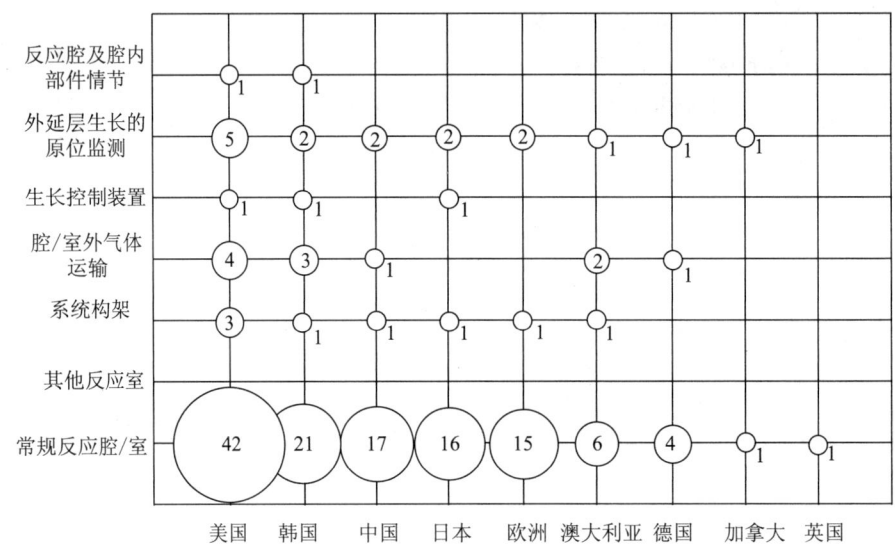

图7-6-7　VEEC各技术分支在主要进入国家/地区的申请量

注：单位为件。

对于各技术分支的申请量年度趋势，由于常规反应腔/室技术分支占申请量的大部分，因而常规反应腔/室的申请量年度趋势与VEEC的MOCVD设备全球专利申请趋势大体上保持一致，整体明显呈现增长趋势；而其余各技术分支按年代呈现零星少量分布态势。

7.6.3　发明团队

图7-6-8示出了VEEC的MOCVD设备专利申请的主要发明人关系。其中每个圆圈代表一个发明人，圆圈的面积代表专利数量的多少（圆圈中的数字）；圆圈与圆圈之间的连线代表发明人之间具有共同发明，连线的粗细代表共同发明的申请数量。作为申请量排名第一的发明人（申请量34项），GURARY A 的发明占VEEC MOCVD设备专利申请的57.6%，在GURARY A周围围绕有多位发明人，这些发明人一起构成了VEEC MOCVD设备的技术团队。另外较重要的发明人还有ARMOUR E（24项）、QUINN W（15项）、BOGUSLAVSKIY V（13项）。

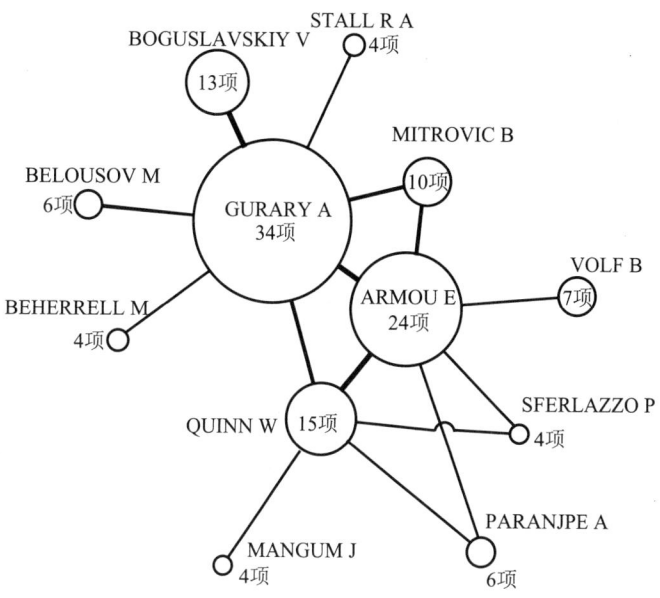

图 7-6-8　VEEC 的 MOCVD 设备专利申请的主要发明人关系

7.6.4　技术发展历程

本节将按照技术分布及时间顺序对 VEEC 的主要专利技术进行一个梳理。

VEEC 的 MOCVD 设备主要采用一种被称为 TurboDisc 的立式高速旋转盘反应腔。高速旋转盘反应腔技术主要来自美国的贝尔实验室，EMCO 基于这项技术而成立，而今天其发展成为了 VEEC 的一项主要业务。

典型的 TurboDisc 反应器（参见图 7-6-9 专利 US8465802B2 附图）包括一个圆柱形腔 222，多个晶片 200 安置于绕轴旋转的圆形晶片载体 206 的凹槽中并被位于圆形晶片载体 206 下的加热器组件 226 加热到合适的生长温度，反应气体从圆柱形室 222 的顶部导入，垂直向下流向晶片载体 206，排气口 203 位于圆柱形腔 222 的底侧，供气体流出。晶片载体 206 以 500~1500rpm 的速度高速旋转，由于粘性的作用，靠近晶片载体 206 表面的一层气体随同晶片载体 206 一起转动，由于高速旋转引起的离心力作用，气体在转动的同时不断地沿径向被甩向晶片载体 206 边缘。晶片载体 206 上面的气体沿轴向继续流入晶片载体 206 表面以补偿流走的气体。气体的向下流动，破坏了晶片载体 206 与气流之间温差引起的自然对流而产生的环流，改善了温度和反应剂浓度分布的均匀性，有助于获得均匀的外延层和较高的生长速度。

7.6.4.1　常规反应腔

常规反应腔的申请量占总申请量的 72.9%，是最重要的技术分支。

（1）载片/物台

常规反应腔/室中，申请量最多的为载片/物台，占到了总申请量的 39.0%。

1999 年提出一种外延生长设备（KR100565138B1、WO0107691A1、EP1226292A1、KR20020019574A、AU6491600A、TW485528A、JP2004513857A、无中国申请），旋转

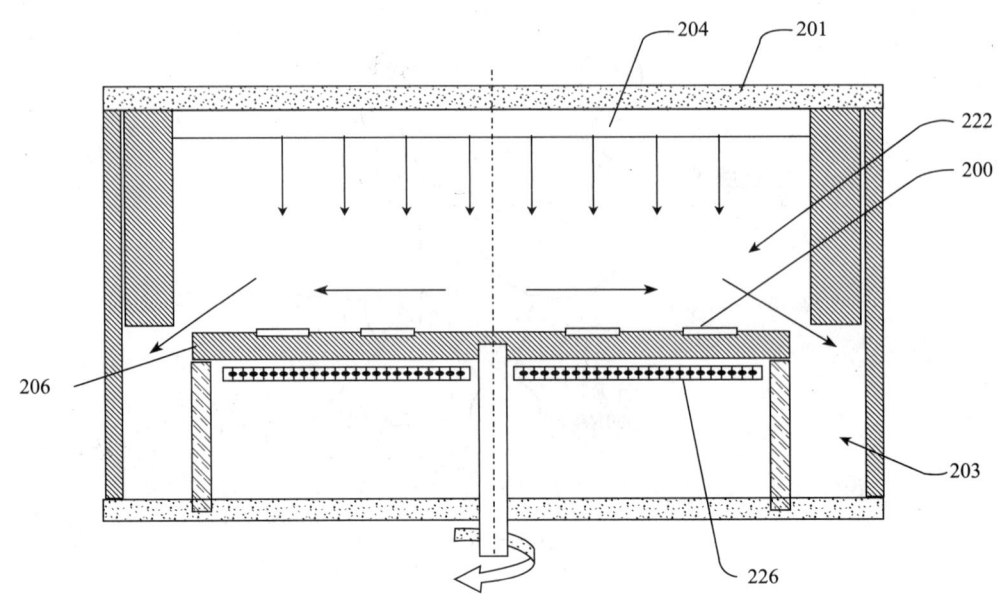

图 7-6-9 专利 US8465802B2 附图

主轴设置在反应腔内外，开口在主轴端部间延伸。载台中的中央开口和晶片座中的空腔对准于所属开口。主轴的下端连接低压源，以使得晶片座的空腔中的压强比反应腔中的低，晶片座的空腔产生吸力，晶片保持水平，使得晶片的整个表面形成均匀外延层（参见图 7-6-10）。

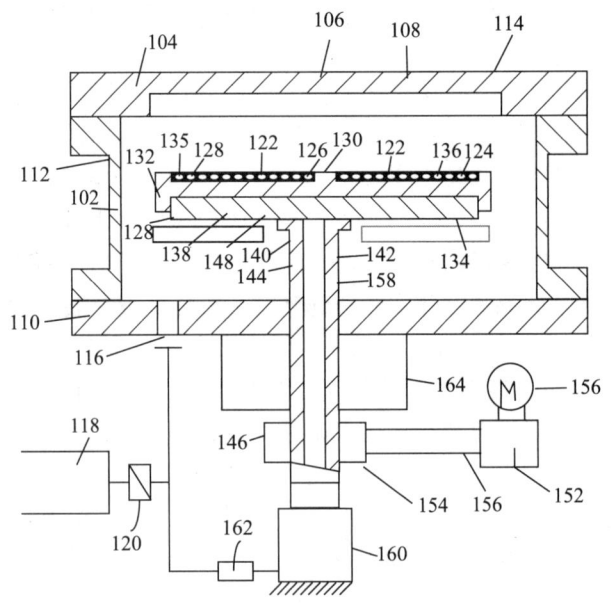

图 7-6-10 专利 KR100565138B1 附图

2001 年提出一种无基座式反应器（CN1238576C、US6506252B2、US6685774B2、US6726769B2、JP4159360B2、JP5004864B2、KR100812469B1、AU2001285127A1、

US2002106826A1、WO02063074A1、EP1358368A1、JP2008252106A、CN1489644A、KR20030076659A、JP2004525056A、US2003111009A1、US2003047132A1），垂直式装置包括晶片托架（110），晶片托架能从主轴顶端移开。晶片托架在装载位置和沉积位置之间进行迁移，具有更短的反应器周期、更低的成本和部件更长的寿命，还有更好的温度控制（参见图7-6-11）。

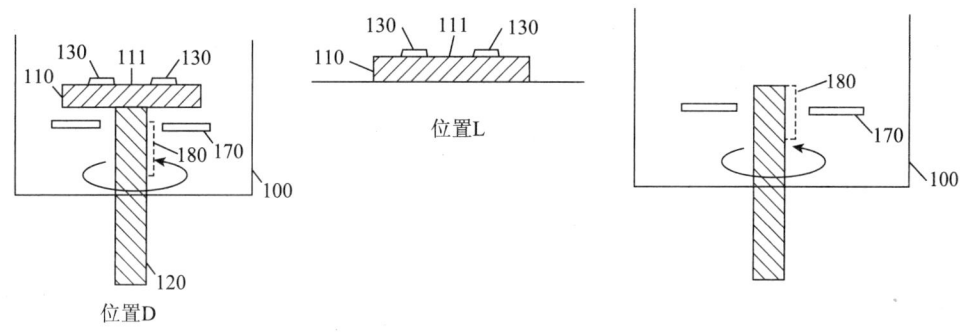

图7-6-11 专利CN1238576C附图

2003年提出了一种晶片承载器（US7235139B2、CN101115862A视撤失效，US2005126496A1、WO2006088448A1），包括：板、从板的一个表面向另一表面延伸的盲孔、完全穿透板的一系列开口、设置在开口中的多孔元件，以及在盲孔和多孔元件之间延伸的通道，这些通道在盲孔和多孔元件之间形成流体连通，通过穿过盲孔和通道抽真空来在多孔元件的表面处形成吸力。在晶片承载器和加热灯丝之间没有诸如基座之类的物体，加热灯丝和晶片承载器之间具有更好的热传递，而不需要将加热灯丝加热到极高的温度，其还可防止在外延层生长过程中晶片衬底的边缘翘曲（参见图7-6-12）。

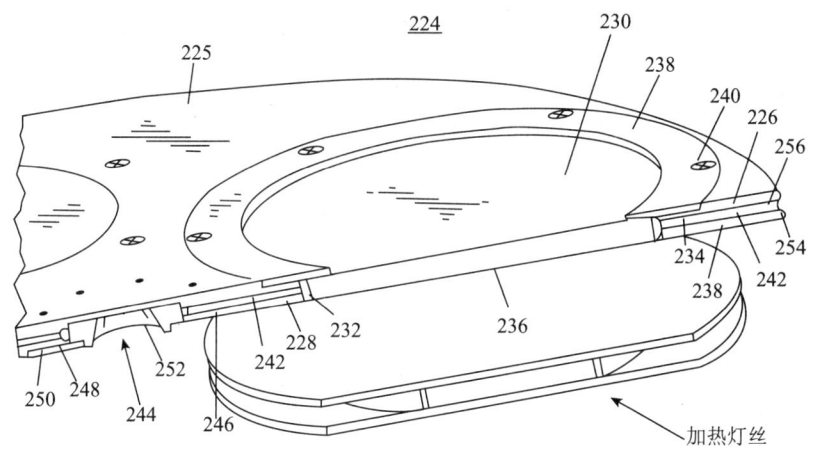

图7-6-12 专利US7235139B2附图

2006年提出一种晶片承载器（JP5156240B2、TW342060B、CN101054718A复审中，US2007186853A1、KR20070081453A、TW200739797A、JP2007214577A），其包括

第一和第二表面，在第一表面上形成有晶片间隔室，晶片间隔室对应的第一表面背面部分以外的区域用不同于第一材料的第二材料来覆盖。能均匀地加热晶片的所有部分、从而减小边缘效应（参见图7-6-13）。

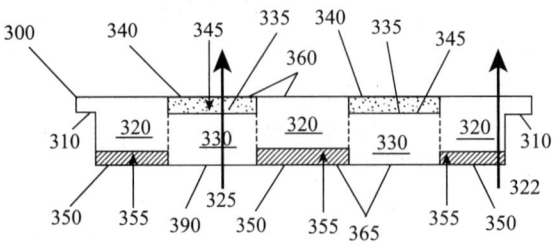

图7-6-13　专利JP5156240B2附图

2007年提出一种具有毂的晶片载具（CN101897003B、US8231940B2、US8021487B2、US2011287635A1、JP2011507266A、CN101897003A、TW200935543A、US2011114022A1、US2009155028A1、WO2009075747A1、DE112008003349T5、KR20100116169A），包括：非金属耐火材料形成的托板；与托板分开形成的毂，毂具有芯轴连接部，芯轴连接部被配置成接合CVD反应器的芯轴，以便将托板与芯轴机械连接。该晶片载具的毂将托板机械连接至芯轴，而不会在托板上施加潜在破坏性集中负载，也不干扰加热元件和托板之间的热辐射（参见图7-6-14）。

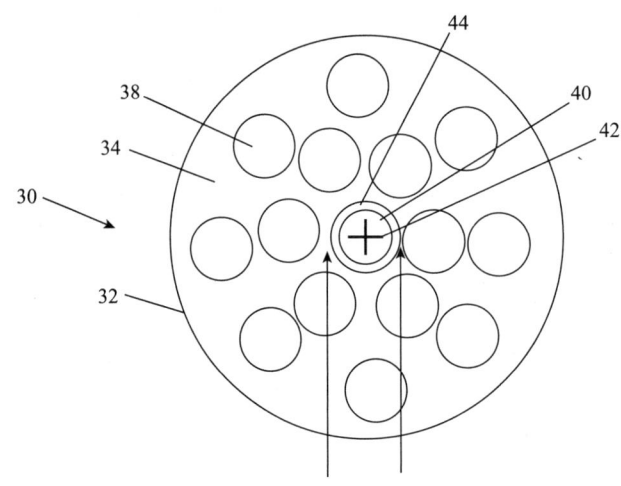

图7-6-14　专利CN101897003B附图

2008年提出一种具有变化热阻的晶片载体（JP5200171B2、CN102144280A未决、WO2010024943A2、TW201017728A、EP2562290A2、EP2338164A2、US2010055318A1、WO2010024943A3、EP2562291A1、KR20110042225A），晶片载体的本体具有保持晶片的顶表面以及被来自加热元件辐射热传递加热的底表面，底表面为非平面，以使得本体的厚度变化，加热元件与晶片载体的顶表面上的任意位置之间的总热阻直接根据位置处的本体的厚度变化。该装置能为每一晶片的表面提供更均匀的温度（参见图7-6-15）。

2010年提出一种带温度分布控制的加工方法和装置（CN102859645A未决、

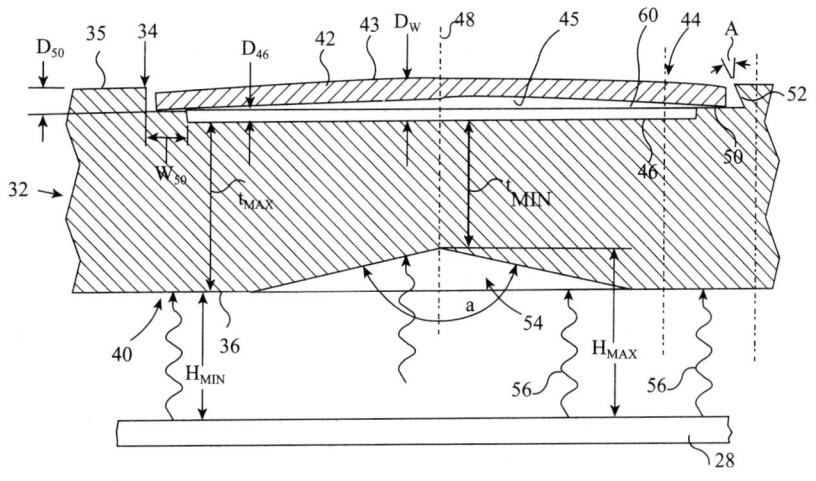

图 7-6-15 专利 JP5200171B2 附图

WO2011106064A1、TW201145445A、EP2539920A1、KR20120131194A、US2011206843A1、JP2013520833A、SG183432A1），其具有晶片载体（80），用于固定晶片（124）并向晶片与晶片载体之间的间隔（130）内注入填充气体。所述装置设置为改变可填充气体的成分和/或流速，以抵消晶片温度非均匀性的非理想模式（参见图7-6-16）。

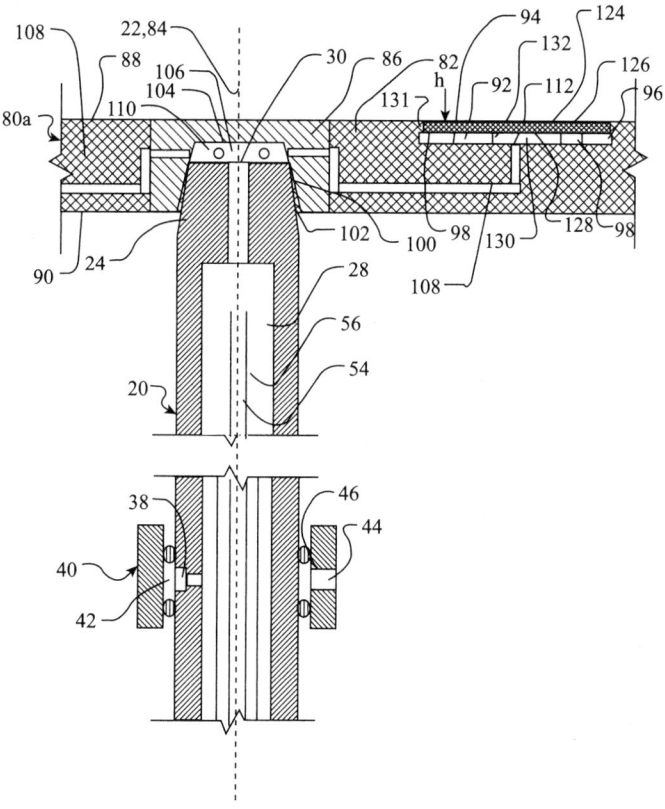

图 7-6-16 专利 CN102859645A 附图

2010年提出一种具有倾斜边缘的晶片载体（CN102859679A未决，WO2011109348A2、WO2011109348A3、TW201145446A、EP2543063A2、US2011215071A1、KR20130007594A），包括主体，主体限定中心轴（142）、垂直于中心轴（142）且基本为平面的顶面（141），低于顶面（141）凹陷以容纳晶片（50）的容纳部（143）。晶片载体（140）的主体可包括沿顶面（141）外周向上突出的唇部（180）。唇部（180）可限定从平顶面（141）向外，远离中心轴（142）以径向向外的方向倾斜的唇表面（181）。晶片载体（140）的主体可适于安装在处理装置（10）的转轴（30）上，使得主体的中心轴（142）与转轴（30）同轴。唇部（180）可改善晶片载体（140）的顶面（141）上方气体的流动模式（参见图7-6-17）。

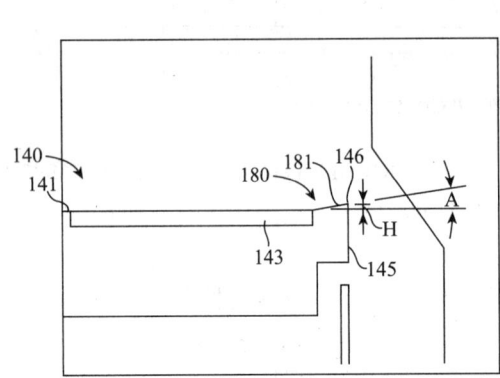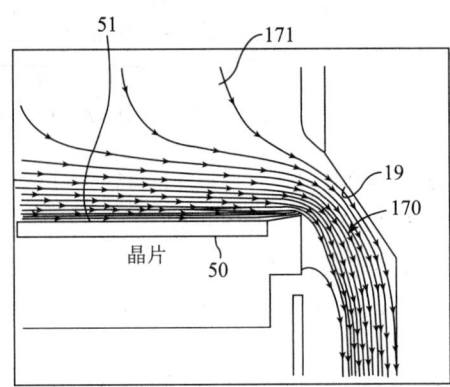

图7-6-17 专利CN102859679A附图

2010年提出一种晶片载体（CN102934220A未决，WO2011156371A1、US2011300297A1、TW201207978A、EP2577722A1、KR2013039737A、SG186149A1），晶片载体（220）可以包括具有多个隔间的压板（215）和多个晶片平台（210）。压板（215）配置成围绕第一轴线旋转。每个晶片平台（210）与一个隔间相关联，并且配置成相对于各自的隔间（770）而围绕各自第二轴线旋转。压板（215）和晶片平台（210）以不同的角速度旋转以在其间形成行星运动。具有惯性行星齿轮驱动的多晶圆旋转盘反应器基片与晶圆平台以不同角速度旋转以在其间产生行星运动，改善了沉积的均匀性（参见图7-6-18）。

2010年提出一种晶圆载体（CN103168353A未决，WO2012021370A1、WO2012021370A4、US2012040097A1、TW201214619A、SG187838A1、EP2603927A1），具有用于容纳晶圆的容纳部（40）及用于在容纳部的底表面上方支撑晶圆的支撑面。载体设置有锁合器（50），用于限制晶圆远离支撑面（56）向上运动。对晶圆向上运动的限制，限制了晶圆变形对晶圆与底表面之间间隔的影响，因此限制了晶圆变形对热传递的影响。载体可包括主要部分（38）和热导率比主要部分高的小部分（44），小部分设置在容纳部下方（参见图7-6-19）。

2010年提出一种分段式晶圆载体（WO2012082323A1、TW201227806A、US2012156374A1，PCT未见中国公开），其可以更容易地被放入反应室中，特别是对于相对大的晶片载体（参见图7-6-20）。

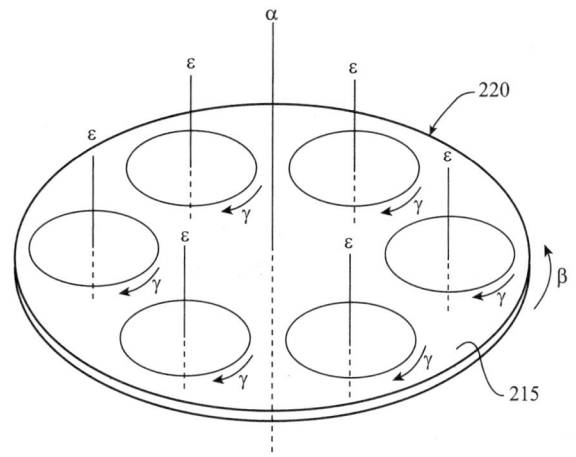

图 7-6-18 专利 CN102934220A 附图

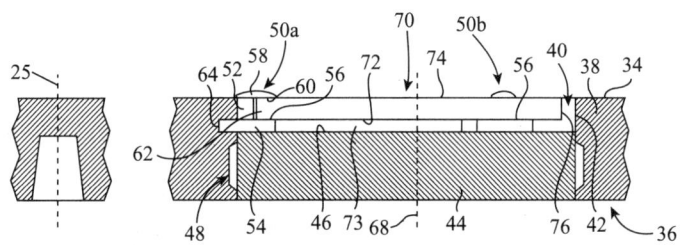

图 7-6-19 专利 CN103168353A 附图

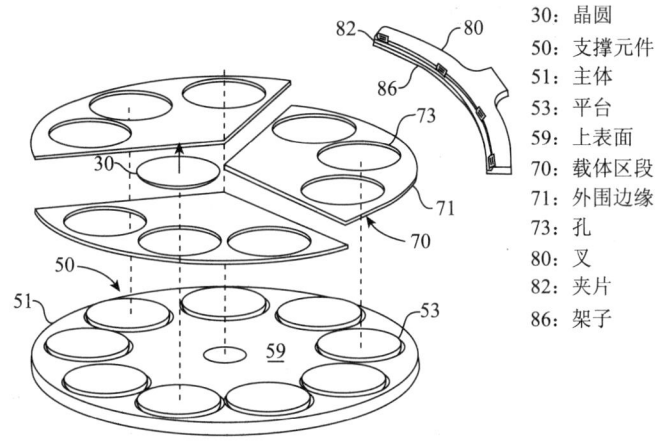

30：晶圆
50：支撑元件
51：主体
53：平台
59：上表面
70：载体区段
71：外围边缘
73：孔
80：叉
82：夹片
86：架子

图 7-6-20 专利 WO2012082323A1 附图

2010 年提出一种具有选择性发射率控制的晶圆载体（WO2012092008A1、US2012171377A1、TW201234520A，PCT 未见中国公开），其外表面上一个区域的发射率与外表面上其他区域不同。经修改发射率区域可位于该晶圆载体之外边缘、顶部表面和/或底部表面。该一个区域可与该晶圆载体的一个或多个晶圆凹坑相关联。该经修改发射率区域可经成型并定大小，以便修改穿过该区域的热传输，且借此跨越该晶圆载体的该顶部表面的多个部分或跨越个别晶圆的温度均匀性。该经修改得发射率区域

可借由该晶圆载体的该外表面上的涂层提供。（参见图7-6-21）

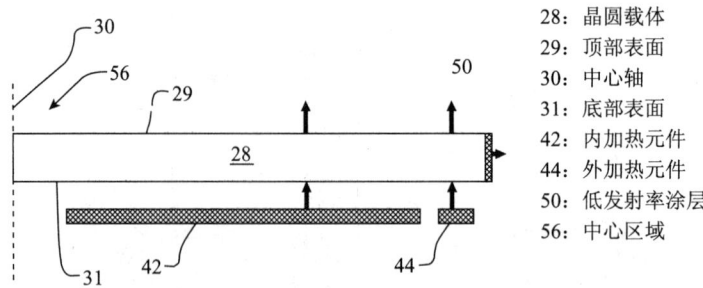

图7-6-21　专利WO2012092008A1附图

28：晶圆载体
29：顶部表面
30：中心轴
31：底部表面
42：内加热元件
44：外加热元件
50：低发射率涂层
56：中心区域

2010年提出一种绕轴旋转的晶圆载体处理晶圆装置（WO2012092064A1、TW201246429A、US2012171870A1，PCT未见中国公开），其具有在操作期间围绕该晶圆载体的环。引导至载体的顶部表面上的处理气体背朝轴向外流经载体及环，并在环之外侧流向下游。向外流动的气体在载体及环上形成边界。该环有助于维持载体上边界层之厚度大体上均匀，从而促进晶圆的均匀处理（参见图7-6-22）。

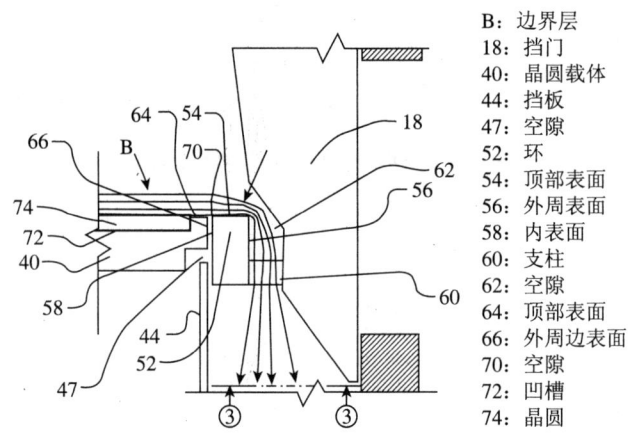

图7-6-22　专利WO2012092064A1附图

B：边界层
18：挡门
40：晶圆载体
44：挡板
47：空隙
52：环
54：顶部表面
56：外周表面
58：内表面
60：支柱
62：空隙
64：顶部表面
66：外周边表面
70：空隙
72：凹槽
74：晶圆

2011年提出一种用于保持半导体基片的基片保持器（WO2012142408A2、WO2012142408A3、US2012263569A1，PCT未见中国公开），包括本体（20）具有从本体背面延伸到顶面的中央开口（14），围绕中央开口的内圈（26），以及从内圈延伸到中央开口的衬底支撑边缘；张紧装置，其可操作地附着在本体上，并包括凸轮件和接触部分凸轮件的弹簧，其中弹簧包括加长部分，其具有相对端和从加长部分的每个相对端延伸的接触部用以接触基片（12）的外边缘（参见图7-6-23）。

2011年提出一种晶片载体（WO2013033315A2、WO2013033315A3、US2013065403A1、KR2013037688A，PCT未见中国公开），具有一主单元，其具有水平延伸的对向的顶面（34）和底面。几个凹口（40）用于固持晶片（70）。支撑表面（56）在凹口的地面支撑晶片。晶片的顶面暴露在主单元的顶面。一个或多个温度控制面（46）形成热屏障，其具有比主单元周围部分低的热导率。热控制面可促进整个晶片表面和整个载体顶部表面更均匀的温度分布。水平方向上的热传导可以得到抑制（与 CN103168353A 有关联）（参见图 7-6-24）。

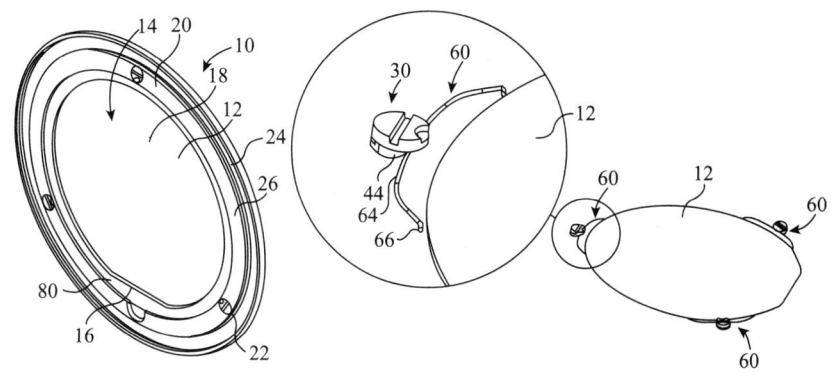

图 7-6-23　专利 WO2012142408A2 附图

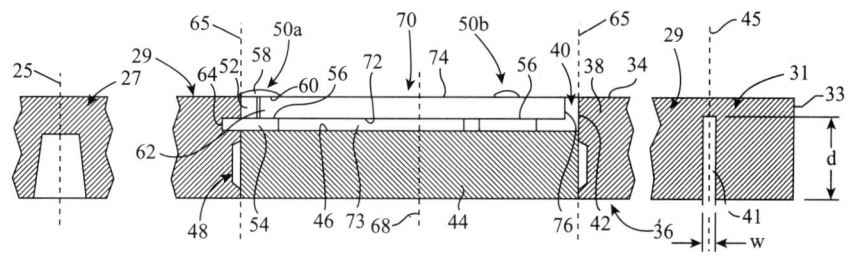

图 7-6-24　专利 WO2013033315A2 附图

（2）气体注入/分配组件

气体注入/分配组件，占到了总申请量的 22.0%，位居第二。

1996 年提出一种旋转盘反应腔（US6197121B1、TW462993B、JP2001506803A、EP0946782A1、KR20000069146A、WO9823788A1、AU5461998A，无中国申请），含有旋转基片载台（22）和喷射器（12），把气体朝载台上的基片喷入反应腔内，并含有气体分离器（9），以供在气体进口（4，5，6，7）和喷射器（12）之间分别维持各种气体（参见图 7-6-25）。

2003 年提出了一种竖流型转盘式反应器（CN100545303C、EP1660697B1、JP4714021B2、KR1185298B1、TW261310B、EP1660697A1、TW200511394A、US2007071896A1、JP2007521633A、JP2010267982A、AU2003265542A1、KR20110120964A、TW200825198A、WO2005019496A1、KR20060079198A、CN1849410A），使基片（3a，3b，3c）旋转，并将处理气体（4）供向基片以对其进行处理，其中供应到距基片旋转轴不同径向距离处的气流速度相同，但反应气浓度、反应气质量流量、冲击面积等不同，以保证各位置在单位时间内接收的反应气总量相同（参见图 7-6-26）。

2003 年提出了一种竖流型转盘式反应器（CN101535523B、TW375731B、US2007134419A1、WO2008041991A1、CN101535523A），各气流具有一定的气流截面积，各气流含有至少一种载气，气流中至少两股不同的气流含分子量不同的不同载气，对气流中每股气流

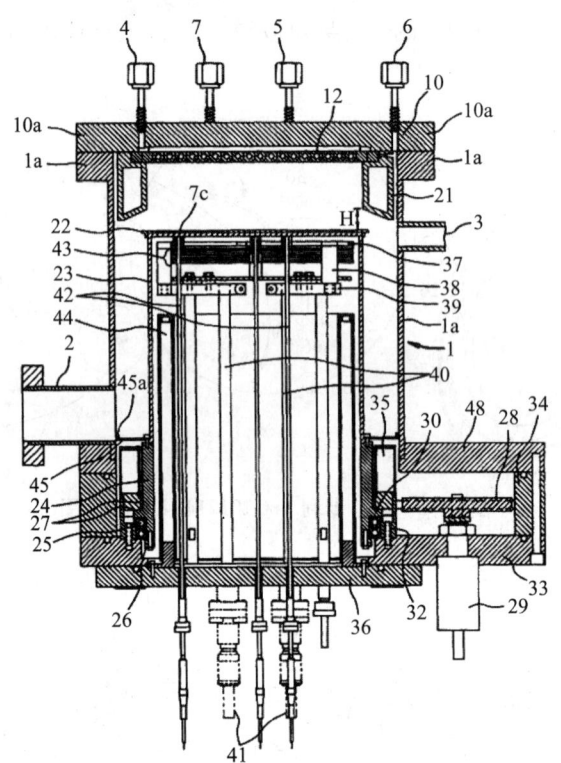

图 7-6-25　专利 US6197121B1 附图

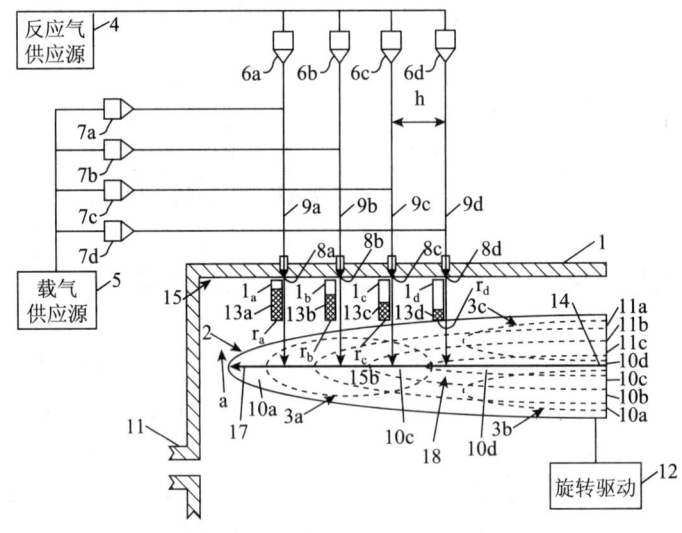

图 7-6-26　专利 CN100545303C 附图

的载气在每单位截面积上的流量进行选择，使得构成各股气流的气体的总密度与构成其他气流的气体的总密度相同，构成各股气流的气体在每单位截面积上的总流量与构成其他任何气流的气体在每单位截面积上的总流量相同（参见图 7-6-27）。

2004 年提出了一种多气体分配喷射器（CN101090998B、TW319783B、

第 7 章　MOCVD 设备领域专利分析

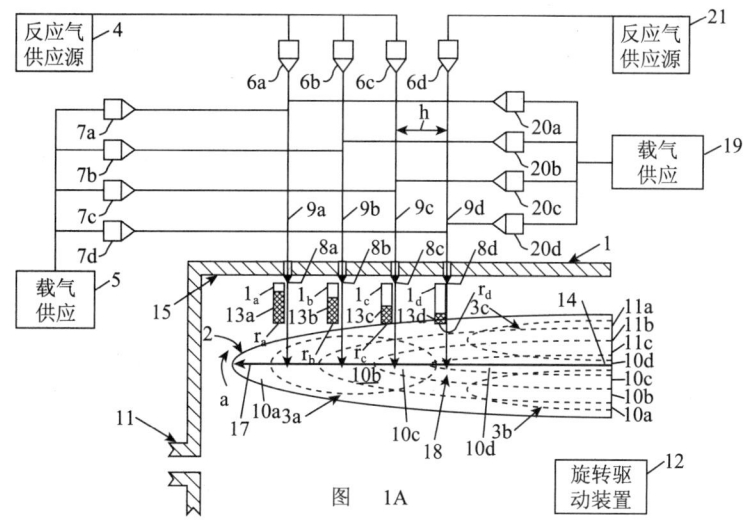

图 7-6-27　专利 **CN101535523B** 附图

CN102154628A 驳回等复审请求，WO2006020424A2、TW200619415A、CN101090998A、WO2006020424A3、US2006021574A1、KR20070048233A、JP2008508744A、US2010300359A1），将至少一个前驱气体（180、185）通过气体分配喷射器（150）内多个间隔开的前驱入口排放到反应腔室内，气流具有朝向基底的下游方向的速度分量；前驱气体发生反应在基底上沉积。在前驱入口（160、165）的多个相邻的入口之间，将与前驱气体不反应的载体气体（187）从喷射器（150）排放到腔室内。解决现有前驱气体在喷射器中积聚而造成了产量的降低、前驱气体沉积不均匀等问题（参见图 7-6-28）。

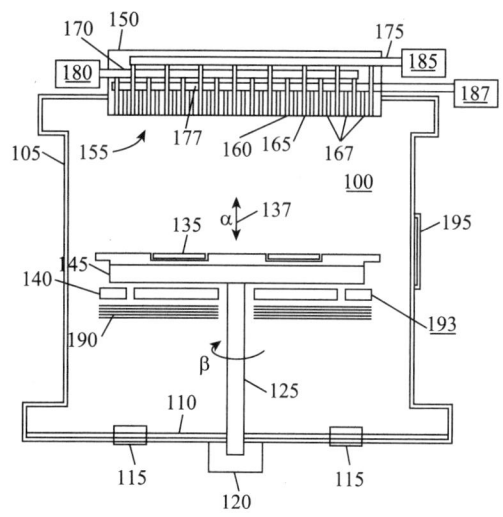

图 7-6-28　专利 **CN101090998B** 附图

2007 年提出一种气体喷射器头部（US8152923B2、US8287646B2、TW390608 B、CN102127752A 未决、CN102174693A 未决、CN101611472A 复审，WO2008088743A1、DE112008000169T5、US2008173735A1、KR20090117724A、US2011088623A1），其中，

249

布置在相邻气体进口间的扩散元件（129）、在下游方向上从气体进口（117，125）延伸并在下游方向上逐渐变细。喷射器头部抑制了邻近其的气体的再循环，使得相应的反应器抑制反应室的壁上的有害沉积（参见图7-6-29）。

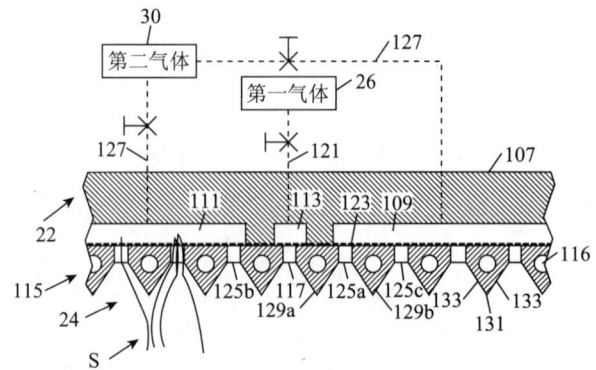

图7-6-29　专利US8152923B2附图

2007年提出一种用于旋转碟式气体反应器的可移动喷射器（US8092599B2、DE112008001821T5、JP2010533377A、US2009017190A1、WO2009009121A4A4、KR20100063695A、WO2009009121A1、TW200925313A、US2012070916A1，无中国申请），其中使一个或多个基板绕一轴线在一载体上旋转，同时维持该一个或多个基板之表面与该旋转轴线大致垂直并面向一沿该旋转轴线之下游方向。在旋转期间，自第一组气体进口沿朝向该一个或多个基板之该下游方向排放第一气体。自至少一个可移动气体喷射器沿朝向该一个或多个基板之该下游方向排放第二气体，并以一沿一朝向或远离该旋转轴线之径向方向之运动分量移动该至少一个可移动气体进口。通过控制基板每个区域的气流确保高效的处理以及提供均匀分布（参见图7-6-30）。

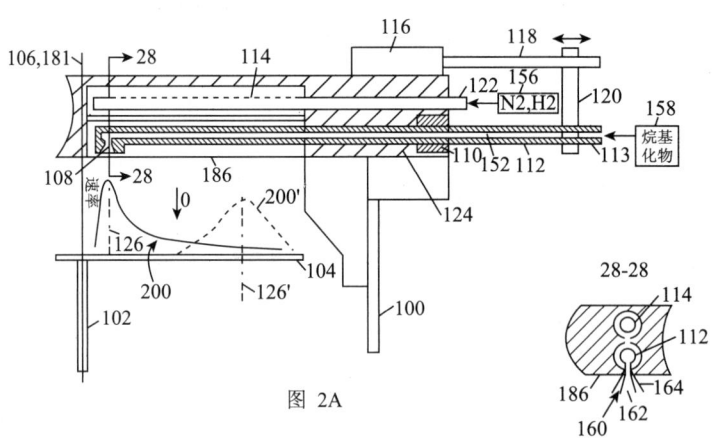

图7-6-30　专利US8092599B2附图

2008年提出一种用于化学气相沉积的进气口元件及其制造方法（US8303713B2、CN102308368A未决、US2010143588A1、TW201030179A、EP2356672A2、JP2012511259A、KR20110091584A、WO2010065695A2、US20120325151A1、WO2010065695A3），由多个长

形的管状元件（64、65）构成，该多个长形的管状元件相互肩并肩地设置在一个垂直于反应器上下游方向的平面上。所述管状元件具有用于沿下游方向排放气体的进气口。晶片载体（14）绕着上游至下游的轴旋转。气体分布元件可以提供这样的气体分布模式：气体分布关于延伸穿过所述轴的中间平面（108）为非对称。使得载体表面上的晶片表面的反应气体稳定有序地流动，并促进材料均匀沉积在晶片上（参见图7-6-31）。

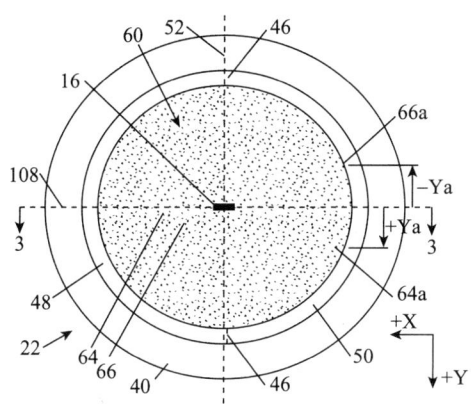

图7-6-31　专利US8303713B2附图

（3）加热器

1999年提出一种感应加热腔体（US6368404B1，无中国申请），感应加热装置（118）位于晶片载体（122）背面（124），用于将晶片（134）加热到1600℃~1800℃。感应加热装置包括扁平的盘形线圈。晶片载体由具有碳化硅涂层的石墨构成，厚度为1/8~1/4英寸厚（参见图7-6-32）。

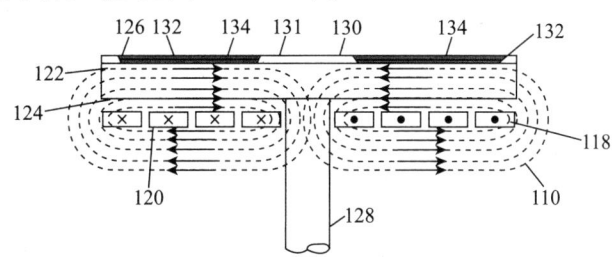

图7-6-32　专利US6368404B1附图

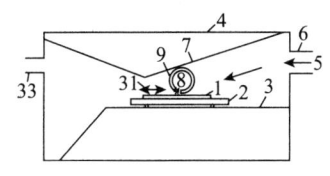

图7-6-33　专利EP1190122B1附图

1999年提出一种外延材料生长设备（EP1190122B1、JP4790914B2、KR100712241B1、CA2373170C、DE60008241T2、AU4596500A、EP1190122A1、KR20020012216A、WO0070129A1、JP2002544116A、JP2011168492A，无中国申请），在位于或者临近基片的区域分别加热前体到他们各自的分解温度以产生分别供应到该区域并且在该区域结合的材料（参见图7-6-33）。

2004年提出一种用来提高材料的发射率的系统（CN101119859B、US7666323B2、JP4824024B2、KR1152509B1、TW313482B、EP1771685A2、TW200540923A、

WO2006001818A2、KR20070020285A、CN101119859A、JP2008503066A、US2005274374A1、WO2006001818A3），对材料的表面进行机械处理，然后对材料经过处理的表面进行蚀刻。该材料被用于加热元件的时候，可以获得较高的效率和较低的能耗（参见图7-6-34）。

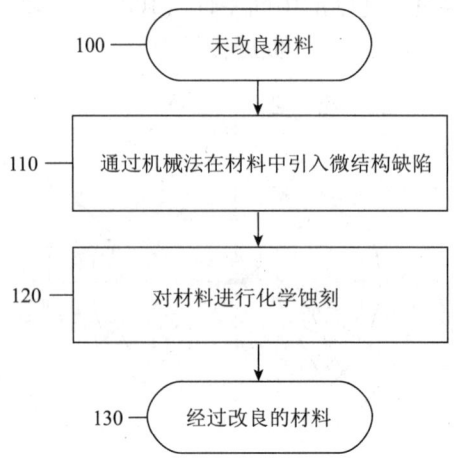

图7-6-34　专利 CN101119859B 附图

2008年提出一种气相外延系统（CN102171795A 未决，WO2010040011A2、JP2012504873A、US2011174213A1、WO2010040011A3、KR20110079831A、EP2332167A2），电源产生加热位于第一区域中并与第二前驱体气体的气流隔离的至少一个电极的电流，以热激活流动到靠近至少一个电极的至少部分第一前驱体气体分子。无需依赖于衬底温度来控制前驱体气体的有效能；在保持有效能的可接收水平的同时，衬底和台板可保持在较低温度（参见图7-6-35）。

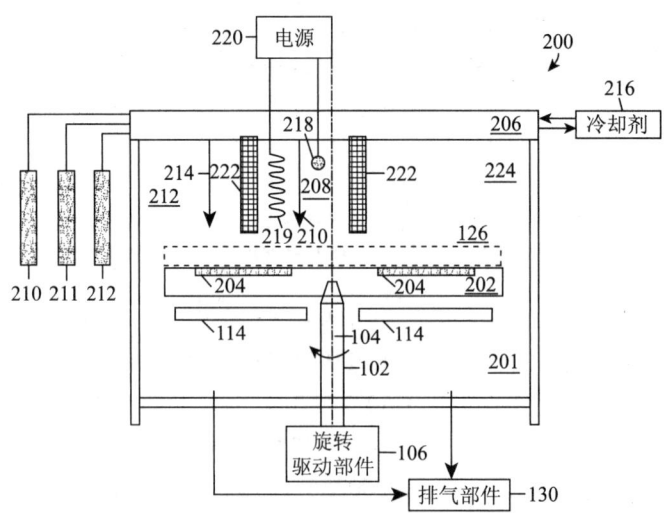

图7-6-35　专利 CN10217195A 附图

2008年提出一种具有升温气体注入的化学气相沉积设备（CN102272892A 未决，JP2012508469A、US2010112216A1、WO2010054184A2、WO2010054184A3、KR20110084285A、

TW201022470A、EP2356671A2、US2012040514A1），反应气体在导入反应室时处于75℃以上的进气温度。实现晶片载体的较低转速，更高的操作压力，更低的流速或它们的组合（参见图7-6-36）。

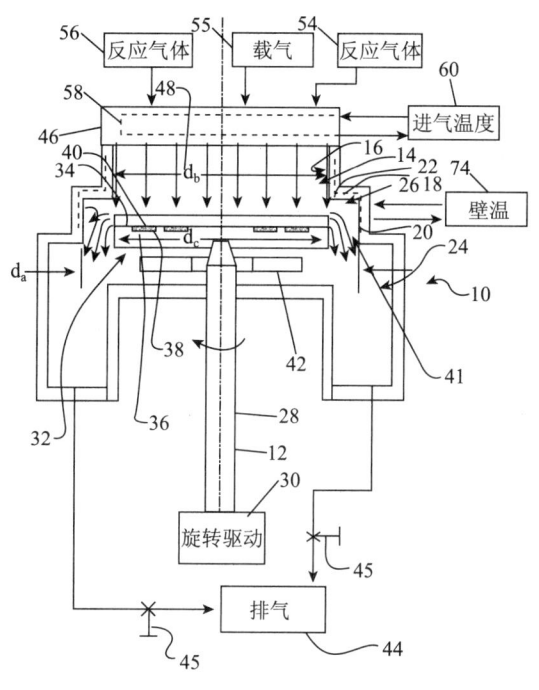

图7-6-36 专利CN102272892A1附图

2010年提出一种晶片处理装置的加热系统（WO2012044580A1、US2012073502A1、TW201223315A，PCT未见中国公开），包括一个加热器（38）和一个主要部分，其提供通道。导电性加热元件被布置在通道内。电源（39）施加足够的电流到加热元件上，使得加热元件维持在液体状态。这样不需要定期更换加热元件，从而降低制造成本。同时不采用加热丝可以避免蠕变和不均匀（参见图7-6-37）。

（4）原位监测

2000年提出一种控制衬底温度均匀性的装置（CN1309524C、US6492625B1、JP5004401B2、KR100803187B1、EP2402108A1、EP1390174A1、JP2004513510A、CN1607989A、AU7923001A、WO0226435A1、KR20030033068A），装置包括基架（110）、加温元件（120，130，140）、衬底高温计（138，139）、至少两个对准基架不同区域的基架高温计（126，136，146）。衬底高温计用于通过测量来自衬底的热辐射，测量加工温度；基架高温计分别提供所在区域的信号，表示来自基架相应区域的热辐射，比较基架高温计的信号以提供一个不均匀温度的参数，其用于单独的反馈回路（149、124、122）内，调整加温元件，以提供充分均匀的衬底温度（参见图7-6-38）。

2005年提出一种高温计校准系统（US7275861B2、US7452125B2、WO2006083819A1、US2006171442A1、US2007291816A1，无中国申请），具有基于与校准半导体靶的温度相关的温度反射数据和温度数据校准温度的处理器。可以精确、有效、简单、非间断

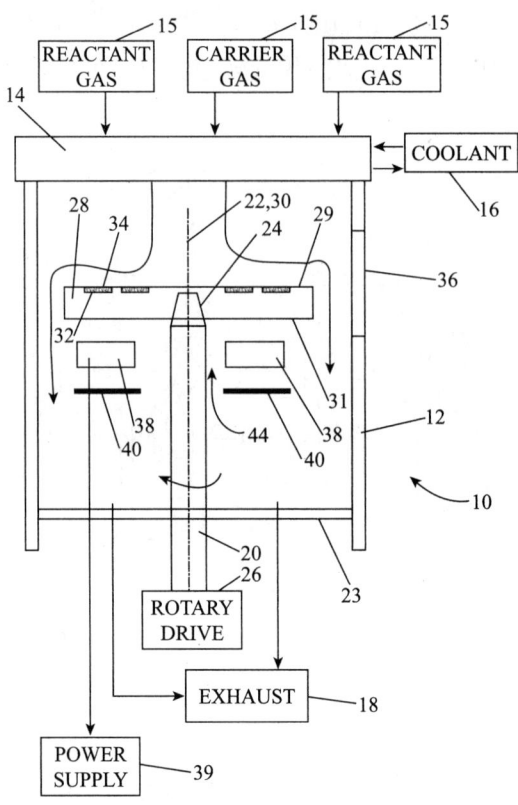

图 7-6-37 专利 WO2012044580A1 附图

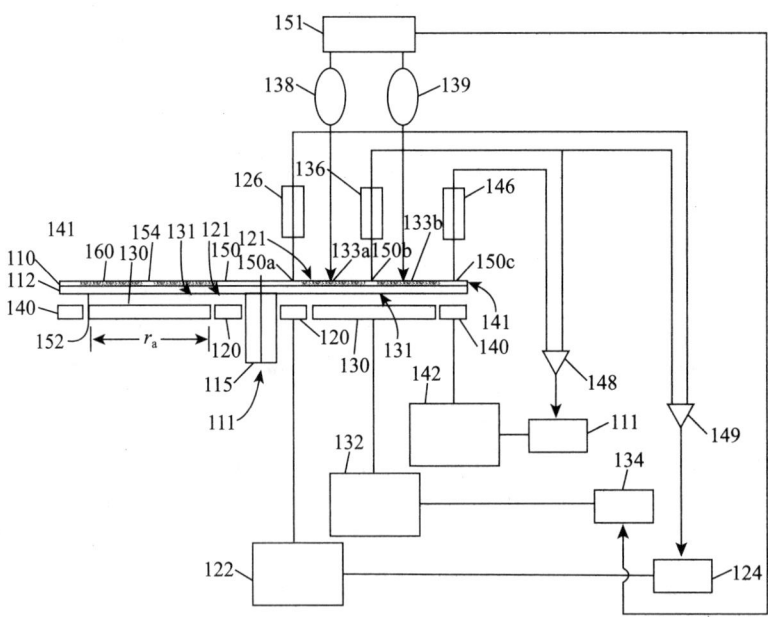

图 7-6-38 专利 CN1309524C 附图

地测温。校准晶片具有由金属制成的共熔区域作为参考区域，具有暴露的不具有金属的非参考区域，在金属共熔的公知熔点的范围内从参考区域作反射测量，从非参考区域做温度测量（参见图 7-6-39）。

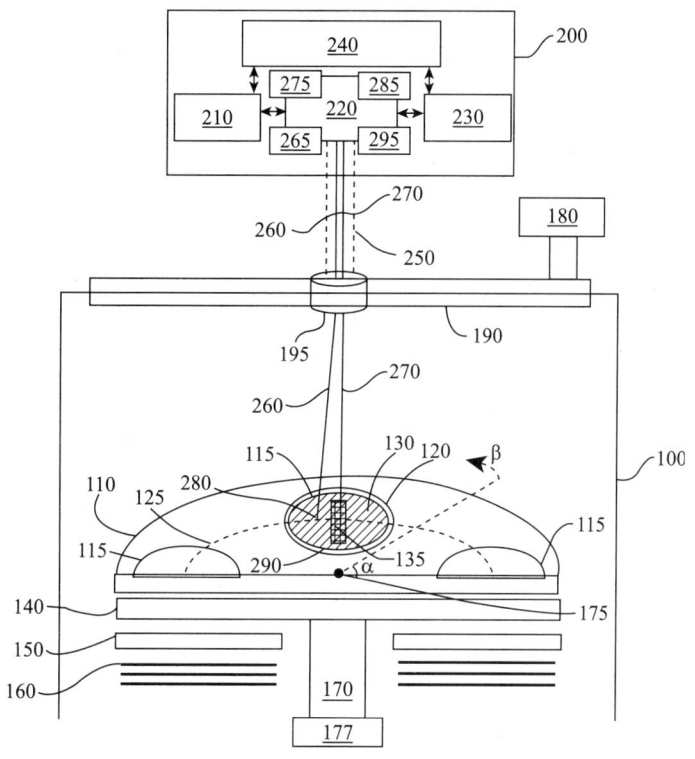

图 7-6-39　专利 US7275861B2 附图

2008 年提出一种用于批量非接触材料特性鉴定的设备和方法（US8022372B2、US8198605B2、US8441653B2、CN101999164A 未决，US2011297076A1、US2009224175A1、KR20100125285A、JP2011517845A、TW200940975A、US2011300645A1、WO2009102502A3、DE112009000345TT5、JP2012248876A、WO2009102502A4、US2012248336A1、WO2009102502A2、KR20130010025A）。构造和设置非接触材料特性鉴定装置以对保持在晶片载体上的至少一个衬底的至少一部分执行非接触材料特性鉴定技术。该设备及方法可批量对保持在晶片载体上的衬底进行非接触材料特性鉴定，提高效率（参见图 7-6-40）。

2010 年提出一种用于原位高温计校正系统（WO2012092127A1、US2012170609A1、TW201237376A，PCT 未见中国公开），校正高温计 80 定位于第一校正位置 A 及加热反应器直至该反应器达到高温计校正温度。进一步使支撑元件 40 围绕旋转轴 42 旋转，及当该支撑元件围绕该旋转轴旋转时，自安装于第一操作位置 1R 的第一操作高温计 71 获得第一操作温度测量，及自校正高温计 80 获得第一校对温度测量。校正高温计 80 及第一操作高温计 71 适于接受来自距晶圆支撑元件 40 的旋转轴 42 第一径向距离 D1 处的该晶圆支撑元件的第一部分的辐射（参见图 7-6-41）。

2011 年提出一种提供可绕旋转轴旋转的载体（WO2012166770A2、

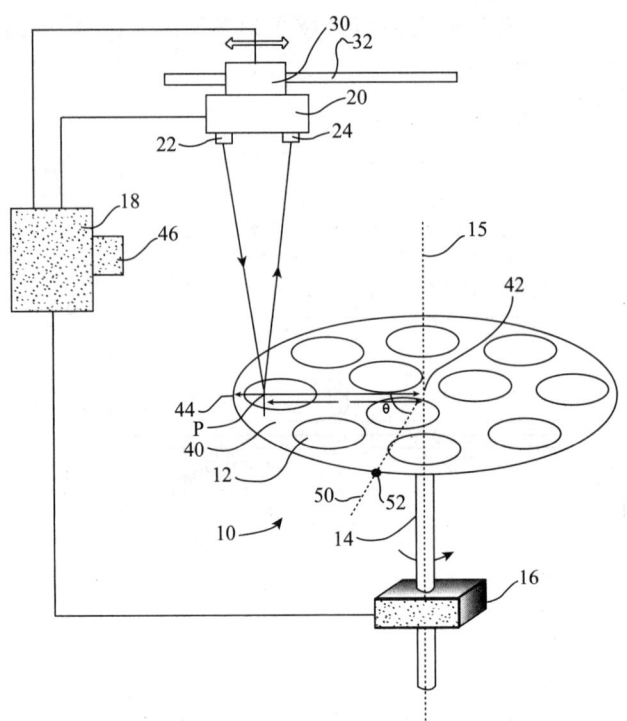

图 7-6-40　专利 US8022372B2 附图

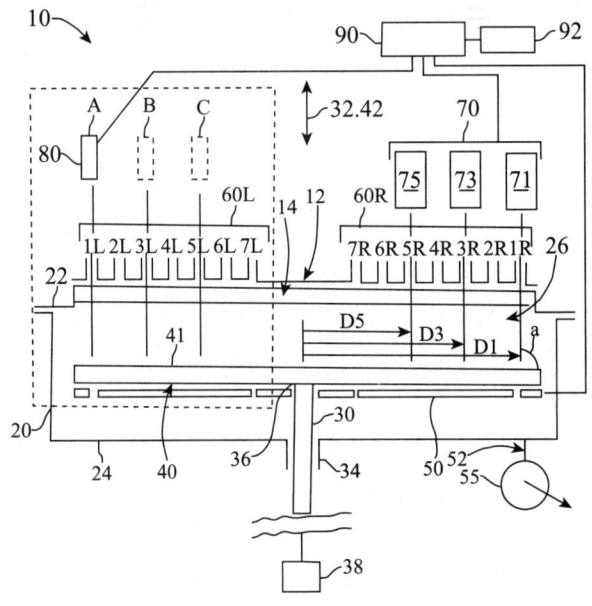

图 7-6-41　专利 WO2012092127A1 附图

WO2012166770A3、US2012304926A1、US2012307233A1、TW201304050A，PCT 未见中国公开），具有适于固持半导体晶圆的顶面及表面表征工具，表面表征工具具有可操作而相对于横向于该旋转轴的载体和/或晶圆的顶面在多个位置移动（参见图 7-6-42）。

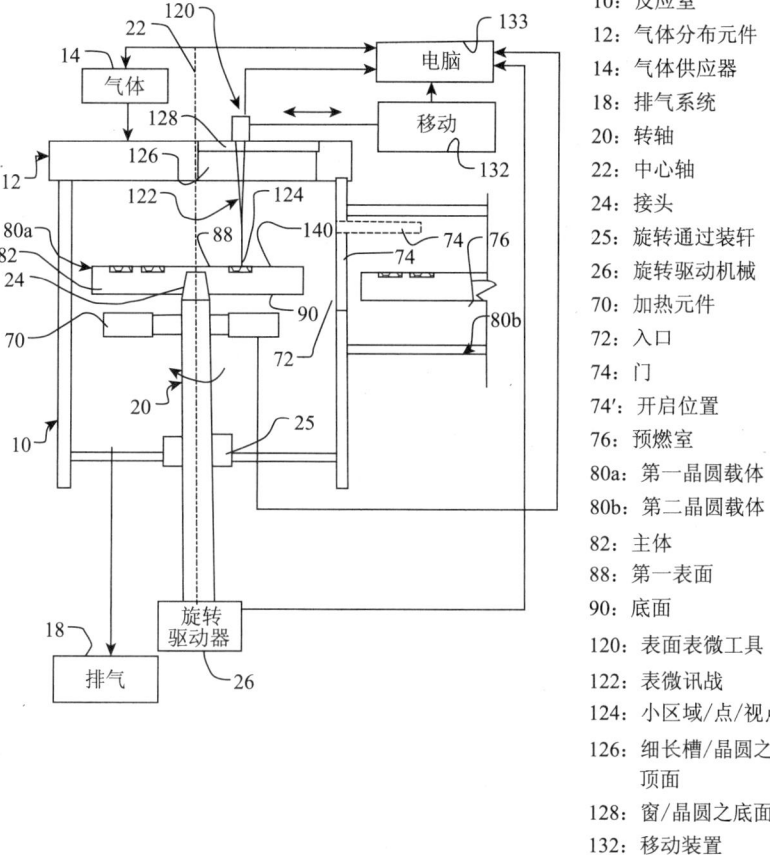

图 7-6-42 专利 WO2012166770A2 附图

2011 年提出一种 VPE 反应器（TW201246297A、US2012272892A1、WO2012139006A2、WO2012139006A3，PCT 未见中国公开），其具有新颖反应器成型、独特晶圆运动结构、热控制系统改良、气体流结构改良、施加气体及温度改良及用于检测和减少制程变化的改良控制系统。提供 0.5℃ 内的温度控制和较大制程气体均匀性（参见图 7-6-43）。

（5）限流环/垫

2001 年提出一种具有可移动的百叶窗挡板的反应器（CN1265432C、US6902623B2、US7276124B2、EP1393359A1、WO02099861A1、JP2004529272A、KR20030018074A、US2002185068A1、US2005217578A1、CN1465095A、AU2002345630A1），在反应腔内设有可移动的圆柱形百叶窗挡板（148），挡板包围晶片载体（196）的外周缘，可减小反应气体的温度场和流场的不均匀性（参见图 7-6-44）。

7.6.4.2 腔外气体运输

2002 年提出一种前驱式汽气化器（US6789789B2、US2003222360A1，无中国申请），防止残留的液体前体到达反应器（12）中（参见图 7-6-45）。

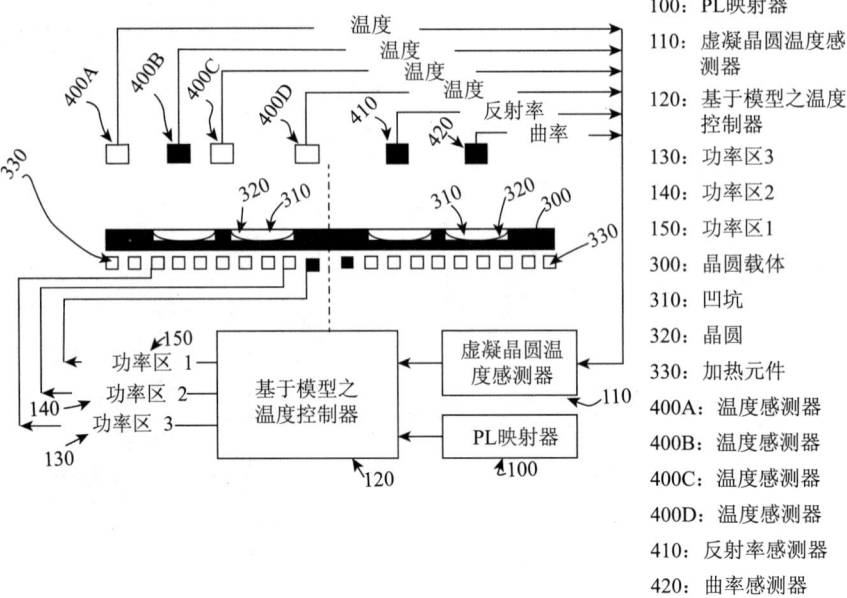

图 7-6-43 专利 TW201246297A 附图

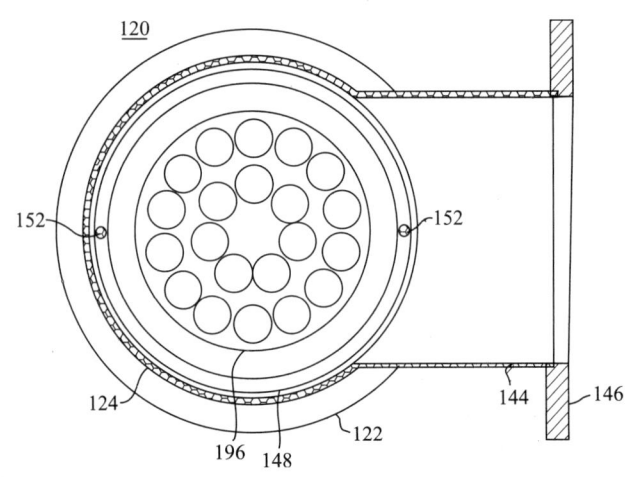

图 7-6-44 专利 CN1265432C 附图

2010 年提出一种用于使用顺序阀之化学气相沉积之气体注入系统（WO2012082225A1、US2012156363A1、TW201231715A，PCT 未见中国公开），其包括进气歧管（206），该进气歧管包括多个阀（208），其中该多个阀中的每个耦合至制程气体源之一的输入及用于制程气体之一的输出。多个气体注入器（212）中的每个具有输入，该输入耦合至该多个阀中之一的输出；以及输出，该输出位于化学气相沉积反应器的多个区中之一内。具有多个输出的控制器（214），其中该多个输出中的每个耦合至该多个阀中之一控制输入。该控制器指示该多个阀之至少一些在预定时间打开，以将所需气流提供至 MOCVD 的多个区中每一个（参见图 7-6-46）。

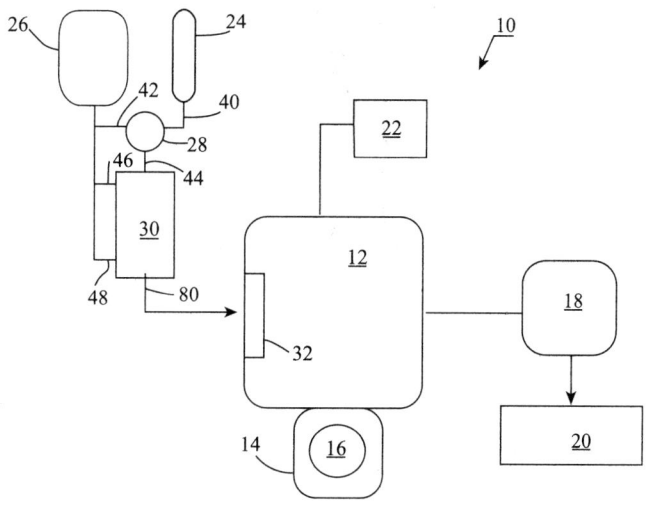

图 7-6-45　专利 US67898789B2 附图

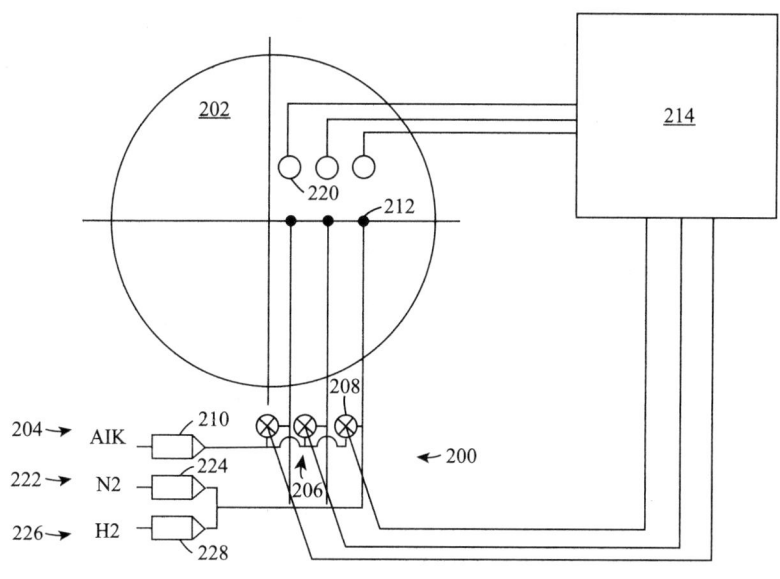

图 7-6-46　专利 WO2012082225A1 附图

7.6.4.3　系统架构

系统架构的主要改进发生在2009年申请的3项多处理腔室专利申请，进而在2011年，Veeco 推出了 TurboDisc® MaxBright® 多反应腔 MOCVD 系统。

2003年提出一种基片处理系统（US7879201B2、US2005034979A1，无中国申请），包括真空室（46）、第一源（50）、夹具（55）和护罩（52）。第一源位于真空室中，并发射一束高能粒子。该夹具将基片保持在真空室中与第一源隔开的位置。夹具在隔开并平行于包含第一源的平面内平移基片。消除或降低了基片的表面内侧和外侧的沉积材料的不均匀性（参见图 7-6-47）。

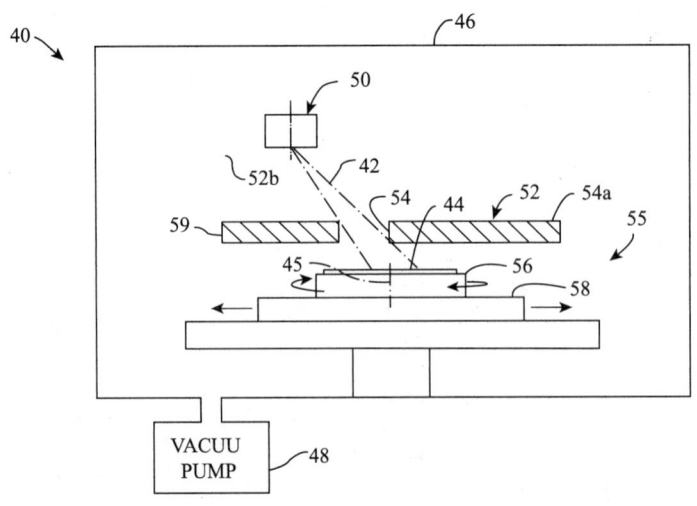

图 7-6-47 专利 US7879201B2

2009 年提出一种辊到辊化学气相淀积系统（CN102460648A 未决，WO2010144302A2、KR20120034072A、JP2012529562A、WO2010144302A3、TW201105817A、US2010310766A1、EP2441085A2），包括至少两个辊，这些辊在 CVD 处理期间将幅带运送通过淀积腔室。淀积腔室限定通道，幅带在由至少两个辊运送的同时通过该通道。淀积腔室包括多个处理腔室，这些处理腔室由屏障隔离，这些屏障保持在多个处理腔室中的每一个腔室中的分立的工艺化学性质。多个处理腔室中的每一个腔室包括气体输入端口和气体排出端口，以及多个 CVD 气体源。多个 CVD 气体源的至少两个联接到多个处理腔室中的每一个腔室的气体输入端口上。能够改善膜的质量和膜的厚度特性，能够容易地改变沉积材料的结构和反应过程（参见图 7-6-48）。

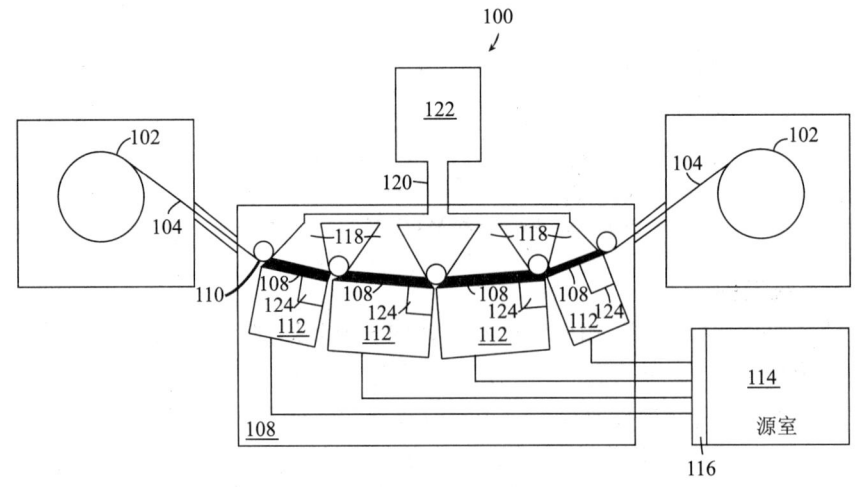

图 7-6-48 专利 CN102460648A 附图

2009 年提出一种连续进给化学气相淀积系统（CN102460647A 未决，KR20120034073A、TW201108304A、US2010310769A1、WO2010144303A2、WO2010144303A3、

EP2441086A2、JP2012529563A），包括晶片运送机构，该晶片运送机构在 CVD 处理期间将晶片运送通过淀积腔室。淀积腔室限定通道，晶片在由晶片运送机构运送的同时通过该通道。淀积腔室包括多个处理腔室，这些处理腔室由屏障隔离，这些屏障保持在多个处理腔室中的每一个腔室中的分立的工艺化学性质。多个处理腔室中的每一个腔室包括气体输入端口和气体排出端口及多个 CVD 气体源。多个 CVD 气体源的至少两个联接到多个处理腔室中的每一个腔室的气体输入端口上。能够改善膜的质量和膜的厚度特性，能够容易地改变沉积材料的结构和反应过程（参见图 7 - 6 - 49）。

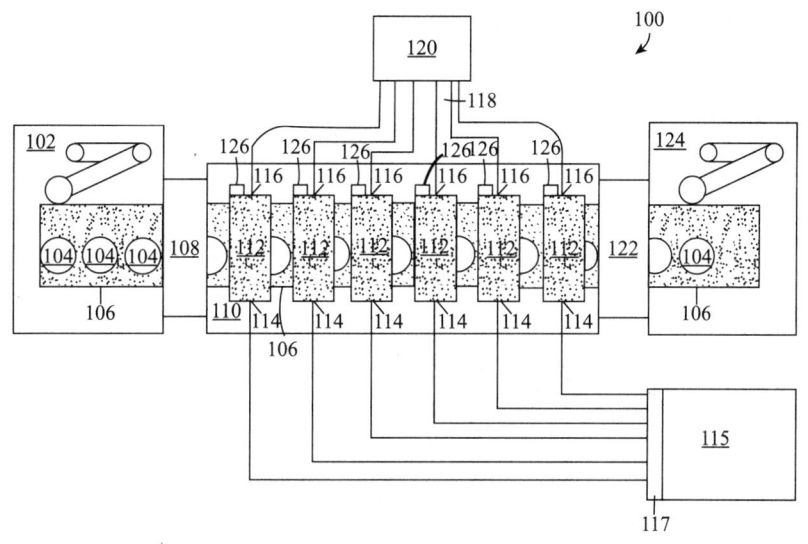

图 7 - 6 - 49　专利 CN102460647A 附图

2009 年提出一种多腔室 CVD 系统（WO2013012549A2、WO2013012549A3、US2011290175A1、TW201309841A1，PCT 申请未见中国公开），包括多个基板载体。多个壳体各自形成封闭多个基板载体之一的沉积室，从而维持用于实施处理步骤地独立化学气相沉积。输送机构在离散步骤中将所述多个基板载体的每个输送至所述多个壳体中的每一个，从而允许自所述多个壳体中实施处理步骤预定时间（参见图 7 - 6 - 50）。

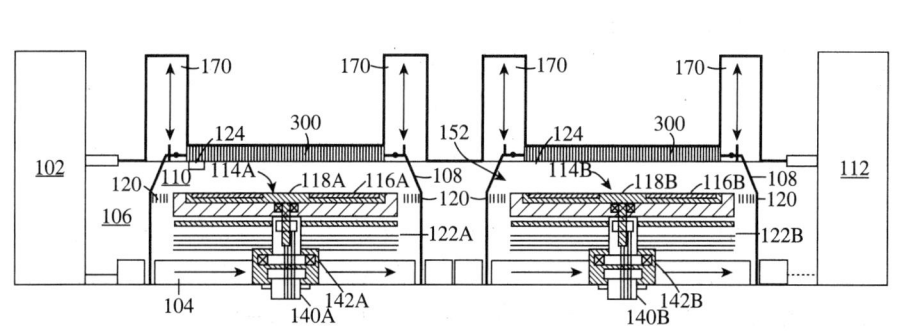

图 7 - 6 - 50　专利 WO2013012549A2 附图

7.6.4.4 其他反应室

2008年提出了一种用于化学气相沉积的方法和设备（CN102239277B、WO2010039252A1、EP2347028A1、KR20110074899A、US2010086703A1、TW201026887A、US2010087050A1、JP2012504866A、TW201022488A），在进气口的下游和基片的上游处，选择性地将能量提供给多种气体反应物的其中之一，以便传递足以激活多种气体反应物的其中之一、但又不足以使多种气体反应物的其中之一分解的能量；使多种气体反应物在基片的表面处分解。选择性提供的能量选自微波能量和红外能量。提高了对反应物的利用率，改善了薄膜性能（参见图7-6-51）。

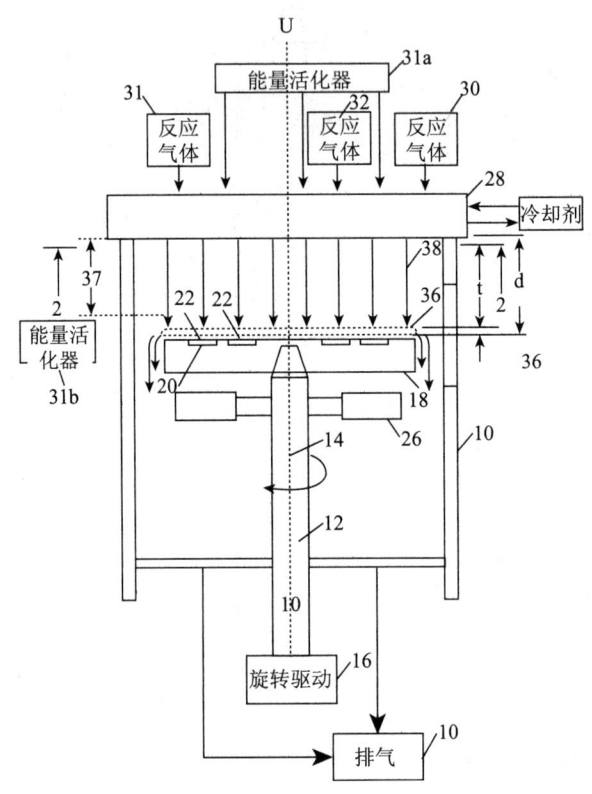

图7-6-51 专利CN102239277B附图

7.6.4.5 反应腔及腔内部件清洁

2010年提出一种具有清洁排气系统的化学气相沉积反应器（US8460466B2、CN103140602A 未决，WO2012018778A1、TW201209217A、SG187637A1、EP2601329A1），包括具有内部空间（26）的反应室（12）、与反应室内部空间连通的进气歧管（14）、包括具有通道（78）和一个或多个孔口（76）的排气歧管（72）的排气系统（70）及安装在反应室内的一个或多个清洁元件（80）。一个或多个清洁元件（80）可在两位置之间移动：（i）是清洁元件远离一个或多个孔口的运行位置；（ii）是一个或多个清洁元件与一个或多个孔口（76）接合的清洁位置（参见图7-6-52）。

第 7 章 MOCVD 设备领域专利分析

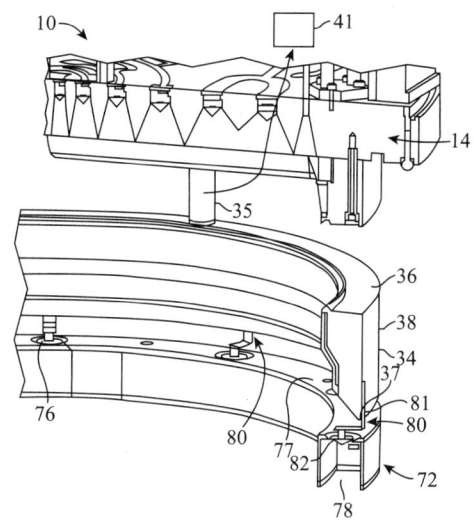

图 7-6-52 专利 US8460466B2 附图

7.7 AIXT 专利申请分析

德国 AIXT 成立于 1983 年,是全球主要的 MOCVD 供应商,多年来一直保持市场领导地位。除了德国黑措根拉特总部以外,该公司还在中国、英国、瑞典和美国设有科研实验室和分支机构。随着亚洲市场的蓬勃发展,该公司在日本、韩国和中国台湾也设立了销售和服务办事处。AIXT 制备的 MOCVD 设备为 LED 器件半导体材料的沉积提供了稳定的工艺环境和良好的晶片生长均匀性。AIXT 公司重视全球的专利布局,除了重视德国本土的专利申请外,主要海外市场选取美国、欧洲、日本和韩国重点进行专利申请,2000 年以后也开始进入中国市场,重视中国的专利布局。AIXT 对 MOCVD 技术的改进主要集中在气体注入分配组件、反应腔室载物台的构造、加热和温度控制装置、腔外气体运输气体和载片传输系统这几方面。AIXT 技术发展是以腔室的稳定性和晶片生长的均匀性为研发目标,在温度控制、进气口结构和腔室功能这几块进行不断的改进。

7.7.1 申请趋势

参见图 7-7-1,从 1983 年到 1998 年,MOCVD 的专利申请量呈现缓慢增长的态势,这是由于 MOCVD 设备的研发和 LED 发光二极管的发展是相辅相成的,20 世纪 80 年代末 90 年代初是 LED 研发的初始阶段,正是由于 LED 的需求量并不旺盛,因此,用于沉积 LED 半导体材料的 MOCVD 设备相应的研发投入也较少,从而呈现了缓慢增涨的态势;而从 1999 年到 2000 年这两年,申请量处于迅速增长期,这时由于在 1999 年 AIXT 收购了英国 Thomas Swan 的科学设备部及该公司基于"近耦合喷淋头"技术的整个 MOCVD 系统和服务业务,同年还收购了总部位于瑞典的 EPIGRESS AB,并通过引进碳化硅化学气相沉积技术,扩展产品组合,从而使得 AIXT 的研发实力大为增强,同时 LED 器件技术从 20 世纪 90 年代末开始已日趋成熟,被全球大规模开发和应用,得到了政府的广泛支持,各国或地区纷纷出台各种政策鼓励 LED 相关产业的研发,因此,也刺激了作为 LED 制造制备的 MOCVD 设备研发的投入力度,综合上述原因,使得 AIXT 在 1999~2000 年进入一个快速增长期;而到了 2000 年后,随 MOCVD 设备技术的日趋成熟,申请量又有所回落,从 2000 年到 2011 年,进入了一个相对平稳的时期。

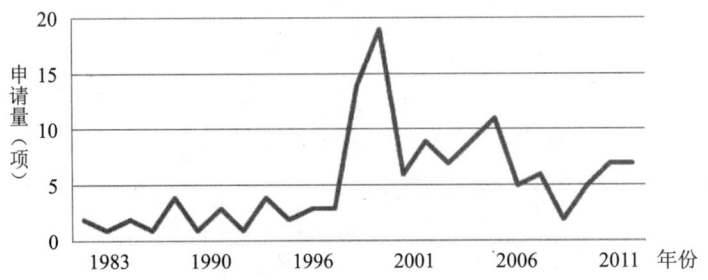

图 7-7-1　AIXT 在全球 MOCVD 申请量年度分布趋势

7.7.2　申请国/区域分布

参见图 7-7-2,AIXT 作为德国公司,除了重视德国本土的专利申请外,主要海外市场选取美国、欧洲、日本和韩国重点进行专利申请,其中,在美国的申请还略高于德国本土的申请,由此可见 AIXT 对于在美国进行专利布局的重视,由图 7-7-2 还可以看出,AIXT 在中国的专利申请量远小于美国、欧洲、日本和韩国,可见中国不是 AIXT 的重点专利布局区域。

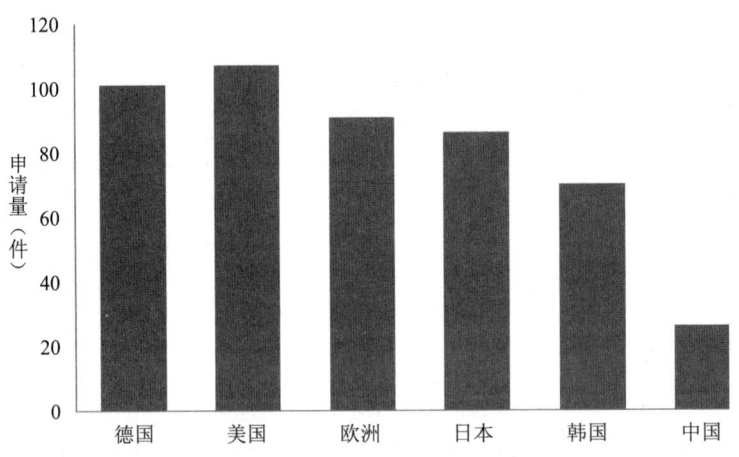

图 7-7-2　AIXT 在全球主要地区 MOCVD 申请量布局

再参见图 7-7-3,可以看出,AIXT 在德国、美国、欧洲、日本和韩国的申请量年度分布趋势和图 7-7-1 所示的 AIXT 在全球 MOCVD 申请量年度分布趋势基本相同,也是在 1999 年前处于缓慢增长期,1999~2000 年处于快速增长期,2000 年后申请量又所下降,但处于平稳期。只有 AIXT 在中国的申请年度趋势和其他几个国家地区不一致,中国在 2000 年前申请量只有零星的几件申请,2000 年后才开始出现一定的增长量，但2000年后每年的申请量都比较接近其他几个国家地区的申请量，由此可见，AIXT从2000年开始关注和重视中国的专利布局。

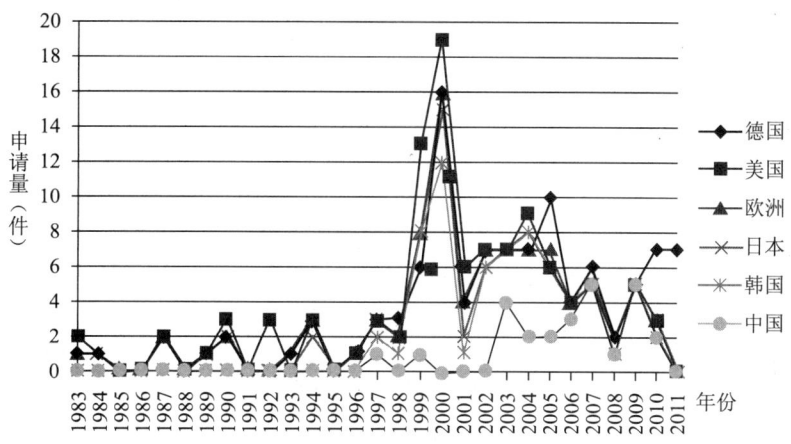

图7-7-3　AIXT在全球主要地区MOCVD申请量年度分布趋势

7.7.3　技术分布

由图7-7-4可知，AIXT有关MOCVD的专利布局涉及常规反应腔/室、腔/室外气体运输、系统构架和生长控制装置这4个技术领域。其中在常规反应腔/室的总申请量占到了65%的比例，由此可见，AIXT非常重视MOCVD中反应腔室的研发和改进。腔/室外气体运输、系统构架和生长控制装置这三个技术领域的申请比例基本相当。再结合图7-7-5可以看出，以上4个主要技术领域的年度申请趋势和AIXT在全球MOCVD申请量年度分布趋势基本相同，也是在1999年前处于缓慢增长期，1999～2000年处于快速增长期，2000年后申请量又所下降，但处于平稳期。

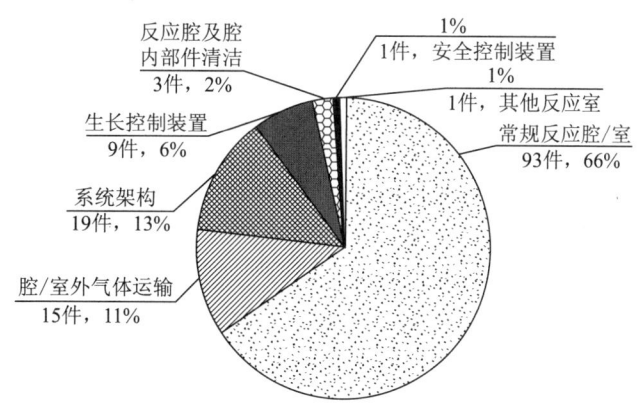

图7-7-4　AIXT在MOCVD各技术领域申请量比例

表7-7-1是在常规反应腔/室技术领域下申请量大于5件的主要技术分支，由表7-7-1可知，AIXT在腔室改进方面尤其注重气体注入/分配组件、载片/物台、平台/主框架这几方面的技术研发。

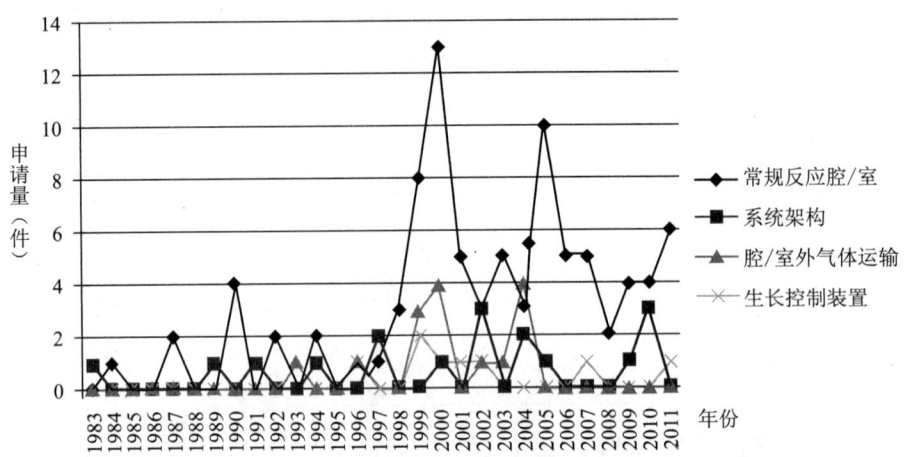

图 7-7-5　AIXT 在 MOCVD 各技术领域年度申请趋势

表 7-7-1　常规反应腔/室下主要技术分支申请量　　　　　　　　单位：项

	气体注入/分配组件	载片/物台	平台/主框架	气体混合系统	载气供应子系统、氢化物供应子系统、MO 源供应子系统	温度控制
申请量	42	25	11	8	7	6

7.7.4　发明团队

图 7-7-6 是 AIXT 主要发明人，即专利申请量大于 5 件的发明人的申请量排名，由图 7-7-6 可以看出，AIXT 发明人的独立申请量非常少，绝大部分都是发明人之间合作的非独立申请。申请量最多的发明人 KAEPPELERJ 的独立申请仅 6 件，非独立申请 35 件，排名第二的发明人 STRAUCHG 的独立申请仅 2 件，非独立申请 38 件，排名第三的发明人 JUERGENSENH 的独立申请仅 1 件，合作申请 20 件。

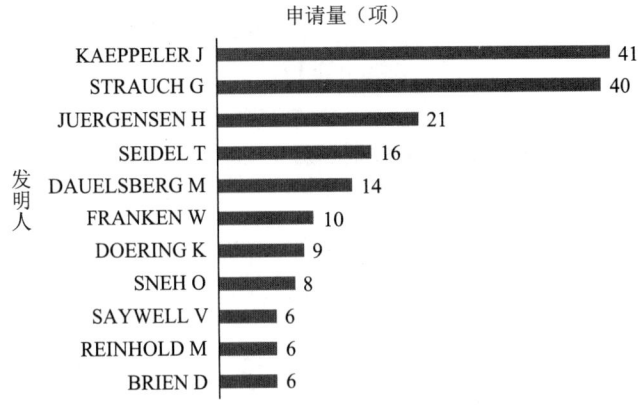

图 7-7-6　AIXT 主要发明人专利申请量排名

AIXT 的发明人有 100 多位，其合作关系也是错综复杂。但也存在较稳定的合作团队,例如图 7-7-6 中排名前五位的发明人中,KAEPPELER J、STRAUCH G、JUERGENSEN H 和 DAUELSBERG M 这 4 人之间存在的相互合作较多,可谓强强联合,其专利申请方向为 MOCVD 常规腔室的气体注入分配组件。而排名第四位的 SEIDELT 则与以上 4 位发明人合作较少,究其原因,是因为 SEIDELT 是美国 Genus 公司的员工,而 AIXT 在 2005 年才收购 Genus,因此,SEIDELT 在 2005 年之前和以上这几位主要的发明人都没有合作关系,SEIDELT 主要合作的团队的组员有 DOERINGK、LEEEC、SNEHO,其专利申请方向也是 MOCVD 常规腔室的气体注入分配组件。

7.7.5 AIXT 技术发展历程

本节将按照技术分布及时间顺序对 AIXT 的主要专利技术进行一个梳理。

AIXT 对 MOCVD 技术的改进主要集中在气体注入/分配组件、反应腔室载物台的构造、加热和温度控制装置、腔外气体运输气体和载片传输系统这几方面。气体注入/分配组件的研究主要着眼于气体注入口结构的改进;载物台的研究涉及载物台结构的改进;载物台在反应腔中位置的设定以及载物台的物理特性等;加热器、温度控制装置涉及对反应腔室整体温度的控制、对基板表面温度的控制以及对工艺室壁温度的控制等方面的研究;腔外气体运输系统、载片传输系统主要涉及与反应腔室相关外部结构,着眼点在于如何更好地进行气体运输和载片传输。

总的来说,AIXT 的技术发展是以腔室的稳定性和晶片生长的均匀性为研发目标,在温度控制、进气口结构和腔室功能这几块进行不断的改进。

7.7.5.1 气体注入/分配组件

2002 年提出了一种进气结构(AU2003208860A1、US2005106864A1、JP4776168B2B2、WO03071011A1、JP2005518104A、TW200305657A、EP1481117B1、TWI263708B、KR20040091651A、DE10207461A1、DE50308463D1、EP1481117A1),进气结构具有一气体流出面,并被控温并具有筛孔状的多个气体流出孔。承载基板的基板座平行于气体流出面,可绕一垂直轴被驱动旋转,基板座与气体流出面的距离不大于 75mm(参见图 7-7-7)。

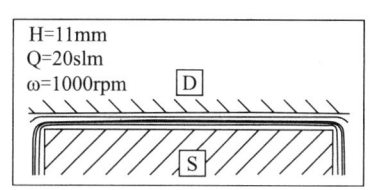

图 7-7-7 AU2003208860A1 代表性附图

2007 年提出了一种 CVD 反应器的气体分布器(TW200905008A、JP2010529663A、WO2008148773A1、JP5211154B2B2、EP2167270A1、CN101678497A、KR20100035157A、EP2167270B1、DE102007026349A1、US2010170438A1),包括两个或多个腔,端部具有供给管线,其中,至少一个腔形成气体容积并且借助多个与至少一个其他腔交叉的小管连接至与气体分布器的底部相关联的气体出口开口。为了简化生产并且改善技术,气体分布器,至少在小管的区域中,采用位于彼此上方的多个结构化盘制成,并且在压力和温度的作用下扩散焊接于彼此(参见图 7-7-8)。

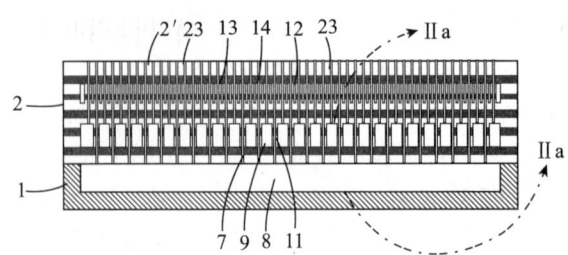

图7-7-8 TW200905008A 代表性附图

2009年提出了一种进气口结构（JP2013502747A、DE102009043840A1、TW201120238A、WO2011023493A1、KR20120073245A、CN102482774A、EP2470685A1、US2012263877A1），反应腔的顶部由进气元件的下侧形成，其中该进气元件的下侧具有多个均匀分布在其整个面上的进气口，每个进气区域的多个横跨延伸方向并行排列的进气开口的间距约为加工腔的高度的1/4，每个进气区域的宽度约等于高度（参见图7-7-9）。

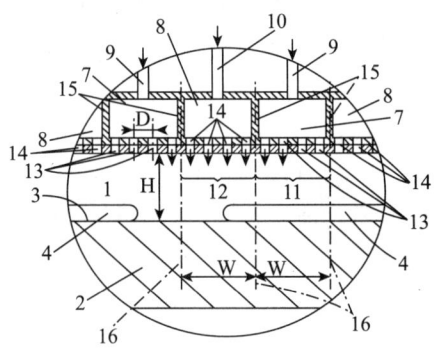

图7-7-9 JP2013502747A 代表性附图

7.7.5.2 载物台

1999年提出了一种反应器中衬底固定器的支撑结构（KR20020063188A、DE60003850D1、WO0146498A3、WO0146498A2、EP1240366A2、US6899764B2、KR100722592B1、JP4809562B2、JP2003518199A、EP1240366B1、US2004200412A1、TW552626B），反应器中的衬底固定器通过旋转轴支撑，环状部分把衬底和旋转轴连接一起。环状部分由比衬底固定器少孔的材料支撑，可耐300℃~1500℃（参见图7-7-10）。

2000年提出了一种衬底支撑结构（AU9179701A、DE50114744D1、JP2004507619T、EP1313891A1、US2006201427A1、JP4637450B2、US2003221624A1、DE10043600A1、EP1313891B1B1、WO0218672A1、TW574411B、US7067012B2），在反应腔体内包括一可加热载板，至少一衬底支撑座不紧固，可旋转得置于载板中，其表面与周围齐平。在载板上至少设置一与衬底支撑座轮廓互补的补偿板（参见图7-7-11）。

2001年提出了旋转安装在反应腔内的基板座（EP1404903B1、EP1404903A1、US2004231599A1、AU2002354988A1、TW589397B、DE10133914A1、WO03008675A、DE50206237D1），基板座环绕一被驱动旋转的基板座载板的中心，基板座与基板座

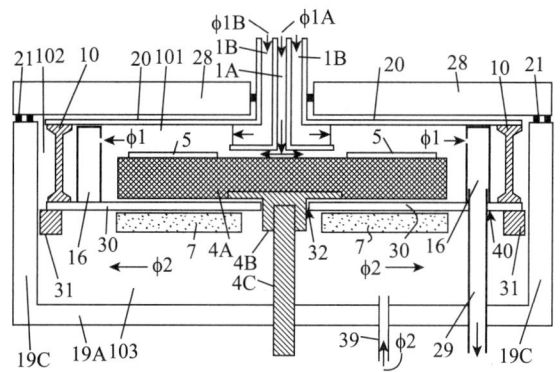

图7-7-10 KR20020063188A 代表性附图

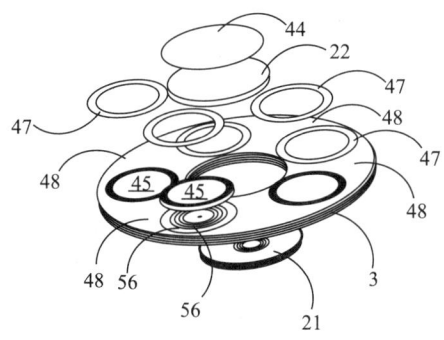

图7-7-11 AU9179701A 代表性附图

载板共同构成反应室底板，中央设置有进气机构的反应室盖板与其相对（参见图7-7-12）。

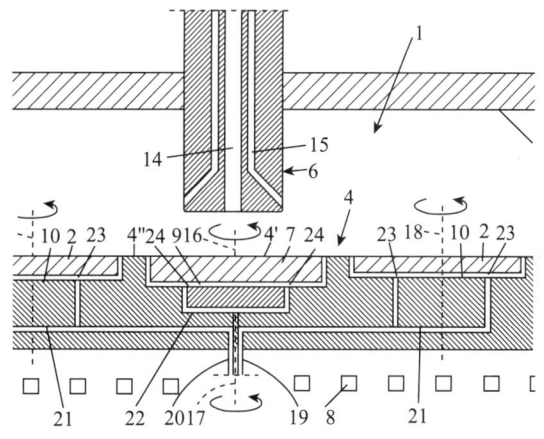

图7-7-12 EP1404903B1 代表性附图

2004 年提出了一种支撑基板结构（JP5055130B2、US2008206464A1、JP2008522035A、WO2006058847A1、DE102004058521A1、KR20070089988A、TW200626742A、EP1817440B1、EP1817440A1），基板结构包括一作用区和一承载区，基板至少以其边

缘抵靠该承载区，为了使沉积于基板上的氮化镓膜略微脱离基板，激光照射基下方。该承载区对基板光学处理的波长是透光的（参见图7-7-13）。

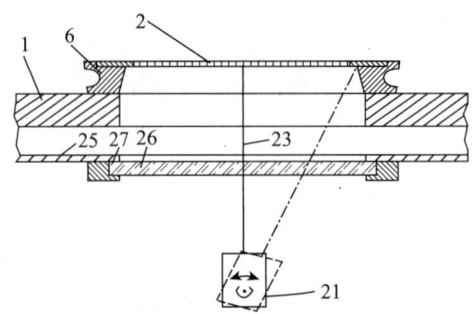

图7-7-13　JP5055130B2代表性附图

7.7.5.3　加热器、温度控制装置

1998年提出了一种控制CVD反应气体温度的结构（ES2166218T3、KR100626474B1、DE19813523A1、EP0975821A1、KR20010006524A、DE59900317D1、WO9942636A1、DE19813523C2、EP0975821B1、JP4377968B2、DE19980266D2、US6309465B1、JP2001520708T），一液体注入单元位于加热的晶片载物台和反应腔室外壳之间，液体注入单元面向晶片的一侧具有多个开口，液体出口被热的晶片载物台加热以调整自身的温度介于晶片载物台和反应腔室外壳的温度之间，从而使得通过反应腔室外壳进入的反应气体调整到一个合适的温度状态（参见图7-7-14）。

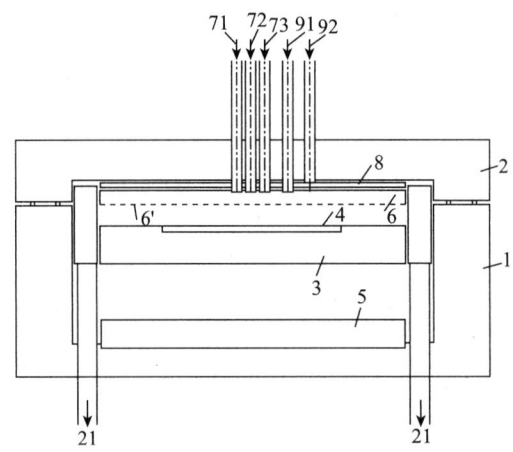

图7-7-14　ES2166218T3代表性附图

2003年提出了一种反应腔室加热集成装置（EP1593147A1、US7015426B2、EP1593147B1、DE602004006720D1、DE602004006720T2、KR1115746B1、WO2004073051A1、JP2006517747A、JP4753433B2、US2004211764A1、KR20050097981A），包括电操作的加热平台，中空的套筒，套筒中具有导电材料，与加热平台连接，一支撑套筒的基板，提供了套筒和加热平台之间非气密性的连接（参见图7-7-15）。

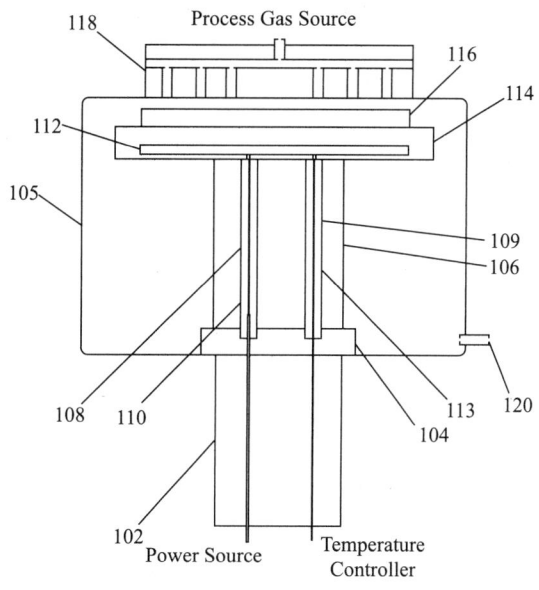

图 7-7-15 EP1593147A1 代表性附图

2004 年提出了一种反应腔室（WO2005080632A1、US8052796B2、TW374945B1、TW200530426A、EP1716270A1、KR20060129468A、DE102004007984A1、US2006272578A1、JP2007523261A），该反应室具有一基板座以承载一个或多个基板，与基板座相对设置的进气机构，进气结构朝向基板座的气体流出面上设有均匀分布的气体流出孔，以将反应气体输入反应室中。为改良表面温度测量，在气体流出孔背侧设置多个感测器，其对准气体流出孔（参见图 7-7-16）。

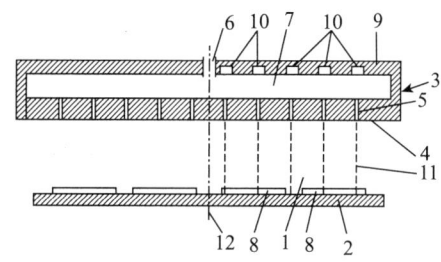

图 7-7-16 WO2005080632A1 代表性附图

2006 年提出了一种控制基片的表面温度的方法（JP2009534824A、CN101426954B、KR20090005385A、EP2010694B1、RU2435873C2、CN101426954A、US2009110805A1、DE502007006840D1、TW200745375A、RU2008145896A、DE102006018514A1、EP2010694A1、WO2007122147A1），该基片在 CVD 反应器的工艺过程腔室中由基片保持器承载件安放在由气流形成的动态气垫所承载的基片保持器上，其中，向所述基片的热量输送至少部分通过经由所述气垫的热传导进行。为减小基片的表面温度与平均值的侧向偏差，该发明建议，形成所述气垫的气流由两种或多种具有不同大小的比导热率的气体形成，并且组分根据所测得的基片温度改变（参见图 7-7-17）。

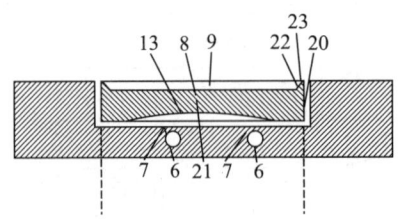

图 7-7-17　JP2009534824A 代表性附图

2007 年提出了一种对腔室壁进行温度控制的结构（DE102007009145A1、EP2126161B1、DE502008002286D1、JP4970554B2、US2010273320A1、EP2126161A1、KR20090116807A、CN101631901A、TW200846491A、WO2008101982A1、JP2010519753A），冷却剂通道形成工艺室壁冷却装置，工艺室壁冷却装置和工艺室壁之间的距离能通过位移装置从隔开的加热位置变化为冷却位置，能够根据选择对工艺室壁进行主动加热和主动冷却（参见图 7-7-18）。

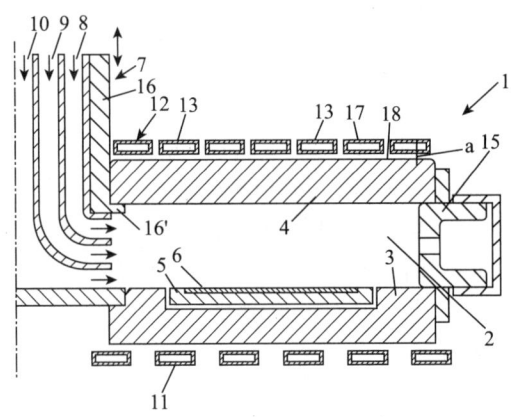

图 7-7-18　DE102007009145A1 代表性附图

7.7.5.4　腔外气体运输系统

1994 年提出了一种前驱气体导入结构（EP0687749A1、US5871586A、JP3442536B2、JPH0891989A、EP0687749B1、DE69504762D1），对于第一和第二前驱气体分别配置第一和第二腔室以及第一和第二导管，在进入反应器之前第一和第二前驱气体分别配置第一和第二腔室以及第一和第二导管，在进入反应器之前第一和第二前驱气体不接触，因此可以容易地控制第一和第二气体在进入反应器之前不发生反应（参见图 7-7-19）。

2005 年提出了一种具有进气机构的 CVD 反应器（DE102005056320A1、KR20080075205A、TW200728497A、EP1954853B1、JP5148501B2、WO2007060161A1、US2008308040A1、JP2009517541A、EP1954853A1、US8152924B2），进气机构端部深入凹槽，一气体转向面末端对齐反应底板，从而改良反应室正上方的气流（参见图 7-7-20）。

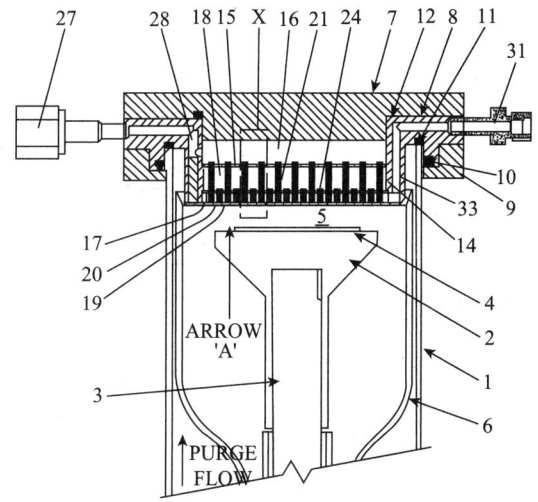

图 7-7-19　EP0687749A1 代表性附图

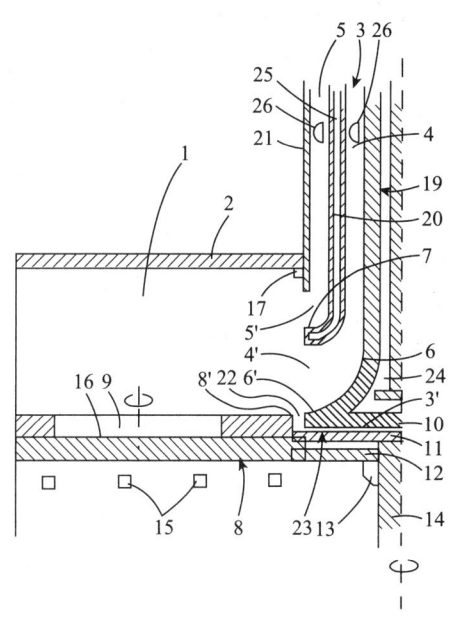

图 7-7-20　DE102005056320A1 代表性附图

7.7.5.5　载片传输系统

2002 年提出了一种基板夹取载板（DE10232731A1、KR20050028016A、EP1523585B1、EP1523585A2、DE50311533D1、JP2005533385A、US7762208B2、WO2004009299A2、US2008014057A1、KR1125431B1、AU2003246389A1、TW200403136A、TWI314503B、US2005214102A1、JP4358108B2、WO2004009299A3、AU2003246389A8），将基板送入或取出反应室，该载板设置为每一基板各设有一承载部，该承载部由开口和边缘构成。基板座具有一个或多配合载板的平面状基板垫板，载板可放置在其上，且将载板放置于基板垫板上时，基板垫板的表面与基板具有一间隙，或者基板贴覆在基板垫板上

(参见图7-7-21)。

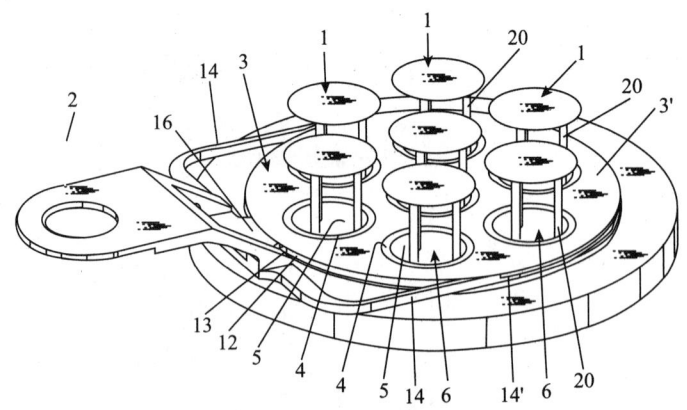

图7-7-21　DE10232731A1代表性附图

2010年提出了一种存储一个或多个基板座的装置（DE102010016792A1、WO2011138315A1、TW201216400A），该基板座通过运输设备送入CVD反应器或自CVD反应器取出。该存储装置被设置为一个存储室，存储室具有至少一个冷却的匣板，该匣板上可水平并排得放置多个被加热的基板座，使得当热量自该基板座流向匣板时，基本上无对流形成（参见图7-7-22）。

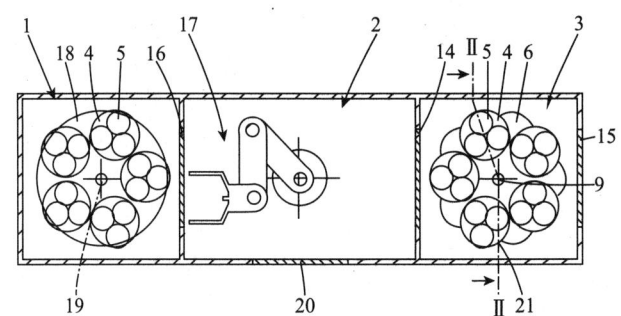

图7-7-22　DE102010016792A1代表性附图

7.7.6　AIXT在华申请研究

本节对AIXT有关MOCVD的24件中国申请依据时间顺序进行了梳理。由表7-7-2可以看出，AIXT在中国的申请集中在2000年以后，由此可以看出，近10年，AIXT开始重视在中国的专利布局。通过表7-7-2中专利同族可以看到，24件中国申请有23件都是通过PCT申请的形式进入中国的，也可以看出AIXT对PCT申请的重视。由专利同族列表也可以看出，AIXT在中国申请的同时，也会在美、日、欧、韩、德国本土进行专利申请，体现了全球布局的专利布局策略。

在授权方面，24件中国申请，有14件已授权、2件视撤失效、8件在审未决，而这2件视撤也是因为未提交实质请求以及未缴实质审查费用而逾期视撤，并未进入到实质审查阶段。由上面数据可以看出，在已经结案的16件专利申请中，除了2件因未提交实质请求以及未缴实质审查费用而逾期视撤，余下14件专利申请全部授权，如此高的授权率进一步印证了 AIXT 在 MOCVD 技术方面的领先。

这 24 件中国申请，AIXT 对 MOCVD 技术的改进主要集中在气体注入/分配组件、反应腔室载物台的构造、加热和温度控制装置等方面，这和 AIXT 整体的研发重点也是一致的。有关气体注入分配组件的专利申请例如 CN101678497A，涉及一种用于 CVD 反应器的气体分布器，包括两个或多个腔，端部具有供给管线，其中，至少一个腔形成气体容积并且借助多个与至少一个其他腔交叉的小管连接至与气体分布器的底部相关联的气体出口开口。有关反应腔室载物台的专利申请例如 CN101680092A，涉及一种具有多个旋转台的 CVD 反应器，所述旋转台支承于动态气体垫上的旋转驱动衬托器，其中每个气体垫由单独控制的气体流形成，每个气体流，取决于由温度测量装置测量的表面温度，可由单独致动器改变。有关加热和温度控制装置的专利申请例如 CN1788107A，涉及提供化学气相沉积（CVD）涂覆装置，可根据工艺情况调节补偿板表面温度，可保证中心补偿板的温度不高于基片固定器的表面温度，从而使温度梯度不会造成对补偿板的应力破坏。

表 7-7-2 AIXT 在华专利申请

中国公开	专利同族	最早优先权日	技术方案	中国的法律状态
CN1415115A CN1191614C	EP1238421A1 US2001000866A1 WO0145158A1 AU1925401A KR20020063234A DE60038250D1 US6451119B2 JP2003517731T KR522951B EP1238421B1 DE60038250T2	19990311	在层积中，其中 ALD 膜的 CVD 沉积污染通过使用一种有效地使污染物气体在通入 ALD 腔室之前在气体输送装置的壁元件上沉积的预热反应室来防止	授权
CN1777696A CN1777696B	US2005016956A1 EP1613792A2 KR20050114234A JP2006520433A JP4734231B2 WO2004083485A2 WO2004083485A3	20030314	利用环形节流阀提供一种机构，所述机构用于控制来自反应腔的气体流动路线中的限制下游流量的导流件	授权
CN1777697A CN102191483A CN102191483B CN1777697B	WO2004094695A2 KR20060010758A US2008131601A1 JP4965247B2 EP1616043A2 JP2006524434A US7981473B2 WO2004094695A3 JP2011171752A KR1191222D1	20030423	提供了一种原子层沉积（ALD）系统，其中晶片被暴露于不足以在晶片上导致最大饱和 ALD 沉积速率的第一化学反应前驱体剂量，然后被暴露于第二化学反应前驱体剂量，其中前驱体以提供基本均匀的膜沉积的方式被分散	授权

续表

中国公开	专利同族	最早优先权日	技术方案	中国的法律状态
CN1780936A CN100582298C	US2006121193A1 KR20060003881A JP2006524911A US7709398B2 EP1618227A1 EP1618227B1 WO2004097066A1 DE10320597A1 JP4700602B2 TWI336733B US2010012034A1 TW200427859A	20030430	第一反应气体通过多个设置分布在气体入口构件的表面上的开口在衬底座的方向流动，所述表面与所述衬底座相对设置。第二处理气体在其进入处理室之前被预处理且在衬底座的边缘在衬底座的紧上方进入处理室，且平行于衬底座表面流动	授权
CN1788107A CN1788107B	DE10323085A1 EP1625243A1 US2006112881A1 JP2007501329A TW346716B1 KR20060019521A TW200502424A JP4637844B2 WO2004104265A1 KR1233502B1 US8152927B2 EP1625243B1	20030522	提供化学气相沉积（CVD）涂覆装置，可根据工艺情况调节补偿板表面温度，可保证中心补偿板的温度不高于基片固定器的表面温度，从而使温度梯度不会造成对补偿板的应力破坏	授权
CN1942604A CN1942604B	KR1186299B1 DE102004009130A1 TW200528577A US7625448B2 TWI358461B EP1718784A1 JP2007524250A US2008069953A1 JP4673881B2 WO2005080631A1	20040225	涉及一种用于在处理室中尤其是将结晶层沉积在至少一个尤其是结晶基体上的装置，其包括顶板和用于接收基体的垂直相对的加热底板。进气体的进气区基本上用于两种原料中的一种，以降低入口区的水平延长	授权
CN101072900A CN101072900B	EP1831437A1 EP1831437B1 US8062426B2 KR1234151B1 WO2006069908A1 KR20070091290A US2008092817A1 JP4759572B2B2 DE102004062553A1 JP2008526005A DE502005009470D1 RU2389834C2	20041224	实体单件屏蔽加热管植入到反应器壳体和处理腔的壁之间。所述管的材料是导电的，使得其被RF线圈产生的RF场感应在其内的涡流加热，并且使得该管显著地吸收RF场并且加热处理腔的壁	授权

续表

中国公开	专利同族	最早优先权日	技术方案	中国的法律状态
CN101107384A CN101107384B	EP1844180A1 US8349081B2 WO2006082117A1 US2009013930A1 JP5009167B2 JP2008528799A TW200632131A DE102005004312A1 KR20070100397A	20050131	一种用于CVD或OPVD反应器的气体分配器，包括两个或更多的气体空间，两个气体空间具有位于共用第一平面的前腔室，分别与一个气体空间相关联的多个气体分配腔室设置在第二平面中，临近气体分配器的底部，每个气体空间的前腔室和气体分配腔室通过连接通道连接	授权
CN101313086A CN101313086B	DE502006008626D1 EP1951931A1 TW200728495A JP2009516777A EP1951931B1 WO2007060159A1 DE102005055468A1 KR20080075198A JP5137843B2 US2010003405A1	20051122	一种CVD-反应器的进气装置，该进气装置带有至少两个叠置的腔室，所述至少两个腔室中的每个各分为至少两个隔间，并且，各腔至的各隔间基本上全等地叠置，并且分别具有相配属的导管	授权
CN101050524A	JP2007277723A US2009324829A1 US7981472B2 EP1842938A3 EP1842938A2 KR20070100120A US2007234956A1 US2011253046A1	20060405	一种用于反应器的气体分配系统，包括至少两个沿一轴彼此位移的截然不同的气源喷口阵列，该轴由从气源喷口阵列朝工件沉积表面的气流方向限定，使得至少较低气源喷口阵列位于较高气源喷口阵列与工件沉积表面之间	视撤失效
CN101426954A CN101426954B	JP2009534824A KR20090005385A EP2010694B1 RU2435873C2； US2009110805A1 DE502007006840DD1 TW200745375A RU2008145896A DE102006018514A1 EP2010694A1 WO2007122147A1	20060421	设置在该工艺过程腔室内的基片保持器承载件，至少一个基片保持器，用于加热所述基片保持器承载件的加热器，用于测量至少一个安放在所述基片保持器上的基片分别在所述基片表面上相互不同的位置处的表面温度的光学温度测量装置，以及用于输送形成所述基片保持器的下侧和所述基片保持器承载件的支承凹槽的底面之间的动态气垫的气体输送管	授权

续表

中国公开	专利同族	最早优先权日	技术方案	中国的法律状态
CN101631901A	DE102007009145A1 EP2126161B1 DE502008002286D1 JP4970554B2 US2010273320A1 EP2126161A1 KR20090116807A TW200846491A WO2008101982A1 JP2010519753A	20070224	用于在设置在反应器的工艺室中基座上的衬底上沉积的设备，冷却剂通道形成工艺室壁冷却装置，工艺室壁冷却装置和工艺室壁之间的距离能通过位移装置从隔开的加热位置变化为冷却位置，能够根据选择对工艺室壁进行主动加热和主动冷却	视撤失效
CN101681871A CN101681871B	WO2008142115A4 JP2010528466A JP5020376B2 EP2160759A1 EP2160759B1 US2010162957A1 DE102007023970A1 KR20100030622A WO2008142115A1	20070523	涉及用于涂覆多个基板的装置，为了减少自由基座表面到最小，提出了侧壁的邻接侧面由基底形成，基底从承载表面突出，并且以一距离彼此间隔。所述基底设置在蜂巢结构的拐角点上，并且其轮廓基本上对应于等边三角形，但具有向内弯曲的边	授权
CN101680092A CN101680092B	KR20100039832A EP2155926B1 EP2155926A1 JP2010529296A DE102007026348A1 WO2008148759A1 DE502008001269D1 US2010170435A1 US8308867B2	20070606	一种具有多个旋转台的CVD反应器，所述旋转台支承于动态气体垫上的旋转驱动衬托器，其中每个气体垫由单独控制的气体流形成，每个气体流，取决于由温度测量装置测量的表面温度，可由单独致动器改变	授权
CN101678497A	TW200905008A JP2010529663A WO2008148773A1 JP5211154B2B2 EP2167270A1 KR20100035157A EP2167270B1 DE102007026349A1 US2010170438A1	20070606	一种用于CVD反应器的气体分布器，包括两个或多个腔，端部具有供给管线，其中，至少一个腔形成气体容积并且借助多个与至少一个其他腔交叉的小管连接至与气体分布器的底部相关联的气体出口开口	未决
CN101688307A CN101688307B	US2010186666A1 WO2008152126A4 KR20100049024A JP5248604B2 TW200907098A EP2165006A1 WO2008152126A1 JP2010530031A DE102007027704A	20070615	一种用于涂覆基片的装置，该装置具有布置在反应器壳体中的处理室以及布置在所述处理室中的两部分的、大致为杯形的感受器，所述感受器通过其杯形底部形成感受器上半部，杯形底部具有平板，并且感受器通过其杯形侧壁形成感受器下半部	授权

续表

中国公开	专利同族	最早优先权日	技术方案	中国的法律状态
CN102325921A CN102325921B	WO2010072380A1 TW201027599A EP2406411A1 US2011294283A1 JP2012513669A DE102008055582A1 KR20110104979A	20081223	一种用于沉积半导体层的设备，进气室朝处理室方向被环形壁封闭，其中环形壁有许多紧密并列的出气口，有统一的外径，以及有基本上无凸起的、面朝处理室的外壁	授权
CN102428216A	WO2010105947A1 US2012003389A1 JP2012520578A DE102010000554A1 KR20110138382A TW201040307A EP2408952A1	20090316	涉及在至少一个基材上沉积至少一层特别是晶体层的装置，该装置具有用于形成处理室的顶部的盖板，在盖板上提供与盖板热偶联的热散逸元件以散逸从基座传输到盖板的热。为了提高沉积处理的晶体质量和效率，设定盖板和热散逸元件之间的传热偶联在不同的位置是不同的	未决
CN102803581A	DE102009025971A1 WO2010145969A1 US2012094474A1 TW201107542A EP2443274A1 KR20120039636A JP2012530368A	20090615	一种设备，针对面向所述加工腔的表面，选择至少所述加工腔的与所述感受器相对的壁的材料，使其光学反射度、光学吸收度和光学透射度分别相应于层生长时待沉积的层的光学反射度、光学吸收度和光学透射度	未决
CN102482774A	JP2013502747A DE102009043840A1 TW201120238A WO2011023493A1 KR20120073245A EP2470685A1 US2012263877A1	20090824	涉及一种具有加工腔的CVD反应器，每个进气区域的多个横跨延伸方向并行排列的进气开口的间距约为加工腔的高度的四分之一，每个进气区域的宽度约等于高度	未决
CN102612571A	JP2013503976W TW201118197A US2012156396A1 KR20120073273A WO2011029739A1 DE102009043960A1 EP2475804A1	20090908	涉及一种化学气相沉积反应器，该化学气相沉积反应器带有布置在反应器壳体内的可加热的主体，带有与主体间隔的、用于加热所述主体的加热装置，以及带有与主体间隔的冷却装置	未决

续表

中国公开	专利同族	最早优先权日	技术方案	中国的法律状态
CN102597307A	DE102009043848A1 WO2011023512A1 KR20120066643A US2012149212A1 TW201117266A EP2470684A1 JP2013503464A	20090825	一种用于在一个或多个衬底上沉积半导体层的装置，其中所述基座和在基座下游设置的且与基座下游边缘有间距的出气元件可以由所述加热设备直接地或间接加热，所述间距足够大从而抑制由所述出气元件的涂层蒸发的分解产物、其片段或聚结物通过逆流扩散或再循环到达衬底，和/或在两个工艺步骤期间对所述出气元件进行热处理，使其表面温度在具有不同加工温度的工艺步骤中仅非本质上彼此不同	未决
CN102859030A	JP2013519794W DE102010000447A1 WO2011101273A1 KR20130000391A US2013040054A1 EP2536865A1 TW201142074A	20100217	涉及一种用于基底处理尤其涂层的设备，包括过程室，包括至少一个通过装料口与过程室连接的储存室，包括护板移动装置，用于在基底处理前将护板从在进气机构前的防护位置移到存放位置，而在基底处理后将护板从存放位置移回防护位置。关键是，护板处于储存室之一内部的存放位置	未决
CN102947484A	KR2013051454A WO2011128226A1 TW201200624A US2013045548A1 JP2013526017W DE102010016471A1 EP2558615A1	20100416	一种用于在多个基质上沉积至少一个层、尤其是半导体层的设备，每个工艺室具有层厚度测量装置，使用所述层厚度测量装置能够在层生长期间在至少一个基质上连续地或以特别短的间隔测量层厚度，且提供了控制器，所述控制器的输入量是由所述层厚度测量装置确定的层厚度且其输出量是用于调整元件的调整值	未决

7.8 国内重要申请人分析

MOCVD 设备是制作 LED 外延片的关键设备，而 LED 外延片的水平决定了整个 LED 产业的水平。我国于 2003 年正式实施"国家半导体照明工程"，并在"十五"、

"十一五"重点攻关课题和"863"计划中,将 MOCVD 设备国产化列入重点支持方向。在国家政策的支持下,"十五"期间,我国在 MOCVD 设备国产化方面已取得了初步成效。中国电子科技集团公司第四十八研究所通过消化吸收和关键技术再创新等措施,研发成功了 GaN 生产型 MOCVD 设备,填补了国内空白,使长期制约我国 LED 产业发展的装备瓶颈得以突破。同时,中国科学院半导体研究所、南昌大学、青岛杰生电器等单位也成功研发了研究型的 MOCVD 设备。

7.8.1 中国科学院专利申请概况

中国科学院是中国在科学技术方面的最高学术机构和中国自然科学与高新技术的综合研究与发展中心[1],在众多领域有着出色的建树,产生了许多技术成果,同样在 MOCVD 设备领域也处于众多科研院所的领先地位。尤其是中国科学院半导体研究所,在 MOCVD 设备领域具有重要贡献,在中国科学院涉及 MOCVD 的 44 件专利申请中占到了 23 件。中国科学院的专利申请都集中在国内,并未向境外申请专利。

7.8.1.1 申请趋势

中国科学院以及中国科学院半导体研究所的 MOCVD 设备中国专利的申请趋势全球 MOCVD 设备申请趋势基本一致,虽然年申请量不多,扣除 2008 年经济危机的影响,整体呈现增长趋势,其中 2012 年、2013 年部分申请尚未公开,因此数据显示为下降。其中,中国科学院半导体研究所的申请量占中国科学院 MOCVD 设备领域的主体,达到一半以上。具体参见图 7-8-1。

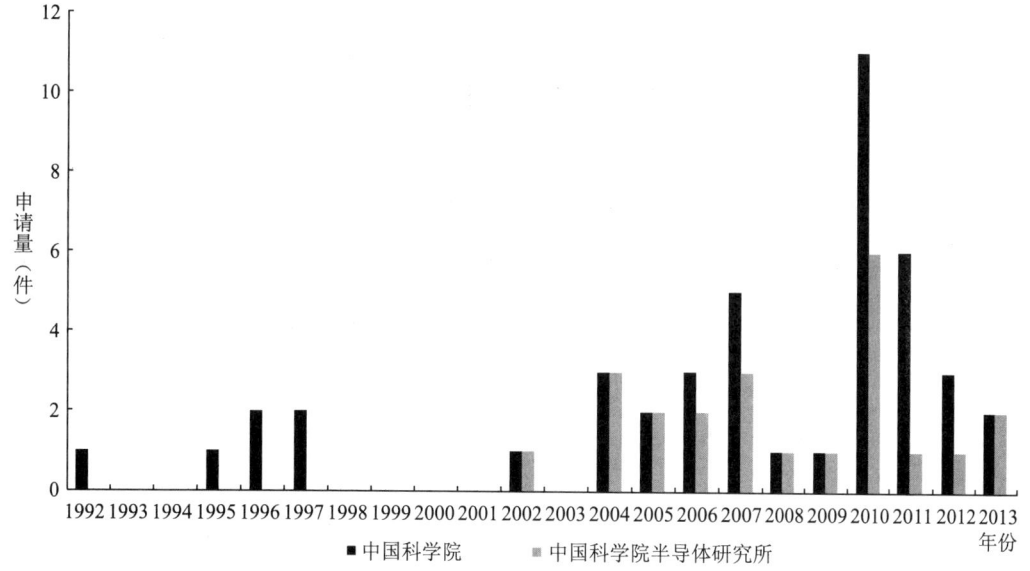

图 7-8-1 中国科学院以及中国科学院半导体研究所的 MOCVD 设备中国专利的申请量

---

[1] 中国科学院 [EB/OL]. http://baike.baidu.com/link?url=aCPGDUIXcW7582xy8ymC3UHGfsULpuiYVVlDQDVgw1KRIpAzPY5Yu1bnUTCEuUly.

7.8.1.2 技术分布

同全球 MOCVD 设备下一级技术分支分布中常规反应腔/室技术分支占申请量的大部分（约60%），排在所有 MOCVD 下一级技术分支的首位一样，中国科学院和中国科学院半导体研究所的常规反应腔/室技术分支也占大部分，分别是54%和56%，如图7-8-2、图7-8-3所示，反应腔/室的重要性不言而喻。中国科学院其他比较重要的技术分支还有腔/室外气体运输、系统架构以及生长控制装置。在技术分支的排序上，中国科学院以及中国科学院半导体研究所的 MOCVD 下一级技术分支与全球 MOCVD 下一级分支相比，腔/室外气体运输靠前，显示出技术特点上的一定差异。而中国科学院半导体研究所的 MOCVD 下一级技术分支中占比例较高的为反应腔及腔内部件清洁，占31%，在具体研究方向上和中国科学院以及其他企业有一点不同。

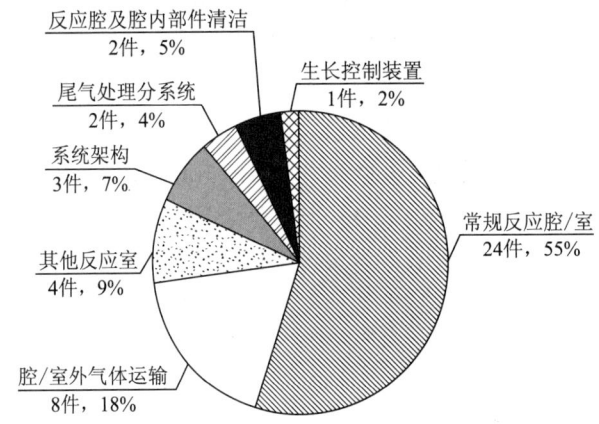

图 7-8-2 中国科学院 MOCVD 设备二级分支专利分布图

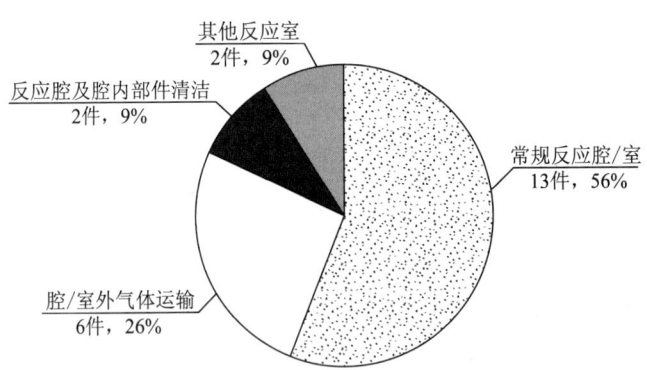

7-8-3 中国科学院半导体研究所 MOCVD 设备二级分支专利分布图

中国科学院的 MOCVD 的再下一级技术分支中，申请量最多的为气体注入/分配组件，占到了28.0%，其次为气体混合系统，占到8.0%，两者合计36.0%。这两个技术分支是中国科学院技术研发的重点和热点。其余各技术分支比例较为均匀（参见图7-8-4）。

第 7 章 MOCVD 设备领域专利分析

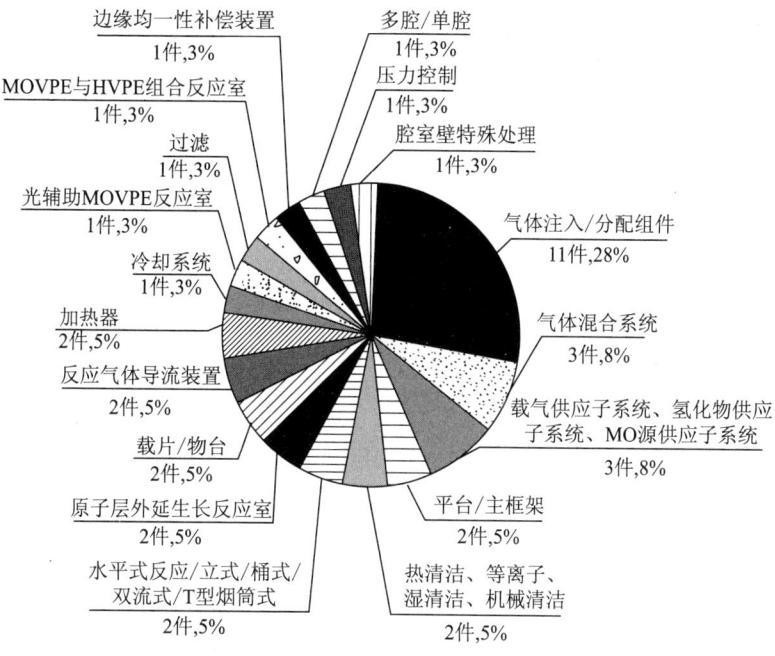

图 7-8-4 中国科学院 MOCVD 三级技术分支专利分布图

而中国科院半导体研究所 MOCVD 的再一级技术分支中，申请量最多的同样为气体注入/分配组件，其次是气体混合系统，两者合计占到 33%，其余各分支比例较为均匀（参见图 7-8-5）。

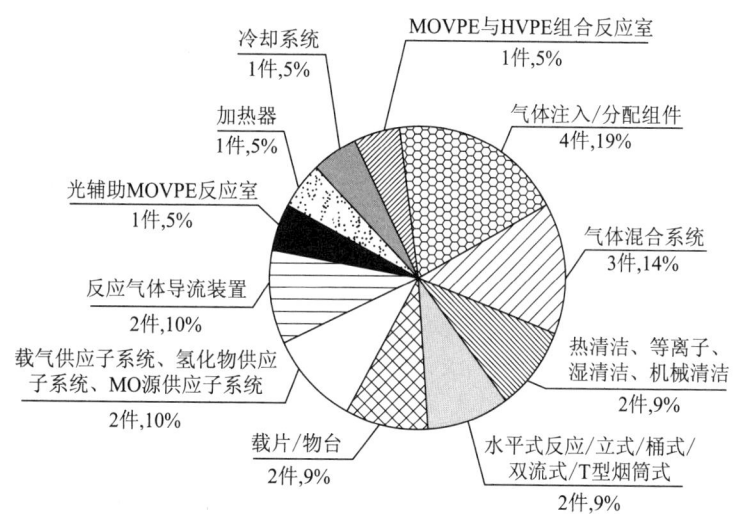

图 7-8-5 中国科学院半导体研究所 MOCVD 三级技术分支专利分布图

7.8.2 中微半导体专利申请概况

中微半导体是 2004 年 5 月注册成立的，是中国首批能够提供具有世界竞争力芯片设备的制造商之一，在芯片加工设备领域具有较高的认可度，有 33 件专利申请。主要申请范围涉及中国大陆和中国台湾地区，只有极少数专利在美国和韩国申请。

7.8.2.1 申请趋势

中微半导体的 MOCVD 设备中国专利的申请自 2006 年开始，其中 2006 年 2 件，2010 年 9 件，2011 年 14 件，2012 年 11 件，2013 年 1 件，但 2012 年、2013 年有部分专利尚未公开，因此整体专利申请趋势为增长的。

7.8.2.2 技术分布

同全球 MOCVD 设备下一级技术分支分布中常规反应腔/室技术分支占申请量的大部分（约60%），排在所有 MOCVD 设备下一级技术分支的首位一样，中微半导体的常规反应腔/室技术分支也占大部分，达到52%，如图 7-8-6 所示。反应腔/室的重要性不言而喻。其他比较重要的技术分支还有反应腔及腔内部件清洁、系统架构、腔/室外气体运输以及生长控制装置。

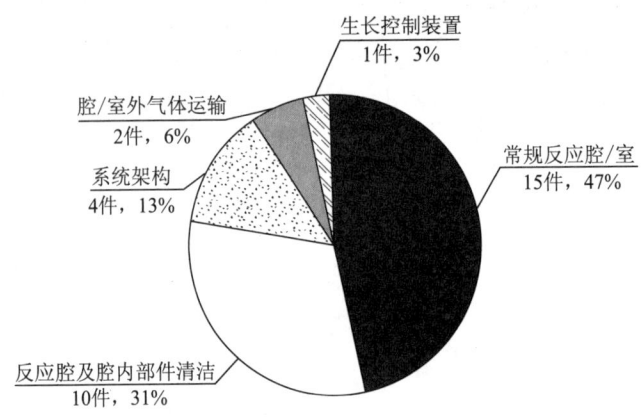

图 7-8-6 中微半导体 MOCVD 二级技术分支专利分布图

中微半导体在常规反应腔室和反应腔及强内部清洁申请量每年都较为均匀，占企业申请的主体，属于企业研发的重点（参见图 7-8-7）。

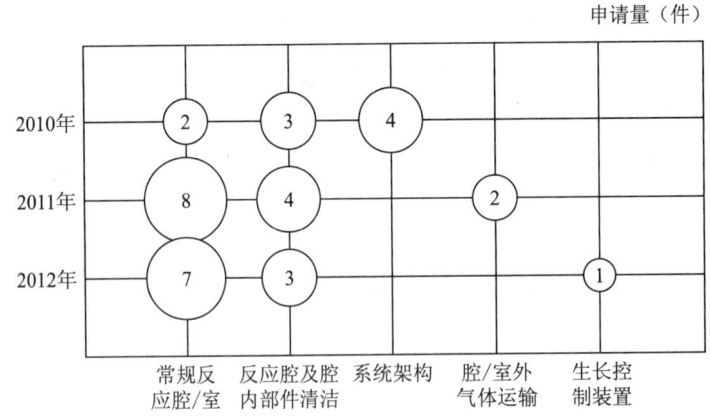

图 7-8-7 中微半导体 MOCVD 专利申请分布

在中微半导体三级技术分支中，参见图 7-8-8，申请量最多的为热清洁、等离子、湿清洁、机械清洁，占到了28.0%，其次为气体注入/分配组件，占到21.0%，两者合计49.0%。这两个技术分支是中微半导体技术研发的重点和热点。其余较重要的研究方向涉及基片传输系统/载片传输系统、腔室壁特殊处理、载片/物台、载气供应子系统、氢化物供应子系统、MO源供应子系统。

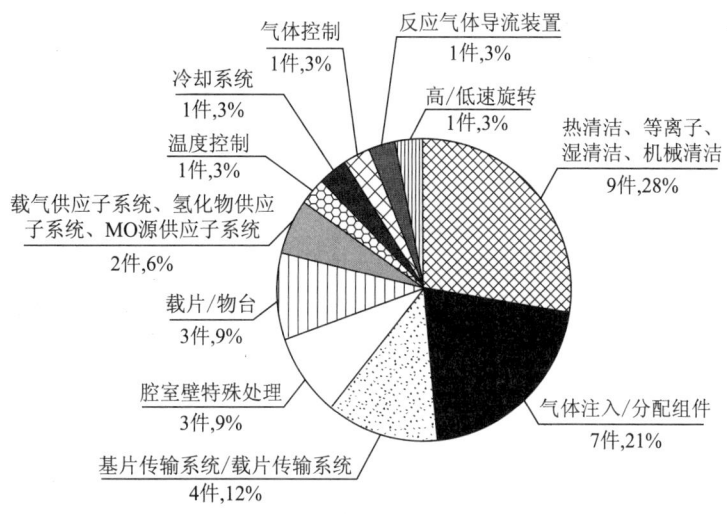

图7-8-8 中微半导体MOCVD设备二级分支专利申请分布图

7.8.3 江苏中晟半导体设备有限公司

江苏中晟半导体设备有限公司具有全资子公司：中晟光电设备（上海）有限公司，该子公司已于2012年12月12号成功生产具有世界先进水平的大型国产MOCVD设备，在MOCVD领域有着重要影响。

7.8.3.1 申请趋势

其专利申请情况为江苏中晟半导体设备有限公司4件，均为2010年申请的发明专利，中晟光电设备（上海）有限公司5件，均为实用新型，其中2011年1件，2012年4件，暂无国外申请。申请时间较短，无法判断申请趋势。

7.8.3.2 技术分布

中晟（以下将江苏中晟半导体设备有限公司与中晟光电设备（上海）有限公司统称"中晟"）的MOCVD设备下一级技术分支分布中常规反应腔/室技术分支占申请量的绝大部分，一共7件，占到了总数的78%，另外两项专利分别涉及生长控制装置和系统架构。

中晟的MOCVD的二级技术分支中，申请量最多的为气体注入/分配组件和反应气体导流装置，均为2件，占到22%，其余各件分别涉及温度控制、载片/物台、排气系统、加热器，各1件。

7.8.4 国内外技术分布区别

由以上企业的专利申请分析可知，国内企业在MOCVD领域申请专利时间相对较晚，申请范围也主要限制于国内，较少在国外申请。而申请的专利涉及的MOCVD的二级技术分支与国外企业基本类似，都是以常规反应腔/室为主，说明中国企业在研究方向上和国外企业基本保持一致。而 VEEC 在常规反应腔/室占有比例更高。

具体到 MOCVD 的三级分支上，国内企业和国外企业之间有一些不同，如中国科学院在气体注入/分配组件和气体混合系统上具有较大的比例，而中微半导体在热清洁、等离子、湿清洁、机械清洁和气体注入/分配组件占有较大比例，VEEC 在载片/物台中占有较大的比例，达到39%，气体注入/分配组件相对比例较少，只有22%。

7.9 小　结

全球 MOCVD 设备专利基本都属国外企业，尤其是多边申请量，欧洲的 AIXT 和美国的 VEEC 两家公司排在全球前两位，并远远领先于其他对手。全球的研发方向主要在载片台、加热器、喷淋头和载气供应系统，在这几个领域国内目前的专利或制造水平还无法与国外相比，尤其是加热器技术，由于国外申请人将其作为技术秘密予以保密，因此很多核心技术没有被申请专利，国内在该领域无法取得突破性进展。

现如今全球 MOCVD 设备技术已经趋于成熟，国外申请人申请量已经趋于稳定，没有大规模增长。而中国由于在该领域技术发展要晚很多，最近几年刚刚出现大规模的投入，因而申请量也出现了爆炸式增长。然而由于 MOCVD 设备的核心专利都被国外申请人占有，在设备的核心技术方面取得开创性突破已经很难。

国内企业在 MOCVD 领域专利申请范围也主要限制于国内，较少在国外申请。而申请的专利涉及的 MOCVD 的下一技术分支与国外企业基本类似，都是以常规反应腔/室为主，说明中国企业在研究方向上和国外企业基本保持一致。而 VEEC 在常规反应腔/室占有比例更高。

具体到 MOCVD 的三级分支上，国内企业和国外企业之间有一些不同，如中国科学院在气体注入/分配组件和气体混合系统上具有较大的比例，而中微半导体在热清洁、等离子、湿清洁、机械清洁和气体注入/分配组件占有较大比例。

第 8 章 LED 照明领域诉讼分析

8.1 LED 照明领域诉讼概况

本章对近年来 LED 产业涉及的专利诉讼情况进行分析，对诉讼案件的趋势及国家/地区分布、诉讼涉及的技术分支、涉及的 LED 厂商等进行了分析，总结了发生在中国境内的案件，以日亚化学、欧司朗为例介绍其专利诉讼策略，针对申请号为"200410032066.5"、发明名称为"一种软管灯改良结构"的发明专利、在获得授权后引发的多起侵权诉讼进行了分析；并对 LED 照明领域的"337 调查"案件进行了分析；还介绍了我国台湾地区厂商目前的专利布局和专利策略。

本章涉及的专利诉讼案件的时间范围自 2005 年 1 月 1 日至 2013 年 6 月 1 日，诉讼量最大的是 2012 年。数据来源包括 Innography 分析平台、Lexis.com 全球法律信息数据库、中国台湾的财团法人"国家实验研究院科技政策研究与咨询中心"的网上公开资料，以及中国知识产权裁判文书网、中国法院网、广东法院网等网络公开信息。初步整理共计 184 件诉讼案件，涉及 230 件专利（去除重复提告的专利）。

8.1.1 全球分析

LED 诉讼主要集中于以下几个国家：美国、中国、日本、德国、韩国等。诉讼案件的原告既涉及 LED 生产厂商如日亚化学、飞利浦等，也包括专利授权公司波士顿大学基金会（Trustees of Boston Univ）、Bluestone Innovations LLC 公司等。诉讼涉及的专利覆盖了 LED 照明产业链的各大技术领域；2009 年之后，涉及中下游的封装、照明组件、一体化灯具的专利涉案比例增大。

8.1.1.1 诉讼趋势及国家/区域分布

近年来，随着半导体照明产业的发展，LED 照明领域的专利纠纷日趋频繁。LED 企业正加紧运用专利这一武器发起专利诉讼，力争掌握市场的主动权，获得更大利润。

图 8-1-1 反映了 LED 诉讼量的逐年变化趋势。对于不在中国的诉讼，2005~2008 年，涉及 LED 领域的诉讼处于平稳期，每年的诉讼案件不是很多，维持在 10 件左右；2009 年，诉讼案件的数量有所下降，这主要是受 2008 年席卷全球的金融危机的后续影响，LED 产业也受到了较大冲击，而诉讼需要的资金数额较大，如在美国地方法院发起一件诉讼，律师费需要 400 万~600 万美元；而在美国国际贸易委员会 ITC 发起的诉讼，律师费需要 600 万~900 万美元，LED 企业无力发起过多诉讼。而从 2010 年开始，随着 LED 行业的飞速发展，全球 LED 产值呈现突破性增长，涉及 LED 的诉讼案件迅速增加，2012 年已经达到至少 52 件，超过 2005~2009 年的总和。

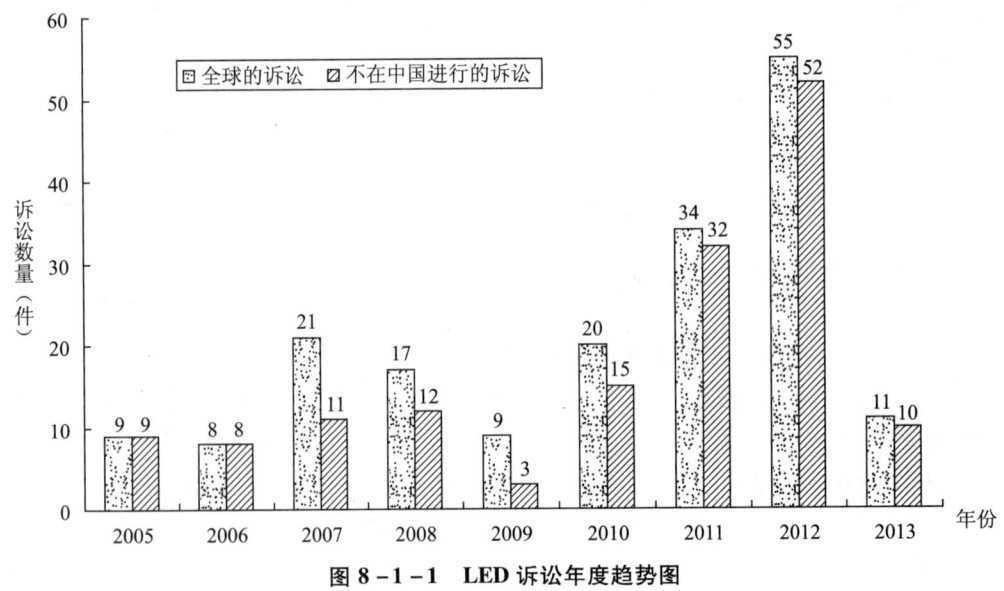

图 8-1-1 LED 诉讼年度趋势图

从课题组收集到的资料来看，诉讼绝大部分发生在美国，达到 130 件，占总量的 71%。一方面是因为各大厂商都很重视美国市场，大部分重要专利在美国都有相关申请；另一方面是因为美国的专利制度健全、相关法律相对完善、司法力度大，原告发起诉讼，能对被告产生强大的威慑力，原告通过发起诉讼往往能获得巨大的经济利益，还可保护自己的市场占有率、遏制竞争对手的发展壮大。

LED 诉讼的纠纷趋势已向中国发展，且不断增加，就收集到的资料来看（如图 8-1-2 所示），数量达到 35 件，仅次于美国，排在第二位；其中中国大陆 30 件，中国台湾地区 5 件。在统计数据中，中国大陆数量较多，很大程度是由于 ZL200410032066.5 涉及

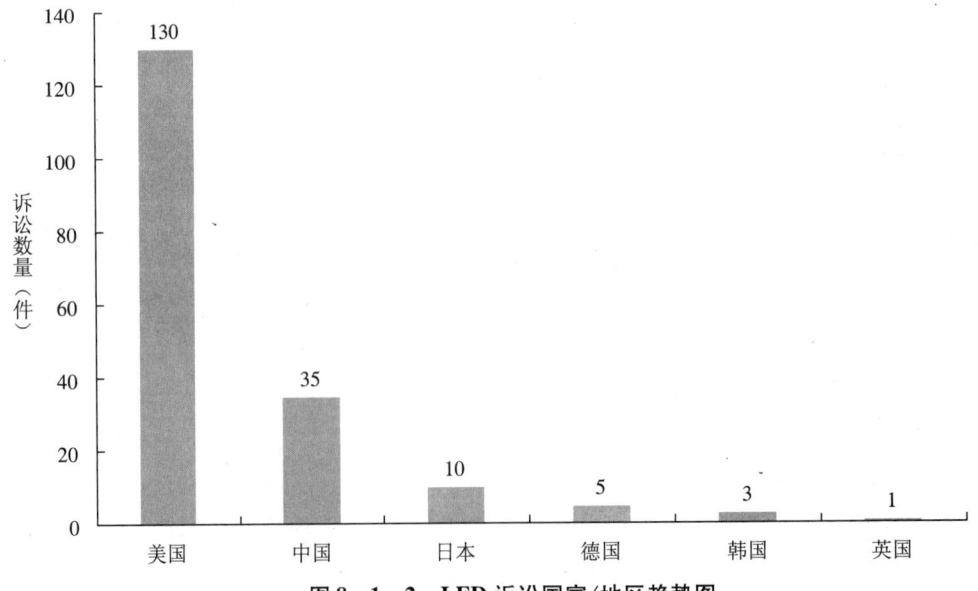

图 8-1-2 LED 诉讼国家/地区趋势图

的侵权诉讼较多，就课题组收集到的资料来看，多达16起。中国台湾地区的诉讼案件应该也有不少，只是受限于课题组资料来源，收集到的案件量只有5件。发生在中国的LED的诉讼案件的数量增多，一方面是中国台湾地区占据了LED全球第一的产量和全球第二的产值，中国台湾地区的LED厂商显示出一定的技术实力，相对国际大厂已经具备一定的竞争实力，国际大厂采用诉讼的方式来抑制中国台湾地区厂商的发展，中国台湾地区的厂商也采用诉讼来对LED大厂进行反诉；另一方面，中国大陆的LED产业进入了快速发展时期，面对中国大陆巨大的市场前景，各LED厂商纷纷采用各种手段占领市场，都想分得一份羹，专利诉讼是其中的一个重要手段。

LED诉讼还主要集中于以下几个国家：日本、德国、韩国、英国等。日本是全球LED主要生产国，具有完整的产业链，以日亚化学、丰田合成为代表的LED大厂掌握了LED的相当数量的核心技术，有雄厚的技术实力，技术较为领先；而韩国以三星和乐金为代表的LED产业的新兴企业，有相当的技术储备，技术实力不容小觑，近些年市场占有率不断扩大。在日本、韩国发生的诉讼案件的数量应该是比较多的，只是由于课题组资料的来源的限制，有些诉讼案件并没能被收集。

专利纠纷的次数在很大程度上反映了企业在知识产权竞争方面的参与程度。由于LED产业链涉及衬底、外延、芯片结构、封装、照明组件和一体化灯具，厂商众多，LED诉讼案件涉及的原告数量也很多，不仅涉及五大厂商，还包括一些下游的中小企业、专利授权公司、个人等，如图8-1-3所示。

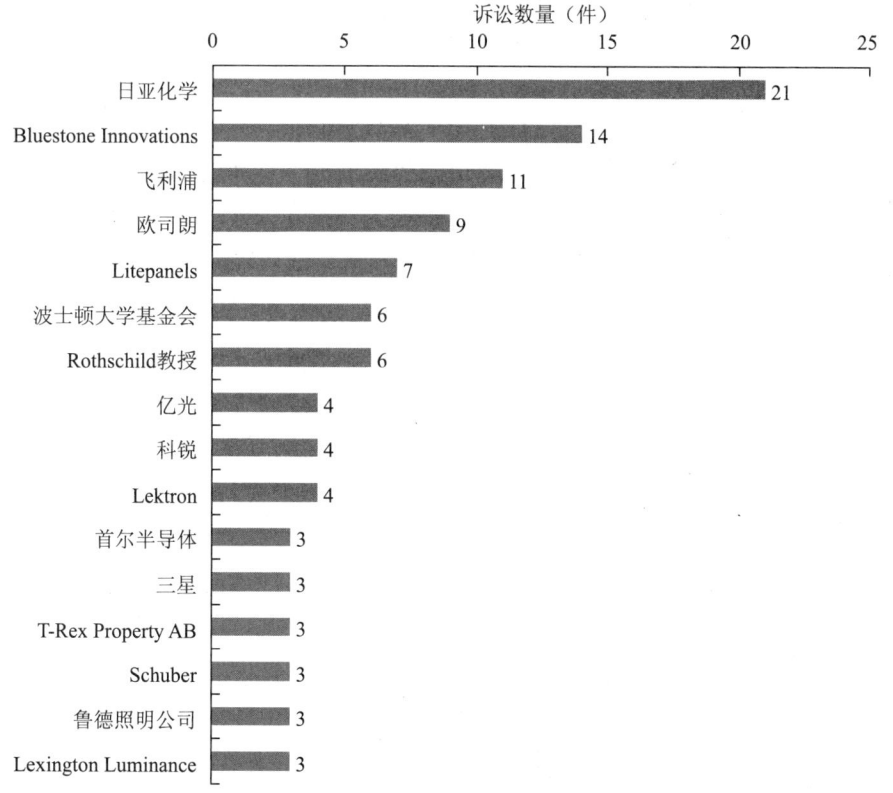

图8-1-3 主要LED诉讼发起人诉讼案件数

厂商发起的专利侵权诉讼案例，发起的原因一般主要为两个：一是因为对手的竞争实力增强，市场占有率扩大影响到了自己的市场规模，通过诉讼来捍卫市场占有率、抑制竞争对手的发展；二是为了收取高额权利金，获取丰厚利润。目前，LED 照明技术的核心专利仍主要掌握在五大 LED 厂商（日亚化学、飞利浦、科锐、丰田合成、欧司朗）手中，国际 LED 巨头频频发动专利战来制衡未来的竞争对手；课题组收集的诉讼案件，五大厂商发起的专利诉讼案件占总量的 26%，日亚化学、飞利浦、欧司朗发起的数量较多，分别占据数量排名的第一位、第三位、第四位。国际 LED 巨头之间的专利战争大多以和解、签订专利交叉授权告终。LED 厂商凭借各自的核心专利技术，采取横向（同时进入多个国家）和纵向（不断完善，进行后续申请）的方式，在全球范围内布局了严密的专利网，并通过专利授权和交叉许可建立专利战略联盟瓜分市场。LED 厂商之间的相互授权的方式往往发生在有实力的 LED 厂商之间，竞争实力弱的厂商则往往需要付高昂的权利金获得单向授权，避免侵权危险。

从原告所在的国家/地区来看，韩国、中国台湾地区虽然 LED 布局起步比较晚，但发展迅速，特别是韩国的 LED 产业在短短几年之间迅速崛起，成为 LED 行业中的新贵，韩国、中国台湾地区的厂商出于各种考虑而提起专利诉讼的也有不少，如亿光、首尔半导体、三星、乐金等公司。2011 年起，欧司朗率先向三星电子和乐金发起多起专利诉讼，三星电子和乐金也不甘示弱，向欧司朗发起了多起专利诉讼（2012 年 6 月，欧司朗与乐金的纠纷最终以和解收场；两个月后，欧司朗宣布与三星电子就 LED 专利纠纷达成和解协议），具体参见本章第 8.2.2.2 节。

近年来的 LED 诉讼中，不容忽视的是专利授权公司（Non – Practicing Entitie, NPE）所扮演的角色。在专利领域里，NPE 一般是指非执业实体，泛指拥有大量专利却不利用专利从事生产销售等经营活动的公司，业内对其比较中性的称呼为"专利营销公司""专利许可公司""专利经营公司"等。而专利流氓（Patent Troll）特指那些专门通过在大量收购专利后积极发动专利诉讼赚取巨额利润的 NPE。一些专利投机型 NPE 会把目标锁定在实力薄弱的中小企业身上，通常会从研究机构、个人以及破产企业处低价收购专利，进行专利储备并伺机寻找猎物，自己不生产成品。当有关企业使用这些专利后，它们就会有针对性地对其提起专利侵权诉讼和巨额索赔。那些本身就缺乏竞争力的中小企业为了规避诉讼费用，最终只能选择被动妥协。近年来，不少 NPE 加入专利诉讼的行列，靠专利诉讼和许可收取专利权金。哥伦比亚大学 Rothschild 教授、波士顿大学基金会作为大学研究机构的代表，作为专利授权公司参与发起了至少 12 起专利诉讼。而韩国 Bluestone Innovations LLC 发起多达 14 起专利诉讼，发起诉讼的量仅次于日亚化学，以专利攻击战牟取暴利，其诉讼对象不仅包括日亚化学、欧司朗、丰田合成等 LED 巨头，也包括晶元光电、璨元光电、广镓光电等企业，对市场造成严重影响。美国的专利控股公司 Effectively Illuminated Pathways LLC 也曾经于 2010 年对 Home Depot U.S.A.、Sears、Roebuck and Co. Sears Brands. Sears Holdings Management Corporation 发起 LED 的诉讼。

知识产权已成为 LED 企业竞争的战略性武器，先进入市场的 LED 企业将知识产权作为战略性武器以确保其"先发优势"。作为被告，除了五大厂商，还涉及众多发展中的中小型企业，如在337－TA－640诉讼案件中的深圳超毅光电子有限公司、广州市鸿利光电子有限公司等公司；还可能涉及销售商、代理商、零售业者，起到震慑下游客户的效应，力求将威胁消灭在萌芽阶段：如2013年5月，亚马逊在美国就被波士顿大学基金会以US5686738提起诉讼；2010年12月16日，位于美国德州的NPE Effectively Illuminated Pathways，以一项LED灯泡相关专利（US6580228），控告家居工具卖场Home Depot U.S.A以及百货公司Sears、Roebuck and Co.两家零售业者。

诉讼双方的较量，实际是诉讼双方在知识产权实力的博弈过程。目前看来，和解是大部分诉讼的最终结果，但是和解必须被诉方手里有拿得出手的专利，如果没有几件拿得出手的专利，在谈判过程中，想取得和解是非常困难的。具有专利谈判筹码的厂商凭借其专利优势就可切入专利网核心或在部分领域达成专利授权，以保有市场竞争力。

一起诉讼案件，既可只针对一家公司，如发生在美国的、案号为2：12－cv－00503的诉讼案件中，原告Bluestone Innovations仅针对乐金一家公司提起诉讼；也可以针对多家公司，如2008年的Rothschild教授LED诉讼案（337－TA－640），被告多达34家厂商。

一起诉讼案件，既可只针对一件专利提起诉讼，也可同时对多件专利提起诉讼。科锐、波士顿大学基金会针对一件基础专利US5686738就曾提出多起诉讼；欧司朗针对三星、乐金发起的337－TA－785，涉案专利则多达14件，包括US6812500、US7078732、US7126162、US7345317、US7629621、US6459130、US6927469、US7199454、US7427806、US6849881、US6975011、US7106090、US7151283、US7271425，从而提高被告方在短期内针对众多的专利进行分析及回应的难度。

目前来说，诉讼案件大部分是侵权诉讼，小部分是无效诉讼，在侵权诉讼案中，被告方为了反击，经常会针对原告的专利进行无效诉讼。如亿光为了应对与日亚化学之间的专利诉讼，不断研究日亚化学相关专利的有效性，寻找日亚化学主张的专利的无效证据，在全球对日亚化学提出多项专利无效。

8.1.1.2 诉讼涉及技术分支分析

LED产业链涉及衬底、外延、芯片结构、封装、照明组件和一体化灯具这六大领域，LED的诉讼案件在这些领域也均有涉及，涉案专利的技术领域已经覆盖了产业链各个环节，参见图8－1－4。

随着LED市场规模的快速增长和应用领域的不断扩大，产业链下游的封装、照明组件和一体化灯具方面的知识产权纠纷逐渐增多，而上游的衬底、外延、芯片结构的诉讼量则相对较少。一方面是因为从发展速度上来说，产业链下游的封装、照明组件和一体化灯具近几年发展速度较快；另一方面，在侵权诉讼中，涉及封装、照明组件和一体化灯具的产品相对好取证。

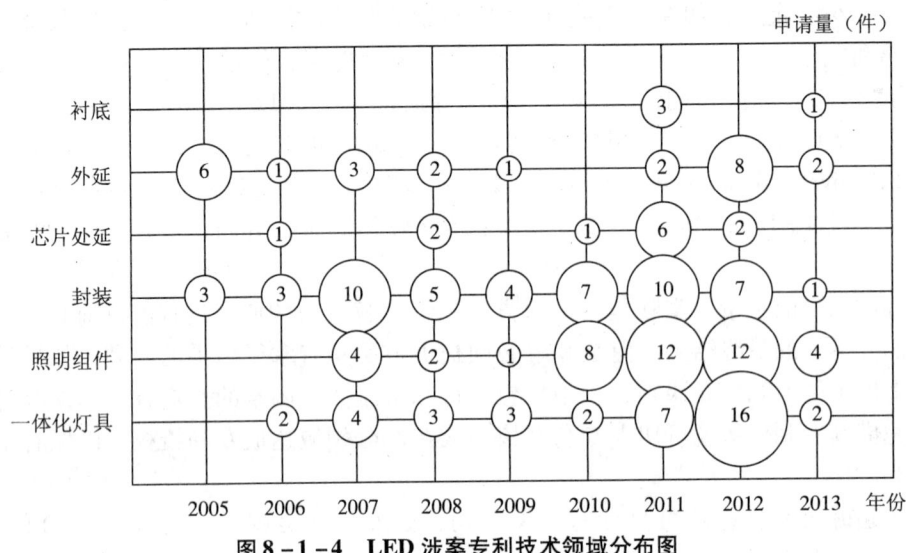

图 8-1-4　LED 涉案专利技术领域分布图

8.1.2　涉及中国大陆企业的、在国外发生的诉讼

　　知识产权保护一直是国际贸易中的重要竞争手段。中国的 LED 起步较晚，从下游封装做起，经过多年的发展，LED 产业链已经日趋完善，企业遍布衬底、外延、芯片、封装、照明组件和一体化灯具各产业环节。随着我国 LED 照明产业的大力发展，中国 LED 企业的规模逐渐扩大，国内 LED 出口规模也在扩大，中国厂商对市场的影响力也随之逐步扩大，国际贸易摩擦风险也在不断加大。由于我国生产的产品具有物美价廉的特性，在国际市场的地位日益提高，同时中国的企业对知识产权逐步重视，对技术的创新和保护的意识进一步增强，为了打击中国企业的快速发展，已经有不少中国企业在国外被提起诉讼；2008 年著名的 LED "337 调查"案对我国 LED 产业产生了巨大震动；随着中国大陆 LED 厂商对市场的影响力的增大，中国大陆企业在国外已被提起多起诉讼，开始品尝到"人为刀俎，我为鱼肉"的滋味，参见表 8-1-1。

　　从表 8-1-1 可以看出，我国企业目前还处于被动挨打的局面，一方面虽然知识产权的意识有所增强，但其重要性还没有得到所有厂商认可，另一方面技术和专利的创新程度不高，没能形成自己的有效的知识产权体系。

　　国际大厂为了维持竞争优势、保持自身市场份额申请了多项专利，利用各自的核心专利，采取横向（同时进入多个国家）和纵向（不断完善设计，进行后续申请）扩展方式，在全世界范围内布置了严密的专利网，其专利几乎覆盖了原材料、设备、封装、应用在内的整个产业链并通过专利授权和交叉授权来进行研发和生产。

表 8-1-1　涉及中国大陆企业的、在国外发生的诉讼事件

提告日期	原告	被告	案号	诉讼类型	涉案专利	技术分支
2008-02-20	Rothschild 教授	深圳超毅光电子有限公司、广州市鸿利光电子有限公司、佳光电子有限公司、深圳市洲磊科技有限公司、大连路美芯片科技有限公司、杭州士兰明芯科技有限公司、佛山市国星光电科技有限公司、深圳市国冶星光电子有限公司、江苏光明光电科技有限公司	337-TA-640	侵权	US5252499	外延的方法
2009-02-01	Rothschild 教授	厦门三安光电	337-TA-674	侵权	US5252499	外延的方法
2009-11-05	日亚化学	中国珈伟太阳能	2：2009cv00346	侵权	US5998925、US7026756、US7531960、US6870191	封装
2011-08-03	LITEPANELS	福州富莱士影像器材、余姚利帅影视器材、余姚富图斯摄影器材、汕头南光摄影器材、我国台湾地区的光扬、天津武汉环宇摄影器材、余姚瑞丽	337-TA-804	侵权	US7972022、US7510290、US7429117、US7318652、US6948823	应用

我国 LED 技术起步较晚，在 LED 专利方面处于比较被动的局面，发展情况不容乐观。随着企业规模的不断扩展，有可能受到国际大公司的关注而卷入专利纠纷中。虽然中国的一些企业对知识产权逐步重视，对技术的创新和保护的意识进一步增强，但对国内 LED 行业来说，由于核心专利均被国际大厂控制，中国 LED 企业随时面临着专利侵权的风险。今后这类跨国 LED 专利官司会有进一步扩大之势，国内 LED 企业面临国际专利纠纷可能性增大。

目前国内企业被起诉的国际诉讼案件还不算太多，国际 LED 巨头之所以还没有利用专利武器大规模地向国内企业提起诉讼，其主要原因是目前国内 LED 企业的产品与国际巨头相比，还缺乏竞争力，企业规模相对较小，盈利能力有限，只有等国内 LED 产品上升可以与国际巨头抗衡的时候，或者对国际巨头的生意造成实质性威胁时，国际巨头才会运用专利武器，且国外专利权人惯用"放水养鱼"策略，在等待中国 LED 企业成长，要警惕国外厂商等我们的产量上去、并获得巨大利润后对我们进行收割，重蹈 DVD 产业的后尘。

8.1.3 中国大陆的 LED 诉讼

中国大陆的 LED 产业起步相对较晚，早期很少有诉讼的发生；从 2007 年开始，在中国，已经开始有不少企业拿起知识产权的武器，保护自己的权益。近年来，随着中国大陆 LED 照明产业的发展，在中国大陆的 LED 诉讼也日渐增多（参见表 8-1-2）。

表 8-1-2 中国大陆的 LED 诉讼

编号	提告年份	原告	被告	诉讼类型	专利	技术分支
1	2007	河北大旗光电科技有限公司	石家庄天虹照明电器有限公司、大庆市新奇特城市照明工程有限公司	侵权	ZL200420016570.1	发光二极管连接座
2	2007	欧司朗	今台电子（深圳）有限公司	侵权	ZL97197402.0	白光
3	2007	鹤山银雨灯饰有限公司	曾瞿安（金鑫辉光电厂业主）	侵权	ZL200410032066.5	组件外形
4	2007	银雨公司	广州市天河亮励得电子灯饰厂、陈向荣	侵权	ZL200410032066.5	组件外形
5	2007	银雨公司	深圳市恒冠科技有限公司（声称产品来自天河亮励得电子灯饰厂）	侵权	ZL200410032066.5	组件外形
6	2007	银雨公司	广州三色电子	侵权	ZL200410032066.5	组件外形
7	2007	银雨公司	梅红兵（中山市古镇华方照明灯饰厂业主）	侵权	ZL200410032066.5	组件外形
8	2007	银雨公司	鹤山市丽兴电子有限公司	侵权	ZL200410032066.5	组件外形
9	2007	银雨公司	超强照明科技（深圳）有限公司	侵权	ZL200410032066.5	组件外形
10	2008	银雨公司	中山市中振灯饰有限公司；邓仲琼（中山市古镇正业灯饰门市部业主）	侵权	ZL200410032066.5	组件外形
11	2008	银雨公司	王小云（中山市古镇彩云霞灯饰销售部业主）、（声称产品来自金鑫辉光电厂）	侵权	ZL200410032066.5	组件外形
12	2008	丽得公司	广州市番禺区正其电子厂	侵权	ZL200410032066.5	组件外形

续表

编号	提告年份	原告	被告	诉讼类型	专利	技术分支
13	2008	丽得公司	深圳市洲明科技有限公司（声称产品来自金鑫辉光电厂）	侵权	ZL200410032066.5	组件外形
14	2009	丽得公司	中山市真美灯饰有限公司	侵权	ZL200410032066.5	组件外形
15	2009	丽得公司	深圳市盛腾科技有限公司	侵权	ZL200410032066.5	组件外形
16	2009	格瑞电子（厦门）有限公司	梁金衍	侵权	ZL200620059975.2，ZL200610035815.9	LED快速变焦照明装置
17	2009	华润矽威科技（上海）有限公司	南京源之峰科技有限公司	侵权	PT4115集成电路布图设计	LED照明用集成电路布图设计
18	2009	格瑞电子（厦门）有限公司	张焊林，广州市商邦置业发展有限公司	侵权	ZL200620059975.2，ZL200610035815.9	LED快速变焦照明装置
198	2009	飞利浦	国家知识产权局专利复审委员会，王艺涵	无效	ZL98800051.2	照明设备
20	2010	林万炯	国家知识产权局专利复审委员会、宁波派高电器有限公司	无效	ZL200520013615.4	条形LED灯及配套的柔性连接器
21	2010	王有君	中山市三基照明有限公司	侵权	ZL200720195124.5	LED数码灯管堵盖
22	2010	鹤山丽得电子实业有限公司	江门市江海区玮之煌灯饰有限公司	侵权	ZL200410032066.5	组件外形
23	2010	丽得公司	王祖顺（江门市江海区特宇明灯饰加工厂业主）	侵权	ZL200410032066.5	组件外形
24	2010	广州盈皓照明科技有限公司	佛山市顺德区日龙塑料实业有限公司	侵权	ZL200730046899.1	LED灯泡（E14-B）外观设计
25	2012	东莞兴煌电子科技有限公司	福建国能光电科技有限公司	侵权	ZL201010178260.X	LED显示屏
26	2012	江苏史福特光电科技股份有限公司	上海企一商贸发展有限公司及其经销商南京沃玛灯家居照明器材经营部	侵权	ZL201020205124.0	LED玉兰灯泡专利权

续表

编号	提告年份	原告	被告	诉讼类型	专利	技术分支
27	2012	江苏史福特光电科技股份有限公司	浙江迈勒斯照明有限公司	侵权	ZL201020205124.0	LED玉兰灯泡专利权
28	2012	江苏史福特光电科技股份有限公司	浙江迈勒斯照明有限公司	侵权	ZL201020205124.0	LED玉兰灯泡专利权
29	2012	亿光	日亚	无效	97196762.8	荧光体
30	2013	广东久量光电科技有限公司、卓楚光	余姚市亚佳电器有限公司、叶旭阳	侵权	ZL200830249282.4	应急灯（LED-715）的外观设计

中国大陆发生的30起诉讼，原告既包括跨国大公司，如欧司朗、飞利浦，也包括国内中小企业，如河北大旗光电科技有限公司、鹤山银雨灯饰有限公司/鹤山丽得电子实业有限公司、格瑞电子（厦门）有限公司、华润矽威科技（上海）有限公司、广州盈皓照明科技有限公司、东莞兴煌电子科技有限公司、江苏史福特光电科技股份有限公司等，还涉及个人，如林万炯、王有君。说明跨国公司对国内市场的重视，国内的企业也对自己的知识产权进行合理保护。中国大陆拥有巨大的需求潜力，有理由相信再过不久将成为各大LED业者所竞逐的主要战场。

在中国大陆的诉讼案件，一方面是侵权诉讼，另一方面是无效诉讼，与全球诉讼一致，也是以侵权诉讼为主。

诉讼涉及的专利类型，既有发明、实用新型，也有外观设计。

对于国内专利权人提起的诉讼，其技术领域还主要集中在下游，以组件外形为主。这在一定程度上也体现了我国的LED专利在质量上的不足，发明的高度相对不高。

中国知识产权侵权案件赔偿数额较低，这在很大程度上造成我国境内侵权诉讼案件相对美国少很多，但不可否认，随着LED行业的进一步发展，中国的LED企业必将面临着侵权诉讼的巨大风险。

8.2 诉讼案件分析

为了了解不同国家的LED厂商的专利诉讼情况，本章对日本的LED厂商日亚化学、德国的LED厂商欧司朗的专利策略、专利授权情况以及代表性的专利诉讼案件进行分析，并选取了围绕一件中国专利所发生的诉讼案件进行了分析，分析了国内专利诉讼案件的特点，给中国的LED厂商以启示和建议。

本章的数据来源包括Innography分析平台，参考了中国台湾的财团法人"国家实验研究院科技政策研究与咨询中心"的网上公开资料，还包括中国知识产权裁判文书网、中国法院网、广东法院网等网络公开信息。

8.2.1 日亚化学

日亚,成立于1956年,总部位于日本的德岛县,是全球五大领导LED厂商之一,在LED组件、荧光体材料和LED封装等技术上,拥有许多关键技术专利,且与许多LED大厂签订有专利交互授权协议,同时在全球也提起了多起专利诉讼。日亚化学技术优势是:

① 生产了第一种商品化的GaN基蓝光LED/LD;
② 拥有目前最好的荧光粉技术;
③ 掌握蓝光激发黄色荧光粉技术专利;
④ 蓝宝石衬底外延生长技术。[1]

8.2.1.1 日亚化学的专利诉讼策略

日亚化学专利诉讼方面的策略明显地分为两个阶段:

(1) 1993~2001年频繁发起诉讼

作为开发出世界第一颗蓝光LED和长期致力于荧光粉研发的企业,日亚化学拥有蓝宝石衬底外延生长、蓝光LED、白光LED、荧光粉等领域的多项基础专利。在此基础上,日亚化学在整个产业链逐步建立起强大的专利组合,专利技术覆盖LED产业链的衬底、外延、芯片、封装、应用等领域。日亚化学重视专利布局的同时,也很重视对专利的保护。在2002年以前,日亚化学坚持认为"专利不是商品",对外授权的态度非常谨慎。在取得蓝光、白光LED等多项基础专利后,日亚化学坚持不对外提供授权,并对可能侵犯日亚化学知识产权的公司频频发起诉讼。成为其诉讼对象的公司既有科锐、丰田合成、首尔OPTO仪器股份有限公司这样的LED产业巨头,也有亿光这样的后起之秀;既有外延、芯片厂商,也有封装厂商和终端产品分销商。诉讼范围覆盖全球LED产业的发达国家和地区,如日本、美国、欧洲、韩国、中国台湾等。日亚化学初期"不授权,多诉讼"的知识产权策略充分体现了日亚化学"好战"这一特点,力图以专利诉讼达到垄断LED市场的最终目标。

(2) 2002年至今与其他巨头交叉许可

2002年以后,随着蓝光LED可替代技术的快速发展和在与科锐、丰田合成专利诉讼中的相继失利,日亚化学改变了初期独霸白光LED领域的专利策略。从图8-2-1可以看出,日亚化学从2002年开始与丰田合成、欧司朗、飞利浦等产业巨头进行专利交叉授权,与科锐也在2005年形成了交叉授权,自此形成了与五大LED厂商中的其余四家厂商的专利联盟;同时从2002年开始日亚化学也向其他一些公司进行白光LED的专利授权,如西铁城,在2004年,日亚化学也与索尼进行了交叉授权,2008年与夏普、2009年与美国的Luminus和韩国的首尔OPTO仪器股份有限公司也形成了交叉授权协议,由此,日亚化学在全球形成了完整的专利联盟战线;同时日亚化学对其他专利技术欠缺的LED公司的授权又很谨慎,对LED产业后进者(如中国台湾企业)继续采取构筑专利壁垒的策略。日亚化学对待中国台湾企业一方面继续对部分企业(如亿

---

[1] 罗佳秀. Nichia和Cree半导体照明领域美国专利状况分析[J]. 中国集成电路, 2011 (150): 82-83.

光、宏齐、东贝）提起专利侵权诉讼，并同时起诉其分销商；另一方面选择实力相对较强的企业以策略联盟的方式展开合作，但并非技术授权。日亚化学虽然摒弃了独占LED市场的雄心，但挑选授权对象却极为严格，尤其对中国台湾厂商更是极少进行授权。

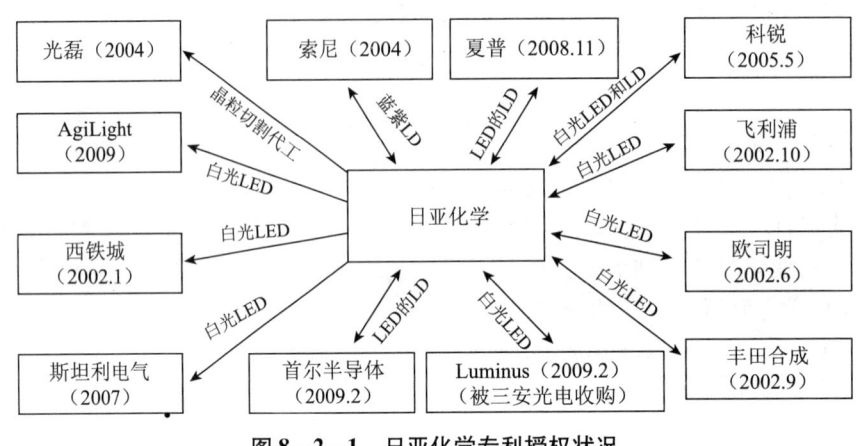

图 8-2-1　日亚化学专利授权状况

注：⟷：交叉授权；⟶：单方授权

从图 8-2-1 我们发现，在 2009 年和日亚化学交叉授权的美国的 Luminus 在 2013 年被中国的天津三安全资收购，成为天津三安的子公司，由此天津三安得到了日亚化学的白光 LED 的授权，这对于天津三安进军国外市场奠定了很好的专利基础。

8.2.1.2　系列诉讼案件

本章节提供了日亚化学与其他公司持续时间长、涉及案件多的专利诉讼战争，给出了其中代表性的日亚化学和首尔半导体之间的持续了 3 年的专利诉讼大战，从该案件中吸取一些教训和得到一些启示。

（1）案件介绍

首尔半导体近些年增长速度迅速，已荣升世界顶级 LED 芯片制造商之列，和日亚化学同列为世界五大芯片制造厂商，首尔半导体的主要业务为生产全线 LED 封装及定制模块产品，包括采用交流电驱动的半导体光源产品如：Acriche、高亮度大功率 LED、侧光 LED、顶光 LED、贴片 LED、插件 LED 及食人鱼（超强光）LED 等。产品已广泛应用于一般照明、显示屏照明、移动电话背光源、电视、手提电脑、汽车照明、家居用品及交通信号等范畴之中。首尔半导体的技术优势为：受光及发光体复合化，拥有"MODULE"化技术；拥有"DIGITAL"回路技术；拥有蓝光、白光 LED 在内的解决方案；拥有超迷你型、超薄型技术。

自 2006 年 1 月开始，日亚化学与首尔半导体分别在美国北加州、美国东得州、美国 ITC、日本大阪、日本东京、韩国首尔、英国与德国启动诉讼战争，其涉及的专利 14 件，共 13 项，其中发明专利 9 项，外观设计专利 4 项，涉及的技术分支有 LED 的封装、外延、芯片结构、衬底，以及激光二极管，诉讼从 2006 年延续到 2009 年，目前以和解告终，双方实现交叉授权。

如图8-2-2所示,2006年1月,日亚化学在美国北加州对首尔半导体提起侵权诉讼,认为首尔半导体的902系列白光LED侵犯了其外观设计专利USD491538、USD490784、USD499385、USD503388,其中上述外观设计专利主要涉及封装结构的管座。

2007年5月,日亚化学又在日本的大阪对首尔半导体提起侵权诉讼,认为首尔半导体的白光Z-Power LEDP9侵犯了其发明专利JP3511970、JP2778349,其中专利JP3511970、JP2778349均涉及技术分支外延-结构-欧姆接触层。

2007年9月和10月,日亚化学又在韩国对首尔半导体提起侵权诉讼,认为首尔半导体的白光Z-Power LEDP9以及TWH104-HS侵犯了其发明专利KR491482和KR406201,其中专利KR491482和KR406201均涉及技术分支外延-结构。

2007年11月,首尔半导体开始对日亚化学发起反攻,在美国对日亚化学提起侵权诉讼,认为日亚化学的多款LED侵犯其专利US5075742,其中US5075742涉及激光二极管的结构。

2007年12月,首尔半导体又向美国ITC提起申请,认为日亚化学的激光二极管侵犯了其专利US5321713,其中US5321713涉及紫外激光二极管的结构。

2008年4月,日亚化学在韩国对首尔半导体提起侵权诉讼,认为首尔半导体的W104-S、WH104、WH104-C、TWH104-H、MPW104-F1、WH107、WH201、WH601侵犯了其发明专利JP3900144,其中专利JP3900144涉及技术分支封装-荧光粉。

2008年5月,日亚化学又在英国对首尔半导体提起侵权诉讼,认为首尔半导体的Acriche系列白光LED侵犯了其发明专利EP(UK)599224和EP(UK)622858,其中专利EP(UK)599224和EP(UK)622858分别涉及技术分支芯片结构-电极和外延-结构。

2008年7月,日亚化学又在德国对首尔半导体提起侵权诉讼,认为首尔半导体的Acriche系列白光LED侵犯了其发明专利EP(UK)622858,其中专利EP(UK)622858涉及技术分支外延-结构。

2008年8月,日亚化学又在美国对首尔半导体提起侵权诉讼,认为首尔半导体侵犯了其发明专利US6870191,其中专利US6870191涉及技术分支衬底。

2009年2月,日亚化学和首尔半导体宣布达成和解,并签订交叉授权协议,停止在美、德、日、英、韩等国所进行的所有专利诉讼案。双方协议可以互相使用包括LED及半导体激光器相关技术在内的专利技术,持续3年多的专利诉讼大战落下帷幕。

(2) 案件分析

日亚化学对首尔半导体的主要诉讼策略(参见图8-2-3):

① 诉讼中涉及的专利主要集中在外延上,而外延也是日亚化学在技术上的强项之一,日亚化学掌握GaN系LED在外延上的核心技术,因此日亚化学利用手中的核心技术向首尔半导体发起进攻;

② 诉讼涉及了首尔半导体的核心产品,包括早期用于LCD背光模块的902系列,一直到涵盖Acriche系列、Chip LED系列与Z-Power系列,首尔半导体Acriche系列曾

获得大奖,在全世界反响也不错,可见日亚化学重点打击首尔半导体的核心产品;

③ 诉讼涉及多个国家,从美国与亚洲开始,延伸到欧洲,且存在同一国家多件诉讼同时进行的情况。

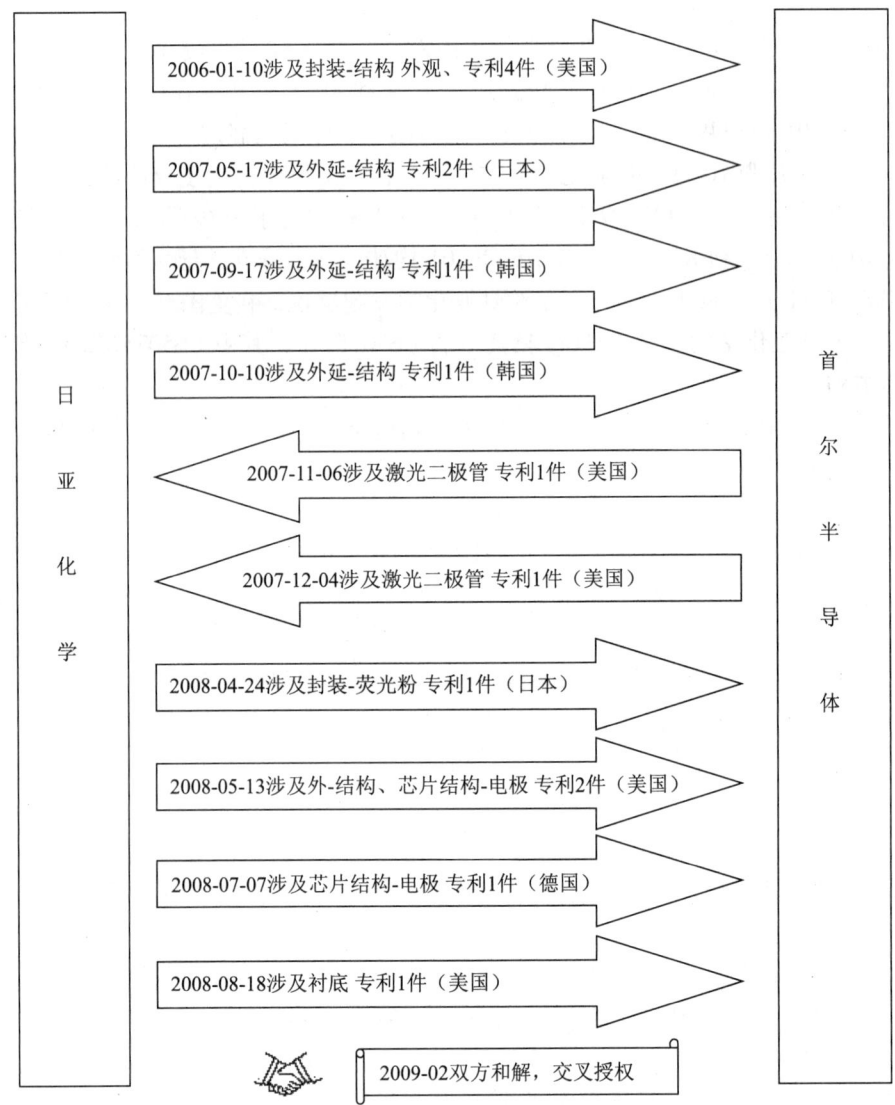

图 8-2-2　日亚化学与首尔半导体专利诉讼示意图

首尔半导体的诉讼策略:

购买专利对抗日亚化学的侵权诉讼;首尔半导体向美国的 ITC 对日亚化学提起申请,并同时在美国的地方法院提起了侵权诉讼,其中涉及的两项专利的原始申请人和专利权人均不是首尔半导体,首尔半导体通过购买的方式获得两项专利权,使用这两项专利对抗日亚化学的专利诉讼,而结果也迫使日亚化学和其达成交叉许可协议,实现了双赢的目的,关于两项专利权的情况参见表 8-2-1。

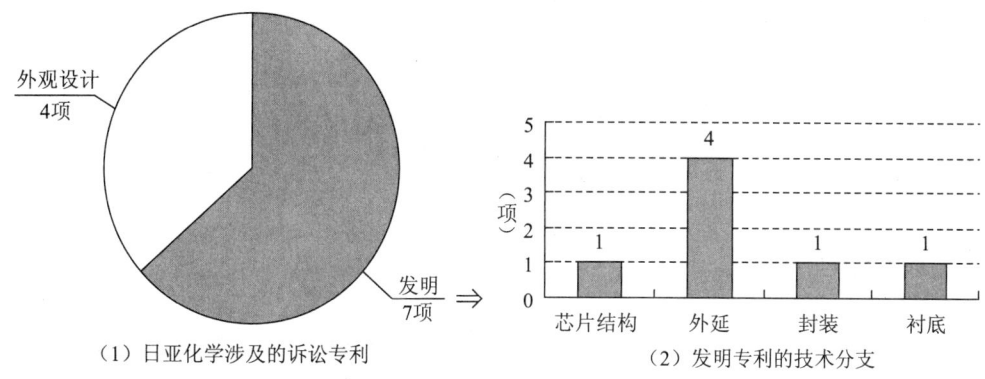

(1) 日亚化学涉及的诉讼专利　　　(2) 发明专利的技术分支

图 8-2-3　日亚化学涉诉专利分析

从表 8-2-1 可以看出，两项专利均是涉及激光二极管的，可见首尔半导体深入研究了可能造成日亚化学产品侵权的专利，如表 8-2-1 给出的两项涉及激光二极管结构的专利，首尔半导体将其收购，来应对日亚化学来势汹汹的专利大战，可见收购可对竞争对手造成打击的专利来回击竞争对手的专利诉讼是专利大战中重要的手段。

表 8-2-1　首尔半导体购买的两项专利

专利号	原专利权人	公开日	发明名称	涉及技术分支	摘要附图
US5075742	FRANCE TELECOM SA	1991-12-24	Semiconductor structure for optoelectronic components with inclusions	激光二极管	
US5321713	APA ENTERPRISES, INC	1994-06-14	Aluminum gallium nitride laser	激光二极管	

日亚化学和首尔半导体达成交叉授权协议的影响：

对日亚化学来说，作为均是拥有完整产业链的日亚化学和科锐在 LED 市场上竞争越来越激烈,通过与首尔半导体签订交叉授权协议让日亚化学从背光源市场衍生至一般照明,与科锐在全球化竞争下,多了一份筹码。

对首尔半导体来说,作为韩国的LED厂商,面对三星近几年进军LED市场,抢占LED市场份额的情况,与日亚化学签订交叉授权协议,可以提高与三星抢夺LED市场的能力。

(3)案件启示

轰轰烈烈的日亚化学与首尔半导体的专利诉讼画上了圆满的句号,对于两个公司是双赢的结果,这个专利诉讼也给中国的LED企业一些启示:

① 在专利诉讼中,要深入研究对方的专利技术和产品,在必要时可以直接购买使对方可能产品侵权的专利,在本案中,首尔半导体面对日亚化学在专利诉讼大战中的猛烈攻击,研究日亚化学专利方面的薄弱环节,直接购买能对日亚化学构成威胁的专利,在专利诉讼中取得主动权和话语权,在谈判时增加筹码,提示我国的LED企业在面对专利诉讼时,如果自己企业不具备对竞争对手产生威胁的专利时,可以考虑从第三方购买专利来应对专利诉讼;在购买专利后可以继续投入研究,对该专利形成完整的专利布局,使购买的专利真正为我所用,同时也提高了技术水平并缩短了研究时间。

② 专利诉讼也是一种市场布局手段,在本案中,虽然日亚化学初期对首尔半导体利用专利作为武器进行猛攻,但在首尔半导体的几个有力的还击下,也逐步改变诉讼策略,开始与首尔半导体在谋求和解的道路上互相探讨,最后形成交叉授权。通过与首尔半导体签订交叉授权协议让日亚化学从背光源市场衍生至一般照明,扩大在LED领域的市场涉猎范围,增大了在整个市场的竞争力,利用专利诉讼使与自己互补的企业与自己联合,可以通过专利诉讼打击竞争对手,增大市场占有率和竞争力。

8.2.2 欧司朗

欧司朗是世界上两大光源制造商之一,全球五大领导LED制造商之一,总部设在德国慕尼黑,研发和制造基地在马来西亚,是西门子全资子公司。欧司朗的客户遍布全球近150个国家和地区,产品广泛使用在公共场所、办公室、工厂、家庭以及汽车照明各领域。欧司朗拥有有别于日亚化学的(蓝光+YAG)的蓝光+TGA荧光粉白光技术,开发出采用SiC衬底的GaN型光电器件,在白光照明和车用LED产品上具有优势,欧司朗主要经营领域在欧洲市场与汽车用白光LED市场。由此欧司朗的技术优势是:

① SiC衬底的GaN外延技术;

② 白光LED用荧光材料;

③ 封装技术及车用灯具技术。[1]

8.2.2.1 欧司朗的专利诉讼策略

与日亚化学的专利政策不同,欧司朗积极采取相互授权,以及收取权利金的方式来回避专利问题,平息彼此的专利纠纷,巩固原有的市场机会与利益,从图8-2-4

---

[1] 杨飞,郭金霞,罗佳秀. LED照明重点企业专利状况分析[J]. 中国集成电路. 2011(141):90-91.

可以看出，欧司朗不仅与全球五大领导 LED 厂商的其他四大厂商签订交叉授权协议，而且还和中国台湾的亿光、光宝有专利交叉授权的合作，并向日本的罗姆、美国的安华高科技以及其他多个 LED 厂商进行专利授权许可，并且与这些公司的授权许可协议签订的时间也比较早，可见欧司朗的专利政策一直以来就是以授权许可，收取权利金为主，并没有像日亚化学那样对中国台湾的 LED 厂商利用专利技术为武器进行打压。因此授权一直以来也是欧司朗的主要专利策略，如果中国大陆的 LED 厂商对专利问题没有规避的方法，也可以向台湾 LED 厂商学习来得到欧司朗等大厂商的授权许可来解决目前的专利困境。

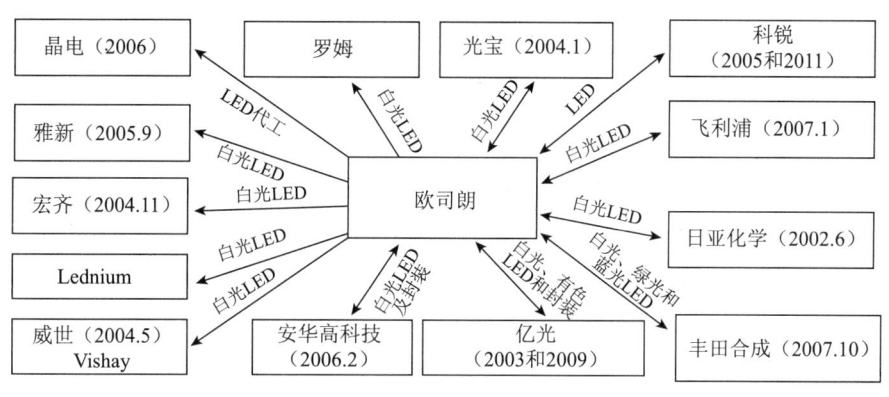

图 8-2-4　欧司朗专利授权状况

注：⟷：交叉授权；⟶：单方授权

8.2.2.2　系列诉讼案件

韩国的三星和乐金作为 LED 产业的新兴企业，近些年发展迅速，对原来的 LED 厂商的市场产生一定的影响，欧司朗率先对三星和乐金发起专利大战，而三星和乐金也积极应对，这场专利大战也代表了新老 LED 势力的博弈，通过下面的分析可以给我国的 LED 企业一些启示。

（1）案件介绍

三星在 2009 年推出的 LED TV 低价策略奏效，造成三星侧光式 LED 背光 LCD TV 热销。至于 LED 灯泡方面，2010 年三星 LED 推展 B2C 商业模式后，供应多款 LED 灯泡给主要网络商店等销售。三星生产的 60W 白热 LED 灯泡，也较同级产品便宜约 59%，采用直接将 LED 芯片黏贴在印刷电路板的 COB（Chip On Board）方式，简化制程并节省材料成本。2011 年三星推出 LED 新产品，拓展 LED 照明市场，主要分为以下五类：①输出功率超过 1W 的高功率 LED；②输出功率低于 1W 的中功率 LED；③多个 LED 芯片整合于一个封装内的多芯片 LED；④无需使用转换器将交流电转换为直流电的交流 LED；⑤一个封装内集成有红、绿、蓝 3 个 LED 芯片的全彩 LED。上面的一系列政策和产品对整个 LED 产业形成了很大的冲击，LED 领导厂商欧司朗在 2011 年打响了对三星和乐金的专利大战的第一枪：

参见图 8-2-5，2011 年 6 月 6 日，欧司朗同时在美国和德国对三星和乐金提起侵权诉讼，控告三星和乐金及其子公司涉嫌侵犯蓝光转换成白光和多色光封装结构及封装支架的专利权，涉及侵权产品有三星的高效能 LED、白光 LED、LED 背光模块与 LED HDTV。

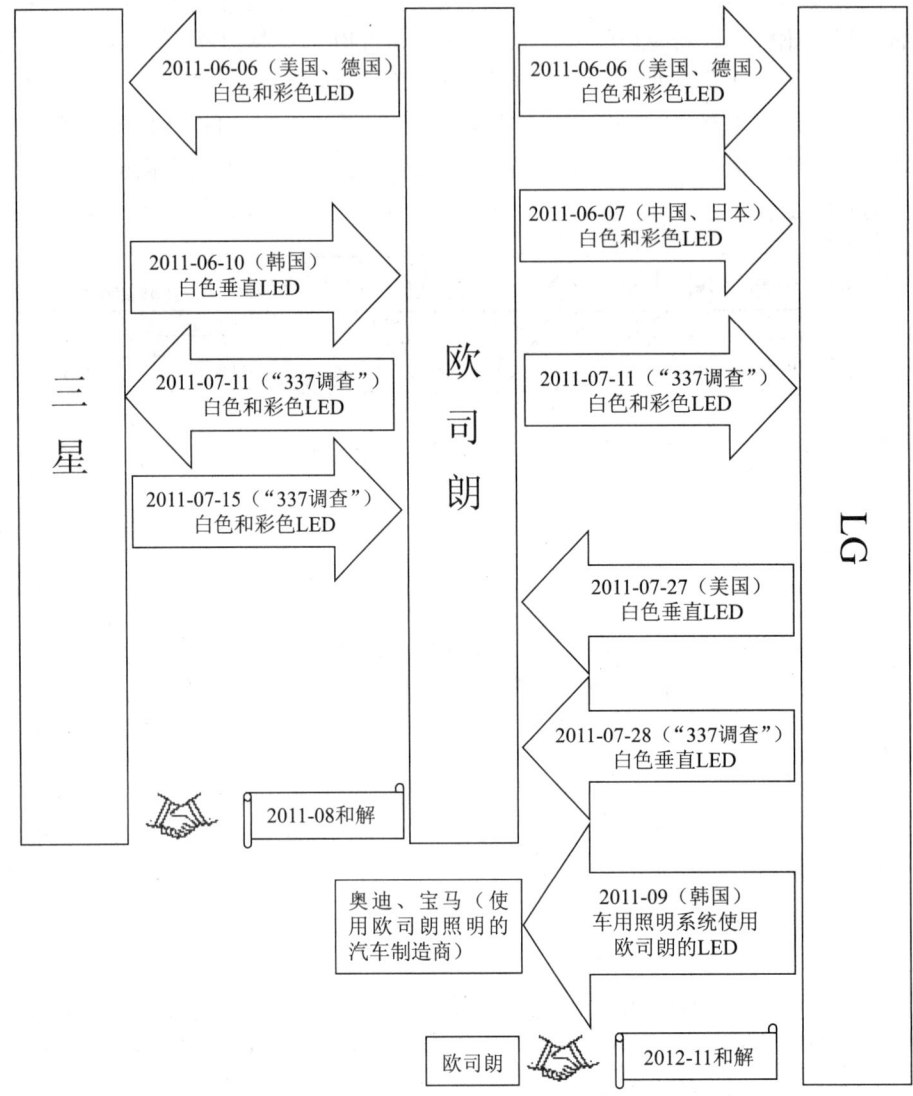

图 8-2-5　欧司朗与三星、乐金的专利诉讼示意图

2011 年 6 月 7 日，欧司朗宣称将发动全球诉讼战，在日本及中国等地提告三星与乐金专利侵权；

2011 年 7 月 11 日，欧司朗向美国 ITC 申请对三星和乐金及其它们的子公司对欧司朗的专利侵权进行调查。

在欧司朗对三星发起专利侵权大战的第 4 天即 2011 年 6 月 10 日，三星就对欧司朗进行了反击，在韩国对欧司朗提起了侵权诉讼，控告欧司朗韩国分公司侵犯其 LED 专利技术，并加告欧司朗在韩国的经销商，涉及 8 项 LED 封装与背光源专利；然后又于 2011 年 7 月 15 日在美国地方法院和 ITC 对欧司朗提起侵权诉讼。在三星强大和迅速的反击下，2011年8月，欧司朗和三星达成了和解协议，同时结束了在多个国家进行的专利诉讼。

乐金在欧司朗发起挑战的一个多月后的2011年7月27日开始在美国对欧司朗提起侵权专利诉讼，随后也在美国的ITC提起了对欧司朗侵犯其专利权的申请，并于2011年9月在韩国对使用欧司朗照明的奥迪和宝马汽车制造商提起诉讼，要求禁止宝马和奥迪在韩国销售其使用了欧司朗照明的汽车。2012年7月，ITC针对欧司朗控告乐金的337-TA-784作出判定，其中判定乐金侵犯欧司朗的专利US7151283，并同意欧司朗提出的对乐金发出优先排除令和缴纳担保金；乐金利用打击对手的应用商来回击欧司朗，也迫使欧司朗尽早地结束专利诉讼。2012年11月欧司朗和乐金达成了和解协议。

（2）案件分析

欧司朗和三星、乐金的专利诉讼大战涉及了美国、德国、日本、中国和韩国专利，双方还在美国ITC分别提起申请，涉及诉讼的不仅包括双方的子公司，还包括使用相关产品的应用商，可见此次专利诉讼大战的波及范围之广。此次专利诉讼大战不同于以前的专利纠纷持续很多年，欧司朗与三星的和解只用了2个月，乐金的战争也只是持续了1年多的时间，且被诉方面对诉讼反应都很迅速，且增加了诉讼对象，如使用商等，迫使对手尽快和解。上述的专利诉讼大战也说明了目前专利诉讼是商业竞争的重要武器，和解和授权是大多数诉讼的最终目的。

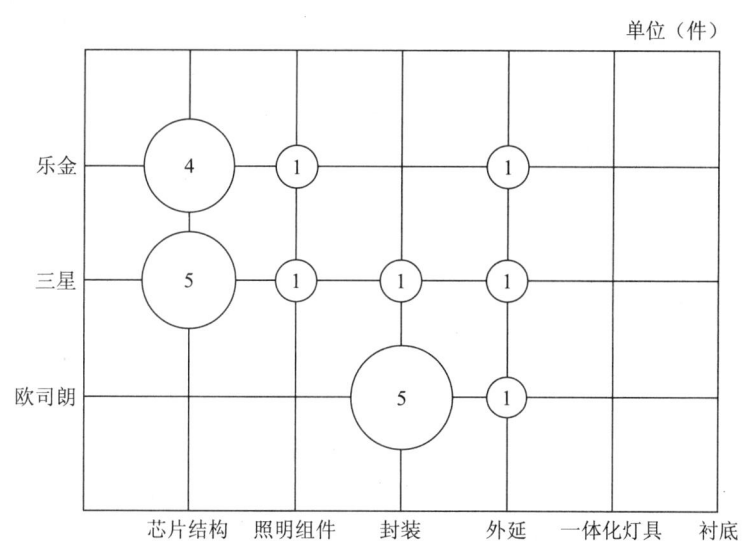

图8-2-6 涉及专利情况的技术分支

从图8-2-6可以看出，在这次专利诉讼大战中，欧司朗使用的专利主要集中在封装结构上，欧司朗涉案专利共6项，其中封装5项、外延1项，而三星和乐金在回击时使用的专利主要集中在芯片结构上，其中三星的专利共8项，其中芯片结构5项、照明组件1项、封装1项、外延1项，乐金的专利共6项，其中芯片结构4项、照明组件1项、外延1项，且三星和乐金提及的受到欧司朗侵权的芯片结构的专利均是垂直结构的LED芯片。由此可见，三星和乐金在回击欧司朗的专利诉讼大战中，充分研究欧司朗在专利方面与自己比较相对薄弱的环节，如垂直 LED，以达到利用专利来给竞争对手以攻击的目的，并为自己与竞争对手在其他专利诉讼中增加筹码。由此我国 LED 企业在应对欧司朗的专利侵权诉讼时，也可以研究自己是否有垂直结构的 LED 方面的专利或者购买这方面的专利来应对欧司朗。

（3）案件启示

欧司朗与三星、乐金的专利诉讼大战代表着 LED 产业老牌领导厂商和新兴的发展迅速的 LED 厂商为了市场份额利用专利手段进行的博弈，在其中我们看到了新兴的韩国 LED 厂商的发展进步，以及利用专利武器保护自己和进攻对手的意识，由此我们也看到：

目前 LED 产业分为明显的四大阵营：①以五大 LED 领导厂商组成的阵营，五大 LED 厂商包括日亚化学、飞利浦、科锐、欧司朗和丰田合成，它们之间交叉授权，掌握了 LED 产业芯片和外延的核心技术，然后利用专利武器打击在专利网以外的 LED 厂商，通过授权、禁止销售相关产品等手段控制着整个全球 LED 产业的市场布局；②以韩国的首尔半导体、三星和乐金为代表的新兴但发展迅速的 LED 厂商，近些年韩国的 LED 产业蓬勃发展，它们技术方面发展迅速，具有一定的专利基础，想积极融入到五大 LED 领导厂商的专利网中，想在五大 LED 领导厂商的市场中分一杯羹，虽然受到老牌领导厂商的打压，但其市场竞争力也不容小觑；③中国台湾厂商，具有很大的价格优势，主要的手段是获得大厂商的专利授权和产品代工，逐步融入全球 LED 市场；④中国大陆 LED 厂商，中国的 LED 产业是站在巨人的肩膀上发展起来的产业，虽然我国的科研院所和 LED 厂商也越来越重视对 LED 专利技术的研究，但没有明显的技术突破，芯片和外延等关键的专利技术都掌握在外国厂商手中，且外国的厂商在中国都有自己的专利布局。虽然前些年我们 LED 厂商涉及的专利诉讼比较少，但随着我们 LED 产业尤其是下游产业的迅速发展，竞争力的逐步提升，各种专利诉讼会接踵而至，我国 LED 厂商要做好充分的准备。

上述的专利大战中，三星的反应明显要比乐金的反应更加迅速，收到的效果也更好，在欧司朗向三星提起专利诉讼到两个厂商和解仅用了 2 个多月的时间，这对公司无论是财力还是人力都是很大的节约，而且通过对欧司朗的反击，增加谈判筹码，在市场份额和专利布局方面增加话语权。

从目前全球的局势来看，我国的 LED 厂商也很快会迎来专利诉讼战争，我们也应当做好充分的准备，在这里给出一些可行的建议：①建立产业联盟，依靠集体的力量和国家的扶持来发展整个 LED 产业；②建立专利池，吸收多家 LED 厂商的专利技术，在应对国外的 LED 厂商时增强专利力量；③尽早获得核心专利，在仅靠自身力量很难在短期内拥有核心技术的情况下，通过国外厂商的专利许可，获得核心专利，防止由于专利短板限制市场的发展；④提高自己的技术水平，增大研发力度，获得突破性技术，做好专利布局，用专利来保护自己和打击对手。

8.2.3 鹤山银雨灯饰有限公司和鹤山丽得电子实业有限公司

鹤山银雨灯饰有限公司（以下简称"银雨公司"）和鹤山丽得电子实业有限公司（以下简称"丽得公司"）均隶属于香港真明丽集团，香港真明丽集团是一家从上游晶片、中游封装、下游应用垂直整合的 LED 集团，目前是全球最大的灯饰制造公司之一；其产品适用于室内室外，包括装饰、舞台灯、光纤等，并销售 LED 元器件，主要包括 LAMP、SMD、大功率系列灯珠。

以下以一件专利引发的多件侵权诉讼为例，列举说明 LED 照明领域的诉讼分析事项。

申请号为 200410032066.5、发明名称为"一种软管灯改良结构"的发明专利，在获得授权后引发了多起侵权诉讼，在国内的霓虹灯领域影响到了多家企业，足见专利对市场的重大影响。

(1) 发明内容

2004 年 3 月 31 日，银雨公司就樊邦弘发明的"一种软管灯改良结构"向国家知识产权局申请发明专利，国家知识产权局于 2007 年 1 月 17 日授予其 ZL200410032066.5 号发明专利权，并予以授权公告。2008 年 5 月 23 日，涉案专利变更专利权人为丽得公司，该专利权人变更情况在国家知识产权局进行了变更登记。

ZL200410032066.5 号发明提供了一种具有霓虹灯的均匀连续的光线效果的软管灯改良结构，具有 1 个独立权利要求和 12 个从属权利要求，参见表 8-2-2 中现有技术与本申请对比，其发明点在于：

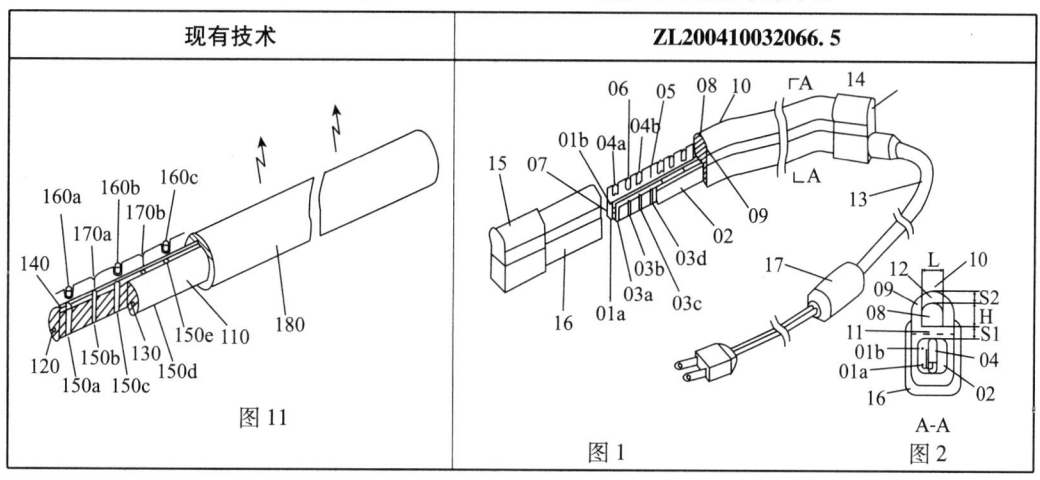

表 8-2-2　专利 ZL200410032066.5 附图与现有技术的对比

① 放置 LED 灯泡的横向通孔与铜绞线平行，铜绞线在弯曲时位于同一弯曲半径，不易被拉断；

② LED 灯泡上方设置有散光体，散光体由乳白色不透明体构成，其高度和宽度与 LED 灯泡的亮度和照射角度相关；

③ 在散光体上方覆盖包覆层，包覆层具有半圆形曲面。

通过上述改进，提高了霓虹灯发光的连续性和均匀性，并降低了铜绞线被拉断的风险。

从表 8-2-3 可以看出，该发明专利进入了多个国家，在其同族 PCT 申请 WO2005017408A1 的检索报告中，给出的参考文献的类型均是 A，即认为该申请具有新颖性和创造性，因此参考 PCT 申请的检索报告，ZL200410032066.5 在国家知识产权局专利局的实质审查阶段没有对其进行新颖性和创造性的评价，授权的权利要求如表 8-2-3 所列。

表 8-2-3　ZL200410032066.5 专利情况

申请号		ZL200410032066.5
发明名称		一种软管灯改良结构
进入国家		US、IT、AU、DE、NL、FR
权利要求总体情况		为产品权利要求，共有权利要求13项，其中独立权利要求1项：权利要求1，权利要求2~13为权利要求1的从属权利要求
权利要求	权利要求1	一种软管灯改良结构，其特征在于：包括一芯线，由柔性塑料挤出成型一个预制长度的条状体，该条状体的横截面一侧、上下间隔地设置有至少2根铜绞合线，该铜绞合线纵向延伸与条状体等长度，在该条状体横截面的另一侧设置有与该铜绞合线平行的横向孔，多个横向孔以预制的间距均匀地分布在条状体的整个纵向长度上； 多个LED灯泡，通过LED灯泡导电脚上连接的引线相互串联、及与至少一个限流电阻相串接，该LED串联串的首端和末端的引线与上述芯线中的铜绞合线作电气连接，所述的多个LED灯泡、限流电阻及其引线的串联连接点相应地塞入上述芯线中的多个横向孔中； 一散光体，为用于扩散LED光线的乳白色不透明体，该不透明体为预定高度和预定宽度的，所述的散光体设置在多个LED灯泡上方，其长度与芯线的长度相等； 一包覆层，由柔性塑料挤出成型一个用于包覆上述芯线、散光体及多个LED灯泡的、与上述芯线等长度的包覆层，该包覆层的位于LED灯泡照射上方的部分是一模拟霓虹灯玻璃管状发光面的半圆形曲面； 一接头，设置在上述芯线及包覆层的首端与电源的供电线的连接处，用以包覆所述的铜绞合线与电源的供电线的电气连接的塑料罩壳
	权利要求2	如权利要求1所述的一种软管灯改良结构，其特征在于：包括一纵向设置在上述包覆层上、用于遮挡LED灯泡的侧光的不透光罩壳
	权利要求3	根据权利要求2所述的一种软管灯改良结构，其特征在于：所述的不透光罩壳是与所述的包覆层一体挤出成型的不透光塑料层
	权利要求4	根据权利要求2所述的一种软管灯改良结构，其特征在于：所述的不透光罩壳是一纵向镶嵌在上述包覆层上的不透光的轨道
	权利要求5	根据权利要求2所述的一种软管灯改良结构，其特征在于：所述的不透光罩壳是纵向喷涂于上述包覆层两侧面或者两侧面及底面的深色涂料层
	权利要求6	根据权利要求1所述的一种软管灯改良结构，其特征在于：所述芯线延纵向在两侧面或者两侧面及底面喷涂有深色涂料层
	权利要求7	根据权利要求1所述的一种软管灯改良结构，其特征在于：还设置一个注塑成型在电源供电线上的LED驱动元件
	权利要求8	根据权利要求7所述的一种软管灯改良结构，其特征在于：所述的LED驱动元件是交流变直流的电流转换元件
	权利要求9	根据权利要求7所述的一种软管灯改良结构，其特征在于：所述的LED驱动元件是LED脉冲电流驱动元件
	权利要求10	根据权利要求1所述的一种软管灯改良结构，其特征在于：所述的散光体，是与上述包覆层等长度一体挤出成型的，与上述包覆层成一整体
	权利要求11	根据权利要求1所述的一种软管灯改良结构，其特征在于：所述的散光体，是与上述芯线等长度一体挤出成型的，与上述芯线成一整体
	权利要求12	根据权利要求1所述的一种软管灯改良结构，其特征在于：所述的散光体，是乳白色PVC不透明体
	权利要求13	根据权利要求10所述的一种软管灯改良结构，其特征在于：所述的散光体，在该散光体中设置一个纵向通孔

（2）涉及的侵权诉讼

在获得该专利权后，银雨公司和后来的作为专利权人的丽得公司基于该专利权发起了多起专利侵权诉讼，表 8-2-4 只列出了最终在高级人民法院终结的部分诉讼案件。从表 8-2-4 中可以看出，银雨公司在获得该专利权后，于 2007 年开始提起了多起侵权诉讼，起诉的对象包括具有生产、加工、销售灯饰的公司，还有仅从事销售的灯饰门市部，其中大部分案件在中级人民法院得到了支持，判决被诉公司侵犯银雨公司（专利权转让后为丽得公司）的专利权，要求被诉公司停止侵权，并对银雨公司进行赔偿，赔偿的数额从几万元至几十万元，在国内 LED 领域的专利诉讼案件中赔偿数额比较大。但在与深圳市盛腾科技有限公司、王祖顺的专利侵权诉讼的终审中，丽得公司败诉，其全部诉讼请求被驳回，其原因是在 2010 年 6 月 24 日国家知识产权局专利复审委员会判定该专利权全部无效。

表 8-2-4 ZL200410032066.5 涉及的部分侵权诉讼案件

提起侵权诉讼时间	原告	被告	中级人民法院判决结果主要内容	上诉方	高级人民法院判决结果主要内容
2007-03-07	银雨公司	曾瞿安（金鑫辉光电厂业主）	（1）停止生产、销售、许诺销售侵权产品，并销毁库存侵权产品；（2）赔偿银雨公司人民币15万元	曾瞿安	维持原判（2008）粤高法民三终字第105号（2008.12.01）
2007-03-09	银雨公司	（1）广州市天河亮励得电子灯饰厂；（2）陈向荣	赔偿银雨公司人民币10万元	（1）广州市天河亮励得电子灯饰厂；（2）陈向荣	维持原判（2009）粤高法民三终字第17号（2009.05.14）
2007-04-20	银雨公司	深圳市恒冠科技有限公司（声称产品来自天河亮励得电子灯饰厂）	（1）停止侵权行为；（2）支付发明临时保护期使用费人民币5万元；（3）赔偿银雨公司人民币30万元	深圳市恒冠科技有限公司	维持原判（2008）粤高法民三终字第122号（2008.11.26）
2007-07-16	银雨公司	广州三色电子	（1）停止生产、销售侵权产品；（2）赔偿银雨公司人民币10万元	广州三色电子	维持原判（2008）粤高法民三终字第227号（2008.11.26）
2007-07-31	银雨公司	梅红兵（中山市古镇华方照明灯饰厂业主）	停止侵权行为，支付制止侵权费603.4元	银雨公司	维持侵权判定，支付制止侵权费用更改为1103.4元（2008）粤高法民三终字第98号（2008.12.11）
2007-08-08	银雨公司	鹤山市丽兴电子有限公司	赔偿银雨公司人民币10万元	鹤山市丽兴电子有限公司	撤销中院判决；驳回丽得公司的全部诉讼请求（2008）粤高法民三终字第446号

续表

提起侵权诉讼时间	原告	被告	中级人民法院判决结果主要内容	上诉方	高级人民法院判决结果主要内容
2007-08-30	银雨公司	超强照明科技（深圳）有限公司	(1) 停止侵权行为； (2) 赔偿银雨公司人民币15万元	超强照明科技（深圳）有限公司	维持原判 (2008) 粤高法民三终字第258号 (2009.04.07)
2008-03-27	银雨公司	中山市中振灯饰有限公司邓仲琼（中山市古镇正业灯饰门市部业主）	侵权不成立，驳回银雨公司的全部诉讼请求	银雨公司	撤销中级人民法院判决； 停止制造、销售侵权产品； 共同赔偿银雨公司人民币15万元 (2009) 粤高法民三终字第355号 (2009.11.05)
2008-03-27	银雨公司	王小云(中山市古镇彩云霞灯饰销售部业主)（声称产品来自金鑫辉光电厂）	(1) 停止销售、并销毁侵权产品； (2) 赔偿银雨公司人民币15万元	王小云	维持原判 (2009) 粤高法民三终字第157号 (2009.05.06)
2008-07-11	丽得公司	广州市番禺区正其电子厂	(1) 停止侵权行为； (2) 赔偿丽得公司人民币4万元	广州市番禺区正其电子厂	维持原判 (2010) 粤高法民三终字第257号 (2010.12.15)
2008-08-05	丽得公司	深圳市洲明科技有限公司（声称产品来自金鑫辉光电厂）	停止侵权行为	丽得公司	维持停止侵权行为判决，赔偿丽得公司12万元 (2009) 粤高法民三终字第270号 (2009.11.10)
2009-06-09	丽得公司	中山市真美灯饰有限公司	(1) 停止侵权行为； (2) 赔偿丽得公司人民币20万元	中山市真美灯饰有限公司	维持停止侵权行为判决，赔偿丽得公司12万元 (2010) 粤高法民三终字第11号 (2010.12.15)
2009-12-30	丽得公司	深圳市盛腾科技有限公司	(1) 停止生产、销售、许诺销售侵权产品，并销毁库存侵权产品； (2) 赔偿丽得公司人民币4万元	深圳市盛腾科技有限公司（专利被全部无效的证据）	撤销中级人民法院判决； 驳回丽得公司的全部诉讼请求 (2011) 粤高法民三终字第125号 (2011.02.18)

续表

提起侵权诉讼时间	原告	被告	中级人民法院判决结果主要内容	上诉方	高级人民法院判决结果主要内容
2010-01-13	丽得公司	王祖顺（江门市江海区特宇明灯饰加工厂业主）	(1) 停止生产、销售侵权产品； (2) 赔偿丽得公司人民币8万元	王祖顺（专利被全部无效的证据）	撤销中级人民法院判决； 驳回丽得公司的全部诉讼请求 （2011）粤高法民三终字第36号（2011.02.18）
201-04-21	丽得公司	江门市江海区玮之煌灯饰有限公司	(1) 停止生产、销售、许诺销售侵权产品，并销毁库存侵权产品； (2) 赔偿丽得公司人民币6万元	江门市江海区玮之煌灯饰有限公司	维持原判 （2011）粤高法民三终字第2号（2011.01.27）

(3) 稳定性

在获得该专利权后，银雨公司和后来作为专利权人的丽得公司基于该专利权提起了多起专利侵权诉讼，因此该专利的稳定性引起了很多被起诉公司的注意，该专利一共被进行了两次专利无效的审查：2008年6月30日宣告权利要求1、2、4~9、11和12无效，以及2010年6月24对剩余权利要求3、10和13的无效，即整个专利完全无效。

1) 2008年6月30日的部分无效宣告

2008年6月30日国家知识产权局专利复审委员会作出无效宣告请求审查决定第11842号，其中对ZL200410032066.5号专利的权利要求1、2、4~9、11和12宣布无效，权利要求3、10和13有效，在权利要求3、10和13的基础上维持该专利的有效性。

在该无效审查过程中，共涉及3个无效请求人，分别是倪小敏（以下简称"第一请求人"）于2007年3月9日向专利复审委员会提出无效宣告请求（案件编号为4W01696）、广州市天河亮励得电子灯饰厂（以下简称"第二请求人"）于2007年4月2日向专利复审委员会提出无效宣告请求（案件编号为4W01698），以及曾瞿安（以下简称"第三请求人"）于2007年6月26日向专利复审委员会提出无效宣告请求（案件编号为4W01833）；在上述3名请求人中，第一请求人为广州三环专利代理有限公司的员工，第二请求人和第三请求人与银雨公司分别在2007年3月9日和2007年3月7日就该专利发生了侵权诉讼，对该专利提起无效请求也是应对专利侵权诉讼的常用手段。在该无效审查过程中，专利复审委员会利用第一请求人提供的4篇作为证据的专利文献，宣告该专利的利要求1、2、4~9、11和12无效，其中这4篇文献是：

证据1.1：US6592238B2美国专利说明书及其中文译文，公告日为2003年7月15日；

证据1.2：CN2562042Y实用新型专利说明书，授权公告日为2003年7月23日；

证据1.3：CN2301602Y实用新型专利说明书，授权公告日为1998年12月23日；

证据1.4：CN2546731Y实用新型专利说明书，授权公告日为2003年4月23日。

其中该无效宣告也多次在关于该专利的侵权诉讼中被提及，作为法院在审理过程中的重要证据，因此，银雨公司的多件有关 ZL200410032066.5 号专利的侵权诉讼案件中，判断侵权产品的比照对象为该专利的权利要求 3、10 和 13。

2）2010 年 6 月 24 日的全部无效宣告

在 2010 年 6 月 24 日，国家知识产权局专利复审委员会作出无效宣告请求审查决定第 15058 号，宣告 ZL200410032066.5 号发明专利权全部无效。

该无效宣告审查是应杨华仁（以下简称"请求人"）于 2009 年 8 月 31 日向专利复审委员会提出无效宣告请求（案件编号为 4W02744）启动的，其中在该无效审查过程中，专利复审委员会利用请求人提供的 6 篇作为证据的文献，宣告该专利的利要求 3、10 和 13 无效，其中这 6 篇文献是：

附件 1：US6592238B2 号美国专利文献及其中文译文，授权公告日为 2003 年 7 月 15 日；

附件 2：CN2562042Y 号中国实用新型专利说明书，授权公告日为 2003 年 7 月 23 日；

附件 3：CN2301602Y 号中国实用新型专利说明书，授权公告日为 1998 年 12 月 23 日；

附件 4：王加龙主编、中国轻工业出版社出版发行的《塑料挤出制品生产工艺手册》(2002 年 1 月第 1 版、第 1 次印刷) 的封面、版权页、第 250～267 页复印件，共 20 页；

附件 5：US2003/0142492A1 号美国专利文献及其中文译文，公开日为 2003 年 7 月 31 日；

附件 6：US6361186B1 号美国专利文献及其中文译文，授权公告日为 2002 年 3 月 26 日。

其中和第一次无效宣告使用的文献相比，文献 1～3 相同，区别在于增加了文献 4～6，其中文献 4 为工艺手册，文献 5 和 6 为两篇美国的专利文献，在此基础上专利复审委员会宣告 ZL200410032066.5 号发明专利的权利要求 3、10 和 13 不具备《专利法》第 22 条第 3 款的创造性，整个专利无效。被国家知识产权局专利复审委员会宣告无效的专利权视为自始即不存在，不能受到专利法保护。该全部无效的决定对侵权诉讼的结果产生了决定性的影响，使被起诉的企业转败为胜，避免了侵权赔偿的结果。

从第二次无效请求的审理过程可以看出，对于权利要求 3 的创造性的判定，合议组使用了 3 篇对比文件和公知常识，该公知常识使用了附件 4 作为佐证，权利要求 10 使用了 4 篇对比文件否定了其创造性，而权利要求 13 使用了 5 篇对比文件否定了其创造性。由此也可以看出，评判一项权利要求是否具有创造性，不会限定使用多少篇对比文件，如果一项权利要求所要求保护的技术方案与最接近的现有技术之间存在区别，但现有技术中给出了将该区别应用于最接近的现有技术以解决其存在的技术问题的技术启示，则该项权利要求不具备创造性，不符合《专利法》第 22 条第 3 款的规定。

(4) 判决时间相近的 3 件案件，不同的结果

其中通过表 8-2-4 我们发现，位于该表中的最后 3 件案件的判决日均是在 2011

年，此时该专利已经被全部无效，但3件案件的判决结果不同，其中涉及王祖顺和深圳市盛腾科技有限公司的案件撤销了中级人民法院的判决、驳回了丽得公司的诉讼请求，但涉及江门市江海区玮之煌灯饰有限公司的案件的判决结果却是维持原判，即支持了丽得公司侵权的请求，均是涉诉专利被无效后才作出判决的3件案件，却不是相同的结果，值得我们进一步深入了解。

通过在专利复审委员会得到的资料，专利复审委员会共收到关于涉诉专利的8份无效请求，包括7个申请人，其中作出全部无效的决定的请求人是杨仁华，是中山市古镇天波电子灯饰厂经营者，与银雨公司发生过纠纷，最后专利复审委员会根据杨华仁提供的证据宣布涉案专利无效。在7个请求人中包括请求人董陵飞，其中董陵飞为江门市江海区玮之煌灯饰有限公司的法定代表人，但该案件的结案日期为2011年7月28日，晚于涉案专利被全部无效后。

在上述3个案件中，王祖顺和深圳市盛腾科技有限公司在上诉到高级人民法院的过程中，提交了ZL200410032066.5号发明专利权全部无效的无效宣告请求审查决定书，因此也成为最后胜诉的决定性证据，而江门市江海区玮之煌灯饰有限公司没有提及该份证据，只是提到已经向专利复审委员会提出了宣告涉案专利无效的请求，希望暂缓审理该案件，但法院认为涉案专利权已经过专利复审委的无效程序，本身有一定的稳定性，不存在暂缓审理该案的情况，最后的审理结果是维持原判，丽得公司胜诉。

通过对上述3件案件的梳理，得到了以下两点结论：

① 江门市江海区玮之煌灯饰有限公司没有收集全对自己有利的关键证据，即全部无效的决定书，在江门市江海区玮之煌灯饰有限公司与丽得公司的专利侵权诉讼中，判决的日期为2011年1月27日，而涉案专利的无效决定书的作出日为2010年6月24日，期间有7个月的时间，江门市江海区玮之煌灯饰有限公司完全可以收集到该决定书而进一步提供给高级人民法院来改变判决结果，但江门市江海区玮之煌灯饰有限公司错失了很好的机会，最后以败诉终结。

② 江门市江海区玮之煌灯饰有限公司在高级人民法院审理的过程中请求过暂缓审理此案，但法院认为涉案专利权已经过专利复审委员会的无效程序，本身有一定的稳定性，不存在暂缓审理该案的情况而没有暂缓审理，而在同一高级人民法院中相关的其他案件收到了涉案专利全部无效的决定书，如果法院的相关案件的相关信息能够共享，应该为审理过程的公正性和合理性提供更好的条件。

（5）案件启示

① ZL200410032066.5号发明是2007年1月17日被授予专利权的，而专利权人银雨公司在2007年3月便开始提起侵权诉讼，可见银雨公司具有很强的专利维权意识，而且专利侵权诉讼的对象既有生产厂商，也有单纯的销售业主，且通过详细研究诉讼的过程，银雨公司在发现某公司有侵权的可能，会派人提前取证，收集材料，然后提起诉讼，因此诉讼的结果大多以胜诉结案。

② 应诉企业的应诉策略。在上述被起诉的企业在应对侵权诉讼的过程中，企业的应对策略主要是：

产品来自第三方，且来源合法，一般要提供《产品购销合同书》、《授权书》等，如果证明来源合法，可以免除承担赔偿责任。

被诉侵权产品不落入相关专利权的保护范围之内，不构成侵权。

提起对方的专利权无效，而在 ZL200410032066.5 号专利的案件中该点表现最为明显，该专利共被两次宣告无效，第一次是部分无效，第二次全部无效，特别是在第一次部分无效后，被诉企业仍然进一步搜集证据，最终在增加对比文件的基础上使专利全部无效，而给自己带来了有利的结果，值得其他企业学习和借鉴。尤其对于该专利存在很多同族，可以参考其他国家的审查过程，看是否能给自己带来一些帮助和借鉴。

③ 被诉企业要注重收集有利的证据，如果存在相同的专利的多个被诉企业，企业之间要联合起来，共同收集证据，互通、共享信息，俗话说，三个臭皮匠顶一个诸葛亮，企业联合必然会收到事半功倍的效果。对于该案来说，如果江门市江海区玮之煌灯饰有限公司和其他被诉企业互通信息，或者注意涉案专利的相关信息的收集，就能在高级人民法院判决之前获得涉案专利被全部无效的决定，因此就会避免败诉的结果。

④ 专利权保护范围的大小与稳定性的平衡。专利权人在撰写申请文件时就会确定一个保护范围，如果该保护范围过大，除了可能在实质审查过程中面临新颖性和创造性的质疑外，还可能在获得专利权后，由于在无效过程中不能再对权利要求进行修改，从而面临被无效的风险；但如果保护范围撰写的过小，又会造成自身利益的损失，可能出现虽然一些企业的产品是自己的发明内容，但由于自己专利权的保护范围过小而不能控告对方侵权的情况。所以，专利申请人在撰写申请文件尤其是权利要求书时，要进行一些必要的检索；还要对市场的同类产品做一定的调研，看同类产品是否存在和自己的专利申请解决的关键问题，以使自己的专利在获得授权后能有广阔的市场前景，使其要撰写到权利要求书中。

8.3 "337 调查"案件分析

随着国内 LED 产业的蓬勃发展，在国际市场的影响力越来越大，国内 LED 厂商的专利诉讼不仅仅发生在国内，尤其近些年来美国的"337 调查"的多个案件涉及中国的 LED 厂商。为了加深对"337 调查"的了解，本章介绍了"337 调查"的管辖、救济措施、特点，总结了"337 调查"涉及中国 LED 企业的 9 件案件，并着重介绍了两件涉及中国 LED 厂商的"337 调查"案件，分析了国内 LED 企业在应对"337 调查"时可以采取的方法和措施。

8.3.1 "337 调查"简介

"337 调查"源自美国的《1930 年关税法》第 1337 节而得名，是由国会授权的准司法行为。"337 条款"（337 U.S. survey）禁止的是一切不公平竞争行为或向美国出口产品中的任何不公平贸易行为。这种不公平行为具体是指：产品以不正当竞争的方式或不公平的行为进入美国，或产品的所有权人、进口商、代理人以不公平的方式在美国市场上销售该产品，并对美国相关产业造成实质损害或损害威胁，或阻碍美国相关产业的建立，或压制、操纵美国的商业和贸易，或侵犯合法有效的美国商标和专利权，或侵犯了集成电路芯片布图设计专有权，或侵犯了美国法律保护的其他设计权，并且，美国存在相关产业或相关产业正在建立中。

(1)"337调查"的救济措施

ITC根据法律程序，有权实施以下救济措施：有限排除令、临时性有限排除令、普遍排除令、停止令、临时性停止令。

"有限排除令"要求禁止一个或多个被诉方的产品进入美国，是专门对被裁定侵权的被诉方发出的。

"普遍排除令"要求海关阻止某一类的所有侵权产品进入美国，不管是否是被诉方，针对的是所有侵权产品，只要所有人、进口商或销售商无法证明其产品没有侵权，就排除在外。

"停止令"要求被诉方立即停止被指控的侵权行为，被诉方的产品不得向美国出口，也不得在美国对涉案产品进行市场营销、分销、代理、寻求销售或者转让等行为。

"停止令"适用于被诉方的股东、董事、雇员、代理人、被许可人、分销商以及以其他形式被控制的企业，同时也适用被诉方的继承人、被转让人等。"停止令"针对的不仅是被诉企业已经完成的侵权行为，而且包括被诉方将来试图在美国市场的销售行为。

如果调查结果认定，被诉方侵权成立或违反了"337条款"，ITC将发布排除令或停止令，排除或禁止被诉方的产品进入美国。考虑到这种排除对公共健康和福利、美国经济中的竞争条件、类似的或者直接的竞争产品在美国的生产、美国消费者的影响，ITC若认为不应当排除该类产品进入美国，也可选择不采取行动。除排除令和停止令外，ITC还可发布其他命令，要求被诉方停止或不再从事不公平竞争行为，也可发布临时停止或排除令。

(2)"337调查"的特点

与联邦地区法院的知识产权诉讼相比，"337调查"具有以下特点，因而对原告人有很强的吸引力。

1) 广泛的禁令性的救济措施

相比较而言，特别是受美国联邦最高法院在 *eBay v. MercExchange*, 126 S. Ct. 1837 (2006) 案中判决的影响，使得在联邦地区法院取得禁令性救济变得空前困难。

2) 更专业且专注的审理

"337调查"案件类型单纯，多数涉及知识产权侵权，尤其是专利侵权，因此审理"337调查"案件的行政法官均具有系统化的专业经验，深谙知识产权法。"337调查"案件均为独任审判，并且不审理反诉（反诉会被移送到地区法院），因此程序相对简单。

3) 对物管辖权

"337调查"案件的管辖为对物管辖，仅在涉及停止令时才需要考虑对人管辖权。

4) 快速广泛的事实调查

ITC和行政法官可以直接采纳域外证据，甚至自行进行域外调查，且调查的范围经常不限于"337调查"案件的要素事项，还包括进口的时间、数量、价格、关联企业以至具有贸易关系的企业等等。

5）即使败诉原告也不会承担不利后果

"337调查"案件不用交纳诉讼费，也不受理反诉，因此即使原告败诉，也不用承担其他的不利后果。

6）强有力的执行措施

美国海关与边境保护局（国土安全部）负责执行排除令；违反停止令会招致每天10万美金或所涉产品价值的两倍的罚金，以较高者为准。

7）快速并且可预计的终裁时间

法律规定寻求临时排除令的程序为3~5个月，而寻求永久救济（Permanent relief）的程序一般为12~16个月，与联邦地区法院的审判相比，时间节省很多。

8.3.2 LED产业涉及"337调查"的情况

从表8-3-1中可以看出，"337调查"涉及LED的案件一共9件，其中2004年1件、2005年1件、2008年1件、2009年1件、2011年5件，从中可以看出，"337调查"案件的数量随着LED产业的发展逐步增加，在2011年达到了5件，这5件涉及欧司朗4件，包括欧司朗对韩国的三星和乐金提起申请的"337调查"，以及三星和乐金对欧司朗提起申请的"337调查"，由此也可以看出，"337调查"也成为各大LED厂商之间竞争的工具。

表8-3-1 LED领域的"337调查"

案件编号	案件名称	调查通知时间	申请人	被申请人涉及的国家和地区	诉由	涉及专利	技术分支
337-TA-512	发光二极管及其产品	2004-06-10	欧司朗	马来西亚	专利侵权	US Patent Nos. 6066861、6245259、6277301、6376902、6469321、6573580、6576930、6592780、6613247、6716673	封装-封装结构-引线框架 封装-封装技术-封装树脂
337-TA-556	高亮度发光二极管及其产品	2005-12-08	流明	中国台湾	专利侵权	U.S. Patent Nos. 5008718、5376580、5502316	外延-结构-电流限制层 芯片结构-衬底剥离键合
337-TA-640	短波长发光二极管、激光二极管及其产品	2008-03-25	Rothschild教授	新加坡、中国台湾、中国、韩国、日本、马来西亚、瑞典、芬兰	专利侵权	U.S. Patent No. 5252499	外延-方法（对半导体衬底上的半导体层引入氢原子）

续表

案件编号	案件名称	调查通知时间	申请人	被申请人涉及的国家和地区	诉由	涉及专利	技术分支
337-TA-674	发光二极管芯片、激光二极管芯片及其产品	2009-04-06	Rothschild 教授	中国台湾、中国	专利侵权	U.S. Patent No. 5252499	外延-方法（对半导体衬底上的半导体层引入氢原子）
337-TA-784	发光二极管及其产片	2011-07-11	欧司朗	韩国（乐金）	专利侵权	U.S. Patent Nos. 6849881、6975011、7106090、7151283、7271425	封装-封装技术-封装树脂 封装-封装结构-引线框架 外延-结构-量子阱
337-TA-785	发光二极管及其产品	2011-07-11	欧司朗	韩国（三星）	专利侵权	U.S. Patent No. 6812500、7078732、7126162、7345317、7629621、6459130、6927469、7199454、7427806	封装-封装技术-单片塑模-封装树脂 封装-封装结构-引线框架
337-TA-789	发光二极管及其产片	2011-08-18	三星	德国（欧司朗）	专利侵权	U.S. Patent Nos. 6551848、7268372、7282741、7771081、7893443、7838315、7959312、7964881	芯片结构-电极 芯片结构-结构-垂直 封装-封装结构-光学-透镜 外延-结构-覆盖层 照明组件-颜色-白光
337-TA-802	发光二极管及其产片	2011-08-31	乐金	德国（欧司朗）	专利侵权	U.S. Patent Nos. 7928465、7956364、6841802、7649210、7884388、7821024、7868348、7768025	芯片结构-结构-垂直 照明组件-颜色-白光 外延-结构-有源层 芯片结构-粗化
337-TA-804	LED照相闪光灯设备及其构成	2011-09-07	利特潘	中国台湾、中国	专利侵权	U.S. Patent Nos. 7972022、7510290、7429117、7318652、6948823	一体化灯具-应用-照相机

在9件"337调查"案件中,有3件涉及中国大陆的厂商,分别为2008年1件、2009年1件和2011年1件,这也与我国LED产业的迅速发展相吻合,随着近几年我国LED的崛起,对外出口量激增,中国出口产品技术含量上升,且传统的制造成本的优势,对美国的LED产业产生了一定的影响,因此LED厂商希望通过运用技术壁垒的手段遏制中国的LED产品,因此"337调查"涉及中国的案件逐渐增加,因此也需要中国LED厂商的足够重视。

对9件涉及"337调查"案件进行专利方面的统计,发现9件"337调查"案件涉及48件专利,通过合并同族专利共26项专利,其中欧司朗7项、三星8项、乐金6项、流明2项、特利潘2项、Rothschild教授1项;在这些专利中,涉及芯片结构10项、封装7项、外延5项、照明组件2项、一体化灯具2项,从中可以看出,在上述9件"337调查"案件中,涉及芯片结构的最多,其次是封装,这与在普通专利诉讼中近些年以一体化灯具和照明组件为主是有所不同的。

在9件"337调查"案件中,共有5件案件涉及欧司朗,其中3件欧司朗作为申请人、2件欧司朗作为被申请人。在上述5件"337调查"案件中,2011年7月11日韩国的三星和乐金同时收到了由欧司朗提起的"337调查"通知,而两个公司马上作出了反应,使欧司朗在2011年8月31日和2011年8月18日收到了"337调查"通知,通过图8-3-1对"337调查"所涉及的专利情况进行分析,其中涉及专利共26项,按其所涉及的技术分支进行归类,排前三位的分别为芯片结构10项、封装7项、外延4项,可见在"337调查"所涉及的专利还是主要集中在上游技术中。

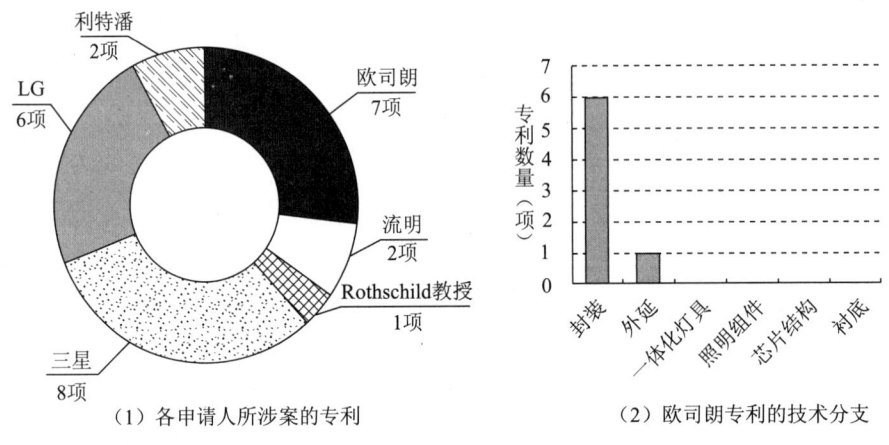

(1) 各申请人所涉案的专利　　　　(2) 欧司朗专利的技术分支

图8-3-1　LED照明"337调查"涉案专利分析示意图

8.3.3　"337调查"典型案件分析

"337调查"在专利侵权的背后实际上是LED产业利益的博弈。随着中国LED产业的迅猛发展,产品大量进入美国市场,触动了美国LED厂商的既得利益,市场利益的争夺使越来越多的中国LED厂商被牵扯到"337调查"中。在涉及LED方面的"337调查"中,涉及中国LED企业的调查共3件,分别是337-TA-640、337-TA-674和337-TA-804。下面就337-TA-640和337-TA-556这两件案例进行分析。

8.3.3.1　337-TA-640

337-TA-640 是美国哥伦比亚大学退休化学教授 Rothschild 向 ITC 提起的申请，指控全球 30 家企业在美生产和对美销售的发光二极管和激光产品侵犯其 1 项专利，其中包括 5 家被列入调查名单的中国大陆企业。

（1）案情介绍

2008 年 2 月 20 日，美国哥伦比亚大学退休化学教授 Rothschild 向 ITC 提起申请，指控全球 30 家企业在美生产和对美销售的发光二极管和激光产品侵犯其 1 项专利（专利号：US5252499A），要求 ITC 对被申请人启动"337 调查"，并申请普遍排除令。调查对象包括美国、韩国、日本、中国台湾、东南亚和中国大陆的多家 LED 厂商，涉及 LED 上游、中游以及下游，涵盖消费性电子与手机系统等厂商，其中包括中国台湾的伟新光电、亿光、宏齐科技、今台电子、光宝、光磊和早安股份，中国大陆的超毅光电子、鸿利光电子、佳光电子、洲磊电子。ITC 受理后，向被申请人发出调查通知，正式启动"337 调查"，案件编号：337-TA-640。2008 年 8 月 30 日，Rothschild 教授又向 ITC 追加了多家 LED 企业作为被申请人，其中包括 5 家被列入调查名单的中国大陆企业，它们是大连路美芯片科技有限公司（以下简称"大连路美"）、杭州士兰明芯科技有限公司（以下简称"杭州士兰明芯"）、江苏光明光电科技有限公司、深圳国冶星光电子有限公司和佛山国星光电。

（2）涉案专利

US5252499A 是关于半导体材料及其制造方法的发明，被业界称为"祖母级"专利，发明名称为"具有低双极电阻率的宽带隙半导体及其制造方法"（主要针对 Ⅱ-Ⅵ 族化合半导体），1993 年 10 月 12 日获得授权。该专利共有 22 项权利要求，其中有 3 项独立权利要求（即权利要求 1、10、22）和 19 项附属权利要求。根据美国专利法修改前的规定，保护期限为授权日起算 17 年，该专利 2010 年 9 月到期。

Rothschild 教授指控中国公司出口产品对其方法专利构成侵权，并主张 US5252449A 中的第 10 项独立权利要求及第 12 项、第 13 项、第 16 项从属权利要求。表 8-3-2 给出了 US525249A 专利的独立权利要求 10 及其涉及的从属权利要求的具体内容。

通过分析专利 US5252499A，该专利的主要发明内容为利用在对半导体掺杂的同时引入氢原子来减少补偿的发生，然后去除氢原子，达到提高 n 型和 p 型半导体的导电性的效果。在权利要求 10 中，半导体的材料限定为宽带系半导体，没有对具体材料进行限定，从属权利要求 12、13 和 16 分别对除去氢元素的方法和条件进行了进一步限定。在说明书中，宽带系半导体可以是带系在 1.4~1.7eV，也可以是大于 2.0eV，给出了具体的实例为：CdS、ZnO、CdSe、ZnS、CdTe、ZnSe 和 ZnTe，主要是 Ⅱ-Ⅵ 族化合物半导体材料，而目前 LED 中使用的主要 GaN 系 Ⅲ-Ⅴ 族化合物半导体材料，使用了权利要求中的技术方案来处理 GaN 系 Ⅲ-Ⅴ 族化合物半导体材料，虽然 GaN 系化合物半导体材料不属于 Ⅱ-Ⅵ 族，且也不是专利说明书中给出的具体实施材料，但 GaN 属于宽能隙半导体，其室温禁带宽度为 3.39 eV，也落在说明书中给出的大于 2.0eV 的范围，且在权利要求中只限定了是宽能隙，没有限定具体的材料，因此从不侵犯专利权的角度来抗辩还是有一定的难度。

表 8-3-2 US5252499A 专利情况

专利号	US5252449A
发明名称	具有低双极电阻率的宽带隙半导体及其制造方法
进入国家	US、EP、JP、KR、DE、CA
技术分支	外延-方法
权利要求总体情况	为方法权利要求,共有权利要求 22 项,其中独立权利要求 3 项:权利要求 1、10 和 22,权利要求 1 的从属权利要求 2-9,权利要求 10 的从属权利要求 11~21
涉及侵权权利要求	权利要求 10	10. 一种在宽能隙半导体衬底上形成具有低阻抗半导体的方法,所述宽能隙半导体材料在加入掺杂剂时有发生补偿的趋势,包括:有选择地在所述半导体衬底上加入一定数量的有效掺杂剂以产生足够的导电率,同时加入一定数量的有效原子氢作为补偿物并阻止其他类型的补偿大规模产生;然后去除上一步骤加入的有效数量的原子氢以降低半导体的阻抗,氢元素的去除是限制半导体中的其他运动的条件下进行
	权利要求 12	12. 如权利要求 10 所述的形成低阻抗半导体的方法,其中,通过将所述半导体加热到有效温度引起氢元素移动的方法去除氢元素,此过程中要保持所述半导体的其他元素成分处于相对稳定状态
	权利要求 13	13. 如权利要求 12 所述的形成低阻抗半导体方法,其中,通过将所述半导体加热去除氢元素过程在真空中进行
	权利要求 16	16. 如权利要求 10 所述的形成低阻抗半导体的方法,其中,通过在无氢环境中加热样本的方法去除氢元素

Rothschild 教授的 US5252499A 专利还涉及多起专利诉讼案件,参见图 8-3-2,从中可以看出,LED 产业的领导厂商科锐、飞利浦、欧司朗和丰田合成均与 Rothschild 教授达成和解,且日亚化学也于 1998 年获得 Rothschild 教授专利的许可,以上体现了 US5252499A 作为基础性专利的重要性,同时以上的五大 LED 商业巨头均没有对该专利提起无效,说明该专利的稳定性,也提示我国 LED 厂商如果选择对该专利进行无效抗辩的难度。

1) 中国大陆 LED 厂商的应对

在 337-TA-640 中,2008 年 2 月 20 日提起的申请中涉及的中国 LED 厂商共 4 家:超毅光电子、鸿利光电、佳光电子、洲明电子,其中这 4 家企业主要集中在 LED 的封装和应用领域,其中超毅光电子和佳光电子选择了放弃应诉并与原告和解,而鸿利光电和洲磊电子选择了应诉。

在 Rothschild 教授提起"337 调查"时,申请了普遍排除令,如果我国被申请的公司均不应诉,就会在企业不应诉造成缺席判决,导致 ITC 对我国产品发布普遍排除令,则原告专利有效期内,我国任何企业生产的发光二极管产品及含发光二极管的下游产品将被全面禁止向美国出口,除了丧失在美国的市场份额外,可能还会影响对欧洲、南美洲等地区的产品出口,这意味着将会失去数百亿美元的国际半导体照明产品市场。鸿利光电和洲磊电子的应诉,避免了美国启动普遍排除令的情况。

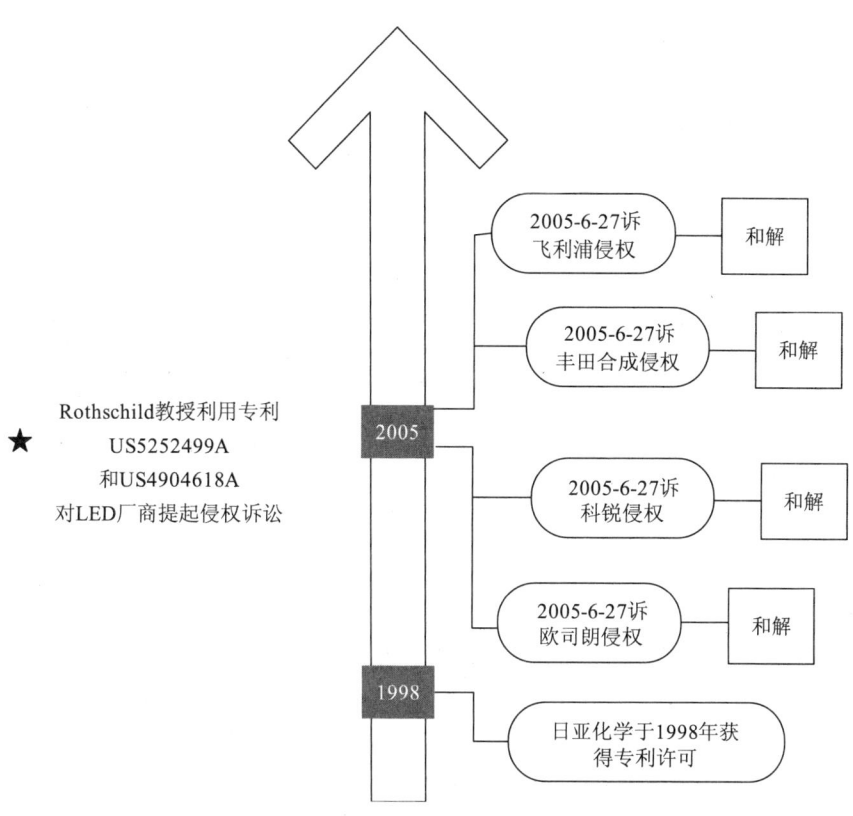

图 8-3-2 US5252499A 其他侵权诉讼情况

2008年7月24日，鸿利光电与 Rothschild 教授签订和解协议，根据协议约定，Rothschild 教授放弃并永不再要求鸿利光电及其子公司、股东、董事和管理人员就侵犯编号为 US5252499A 和 US4904618 的两项美国专利承担责任，并许可鸿利光电非排他性地使用上述两项专利，许可期为上述两项专利的剩余有效期，许可范围为美国、加拿大、日本、韩国和中国台湾。2008年10月20日，ITC 发布公告，宣布终止对鸿利光电的"337 调查"。洲明电子则获得了一项应用授权，也已和解终止了调查。

在鸿利光电和洲明电子与其和解不久，2008年8月30日，Rothschild 教授又向 ITC 追加了多家 LED 企业作为被申请人，其中包括 5 家被列入调查名单的中国大陆企业，它们是大连路美、杭州士兰明芯、江苏光明光电科技有限公司、深圳国冶星光电子有限公司和佛山国星光电。其中大连路美是大连路明集团的投资公司，而大连路明集团又以蓄光型自发光粉见长，其实用专利遍布欧美、日本、韩国和中国，而"芯""粉"结合是制造白光 LED 的主要手段，大连路明集团是世界上极少数同时拥有这两种产品和专利的公司之一，其代表作包括水立方的 2080 平方米的"路明幻态 LED"，可见这次被列入名单的企业涉及了芯片厂商。大连路美获得了 Rothschild 教授的相关的专利的全球授权。

2) 案件启示

从 337-TA-640 首个涉及 LED 的"337 调查"中，我们领教了"337 调查"的巨

大的影响力和严重的打击力,该调查具有以下特点:

① 同时对多个国家地区的多个企业同时提起诉讼,该案件涉及美国、韩国、日本、中国台湾、东南亚和中国,其中还包括很多 LED 领军厂商,如首尔半导体、三星、乐金等,而这些公司的和解也对其他 LED 企业应对的态度产生了很大影响。

② US5252499A 为外延方面的专利,其直接侵权者应该是 LED 的上游生产芯片的企业,但该次调查在我国的首次调查对象为下游的封装和应用的企业,且这些被调查的企业的规模一般,在第一次申请的对象与其和解后,追加了我国的芯片生产企业作为被告。由此可以看出,申请人的策略是:先针对规模比较小,应诉能力比较弱且容易收集获取证据的下游封装和应用企业提起调查,在和解后再对上游芯片厂商提起调查,也对上游的芯片厂商的应对诉讼的策略产生影响。而且我们出口的 LED 产品中,下游封装和应用产品占多数,诉讼下游封装企业可以迫使中国企业购买欧司朗、飞利浦的芯片,限制手机、DVD 等电子产品对美出口,并收取专利业的诉讼,将关系到地区和行业的利益。

3) 建议和策略

通过这个案件,也给我国 LED 企业应对提供一些策略:

① 积极应诉。"337 调查"相对于普通的诉讼案件救济措施的具有特殊性,可以发布普遍排除令,如果所有被诉企业不应诉,ITC 将缺席裁决,认定起诉书中的事实成立,进而根据起诉书的事实裁决被诉企业侵权,可以发布普遍排除令,把被诉企业的涉案产品排除在美国市场之外。对于 LED 产业,涉及芯片、外延、封装和应用,整个产业链涉及企业众多,对我国的 LED 产业产生巨大的影响。

② 企业联合。提请发动"337 调查"的申请人的策略之一,即以高昂的律师费阻碍外国厂商应诉,从而迫使外国厂商放弃美国市场。当然,数百万美元的律师费对广大中国企业来说确实是个沉重的负担,如果被诉企业包括数家中国企业,则联合应诉的方式将减少个别企业的应诉成本。LED 企业应该明白,"337 调查"与普通的专利侵权诉讼不同,它针对的是我国出口到美国的产品,如果所有企业不联合起来,或者是被发出普遍排除令,或者是被各个击破,因此必须整个行业联合起来应对"337 调查"。同时还要借助协会和联盟的力量,增加收集信息的渠道,降低企业的应诉成本。

③ 注重专利分析。首先,对于采购产品的侵权,了解采购产品是否已付给专利权人或利益相关人专利费用,它们之间是否有知识产权限定协议,自己与被采购企业的知识产权协议中是否具有免责条款;其次,对申请人提及的专利进行分析,判定是否侵权,如果不侵权,采取不侵权抗辩;如果确定侵权,评估专利的稳定性,看能否对专利进行无效抗辩;最后,如果确实侵权且不能无效,分析和解成本,尽可能降低费用得到申请人的专利许可。

8.3.3.2　337 – TA – 556

案件编号为 337 – TA – 556 的专利诉讼,诉讼双方分别为飞利浦与晶元光电,主要涉及 US5008718 专利,侵权官司始于 2005 年,双方一路从 ITC 打到联邦法院。

(1) 案情介绍

飞利浦于 2005 年 11 月 4 日向 ITC 对晶元光电和国联光电(United Epitaxy Company，UEC）提起诉讼，要求保护高亮度 LED 与其专利，其主因是晶元光电侵犯了 US5008718A 专利（以下简称"718 专利"）的第 1 项衬底（substrate）与第 6 项透明窗层（transparent window layer）权利要求保护范围，US5376580A 专利（以下简称"580 专利"）的第 1～3、8～9、16、18、23～28 项权利要求保护范围，US5502316A 专利（以下简称"316 专利"）的第 12～16 项权利要求保护范围，在美国销售的进口的某种高亮度 LED 及其同类产品侵犯了飞利浦的专利权，要求禁止特定 LED 产品进入美国从事进口销售，或从事一切有关贩卖的行为，要求 ITC 对这些产品发布普遍排除令与禁止令。

晶元光电的 MB、GB、OMA 系列产品是来自其并购的 UEC 的产品，MB Ⅱ、GB Ⅱ、OMA Ⅱ 是晶元光电的后续产品。ITO LED 是指使用的铟 – 锡氧化物作为电流扩展层、以提高 LED 的效率与更高的光输出的 LED。AlGaInP LED 是指包括至少一个相结合的铝、镓、铟、磷的半导体的有源层的 LED，"OMA" 一般指晶元光电的至少使用磷化铝镓铟的有源层的 AlGaInP LED 产品。"MB" 和 "GB" 是指晶元光电的至少使用磷化铝镓铟有源 LED 发光层的"金属键"和"粘胶"LED。

ITC 于 2005 年 12 月 8 日完成调查报告（案件编号：337 – TA – 556），认为晶元光电确实侵犯了飞利浦的专利范围。行政法官 Harris 在 2006 年 1 月 8 日作出初裁意见，初裁裁定飞利浦的 718 专利、580 专利 和 316 专利有效，晶元光电的 OMA、MB 及 GB LED 产品未经这些专利授权，且其中的 MB Ⅰ 和 MB Ⅱ 产品侵犯了 718 专利，晶元光电侵权 MB LED 芯片应受到有限排除令限制的建议。

行政法官解释"透明窗口层"作为传输电流的透明层，由不同于 AlGaInP 的半导体材料构成，该材料具有一个带隙比有源层的带隙宽和低于有源层的电阻率[1]。行政法官解释"衬底"，"在一个 LED 中的支撑材料，LED 的其他层生长在该支撑材料上或者接触该支撑材料"。2007 年 2 月 22 日，ITC 委员会部分采纳了行政法官 Harris 在 1 月 8 日做出的初裁意见，并在后续审查行政法官是否正确理解了飞利浦专利中的某些条款，以确定晶元光电的 OMA Ⅰ、OMA Ⅱ、GB Ⅰ 和 GB Ⅱ LED 是否也应受到有限排除令的限制。对于"衬底"，ITC 修正"支撑材料充当衬底，被生长在其他层的顶部或者接触其他层（the supporting material functioning as the substrate is grown on top of, or attached to, the other layers)"。

2007 年 5 月 9 日，ITC 在当日发布的委员会裁定中判定晶元光电所有的 OMA、MB 及 GB LED 产品侵犯了飞利浦的专利权，并决定发布有限排除令来禁止晶元光电及其关联企业公司、母公司、子公司、被晶元光电授权的公司、承包商和其他相关企业单位向美国进口侵权 LED 芯片，而含有侵权芯片的封装 LED 和主要由这些封装 LED 组成的电路板也在排除令的管辖范围之内。另外，ITC 指示，在总统复议期间如要进口排除令辖定的任何侵权 LED 产品，都须缴纳与侵权产品价值相等的保证金。这一裁定是 ITC 在 2007 年 2 月 22 日所作裁定的延伸。

2007 年 5 月 11 日，针对 ITC 于 2007 年 5 月 9 日的裁定，晶元光电主张涉案专利的

---

[1] Order Construing the Terms of the Asserted Claims of the Patents at Issue, No. 337 – TA – 556, Order No. 27, at 16 – 19 (International Trade Commission July 31, 2006).

解读有误，该裁定没有根据，将申请重审并要求暂停排除令。另外，晶元光电称已拥有OMA、GB LED的替代品——新一代Phoenix系列，并已完成对PE和PN LED的开发（用以替代MB LED），这些代替品与任何争议专利都不冲突。

2007年7月12日，总统复议期结束，ITC的排除令成为最终决定。作为ITC裁定及诉讼的结果，飞利浦通知芯片封装商、分销商及其他机构，ITC已发布排除令禁止晶元光电OMA、MB及GB LED产品进入美国。该排除令范围包括侵权LED芯片、含有侵权芯片的封装LED和主要由这些封装LED组成的电路板。飞利浦就以下几点告知LED芯片封装商、下游客户及分销商：①制造、使用、销售、供应、进口晶元光电的OMA、MB、GB LED或集成这些LED的产品是对飞利浦专利权的侵犯。②未授权的制造商不应依赖补偿协议来免除对飞利浦专利权的侵犯；制造商向顾客承诺对飞利浦的起诉作出补偿，不能阻止飞利浦维护自己的权利及直接向该顾客寻求赔偿金。同样，补偿也不能影响海关人员对侵权产品的排除。③使用、进口或销售未授权产品的公司，即使对自己的侵权行为不知情，也成为飞利浦专利的直接侵犯者。④ITC发现晶元光电现在及下一代AlInGaP产品全部侵犯了飞利浦的718专利。飞利浦认为晶元光电在过去10年内未发明出不侵犯飞利浦专利权的替代产品，不可能突然发明出来。

在ITC裁定晶元光电目前的AlInGaP LED侵犯飞利浦的专利权并发出排除令禁止这些LED进口后，晶元光电向ITC及美国联邦巡回上诉法院提出申请暂缓该排除令的执行，而ITC驳回了晶元光电的请求。ITC会议认为，晶元光电在请求裁决排除令时，"从实质上说并未展现出成功的可能性"。在作这一裁定时，ITC警告晶元光电"依据排除令体现出的行政法官的举证，而不要断章取义，试图传达与行政法官真实表达相悖的意思"。

飞利浦主张晶元光电与"晶元光电－UEC"有关的产品不得主张718号专利的无效性，由于：晶元光电必须遵守之前UEC与飞利浦订定的协议；该协议的适用范围也应扩及晶元光电其他相关产品。2006年4月13日ITC的行政法官Sidney Harris作出维持UEC－飞利浦的之前协议，并扩及晶元光电以及其生产的产品。晶元光电不服ITC所作出的判决，不服ITC对飞利浦718专利权利范围作出的解释，因此向美国联邦巡回上诉法院请求司法审查，要求撤销ITC的有限排除令，使原本被控告侵权疑虑的产品，得以进入美国市场。晶元光电控诉了2个权利要求术语的解释"透明窗口层"和"衬底"，对于衬底，晶元光电认为该词应该被限制在一个单一的、更厚的层。

美国联邦巡回上诉法院于2009年5月22日公布判决结果，驳回了晶元光电的上诉。美国联邦巡回上诉法院的裁决认为，"透明窗口层"的范围包括ITO，解释了索赔条款"透明窗口层"和"衬底"的权利要求1和6，为了解决现有技术中的电流拥挤和高的电阻率的困难，在718专利中，透明窗口层增强了较少光吸收的电流扩散，从而提供了一个明亮的光输出和更高的效率，具有比铝镓铟磷更高的导电性和较低的电阻率。美国联邦巡回上诉法院在肯定ITC解释的同时表示："晶元光电无权质疑ITC根据专利范围界定结果作出的侵权判决。"至此，ITC裁定晶元光电构成对718专利侵权的判决在上诉环节获得通过。美国联邦巡回上诉法院同时赞同ITC关于"晶元光电作为UEC的继任者，其透过晶元光电与UEC的合并交易获得的UEC产品不得与718专利权发生抵触"的判决，但美国联邦巡回上诉法院推翻了ITC对晶元光电其他产品的同类限制，因为它发现根据加州法律，该协议只适用于UEC的产品，而不针对晶元光电的产品。美国联邦巡回上诉法院解除了现有的禁止晶元光电LED下游产品进入美国销售的有限排除令，并将此案发回ITC作进一步的调查。此外，ITC要求晶元光电不能挑战飞利浦专利权的判定也遭到美国联邦巡回上诉法院否决，晶元光电未来将可在UEC产品以外的专利诉讼案中挑战飞利浦718专利的有效性。

但718专利将于2009年12月到期，飞利浦又拟于美国地方法院提告，追溯晶元光电过去产品使用的侵权责任；2009年9月24日，双方最后索性达成和解，同时完成专利授权，历时近4年的侵权官司落幕。

在双方达成和解后，晶元光电同时取得飞利浦的AlInGaP LED的技术授权，授权条件则不予披露。晶元光电也借此机会，再签订其他红光LED的专利授权，强化其产品专利布局。

晶元光电强调，官司达成和解，主要考虑与其支付诉讼费用，不如双方携手合作，使用飞利浦的专利可改善晶元光电现有产品，并提升未来产品表现，客户端采用时亦再无侵权疑虑，整体而言，绝对是利益大于授权条件。

晶元光电表示，该公司的四元产能全球最大，过去碍于专利侵权官司，业务推展时绑手绑脚，如今去除这项因素，将可更积极冲刺四元产品的市场。

1）飞利浦、UEC与晶元光电简介

飞利浦Lumileds是全球大功率LED和固体照明的领导厂商，通过全球范围内的并购重组以及技术引进占领了LED全产业链，使飞利浦由原来传统灯具（白炽灯与荧光灯）生产厂商转换成LED照明灯具生产及提供照明工程解决方案的厂商。飞利浦Lumileds，最初是惠普的光电事业部，1999年由安捷伦和飞利浦合资组建了该公司，2005年飞利浦完全收购了该公司。2007年，收购了ColorKinetics公司；在2008~2009年连续收购Genlyte、LTI、Dynalite以及Teletrol四家公司。

UEC与该案件上诉人晶元光电皆为生产LED产品的制造商，晶元光电具有氧化铟锡专利技术，UEC在合并前是我国台湾地区最大的铝镓铟磷LED供应商。2005年12月30日，晶元光电公司出资并购United Epitaxy公司，以晶元光电公司为合并后之存续公司，并且接收所有UEC的权利与相关义务。

作为LED外延片和芯片制造公司，晶元光电成立于1996年，主要生产超高亮度LED外延片及芯片。该公司外延片产能全球第一，四元超高亮度磷化铝镓铟红光、橙光及黄光LED世界市场占有率高于40%，是全球最大的四元LED生产厂之一。蓝光LED产量占全球20%，也跻身世界前三。

2）诉讼纪录与协议

在UEC未被晶元光电并购之前，双方与飞利浦皆有专利诉讼的纪录，也都分别和该公司达成和解。

1999年的United Epitaxy Co. v. Hewlett – Packard Co.、编号为C – 00 – 2518 – CW（ND Cal. Sept. 7, 1999）的案件中，Lumileds公司于北加州地区院控告UEC的产品侵犯718号专利；UEC也对飞利浦的718号的专利有效性提出请求与抗辩。

在2001年6月北加州地区院判决指出，718号专利并无不正当行为而导致其不可执行性，专利范围也非先前技术可预见；该专利依然有效与可执行。因此，2001年8月30日飞利浦与UEC达成并签署和解协议，协议中提及飞利浦授权UEC使用718专利制造、销售与进口LED产品。而UEC则承诺其自身和它的继任者不会再对718号专利的有效性提出质疑。

飞利浦于2003年1月至2004年7月间对晶元光电提起诉讼，最后双方达成协议，晶元光电就718专利的许可使用支付一次性权利金给予飞利浦，达UEC支付的近两倍。根据双方协议，晶元光电承诺对于被授权的产品不去挑战718号专利的有效性；但是，如果未来飞利浦对晶元光电提起诉讼，则晶元光电仍保留挑战专利有效性的权利。此外，该协议并没有对未授权的产品有所限制，也就保留了晶元光电对718号专利有效性的挑战权利。

3）美国联邦巡回上诉法院❶

美国联邦巡回上诉法院，简称CAFC，在案例援引时简写为Fed. Cir.，属于美国联邦法院系统。美国联邦巡回上诉法院最为人熟悉的职能是作为对专利确权、侵权诉讼的专属上诉法院。它受理来自美国专利商标局（PTO）的关于专利审查案件、美国联邦地区法院专利侵权案件和来自ITC的"337调查"案件的上诉。自其成立以来，美国联邦巡回上诉法院审理的案件大约有1/3涉及专利。美国联邦巡回上诉法院关于专利案件的许多重要判决在美国专利制度的发展中起了极其重要的作用。一般来说，来自任何美国联邦地区法院的所有上诉，只要原诉讼中包含了基于美国专利法产生的诉讼请求，均由美国联邦巡回上诉法院受理。然而，根据美国联邦最高法院的判决，如果专利诉讼请求仅仅是被告作为反诉而提出的，则不一定必须由美国联邦巡回上诉法院受理。不过，尽管其他上诉法院理论上也可以受理专利反诉，实际上这样的情况不常发生。美国联邦巡回上诉法院的一个与众不同之处是它的决定，尤其是有关专利案件的决定，在全美国都成为约束性的先例。这与其他12个联邦上诉法院不同，后者的判决只在它们负责的地理区域内成为约束性先例。美国联邦巡回上诉法院的决定只可以被美国联邦最高法院的决定或者成文法的相关改变所推翻。由于是否审查美国联邦巡回上诉法院的决定取决于美国联邦最高法院的自由裁量，所以实际上大多数情况下美国联邦巡回上诉法院的决定是终局性的，特别是由于美国联邦巡回上诉法院就相关事项拥有排他性的管辖权，不存在所谓"巡回区分歧"（circuit split）❷的情况。

（2）涉案专利

专利US5008718A（以下简称"718专利"）是涉及AlGaInP的发光二极管，发明名称为"具有导电窗口的发光二极管"，1991年4月16日获得授权。该专利共有14项权利要求，其中有2项独立权利要求（权利要求1和8）和12项从属权利要求（权利要求1的从属权利要求2~7，权利要求8的从属权利要求9~14）。718专利的同族专

---

❶ [EB/OL]. http://baike.baidu.com/link? url = 48HCFb7w_ajl9uUG5Pap1F0eJ1SIgJoC5Zz49dEnwFnM_nLkP5hPZ9poLTt-Z5fV9mszQNZP06ijuZMjzQdBkK.

❷ 即不同巡回区的上诉法院对联邦法律的解释发生分歧。

利不是很多，但718专利属于基础专利，主要影响到晶元光电的高亮度、超高亮度四元红光LED产品，应用端包括汽车刹车灯、交通标志、户外显示广告牌、室内照明补色等。718专利于2009年12月18日到期。2013年7月27日，在DII中查被引证情况，718专利被72项专利所引证，除被飞利浦（引证的专利为10项）、欧司朗（引证达8项）引证外，还被夏普（引证达4项）、三菱、日立、首尔半导体、三星等引证；中国台湾厂商中工业技术研究院（以下简称"工研院"）、晶元光电、光宝、全新光电等也在专利中引证了718专利；也有不少专利权人为个人的专利引用了718专利。

表8-3-3给出了718专利的基本信息，并给出了涉案权利要求的具体内容。

表8-3-3 US5008718A 基本信息

公开号	US5008718A			
发明名称	Light-emitting diode with an electrically conductive window			
申请日	1989-12-18			
优先权日	1989-12-18			
公告日	1991-04-16			
发明人	FLETCHER ROBERT M、KUO CHIHPING、OSENTOWSKI TIMOTHY D、ROBBINS VIRGINIA M			
申请人	FLETCHER ROBERT M.			
诉讼时的专利权人	LUMILEDS LIGHTING, U.S., LLC			
进入国家	US、EP、DE、HK			
同族专利情况	公开/公告号	公开日	公开/公告号	公开日
	DE69017396T2	1995-06-29	EP0434233B1	1995-03-01
	DE69017396D1	1995-04-06	EP0434233A1	1991-06-26
	HK169495A	1995-11-10	US5008718A	1991-04-16
技术分支	芯片结构			
摘要附图				

续表

公开号		US5008718A
权利要求总体情况		为产品权利要求,共有权利要求14项,其中独立权利要求2项:权利要求1和8,权利要求1的从属权利要求2~7,权利要求8的从属权利要求9~14
涉及的侵权权利要求(第1、6项)	权利要求1	1. 一种发光二极管,包括:半导体衬底;到衬底的电接触;在衬底上的、用于发光的、AlGaInP的有源PN结;一不同于在有源层的AlGaInP、透明窗口半导体层,该透明窗口半导体层具有大于有源层的带隙和低于有源层的电阻率;形成在透明层的一部分上的金属电接触
	权利要求6	6. 一种发光二极管,如权利要求1所述,其特征在于,所述透明窗口层具有比磷化铝镓铟的电阻率小的至少一个数量级的电阻率

专利 US5376580A(以下简称"580 专利")和专利 US5502316A(以下简称"316 专利")属于系列申请。580 专利涉及对方法进行保护,316 专利涉及对产品进行保护,二者的发明名称均为"发光二极管的晶片键合"。580 专利和 316 专利的申请日和优先权日均为 1993 年 3 月 19 日。580 专利共有权利要求 29 项,其中独立权利要求 7 项:权利要求 1、8、14、16、19、23 和 29。316 专利共有权利要求 16 项,其中独立权利要求 3 项:权利要求 1、8 和 12。表 8 - 3 - 4、表 8 - 3 - 5 分别给出了 580 专利和 316 专利的基本信息,并给出了涉案权利要求的具体内容。

表 8 - 3 - 4 US5376580A 基本信息

公开号	US5376580A
发明名称	Wafer bonding of light emitting diode layers
申请日	1993 - 03 - 19
优先权日	1993 - 03 - 19
公告日	1994 - 12 - 27
发明人	KISH FRED A、STERANKA FRANK M、DEFEVERE DENNIS C、;ROBBINS VIRGINIA M、UEBBING JOHN
申请人	HEWLETT PACKARD CO
诉讼时的专利权人	LUMILEDS LIGHTING, U. S. , LLC
进入国家	US、EP、JP、KR、DE、TW
技术分支	芯片结构
摘要附图	

续表

公开号	US5376580A	
权利要求总体情况	为方法权利要求，共有权利要求29项，其中独立权利要求7项：权利要求1、8、14、16、19、23和29，权利要求1的从属权利要求2~7，权利要求8的从属权利要求9~13，权利要求14的从属权利要求15，权利要求16的从属权利要求17~18，权利要求19的从属权利要求20~22，权利要求23的从属权利要求24~28	
涉及的侵权权利要求（第1~3、8~9、16、18、23~28项）	权利要求1	1. 一种形成发光二极管（LED）的方法，包括：选择第一材料，第一材料满足制造具有所需的机械特性的LED层匹配的属性，提供所选择的第一材料制成的第一衬底；在第一衬底上制造LED层，由此形成一LED结构；选择一光学透明材料，所述光学透明材料与增强的LED性能的LED结构匹配；晶片将所选择的光学透明材料的透明层结合至LED层
	权利要求2	2. 根据权利要求1的方法，其中制造所述LED层的方法，是在第一衬底上外延生长多个层的步骤，所述第一材料选择于提供与外延生长的多个层的晶格匹配的材料，所述步骤包括限制每个层的最大厚度为75μm的外延生长
	权利要求3	3. 根据权利要求1的方法，还包括去除所述第一衬底
	权利要求8	8. 一种形成发光二极管（LED）的方法，包括：提供一具有与外延生长LED层晶格匹配的临时生长衬底；在所述临时生长衬底生长LED层的叠层，所述叠层具有第一侧，并具有第二侧，第二侧被耦合至所述生长衬底，所述生长衬底从而形成一生长支撑表面；以及取代所述临时生长支撑表面以永久衬底，其至少比所述生长衬底具有较高的导电性/增加的光学透明性，所述取代包括将永久衬底晶片键合至LED层的第一与第二侧中的其中一侧，所述晶片键合包括升高永久衬底与LED层的界面处的温度，所述晶片键合还包括施加力将永久衬底和LED层压缩以实现它们之间的低电阻连接
	权利要求9	9. 根据权利要求8所述的方法，其中，取代所述临时生长支撑表面的方法包括在永久衬底与LED层的第一侧的晶片键合后，去除所述生长衬底
	权利要求16	16. 一种形成发光二极管（LED）的方法，包括：提供一个临时的生长衬底，包括将所述生长衬底选择为能与制造的LED层晶格匹配的兼容者；在所述生长衬底上生长LED层，所述LED层具有第一侧和第二侧，被连接到生长衬底；将以导电反射镜晶片键合于LED层的第一和第二侧面中的一侧，以反射反射镜方向的光，包括在晶片键合过程中的将所述LED层和所述反射镜的温度升高，以形成低电阻连接
	权利要求18	18. 根据权利要求16的方法，其特征在于反射镜是被第二衬底支撑
	权利要求23	23. 一种发光二极管（LED）的方法，所述LED具有包括相邻的第一层和第二层连接于一介面的多个层，所述方法包括以下步骤：将所述第一层的第一表面图案化，使得光学和电学性质中的至少一个会选择地沿第一层和第二层的界面变化；将所述第一层的第一表面晶片键合到第二层

续表

公开号		US5376580A
涉及的侵权权利要求（第1~3、8~9、16、18、23~28项）	权利要求24	24.根据权利要求23所述的方法，进一步包括外延生长LED层，将所述第一层的第一表面图案化，包括选择一个图形来界定外延生长的LED层所需要的电流路径
	权利要求25	25.根据权利要求23的方法，其中所述第一层的第一表面的图案化的方法，包括从所述第一层去除材料，以形成沿着所述第一表面的凹部
	权利要求26	26.根据权利要求25所述的方法，还包括对准所述凹部做成一电极以用于施加电压，所述电极被定位于与第二层相反的所述第一层的一侧
	权利要求27	27.根据权利要求23所述的方法，其特征在于，所述第一层选自形成电流扩散窗口层的材料
	权利要求28	28.根据权利要求23的方法，其中所述第一表面图案化的方法，包括选择一个图形定义由LED产生的光的光反射图案

表8-3-5 US5502316 A 基本信息

公开号	US5502316 A
发明名称	Wafer bonding of light emitting diode layers
申请日	1995-10-12
最早优先权日	1993-03-19
公告日	1996-03-26
发明人	KISH FRED A、STERANKA FRANK M、DEFEVERE DENNIS C、ROBBINS VIRGINIA M、UEBBING JOHN；
申请人	HEWLETT PACKARD CO
诉讼时的专利权人	LUMILEDS LIGHTING, U. S. , LLC
进入国家	US、EP、JP、KR、DE、TW
技术分支	芯片结构
权利要求总体情况	为产品权利要求，共有权利要求16项，其中独立权利要求3项：权利要求1、8和12，权利要求1的从属权利要求2~7，权利要求8的从属权利要求9~11，权利要求12的从属权利要求13~16
摘要附图	

续表

公开号	US5502316 A	
涉及侵权权利要求（第 12~16 项）	权利要求 12	12. 一种发光半导体器件，包括：一半导体层中的布置，用于响应电流传导而产生光；光学透明的、晶片键合层耦合到所述半导体层，所述晶片键合层与所述半导体层的界面表现出具有经过晶片键合的层的特性，包括机械坚固；电极，用于将电流施加到所述半导体层
	权利要求 13	13. 如权利要求 12 所述的装置，其特征在于，晶片键合是与至少一个半导体层直接相邻
	权利要求 14	14. 根据权利要求 12 的装置，其特征在于，所述半导体层形成发光二极管
	权利要求 15	15. 根据权利要求 12 的装置，其特征在于，所述晶片键合层是透明衬底，其厚度大于 8 密耳，所述透明衬底是键合到半导体晶片的晶片
	权利要求 16	16. 如权利要求 12 所述的装置，还包括耦合到所述半导体层的第二光学透明的晶片键合层

US5376580A、US5502316A 的同族专利非常多，参见表 8-3-6，在多个国家/地区有专利布局，足可见专利权人对此专利的重视程度。

表 8-3-6 US5376580A、US5502316A 的同族专利情况

公开号/公告号	公开日	公开号/公告号	公开日
DE69406964D1	1998-01-08	JP2004006986A	2004-01-08
DE69406964T2	1998-06-04	JP2004080042A	2004-03-11
DE69432426D1	2003-05-08	JP2006319374A	2006-11-24
DE69432426T2	2004-03-11	JP3532953B2	2004-05-31
EP0616376A1	1994-09-21	JP3708938B2	2005-10-19
EP0616376B1	1997-11-26	JP6302857A	1994-10-28
EP0727829A2	1996-08-21	KR100339963B1	2002-05-27
EP0727829A3	1997-01-29	KR100342749B1	2002-06-19
EP0727830A2	1996-08-21	KR100401370B1	2003-10-17
EP0727830A3	1997-01-29	KR338180B	2002-08-24
EP0727830B1	2003-04-02	TW280039A	1996-07-01
EP0730311A2	1996-09-04	US5376580A	1994-12-27
EP0730311A3	1997-01-29	US5502316A	1996-03-26

网址 http://assignments.uspto.gov/assignments/q?db=pat 是美国专利商标局（USPTO）的子网域数据库，该数据库提供美国专利专利权人移转记录。包括原发明人移转给任职公司，或是公司与公司间的权利移转。在该子网数据库，课题组对 718 专利、580 专利和 316 专利的专利权人移转情况进行了核实。

718专利于1989年12月18日被FLETCHER ROBERT M. 等作为申请人提交专利申请；在提交专利申请前，FLETCHER ROBERT M. 等人于1989年12月15日，将其转让给HEWLETT - PACKARD COMPANY, A CORP OF CA，使HEWLETT - PACKARD COMPANY, A CORP OF CA成为该申请的受让人；1998年5月20日，由于公司合并，专利权人变为HEWLETT - PACKARD COMPANY, A DELAWARE CORPORATION；2000年5月20日，转让给AGILENT TECHNOLOGIES INC.；2000年9月6日，转让给LUMILEDS LIGHTING, U. S., LLC.

580专利，发明人KISH FRED A等于1993年3月18日（即申请日当天）将580专利申请转让给HEWLETT - PACKARD COMPANY, A CORP OF CA；1998年5月20日，由于公司合并，该专利的专利权人变更为HEWLETT - PACKARD COMPANY, A DELAWARE CORPORATION；1999年1月11日，专利权又被转让给AGILENT TECHNOLOGIES INC。2000年9月6日，专利权被转让LUMILEDS LIGHTING, U. S., LLC。

由于公司合并，受让人HEWLETT - PACKARD COMPANY, A CORP OF CA于1998年5月20日，将316专利转让给HEWLETT - PACKARD COMPANY, A DELAWARE CORPORATION。HEWLETT - PACKARD COMPANY, A DELAWARE CORPORATION于1999年1月11日，转让给AGILENT TECHNOLOGIES INC。2000年9月6日，专利权又被转让给LUMILEDS LIGHTING, U. S., LLC。

从718专利、580专利和316专利的专利权人移转情况来看，这3件专利均来源于惠普，并在后续的公司组建、收购中，被飞利浦继承下来。

(3) 案件启示

① 关注权利要求的保护范围：在该案例的判决书中，对权利要求保护范围进行了详尽的解释。美国对权利要求保护范围的解释采用周边限定制，即专利权的保护范围完全由权利要求的文字内容确定，不能作扩大解释，被控侵权行为必须重复再现了权利要求中记载的全部技术特征，才被认为落入专利权保护范围之内。中国LED企业可以通过权利要求书清楚地了解相关专利权的保护范围，不必作随意性的推测，可以通过适当的产品设计以进行专利规避。申请人在撰写过程中，针对各国对权利要求保护范围的解释，注意撰写技巧。在应对诉讼时，可以根据对权利要求的保护范围的解释进行反驳。

② 研究前案的判决：美国法律属于判例法，前案的判决对于后案有决定性影响，因此可以通过研究之前的各个案例来实现专利规避。在该案例中，判决书中也引用了多个判例。

③ 面临诉讼威胁与授权金支付的难题挑战时，清醒判断，合理抉择，从而选择是直接赔偿、和解，还是反诉。

④ 飞利浦在全球正在推广"LED照明和改型灯泡"授权计划，提供了支付许可费就能得到非常广泛的LED和SSL专利产品组合。国内的企业可以借鉴晶元光电的经验，在授权计划中争取主动。

⑤ 规避风险，首先是不要轻易、盲目地进入国外市场，如果需要进入最好事先获得一些授权，或者构建"专利池"，那样会形成较好的保护，利于顺利进入国外市场。

如果存在侵权产品被诉讼，被告应积极开发新的技术和产品，绕开侵权产品。

8.4 中国台湾厂商目前的专利布局和专利策略

8.4.1 概　述

中国台湾 LED 产业发展，至今已有 30 多年历史。早期由下游的封装环节开始，之后陆续向中、上游发展，逐步介入芯片及外延产业，从而建立了完整的 LED 上中下游产业链。目前，中国台湾成为仅次于日本的第二大 LED 生产地，产量位居世界第一，约占 40%~45%，产值位居世界第二，约占 25%。

中国台湾 LED 产业在发展过程中，曾多次受到跨国公司的打压。回溯中国台湾 LED 产业 30 多年的发展历程，尤其是近几年 LED 产业发展，从中汲取有益经验，对于中国大陆 LED 产业协同发展能起到很好的推动作用。

中国台湾地区 LED 产业在外国大公司的打压下，并没有被对手的强大攻势吓到，它们采取了积极应对的策略，寻求自身的发展。

首先，对内建立了产业联盟、策略联盟，商讨一致对外。2009 年中国台湾的"工研院"整合了亿光、一诠、东贝、璨圆、光林等近 20 家 LED 生产厂商，成立"LED 路灯产业联盟"，意图将"工研院"的研发成果，以产学合作的方式推广到中国台湾的 LED 厂商，以打造具有国际竞争力的 LED 路灯产业基地，抢占国际市场。2012 年 12 月，由"工研院"协调整合台湾 31 家团体会员和 2 家赞助会员，共同成立"台湾 LED 照明产业联盟"，从前身"LED 路灯产业联盟"转型的"台湾 LED 照明产业联盟"的目的在建立产业交流和合作，创造商机，达到 LED 照明产业永续发展的目标。成立智财银行（IP BANK），协助中国台湾 LED 厂商应对国际专利战，成立"反诉型基金"，结合政府与民间之力迎战国际专利战争。

产学研结合，加强自身的技术能量。"工研院"成立于 1973 年，作为中国台湾最大的产业技术研发机构，已迅速成为成功开创中国台湾半导体产业的先锋。"工研院"与其产业之间的良性互动，已成为包括中国大陆在内的许多发展中经济体效仿的典范。一方面，研究机构积极推进产业的进步，另一方面，企业也积极寻求与研究机构的合作，如中国台湾最早跨入 LED 产业的光宝科技，也积极地进行产学合作，过去几年，光宝科技与中国台湾的交通大学已共同完成多项研究，内容包含自动控制、光电影像与制程等领域，并提交了多件相关专利，光宝科技和交通大学还将继续实施与 LED 封装相关的研究计划。

对外积极应诉，争取以最小代价换得最大利益，在自身实力比较强的时候，对对方进行反诉，自身实力不够就采取和解的方式。亿光诉请日亚化学的专利无效，就是对对手的专利手段的反制行为的很好体现。

中国台湾的 LED 厂商陆续获得国际大厂的专利许可，光宝科技、亿光、璨圆、晶元光电等 LED 厂商都得到了国际大厂的专利授权。

通过并购重组、资源整合、强强联手、优势互补来增强整体实力已经是各大厂商的共识。近年来,中国台湾的 LED 厂商的整合事件也越来越频繁,LED 厂商被动或主动地并购整合,实现利益最大化。2012 年,中国台湾 LED 行业出现的较大规模的合并案就涉及 3 起:2012 年 8 月 9 日,广镓与晶元光电通过股份的转换,广镓成为晶元光电的子公司,这属于上游芯片厂的横向的并购整合;2012 年,中美蓝晶与兆远科技合并,基准日为 2013 年 1 月 1 日,兆远科技为存续公司,从而跃居成为中国台湾地区最大 LED 蓝宝石基板厂;2012 年 9 月 13 日,隆达电子与威力盟电子发布公告称,两家公司通过换股方式实现合并,以隆达电子为存续公司,基本完成产业链垂直整合。

8.4.2 中国台湾 LED 企业涉及的专利授权、诉讼、企业合并事件

随着中国台湾 LED 产业发展,中国台湾的 LED 企业涉及多起专利授权、诉讼、企业合并事件,参见图 8-4-1(见文前彩色插图第 7 页)。

从图 8-4-1 中可以看出,雅新、光宝科技、亿光等公司已经得到欧司朗的专利授权,佳威、光磊、鸿海集团得到日亚化学的专利授权,旭明光电、光宝科技、璨圆得到科锐的专利授权,而玉晶电、晶元光电则得到了飞利浦的专利授权。在授权方式上,由于晶元光电、光宝科技、亿光、旭明光电自身具有较强的技术实力,拥有一定数量和质量的专利,在得到国际大厂的专利授权时,具有一定的话语权,采取的往往是双方交叉授权的方式。欧司朗与中国台湾的光宝科技进行的专利技术交叉授权,欧司朗授权光宝科技生产和销售可表面贴装的 LED(SMT LED)和采用转换技术的白光 LED;光宝科技则向欧司朗提供了一项特殊制造工艺的专利授权。

从图 8-4-1 中还可以看出,与国际大厂近年来合并整合事件增多的趋势一致,中国台湾的 LED 行业也频频出现合并整合事件,不仅涉及产业链的垂直整合,还涉及水平整合。合并整合事件的增多,一方面是因为通过扩产、整合、并购、战略联盟等形式可以取得规模效应、间接降低企业生产成本,提高市场集中度;另一方面,面对国际大厂强势竞争,合并整合可以在专利、技术、人才、市场等方面优势共享,共同抵抗来自欧美、日韩等国际大厂的挑战。

为了占领国际市场,中国台湾 LED 厂商还积极参与国际投资与竞争:台积电旗下创投 VTAF 公司投资美国 LED 大厂 BridgeLux,并取得一席董事;璨圆 2010 年底与日本最大商社三井合作结盟,藉由释出 15% 的股权,希望获取行销通路以及专利技术的双赢;晶元光电还与丰田合成,合资成立蓝光 InGaN 与 AlGaInP 合资企业"丰晶光电 LED 公司"。

中国台湾的 LED 厂商还注重彼此间的联合,合资或者合作设立了不少工厂。晶元光电与亿光、冠捷合作,成立 LED 封装厂;2011 年,晶元光电、光宝科技及康佳共同投资,设立晶品光电。

中国台湾 LED 厂商也开始在大陆寻找可以深度合作的系统照明厂商共同开拓内地市场。作为中国台湾地区最早上市的 LED 企业,璨圆选择与三安光电合作,接受了三安光电的入股投资方案,双方的合作将有利于区域市场的互补、产品应用市场的互补,有助于强化两家企业在全球 LED 领域的综合竞争力璨圆在韩国、中国台湾、日本市场等具有一定优势,三安光电的产品则主要偏重于中国大陆区域市场,二者间的合作能

让璨圆顺利进入中国大陆市场，三安光电则可以通过璨圆的国际渠道进入海外市场；三安光电产品主要为显示屏、景观照明及室内外照明（偏重于室外照明），而璨圆目前在背光领域，尤其是在电视背光领域占有重要地位，双方的联合将增强彼此在应用领域的优势。

8.4.3 不同企业的专利策略

不同的企业，专利策略有所不同。晶元光电通过合并多家公司拥有了多家公司的原有专利，产学研结合获得先进技术及其专利，争取与大厂交叉授权的机会、让晶元光电的专利布局更完整。而亿光面对国际专利战，一方面积极开发新技术、投入大量的研发来布局专利，发展自有品牌，另一方面与许多业内厂商达成多项专利交互授权或协议，面对侵权诉讼，适时反击，捍卫自身权益。

8.4.3.1 晶元光电

晶元光电成立于1996年，其是在中国台湾"工研院光电所"协助催生下，由光宝科技、亿光、华兴、鼎元及佰鸿等公司合资创设。晶元光电的技术团队，其主要成员来自"工研院光电所"、留美光电专家和LED业内的资深从业人员。

晶元光电是中国台湾LED芯片领域的龙头老大，主要从事高亮度磷化铝镓铟（AlGaInP）、蓝绿光氮化铟镓（InGaN）及红外线砷化铝镓（AlGaAs）外延片与芯片的研发、生产与销售。

晶元光电成立以来合并了多家公司，通过水平扩张来壮大自身实力。晶元光电于2003年合并晶茂半导体、2005年合并国联光电（UEC）、2006年合并元砷及连勇、2012年收购广镓。2005年底，晶元光电以股份转换方式完成对UEC的并购；通过并购，晶元光电拥有了高亮度LED芯片技术，专利数量超过400项，并成为中国台湾最大的LED芯片厂商。2006年9月，晶元光电同样以股份转换方式，将元砷和连勇收归旗下，晶元光电作为存续公司，新晶元光电将成为全球最大的红光LED厂，以及第四大的蓝光LED厂，快速成为全球LED芯片巨头之一。董事长陈致远指出，这次合并最大的意义是台湾出现一家国际级的LED上游磊晶公司，未来在与国际大厂进行策略联盟和交叉授权将更有利的地位。新晶元光电藉由集团的优势，将产能扩增，巩固在LED产业的龙头宝座。2012年，晶元光电与广镓通过股份转换方式，广镓成为晶元光电的子公司；晶元光电与广镓的整合不是合并，主要是考虑到广镓与首尔半导体签有策略联盟的合约。晶元光电此次收购广镓，主要为了改善晶元光电的业绩，除可减少设备投资金额外，还可避免重复投资带来的产能过剩隐忧。晶元光电通过多次并购，扩大产能和市场、获得新技术，并拥有了多家公司的原有专利；通过合并，将多家企业之间的LED资源充分整合，减少重复投资、提升生产及采购规模效益，同时扩大出口。

除此之外，晶元光电为布局LED照明，除早期客户亿光和光宝科技，并陆续与照明相关厂商结盟，甚至出现股权投资，继南亚光电、齐瀚光电、葳天光电后，晶元光电再投资艾笛森，以盘后交易方式接下艾笛森前董事长孙宗鼎的持股。

产学研结合：财团法人"工研院"是台湾"经济部"成立的财团法人，是一个带有官方色彩的民间研究机构,也是台湾科技业发展的先驱;在 LED 方面,主要从事于交流发光二极管(AC LED)、发光二极管封装散热等相关技术,并于 2008 年荣获全球百大科技奖。晶元光电成立伊始,就导入"工研院"技术,并由"工研院"牵线,整合 LED 下游供应链合资成立,从红光 LED 到蓝绿光 LED 的研发到量产,都有"工研院"的研发能量在内。2006 年 8 月 31 日获得"工研院"15 项红光、蓝光 LED 专利技术的授权;这些专利技术使晶元光电的 LED 照度提高 20% ~50%,并对得到与国际大厂签署交叉授权协议的合作机会产生了积极影响。

争取授权:2009 年晶元光电与飞利浦达成交叉许可协议,结束了多年专利争斗的局面;晶元光电也与丰田合成进行交叉授权,使彼此(包含子公司)可使用对方关于 Ⅲ-Ⅴ族半导体发光二极管技术专利,其中包含蓝光 InGaN-LED 与四元 AlGaInP-LED 的技术。在 337-TA-640 案中,虽然晶元光电并非被告之一,但晶元光电仍主动取得 Rothschild 教授全球非专属授权,授权专利包括 US5252499 与 US4904618 两件专利,以及与其对应的全球专利家族。

晶元光电近年来在专利的布局也有改变,前几年晶元光电在专利布局是被动地规避侵犯他人的专利,但近年来晶元光电自行开发 ACLED 专利、HVLED 专利,这些专利是别人也需要的专利,因而容易取得与大厂交叉授权的机会,让晶元光电的专利布局更完整。除在中国台湾,晶元光电在欧洲、美洲和中国大陆等地都已成功申请多项专利。

为了占领中国大陆市场,晶元光电最近几年在中国大陆积极投资,建立了多个生产基地。2007 年,晶元光电全额投资了晶宇光电(厦门)有限公司;2009 年,晶元光电与联电携手在山东合资成立冠诠 LED 厂;2010 年,晶元光电与光宝科技、康佳集团结盟在常州设立晶品光电(常州)有限公司;2010 年,晶元光电与亿光、冠捷共同出资成立了亿冠晶(福建)光电有限公司。除此之外,晶元光电还和阳光照明及雷士照明两家内地大厂签订战略协议。2012 年 3 月,晶元光电及封装厂大友国际与上海亚明照明公司以 1 亿元人民币在江苏昆山合资成立 LED 照明公司。2012 年 5 月 11 日,晶元光电与门立达信光电在厦门签署联合建设"LED 光电集成一体化技术两岸联合研发中心"合作协议书;这是中国大陆首个海峡两岸联合建立的 LED 产业研发中心。

总的来说,晶元光电在知识产权方面积累了很多实战经验,专注于 LED 产业链的上游领域,在技术上,通过产学研结合的方式,并投入大量研发资金,争取技术创新,建构自身研发技术,增强自身的专利布局,提高成品的附加值并提高产品的竞争力;在策略上,通过并购加强了其在中上游的布局,与国际 LED 大厂相互授权,与照明相关厂商结盟,包括股权投资等方式来进行策略联盟。

8.4.3.2 亿光

亿光于 1983 年创立于台北,在全球 LED 产业中具有关键性地位,在 LED 封装具有龙头地位,早期完全属于代工企业,2010 年创建了自己的 LED 照明品牌"EVER-LIGHT",在中国台湾取得市场占有率首位后,还将产品推至中国香港、日本、中国大陆等,自此亿光的产品自有品牌和代工并行。亿光是全球照明大厂的代工伙伴,亿光陆续取得国际照明大厂的认证,将供应 LED 光源给欧美大厂,目前全球前四大照明厂都将代工订单委托亿光生产。

亿光与日亚化学是 LED 产业的主要竞争对手。亿光与欧司朗间有交互授权关系，采用丰田合成的芯片，并使用丰田合成的红黄色荧光粉，以躲避日亚化学的专利问题。

亿光与日亚化学之间的专利诉讼不断，具体参见表 8-4-1。亿光采取的策略是研发与专利团队不断研究日亚化学相关专利的有效性，在全球主要 LED 市场对日亚化学提出专利无效请求。日亚化学 2013 年 9 月在台召开记者会，指控亿光在日本、中国、德国及中国台湾共对日亚化学提出 28 件专利无效程序。

其中最主要的事件是 TW575341B（证书号为第 089036 号）的无效事件，该专利主要是涉及应用在手机等行动设备上、用作液晶屏幕背光源的 LED 产品。

该事件始于 2005 年 4 月 25 日日亚化学控告亿光 3 款 LED 产品（型号 99-215 UWC/TR8、99-115 UWC/XXX/TR8 及 99-115 UTC/710/TR8）侵害了其新式样专利（第 089036 号专利）。2009 年 7 月 29 日由"板桥地方法院"作出一审判决，认定亿光 LED 产品侵犯日亚化学的专利，且亿光需付出新台币 8000 万元的损害赔偿，亿光不服继续上诉。亿光向"台湾高等法院"提起上诉后，提出日本及韩国相关的专利，及学术机构对有关产品辨识程度的意见，抗辩争议专利不具新颖性及创作性等，并在案件审理过程中不断补充提出新的证据。

历时数审，后"台湾最高法院"将该案交由"智慧财产法院"审理，在此过程中，亿光继续提出新的证据。

在"智慧财产法院"的民事诉讼中，"智慧财产法院"于 2010 年 7 月 22 日判决亿光更一审胜诉，争议专利不具有创造性，专利无效，8000 万元新台币的赔偿请求无理由，亿光将不用赔给日亚化学高达新台币 8000 万元的损害赔偿。

"智慧财产法院"又在 2011 年 3 月的行政诉讼程序中，再次判决"智慧财产局"应撤销该专利权："智慧财产法院"于 2011 年 3 月 3 日宣判，认为日亚化学的争议专利不具创造性，专利无效，"智慧财产局"应撤销争议专利的原审定。此行政诉讼判决结果，再次肯定了 2010 年 7 月 22 日的民事判决中认定的日亚化学争议专利无效的见解。对此日亚化学不服，向"最高行政法院"提起上诉。最终，"最高行政法院"于 2011 年 10 月 20 日作出判决，判决亿光胜诉，并驳回日亚化学的上诉案，全案确定，日亚化学不得再行上诉；且亿光与日亚化学之间的第 089036 号专利诉讼案，在"经济部智慧财产局"接获"最高行政法院"判决后，撤销日亚化学此项专利权，这被认为是中国台湾 LED 厂的里程碑。亿光董事长叶寅夫雀跃地强调"这是台湾 LED 厂商第一次在专利诉讼案的胜利"。随即在 2011 年 11 月，"台湾最高法院"驳回日亚化学的民事上诉，亿光再度胜诉确定。

亿光经过专利诉讼案件的胜利，累积了经验，向日本特许厅请求日亚化学的多件专利无效。亿光请求的日亚化学涉及 YAG 白光 LED 相关专利 JP3503139 无效，日本特许厅作出日亚化学专利 JP3503139 无效审决，审决内容包含该专利 JP3503139 的专利范围的第 1 项无效，限缩该专利的权利范围。亿光请求了日亚化学的蓝光 LED 相关专利 JP2780691 无效，JP2780691 发明人之一是蓝光 LED 之父中村修二，早在亿光之前就有日本大厂夏普提出专利异议以及丰田合成提出专利无效，不过最后是由亿光完成将专利 JP2780691 无效的使命；日本特许厅判定日亚化学的 JP2780691 专

表 8-4-1 亿光与日亚化学在 LED 领域的诉讼事件

日期	原告	被告	诉状主要内容	诉讼国家/地区	争议专利	争议产品	诉讼结果/状态
2005 年 4 月 25 日	日亚化学	亿光	控告亿光侵犯其台湾新式样专利（第 089036 号专利）	中国台湾"板桥地方法院"	TW575341（证书号 089036）	LED 产品（型号 99-215 UWC/TR899-115UWC/XXX/TR8 及 99-115UTC/710/TR8）	由"板桥地方法院"作出一审判决，认定亿光 LED 产品侵犯日亚化学的专利，且亿光需负担新台币 8000 万元的损害赔偿，亿光不服继续上诉
2011 年 8 月 31 日	日亚化学	亿光、Chip One Stop, JFE, Charl		日本东京地方法院	JP4530094	白色 LED 产品（使用在照明产品的小功率 LED 模块 GT 3528 系列）	2011 年 9 月 9 日亿光与日亚化学达成和解；日亚化学自认侵权，从而与日亚化学和解；亿光表示 Chip One Stop 非亿光在日本的客户
2011 年 10 月 4 日	日亚化学	立花 Tachibana Eletech	Tachibana Eletech 进口销售亿光生产的白光 LED 侵权，要求 Tachibana Eletech 及停止亿光侵害及损害赔偿	日本东京地方法院	JP4530094	白光 LED（GT3528 系列，61-238 系列）	日亚化学上诉中
2011 年 10 月 20 日	亿光	日亚化学	专利行政诉讼	中国台湾"最高行政法院"	TW575341（证书号 089036）	LED 产品（型号 99-215 UWC/TR899-115UWC/XXX/TR8 及 99-115UTC/710/TR8）	亿光胜诉，驳回日亚化学上诉案，撤销日亚化学此项专利权
2011 年 12 月 1 日	亿光	日亚化学	诉请日亚化学停止散布关于亿光不实侵权指控，并请求损害赔偿等。请求日亚化学停止此一不公平竞争行为	日本东京地方法院			
2012 年 4 月 17 日	日亚化学	亿光及其德国子公司 Everlight Electronics Europe GmbH	亿光侵犯 LED 氮化合物半导体和荧光粉之专利	德国杜塞道夫地方法院	EP936682	白色 LED 产品（产品型号：SMDLowPowerLED 61-238/LK-B4GB2/ET）	

续表

日期	原告	被告	诉状主要内容	诉讼国家/地区	争议专利	争议产品	诉讼结果/状态
2012年4月19日	亿光	日亚化学	(1)亿光请求法院禁止日亚化学子公司在美国制造、使用、贩卖或要约贩卖进口涉案侵权产品,并请求损害赔偿。(2)亿光并诉请法院宣告2件日亚化学专利无效及不可执行权利	美国密执安州地方法院	专利侵权: US6653215; 确认之诉: US7531960、US5998925	NCSW、NCSW－H3、NCSL－H3、NCSL－H1、NVSW、NVSW－H3、NVSL－H3、NVSL－H1、NCSW、NCSW－H3、NC-SL－H3、NCSL－H1、NVSW、NVSW－H3、NVSL、NVSL－H1、and NVSL219AE	
2012年4月27日	日亚化学	亿光在德国的子公司 Zenaro Lighting GmbH,在德国的经销商 REGO－Lighting Gm-bH	亿光在德国的子公司 Zenaro Lighting GmbH,侵犯其在德国的经销商 REGO－Lighting 化学的 YAG 专利 EP 936682(DE 69702929),也就是 LED 白光灯管	德国杜塞道夫地方法院	EP936682 (DE69702929)	采用 Zenaro 制白色 LED 荧光灯(产品型号: SL － Cobra/T5048DC/C/P10/LF/D50/ZN)的办公室照明产品(产品型号:OL-DELuxe/QL2/P44/LF/D50/SR/M/CE/ZN)	2013年9月3日判亿光的6款白色LED产品侵犯日亚化学YAG专利(EP936682)权利要求1(就是以GaN蓝色晶片搭配YAG荧光粉),6项白光LED产品型号分别为SL-PAR38/B/P17/30/E30/ND,67－21/QK2C－B56702C4CB2/2T,67－21/QK2C－B45562C4CB2/2T,45－21/LK2C － B56702C4CB2/2T,SMD-21/QK2C－B45562C4CB2/2T,LowPowerLED61 － 238/LK2C B56706F4CB2/ET。亿光须停止贩售遭控侵权的产品并且赔偿日亚化学因遭受的损失,同时,亿光须从顾客端回收侵权产品,并销毁所持有与占有的侵权产品

续表

日期	原告	被告	诉状主要内容	诉讼国家/地区	争议专利	争议产品	诉讼结果/状态
2012年5月8日	亿光	日亚化学	日亚化学YAG（荧光粉）JP3503139无效	日本特许厅	JP3503139❶		日本特许厅作出日亚化学专利JP3503139无效审决，审决内容包含该专利JP3503139之第1项无效，限缩该专利之权利范围
2012年11月12日	亿光	日亚化学	日亚化学蓝光LED相关专利JP2780691（1至12项）无效	日本特许厅	JP2780691		日本特许厅判定JP2780691专利中12项全部无效的审决
2012年12月4日	日亚化学	亿光的日本客户立花电子	控告亿光的日本客户立花电子光LED专利侵权	日本法院	JP2780691		法院判定驳回；立花电子没有输入争议产品

● JP3503139的中国同族（ZL97196762.8），授权后经过无效程序，该专利部分失效。

利中第 1～12 项全部无效。亿光两次的主张皆获日本特许厅同意，为亿光发展国际化打了一剂强心针。

在美国，既可以通过美国专利商标局进行无效请求，也可以通过法院起诉的方式诉请法院宣告专利无效。2012 年 4 月 19 日，亿光在美国密歇根州东区地方法院起诉日亚化学，亿光请求法院禁止日亚化学于美国制造、使用、贩卖、为贩卖的要约或进口涉侵权产品，并请求损害赔偿；亿光并诉请法院宣告 2 件日亚化学专利 US7531960、US5998925 无效及不可执行权利。

亿光在对日亚化学提出专利无效请求的同时，也利用自己手中的专利，对日亚化学进行侵权诉讼。2012 年，亿光在美国密歇根州东区地方法院对日亚化学提出专利侵权诉讼，此诉讼中亿光主张的专利是 US6653215，此专利涉及 LED 金属化工艺技术，此专利为 Emcore 公司所有，亿光为该专利的美国专属被授权人。

由于其他公司在 LED 领域的基础技术研发不断投入、提交的专利申请数量越来越多，获得授权的专利数量也不断增加，从而使得日亚化学的专利诉讼失败率越来越高。这对中国绝大部分尚处于 LED 产业链下游的 LED 企业来说，亿光与日亚化学的系列诉讼是一个非常典型的案例。

亿光认为，到目前为止，其已与许多同业达成多项专利交互授权或协议，但对于某些厂商的不公平的竞争行为，也会适时反击，强力捍卫客户及自身权益。多年来面对国际专利战，以努力建构自身研发技术与智慧财产权能力。

亿光也努力建构自身研发技术与知识产权，投入大量的研发来布局专利以使自己在以后较长的一段发展时间处于积极主动的位置，专利申请的量和质都有很大提高。

亿光除了在台湾的土城、苑里设立有制造工厂，在中国大陆的苏州和广州也设置了制造工厂。2013 年 1 月，亿光旗下的亿光照明管理（中国）有限公司与江苏伯乐达集团合作共建的 LED 应用产业基地专案签约仪式在江苏盐城举行。2013 年 6 月，亿光拟斥千万欧元并购德国灯具厂，进军欧洲市场，目的在于强化欧洲照明通路及业务发展。

8.4.4 中国台湾诉讼的程序[1]

2008 年 7 月 1 日成立"智慧财产法院"，"智慧财产法院"采取"三合一"诉讼架构集中管辖知识产权相关的民事诉讼、刑事诉讼、行政诉讼，是台湾少数的专业法院之一。智慧财产相关的法律涉及"专利法"、"商标法"、"著作权法"、"光盘管理条例"、"营业秘密法"、"集成电路电路布局保护法"、"植物品种及种苗法"、"公平交易法"等相关法令基础。智慧财产案件，民事诉讼的第一审程序可由"智慧财产法院"或各地方法院审理，第二审程序则由"智慧财产法院"审理；刑事诉讼的第一审程序由各地方法院审理，第二审程序则由"智慧财产法院"审理；有民事及刑事诉讼的第三审程序则均由"最高法院"审理；至于行政诉讼的第一审程序系由"智慧财产法

---

[1] "智慧财产法院" [EB/OL]. http://zh.wikipedia.org/wiki/%E6%99%BA%E6%85%A7%E8%B2%A1%E7%94%A2%E6%B3%95%E9%9%A2.

院"审理，第二审程序则由"最高行政法院"审理。

8.4.5 启　示

（1）借鉴台湾 LED 照明产业的发展模式，密切与台湾的交流与合作。台湾企业在 LED 照明方面具有较强的技术实力，在中国大陆有相当数量的专利申请，并有应对美国、日本、欧洲专利诉讼的经验。加强与台湾企业的技术合作，有利于应对可能存在的来自国外的专利风险。

台湾 LED 大厂璨圆于 2013 年 6 月 28 日股东会作出决议，通过引进大陆的三安光电投资的私募案。这也体现了内地企业与台湾企业的积极合作。

（2）成立产业联盟、创新技术联盟等，通过协会或者成立联盟来联合应对涉及知识产权的侵权行为和法律诉讼。目前中国大陆已经有国家半导体照明工程研发及产业联盟、中国半导体照明/LED 产业与应用联盟、深圳市 LED 专利联盟等，应当充分发挥其作用，联合一些具有知识产权优势的国内企业，包括专利数量优势和专利管理优势的企业，将中国 LED 企业联合起来形成相互授权的一个知识产权联盟，协助、支持高校、企业和相关协会共同做好 LED 专利数据库工作，盘活资源，实现资源共享。

（3）科研院所以转让、许可、入股等方式进入企业；企业间交叉许可、共同防御。

中国 LED 企业应大力加强技术创新，追求技术突破，增加专利数量和质量，培养专利预警能力，提高知识产权的创造、运用、保护和管理水平，从而绕开国外企业的专利壁垒。企业申请专利，能够有效保护和利用国内专利技术。同时，还可以在国外专利技术的基础上，通过对其核心专利进行改进，提高技术效果，从而申请其外围专利。

追求专利质量。若国内企业能形成一些让国外厂商感兴趣的技术，也就意味着拥有了能与国外企业谈判的筹码。

设立数据库管理中心和专利购买基金，对重大研究项目、通过审核的专利购买或交叉授权行为予以资金补助。

（4）争取主流技术的专利许可。采用一些国外企业的技术并支付相应的知识产权成本。引进核心专利技术，并在专利技术引进前进行专利分析和评估。根据企业自身特点和优势，选取产业链的某个技术环节进行专利布局，争取谈判的筹码。

（5）制定中国 LED 产品的性能标准，适当提高国外 LED 产品进入国内市场的门槛，争取通过标准规范实现与国外企业的专利交叉许可。

（6）研究所要进入国家的专利的权利要求保护范围以及专利侵权判断原则等，借鉴在他国的诉讼经验。

（7）进行产业的整合，LED 厂商可以通过并购重组、资源整合、强强联手、优势互补等来增强整体实力。拥有至少 44 项发明专利的德豪润达，其发明专利来源主要是收购了韩国 EPIVALLEY 公司。

（8）积极应对诉讼，可利用自身专利对对方进行反诉，也可以对对方的授权专利请求无效，或者综合分析判断，采用和解的方式。

（9）创立自主品牌。我国出口的 LED 产品缺少品牌，出口产品一般贴国外厂商的商标,经国外厂商授权销售,导致我国 LED 企业在应对外部竞争中仅仅占据了产品的生产以及部分设计环节,产品的利润大部分流失到国外。

8.5 小 结

专利诉讼已经成为阻扰市场对手的商业策略,通过专利诉讼打击竞争对手,增大市场占有率和竞争力;专利诉讼也是一种市场布局手段,利用专利诉讼使与自己互补的企业与自己联合;专利诉讼还是一种获取利润的方式,可通过诉讼来收取高额权利金。

从目前全球的局势来看,随着我国 LED 厂商专利数量的逐渐增多,可能会引发更多的专利诉讼。我们从以往的专利诉讼中可得到诸多启示:

(1) 建立产业联盟:依靠集体的力量和国家的扶持、整合民间资金来发展整个 LED 产业;成立产业联盟、创新技术联盟等,制定中国 LED 产品的性能标准,争取通过标准规范实现与国外企业的专利交叉许可。

(2) 提高和完善专利布局:提高自己的技术水平,增大研发力度,加强技术创新,追求技术突破,做好专利布局,增加专利数量和质量,培养专利预警能力,提高知识产权的创造、运用、保护和管理水平,用专利来保护自己和打击对手。根据企业自身特点和优势,选取产业链的某个技术环节进行专利布局,争取谈判的筹码。

我国的 LED 企业在面对专利诉讼时,如果自己企业不具备对竞争对手产生威胁的专利时,可以考虑从第三方提前购买专利来应对专利诉讼,在购买专利后可以继续投入研究,对该专利形成完整的专利布局,使购买的专利真正为我所用,同时也是提高了技术水平并缩短了研究时间。还可以在国外专利技术的基础上,通过对其核心专利进行改进,提高技术效果,从而申请其外围专利。

争取主流技术的专利许可:采用一些国外企业的技术并支付相应的知识产权成本。在自身的力量很难在短期拥有核心技术的情况下,通过国外厂商的专利许可,获得核心专利,防止由于专利限制了市场的发展。引进核心专利技术,并在专利技术引进前进行专利分析和评估。

(3) 建立专利池:对核心产品进行专利布局,建立全方位的专利池。

(4) 企业联合:被诉企业要注重收集有利的证据,如果存在相同的专利的多个被诉企业,企业之间要联合起来,共同收集证据,互通、共享信息,企业联合必然会收到事半功倍的效果。同时还要借助协会和联盟的力量,增加收集信息的渠道,降低企业的应诉成本。

(5) 提升专利申请质量,利用撰写技巧提高申请文件的撰写质量:申请人在撰写申请文件的过程中,注意撰写技巧,并权衡专利权保护范围的大小与稳定性的平衡。专利申请人在撰写申请文件尤其是权利要求书时,要进行一些必要的检索,摸清在本领域该技术的情况,如果自己的专利申请的高度不是特别高,可以牺牲保护范围以获得专利权;还要对市场的同类产品做一定的调研,看同类产品是否存在和自己的专利申请解决的关键问题,以使自己的专利在获得授权后能有广阔的市场前景,使其要撰写到权利要求书中。

（6）积极应对诉讼：可利用自身专利对对方进行反诉，也可以对对方的授权专利请求无效，或者综合分析判断，采用和解的方式。适时反击，提起对方的专利权无效，可以增加更大的筹码，在市场份额和专利布局方面增加话语权。

（7）研究相关案例的判决：研究所要进入国家的专利的权利要求保护范围以及专利侵权判断原则等，借鉴在他国的诉讼经验。

（8）加强与台湾企业的合作和交流：台湾企业在 LED 照明方面具有较强的技术实力，在国内有相当数量的专利申请，并有应对美国、日本、欧洲专利诉讼的经验。加强与台湾企业的技术合作，有利于应对可能存在的来自国外的专利风险。

第 9 章　飞利浦 LED 专利许可研究

飞利浦照明属于飞利浦的核心产业，是照明领域的领导者之一，在 LED 照明领域，飞利浦拥有大量的专利，覆盖了 LED 照明产业链的绝大部分技术分支。除了通过专利诉讼与主要市场对手进行竞争以外，飞利浦近年来在全球推行灯具和光源许可计划协议，截至 2013 年 5 月，全球已有 300 家企业加入到了飞利浦的该计划中。这项许可计划协议不仅使飞利浦自身获得巨大的收益，同时也给加入该许可计划协议的企业带来了一定的益处和机遇。该许可计划协议直接影响到国内外照明企业在中国市场的份额，并进一步影响到各个照明企业在海外市场的推广。因此，分析飞利浦 LED 照明在中国的专利布局，并进一步分析"灯具和光源许可计划协议"，评估该项目的价值，理清项目背后的企业战略目的，预估该项目对中国企业可能造成的影响将是一件非常有意义，也是非常迫切的事情。

需要说明的是，本章中相关专利数据的分析截至 2013 年 6 月 30 日。关于申请号开头为 CN 的申请，以下都统称为"中国申请"（不包括港澳台地区申请）。

9.1　公司发展概况

9.1.1　简　介

1891 年，Frederik Philips 和 Gerard Philips 父子在荷兰埃因霍温创建了飞利浦，之后 Gerard Philips 的兄弟 Anton Philip 也加入了公司，当时该公司以生产碳丝灯泡和其他电子产品为主。至 1910 年，飞利浦已拥有 2000 名员工，成为荷兰最大的单一雇主。目前的飞利浦将其产业经过整合，形成了医疗保健事业部、优质生活事业部以及照明事业部等核心事业部。其中的飞利浦照明作为飞利浦的核心产业发挥着重要作用。

飞利浦照明拥有光源电子、消费灯具、专业照明解决方案、汽车照明和 Lumileds 五大核心业务，覆盖了整个照明产业链——从光源、灯具、电子和控制到整体照明应用与解决方案。

9.1.2　中国发展简介

飞利浦早在 1920 年就进入了中国市场。1985 年设立第一家合资企业。飞利浦成为当时中国电子行业最大的投资合作伙伴之一。

1988 年完成了在中国的第一项照明工程——南京长江大桥，由此进入中国照明市场。

1990 年成立第一家合资公司：飞东照明有限公司。

1991 年成立第一个办事处，并建立初步经销网络。

1994 年与上海亚明灯泡厂组建了当时中国最大的照明合资企业——飞利浦亚明公司。

1995 年成立飞利浦照明电子工程中心（第一个电子整流器研发中心）。

2000 年飞利浦在上海成立亚洲研究院，从事照明与医疗领域的研究。

2002 年飞利浦在南京成立第一个废灯回收绿色工厂。

2004 年飞利浦照明在中国建成第 1000 个重大照明工程。

2005～2008 年飞利浦将手机、显示器、半导体业务剥离，形成医疗、照明、优质生活服务三大事业部。

2010 年飞利浦收购总部位于中国香港的嘉力时（集团）有限公司，并将其整合成为飞利浦照明旗下娱乐照明业务的一部分。

2011 年飞利浦投资 2500 万欧元在成都建 LED 照明中心，加大了对中国的投资力度；成都 LED 照明中心项目占地约 35000 平方米，计划从 2011 年到 2015 年累计投资将超过 2500 万欧元，主要生产飞利浦品牌的户外与室内 LED 灯具，并兼具产品工业化、定制化等功能；另外，该项目还包括一个全球领先的 LED 照明应用中心，用于展示飞利浦最先进的 LED 照明技术应用成果。

2012 年飞利浦与湖南吉光科技有限责任公司正式签约，总投资逾 7 亿元的飞利浦 LED 照明灯具生产基地项目落户湘潭天易示范区，这是飞利浦在湖南投资的首个 LED 照明生产基地，也有望成为湖南最大的 LED 产业基地，将建设包含飞利浦 LED 照明、医疗器械生产在内的湖南吉光飞利浦 LED 联合生产基地。

图 9-1-1 记载了飞利浦照明进入中国的大事件。

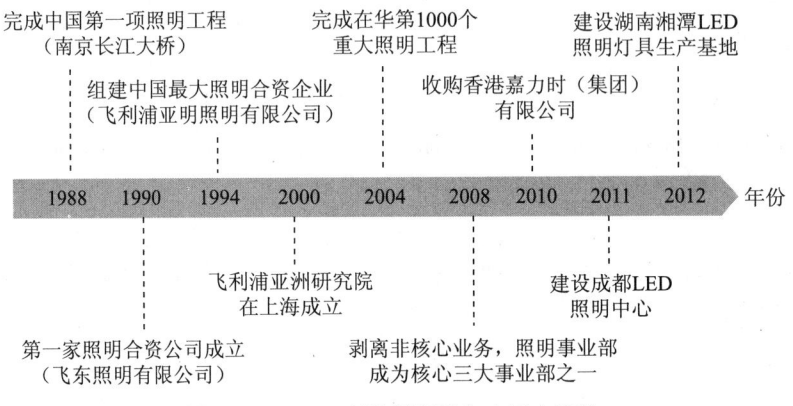

图 9-1-1　飞利浦照明进入中国大事件

随着全球 LED 产业的蓬勃发展，飞利浦照明与全球其他 LED 照明厂家一起都迎来了发展的黄金机会，各厂家间的竞争与合作也不断加剧。同时，各个厂家在 21 世纪头 10 年逐步完成了其在 LED 领域的专利布局。在此基础上，各个厂家逐渐利用自身的专利布局构建专利堡垒，使用专利的武器进行海内外市场的进逼和围堵。

"灯具和光源许可计划协议"是飞利浦照明于 2008 年面向全球推出的一项专利许可计划（以下简称"飞利浦专利许可计划"），该计划直接影响到国内外照明企业国内市场的份额，并进一步影响到各个照明企业在海外市场的推广。因此，分析飞利浦照明的专利布局,并进一步分析"灯具和光源许可计划协议",评估该项目的价值,理清项目背后的企业战略目的,分析该项目对中国企业的实际价值,预估该项目对中国企业可能造成的影响成为一件非常有意义,也是非常迫切的事情。

进一步地,通过分析国外龙头企业对中国民族企业的专利围堵,将有利于我们掌握并建立正确的专利分析评估方法,从而努力为民族企业与外方企业进行知识产权合作找到合理的路径。

9.2 中国专利申请分析

飞利浦专利许可计划的实施依赖于其专利分布情况,因此在分析专利许可计划之前,需要明确飞利浦照明在中国的专利申请情况,这将有助于了解飞利浦自身所拥有的专利库,明确该公司的核心技术,为进一步对专利许可计划选取内容的判断和分析打下基础。

9.2.1 中国专利申请量分析

随着蓝光 LED 技术的发展,采用 LED 进行白光照明成为了可能。飞利浦逐渐开始并加大了在 LED 照明方面的专利申请。图 9-2-1 示出了近 20 年来,飞利浦在中国 LED 申请情况。

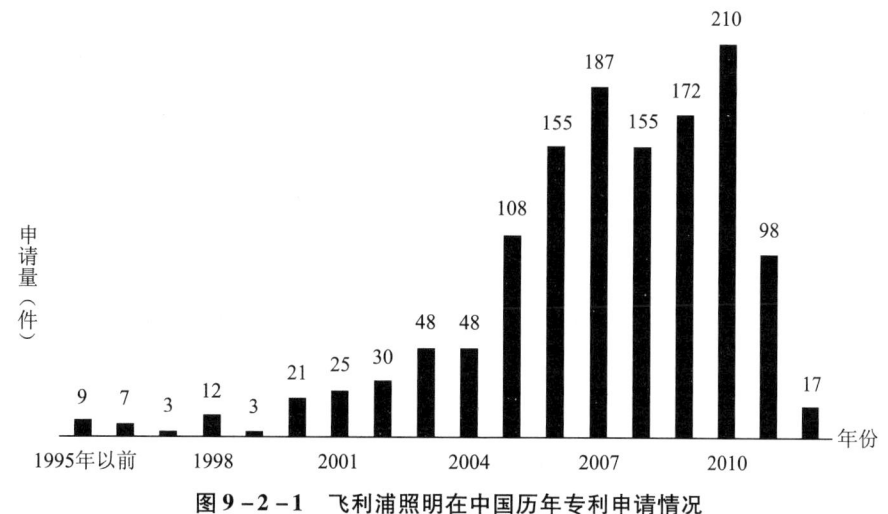

图 9-2-1 飞利浦照明在中国历年专利申请情况

从图 9-2-1 可以看出,飞利浦在中国 LED 专利的申请主要分为三个阶段。

(1) 第一阶段为 1991~1999 年

在该时期,飞利浦并没有意识到固态照明,特别是 LED 照明的巨大市场,没有完全进入 LED 市场,研发内容和研发团队都不大。并且该时期 LED 照明技术不是很成熟,距离商业化还有一段距离,例如,在 20 世纪 90 年代早中期并没有出现蓝光技术,那么就无法实现商业化的白光照明。LED 照明还处在技术孕育期。LED 并没有在照明中得到大量的应用,其专利申请也不活跃。因此,在近 10 年的时间内,飞利浦相关 LED 专利只有 34 件,涉及的领域也为基础领域,即驱动、混光、封装方面。

(2) 第二阶段为 2000~2004 年

1999 年,惠普的光电子事业部被安捷伦收购,并与飞利浦组建成立 Lumileds 公司。飞利浦也借助该收购成功地进入固态照明市场。同时,在该阶段,随着 LED 在红光、橙光以及绿光的照明流量增加,LED 照明逐步达到实用。飞利浦在中国 LED 相关申请量相比第一阶段大幅增加。第二阶段时间只有第一阶段的一半,但中国 LED 申请量为第一阶段的 4 倍多,合计 172 件,所涉及的领域较第一阶段广泛。

(3) 第三阶段为 2005 年至今

第三阶段与第二阶段相比又上了一个新台阶。飞利浦继续加大对 LED 市场的投入,收购了安捷伦在 Lumileds 公司中的股份,同时还从 2006 年起,陆续对涉及控制、应用领域的 TIR,彩色动力等多家公司进行收购,以增加在控制和应用领域的技术储备,并加大研发力度。因此,在该时期,飞利浦在中国的 LED 专利申请大幅增加,除了在 2008 年略有下降外,年均申请量均保持在 150~200 件。这一阶段为飞利浦专利申请的稳定期。飞利浦在其所涵盖的领域内稳定的进行了各种专利申请。在此期间末尾专利申请量的下滑主要在于:飞利浦大量专利为 PCT 申请,2011 年的专利申请将陆续在 2013 年公开,因此,部分发明专利申请没有公开,2012 年的部分数据源于飞利浦中国公司所申请的部分实用新型,并不代表飞利浦 2012 年度申请的发明专利。

9.2.2 各技术分支专利申请量分析

进一步对飞利浦专利申请进行分析。从 LED 产业链来看,LED 照明可以分为芯片、照明模组、一体化灯具、照明系统等 4 个层面。根据这个定义,参见图 9-2-2,可以看出,飞利浦 LED 中国专利中这 4 个领域均有覆盖。照明模组比例最大,比例最小的是芯片。而由于照明模组和一体化灯具可以有机地结合在照明系统中,在专利申请布局中,很多单元技术以照明模组的方式出现。可以看出,飞利浦的研发范围主要位于产业链的中、下游,这也和飞利浦产品销售的重点是对应的。对于具体的芯片和封装,飞利浦中国并没有进行过多的专利布局。

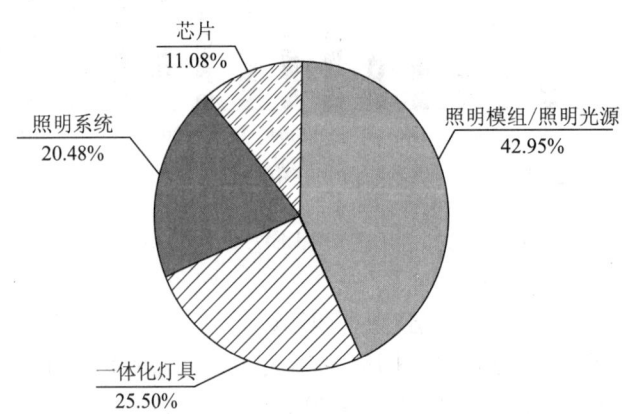

图 9-2-2 飞利浦照明中国申请产业链分布

在飞利浦官方的宣传材料中,用图 9-2-3 形象地表示其专利布局。

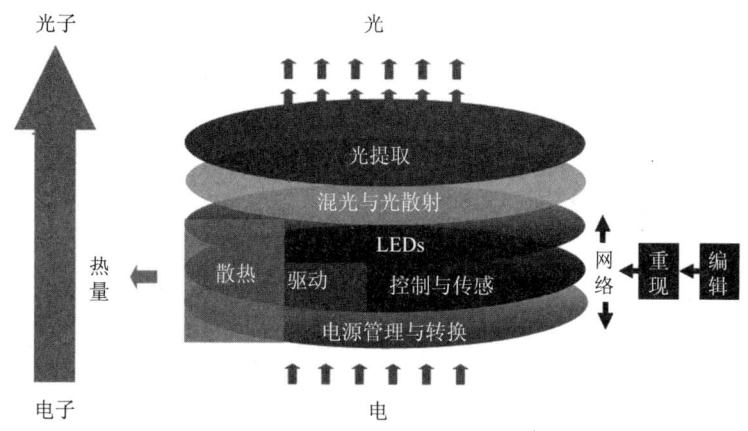

图9-2-3 飞利浦照明专利申请领域覆盖图❶

在图9-2-3中，飞利浦认为其专利涵盖了从LED芯片、电源管理、控制、混光、光提取、散热等多个领域。

按照飞利浦自己给出的定义，课题组对飞利浦中国专利申请进行了相应的分类和分析，已核实飞利浦中国专利申请的具体情况。

经过研究发现，飞利浦的中国LED专利主要涉及8个领域，具体是：荧光粉及白光、电源管理与驱动、控制与传感、LED芯片及外延、散热与热传导、混光与光扩散、光提取与透镜、封装组件与接口。

其中，每个领域的具体定义为：

荧光粉与白光：主要涉及荧光粉材料、波长转换、采用三基色或者其他手段的白光输出，色温方面。

电源管理与驱动：主要涉及与LED供电有关的电源交直流转换、LED驱动电路等内容。

控制与传感：主要涉及对LED各个参数的控制，所述参数包括色温、波长、亮度、开闭；利用传感器来感知外界参数的变化从而对LED的参数进行反馈控制；以及通过有线和/或无线网络对单个LED或者照明系统进行通讯和控制。

LED芯片及外延：主要涉及LED芯片层面的发明与改造。

散热与热传导：主要涉及提高LED散热能力，增加照明灯具的热传导能力。

混光与光扩散：主要涉及输出光束的混合与扩散。

光提取与透镜：主要涉及LED或者光波导内的光束提取以及对输出光束进行整形的透镜和其他设备。

图9-2-4为各个领域占比分析。

从图9-2-4中可以看出，"控制与传感"、"光提取与透镜"、"电源管理与驱动"、"荧光粉与白光"为飞利浦在中国专利申请前四位的领域，即是其重点研究领域，但每个领域的具体情况各有不同。

---

❶ [EB/OL]. www.ip.philips.com/data/downloadables/1/5/215/philips-led-luminaire-licensing-program-find-20131203.pdf?force-download=yes.

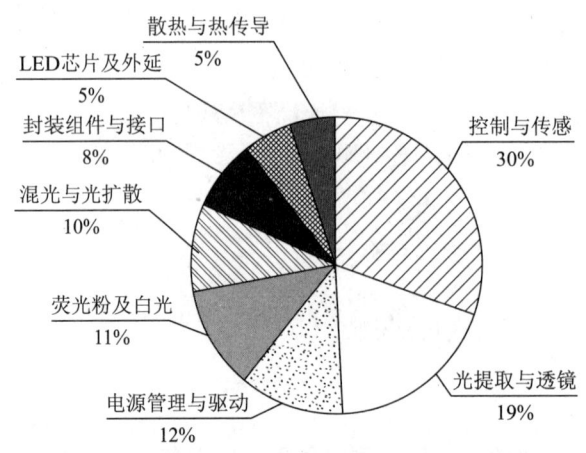

图 9-2-4　飞利浦照明在中国专利申请多技术分支比例分布图

图 9-2-5 示出了各个领域年度申请量变化。

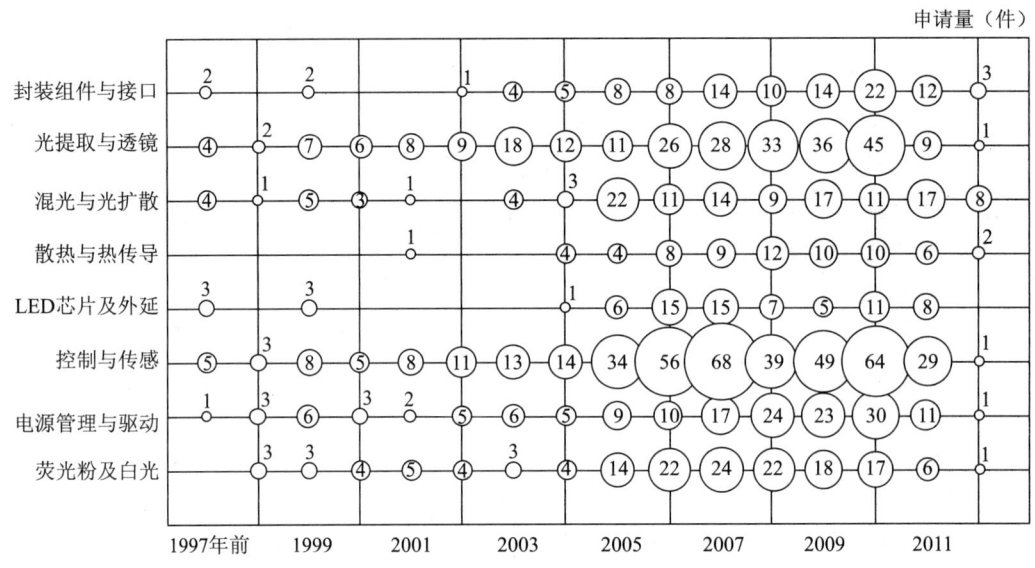

图 9-2-5　飞利浦照明多技术分支年度申请比较图

"控制与传感"领域一直属于飞利浦专利申请的热点,专利申请比例占 30%,且研究持续不断。特别是近几年,除了在 2008 年受到影响外,随着无线通信技术的发展,在传统的控制方法外,飞利浦还将无线通信技术应用到对 LED 灯具或者照明系统的控制中去,并明显加强了对照明系统的研究。

"光提取与透镜"是 2007 年后飞利浦的研究热点,其能有效地控制照明灯具和系统输出的光束的方式,对光束进行整形,得到所需要的照明,是用户最直观的光学体验。该领域专利申请比例占 19%,且在 2008 年受到影响不大,保持逐年稳步增长的态势。

对于"电源管理与驱动"与"荧光粉与白光"这两个领域,专利申请比例基本相同,在 11%。

但不同的是，对于"荧光粉与白光"领域，整体研究范围相比于其他领域的可研究范围略小，但同样获得了近11%的比例，可见飞利浦在该领域的重视以及技术的强大。从历年申请态势来看，该领域的研究热点期为2007年附近，近几年专利申请量略微下降。

而"电源管理与驱动"近几年一直保持着持续的研究。

特别注意的是，对于国内企业所涉及较多的"散热与热传导"、"封装组件与接口"，飞利浦并没有申请过多的专利。

9.2.3 中国专利的申请人分析

作为照明集团，飞利浦照明在中国以不同申请人的形式对中国进行了专利布局。表9-2-1列出了飞利浦照明中国申请的申请人类型分布。

表9-2-1 飞利浦照明中国申请的申请人所在地区分布及相应的专利申请量

飞利浦分布地区	在华专利申请数量（件）	申请量百分比
飞利浦（中国）	34	3%
飞利浦（美国/德国/加拿大）	75	6%
飞利浦（荷兰）	1201	91%

在LED照明领域，飞利浦照明中国申请的专利申请总量为1300余件，其中中国地区分公司的专利申请总量为30多件，占中国申请总量的3%；美国、德国、加拿大分公司的专利申请总量为70多件，占中国申请总量的6%；荷兰艾恩德霍芬所在的总公司的专利申请总量为1200多件，占中国申请总量的91%。可见，飞利浦是以荷兰总公司作为主要申请人进行专利申请，在美国地区则以并购成立的分公司和飞利浦总公司合作申请的形式进行专利申请。

9.2.4 中国专利申请类型分析

在LED照明领域，飞利浦在中国申请的专利申请总量为1300余件，其中PCT国际专利申请总量为1230余件，占中国申请总量的近94%；《巴黎公约》中国专利申请总量为30余件，占中国申请总量的近3%；实用新型专利申请总量为40余件，约占中国申请总量的3%（参见表9-2-2）。可见，飞利浦在中国专利申请主要是以PCT国际申请的形式进入他国，这也预示着中国的主要申请进入他国的可能性极大。

表9-2-2 飞利浦照明中国专利申请类型比例

飞利浦申请类型	在华专利申请数量（件）	申请量百分比
实用新型	42	3%
《巴黎公约》	38	近3%
PCT	1230	近94%

具体而言，对于飞利浦在中国的专利申请，其以不同国家或地区的申请人形式所申请的专利的类型分布比例不同。图9-2-6示出了飞利浦照明不同国家或地区的申请人的专利申请类型的比例。

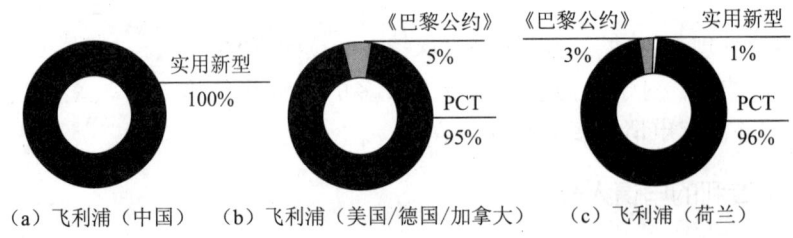

图9-2-6 飞利浦照明不同地区的申请人的专利申请类型的比例

飞利浦中国地区分公司的专利申请的类型都是实用新型。

飞利浦美国、德国、加拿大地区分公司的专利申请的类型以PCT国际申请为主，所占比例约达到95%；《巴黎公约》中国专利申请的比例只占约5%。

飞利浦荷兰艾恩德霍芬所在的总公司的专利申请类型以PCT国际申请为主，所占比例约达到96%；《巴黎公约》中国专利申请的比例约占3%，实用新型专利申请的比例只占约1%。

9.2.5 专利申请法律状态分析

图9-2-7示出了截至2013年6月中旬飞利浦照明中国专利申请法律状态占比，其中授权比例为37%，视撤比例为11%，驳回比例为2%，实审未决的比例最大，占47%。在审结的案件中，近八成的案件得到了授权。在照明领域的专利审查中，相对于其他申请人，飞利浦照明的授权率是很高的，这体现了飞利浦提交的专利具有较高的质量，也间接说明其研发实力雄厚。接近一半的未决案件中，可以预期将会有大量的案件在审结后得到授权，这会进一步增强飞利浦照明在专利领域的话语权。

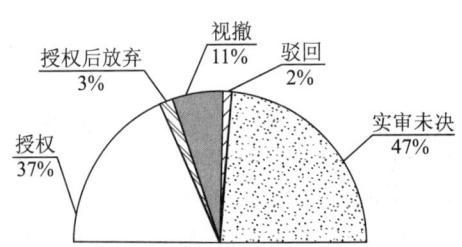

图9-2-7 飞利浦照明中国专利申请法律状态

具体地，图9-2-8分析了不同国家或地区申请人申请的法律状态分布。

飞利浦中国地区分公司的专利申请的授权比例很大，高达91%，而授权后放弃比例约为9%，没有驳回、视撤和未审状态的专利申请。

飞利浦美国、德国、加拿大地区分公司的专利申请的实审未决的比例较大，占比约为55%，授权有效的比例约为39%，视撤和驳回失效的专利申请的比例分别为3%，可见，处于失效状态的专利申请的比例为6%，没有授权后放弃的专利申请。

飞利浦荷兰艾恩德霍芬所在的总公司的专利申请的实审未决的比例较大,占比约为48%,授权有效的比例约为36%,授权后放弃的专利申请的比例约为3%,视撤的专利申请的比例为12%,驳回失效的专利申请的比例分别为1%,可见,处于失效状态的专利申请的比例为16%。

由此可见,飞利浦荷兰地区总公司的视撤比例高于其他地区的分公司,驳回比例低于其他地区的分公司;而飞利浦在中国地区的分公司的授权比例很高,远远超过其他地区公司的授权比例,究其原因在于飞利浦中国地区分公司提出的专利申请都是实用新型,而实用新型的授权比例必然高于发明专利申请。

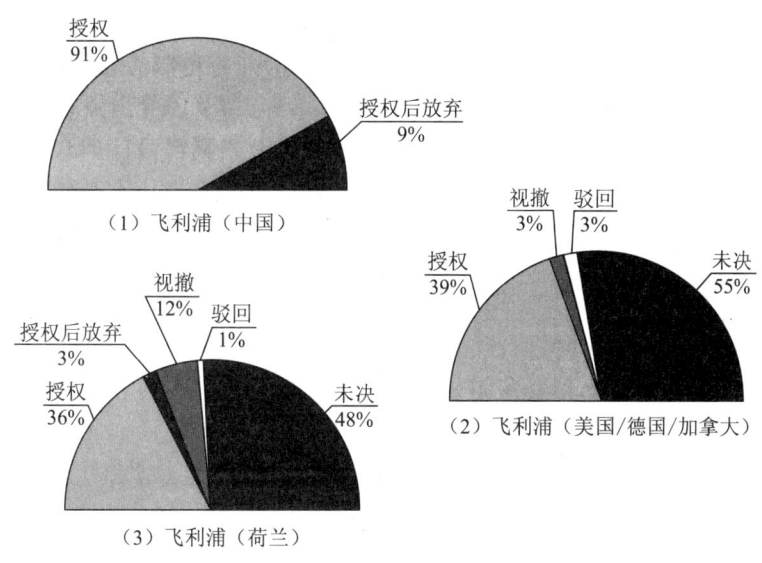

图 9-2-8　飞利浦照明中国专利申请中不同国家或地区申请人所申请的专利申请的法律状态分布

注:图中的未决包括实质审查未决和复审未决。

9.3　专利合作与技术引进

9.3.1　合作申请

合作申请体现了飞利浦照明对其研发方向的拓展,这拓展的方面有可能是飞利浦研发不足的方向,也可能是飞利浦照明在企业发展战略中需要补充的方向。

飞利浦在专利申请中存在部分合作申请,其中,总申请数量为99件,占中国专利申请总数的近8%的比重,与其合作的申请人主要包括飞利浦拉米尔德斯照明设备有限责任公司和拉米尔德斯照明设备有限公司,其中飞利浦拉米尔德斯照明设备有限责任公司与飞利浦合作申请最多,达到89项,这源于1999年飞利浦收购了美国的拉米尔德斯照明设备公司形成了飞利浦的一个子公司,同时将该公司更名为飞利浦拉米尔德斯照明设备有限责任公司,并且这些申请都是在并购之后申请的。

经过对这部分合作申请的进一步分析,课题组发现:与飞利浦拉米尔德斯照明设备有限责任公司的合作申请中绝大多数都是 PCT 国际申请,而且在 89 项合作申请中有 64 项涉及 LED 芯片及外延技术且属于 LED 芯片技术领域,23 项属于照明模组/照明光源技术领域,17 项涉及荧光/波长转换技术。飞利浦中国申请中涉及 LED 芯片及外延技术和 LED 芯片领域的专利申请为 142 项,其中与飞利浦拉米尔德斯照明设备有限责任公司的合作申请的数量就达 64 项之多,占到飞利浦 LED 芯片技术专利申请的近 50%。显然飞利浦收购拉米尔德斯照明设备公司后,对 LED 芯片技术方面的研发和发展起到了巨大的推动作用。

从表 9-3-1 还可以看出飞利浦在中国的专利申请的法律状态分布情况,飞利浦中国专利申请中的合作申请的有效量为 31 件,失效量(授权后放弃+视撤+驳回)为 4 件,未决量为 64 件。可见,已审未决所占比重最大,达到近 65%;其次,授权有效量达到 31%。

表 9-3-1 飞利浦照明在中国历年专利合作申请情况 单位:件

合作申请公司名称 \ 专利申请统计数据	申请量	授权	授权后放弃	视撤	驳回	未决
SVS 备用件有限公司、菲利浦知识产权标准有限公司	1	1	0	0	0	0
皇家飞利浦电子股份有限公司、飞利浦拉米尔德斯照明设备有限责任公司	88	25	0	1	0	62
皇家飞利浦电子股份有限公司、飞利浦发光二极管照明设备(控股)有限公司	1	0	0	0	0	1
皇家飞利浦电子股份有限公司、汽车照明设备罗伊特林根有限责任公司、赫拉胡克公司	1	1	0	0	0	0
皇家飞利浦电子股份有限公司、莎拉李家庭及身体护理西班牙有限公司	1	0	0	0	0	1
皇家飞利浦电子股份有限公司、约翰逊控制器有限责任公司	1	0	0	1	0	0
皇家菲利浦电子有限公司、飞利浦拉米尔德斯照明设备有限责任公司	1	1	0	0	0	0
皇家菲利浦电子有限公司、拉米尔德斯照明设备有限公司	2	1	1	0	0	0
科维恩有机半导体有限公司、皇家飞利浦电子有限公司	1	1	0	0	0	0
克利公司、皇家飞利浦电子股份有限公司	1	1	0	0	0	0
彩色动力公司	1	0	0	0	1	0

9.3.2 公司并购与技术引进

飞利浦是传统照明企业，在 LED 照明技术成熟以前，对于 LED 衬底与外延、LED 芯片封装等上中游产业链技术上并无优势，但随着 20 世纪 90 年代 LED 照明关键技术的突破，飞利浦迅速意识到 LED 照明产业的潜在优势，通过全球范围内的并购重组以及技术引进逐渐占领 LED 全产业链的优势地位，使飞利浦由原来传统灯具（白炽灯与荧光灯）生产厂商转换成 LED 照明灯具生产及提供照明工程解决方案的厂商。

从这最近十几年的并购来看，其中有几笔是飞利浦进入 LED 照明领域的关键节点：早在 1999 年，飞利浦投资购买了 LumiLeds 的所有权。Lumileds 的历史可以追溯到近 40 年前，最初是惠普的光电事业部。惠普的专家创立了 LED 的技术规则。20 世纪 90 年代末，惠普和飞利浦认识到固态照明的潜力，完成了此次并购。通过这一并购，飞利浦弥补了其在 LED 上中游产业链上的短板，使其掌握了 LED 光源及部件的核心技术。此外，在 2008~2009 年连续收购 Genlyte、LTI、Dynalite 以及 Teletrol 4 家公司。这 4 家公司有个共同特点，都擅长于照明工程的光源控制。通过对这四家公司的并购，飞利浦在光源控制上积累了雄厚的技术储备，为其推出许可清单项目提供了强有力的技术支持。飞利浦这些年的并购还巩固了其在照明应用上的优势地位，其中并购的 Color-Kinetics 公司是开发"全光谱数位灯光"世界先驱。并专注于研发、设计、制造以及行销专业商业空间及建筑用数位 LED 光源系列产品，收购后将成为引领所有 LED 灯具或"光源"产品组创新的全球研发中心。这也与飞利浦这几年通过许可清单协议推广建筑照明、娱乐、剧场等专业照明全套解决方案相契合。

近几年飞利浦收购情况如表 9-3-2 所列及图 9-3-1 所示。

表 9-3-2 飞利浦照明全球主要收购企业技术领域分布及时间表

年份	光源及部件	控制元件	应用
1999	Lumileds		
2006	Bodine		PLI
2007	TIR		ColorKinetics
2008		Genlyte，LTI	
2009		Dynalite，Teletrol	Selecon，Liti Luce
2010			LucePlan S. P. A，Burton Medical
2011			Optimum Lighting，IndalGroup

此外，飞利浦与其他公司通过专利诉讼达成协议，以获得 LED 技术领域的交互授权。

2011 年 3 月，飞利浦与首尔半导体进行专利诉讼，最终于 2011 年 11 月达成专利和解，并对特定技术领域签订交互授权。

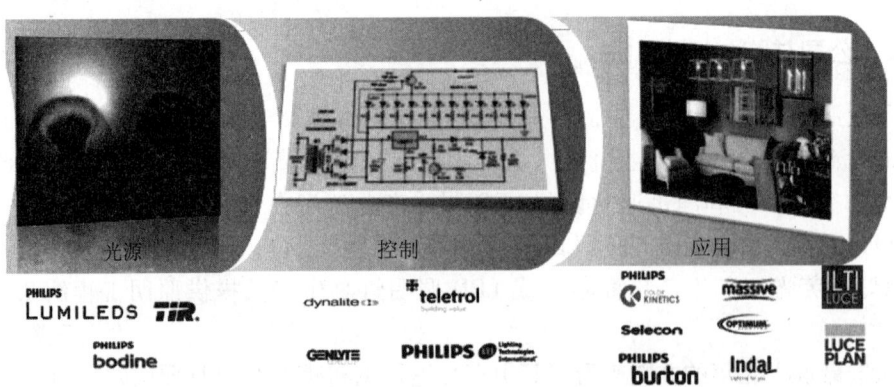

图 9-3-1　飞利浦照明全球主要收购企业技术领域分布

2012 年 3 月 26 日，旗下负责 LED 照明业务的子公司 Philips Solid-State Lighting Solutions 联合以 6 项专利侵权为由，控告同业竞争厂商 Nexxus Lighting。最终以 Nexxus Lighting 加入许可清单协议而和解。

9.4　飞利浦灯具和光源许可计划协议

9.4.1　概　述

飞利浦灯具和光源许可计划协议，又称飞利浦照明许可清单协议（Philips LED Luminaires and Retrofit Bulbs Licensing Program），该计划协议来源于飞利浦早期收购的 Color Kinetics 公司的许可计划（Color Kinetics licensing program），飞利浦将该计划扩展到整个固体照明市场。按照飞利浦公开的该计划，加入到该许可计划协议的厂家可以被许可使用飞利浦照明专利许可清单（指代的是"飞利浦灯具和光源许可计划协议"中涉及的专利清单，以下简称"专利许可清单"）中列出的专利技术；所支付的专利许可费用将基于国别和产品的不同而有区别；只需支付飞利浦授权专利所覆盖的厂家产品在当地生产和销售的许可费用；许可费用将不会涉及厂家自身生产和销售的所有国家的所有产品。

飞利浦自 2008 年 6 月推出 LED 灯具和光源许可计划协议以来，越来越多的公司认识到获得该许可所带来的益处和机遇，飞利浦 LED 技术专利许可需求因而大幅上升。图 9-4-1 是飞利浦 2008 年推出该计划以来加入到该许可计划协议的公司年增长变化情况。

2008 年 9 月，另一全球照明巨头欧司朗与飞利浦达成该许可计划协议。2009 年 8 月，照明科学集团公司（Lighting Science Group Corporation，LSG）以加入该许可计划的方式与飞利浦之间诉讼得到和解，同时飞利浦获对照明科学集团进行有限的产权投资。2010 年 7 月，飞利浦与科锐就该许可计划达成协议。截至 2012 年 5 月，已经有 200 家企业加入或与飞利浦就该许可计划达成协议。而从 2012 年 5 月已经有自 2012 年

第 9 章 飞利浦 LED 专利许可研究

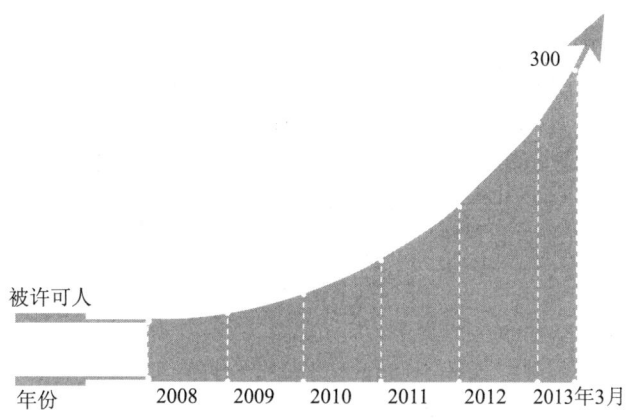

图 9-4-1 飞利浦许可计划协议参加企业变化❶

5 月以来至 2013 年 5 月，获得该计划许可的公司数量已增加了 50%，这些公司已经囊括有像库柏（Cooper）、Trilux、Acuity Brands、科锐、欧司朗、Martin、银雨（Neo-Neon）、兰森（Lemnis Lighting）、奥德堡（Zumtobel）以及柏曼（Paulmann）等主要照明企业。

截至 2013 年 5 月，全球 300 家加入到飞利浦的该计划协议的公司涵盖了北美洲、欧洲与亚太地区。其中 127 家北美公司，149 家欧洲公司，24 家亚太公司（参见图 9-4-2）。

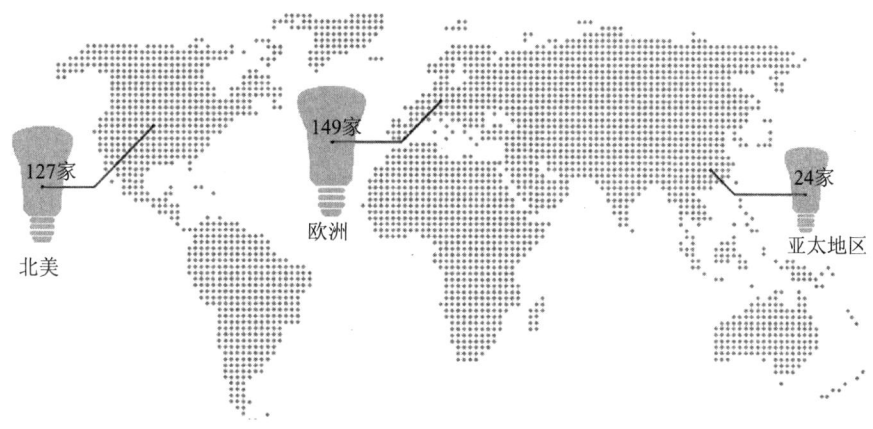

图 9-4-2 飞利浦许可计划协议参加企业区域分布❷

从这 300 家企业产品类型来看，有 115 家属于普通照明企业，而有 185 家属于建筑照明、娱乐专业照明企业（参见图 9-4-3）。

---

❶ http：//www.newscenter.philips.com/asset.aspx? alt = &p = http：//www.newscenter.philips.com/pwc-nc/main/standard/resources/corporate/press/2013/LED-luminaires-licensing-program/philips-infographic-licensing-program.jpg.

❷ ［EB/OL］. http：//www.newscenter.philips.com/asset.aspx? alt = &p = http：//www.newscenter.philips.com/pwc-nc/main/standard/resources/corporate/press/2013/LED-luminaires-licensing-program/philips-infographic-licensing-program.jpg.

根据该计划协议，获得许可的企业主要将获得一系列关于 LED 控制与系统的基础专利技术，以用于通用照明、建筑照明、娱乐照明以及剧院照明等领域的 LED 品牌灯具和光源。

在这 300 家企业中，中国大陆及港澳台也有部分企业加入到该项计划中去，这些企业包括有：艾德拓灯光音响设备有限公司、丽元照明科技有限公司、广州悦烁光电科技有限公司、深圳市众明半导体照明有限公司、港立科技有限公司、亿丰舞台灯光设备有限公司、TESS 太一节能系统股份有限公司、升谱光电、真明丽灯饰电子有限公司等。❶ 这些企业的经营产品如表 9-4-1 所列。

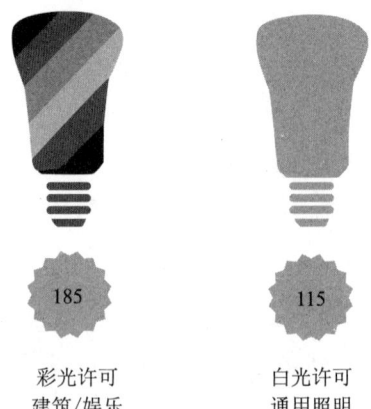

图 9-4-3　飞利浦许可计划协议参加企业类型分布❷

表 9-4-1　中国大陆及港澳台飞利浦许可计划协议参加企业简介

飞利浦许可计划协议参加企业	公司主营的 LED 产品
艾德拓灯光音响设备有限公司	基于 LED 光源的舞台灯光设备
丽元照明科技有限公司	大功率 LED 照明产品等
广州悦烁光电科技有限公司	基于 LED 光源的舞台灯光
深圳市众明半导体照明有限公司	大功率 LED 照明产品等
港立科技有限公司	LED 下照灯具系列、LED 灯条系列、LED 泛光灯系列、灯光效果创造系列、特殊 LED 灯具系列
亿丰舞台灯光设备有限公司	基于 LED 光源的舞台灯光设备
TESS 太一节能系统股份有限公司	大功率 LED 照明产品
升谱光电	LED 器件封装、汽车领域 LED 器件、COB 集成技术开发、COB 光引擎、路灯及隧道灯光引擎、系统集成技术开发、LED 照明光源解决方案
Pharos Architectural Controls	LED 照明控制器
真明丽灯饰电子有限公司	LED 芯片、LED 器件、LED 室内照明灯具、LED 路灯、LED 景观照明灯具、LED 舞台灯、LED 装饰灯

表 9-4-1 中这些企业中有 3 家是主营基于 LED 光源的舞台灯光设备，同时有 3 家企业主营大功率 LED 光源。而大功率 LED 光源多用于舞台灯光设备，将它们取代传统照明设备是目前的主要趋势。例如：北京长安大戏院的灯光已全部换成 LED 绿色照明灯具，其中，舞台灯具节电预计 56 万度，其余区域节电 3.9 万度，预计总节电 60 万

---

❶❷　[EB/OL]．http：//www.newscenter.philips.com/asset.aspx? alt = &p = http：//www.newscenter.philips.com/pwc-nc/main/standard/resources/corporate/press/2013/LED-luminaires-licensing-program/philips-infographic-licensing-program.jpg．

度，综合节电将达 80%；此外，涉及的企业包括有真明丽、升谱光电这样在国内有一定影响力的，产品涵盖多个应用领域的普通白光照明企业。

从这些参与的企业分布来看也与飞利浦推广的该许可清单协议相一致。即在扩展传统白光普通照明领域的同时，也重点布局有舞台灯光这样的娱乐、剧场照明这样的特殊用途领域。

9.4.2 专利许可清单的全球分布

9.4.2.1 专利许可清单的全球概括

飞利浦照明专利许可清单协议中的专利许可清单包括 1495 件专利，其中有效专利 1000 余件，未决专利 400 余件。具体分布如表 9-4-2 所列。

表 9-4-2 专利许可清单区域分布及比例

序号	代码	专利审批部门	专利数量（件）	比例
1	US	美国专利商标局	279	19.12%
2	JP	日本特许厅	154	10.56%
3	CN	中国国家知识产权局	135	9.25%
4	EP	欧洲专利局	109	7.47%
5	DE	德国专利商标局	101	6.92%
6	GB	英国知识产权局	96	6.58%
7	FR	法国工业产权局	94	6.44%
8	KR	韩国知识产权局	70	4.80%
9	TW	中国台湾"智慧财产局"	51	3.50%
10	IT	意大利专利和商标局	47	3.22%
11	IN	印度工业产权局	46	3.15%
12	ES	西班牙工业产权局	45	3.08%
13	CA	加拿大知识产权局	30	2.06%
14	RU	俄罗斯工业产权局	29	1.99%
15	NL	荷兰工业产权局	22	1.51%
16	AT	奥地利专利局	17	1.17%
17	BE	比利时专利局	16	1.10%
18	BR	巴西工业产权局	14	0.96%
19	HK	中国香港特别行政区知识产权署	13	0.89%
20	DK	丹麦专利局	12	0.82%
21	SE	瑞典专利注册局	12	0.82%

续表

序号	代码	专利审批部门	专利数量（件）	比例
22	CH	瑞士联邦知识产权局	9	0.62%
23	FI	芬兰国家专利注册委员会	9	0.62%
24	AU	澳大利亚知识产权局	8	0.55%
25	TR	土耳其专利局	7	0.48%
26	MX	墨西哥工业产权局	6	0.41%
27	PL	波兰工业产权局	6	0.41%
28	CZ	捷克工业产权局	5	0.34%
29	IE	爱尔兰专利局	4	0.27%
30	PT	葡萄牙国家工业产权局	4	0.27%
31	HU	匈牙利专利局	4	0.27%
32	MY	马来西亚知识产权局	2	0.14%
33	NO	尼日利亚商标、专利与外观设计注册局	2	0.14%

该许可清单涉及33个国家和地区，虽然总数较大，但在不同国家和地区分布不均匀。其中有12个国家和地区，每个只有不到10件专利。有6个国家和地区，每个仅有10来件专利，合计仅占10%的比例。近90%的专利分布在八国集团以及中国、韩国、印度和西班牙等新兴经济体和LED发达的国家和地区。

专利许可清单中位列前14位的地域具体分布如图9-4-4所示。

图9-4-4 专利许可清单前14位地域分布

第一位是美国，共计279件专利，占19.12%，第二位为日本，有154件专利，占10.56%，第三位为中国，有135件专利，占9.25%，欧洲为第四位，有109件专利，占 7.47%。同时，对于欧洲，除了欧洲专利（EP），还在德国、英国、法国、意大利和西班牙具有一定数量的专利申请。亚太的韩国、中国台湾所占的比重也很高。而在俄罗斯、加拿大只拥有 30 件左右的专利。

该清单主要针对经济发达地区和 LED 产业发达地区。第一重点是北美地区，特别是美国；第二重点是东亚地区；第三重点是西欧地区。

9.4.2.2 中国专利的同族专利联系

正如在本章第 9.4.2.1 节中所描述的，在飞利浦专利许可清单中的 1495 件专利除了中国的 135 件专利，尚有 1360 件分布在全球的其他地区。而由于飞利浦的全球专利主要以 PCT 的形式进行申请，因此，必然存在着大量的同族专利。通过研究中国专利的同族走向，可以在了解专利许可清单的国内专利的详细情况下，通过其同族专利迅速地了解专利许可清单在其他国家，特别是专利申请大国和 LED 热点国家及地区的各种详细情况，从而利用许可清单的国内分布帮助国内企业对于走出去可能遇到的风险进行评估或者预警。

图 9-4-5（见文前彩色插图第 8 页）记载了专利许可清单中的中国专利的同族专利走向。

中国专利的同族专利走向排名基本与专利许可清单中的各国专利数量的排名是一致的。在 135 件中国专利中，有 129 件专利进入了美国局，为第一位，占据许可清单美国专利的 46%，有 70 件专利进入了日本局，占许可清单日本专利的 45%。因此，中国专利的分布对许可清单中的美国和日本专利具有一定的参考意义。

而对于飞利浦所在的本土，即欧洲，其许可清单中包括了欧洲专利、德国专利、英国专利和法国专利。虽然所占的比重和绝对的数值有所不同，占比为 64%~79%，但由于欧洲专利制度，对于德国、英国和法国这三个加入欧洲专利局的国家，在其国家所生效的专利不仅包括其各国的专利，也包括欧洲专利。因此，飞利浦进入这些专利局的专利应该是欧洲专利和各自国家专利的合集。研究人员在研究中发现，中国专利在进入英、法、德专利局时，或者选用欧洲专利的形式，或者选择本国专利的形式。具体来说，135 件专利中有 70 件专利以欧洲专利的形式进入，而在另外 65 件专利中，有 55 件专利以本国专利的形式分别进入了英国、法国和德国。也就是说中国专利合计有 125 件专利进入了以英国、法国和德国为主的欧洲。中国专利对于对许可清单中的欧洲专利具有非常大的参考意义。

对于韩国，中国专利的韩国同族专利较少，仅占 19%。

而对于中国台湾，中国专利的台湾同族专利较多，有 33 件，占 65%。中国专利对于专利许可清单中的台湾专利具有较大的参考意义。

9.4.3 专利许可清单的中国分布

9.4.3.1 专利许可清单中国申请状态分布

在该专利许可清单中共有 135 件中国专利申请，占许可清单专利总量 1495 件的近 10%。

通过对飞利浦许可清单中的中国专利申请的详细分析（参见图 9-4-6），研究人员发现：其中的授权有效量为 109 件，占许可清单中的中国专利申请总量的 80%；实审未决量为 16 件，占许可清单中的中国专利申请总量的 12%；处于复审阶段的专利申请为 8 件，占许可清单中的中国专利申请总量的 6%；处于驳回失效的专利申请为 2 件，只占许可清单中的专利申请总量的 2%。可见，飞利浦许可清单中的中国专利申请还存在 18% 的专利申请无法确定其是否能够获得专利权，2% 的专利申请已经确定属于失效状态。也就是说，飞利浦许可清单中的中国专利申请只有 80% 是已经获得专利权的，目前，飞利浦仅仅有权针对这部分中国专利申请进行许可计划操作，而无法对许可清单中其余 20% 的中国专利申请执行许可协议。

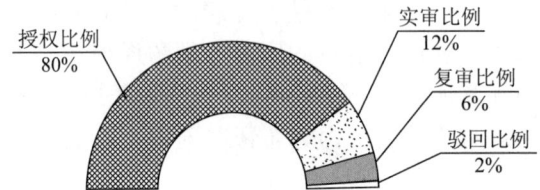

图 9-4-6　专利许可清单中国专利法律状态分布

9.4.3.2　专利许可清单中国申请生命期分布

这 133 项专利（排除失效案件），申请日期从 1997～2008 年，有效期最长也仅有 15 年。其有效期具体分布如图 9-4-7 所示，具有 10 年生命期的均处在有效状态，10 年生命期以上的案件部分尚处在未决状态，并未完全授权，特别是 2008 年的申请，有 50% 以上的申请处在未决状态，并未得到授权。

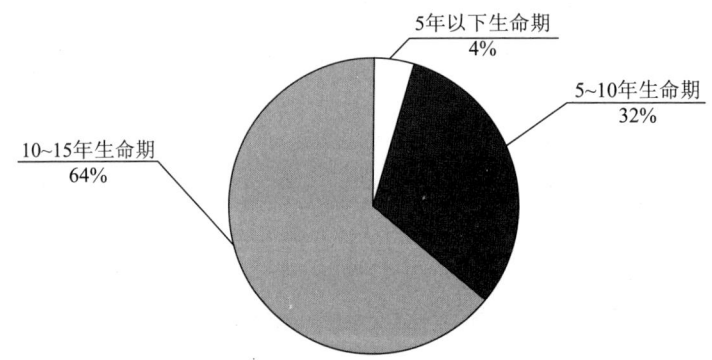

图 9-4-7　专利许可清单生命期分布图

9.4.3.3　专利许可清单中国申请技术分支分析

如同上面所分析的，飞利浦中国申请主要涉及 8 个技术领域。参见图 9-4-8，罗列了许可清单中各个技术分支所占百分比，图 9-4-9 示出了专利许可清单中各个技术分支的年份分布。

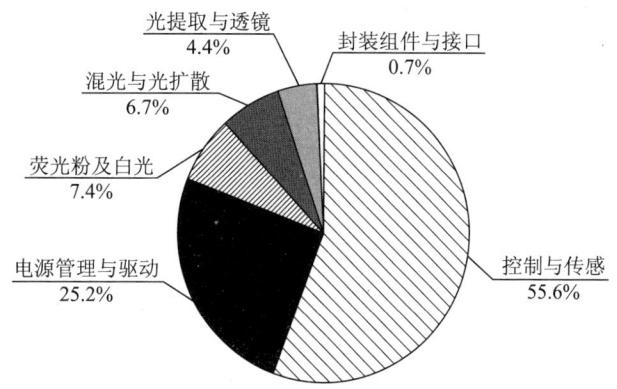

图 9-4-8 专利许可清单中国申请技术分支占比

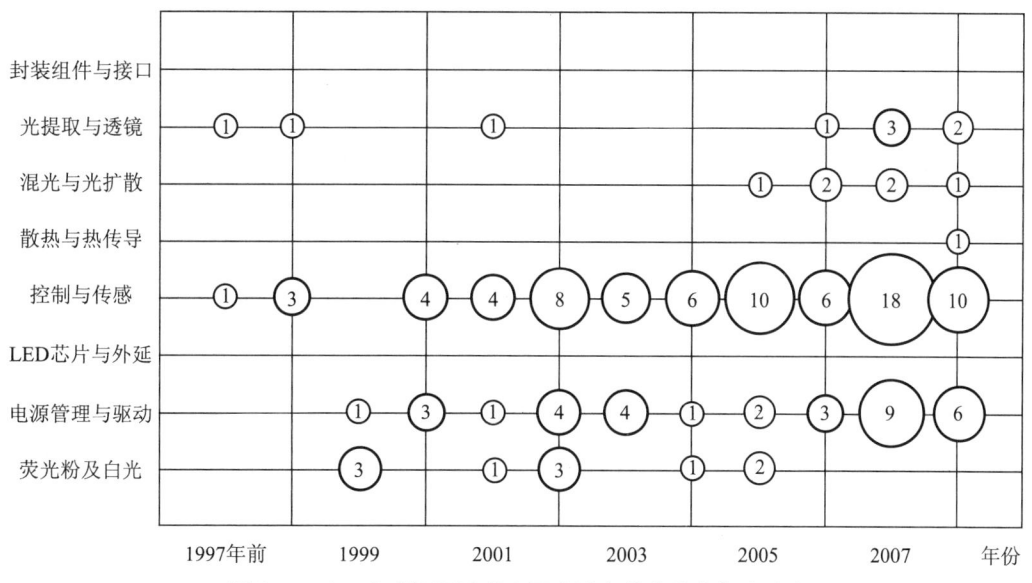

图 9-4-9 专利许可清单中国申请各技术分支年度分布

从表 9-4-3 的数据可见,该专利许可清单并未覆盖飞利浦所有的专利布局领域。在 LED 芯片与外延领域、封装与接口领域没有任何相应的许可专利,散热与热传导领域也仅仅只有 1 件专利,混光与光扩散领域与光提取与透镜领域分别有 6 件和 9 件专利。而控制与传感领域、电源管理与驱动领域和荧光粉与白光领域为专利许可清单的前三位申请领域。

表 9-4-3 专利许可清单各技术分支分布 单位:件

项目	控制与传感	电源管理与驱动	荧光粉及白光	光提取与透镜	混光与光扩散	散热与热传导	封装组件与接口	LED芯片及外延
专利数量(件)	75	34	10	9	6	1	0	0

专利许可清单中一半的专利为控制与传感领域,这也是飞利浦在专利布局中的第

一大领域,在控制与传感领域中,有10件涉及LED通信的许可专利。可见,飞利浦更为看重对LED照明的控制、传感以及无线通信。

专利许可清单中有25%的专利为电源管理与驱动领域,但应当注意,该领域在飞利浦的专利布局中,并不属于飞利浦的第二大重点专利布局领域,在国内专利布局中仅占据12%,属于第三大领域,由此可见,飞利浦对LED照明中电源稳定性,以及大功率LED电源的重视。

以上两个部分就占据了许可清单将近75%以上的比例,而对于光学部分所占的比重却较少,可见,飞利浦认为将来LED照明的研究热点,或者说,飞利浦所需要控制的市场热点是控制与传感领域和电源管理与驱动领域。

进一步地,将专利许可清单各领域专利占比与国内专利申请各领域专利占比进行比较,可进一步研究飞利浦对于"飞利浦灯具和光源许可计划"规划意图。

根据图9-4-10所示的飞利浦专利许可清单与飞利浦中国专利布局占比的对比,飞利浦专利许可清单并不是将其专利布局的内容进行缩小,并没有简单地在飞利浦专利布局的每个领域中选取一定量的专利,而是两者选取了不同的侧重点。在其专利布局的光提取与透镜、混光与光扩散和散热与热传导领域,飞利浦选取少量的专利申请进入许可清单。特别是光提取与透镜领域,占据飞利浦专利布局的25%,但在许可清单中却仅有极少的6.6%,零星地分布在各年份。

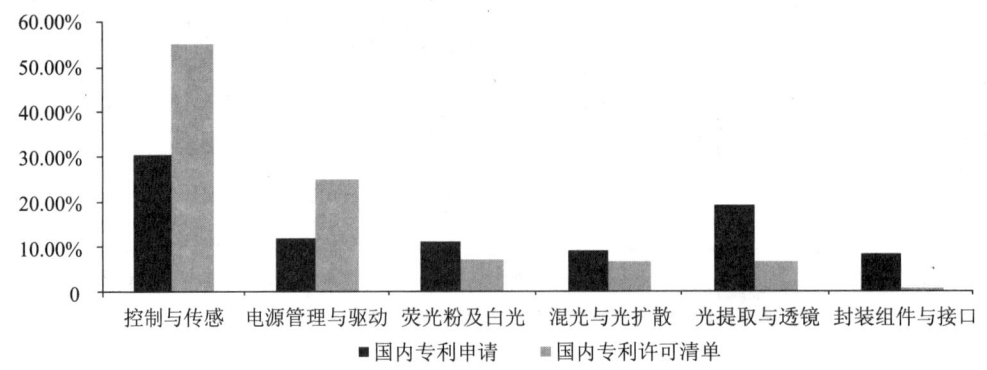

图9-4-10 飞利浦专利许可清单中国申请各领域专利占比与
专利布局国内专利申请各领域专利占比比较

综合上述比较,可以看出飞利浦的"飞利浦灯具和光源许可计划"的专利许可清单具有如下特点:

(1)专利许可清单不是专利布局的简单复制,飞利浦有侧重点地选取了控制与传感领域和电源管理与驱动领域,这两个领域主要针对的市场为:LED一体化灯具市场、大功率灯具市场以及特种照明市场。

(2)荧光粉与白光领域虽然在2007年就已经过了研究热点,且在许可清单中的相关申请间或平均分布在1999~2005年,生命周期并不长,但在许可清单中占据第三大的比例,可见飞利浦对该技术领域的看重,也可以看出飞利浦在该领域具有若干重要专利,应当引起足够重视。该领域相关技术主要影响LED颜色、色温的变化和控制、以及白光 LED 输出。

（3）专利许可清单并没有对飞利浦产业链的其他领域进行选取，本计划将不会对其他相关领域的产品产生影响。

9.4.3.4 专利许可清单中国申请各分支矩阵分析

在宏观地了解了各技术分支的占比后，具体地对各个技术分支的所有的专利进行技术手段和技术效果的矩阵分析，可以看出在具体的不同分支上各项技术的集中度，其中较为集中的就是飞利浦的重点领域，也可以认为是飞利浦认为的 LED 照明市场的热点领域。

首先是控制类与传感分支的矩阵分析，具体参见表 9-4-4。

表 9-4-4 专利许可清单中国申请控制与传感分支 单位：件

功　效	检测内部参量	检测外部环境参量	有线通信	无线通信	编辑预定程序	专有电路与控制方法
控制光源输出参数	26		1		1	20
安全保护	4	2				3
环境适应		3				
气氛营造					3	1
命令传输		1	6	3	1	1

注：此表有一件专利标引两个技术手段。

由表 9-4-4 可见，控制与传感分支中第一热点或者效果为控制光源的输出参数，如电流、电压，波长等。其控制方法包括闭环控制和开环控制，其中通过检测内部参量的为 26 件，占 1/3，为闭环控制，而通过专有电路与控制方法主要为开环控制，有 20 件，近 1/3。第二重点就是命令传输，随着单个的灯具成为照明系统，特别是基于各种通信技术的发展，通过有线以及无线的方式对照明系统发送命令从而控制整个系统的效果成为新兴的热点，该部分特别要引起中国各研发厂商的关注。第三热点就是对灯具整体的安全保护，通过检测参量，包括外部和内部的参量使得照明灯具和照明系统能够实现安全稳定的工作。可见，飞利浦认为照明系统应当稳定，并且根据需要，利用有线或者无线的方式传递控制灯具效果的各种参数，以稳定灯具的输出，或者达到所需要的照明效果。

灯具一方面要追求稳定，该稳定包括灯具输出参数的稳定，也包括灯具自身的稳定；另一方面要追求可控，使得其不仅为简单的照明灯具，而成为一个照明系统，该照明系统能够按照使用场景进行所需要的波长和色温等参数的变换，以达到所要求的效果。这也说明，商业照明市场是飞利浦认为的高利润市场，并且是有可能进行打压的市场。

第二个分支为电源与驱动，具体参见表 9-4-5。

表9-4-5 专利许可清单中国申请电源与驱动分支　　　　　　　　　　　　　单位：件

技术手段＼功效	电源控制器	脉冲串控制	反馈参数传感	功能器件（抑制闪烁器件、稳定输出参数器件，断路检测器件）	变换电路连接方式
简化电路，提高效率	7	2		2	5
稳定驱动参数	2	1	4	3	5
抑制闪烁				2	
故障检测或排除				1	1

注：此表有一件专利标引两个技术手段。

该部分的两大部分分别为：简化电路，提高效率和稳定驱动参数，两者所占的比重基本相同，前者为16件，后者为15件。其实，从广义上面来说，这两个部分所起到的作用都是使得LED照明灯具或者照明系统能够稳定高效的工作。因此，综合考虑其他效果，电源与驱动分支也是使得产品成熟可用的重要技术。从产业的角度考虑，成熟的产品才是能够稳定占有市场、并为企业创造利润的产品。

第三个分支为荧光粉与白光，具体参见表9-4-6。

表9-4-6 专利许可清单中国申请荧光粉与白光分支　　　　　　　　　　　　单位：件

技术手段＼功效	LED组合配置	发光材料	控制器参数控制	界面
色温调节	1	1		
色效应系数调节		1		
颜色	2		4	1

荧光粉与白光分支是对LED的色温、色效应系数和颜色等进行调节，且调节的方法包括但不限于采用控制器控制的方式调节，还包括发光材料和LED组合。而均匀和饱满的LED白光使得LED照明灯具能够表现出令人满意的效果，也使得LED照明可以替代白炽灯和荧光灯照明。应该说，该部分的专利单纯从数目来说并不多，但对于所达到的效果来说，在白光领域内却是占据了明显的优势，且该效果和技术手段是较难逾越的，以此，对该部分，如有必要，应当展开稳定性分析，以避免国内企业落入专利陷阱。

第四个分支为光提取与透镜，具体参见表9-4-7；第五分支为混光与光扩散，具体参见表9-4-8。

表9-4-7 专利许可清单中国申请光提取与透镜分支　　　　　　　　　　　　单位：件

技术手段＼功效	透镜	反射装置	设置位置	扩散装置	光波导	传感器
亮度均匀	1					
控制与调整光分布	1	1	3			1
光源混合				1	1	

表9-4-8 专利许可清单中国申请混光与光扩散分支 单位：件

功效＼技术手段	反射/漫射装置	LED组合与安装	光波导
混色均匀	1		
控制与调整光分布	2	1	1
提高显色指数		1	

第四分支与第五分支主要差别就是在 LED 照明系统中对应的光学部件所在光路位置的不同，一个为出光侧的器件，另一个为 LED 与出光侧之间的部分，即先混光和扩散，后进行光提取。其中，主要是利用常用的光学设备，例如透镜、反射、扩散装置以及光波导实现对光分布的控制。结合第一分支的内容，即对于 LED，无论是光学参数，还是光束分布，都要尽量地实现可控，以得到所需要的光照明效果。

9.5 专利诉讼研究

专利诉讼是专利权人运用专利权与主要市场对手的进行竞争的有效方式，专利诉讼是竞争主体对抗方式的重要体现。涉及专利侵权纠纷的专利诉讼主要有以下几种目的：①以获得专利授权许可金为目的；②以获得专利交叉许可的筹码为目的；③以打击对手的客户信任度从而抢夺市场占有率为目的；④通过舆论负面影响达到并购、合资等目的。

飞利浦近几年来加强了利用专利保护自身同时推行其专利许可清单计划，通过前期的专利诉讼达到了打击对手的目的，最终达到自身占有大规模市场份额获得最大产品收益或者是获取最大利润的目的。

9.5.1 近几年全球专利诉讼情况简介

9.5.1.1 以加入专利许可清单而和解

（1）飞利浦 VS Bayco

2013 年 2 月 26 日，总部设于美国得克萨斯州的 Bayco 于美国得州地方法院北区达拉斯分院（Northern District of Texas, Dallas Division）提出专利无效及产品并无侵权的诉求，指控飞利浦及飞利浦子公司 Philips Intellectual Property & Standards 的专利无效。原告 Bayco 曾于 2012 年 11 月 28 日接获被告飞利浦通知函，指出原告 Bayco 所生产型号为 XPP-5450 系列双功能头灯（以下简称"被控产品"）侵害其专利权，并要求原告 Bayco 必须作出响应，使原告 Bayco 感觉威胁，因此提出专利无效及产品无侵权之诉。本案涉及有飞利浦所拥有的 3 项专利：US6234648、US6250774，以及 US6692136。此 3 项专利均与 LED 照明系统有关。根据诉状，原告 Bayco 认为上述的 3 项专利应为无效。另外，原告还指称被控产品并无侵权事实。

原告 Bayco 在诉状中特别指出，原告 Bayco 已明确回复被告飞利浦被控产品的技术来源为科锐，而科锐在 LED 相关技术上已和被告飞利浦达成交互授权，因此基于专利权利耗尽原则，应无侵权问题。原告请求美国得州地方法院北区达拉斯分院判决原告 Bayco 并无侵犯 3 件争议专利，请求法院判决被告飞利浦的上述 3 件专利无效，以及判决被控产品为科锐及被告飞利浦交互授权中的有效授权产品。但最终该案以 Bayco 加入到飞利浦的专利许可计划协议而和解。

（2）飞利浦 VS Aurora Group

2012 年 11 月 2 日，飞利浦及其旗下负责 LED 照明业务的 Philips Solid – State Lighting Solutions, Inc. 在美国马萨诸塞州联邦地方法院向照明设备集团 the Aurora Group 的美国代表公司 Aurora Lighting, Inc. 提起诉讼，控告照明设备集团 the Aurora Group 的美国代表公司 Aurora Lighting, Inc. 的产品：AURORAR、LUNAR 与 SOLAR 等品牌所涉及的 LED 照明设备产品，这些照明设备包括各款 LED 灯泡产品，侵犯飞利浦所拥有的 7 项与 LED 照明有关的专利权利。

所涉及的 7 项专利如下：US6250774、US6561690、US6788011、US7038399、US7161311、US7262559、US7659673。

值得注意的是：这些专利全部属于飞利浦推广的专利许可计划协议中列出的专利。最终该案以 Aurora lighting, lnc. 加入到飞利浦专利许可计划协议而和解。

（3）飞利浦 VS 耐克斯照明

耐克斯照明（Nexxus Lighting）由 Mike Bouer 于 1991 年成立，并在 1994 年于美国纳斯达克上市交易，初期主要负责照明系统设备的制造，而在 2000 年时，随着 LED 科技的兴盛，公司也将研发重点转移，几年的发展成果下来，耐克斯照明已经与飞利浦和 WDM Lighting 等公司成为 LED 市场的领导品牌。目前，耐克斯照明更有附属品牌 Array Lighting 来负责 LED 装饰和设计方案。该案中飞利浦的主要控告的目标正是耐克斯照明由 Array Lighting 设计的 LED 灯泡。

2012 年 3 月 26 日，飞利浦和旗下负责 LED 照明业务的子公司 Philips Solid – State Lighting Solutions，联合以 6 项专利侵权为由，控告同业竞争厂商耐克斯照明，全案将由马萨诸塞州联邦地方法院负责审理调查。

该案涉及侵权的专利分别为：US6013988、US6250774、US7038399、US7358679、US7737643、US7802902，这些专利皆为飞利浦所拥有，主要涉及 LED 照明系统的电源控制设计和照明强度技术等。

2012 年 9 月 25 日，耐克斯照明向飞利浦支付专利费用达成专利诉讼和解协议。最终该案以耐克斯照明向飞利浦支付许费用加入专利许可清单计划而和解。

（4）飞利浦 VS PixelRange

2010 年 3 月 23 日，飞利浦在马萨诸塞州联邦地方法院向 PixelRange 以及其隶属的 James Thomas Engieering 公司提出诉讼，控告该公司的照明产品侵犯了飞利浦所拥有的 6 项专利。诉讼所涉及的 Pixelrange 的产品型号：PixelMax、PixelPar、PixelLine、Pixel-Brick 以及 PixelArc，侵犯飞利浦的 6 项专利分别为：US6250774、US6016038、US6150774、US6806659、US6788011 和 US6975079。最终以 PixelRange 加入到飞利浦专利许可清单计划而和解。

（5）飞利浦 VS 照明科学集团

2008年2月，飞利浦在美国马萨诸塞州联邦地方法院起诉照明科学集团，起诉照明科学集团的LED产品涉及对飞利浦所拥有专利的侵权，这场专利战由此爆发。随后，在2008年3月，照明科学集团在美国加利福尼亚州高等法院反诉飞利浦，指控飞利浦窃取机密信息从事不公平竞争。这场官司源于飞利浦并购前的公司彩色动力（Color Kinetics）对属于照明科学集团旗下的公司LED Effects的专利诉讼。

2008年9月4日，加利福尼亚州高等法院作出有利于照明科学集团的裁决，并发布初步禁止令以阻止飞利浦进一步损害照明科学集团的利益。在传达裁定结果时，法院指出，在该案件中，照明科学集团胜算可能性较大，同时声明"有明显证据显示被告飞利浦在与原告照明科学集团联系期间获得了其机密信息"。接下来的口头辩论，法庭将确认初步裁决并要求当事人服从关于对照明科学集团进行禁止性救助的议案。该议案是由照明科学集团和飞利浦提交给法院的。

此后两者之间有更多的专利诉讼被立案，这其中飞利浦又增加了US6967448、US6250774。2008年9月22日，照明科学集团在加利福尼亚州联邦地方法院起诉飞利浦，声称飞利浦拥有的上述专利是无效的，照明科学集团没有侵权。飞利浦没有对此作出申辩。随后，2008年9月26日，飞利浦在马萨诸塞州联邦地方法院又对照明科学集团提出专利侵权诉讼，照明科学集团也没有进行申辩。

当专利纠纷越来越复杂的情况下，谁知峰回路转，2009年9月24日，飞利浦与照明科学集团共同宣布已经解决商业与知识产权方面的所有争议纠纷，并且双方签订一项综合协议并重拾原先的合作关系。根据协议规定，上述协议足以强化两家公司在LED照明产品的交易，照明科学集团以缴纳专利许可费用、非独家享有的形式加入到飞利浦推行的许可清单计划，飞利浦并将持有一些照明科学集团的股权。同时规定，双方签订的协议也适用于以往的知识产权与商业索赔方面，尚未落幕的案件也将一笔勾销。照明科学集团计划进行现金增资，飞利浦将斥资500万美元购买照明科学集团的可转换公司债，未来将可转换成优先股。

9.5.1.2 以专利交叉许可而告终

飞利浦 VS 首尔半导体：

首尔半导体成立于1987年，是韩国LED产业的重要公司，凭借其创新的管理体系和先进的技术，现在已经是世界三大LED制造商之一。

2011年3月4日飞利浦及其下属子公司（Philips Lumileds Lighting）在加利福尼亚州联邦地方法院向首尔半导体提起诉讼，起诉书中指控首尔半导体在美国销售的一些包括其新推出的Acrich2、3、4（首尔半导体主打产品——交流电源用大功率半导体光源）产品以及Top View（KWT801-S，SFT-722N-S）、High Flux、Side View（SWAA07、SWAA05）以及Z-Power（Z1、Z5、P4、P7、P9）产品侵犯了飞利浦在美国拥有的5项专利；这5项专利分别是：US6590235、US5779924、US6717353、US6547249、US6274924。

同时，还对首尔半导体所拥有的专利US5075742提出无效请求。首尔半导体曾经就该专利US5075742在得克萨斯州东区地方法院控告LED生产厂商日亚化学侵权。

首尔半导体的反击：

该 US5075742 专利最初专利权人并非是首尔半导体，而是通过从他人转让的方式得到核心专利。

由图 9-5-1 的 US5075742 专利权移转过程可以看出，共有 3 次转移纪录：分别为发明人 GERARD、JEAN-MICHEL 与 WEISBUCH、CLAUDE 移转给 FRENCH STATE；FRENCH STATE 移转给 FRANCE TELECOM；FRANCE TELECOM 再在 2007 年转让给 SEOUL SEMICONDUCTOR CO. LTD.。

Total Assignments:	3						
patent #:	5075742	Issue Dt:	12/24/1991	Application #:	7639530	Filing Dt:	01/10/1991
Inventors:	JEAN-MICHEL GERARD, CLAUDE WEISBUCH						
Title	SEMICONDUCTOR STRUCTURE FOR OPTOELECTRONIC COMPONENTS WITH INCLUSIONS						
Assignment:1							
Reel/Frame:	014261/0363						
Conveyance	ASSIGNMENT OF ASSIONORS INTEREST						
Assignor:	FRENCH STATE						
Assignee:	FRANCE TELECOM 6 PLACE D'ALLERAY FARIS, FRANCE 75015						
Correspondent:	JACOBSON HOLMAN PLLC 400 SEVENTH STREET N.W. SUITE 600 WASHINGTON, DC 20004						
Assignment:2							
Reel/Fame:	00565/0931	Recorde:	04/16/1991				
Conveyance:	ASSIGNMENT OF ASSIOGNORS INTEREST.				Exec Dt:	02/27/1991	
Assignors	GRERARD, JEAN-MICHEL WEISBUCH, CLAUCE				Exec Dt:	02/27/1991	
Assigners:	FRENCH STATE REPRESENTED BY THE MINISTER OF THE POST, TELECOMMUNICATIONS AND SPACE 38, RUE DU GENERA ISSY-LES-MOUCLNEAUX, FRANCE 92131						
Correspondent:	FLEIT, JACOBSON, COHN, PRICE, HOLMAN AND STERN 400 SEVENTH STREET N.W. WASHINGTON, DC 20004						
Assignment:3							
Reel/Frame	20064/0799						
Conveyance	ASSIGNMENT OF ASSIGNORS INTEREST						
Assignor:	FRANCE TELECOM SA				Exec Dt:	01/10/2007	
Assignee:	SEOUL SEMICONDUCTOR CO. LTD. 148-29 GASON-DONG, GEUMCHEON-GU SEOUL, KOREA, REPUBLE OF 153-801						
Correspondent	WELL, GOTSHAL & MANGES C/O DREW WERNER 767 5TH AVENUE NEW YORK, NY 10153						

图 9-5-1 US5075742 专利权转移记录

值得注意的是：在完成该专利权的转让后，首尔半导体即在美国得州利用购买取得的 US5075742 以及另一购买的专利 US5321713，控告日亚化学的产品侵犯这两项专利的专利权。

首尔半导体自身拥有数千件的 LED 专利布置在全世界各地区，涉及 LED 芯片、LED 封装以及一些 LED 照明技术。首尔半导体于 2011 年 3 月在德国以及 2011 年 5 月在韩国就飞利浦侵犯其专利提起了诉讼。

2009 年 3 月在采访首尔半导体研发中心负责人 Sang Min Lee 时说，稍早前得克萨斯州联邦地方法院认为：专利 US5075742 是涉及 LED 发光用材料的基础专利，凡是涉及使用 InGaN 材料作为有源层的 LED 都难以避免绕开不使用 US5075742 中提到的技术。基于这一判断，首尔半导体因拥有该专利而可以对可能侵犯该专利技术的厂家发起侵权诉讼，从而对其他 LED 厂商产生威胁。

正因为首尔半导体手中握有重要专利，能够对飞利浦自身产品构成威胁，2011 年 12 月 1 日，飞利浦与首尔半导体达成 LED 技术领域专利交叉许可协议。根据该协议，双方可共享对方大部分 LED 技术相关专利。通过和飞利浦签订专利交叉许可协议与建立合作关系，首尔半导体期望其技术可以在全球灵活使用，以满足世界各地客户的需要。首尔半导体最近推出大功率 LED 产品 Acrich 2，正在市场上得到突破性的发展，需求量较大；加上此次的专利交叉许可协议，不仅可以增加销售业绩而且也能在 LED 领域中确保稳固地位。

而同时飞利浦将能取得对方一大部分 LED 的专利技术，这些布置在 LED 产品链上游的技术，很好地弥补了飞利浦自身在这些领域中的缺陷，从而避免了例如首尔半导体拥有的 US5075742 对其产品的威胁。飞利浦通过这一交叉授权获得了 LED 的基础专利，包括有白色、蓝色、绿色与 UV LED 技术。

9.5.1.3 在审未决的专利诉讼

飞利浦 VS TCP：

Technical Consumer Products, Inc.（以下简称"TCP"）于 1993 年由 Ellis Yan 成立，是美国大型跨国光源公司，主要生产经销各种节能光源、灯具及相关照明电器产品，曾于 1997 年推出全球第一支螺旋形节能灯。

2012 年 10 月 11 日，总部设于美国俄亥俄的 TCP 向美国俄亥俄州北区地方法院起诉飞利浦及其旗下负责 LED 照明业务的子公司 Philips Solid – State Lighting Solutions, Inc. 及 Koninklijke Philips Electronics N. V.，提出 8 项专利权无效。

此项指控源于飞利浦公司指控 TCP 侵犯其 8 项 LED 专利，并要求 TCP 公司必须取得飞利浦授权才能售卖 LED 照明产品，因此 TCP 针对这 8 项专利向法院提出无效请求。

该案所涉及的 8 项专利分别为：US6013988、US6147458、US6577512、US6586890、US7038399、US7352138、US7256554 及 US7737643，主要涉及 LED 电源相关技术。

9.5.2 飞利浦照明诉讼涉案专利

总结上面 3 个类型的专利诉讼，可以得到飞利浦照明诉讼涉案专利地图和涉案专利一览表（参见图 9 – 5 – 2 和表 9 – 5 – 1），以及涉案专利与专利许可计划的关系（参见表 9 – 5 – 2）。

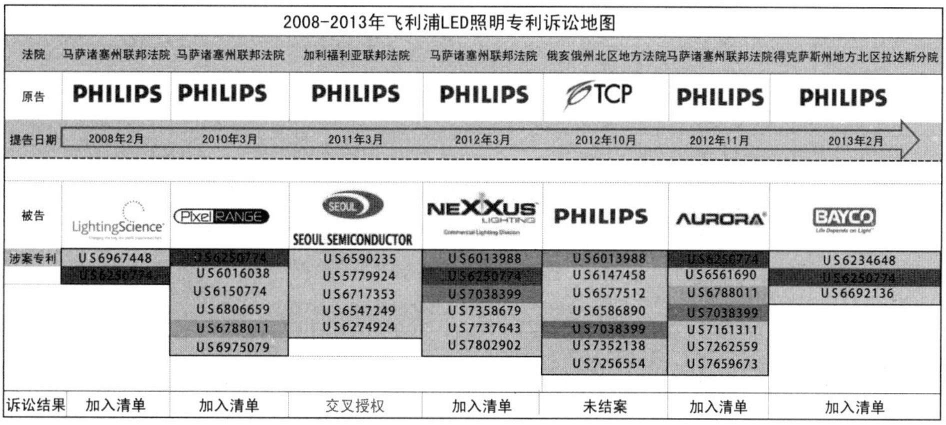

	2008-2013年飞利浦LED照明专利诉讼地图						
法院	马萨诸塞州联邦法院	马萨诸塞州联邦法院	加利福利亚联邦法院	马萨诸塞州联邦法院	俄亥俄州北区地方法院	马萨诸塞州联邦法院	得克萨斯州地方北区拉达斯分院
原告	PHILIPS	PHILIPS	PHILIPS	PHILIPS	TCP	PHILIPS	PHILIPS
提告日期	2008年2月	2010年3月	2011年3月	2012年3月	2012年10月	2012年11月	2013年2月
被告	LightingScience	PixelRANGE	SEOUL SEMICONDUCTOR	NEXXUS LIGHTING	PHILIPS	AURORA	BAYCO
涉案专利	US6967448 US6250774 US6016038 US6150774 US6806659 US6788011 US6975079	US6250774 US6016038 US6150774 US6806659 US6788011	US6590235 US5779924 US6717353 US7358679 US6274924	US6013988 US6147458 US6547249 US7038399 US7737643 US7802902	US6013988 US6147458 US6577512 US6586890 US7038399 US7352138 US7256554	US6250774 US6561690 US6788011 US7038399 US7161311 US7262559 US7659673	US6234648 US6250774 US6692136
诉讼结果	加入清单	加入清单	交叉授权	加入清单	未结案	加入清单	加入清单

图 9 – 5 – 2　飞利浦 LED 照明专利诉讼地图

表 9-5-1　飞利浦照明部分美国诉讼涉案专利一览表

年份	诉讼方	涉及专利	诉讼结果
2013	Bayco	US6234648 US6250774 US6692136	加入清单和解
2012	Aurora Group	US6250774 US6561690 US6788011 US7038399 US7161311 US7262559 US7659673	加入清单和解
2012	耐克斯照明	US6013988 US6250774 US7038399 US7358679 US7737643 US7802902	加入清单和解
2012	TCP	US6013988 US6147458 US6577512 US6586890 US7038399 US7352138 US7256554 US7737643	在审未决
2011	首尔半导体	US6590235 US5779924 US6717353 US6547249 US6274924	交叉授权和解
2010	PixelRange	US6250774 US6016038 US6150774 US6806659 US6788011 US6975079	加入清单和解
2008	照明科学集团	US6967448 US6250774	加入清单和解

表9-5-2 飞利浦照明诉讼涉案专利与专利许可清单关系

诉讼方	涉及专利数量（件）	诉讼专利是否属于专利许可清单	诉讼专利是否存在中国同族专利
Bayco	3	有	有
照明科学集团	7	有	有
Aurora Group	7	有	有
耐克斯照明	6	有	有
PixelRange	6	有	有
首尔半导体	5	无	无
TCP	8	有	有

从表9-5-2可以看出，飞利浦照明近几年的专利诉讼以围绕许可清单所列专利为主，从诉讼结果看，基本以加入清单和解而告终。

从图9-5-3中也可以看出，专利许可计划中的专利在诉讼专利中占比超过了80%。

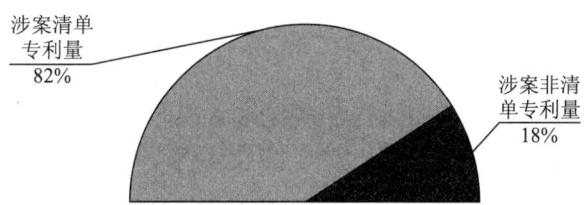

图9-5-3 飞利浦照明诉讼专利许可清单占比情况图

从诉讼专利的技术领域看：电源与驱动以及控制与传感作为飞利浦的优势技术领域也表现在专利诉讼中，大部分涉及专利侵权的专利都属于这两个领域。但光提取与透镜中有一专利US6250774在5起专利诉讼中都有涉及。具体技术领域及专利涉案情况参见图9-5-4。

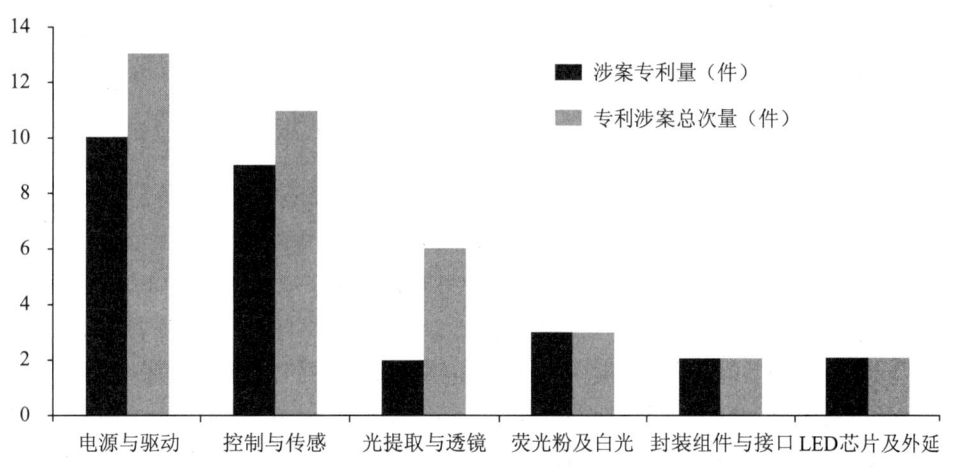

图9-5-4 飞利浦照明诉讼专利分领域涉案分布图

总结以上诉讼的涉案专利，分析其出现的频次，得到图9-5-5。可见，该图中的前5个专利很可能是飞利浦的重点专利。

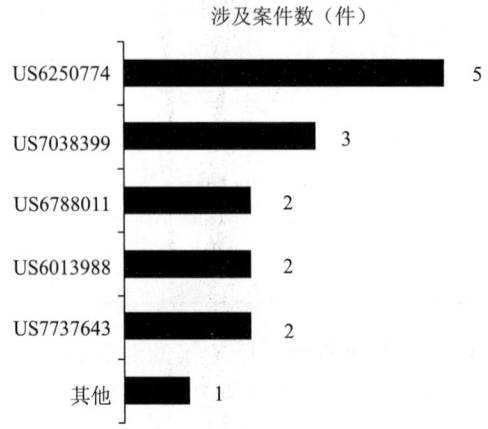

图9-5-5 飞利浦照明诉讼专利涉及的重要专利

从所涉及的专利布局看，有大约1/3的诉讼专利有中国同族专利，这些专利分布如表9-5-3所列。

表9-5-3 飞利浦照明诉讼涉案专利中国同族专利信息

美国专利号	案件涉及次数	中国同族专利公开号	技术领域	是否属于许可清单专利	法律状态
US6250774	1	CN1216094A	光提取与透镜	是	授权
US6692136	5	CN1355936A	荧光粉及白光	是	授权
US6561690	1	CN1339664A	光提取与透镜	是	授权
US7262559	1	CN1745603A	电源与驱动	是	授权
US6013988	1	CN1241349A	控制与传感	是	授权
US6147458	2	CN1273759A	电源与驱动	是	授权
US6577512	1	CN1463566A	电源与驱动	是	授权
US6586890	1	CN1600047A	电源与驱动	是	授权
US6234648	1	CN1289454A	荧光粉及白光	是	授权
US7802902	1	CN101554087A	控制与传感	是	授权

从中国同族专利的分布可以看出：电源与驱动是分布的重点，同时在LED其他领域也有涉及，且这些专利都属于飞利浦正在推行的专利许可清单计划所列专利。

自2008年飞利浦推行专利许可清单计划以后，发动了多起涉及专利许可清单中所列专利的侵权诉讼，虽然被发起诉讼的公司积极应诉，同时针对专利许可清单中部分专利提出了无效请求，但从已知的诉讼结果看，大部分是以被诉公司加入飞利浦的专利许可清单计划而和解。飞利浦发起专利诉讼的几家企业，都属于其直接竞争对手，它们的产品所属技术领域专利、用途等重叠较多，产品类型都处于 LED 照明产品链的下游，飞利浦凭借之前的几次并购在壮大企业规模的同时，还获得并购企业的许多重要专利。例如之前并购的彩色动力，在随后的专利诉讼中，有多个涉及侵权的专利即为原彩色动力所拥有。从被诉公司的应诉策略看：针对这些专利都适时地提出了专利无效，并且做了不侵权抗诉。从最后的结果看已结案件中大部分是以被诉方加入专利许可清单和解而告终。

飞利浦与首尔半导体的诉讼以两公司间的交叉许可而告终，首尔半导体并没有加入飞利浦的许可清单计划。究其原因，一方面是由于首尔半导体产品较多涉及 LED 照明上中游产品链，与飞利浦的产品类型交叉不多，从提出涉及侵权的专利可以看出，这些专利也未被收录在许可清单之中；另一方面是由于首尔半导体中握有重要专利，飞利浦自身部分产品也涉及对该重要专利的侵权问题。

9.5.3 侵权诉讼涉案专利研究

本节涉及的涉案专利，参与飞利浦侵权诉讼的次数较多，对于飞利浦来说，这些涉案专利是受关注和重视的程度高、企业规避难度大、具有代表性的基础性专利。因此，研究人员选取了部分有代表性的案件进行了深入细致的分析。

表 9-5-4 列出了筛选出的 4 件代表性专利的主要信息，接下来对各个代表性专利的具体情况进行详细介绍。

表 9-5-4　飞利浦 LED 领域代表性专利信息表

公告号	发明名称	授权公告日期	技术方案	诉讼次数	被引证次数
US6250774B1	Luminaire	2001 年 6 月 26 日		5	107
US6234648B1	Lighting system	2001 年 5 月 22 日		1	211

续表

公告号	发明名称	授权公告日期	技术方案	诉讼次数	被引证次数
US6013988A	Circuit arrangement, and signalling light provided with the circuit arrangement	2000年1月11日	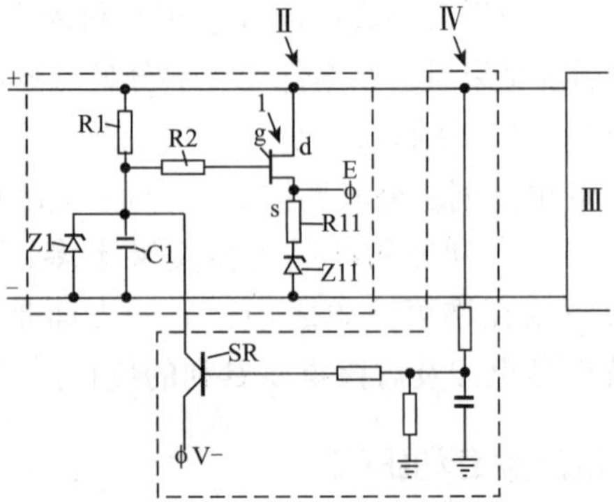	2	10
US7038399B2	Methods and apparatus for providing power to lighting devices	2006年5月2日	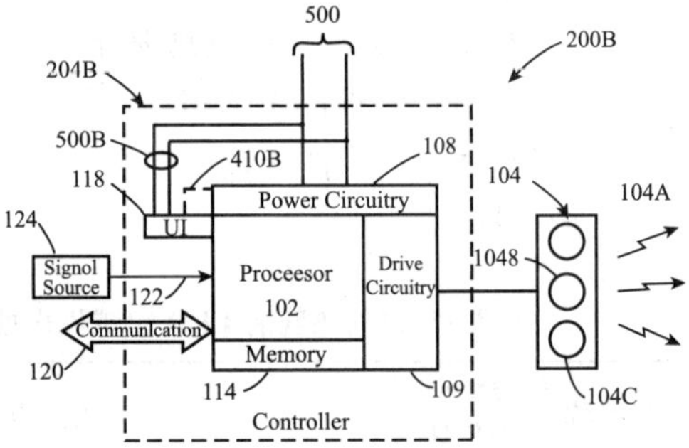	3	122

9.5.3.1 US6250774B1

（1）专利概况

该专利为U. S. Philips Corporation于1998年1月23日申请的一份涉及包括用于照明物体的照明舱的照明设备，通过对照明舱中光通量的控制或者通过对照明舱中各分立照明单元的控制，可以灵活地对光分布进行调整；如果需要，物体被照明的各部分可以彼此覆盖从而获得一个更为均匀的照明效果。其技术方案为：

独立权利要求1：一种照明设备，包括一个具有光发射窗的罩，至少一个被容纳在上述罩内、用于照明物体的照明舱，还包括一个光源和一个光学装置，其特征在于，照明舱包括一组照明单元，每个照明单元包括至少一个LED芯片和一个与芯片协同工作的光学系统，上述LED芯片和光学系统分别构成光源和光学装置，同时在工作期间照明单元照明物体的各部分，且在工作期间每个LED芯片至少提供5lm的光通量。

独立权利要求14：一种照明系统，包括至少一个照明设备，该照明设备包括一个具有光发射窗的罩和设置在所述罩内用于照明物体的照明模块，所述照明模块具有多个照明单元，每个照明单元包括至少一个LED芯片和一个光学系统，在工作期间每个所述LED芯片至少提供5lm的光通量，所述光通量通过相应的光学系统照射到所述物体的各个部分。

（2）影响度分析

该专利属于照明模组/照明光源领域，涉及光提取技术，用于改善光分布并且更有效地利用由光源产生的光。该项专利参与过5次侵权诉讼，分别与Bayco、Aurora Group、耐克斯照明、PixelRange和照明科学集团5家公司进行过侵权诉讼，最终结果都是加入到飞利浦专利许可清单和解。该专利的同族专利数量为10件，在欧洲、日本、中国和韩国都已经授权，其中与中国同族专利的独立权利要求保护范围基本相同，与欧洲相比，该美国专利的授权保护范围偏大；在飞利浦专利许可计划中，该专利的同族专利进入申请的专利局数量高达13个（CA、CN、DE、BE、ES、FR、GB、IT、NL、JP、KR、TW、US）（由于EP0890059B1进入到欧洲多个国家形成多个专利申请，因此，在专利许可清单中涉及的专利的数量大于在WPI查找的同族专利数量）。该专利引证10次，被引证107次❶；共计被62个申请人引用，其中引证的公司主要为：Permlight Products 13次；飞利浦6次和飞利浦固体照明2次；Integrated Illumination systems 5次；Fu Zhun Precision Industry 4次；Musco Corporation 4次；Stanley Electric Co. Ltd. 4次；Cooper Technologies Company 3次；Foxconn Technology 3次；彩色动力2次；Sharp Kabushiki Kaisha 2次。由此可见，该专利的被引用频次很高，这说明该专利技术具有一定的基础性，相对于引证文献具有较好的原创性，同时也体现了该技术属于本领域的主要研究方向之一。从权利要求保护的范围来看，独立权利要求1和14的保护范围适中。该专利保护两组装置权利要求，从属权利要求的数量分别为12项和1项，且引用关系紧密合理，修改灵活性好。部分独立权利要求保护的技术细节较少，维权举证较为容易。

9.5.3.2 US6234648B1

（1）专利概况

该专利为U.S. Philips Corporation于1999年9月24日申请的一份涉及多种颜色的LED构成的白光照明系统。其技术方案为：

独立权利要求1：一种照明系统，包括至少两个发光二极管，每个所述发光二极管工作时发射预定波长范围内的可见光，其特征在于，该照明系统包括变换装置，用于将所述发光二极管之一发射的可见光的一部分变成另一波长范围内的可见光，从而优化照明系统的色效应指数；其中所述至少两个发光二极管包括至少一个蓝光发光二极管和至少一个红光发光二极管，变换装置包括将蓝光发光二极管发出的部分光转换为绿光的发光材料。

独立权利要求4：一种照明系统，包括至少两个发光二极管，每个所述发光二极管工作时发射预定波长范围内的可见光，其特征在于，该照明系统包括变换装置，用于将所述发光二极管之一发射的可见光的一部分变成另一波长范围内的可见光，从而优化照明系统的色效应指数；其中所述至少两个发光二极管包括至少一个蓝光发光二极管和至少一个绿光发光二极管，变换装置将蓝光发光二极管发出的部分光转换为红光

---

❶ [EB/OL]. http：//www.google.it/patents/US6250774#backward-citations.

的发光材料。

独立权利要求 7：一种照明系统，包括至少两个发光二极管，每个所述发光二极管工作时发射预定波长范围内的可见光，其特征在于，该照明系统包括变换装置，用于将所述发光二极管之一发射的可见光的一部分变成另一波长范围内的可见光，从而优化照明系统的色效应指数；以及反射装置。

独立权利要求 10：一种照明系统，包括至少两个发光二极管，每个所述发光二极管工作时发射预定波长范围内的可见光，其特征在于，该照明系统包括变换装置，用于将所述发光二极管之一发射的可见光的一部分变成另一波长范围内的可见光，从而优化照明系统的色效应指数；以及用于分别驱动所述至少两个发光二极管的装置。

该专利的授权公告日为 2001 年 5 月 22 日。

（2）影响度分析

该专利属于照明模组/照明光源领域，涉及白光及颜色可调技术，用于改善色效应并且提高发光效率。该项专利参与过 1 次侵权诉讼，与 Bayco 进行过侵权诉讼，最终结果是加入到飞利浦专利许可清单和解。该专利的同族专利数量为 11 件，在欧洲、日本、中国和韩国都已经授权，其中与中国同族专利的独立权利要求保护范围基本相同，与欧洲、日本和韩国相比，该美国专利的授权保护范围偏小；在飞利浦专利许可计划中，该专利的同族专利进入申请的专利局数量高达 11 个之多（CN、DE、ES、FR、GB、IT、NL、IN、JP、KR、US）（由于 EP1046196 进入到欧洲多个国家形成多个专利申请，并在进入到欧洲各个国家时除了国家代码以外的公开号是相同的，因此，在专利许可清单中涉及的专利的数量大于在 WPI 查找的同族专利数量）。该专利引证 3 次，被引证 211 次[1]；共计被 70 个申请人引用，其中引证该专利的公司主要为：科锐 45 次；Abl IP Holding Llc 19 次；欧斯朗 9 次；飞利浦 9 次和飞利浦固体照明 2 次；Terralux Inc. 8 次；Xicato Inc. 8 次；Advanced optical technologies Llc 7 次；S. C. Johnson & Son, Inc. 7 次；松下 5 次；Pervaiz Lodhie 5 次；通用电器 5 次；Integrated Illumination systems 5 次；Lumination Llc 4 次；Sarnoff Corporation 4 次；Cooper Technologies Company 3 次；彩色动力 2 次；Lumileds lighting U. S. 2 次。其中，引证该专利的频次较高的公司都是 LED 照明领域的主流企业，这说明该专利技术具有一定的基础性，相对于引证文献具有较好的原创性，同时也体现了该技术属于本领域的主要研究方向之一。从权利要求保护的范围来看，独立权利要求 1 和 4 的保护范围适中，独立权利要求 7 和 10 的保护范围较宽。该专利保护四组装置权利要求，从属权利要求的数量分别为 4 项、0 项、7 项和 5 项，且引用关系紧密合理，修改灵活性好。部分独立权利要求保护的技术细节较少，维权举证较为容易。

9.5.3.3　US6013988A

（1）专利概况

该专利为 U. S. Philips Corporation 于 1998 年 8 月 3 日申请的一份涉及控制半导体电源工作过程的电路系统和包括该电路系统的信号灯。其技术方案为：

---

[1]　[EB/OL]．http://www.google.com/patents/os6234648#backward-citations．

独立权利要求1：一种电路系统，用以控制半导体光源的工作过程，配备有：接线端子，用以与给所述电路系统提供电压的控制单元连接，用于控制半导体光源；输入滤波装置，耦合到接线端子；一个变换器，包括一个控制电路，该控制器耦合到输入滤波装置的输出装置；和输出端子，耦合到变换器的输出装置用以使所述电路系统与所述半导体光源连接；其特征在于，所述变换器包括一个开关式电源以用以向所述半导体光源供电，所述开关式电源包括一个开关元件，由所述控制电路使其循环开关；该电路系统还配备有自调节导流网络，其耦合在所述滤波装置与所述变换器之间，该自调节导流网络用以在所述控制单元处于其不导通状态时，排除在所述控制单元中出现的漏泄电流。

独立权利要求4：一种信号灯，包括一个容纳半导体电源的外壳和一个用于控制半导体光源的控制单元，其特征在于：该信号灯包括一个用于控制该半导体光源的电路系统；所述电路系统包括：接线端子，用以与给所述电路系统提供电压的控制单元连接，用于控制半导体光源；输入滤波装置，耦合到接线端子；一个变换器，包括一个控制电路，该控制器耦合到输入滤波装置的输出装置；和输出端子，耦合到变换器的输出装置用以使所述电路系统与所述半导体光源连接；其特征在于，所述变换器包括一个开关式电源以用以向所述半导体光源供电，所述开关式电源包括一个开关元件，由所述控制电路使其循环开关；该电路系统还配备有自调节导流网络，其耦合在所述滤波装置与所述变换器之间，该自调节导流网络用以在所述控制单元处于其不导通状态时，排除在所述控制单元中出现的漏泄电流。

该专利的授权公告日为2000年1月11日。

（2）影响度分析

该专利属于照明模组/照明光源领域，涉及控制与传感技术，用于提高使用可靠性。该项专利参与过2次侵权诉讼，分别与耐克斯照明和TCP进行过侵权诉讼，与耐克斯照明诉讼的最终结果是加入到飞利浦专利许可清单和解，与TCP的诉讼处于在审未决。该专利的同族专利数量为6件，在欧洲、日本、中国和德国都已经授权；并且，与欧洲和日本、中国和德国相比，该美国专利的授权保护范围偏大；在飞利浦专利许可计划中，该专利的同族专利进入申请的专利局数量达6个（CN、DE、GB、FR、JP、US）；被引证次数10次，引证次数4次[1]；共计被6个申请人引用，其中被引证的公司主要为：Integrated Illumination systems 5次，飞利浦1次。其中，该专利被两次侵权诉讼所引用，这说明该专利技术对于菲利浦公司来说属于一项比较重要的专利。从权利要求保护的范围来看，独立权利要求1和4的保护范围适中。该专利保护两组装置权利要求，从属权利要求的数量分别为1项和1项，且引用关系紧密合理，修改灵活性好。独立权利要求保护的技术细节较多，维权举证较为困难。

9.5.3.4 US7038399B2

（1）专利概况

该专利为彩色动力于2003年5月9日申请的一份涉及包括交流电源和控制器的照

---

[1] [EB/OL]．http：//www.google.com/patents/US6013988#backward-citations．

明装置。其技术方案为：

独立权利要求 1：照明装置，包括至少一个 LED；至少一个控制器，其耦合到至少一个 LED 并且配置为接收来自交流电源的相关电压信号，该交流电源提供标准线电压以外的信号；至少一个控制器还配置为基于电源相关信号为向至少一个 LED 提供电源，其中，交流电源为一个交流调光电路，所述交流调光电路由用户界面进行控制，以改变电源相关信号，并且至少一个控制器配置为在用户界面上操作的有效范围的基础上向至少一个 LED 提供稳定电源。

独立权利要求 30：一种照明方法，包括如下步骤：A）基于相关电源信号向至少一个 LED 提供电源，相关电源信号来自交流电源，交流电源提供标准线电压以外的信号；该步骤 A）进一步包括步骤：基于来自交流调光电路的相关电源信号向至少一个 LED 提供电源；其中，所述交流调光电路由用户界面进行控制、以改变电源相关信号，并且步骤 A）中包括步骤 B），在用户界面上操作的有效范围的基础上向至少一个 LED 提供稳定电源。

该专利的授权公告日为 2006 年 5 月 2 日。

（2）影响度分析

该专利属于照明模组/照明光源领域，涉及电源与驱动技术，用于向发光二极管提供电源使其发光，并且通过交流电源电路所产生的信号来控制 LED 光源所发出的光的一个以上参数（例如：亮度、颜色、色温等）。该项专利参与过 3 次侵权诉讼，分别与 Aurora Group、耐克斯照明和 TCP 三家公司进行过侵权诉讼，与 Aurora Group 和耐克斯照明两家公司诉讼的最终结果是加入到飞利浦专利许可清单和解，与 TCP 的诉讼处于在审未决。该专利的同族专利数量为 8 件，在欧洲和日本都已经授权；并且，与欧洲和日本相比，该美国专利的授权保护范围偏大。在飞利浦专利许可计划中，该专利的同族专利进入申请的专利局数量达 18 个（EP、US、JP、AT、DE、DK、CZ、CH、BE、ES、FI、FR、GB、IE、IT、NL、PT、SE）（由于 EP1502483A1 进入到欧洲多个国家形成多个专利申请，因此，在专利许可清单中涉及的专利的数量大于在 WPI 查找的同族专利数量）；引证专利 104 次，引证非专利 26 次，被引证 122 次[1]；共计被 49 个申请人引用，其中引证的公司主要为：科锐 19 次，飞利浦固体照明 15 次和飞利浦 4 次；Advanced Optical Technologies Llc 8 次；Elumigen Llc 6 次；Integrated Illumination Systems 5 次；Digital Lumens Incorporated 4 次；Cooper Technologies Company 3 次；Abl IP Holding Llc 3 次；彩色动力 2 次。其中，引证该专利的频次较高的公司都是 LED 照明领域的主流企业，这说明该专利技术具有一定的基础性，相对于引证文献具有较好的原创性，同时也体现了该技术属于本领域的主要研究方向之一。从权利要求保护的范围来看，独立权利要求 1 和 30 的保护范围较宽，其余 7 个独立权利要求的保护范围相对较小。该专利保护六组装置权利要求和四组方法权利要求，从属权利要求的数量共计 54 个，且引用关系紧密合理，修改灵活性好。部分独立权利要求保护的技术细节较少，维权举证较为容易。

---

[1] ［EB/OL］．http：//www.google.com/patents/US7038399#backward-citations.

9.5.4 小　结

对于竞争对手，飞利浦采用专利诉讼的方式来迫使其加入专利许可计划是一种较好的方式。而对于被诉讼方，除非自己十分强大，否则与对方进行和解，从时间和金钱的角度，也是对于自己也是一种很好的选择。因此，对于飞利浦相关诉讼的分析一则能够让企业明白，飞利浦所采取的策略，手法是什么，而对手一般是如何回击的，从而给自己以启示；二则通过对诉讼所涉及专利的分析，能够通过实践的方式找到飞利浦的重点专利。

具体而言：飞利浦近几年专利诉讼采取的是"胡萝卜加大棒"的策略。一方面，通过宣传其推行的专利许可清单计划，使被诉企业充分认识到加入该专利许可清单计划的好处，从而避免与飞利浦以及与飞利浦结盟的其他 LED 照明巨头侵权纠纷。另一方面，对于该计划无积极态度，或在产品线上存在同业竞争的公司，则主动发起侵权诉讼。在选择涉案专利上，也全部为专利许可清单上所列专利（与首尔半导体的专利诉讼除外）。

这些被诉公司在应诉手段上都使用了状告专利无效的手段，以为自身争取一些权益。从已经有诉讼结果的看，都是以和解而告终，这些被诉公司获得了一些利益，例如在资金上飞利浦给予支持，但飞利浦获得了诉讼最初的目的，即迫使这些公司加入了专利许可清单计划，从而可以在市场上获得最大的利润回报。

从飞利浦诉讼的产品类型看：主要包括有大功率 lED 光源、洗墙灯、阵列型 LED 灯泡等，这些都是 LED 照明产业近年来重点发展的领域。

9.6　小结与启示

9.6.1　小　结

综合以上的内容，我们可以得到如下小结：

（1）飞利浦在 LED 照明领域在中国进行了精心的专利布局，并且涉及了 LED 照明产业链的各环节，尤其是下游应用领域。

（2）飞利浦照明许可清单包括 1495 件专利，分布在 33 个国家和地区，但在不同国家和地区分布不均匀，近 90% 的专利分布在八国集团以及中国、韩国、印度和西班牙等新兴经济体和 LED 发达的国家和地区。其中在中国的专利大部分在美国和日本具有同族专利，尤其是在英国、德国和法国具有更多的同族专利。

（3）飞利浦照明许可清单不是其专利布局的简单复制，飞利浦是有侧重点地选取了"控制与传感"领域和"电源管理与驱动"领域（占许可清单中国专利总量的 80%），这两个领域主要影响的产品为：LED 一体化灯具市场、大功率灯具市场以及特种照明市场。这表明飞利浦照明许可计划针对的是建筑、剧场等系统级照明。

（4）飞利浦照明许可清单并没有对飞利浦照明产业链的其他领域（包括荧光粉及白光、混光与光扩散、光提取与透镜、封装组件与接口、LED 芯片与外延）进行重点选取，因此，本计划对上述相关领域产品产生的影响较小。

（5）飞利浦照明专利许可清单的中国专利并非全部处于有效状态，在中国的专利的平均生命周期为 10 余年，并且存在着无效的可能。

（6）飞利浦通过专利诉讼的方式迫使相关企业加入飞利浦灯具和光源许可计划协议，一方面，通过宣传其推行的该许可计划协议，使被诉企业认识到加入该许可计划协议的好处；另一方面，对于该许可计划协议无积极态度，或在产品线上存在同业竞争的公司，则主动发起侵权诉讼，涉案专利以专利许可清单上的专利内容为主。

9.6.2　对中国企业的启示

（1）结合企业自身的情况，认真研究竞争对手，寻找企业发展空间。

（2）研究许可清单中专利，查找自身的产品线与清单专利是否存在有侵权可能，作专利稳定性判断。

（3）做好自身的核心专利储备，以作为后期可能的谈判筹码。核心专利的获得有多种渠道：

① 以研发突破封锁，在不断的技术更新中寻找到发展道路。

② 多渠道，多方法的掌握重要或者核心专利。

③ 结成企业联盟，构建专利共享平台以形成自身的专利布局。

第10章 结论与建议

10.1 结　论

10.1.1 专利申请趋势、重点技术以及重点区域的发展分析

（1）专利申请趋势

全球 LED 照明专利申请量累计达 20.6 万余项，其中大部分申请涉及照明组件和一体化灯具。虽然 LED 照明专利技术早在 1955 年就出现了，但是直到 1991 年其年申请量才超过了上千项。2001 年开始 LED 照明专利技术迎来了大发展时期，2001 年至今的十余年时间的年申请量只有发展得越来越快的上升趋势，其年申请量甚至于 2011 年达到了 3.1 万项。这一趋势与 2001 年之后市场对 LED 一体化灯具和照明组件等的大量需求从而使得各企业加大研发投入是息息相关的。

对首次申请国家/地区的分析发现，中、日、美、韩四国占据了首次申请国家/地区的前四名。其中，中国的总申请量超过 1/3，占比排名榜首。以中国为首次申请国家/地区的 LED 照明专利技术大多集中在照明组件和一体化灯具上，而日、美、韩等国却以对 LED 芯片结构、衬底、外延及其封装本身进行的改进为主。

对申请目标国家/区域的分析发现，中、日、美、韩四国仍然占据了排名的前四强，并且排名次序与首次申请国家/地区的排名次序相同。而选择中国作为专利保护的国家的申请量也超过了 1/3，中国成为各国申请人，包括中、日、美、韩等国竞相进行专利布局的国家。

不管是首次申请国家/地区分析还是申请目标国家/区域分析，中国的申请量的爆发式增长都主要集中在 2005 年之后的数年时间里，并且在最近几年的年申请量遥遥领先于美、日、韩等发达国家。与此相反的是，美、日、韩等发达国家的申请量在整个历史阶段的发展态势相对比较平稳。

（2）衬底技术

LED 照明衬底领域行业整体上呈现蓬勃发展态势，在首次申请的国家分布中，衬底技术的申请量主要来源于日本、美国、中国和韩国，主要的目标申请国是日本、美国和中国。衬底领域全球主要的申请人为住友、日立、松下、三菱、夏普、日本电气等，其中，日本申请人居多。

中国有关 LED 照明衬底领域的研究起步较晚，到 2000 年后才开始蓬勃发展。LED 照明衬底领域的中国主要申请人中，国外申请人包括日本的住友、松下、日立、丰田和昭和电工，国内主要申请人包括中国科学院的研究所，还有一些高校。由此可见，在 LED 衬底领域，中国的研究力量主要集中在高校和研究院所。

(3) 外延技术

LED 照明外延技术领域行业整体上呈现蓬勃发展态势，在首次申请的国家分布中，外延技术的申请量主要来源于日本、美国、韩国等发达国家。中国近几年在外延领域申请量也非常活跃。外延领域的主要目标国家/地区为日本、美国、韩国、中国、欧洲、中国台湾。外延领域全球主要申请人包括东芝、松下、乐金、三星、夏普、日立、日本电气等，其中日本申请人优势明显。

LED 照明外延技术领域在中国的专利申请整体呈现增长趋势。在该领域，中国专利申请的主要国外申请人为乐金、三星、夏普、住友、奥斯兰姆等，国内申请人主要为中国科学院半导体研究所、三安光电、展晶科技/荣创能源、晶元光电、鸿富锦等。

(4) 芯片技术

LED 芯片技术领域整体上呈现蓬勃发展态势，在首次申请的国家分布中，芯片技术的申请量主要来源于日本、韩国、中国和美国，芯片技术领域的主要目标国家为日本、美国和韩国。芯片领域全球主要申请人包括乐金、三星、东芝、丰田、昭和电工和夏普，日本申请人优势明显。

中国有关 LED 芯片结构的研究起步较晚，始于 20 世纪 80 年代，但到 2000 年后才开始蓬勃发展。LED 芯片结构中国主要申请人中，国外申请人包括韩国的乐金，日本的昭和电工、夏普、东芝和丰田，国内主要申请人包括大陆的三安光电、展晶科技/荣创能源、中国科学院半导体研究所，中国台湾地区的晶元光电。

(5) 封装技术

LED 封装技术从整体上看，全球专利量在进入 21 世纪后迅速增长，中、美、日、韩等国及相关企业迅速入场。尤其是中国在近几年的发展更是突飞猛进，其申请量最高的年份的申请量甚至超过了各发达国家的申请量。虽然中国的总申请量已经处于较高的水平，但是尚无一家中国企业能够进入 LED 封装技术专利申请量排名的前十名，因此，打造本土优势企业成为我国亟待解决的一个问题。

中国申请人提交的专利技术较少涉及 LED 封装的核心技术。在向中国专利局提交的申请中，实用新型申请占比较过高，发明专利申请较少；向其他国家提出的专利申请数量更少。此外，我国 LED 封装产业的相关专利申请在珠三角和长三角两个区域集中的程度非常高，区域发展很不平衡。

圆片级封装代表了一种新的重要封装技术，中国与美国、韩国和日本一道共同开展了对此技术的研发。提高 LED 的发光性能和提高 LED 的散热性能等技术问题成为 LED 圆片级封装领域关注较多的技术问题。

(6) 重点区域 LED 照明发展

广东是中国涉及 LED 照明的专利申请大省，其专利申请量的占比从 2001 年的约占全国 LED 照明申请量的 13%，发展到现在约占全国 LED 照明申请量的 25%，近两年年增幅约为 14%。广东 LED 照明的专利申请发明约占 26%，实用新型约占 74%。对于其发明，以下游应用领域中的光学部件、散热技术和灯具接口为主，以及中游的封装次之，相对而言，下游应用领域中的电源、驱动、控制领域为广东的发展薄弱领域。从授权率来看，广东中下游的封装以及应用（除电源驱动控制领域外）授权率持续增长,而上游芯片外延,以及下游电源、驱动与控制领域等原创技术密集型领域的授权率下降。综上,广东LED照明已形成一定产业规模,下游灯具散热、灯具组装,以及中游芯片封装产业具有优势,专利申请量较大,但由于上游外延、芯片,以及下游电源、驱动、控制等领域发展相对滞后,科技创新相对不足,影响广东专利申请量的增长。广东目前优势产业的创新多以低水平、低附加值技术为主;在应用方面的电源、驱动、控制领域等技术密集领域与国外厂商差距大。

在一些热点事件对区域的影响上,如上所分析,虽然广东的下游产业比较强大,但优势主要在于封装组件与接口领域、散热与热传导领域的专利申请,其他领域为薄弱领域。对于飞利浦专利许可计划,飞利浦在中国大陆通过专利布局巩固其技术优势地位,其专利许可计划着眼于利润率较高的建筑以及剧场照明市场,偏重控制与传感领域以及电源管理与驱动领域。这样与广东目前的专利申请情况形成了技术优势错位的局面。因此,一方面,飞利浦专利许可计划将不会直接对广东主要LED企业产生冲突和威胁。但另一方面也说明了飞利浦其优势领域正是广东省内的薄弱环节,飞利浦在这方面的专利布局进一步挤压了广东省内该领域企业的产业发展。

在路灯照明方面,中国大陆以外的申请人并没有对该领域进行大规模的专利布局。这一方面是由于我国政府大力推广LED路灯照明,使得广东省内申请人可以加快专利布局,另外一方面是由于路灯采购市场的特殊性,使得中国大陆以外的申请人不至于过多对该领域进行专利布局。

LED路灯取代传统路灯所面临的技术难题是国内企业要解决的技术问题。这些技术难题包括多个LED单元集成的相对复杂性、使用大功率LED的散热问题、LED照射均匀度差、光源与反射杯或透镜的匹配。而国外LED大企业的技术优势也体现在LED路灯领域的专利申请。飞利浦的技术优势在于LED光源的控制驱动,而欧司朗作为灯具应用企业,在光源的光学部件以及光组件接口方面具有优势技术,这些方面的技术改进体现在国外大企业LED路灯专利之中。

10.1.2 日亚化学

对日亚化学的研究,主要介绍了日亚化学的发展历史、全球专利申请趋势、国家/区域分布、主要发明人的申请情况,以及其申请的主要技术分支分布情况;针对中国专利,还分析了申请趋势、法律状态、即将失效的专利情况,以及主要技术分支分布情况;查找重要专利,得出核心专利,由此作出了日亚化学的技术发展路线图。分析日亚化学围绕LED的相关专利布局,可以增强我国企业的专利布局意识。

日亚化学的发展主要依靠几个发明团队来推动,其研究重点主要集中在芯片结构和封装这两方面,并分别取得了使其能够实现垄断全球的技术突破,迄今为止,其在LED方面的研究已经基本处于成熟阶段,基本完成了LED专利的全球布局,保持LED行业的领先优势,由于LED发展经历了一个较长阶段,日亚化学的部分核心专利面临到期,但其具有数量巨大的外围专利限制对其到期专利的使用。日亚化学如今研发方向在具有高利润率的大功率LED器件,且如今其与全球前几大公司之间结成战略联盟,妄图垄断、限制新兴国家在该领域的发展。

"蓝光之父"中村修二的一系列重要发明为LED照明铺平了产业化的道路,奠定了日亚化学在LED领域的领导地位。通过分析中村修二的研发过程,可以开拓科研人员的思路。本报告重点分析了中村修二在不同时期的研发工作,绘制了关于中村修二的研发路径图;分析了中村修二的研发团队,其中侧重分析了其在日亚化学期间围绕蓝光LED所解决的各个关键技术,为实现高亮度蓝光LED所做的持续努力,分析了日亚化学围绕蓝光LED的专利布局情况及其特点,以"Two-Flow"外延技术为例,分析了围绕该技术所形成的外围专利网。本报告分析了日亚化学围绕中村修二作为发明人的相关专利在中国的布局状况。日亚化学利用分案规则对这些专利技术从多个角度进行了保护,虽然蓝光LED最初的外延技术等没有进入中国,但是后期所申请的涉及欧姆接触问题的专利,也是我国企业所难以规避的。中村修二提出的蓝光LED的技术路径是一条完整的、能够使LED商品化的解决方案,属于LED的上游核心技术,是目前我国LED上游制造企业难以逾越的技术鸿沟,是日亚化学频频发起专利侵权诉讼的有力武器之一。但是中村修二的蓝光LED核心专利面临专利权有效期到期而失效的问题,这是我国业界所期待的,本报告分析了这些专利过期所带来的可能影响。

10.1.3 科 锐

对科锐的研究主要介绍了科锐的概况、全球专利申请趋势、国家/区域分布、技术分支分布情况、针对中国专利,还分析了申请趋势、法律状态以及主要技术分支分布情况;介绍了一些重要专利;针对发明人,主要作了数量分析、活跃度分析、团队分析及独立发明人分析。在团队分析中,重点分析了其中的中国发明人团队的技术发展。

科锐产业链布局从衬底延伸到下游照明,建立了比较完善的垂直产业链。科锐的技术优势主要体现在:氮化镓和碳化硅材料技术、白光技术、大功率芯片技术以及芯片级封装技术。在申请量全球区域布局上,科锐的专利申请以本土美国为重点,主要海外市场选取中国、欧洲、日本、韩国重点进行专利申请。在技术领域分布上,科锐主要布局的领域是封装领域。

科锐的专利技术来源广泛。科锐早期技术来自北卡罗来纳州立大学的SiC的特性研究,在此基础上科锐通过自身研发,开发出基于SiC衬底的LED技术。后续通过对Nitres、ATMI的GaN部门、Intrinsic的并购进一步获得了GaN与SiC的核心技术与人才;以及通过并购COTCO,获得中国市场与低成本LED封装产能;通过并购LLF(LED照明灯具公司)、Ruud照明扩展了照明组件与灯具领域的技术;同时,通过波士顿大学的专利独家授权以及与加州大学圣塔芭芭拉分校的合作获得更多的专利技术。科锐通过自身研发、并购、授权、合作多种途径和方式构建多领域专利布局。

科锐拥有众多数量的发明人,并以此形成多个发明团队。通过研究科锐的发明人及其联系,获得科锐的各个发明人团队。这些团队在活跃时域、研发地域、技术领域上各有特色。这些发明人和这些发明团队一起,构成了各具技术领域特色及不同团队合作模式的研发力量。通过并购,科锐得以不断地吸收不同技术领域的发明人,构成较广泛的领域分布,并维持了比较稳定的发明人队伍。

10.1.4 三 星

外延、芯片结构和封装是三星在 LED 领域投入研发力量的 3 个重点方向，占到其申请总量的 90%；与此同时，对上游的衬底和下游的照明组件、一体化灯具等技术方向也都不同程度的有所涉及，其研发产出已经较为完整地覆盖了整个产业链条。三星涉及 LED 技术的研发工作主要由三星电机、三星 LED 和三星电子这 3 家子公司所承担；此外，合作申请也是三星进行技术研发以及专利技术申请的一种重要模式。三星在 LED 领域的合作申请几乎涉及了 LED 相关的各类技术分支，包括材料、衬底、外延技术、外延设备、LED 芯片结构技术、荧光粉以及 LED 照明组件。其中，以 LED 芯片结构、外延、LED 封装技术方面的合作申请量最大。

自 2005 年之后，三星在各个重要市场都在稳步地进行着专利壁垒的建设工作，在作为新兴市场代表且有着巨大发展潜力的中国市场，三星基本保持着每年 30 件以上的申请量水平。三星在中国市场的专利布局还是以其最为重视、研发实力也最强的芯片结构和封装两个技术分支为主，分别占到申请总量的 35% 和 40%，外延和照明组件也分别占有 13% 和 10% 左右的申请量。在 2008 年之前，芯片结构是三星最为重视的中国市场占领方向，而在 2009 年以后这一重点开始转向更为后端的封装技术。

三星关于 LED 技术的中国专利申请目前的法律状态分布情况为：54% 的申请已获授权并处于有效状态，而由于视撤放弃、费用终止和被驳回等途径未获得保护的申请仅占总量的 12%，并且有 34% 的申请仍在审批过程中。

10.1.5 MOCVD 设备

全球 MOCVD 设备专利基本都属国外企业，尤其是多边申请量，欧洲的 AIXT 和美国的 VEEC 两家公司排在全球前两位，并远远领先于其他对手。全球的研发方向主要在载片台、加热器、喷淋头和载气供应系统，在这几个领域国内目前的专利或制造水平还无法与国外相比，尤其是加热器技术，由于国外申请人将其作为技术秘密予以保密的原因，导致很多核心技术没有被申请专利，国内在该领域无法取得突破性进展。

现如今全球 MOCVD 设备技术已经趋于成熟，国外申请人的申请量已经趋于稳定，没有大规模增长。而中国由于在该领域技术发展要晚很多，最近几年刚刚出现大规模的投入，因而申请量也出现了爆炸式增长。然而由于 MOCVD 设备的核心专利都被国外申请人占有，在设备的核心技术方面取得开创性突破已经很难。

国内企业在 MOCVD 领域专利申请范围也主要限制于国内，较少在国外申请。而申请的专利涉及的 MOCVD 的下一技术分支与国外企业基本类似，都是以常规反应腔/室为主，说明中国企业在研究方向上和国外企业基本保持一致。而 VEEC 在常规反应腔/室占有比例更高。

具体到 MOCVD 的更下一级分支上，国内企业和国外企业之间有一些不同，如中国科学院在气体注入/分配组件和气体混合系统上具有较大的比例，而中微半导体在热清洁、等离子、湿清洁、机械清洁和气体注入/分配组件占有较大比例。

10.1.6 诉 讼

随着半导体照明产业的发展，LED 照明领域的专利纠纷日趋频繁。对于不在中国进行的诉讼，2005~2008 年，涉及 LED 领域的诉讼处于平稳期，每年的诉讼案件不是很多，维持在 10 件左右；2009 年，诉讼案件的数量有所下降；而从 2010 年开始，随着 LED 行业的飞速发展，全球 LED 产值呈现突破性增长，涉及 LED 的诉讼案件迅速增加，2012 年已经达到至少 52 件。

LED 诉讼主要集中于以下几个国家：美国、中国、日本、德国、韩国等。从课题组收集到的资料来看，诉讼绝大部分发生在美国，达到 130 件，占总量的 71%。LED 诉讼的纠纷趋势已向我国发展，且不断增加。中国大陆的 LED 产业起步相对较晚，早期很少有诉讼发生；随着中国大陆 LED 照明产业的发展，在中国大陆的 LED 诉讼也日渐增多。

诉讼案件的原告既涉及 LED 生产厂商如日亚化学、飞利浦等，也包括专利授权公司波士顿大学基金会、Bluestone Innovations LLC 公司等。

LED 知识产权纠纷的技术领域已经覆盖了产业链各个环节，不止集中在知识产权竞争最激烈的 LED 衬底、外延与芯片的上游环节，随着 LED 市场规模的快速增长和应用领域的不断扩大，产业链下游的封装、照明组件和一体化灯具方面的专利涉案比例增大。

随着中国 LED 照明产业的大力发展，国内 LED 出口规模的扩大，已经有不少走出国门的中国企业在国外被提起诉讼；今后这类跨国 LED 专利官司会有进一步扩大之势，国内 LED 企业面临国际专利纠纷可能性增大。

目前 LED 照明领域的领导厂商在专利诉讼方面采取了强强联合的策略，其中领导厂商日亚化学除了和领导厂商之间交叉授权，日亚化学在全球形成了完整的专利联盟战线，同时日亚化学对其他专利技术欠缺的 LED 公司的授权又很谨慎，对 LED 产业后进者继续采取构筑专利壁垒的策略；而欧司朗与日亚化学的专利政策不同，欧司朗积极采取相互授权，以及收取权利金的方式来回避专利问题，平息彼此的专利纠纷。目前中国 LED 厂商的专利诉讼主要集中在国内的厂商之间，在诉讼过程中，被告也会利用对专利权的无效来反击专利权人，由此引发了专利权的稳定性与保护范围大小的博弈。

LED 照明领域的"337 调查"案件数量在迅速的增长，涉及 LED 照明领域的案件一共 9 件，其中 2004 年 1 件、2005 年 1 件、2008 年 1 件、2009 年 1 件、2011 年 5 件，可以看出，"337 调查"案件的数量随着 LED 产业的发展逐步增加，在 2011 年达到了 5 件，这 5 件涉及欧司朗 4 件，包括欧司朗对韩国的三星和乐金提起申请的"337 调查"，以及三星和乐金对欧司朗提起申请的"337 调查"，由此也可以看出，"337 调查"也成为各大 LED 厂商之间竞争的工具。

中国台湾地区 LED 产业发展，至今已有 30 多年历史，台湾厂商的专利布局和专利策略有着自身特点。以晶元光电、亿光为代表的台湾企业，采取了不同的专利策略来获得自身的发展：晶元光电通过合并多家公司拥有了多家公司的原有专利，产学研结合获得先进技术及其专利，争取与大厂交叉授权的机会、让晶元光电的专利布局更完整；而亿光面对国际专利战，一方面积极开发新技术、投入大量的研发来布局专利，发展自有品牌，另一方面和许多同业达成多项专利交互授权或协议，面对侵权诉讼，适时反击，捍卫自身权益。借鉴我国台湾地区 LED 照明产业的发展模式，密切与我国台湾地区企业的交流与合作，对于大陆 LED 产业协同发展能起到很好的推动作用。

10.1.7 飞利浦 LED 照明许可

飞利浦照明专利许可清单包括 1495 件专利，分布在 33 个国家和地区，但在不同国家和地区分布不均匀，近 90% 的专利分布在八国集团以及中国、韩国、印度和西班牙等新兴经济体和 LED 发达的国家和地区。其中在中国的专利大部分在美国和日本具有同族专利，尤其是在英国、德国和法国具有更多的同族专利。

飞利浦照明专利许可清单不是其专利布局的简单复制，飞利浦是有侧重点地选取了控制与传感领域和电源管理与驱动领域，占许可清单中国专利总量的 80%，这两个领域主要影响的产品为：LED 一体化灯具市场、大功率灯具市场以及特种照明市场。这表明飞利浦照明许可计划针对的是建筑、剧场等系统级照明。飞利浦照明许可清单并没有对飞利浦照明产业链的其他领域如荧光粉及白光、混光与光扩散、光提取与透镜、封装组件与接口以及 LED 芯片与外延等进行重点选取，因此，本计划对上述相关领域产品产生的影响较小。

飞利浦照明许可清单的中国专利并非全部处于有效状态，研究许可清单中专利的有效性，能够降低许可成本。同时，许可清单中在中国的专利的平均生命周期为 10 余年，并且存在着无效的可能。

飞利浦照明通过专利诉讼的方式迫使相关企业加入专利许可计划，一方面，通过宣传其推行的许可清单计划，使被诉企业充分认识到加入该专利许可计划的好处；另一方面，对于该专利许可计划无积极态度，或在产品线上存在同业竞争的公司，则主动发起侵权诉讼，涉案专利以专利许可清单上的专利内容为主。

10.2 建 议

通过本项目的研究，提出如下建议供国内企业参考。

10.2.1 关键技术方面

通过对 LED 照明领域的主要申请人的专利进行研究，发现各公司的技术分布不同，并逐渐从上游向中下游发展。日亚化学的研究重点主要集中在芯片结构和封装这两方面，科锐的技术优势主要体现在以碳化硅和氮化镓材料技术、白光技术、大功率芯片技术以及芯片级封装技术；三星在外延、芯片结构和封装 3 个重点方向投入了大量的研发力量，另外，近几年三星在玻璃衬底和石墨烯材料方面也投入了一定的研究，并与高校研究合作研究发表了一些非专利文献，包括非极性衬底方向。建议国内企业关注以下关键技术：

(1) 材料

重视新型材料的研发，比如：石墨烯、半极性衬底、非极性衬底等。这些技术在大功率、柔性发光二极管中作用非常重要。由于石墨烯特殊的结构形态，使其具备目前世界上最硬、最薄的特征，同时也具有很强的韧性、导电性和导热性。另外，采用玻璃衬底可以增加衬底的尺寸，提高生产效率，降低产品成本。

(2) 封装

圆片级封装代表了一种新的重要封装技术，LED 圆片级封装领域关注较多的技术问题是提高 LED 的发光性能和散热性能等。

(3) MOCVD 设备

LED 制造的关键设备是 MOCVD 设备，该方面的专利已经形成了垄断，技术相对也较成熟，国内申请人可对现有的核心专利作进一步的分析，以研究是否可以在细节如喷淋头方面获得突破，并且可以研究各关键技术的替代方案。

MOCVD 设备中的加热器技术由于保密的原因，全球专利申请量较少，不易造成侵权后果，且加热器技术属于核心技术，建议国内企业在该核心技术方面加大研发投入，另外由于国内精密仪器加工设备比较落后，会阻碍对加热器技术的研发、实验与利用，因而建议国内加大对精密仪器加工设备的投资和研制。

10.2.2 应用方面

LED 照明应用方面涉及内容广泛，课题组对于目前的热点——路灯方面的应用进行了研究，相比较而言，路灯方面的专利规避相对容易一些，关于此方面的建议如下：

(1) 标准化光组件方面应当加强合作和布局

由于政府的主导，国内厂家加强了该 LED 路灯的专利布局，这也间接造成各个厂家标准和接口不同。而国外厂家在封装组件接口部件领域的专利近 75% 方面的技术集于标准与接口。国外的 Zhaga 联盟更是集中推出自己的光组件接口标准（局限于 LED 控制装置于与驱动接口）。我国厂商更应当加强在标准化光组件方面的合作与布局。

(2) 加强智能化驱动控制方面的研究

国内企业应当将路灯照明与网络智能化驱动控制相结合，掌控网络智能化驱动控制的核心技术。国外大厂有将近 1/4 的 LED 路灯专利和光源控制与驱动相关。这也与全球的网络化、智能化照明趋势相一致。而目前包括广东在内的国内专利在这方面的申请要少得多，缺少这方面的技术研究和专利积累，很难在未来与国外大厂相抗衡。因此国内企业要加强这方面的投入，结合自身情况，可以企业联合研发或是专业的控制领域企业合作，促成这一领域的快速成长。

10.2.3 专利许可与诉讼

(1) 专利许可

课题组研究了飞利浦在照明领域的专利布局以及其专利许可计划，提出如下参考

建议:

① 结合企业自身的情况,认真研究竞争对手,寻找企业发展空间。

首先飞利浦的专利布局体现了明显的技术发展脉络,其次,飞利浦的专利许可计划进一步反映了市场布局,其专利许可清单并不是其专利布局的复制。因此,相关企业应当有针对性地在对方的专利布局中寻找到自己的发展方向,从而能够达到事半功倍的效果。

② 研究专利许可清单中的专利,查找自身的产品线与专利许可清单中的专利是否存在有侵权可能,必要时作专利稳定性判断。

专利许可清单由于年代原因存在着无效的可能,因此,相关企业应当寻找可能的力量,例如行业伙伴、民间知识产权组织等,对专利许可清单中的专利开展稳定性分析,以做好充分的准备。

③ 做好自身的核心专利储备,以作为后期可能的谈判筹码。核心专利的获得有多种渠道:

a. 以研发突破封锁,在不断的技术更新中寻找到发展道路。

与上游领域不同,下游应用领域的技术更新换代速度较快,并且相对于上游更加容易寻找到替代的解决方案,以绕过专利封锁。因此,企业应当提高研发的专利转换意识,完善自身的专利布局。既能跳出竞争对手的专利陷阱,还能引领市场的风向,不断地推陈出新,避免假冒伪劣产品对厂家的伤害。

b. 多渠道、多方法的掌握重要或者核心专利。

从上面所分析的首尔半导体与飞利浦最终和解的案件可以看出:正是因为首尔半导体同飞利浦一样,其自身也掌握了重要或者核心专利,才能在诉讼中提出对飞利浦的反诉,掌握一定的进攻力度。而掌握核心专利的方式还可以包括通过转让、并购等多种手段从他人得到专利,从而在短时间内获得核心专利。

c. 构建专利共享平台以形成自身的专利布局。

我国 LED 照明产业具有起步较晚、规模较小的特点,只有走合作发展的道路才能实现自身企业的发展壮大,对于专利技术也是如此。特别是,对于 LED 照明这么一个产业链长、分工明确的行业,通过和不同产业方向的厂家共同组成产业联盟,展开交叉许可等形式的合作能够及时使得企业获得对方的技术,提高产品技术含量,迅速进入市场。同时,也能够使得企业在对抗国外 LED 产业巨头的专利诉讼中通过抱团的方式最大限度地减少损失。

(2)专利诉讼

课题组对于 LED 照明方面的相关诉讼进行了深入的研究,从以往的专利诉讼中可得到如下启示:

① 企业联合:被诉企业可以收集信息,如果针对相同的专利存在多个被诉企业,这些企业之间可以联合起来,共同收集有利的证据,互通、共享信息,建立全方位的专利池,共同应对诉讼。同时还要借助协会和联盟的力量,增加收集信息的渠道,降低企业的应诉成本。

② 加强与中国台湾企业的合作和交流:中国台湾企业在 LED 照明方面具有较强的

技术实力，在国内有相当数量的专利申请，并有应对美国、日本、欧洲专利诉讼的经验。中国大陆企业加强与中国台湾企业的技术合作，有利于应对可能存在的来自国外的专利风险。

③ 提高专利预警能力：提高自己的技术水平，增大研发力度，加强技术创新，追求技术突破，做好专利布局。根据企业自身特点和优势，选取产业链的某个技术环节进行专利布局，争取谈判的筹码。

④ 购买关键专利：我国的 LED 企业在面对专利诉讼时，如果自己企业不具备对竞争对手产生威胁的专利时，可以考虑从第三方提前购买专利来应对专利诉讼，在购买专利后可以继续投入研究，对该专利形成完成的专利布局，使购买的专利真正发挥作用，同时也提高技术水平并缩短研究时间。

⑤ 灵活运用诉讼策略：企业应该根据自身情况选择合适的应对策略，在应对诉讼时，可利用自身专利对对方进行反诉，也可以对对方的授权专利请求无效，或者综合分析判断，采用和解的方式；研究相关案例的判决，研究所要进入国家的专利侵权判断原则，借鉴在他国的诉讼经验。

10.2.4 其他方面

（1）充分重视和利用失效专利

针对中村修二蓝光 LED 核心专利技术过期后的可能影响，应该注意到：目前从我国产业布局情况来看，封装、应用等中下游领域占据了主要份额，而在 LED 衬底、外延与芯片等上游领域则处于劣势。中村修二的蓝光 LED 技术是一条能够商业化的技术路径，当中村修二这条技术路径完全释放出来之后，我国企业应积极利用这些公知技术，站在日亚化学的"肩膀"上，对蓝光 LED 技术进行二次开发，作出更高起点的发明创造，开发出更具有实用性和前瞻性的专利，弥补我国在 LED 上游领域核心技术、核心专利方面的缺失。同时，也应该认识到：无论是日亚化学，还是 LED 领域的其他巨头，都在关注蓝光 LED 的核心专利过期问题，它们围绕这些过期专利所进行的外围专利布局，所形成的新的专利壁垒，需要深入分析和研究。本报告仅以"Two-Flow"外延技术为例，简单分析了日亚化学围绕该技术的外围专利布局，以避免业界产生认识误区，认为过期专利不存在潜在风险。

（2）获得关键技术的专利许可

引进核心专利技术，并支付相应的知识产权费用。在自己的力量很难在短期内拥有核心技术的情况下，通过获得国外厂商的专利许可，获得核心专利，可以发展市场并在外围展开研究。可以在国外专利技术的基础上，通过对其核心专利进行改进，提高技术效果，从而申请其外围专利。

（3）尊重知识，加强专利布局

通过对中村修二这样一位重要发明人经历的研究可以看出，首先，企业作为市场的主体，要能够前瞻性地把握市场前进的方向，重视技术研发，尊重科研人员的技术开发工作，如果没有日亚化学对蓝光 LED 产品的市场意义的认识，没有给予中村修二的足够的耐心和等待，中村修二难以在日亚化学实现蓝光 LED 研发工作。其次，增强专利布局意识，日亚化学从一个不足200人的小公司，成长为世界知名的LED领导企业，核心专利和技术是其参与全球市场竞争的有力武器，日亚化学在中村修二研发蓝光LED的过程中，持续不断地在每一个可能产生积极影响的技术点进行专利布局，更是精准地在各个关键技术点进行了海外专利布局。

热销丛书推荐

《企业专利工作实务手册》
作者：杨铁军（主编）
出版时间：2013年1月
定价：68元
内容简介：本书旨在为企业提供一整套指导性和操作性较强的模块化专利工作管理实务解决方案。

《专利分析实务手册》
作者：杨铁军（主编）
出版时间：2012年10月
定价：46元
内容简介：本手册以专利分析操作流程为主线，梳理了一套完整的专利分析实务操作流程，并对流程中各环节的操作方法、质量要求、使用工具、操作技巧、注意事项等结合案例进行具体说明和详细解析。

《产业专利分析报告》（第1册）
作者：杨铁军（主编）
出版时间：2011年9月
定价：50元
内容简介：本书包括了薄膜太阳能电池、等离子体刻蚀机、生物芯片等三个行业的专利分析报告。

《产业专利分析报告》（第2册）
作者：杨铁军（主编）
出版时间：2011年9月
定价：36元
内容简介：本书包括了基因工程多肽药物、环保农药两个行业的专利分析报告。

《产业专利分析报告》（第3册）

作者：杨铁军（主编）

出版时间：2012年3月

定价：88元（附光盘）

内容简介：本书包括了切削加工刀具、煤矿机械、燃煤锅炉燃烧设备等三个行业的专利分析报告。

《产业专利分析报告》（第4册）

作者：杨铁军（主编）

出版时间：2012年3月

定价：82元（附光盘）

内容简介：本书包括了有机发光二极管、光通信网络、通信用光器件等三个行业的专利分析报告。

《产业专利分析报告》（第5册）

作者：杨铁军（主编）

出版时间：2012年3月

定价：42元（附光盘）

内容简介：本书包括了智能手机、立体影像两个行业的专利分析报告。

《产业专利分析报告》（第6册）

作者：杨铁军（主编）

出版时间：2012年3月

定价：42元（附光盘）

内容简介：本书包括了乳制品、生物医用天然多糖两个行业的专利分析报告。

《产业专利分析报告》（第7册）
作者：杨铁军（主编）
出版时间：2013年3月
定价：66元
内容简介：本书为农业机械行业的专利分析报告。

《产业专利分析报告》（第8册）
作者：杨铁军（主编）
出版时间：2013年3月
定价：46元
内容简介：本书为液体灌装机械行业的专利分析报告。

《产业专利分析报告》（第9册）
作者：杨铁军（主编）
出版时间：2013年3月
定价：46元
内容简介：本书为汽车碰撞安全行业的专利分析报告。

《产业专利分析报告》（第10册）
作者：杨铁军（主编）
出版时间：2013年3月
定价：46元
内容简介：本书为功率半导体器件行业的专利分析报告。

《产业专利分析报告》（第11册）
作者：杨铁军（主编）
出版时间：2013年3月
定价：54元
内容简介：本书为短距离无线通信行业的专利分析报告。

《产业专利分析报告》（第 12 册）
作者：杨铁军（主编）
出版时间：2013 年 3 月
定价：64 元
内容简介：本书为液晶显示行业的专利分析报告。

《产业专利分析报告》（第 13 册）
作者：杨铁军（主编）
出版时间：2013 年 3 月
定价：56 元
内容简介：本书为智能电视行业的专利分析报告。

《产业专利分析报告》（第 14 册）
作者：杨铁军（主编）
出版时间：2013 年 3 月
定价：60 元
内容简介：本书为高性能纤维行业的专利分析报告。

《产业专利分析报告》（第 15 册）
作者：杨铁军（主编）
出版时间：2013 年 3 月
定价：46 元
内容简介：本书为高性能橡胶行业的专利分析报告。

《产业专利分析报告》（第 16 册）
作者：杨铁军（主编）
出版时间：2013 年 3 月
定价：54 元
内容简介：本书为食用油脂行业的专利分析报告。